TRAITÉ

SUR LA

POLICE SANITAIRE

DES

ANIMAUX DOMESTIQUES.

AVIS AU RELIEUR.

Le premier tableau ayant titre : *État de la maladie épizoo-tique du département du Pas-de-Calais*, sera placé page 76.

Le deuxième ayant titre : *Tableau synoptique des inoculations du typhus*, sera placé page 344.

Le troisième ayant titre : *Tableau synoptique et comparatif des maladies connues sous le nom de morve*, sera placé page 602.

Le quatrième ayant titre : *Tableau des épreuves faites et des faits recueillis jusqu'à ce jour pour prouver la non-contagion de la morve chronique*, sera placé page 604.

IMPRIMERIE ET FONDERIE DE FÉLIX LOCQUIN ET COMP.,
rue Notre-Dame-des-Victoires, 16.

TRAITÉ

SUR LA

POLICE SANITAIRE

DES

ANIMAUX DOMESTIQUES

OUVRAGE COMPRENANT :

L'histoire, les causes générales, les distinctions, la contagion, du typhus du gros bétail, des maladies charbonneuses, de la peripneumonie et de l'angine gangreneuse ; de la morve, du farcin, de la rage, du piétin, des maladies aphteuses, de la gale, de la dyssenterie, etc., etc. La contagion et la non contagion de ces maladies à l'espèce humaine. Les articles de lois, les arrêts, les ordonnances applicables à ces maladies. Les mesures préservatrices et extirpatrices à faire exécuter. Les usages que l'on peut tirer des produits cadavériques. Une nombreuse série de modèles de rapports aux autorités ;

PAR O. DELAFOND,

Professeur de pathologie, de thérapeutique et de police sanitaire à l'école royale vétérinaire d'Alfort, associé honoraire de la société vétérinaire de Londres.

OUVRAGE UTILE AUX VÉTÉRINAIRES, AUX MÉDECINS ET AUX AUTORITÉS CIVILES ET MILITAIRES.

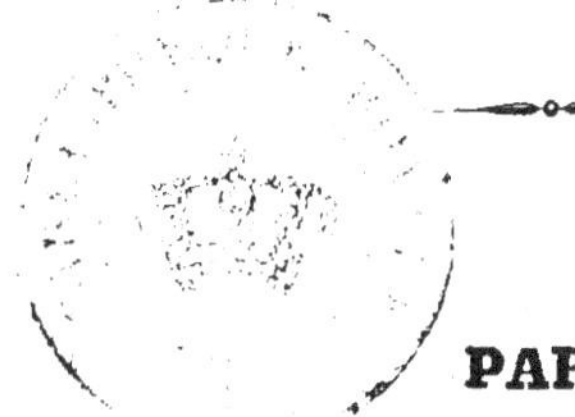

PARIS

CHEZ BÉCHET JEUNE,

LIBRAIRE DE LA FACULTÉ DE MÉDECINE,

Place de l'École de Médecine, 4.

1838

INTRODUCTION.

Deux classes bien distinctes de maladies affectent les animaux domestiques : les unes les attaquent isolément , et sont tantôt légères , tantôt graves et mortelles ; les autres, presque toujours meurtrières , ou de nature maligne , ont la funeste propriété de se transmettre de l'animal malade à l'animal en parfaite santé , de la même espèce , quelquefois d'espèce différente , de se propager , de se multiplier à l'infini , et de devenir épizootiques.

Les maladies contagieuses sont assez fréquentes parmi les nombreuses maladies des animaux. A diverses époques , on a vu ces maladies, en France et à l'étranger, devenir redoutables , ravager les bestiaux pendant plusieurs années , et ne laisser après elles que de tristes souvenirs.

L'agriculture, le commerce , l'industrie manufacturière , la fortune publique , en ressentent les déplorables résultats. En effet, ces maladies portent la désolation chez les paisibles habitans de la campagne, qui ont la douleur de voir périr les animaux sur lesquels ils pouvaient fonder un avenir prospère ; elles retardent l'amélioration des races en tuant les animaux précieux destinés à la reproduction ; elles suspendent, entravent ou arrêtent le libre commerce des bestiaux, et font naître, même après leur mort, de minutieuses précautions en ce qui touche l'usage de leurs dépouilles, de leurs débris, qui quelquefois transmettent la maladie aux hommes ou aux animaux ; enfin, elles portent atteinte à la fortune publique, alors que le gouvernement indemnise les propriétaires de bestiaux du quart, du tiers, de la moitié de leur valeur ; et on sait que, pour remplir un tel bienfait, il est sorti, dans l'épizootie de 1775, quatre millions des caisses de l'état.

L'expérience a malheureusement prouvé que les moyens curatifs, puisés dans l'hygiène privée, la pharmacie, la chirurgie, étaient la plupart inefficaces contre ces maladies ; que les seuls moyens rationnels et efficaces, étaient de les circonscrire, de les cerner pour arrêter leur marche, et de les étouffer en quelque sorte aussitôt leur naissance.

La branche de la médecine vétérinaire qui s'occupe des moyens de préserver les bestiaux de la contagion des maladies virulentes, porte les noms de *police sanitaire*, *police médicale*, *police administrative*.

Plusieurs médecins célèbres, des vétérinaires d'un très-grand mérite, ont porté une sérieuse attention sur cette partie importante de notre médecine, qui se rattache essentiellement à la prospérité agricole : *Lancisi*, *Brugnone*, *Buniva*, en Italie; *de Berg*, *Leclerc*, en Hollande; *Layard*, en Angleterre ; *Bourgelat*, *Vicq-d'Azyr*, *Chabert*, *Gilbert*, en France; et, de nos jours, MM. *Huzard*, *Girard*, *Dupuy*, *d'Arboval*, *de Gasparin*, ont, par leurs pénibles recherches, leurs savantes discussions, leurs connaissances approfondies dans la science médicale vétérinaire, créé, perfectionné, agrandi les moyens de police sanitaire de nos animaux domestiques.

Ce sont ces hommes recommandables qui, après avoir éclairé les gouvernemens, les pouvoirs supérieurs sur les dangers des maladies contagieuses, ont été les provocateurs des arrêts, des ordonnances, des instructions populaires qui ont été mis à exécution à différentes époques, pour prévenir ou arrêter les maladies contagieuses.

Ce sont ces documens émanés du gouvernement français, de l'autorité civile, et quelques articles du Code pénal, qui forment les bases de la police sanitaire des bestiaux, bases sur lesquelles doivent s'appuyer encore aujourd'hui les mesures qu'il serait urgent de renouveler en cas d'invasion de maladies contagieuses épizootiques.

Les arrêts, ordonnances, décrets concernant les maladies contagieuses, ont paru en France, depuis 1714 jusqu'en 1776, ont été recueillis en grande partie par le célèbre Vicq-d'Azyr, et imprimés dans son ouvrage sur les moyens curatifs et préservatifs des maladies pestilentielles des bêtes à cornes, ouvrage dont l'édition est épuisée depuis long-temps et extrêmement rare aujourd'hui. Depuis 1776 jusqu'à nos jours, des arrêts, des décrets, des ordonnances, des circulaires sont émanés, en 1778, 1784, 1795, 1813, 1814, 1815, 1821, 1831, de l'autorité supérieure, et ont été insérés dans les archives des lois du royaume. D'autres arrêts, arrêtés, applicables spécialement au typhus, à la clavelée, à la rage, sont sortis à diverses époques des autorités départementales, et insérés dans les archives des départemens. Ces documens précieux, dont les uns sont indispensables, parce qu'ils sont étendus à toute la France, dont les autres peuvent servir de modèles dans quelques localités, m'ont paru importans à connaître et à consulter. Or, les vétérinaires, surtout ceux des départemens, ne peuvent que difficilement se les procurer : les réunir, les classer, les coordonner, était, selon moi du moins, déjà un travail fort utile pour les vétérinaires ; mais j'ai porté mes vues plus loin ; et pour rendre mon travail plus précis, j'ai dû descendre dans la spécialité de la police sanitaire.

Dans. cet ouvrage, je traiterai donc successivement :

1°. De la *police médicale ;* — sa définition ; — son but ; — son importance ; — ses distinctions ; — son histoire ;

2°. Des caractères généraux des *maladies contagieuses*, et des *agens pathogéniques* qui les transmettent ;

3°. Des *lois*, — *arrêts*, — *arrêtés*, — *ordonnances* applicables à *toutes* les maladies contagieuses ;

4°. Des *règles de conduite* à observer par les propriétaires de bestiaux, — les autorités, — les vétérinaires, lors de l'existence des maladies contagieuses ;

5°. Du *typhus contagieux* des bêtes à cornes ; — modes de transmission ; — police sanitaire applicable à cette maladie ;

6°. Des *affections charbonneuses et gangréneuses ;* — modes de transmission ; — police sanitaire applicable à ces affections ;

7°. Des *affections varioleuses;* — modes de transmission ; — police sanitaire applicable à ces maladies ;

8°. De la *morve* et du *farcin ;* — distinctions ; — modes de transmission ; — police sanitaire applicable à ces deux maladies ;

9°. De la *rage ;* — modes de transmission ; — police sanitaire applicable à cette maladie ;

10°. Moyens de police sanitaires applicables à quelques autres maladies contagieuses ;

11°. Modèles de rapports à l'autorité.

Je ne me suis pas dissimulé combien le travail que je m'impose, ainsi qu'il vient d'être présenté dans ce sommaire , était plus long et plus difficile que celui dans lequel j'aurais traité de la police sanitaire en général , et applicable à toutes les maladies contagieuses ; mais je n'ai point hésité un seul instant à l'adopter, parce que , selon moi du moins , il est plus rationnel , qu'il s'éloigne de la théorie, et qu'il a l'immense avantage d'aborder franchement la spécialité pratique.

Dans cette *police sanitaire appliquée* , je ferai connaître d'abord les mesures prescrites par la législation actuelle ; je discuterai ensuite leur valeur, et je chercherai à prouver que les progrès de la science vétérinaire et de l'industrie manufacturière

nécessitent aujourd'hui des modifications importantes à ces dispositions législatives.

Loin de moi cependant l'idée d'offrir mes recherches comme un travail complet sur la police sanitaire des bestiaux. Je suis trop persuadé que les mesures prescrites par les lois sanitaires doivent être
modifiées selon une foule de circonstances qui dépendent de l'espèce de maladie contagieuse, des
lieux où elle se déclare, de ses causes, de ses voies
de communication, des découvertes médicales qui
peuvent être faites sur sa nature et son siége : mais,
du moins, j'aurai la satisfaction d'avoir cherché à
procurer aux vétérinaires des élémens indispensables pour agrandir et perfectionner la médecine vétérinaire dans une de ses applications les plus dignes
d'intérêt, la conservation générale de nos animaux
domestiques.

POLICE SANITAIRE

DES

ANIMAUX DOMESTIQUES,

OU

POLICE SANITAIRE VÉTÉRINAIRE.

---

§ Ier. — Sa définition. — Son but. — Son importance.
— Ses distinctions. — Son histoire.

La police sanitaire des animaux domestiques est
cette partie de la science médicale vétérinaire qui a
pour objet spécial la connaissance des agens propagateurs des maladies contagieuses des animaux domestiques, et des articles de lois, des ordonnances,
arrêtés, arrêts qui peuvent être mis en vigueur par
l'autorité pour soustraire les animaux sains à la contagion. Son but est d'arrêter les progrès des maladies
contagieuses et meurtrières dont les animaux domestiques sont atteints, ou d'en diminuer les ravages.
Elle touche les intérêts de la propriété privée ; elle
intéresse la prospérité de l'industrie agricole, commerciale et manufacturière, et par conséquent la
fortune publique.

Avant d'arriver à cette science si féconde en applications pratiques de la plus grande importance, le vétérinaire doit posséder des notions précises sur les causes générales qui font naître les maladies contagieuses, sporadiques, enzootiques ou épizootiques; les symptômes qui les caractérisent; la marche, la durée, les terminaisons qui les signalent, et les désordres qui en constituent la nature; car, sans cette étude préliminaire et indispensable qui rentre dans le domaine de l'hygiène et de la pathologie, il lui est difficile de se prononcer avec certitude sur les caractères, les dangers réels des maladies contagieuses, et sur les mesures de police sanitaire les plus propres à en borner le développement ou à en circonscrire les ravages.

Dans l'étude de la police sanitaire, le vétérinaire ne doit pas confondre deux parties essentiellement distinctes : l'une, *médicale*, qui s'occupe particulièrement des causes qui propagent et entretiennent la contagion de la maladie aux animaux de la même espèce, ou d'espèce différente, et même à l'homme, ainsi que des moyens à l'aide desquels il est possible de diminuer, d'arrêter, de détruire les moyens de contagion; l'autre, toute *administrative*, qui s'occupe particulièrement des moyens de faire exécuter les mesures sanitaires prescrites par les arrêts ou ordonnances qui ont trait aux maladies contagieuses.

La première, par conséquent, étant essentiellement de la compétence des vétérinaires; la seconde, toute du ressort de la police administrative , appartenant aux autorités municipales. Il nous sera facile de prouver combien les découvertes et les progrès des sciences physiques, chimiques, agricoles et vétérinaires rendent incomplet ou souvent quelquefois inexact ce qui a été dit sous le rapport de la partie médicale; et, partant, de démontrer l'utilité des modifications importantes à apporter dans la partie administrative, qui, comme l'a observé avec beaucoup de raison M. Vatel, doit toujours s'éclairer de ces progrès et de ces découvertes , pour se mettre en harmonie avec les intérêts combinés des propriétaires de bestiaux , des agriculteurs et des manufacturiers. C'est par la démonstration de ces rapports intimes des sciences médicales avec la police administrative , que les vétérinaires doivent s'efforcer de convaincre l'autorité de l'utilité ou de l'inutilité des mesures qui doivent être mises à exécution. C'est par ce point de contact de leurs études avec la prospérité et la sûreté générales , qu'ils feront ressortir l'importance de leurs travaux et acquèreront de nouveaux droits et de nouveaux titres à l'estime publique, qui ne peut faillir aux hommes dont les services contribuent au bien-être de leur pays.

La police sanitaire doit être distinguée de *l'hygiène générale*. Celle-ci embrasse dans ses attributions les préceptes, les moyens généraux propres à entretenir la santé des animaux domestiques pris

collectivement , et **à** les préserver des maladies enzootiques , épizootiques et contagieuses ; science immense , composée de moyens d'hygiène puisés dans
l'économie rurale , les sciences physiques , chimiques , géologiques et médicales.

L'hygiène générale et la police sanitaire , envisagées dans leur application , tendent toutes les deux
au même but , la conservation des bestiaux : mais
l'une comprend la connaissance des causes des maladies générales , contagieuses ou non contagieuses ;
l'autre borne ses moyens à l'étude des agens qui
propagent les maladies contagieuses , dirige et ordonne l'emploi des moyens capables d'en arrêter les
progrès. Ces deux sciences ne doivent donc point
être confondues. Leur réunion constitue les vastes
attributions de *l'hygiène publique.*

On doit distinguer aussi la police sanitaire de la
médecine légale , autre branche de la science vétérinaire applicable aux blessures , aux empoisonne-
mens, à l'asphyxie par étranglement ou par submersion des animaux domestiques.

Notre intention n'est point d'entrer dans les détails qui appartiennent à l'hygiène générale des bestiaux (1). Nos articles se borneront à la police sanitaire proprement dite.

Les médecins, les naturalistes, les agriculteurs,
les poètes grecs et latins qui ont parlé des bestiaux,

---

(1) Voyez l'*Hygiène vétérinaire* publiée par M. Grognier.

n'ont point méconnu le caractère contagieux de quelques maladies épizootiques, les agens qui les entretiennent, les propagent, aussi bien que ceux qui peuvent les borner ou arrêter dans leur marche. COLUMELLE et VIRGILE entre autres, recommandent spécialement, lorsque les moutons sont affectés de *l'ignis sacer*, de les *tuer promptement*, et de les *enterrer avec la peau*. VÉGÈCE, qui écrivait dans l'an 380 de l'ère chrétienne son traité intitulé : *De mulo medicinâ, seu de veterinariâ arte*, insiste sur les précautions à prendre à l'égard des animaux affectés de la *peste*. Il faut, dit Végèce, leur interdire toute *communication* avec les animaux sains, traiter comme *suspects* ou menacés de la même maladie tous ceux qu'on soupçonne les avoir touchés ou approchés, *abandonner* leurs abreuvoirs, leurs pâturages pour un temps, et, en cas de mort, les *enterrer* dans des fosses profondes. Cet auteur et Columelle recommandent de les *émigrer* dans des pâturages éloignés.

Tels sont les renseignemens que nous fournissent les auteurs le plus anciennement connus qui se sont occupés des moyens mis en pratique pour préserver les bestiaux des maladies contagieuses, moyens qui sont encore de nos jours reconnus comme les plus faciles et les plus efficaces.

Ces sages mesures, mises en usage chez les Romains, ont été oubliées ou méconnues en Europe dans le moyen âge, depuis l'an 581 jusqu'à l'an 1514, intervalle de ténèbres, de superstitions et de calamités. Pendant plusieurs siècles, il n'est plus question de moyens salutaires pour préserver les bestiaux des maladies contagieuses. Les ravages occasionnés par ces maladies redoutables étaient attribués à la colère céleste, et regardés comme une punition infligée à l'homme (1). De là, les vœux adressés aux saints protecteurs des bestiaux, les pélerinages à grands frais et à grande pompe pour aller chercher les huiles des lampes de l'église de Saint-Martin de Tours, pour en frotter le corps des bestiaux, ou leur en faire avaler; les processions, les neuvaines, pour implorer la clémence divine; les réunions des bestiaux de toute la commune à la porte des églises pour les faire bénir; les consultations aux sorciers, devins, meiges, leveurs de sorts, qui étaient écoutés comme des oracles. Car, tels étaient les moyens auxquels on eut recours pendant plusieurs siècles pour arrêter les ravages des maladies épizootiques et contagieuses. Tant il est vrai que la superstition, les préjugés absurdes, les pratiques barbares, sont toujours en harmonie avec l'ignorance et la crédulité, sa fidèle compagne. Ces pratiques se perpétuèrent cependant parmi les peuples, malgré les progrès croissans de l'instruction et de la civilisation : et on a lieu d'être surpris, quand on voit qu'en 1774, le gouvernement fut obligé d'intervenir pour les faire cesser dans les

____

(1) Voyez *Anciennes Chroniques et Annales de France.*

provinces méridionales ; et quand on sait que, plus tard, en 1815, on a vu encore dans quelques provinces les pratiques religieuses et les invocations exister comme autrefois.

Cependant les mesures sanitaires préconisées par les Romains ne furent point toujours oubliées. En 1514, Francastor conseilla *l'isolement* des bestiaux sains des malades, lors de l'existence d'une maladie contagieuse qui ravageait les bestiaux des états de Venise : et plus tard, en 1519, quand la peste des bêtes à cornes vint de nouveau enlever les bestiaux des mêmes états, un édit du sénat défendit à tous les particuliers, *sous peine de mort*, de vendre ou distribuer de la chair des bêtes malades, du beurre, du lait ou du fromage d'aucune espèce, sous quelque prétexte que ce fût, attendu que l'usage de ces alimens transmettait la maladie aux hommes.

En 1711, une épizootie contagieuse formidable reparut de nouveau en Italie. Sa nature peu connue, ses progrès rapides, les mortalités effrayantes qu'elle déterminait parmi les bêtes à cornes, répandaient l'alarme de l'Italie dans une partie de l'Europe. Lancizi, Ramazzini, Valisnieri, Nigrisoli, et autres médecins italiens instruits (1), s'occupèrent des moyens d'arrêter un fléau qui enlevait

____

(1) Voyez *Réflexions sur la maladie du bétail*, par la société des médecins de Genève, 1715 et 1745.

tant de bestiaux. Ces hommes recommandables ayant éclairé les magistrats et les particuliers sur les moyens de préserver les bestiaux sains de la contagion, l'autorité rendit des *édits* qui prescrivaient *l'isolement* des animaux malades. Les plus sages mesures furent prises pour empêcher *toute communication des bêtes saines avec les malades;* défense fut faite aux maquignons qui, par un intérêt coupable, *vendraient* ou *conduiraient au loin des bestiaux suspects.* Il fut *défendu* aux *bergers*, aux *bouviers*, de sortir de leurs parcs. On *tua*, sans exception, tous les *chiens* qui n'étaient point à la chaîne; défense fut faite *de faire usage de la chair* des bestiaux. Des précautions minutieuses furent prises à l'égard de *l'enfouissement*, et on empêcha l'usage blâmable de jeter les bestiaux morts dans le Tibre. Enfin, ce fut à cette époque que LANCISI conseilla *l'assommement général* des bestiaux malades; moyen destructeur qui fut négligé dans la patrie de Lancisi, et mis à exécution deux ans après en Angleterre sur 6,000 bêtes à cornes.

En France, seulement en 1714, parut un arrêt du conseil-d'état du roi, concernant les bestiaux morts de maladies contagieuses. Depuis cette date jusqu'à nos jours, et à diverses époques où régnèrent des maladies contagieuses, telles qu'en 1739, 1746, 1771, 1774, 75 et 76, 1778, 1784, 1795, 1815 et 16, des arrêts, des ordonnances, des arrêtés, des circulaires pour arrêter les progrès des maladies contagieuses, furent publiés par les autorités locales ou le gouvernement. Et la matière parut assez grave aux législateurs pour être traitée dans quelques articles du *Code pénal.*

Ce sont ces articles, ces ordonnances, etc., qui composent les bases de la police sanitaire applicable aux maladies contagieuses des animaux domestiques, et qui sont encore mis en vigueur aujourd'hui.

§ II. — CARACTÈRES GÉNÉRAUX DES MALADIES CONTAGIEUSES.

A. *On réserve le nom de maladies contagieuses à toutes les maladies qui ont la propriété de se transmettre, à des animaux en santé de la même espèce ou d'espèce différente, par un agent intermédiaire qui porte le nom de virus, d'élément contagieux.*

Une maladie contagieuse ne peut être regardée comme telle, qu'autant qu'il pourra être bien démontré qu'elle se transmet à des animaux bien portans par le contact médiat, immédiat, ou par la voie de l'inoculation.

B. *La nature, et le siége des maladies contagieuses sont généralement peu connus. Elles se montrent presque toujours avec le type aigu ou sur-aigu, rarement avec le type chronique; quelquefois sporadiques, la plupart se montrent enzootiques ou épizootiques. Toutes ces maladies sont graves et souvent très-meurtrières.*

C. *Les maladies contagieuses se propagent, par contact médiat ou immédiat , dans toutes les saisons , dans toutes les localités , au milieu de toutes les conditions possibles de salubrité , toutes les fois que les animaux se trouvent dans les conditions réclamées par leur mode de transmission.*

La température chaude et atmosphérique , l'insalubrité des logemens , la faiblesse , la mauvaise constitution des animaux , sont les causes principales qui favorisent la contagion des maladies. Les conditions opposées lui sont défavorables , mais ne sauraient l'arrêter.

D. *Toutes les maladies contagieuses examinées isolément dans leur espèce, ont toutes des caractères spéciaux qui se retrouvent sur tous les animaux qui en sont atteints et qui leur donnent , ainsi que l'a exprimé fort bien M. Fodéré, un air de famille.*

En effet, qui a vu une seule fois la clavelée, la rage, et qui verra cent fois ces deux maladies, constatera presque toujours, à part quelques circonstances accidentelles , les grands caractères morbides qui appartiennent à ces maladies. Les succès ou les insuccès des moyens curatifs mis en usage pour combattre les maladies qui nous occupent, en fournissent aussi souvent de très-précieux.

E. *Les maladies contagieuses qui ont été transmises par contagion à des animaux en santé, offrent chez ces derniers tous les caractères qui leur appartiennent, et conservent la propriété de se communiquer à d'autres animaux.*

(19)

Les exceptions à cet égard ne sont point encore confirmées. Cependant le docteur Capello a publié plusieurs faits (1), qui tendraient à prouver l'absence de la contagion de la rage communiquée; le doute doit être un devoir dans cette grave question. On a dit que les virus, en se reproduisant un certain nombre de fois, perdaient de leurs propriétés contagieuses, et qu'ils ne suscitaient le développement que d'affections bénignes. Ces faits paraissent être assez concluans pour les affections varioleuses, mais rien de positif ne prouve qu'il en soit ainsi pour toutes les autres maladies contagieuses.

F. *Les maladies contagieuses étudiées isolément ont toutes des périodes bien tranchées pendant leur cours. Le début, la violence et le déclin sont ces phases remarquables.*

G. *Etudiées sous la forme enzootique ou épizootique, dans un département, un canton, un village, elles offrent également, pendant leur durée, une invasion, une violence et un déclin.*

Développons cette proposition.

Quand une maladie contagieuse générale débute dans une localité, ordinairement elle s'annonce par quelques mortalités; puis elle attaque vivement beaucoup d'animaux à la fois, sa marche est rapide, sa malignité la rend très-meurtrière; ce n'est qu'avec

____

(1) *Archives générales de médecine* 1834, et *Recueil de médecine vétérinaire* même année.

peine qu'il est possible d'obtenir quelques guérisons. C'est le *début* ou *l'invasion.*

Bientôt elle se propage d'une manière effrayante, tue presque tous les animaux qu'elle attaque, résiste à tous les traitemens mis en usage pour la combattre favorablement jusqu'alors : c'est la période de *violence* ou de *malignité.*

Plus tard , on la voit devenir moins contagieuse; ses symptômes sont moins alarmans , sa durée est plus longue , ses terminaisons plus heureuses : c'est la période de *déclin* ou de *bénignité.*

Les localités où débute la maladie, le nombre des animaux qu'elle attaque ou qui sont exposés à la contagion, apportent beaucoup de modifications dans ses progrès, sa malignité ou sa bénignité. Dans les localités chaudes et humides , dans celles qui sont entourées de marécages , ou de foyers d'infection , dans celles où les animaux sont entassés dans des logemens mal aérés et infects , dans celles aussi où les animaux sont d'une constitution lymphatique ; dans celles enfin où il existe des rassemblemens nombreux de bestiaux destinés aux approvisionnemens des armées , les maladies contagieuses ont toujours fait des ravages beaucoup plus considérables que dans les localités où ne se rencontrent pas ces circonstances favorables à leur malignité.

H. *La marche et les progrès d'une maladie contagieuse générale après son début isolé dans une localité, s'opère dans toutes les directions avec plus ou moins de rapidité, selon les voies ouvertes à la conta-gion; rarement cette marche est rétrograde. Sa durée dans cette même localité est toujours limitée.*

Les maladies les plus graves qui aient existé parmi les bestiaux, n'ont pas persisté au-delà de dix années. Cette durée, d'ailleurs, est d'autant plus courte, que les mesures sanitaires prises contre la contagion sont mieux ordonnées et mieux mises à exécution.

I. *Les maladies contagieuses qui ont régné épizootiquement sur les bestiaux d'une contrée, peu-vent y reparaître une seconde fois par voie de conta-gion.*

L'observation a fait constater que, dans ces retours malheureux, la maladie conservait quelquefois son caractère de malignité.

J. *Quelques maladies contagieuses n'affectent les bestiaux qu'une seule fois : ce sont les maladies va-rioleuses.*

Cette propriété, qui met les animaux à l'abri de toute récidive, est contestée à l'égard du typhus va-rioleux.

Tels sont les caractères généraux que nous croyons devoir assigner aux maladies contagieuses. Bien qu'ils soient assez tranchés, ils ne sont cependant pas toujours constans ; la nature de la maladie conta-gieuse, ses complications, les causes qui la propa-gent, les localités où elle se déclare, peuvent les modifier beaucoup ; mais plusieurs d'entre eux exis-teront toujours.

§ III. — CARACTÈRES GÉNÉRAUX DES AGENS PATHOGÉNIQUES DES MALADIES CONTAGIEUSES.

Définition. — Génération. — Conservation des virus. — Introduction. — Incubation. — Développement.

Les agens qui transmettent les maladies contagieuses ont reçu les noms de *virus*, d'*élémens* ou de *principes* contagieux.

A. *Définition.* Les virus sont des produits morbides fixes ou volatils dont la nature et la source ne sont pas encore bien connues, qui, déposés sur les tissus vivans et vasculaires, puis entraînés dans les humeurs, ont la propriété de faire naître une maladie semblable à celle qui leur a donné naissance.

Cette définition établit une distinction entre les virus, les venins, les poisons et les émanations miasmatiques qui, eux aussi, sont capables de déterminer des maladies (1).

B. *Génération.* La naissance de la matière conta-

----

(1) Les venins sont des produits de sécrétion normale, propres à quelques reptiles, comme les serpens, les vipères, ou à quelques insectes, comme les guêpes, les frêlons, les abeilles, qui introduits dans les fluides animaux, déterminent une affection locale, puis générale, qui n'a point la propriété de se transmettre à un autre animal.

Les poisons sont des agens toxiques, puisés dans le règne minéral ou végétal, qui, mis en contact avec les tissus vivans, ou

gieuse a fait depuis long-temps le sujet de nombreuses et pénibles recherches ; elle a été l'objet de vives discussions et de fréquentes controverses. Aujourd'hui cette matière est loin d'être éclaircie. On est réduit encore à se demander comment les virus naissent, s'engendrent et se reproduisent ? Si leur présence dans l'économie constitue essentiellement la maladie, ou bien s'ils en sont la conséquence morbide ? Nous laisserons de côté cette partie si obscure de la pathogénésie, où nous ne rencontrerions rien d'utile pour la police sanitaire : ce qu'il nous importe de faire connaître succinctement, ce sont les formes, les véhicules, les modes de transmission, etc., des virus.

C. *Distinction.* Les élémens contagieux sont unis à des véhicules fixes, tels que les sérosités du sang, du tissu cellulaire, des pustules, des vésicules de la peau ou des muqueuses ; le pus, les mucus nasal, buccal, pulmonaire, intestinal, génito-urinaire ; la

---

déposés dans les organes, suscitent à leur manière des désordres graves ou mortels, selon leur nature et leur dose.

Les émanations ou les miasmes sont des produits volatils gazeux, unis à la vapeur d'eau ou à des gaz, tels que l'hydrogène, l'azote, etc., qui tirent leur origine de la fermentation, de la décomposition putride, des matières végétales (émanations délétères), ou animales (émanations sceptiques), lesquelles introduites dans l'économie, suscitent le développement de maladies graves qui ont, ou n'ont pas, la propriété d'être contagieuses.

salive : ce sont les *élémens contagieux fixes* ou *virus fixes*. D'autres fois , naissant sous la forme de vapeur , ils sont unis à la vapeur d'eau renfermée dans l'air, ou à des produits gazeux : cette vapeur contagieuse s'échappe de la peau , de l'appareil respiratoire, des matières excrémentitielles , solides ou liquides, et forme avec l'air une atmosphère qui entoure l'animal malade , qui porte le nom d'*atmosphère contagieuse : ce sont les élémens contagieux volatils , virus volatils*.

Les virus fixes ne transmettent la contagion qu'autant qu'ils sont déposés sur des parties vivantes et absorbantes , soit par le contact immédiat de l'animal malade avec l'animal sain , soit par des corps intermédiaires qui portent ces virus et qui les mettent en rapport avec les animaux.

Les élémens contagieux vaporeux ont des voies de transmission plus multipliées et beaucoup plus subtiles. L'atmosphère contagieuse peut être déplacée , entraînée et portée au loin par des courans d'air que respirent les animaux en santé placés à une distance plus ou moins grande. Les hommes qui touchent ou qui approchent les animaux malades ; les animaux de toutes espèces , les alimens , les fumiers , les instrumens de pansement , les vêtemens des hommes , et en général tous les corps qui ont séjourné dans cette atmosphère , sont capables de transporter la contagion à une grande distance.

De la distinction de ces deux espèces d'élémens

contagieux découlent des applications précises pour soustraire les animaux en santé à la contagion. En effet, si l'élément est fixe, il suffira d'isoler complétcment les animaux bien portans des malades, et de désinfecter les objets qui ont été imprégnés de virus. Au contraire, si le principe contagieux est volatil, non-seulement les mêmes mesures devront être prises, mais encore le cas exigera l'éloignement de tous les corps qui ont séjourné dans l'air contagieux, et la purification de cet air.

D. *Conservation*. Les virus qui ont pour véhicule une matière fixe, soustraits à l'action de l'air, de la chaleur et de l'humidité, conservent pendant plusieurs jours toutes leurs propriétés. Les virus de la clavelée, du typhus varioleux, sont dans ce cas ; mais on ne sait pas au juste quel est le temps pendant lequel les virus exposés à ces trois agens dissolvans des matières animales peuvent conserver leurs propriétés virulentes. Dirons-nous, avec Fracastor et quelques médecins contemporains, que les élémens contagieux peuvent se conserver intacts pendant des semaines, des mois, des années même, et être transportés à des distances fort éloignées par des corps animés ou inanimés ? Ce serait trop exagérer la conservation malfaisante des virus. Dirons-nous, avec d'autres pathologistes, qui n'osent pas nier tout-à-fait l'existence des virus, qu'ils perdent très-rapidement leurs propriétés ? Ce serait tomber dans une autre exagération beaucoup plus funeste que la première. L'observation de faits bien constatés est le seul guide que l'on doit consulter à cet égard : et, dans le doute, ici plus que dans toute autre circonstance, on doit s'abstenir. Au surplus, nous attacherons à ce sujet plus de précision en traitant de chaque maladie contagieuse en particulier.

E. *Voies par lesquelles les virus s'introduisent dans l'économie.* — Les surfaces, *cutanée*, *digestive* et *pulmonaire*, les *plaies de toutes les parties vivantes*, sont les voies les plus communes ouvertes à la contagion.

La surface cutanée supposée intacte ne permet guère, au moins dans tous les grands animaux domestiques, l'introduction de virus par absorption. Pourvue d'un épiderme très-épais, garnie de beaucoup de poils qui l'isolent en grande partie des corps extérieurs, cette surface ne saurait, selon nous, donner accès au virus qu'auprès des ouvertures naturelles, là où elle est très-fine. Partout ailleurs, on doit supposer, ou bien que l'épiderme a été ramolli, pénétré par la matière virulente, ou bien que cette couche inorganique a été détruite en tout ou en partie.

Les élémens contagieux déposés sur les alimens dont les animaux se nourrissent, ont une voie plus sûre à la contagion, mais non toujours certaine. L'élément contagieux soumis dans le tube digestif à l'action des fluides alcalins qui s'y trouvent, atténué par la digestion, décomposé peut-être, doit éprouver au moins beaucoup de modifications dans ses propriétés. Ce fait est incontestable, et a été prouvé par l'expérience. Cependant ces altérations doivent être légères ou n'exister point, si l'estomac est vide; et alors le virus qui y est introduit ne peut-il pas être rapidement absorbé? Cette supposition ne nous semble point tout-à-fait gratuite. Il n'est peut-être pas un praticien qui ait soigné des bêtes à cornes, qui n'ait constaté les accidens graves déterminés par la déglutition de la liqueur renfermée dans les vésicules de la langue, dans le glossantrax de ces animaux.

La surface très-étendue des voies respiratoires donne un accès facile et toujours constant aux virus volatils unis à l'air. Déposés sur la muqueuse fine, vasculaire et très-absorbante de ces voies, les élémens contagieux sont rapidement absorbés et portés dans le torrent circulatoire.

En général, quelle que soit la partie vivante sur laquelle les virus sont déposés, leur absorption est d'autant plus rapide que l'estomac est plus vide d'alimens, l'animal faible, et le système circulatoire moins rempli de sang.

F. *Action sur l'économie.* La cause qui fait naître la maladie que le virus transmet, est entourée d'un voile aussi obscur que celui qui cache la formation des élémens contagieux. — Peut-on dire, avec quelques naturalistes, que les virus sont des germes qui naissent et se reproduisent à la manière des êtres microscopiques, lorsqu'ils se trouvent dans certaines conditions de l'animalité? Ou doit-on admettre que les virus sont des espèces de *fermens* capables de faire naître une fermentation animale qui, dans certaines conditions de l'économie, deviendrait la source de la maladie? Dirons-nous, avec quelques pathologistes modernes, que les virus sont des *stimulans spécifiques* agissant à une dose infiniment petite sur les solides ou les liquides? Nous n'osons rien avancer sur cette question qui nous paraît très-difficile à traiter; et, malgré les raisonnemens plus ou moins spécieux qui ont été établis sur ces trois hypothèses, notre opinion est que l'action des élémens contagieux sur les parties vivantes, est un phénomène morbide dont le mode d'accomplissement est encore inconnu aujourd'hui.

G. *Incubation*. Les virus introduits dans l'économie ne déterminent pas toujours aussitôt la maladie qu'ils transportent. Ils y séjournent un temps plus ou moins long avant de la faire naître. Ce temps porte le nom d'*incubation*.

L'incubation est assez constante dans quelques maladies contagieuses; dans d'autres, elle n'a rien de fixe. De là des indications de police sanitaire que nous ferons connaître en traitant de chaque maladie contagieuse en particulier. Plusieurs virus instroduits à la fois ou successivement dans les parties vivantes peuvent avoir chacun une incubation séparée et indépendante. Ainsi, une bête à laine à laquelle on aurait inoculé la clavelée, et qui, à la même époque, aurait été mordue par un chien enragé, pourrait contracter en même temps ou successivement la clavelée ou la rage. De là encore des indications de police sanitaire que nous ferons connaître plus tard

H. *Disposition de l'économie à contracter la maladie.* On sait qu'au milieu d'un foyer de contagion des plus subtils, presque toujours, fort heureusement, des animaux résistent à la contagion, que d'autres contractent une maladie bénigne, et qu'un plus grand nombre sont attaqués d'une affection maligne et promptement mortelle. On s'est demandé à quoi pouvaient se rattacher ces phénomènes pathologiques si opposés ? On a pensé qu'il existait une prédisposition, que d'autres personnes ont nommée aptitude, pendant laquelle l'économie serait plus ou moins disposée à contracter les affections contagieuses. Sans rejeter cette explication qui paraît satisfaisante à beaucoup de pathologistes, n'est-il pas aussi raisonnable d'admettre que les conditions qu'entraîne toute contagion capable de faire naître une maladie, rendent aussi bien, peut-être mieux, raison du phénomène dont il s'agit. En effet, toute contagion suppose quatre conditions rigoureusement indispensables qui sont : 1° la présence d'un virus ; 2° l'intégrité de ce virus ; 3° le dépôt de ce virus sur des parties vivantes et absorbantes ; 4° l'absorption de ce virus et son association aux parties vivantes. Or, si l'absence d'une de ces quatre conditions annule complétement la contagion, ne peutil pas arriver que, sur plusieurs animaux, l'une d'elles ne soit pas remplie? et alors on concevra facilement pourquoi les animaux résisteront à la contagion. Cependant nous sommes loin de nier l'influence de la prédisposition ; nous l'admettons même comme cinquième condition nécessaire à l'accomplissement de la transmission d'une maladie.

§ IV. — DES ARTICLES DE LOIS, ORDONNANCES, ARRÊTS APPLICABLES A TOUTES LES MALADIES CONTAGIEUSES (1).

Il n'existe point de *loi spéciale* sur la police sanitaire des animaux domestiques. Quelques ar-

---

(1) Les *lois* sont faites par le concours du roi et des chambres, et promulguées selon les formes prescrites. Elles sont exécutoires tant qu'elles ne sont pas modifiées, changées ou annulées par des *lois* postérieures.

Les *ordonnances* émanent du roi, sous le contre-seing d'un ministre (*ordonnance royale*); d'un ministre seulement (*ordonnance ministérielle*); ou du préfet de police (*ordonnance de la préfecture de police*), selon l'importance et la nature des matières auxquelles elles s'appliquent. Ces dernières n'ont force d'exécution que dans le département de la Seine.

Ces ordonnances peuvent être abrogées, modifiées ou maintenues en totalité ou en partie par de nouvelles ordonnances

ticles du Code pénal, des ordonnances émanées de l'autorité municipale supérieure, composent la partie de notre législation sanitaire qui a trait à *toutes* les maladies contagieuses.

ARTICLES DE LOIS.

Décret de l'Assemblée constituante concernant les biens et usages ruraux et la police rurale, du 6 octobre 1791.

Titre Ier, section 4, art. 19. — Titre II, art. 23. Et titre XI, art. 13.

Titre 1er, § 4, art. 19. — Aussitôt qu'un propriétaire aura

---

rendues par l'autorité dont elles émanent. Les ordonnances sur la police sanitaire sont souvent suivies de mémoires instructifs auxquels elles donnent la forme exécutoire.

Les arrêts, en ce qui regarde la police sanitaire, sont des décisions émanées autrefois de diverses réunions qui statuaient souverainement, telles que le conseil-d'état le roi y étant, la cour du parlement, la constituante, la convention, le directoire exécutif. Ces arrêts ont encore force de loi aujourd'hui; la validité en est maintenue par la dernière ordonnance concernant les maladies contagieuses, du 27 janvier 1815, et l'article 484 du Code pénal.

Les arrêtés sont des décisions prises par les préfets, les sous-préfets et les maires, qui prescrivent des mesures de police municipale en ce qui touche la police rurale, et particulièrement les maladies contagieuses. Les attributions des officiers municipaux à cet égard, sont fixées par les décrets de l'Assemblée constituante des 16-24 août 1790, et 6 octobre 1791.

un troupeau malade (bêtes à cornes, à laine ou porcs), il sera tenu d'en faire la *déclaration* à la municipalité : elle assignera sur le terrain de parcours ou de la vaine pâture, si l'un ou l'autre existe dans la paroisse, un espace où le troupeau malade pourra pâturer exclusivement, et le chemin qu'il devra parcourir pour se rendre aux pâturages. Si ce n'est point un pays de parcours ou de vaine pâture, le propriétaire sera tenu de ne point faire sortir de ses héritages son troupeau malade.

Titre 2, art. 23. — Un troupeau atteint de maladies contagieuses qui sera rencontré au pâturage sur les terres du parcours ou de la vaine pâture autres que celles qui auront été désignées pour lui seul, pourra être saisi par les gardes-champêtres, et même par toute personne ; il sera ensuite mené au lieu du dépôt qui sera indiqué à cet effet par la municipalité.

Le maître de ce troupeau sera condamné à une amende de la valeur d'une journée de travail par tête de bête à laine, et à une amende triple par tête d'autre bétail. Il pourra, en outre, suivant la gravité des circonstances, être responsable du dommage que son troupeau aurait occasionné, sans que cette responsabilité puisse s'étendre au-delà des limites de la municipalité.

A plus forte raison cette amende et cette responsabilité auront lieu si ce troupeau a été saisi sur les terres qui ne sont point sujettes au parcours ou à la vaine pâture.

Titre 2, art. 13. — Les bestiaux morts seront enfouis dans la journée, à quatre pieds de profondeur, par le propriétaire et dans son terrain, ou voiturés à l'endroit désigné par la municipalité pour y être également enfouis, sous peine par le délinquant de payer une amende d'une journée de travail et les frais de transport ou d'enfouissement.

Articles du Code pénal qui ont trait à toutes les maladies contagieuses des bestiaux.

Ce sont les articles 459, 460, 461 et 462.

Art. 459. — Tout détenteur ou gardien d'animaux ou de bestiaux *soupçonnés* d'être *infectés* de maladies contagieuses, qui n'aura pas averti sur-le-champ le maire de la commune où ils se trouvent, et qui même, avant que le maire ait répondu à l'avertissement, ne les aura pas tenus renfermés, sera puni d'un emprisonnement de six jours à deux mois, et d'une amende de seize francs à deux cents francs.

Art. 460. — Seront également punis d'un emprisonnement de deux mois à six mois et d'une amende de cent francs à cinq cents francs, ceux qui, au mépris des défenses de l'administration, auront laissé leurs animaux ou bestiaux infectés communiquer avec d'autres.

Art. 461. — Si de la communication mentionnée au précédent article il est résulté une contagion parmi les autres animaux, ceux qui auront contrevenu aux défenses de l'autorité administrative seront punis d'un emprisonnement de deux ans à cinq ans, et d'une amende de cent francs à mille francs, le tout sans préjudice de l'exécution des lois et réglemens relatifs aux maladies épizootiques, et de l'application des peines y portées.

Art. 462. — Si les délits de police correctionnelle dont il est parlé au précédent chapitre ont été commis par des gardes-champêtres ou forestiers, ou des officiers de police, à quelque titre que ce soit, la peine d'emprisonnement sera d'un mois au moins et d'un tiers au plus en sus de la peine la plus forte qui serait appliquée à un autre coupable du même délit.

Arrêts applicables à toutes les maladies contagieuses.

Ces arrêts sont :

1° *L'arrêt du conseil-d'état du roi, du* 10 *avril* 1714 ;

2° *L'arrêt du conseil-d'état du roi, du* 16 *juillet* 1784.

Ces deux arrêts, aussi bien que tous ceux qui sont applicables à quelques maladies particulières que nous ferons connaître plus loin , ont force de loi d'après l'article 484 du Code pénal.

Voici cet article.

Art. 484. — Dans toutes les matières qui n'ont pas été réglées par le présent Code, et qui sont régies par des lois et réglemens particuliers, les cours et les tribunaux continueront de les observer.

1° *Arrêt du conseil-d'état du roi, du* 16 *avril* 1714.

Le roi ayant été informé que dans les lieux du royaume où les bestiaux sont attaqués de maladies, la plupart des propriétaires abandonnent dans la campagne et sur les chemins ceux qui meurent, après en avoir fait arracher et enlever les peaux ; et sa majesté voulant prévenir le mal qui pourrait en arriver : ouï le rapport du sieur Desmarest, conseiller ordinaire au conseil royal, contrôleur général des finances ; *sa majesté étant en son conseil*, a ordonné et ordonne, que tous les propriétaires de *bœufs, vaches, moutons, brebis* et *agneaux, chèvres, boucs* et *autres bestiaux*, qui viendront à mourir, soit dans leur maison, ou à la campagne, seront tenus de les faire mettre sur-le-champ dans la terre jusqu'à *trois pieds de profondeur, sans pouvoir en prendre ni enlever les peaux, sous quelque prétexte que ce soit,* le tout à peine de cent livres d'amende pour chaque contravention, applicable moitié au dénonciateur, et l'autre au profit de l'hôpital le plus prochain ; et de peine afflictive en cas de récidive, sans préjudice de l'amende qui sera de deux cents livres, applicable comme ci-dessus : enjoint sa majesté aux sieurs intendans et commissaires départis dans les provinces et généralités du royaume, et à tous officiers royaux ou autres, de tenir la main à l'exécution du présent arrêt.

Fait au conseil-d'état du roi, sa majesté y étant, tenu à Versailles, le dixième jour d'avril mil sept cent quatorze.

Signé PHELYPEAUX.

Arrêt du conseil-d'état du roi, pour prévenir les dangers des maladies des animaux, et particulièrement de la morve.

Du 16 juillet 1784.

Le roi étant informé des ravages qu'occasionnent sur les animaux, dans différentes provinces de son royaume, les maladies contagieuses dont ils sont attaqués, notamment celle de la *morve*; et considérant que cette maladie, contre laquelle on n'a trouvé jusqu'à présent aucun remède curatif, se communique, se propage et se perpétue par toutes sortes de voies ; que l'écurie où un cheval atteint de la morve n'a fait que passer, les harnois et tout ce qui lui a servi, reçoivent et communiquent ce vice épidémique, qui ne tarde pas à se développer ; qu'une des causes principales de la contagion ne peut être attribuée qu'à la négligence et à un intérêt mal entendu des propriétaires, marchands de chevaux et de bestiaux, qui, au lieu de déclarer le mal dès son principe, cherchent à le déguiser, jusqu'à ce que les animaux qui en sont atteints soient absolument hors d'état de service ; que des écarrisseurs et autres, après avoir acheté des chevaux et bêtes frappés de mal, sous prétexte de les guérir ou de les abattre, en font un trafic funeste, même dans la vente des parties mortes; sa majesté jugeant nécessaire de réprimer des abus aussi contraires à l'agriculture et au commerce, et voulant y pourvoir : ouï le rapport du sieur de Calonne, conseiller ordinaire au conseil royal, contrôleur général des finances, le roi, étant en son conseil, a ordonné et ordonne ce qui suit :

Art. 1er. — Toutes personnes, de quelque qualité et condition qu'elles soient, qui auront des chevaux et bestiaux atteints ou soupçonnés de la *morve* ou de toute autre maladie contagieuse, telles que le *charbon*, la *gale*, la *clavelée*, le *farcin* et la *rage*, seront tenues, à peine de cinq cents francs d'amende, d'en faire sur-le-champ leur déclaration aux maires, échevins ou syndics des villes, bourgs et paroisses de leur résidence, pour être lesdits chevaux et bestiaux vus et visités sans délai, en la présence desdits officiers, par les experts vétérinaires les plus prochains, lesquels se transporteront à cet effet dans les écuries, étables et bergeries, pour reconnaître et constater exactement l'état des chevaux et animaux qui leur auront été déclarés.

Art. 2. — Autorise, sa majesté, les sieurs intendans et commissaires départis dans les différentes provinces du royaume, à nommer autant d'experts qu'ils le jugeront à propos pour lesdites visites, choisis par préférence parmi *les élèves des écoles vétérinaires ; à leur défaut, parmi les maréchaux ou autres, qui auront les certificats d'étude et de capacité du directeur de l'école vétérinaire, ou qui auront subi un examen sur les demandes qui leur seront faites en présence dudit sieur commissaire par deux artistes vétérinaires du département.*

Art. 3. — Seront tenus lesdits experts de *prêter leur ministère* toutes fois et quantes ils en seront *requis* par les officiers de *maréchaussée, subdélégués, officiers municipaux et syndics,* pour examiner les chevaux et bestiaux suspects, comme aussi de se transporter à cet effet dans les marchés publics et dans les écuries des maîtres de postes, des entrepreneurs de messageries ou roulages et loueurs de chevaux, même aussi dans les écuries, étables et bergeries des particuliers , sur les déclarations et dénonciations de mal contagieux qui auraient été faites à leur égard, en se faisant toutefois, audit cas, *autoriser* par le juge du lieu, et *accompagner d'un officier municipal* ou *du syndic de la paroisse.* Fait défenses sa majesté à toutes personnes de refuser l'entrée de leurs écuries, étables et bergeries auxdits experts *ainsi assistés*, et d'apporter aucun obstacle à ce qu'il soit procédé, conformément à ce que dessus, auxdites visites, dont il sera dressé procès-verbal, lors duquel, en cas de difficultés, les parties intéressées pourront faire tels dires et réquisitions qu'elles aviseront, et il y sera statué, provisoirement et sans aucun délai, par le juge qui aura autorisé la visite.

Art. 4. — Défenses sont faites à tous *maréchaux*, *bergers* et *autres*, de *traiter* aucun animal attaqué de la maladie contagieuse et pestilentielle, *sans en avoir fait la déclaration aux officiers municipaux ou syndics de leur résidence*, lesquels en rendront compte sur-le-champ au subdélégué, qui fera appliquer sans délai sur le front de la bête malade un cachet en cire verte portant ces mots : ANIMAL SUSPECT ; pour, dès cet instant, être, les chevaux ou autres animaux qui auront été ainsi marqués, conduits et enfermés dans *des lieux séparés et isolés.* Fait pareillement défenses sa majesté à toutes personnes de les laisser communiquer avec d'autres animaux, ni de les laisser vaguer dans des pâturages communs; le tout sous la même peine d'amende.

Art. 5. — Les chevaux qui auront été attaqués de la *morve*, et les autres bestiaux dont la *maladie contagieuse aura été reconnue incurable par les experts*, seront abattus sans délai, ensuite *ouverts par lesdits experts*, lesquels appelleront à l'abattage et ouverture desdits animaux un officier municipal ou syndic, qui en dressera procès-verbal, pour être envoyé audit sieur commissaire départi ou à son subdélégué; et ce procès-verbal contiendra en détail le genre et le caractère de la maladie de l'animal, et les précautions pour éviter la contagion.

Art. 6. — Les chevaux et bestiaux morts et abattus pour cause de morve, ou de toute autre maladie contagieuse pestilentielle, *seront enterrés (chairs et ossemens)* dans des fosses de trois mètres vingt centimètres (dix pieds) de profondeur, qui ne pourront être ouvertes plus près de cent quatre-vingt-quatorze mètres dix-huit décimètres (cent toises) de toute habitation, et les peaux en seront tailladées; les écuries dans lesquelles auront séjourné des chevaux morveux, ainsi que les étables et bergeries qui auront servi aux animaux attaqués de maladies contagieuses, seront, à *la diligence des officiers municipaux et experts*, aérées et purifiées; lesdits lieux ne pourront être occupés par aucuns autres animaux que lorsqu'ils auront été purifiés, et qu'il se sera écoulé un temps suffisant pour en ôter l'infection; les équipages, harnois, colliers, *seront brûlés* ou *échaudés*, conformément à ce qui sera prescrit par le procès-verbal d'abattage qui aura été dressé, et dont sera laissé copie, pour, par les propriétaires ou autres, s'y conformer, ainsi qu'à toutes les précautions qui auront été indiquées par les *experts*, à l'effet d'éviter la contagion; le tout sous la même peine de cinq cents francs d'amende.

Art. 7. — Fait sa majesté défenses, sous les mêmes peines, à tous marchands de chevaux et autres, *de détourner*, sous quelque prétexte que ce soit, *vendre* ou *exposer en vente*, dans les *foires* et *marchés*, ou *partout ailleurs*, des chevaux ou bestiaux *atteints* ou *suspectés* de *morve* ou de *maladies contagieuses*; et aux hôteliers, cabaretiers, laboureurs et autres, de recevoir dans leurs écuries ou étables ordinaires aucuns chevaux ou animaux soupçonnés de semblables maladies, auquel cas ils seront tenus d'en faire aussitôt la déclaration ci-dessus prescrite.

Art. 8. — Autorise sa majesté lesdits sieurs commissaires départis et leurs subdélégués à commettre dans les villes, bourgs et villages de leurs généralités, tel nombre d'écarrisseurs qui sera jugé nécessaire, lesquels *seuls* pourront faire l'enlèvement et écarrissage des animaux morts dans les arrondissemens qui leur seront prescrits, auxquels il sera délivré, sans frais, une commission par lesdits sieurs intendans et subdélégués, sans qu'aucuns autres puissent s'immiscer dans l'écarrissage des chevaux et bestiaux, à peine de prison.

Art. 9. — Les écarrisseurs ne pourront, sous peine d'être déchus de leur commission, d'amende, ou de telle autre punition qu'il appartiendra, *vendre et débiter* aucune *viande* qui proviendra de chevaux ou animaux qui, suivant l'article 2, auront été abattus pour être enterrés.

Art. 10. — Autorise sa majesté toutes personnes à dénoncer les contraventions qui pourront être faites aux dispositions du présent arrêt ; et lorsqu'elles auront été bien et duement constatées, le tiers des amendes qui auront été prononcées, et qui seront payables sans déport, appartiendra au dénonciateur, auquel il sera accordé en outre une récompense proportionnée au mérite de la dénonciation.

Art. 11. — Seront tenus les maires et échevins dans les villes, et les syndics dans les campagnes, d'informer, au premier avis qu'ils en auront, les intendans et leurs subdélégués des maladies contagieuses ou épizootiques qui se manifesteront dans l'étendue de leur arrondissement, à peine d'être rendus personnellement responsables de tous dommages qui pourraient résulter de leur négligence.

Art. 12. — Toutes les amendes encourues aux termes des articles ci-dessus seront payées sans déport, et les contrevenans y seront contraints par toutes voies dues et raisonnables, même par emprisonnement de leurs personnes.

Art. 13. — Et seront les ordonnances rendues pour la police du marché aux chevaux, et notamment celle du 8 juillet 1763, exécutées en leur contenu.

Art. 14. — Ordonne sa majesté que, conformément aux attributions ci-devant données tant au sieur lieutenant-général de police de la ville de Paris, qu'aux sieurs commissaires départis dans les provinces du royaume, chacun en droit soi, ils continuent d'avoir, exclusivement à tous autres juges, la connaissance des contestations qui pourraient survenir sur l'exécution du présent arrêt, ainsi que *des précédens réglemens* et *ordonnances* intervenus au même sujet, sauf l'appel au conseil; leur enjoint, ainsi qu'aux maires, échevins et syndics, de tenir la main à l'exécution du présent arrêt, et aux officiers et cavaliers de maréchaussée et tous autres, de prêter la main-forte et l'assistance nécessaires à cet effet.

Fait au conseil-d'état du roi, sa majesté y étant, tenu à Versailles, le 16 juillet 1784.

Signé le baron DE BRETEUIL.

Pour le département de la Seine, indépendamment des ordonnances ci-dessus, le préfet de police public des ordonnances spécialement pour la ville de Paris et les sous-préfectures des arrondissemens de Saint-Denis et de Sceaux. Elles prescrivent des mesures sanitaires particulières applicables à toutes les maladies contagieuses.

Quatre ordonnances de police ont paru jusqu'aujourd'hui. La première est du 21 février 1820; la seconde, du 16 avril 1825; la troisième, du 1er juillet 1829; et la quatrième est du 17 février 1831.

Cette dernière renfermant toutes les dispositions de celles qui lui sont antérieures, nous pensons qu'il est inutile de faire connaître celles-ci.

Ordonnance concernant les chevaux et autres animaux vicieux ou attaqués de maladies contagieuses.

Paris, le 17 février 1831.

Nous, conseiller-d'état, préfet de police;

Vu, 1° l'arrêté du conseil-d'état, du 16 juillet 1784, dont les dispositions sont maintenues par l'article 484 du Code pénal;

2° La loi des 16-24 août 1790;

3° Le § III de l'article 20, titre 1er, section IV de la loi du 6 octobre 1791;

4° Les arrêtés du gouvernement, des 12 messidor an VIII et 3 brumaire an IX;

5° Les articles 423, 459, 460 et 461 du Code pénal;

6° Les ordonnances de police des 16 avril 1825, et 1er juillet 1829;

7° L'arrêté du ministre de l'intérieur, en date du 11 septembre 1813;

Considérant que les mesures prises jusqu'à ce jour à l'égard des chevaux malades ou vicieux, n'ont point eu assez d'efficacité, et qu'il est dans l'intérêt général, aussi bien que dans celui des entrepreneurs de voitures, qu'aucun de ces animaux ne paraisse sur les places de stationnement ou sur tel autre point de la voie publique;

Ordonnons ce qui suit :

Art. 1er. — Il est défendu de vendre et d'exposer en vente, dans les marchés et partout ailleurs, des chevaux, mulets et autres animaux atteints ou présentant des symptômes de maladies contagieuses.

Il est également défendu de faire stationner sur les places de voitures de louage, ou d'employer à un service public quelconque, des chevaux atteints de maladies contagieuses, vicieux, ou hors d'état de faire le service.

Art. 2. — Toute personne qui aurait en sa possession des chevaux ou autres animaux atteints ou présentant des symptômes de maladies contagieuses, sera tenue d'en faire sur-le-champ sa déclaration, savoir : dans les communes rurales du ressort de la préfecture de police, devant le maire; et à Paris, devant un commissaire de police.

Art. 3. — Il sera fait de fréquentes visites par l'artiste vétérinaire de notre préfecture, ou par tout autre préposé que nous
désignerons à cet effet, soit dans les marchés, soit sur les places
affectées au stationnement des voitures de place, et sur tous
autres points de la voie publique, à l'effet de rechercher les animaux atteints de maladies contagieuses, vicieux, ou hors d'état
de faire le service public auquel ils sont employés.

Art. 4. — Les animaux dont il est question en l'article précédent seront conduits, dans les communes rurales, devant les
maires ; et à Paris, à la fourrière.

Le propriétaire sera requis de se présenter sur-le-champ,
pour être procédé en sa présence à la visite par l'expert vétérinaire de la préfecture de police.

Si le propriétaire consent à ce que l'animal soit abattu, il sera
marqué d'une M pour être livré à l'écarrisseur, entre les mains
duquel il devra être remis sans délai ; il sera dressé de cette visite un procès-verbal qui contiendra le consentement d'abattage.

Si le propriétaire ne consent pas à l'abattage, il nommera un
expert : en cas de dissidence, il sera nommé par nous un tiers
expert ; le procès-verbal nous sera adressé immédiatement, pour
être par nous statué ce qu'il appartiendra. Dans tous les cas,
l'abattage devra avoir lieu en présence de l'artiste vétérinaire,
qui nous en rendra compte.

Si les animaux sont reconnus sains, ils seront remis à leurs
propriétaires.

Art. 5. — Après l'accomplissement des formalités prescrites
par l'article précédent, s'il est décidé que la maladie n'est pas incurable, ou si l'animal est seulement reconnu vicieux, ou impropre au service public auquel il est employé, il sera remis à
son propriétaire ; mais il sera marqué au préalable, d'un signe
représentant *une équerre tracée au ciseau, au défaut de l'épaule
gauche.*

Il ne pourra être employé de nouveau à un service public,
avant que l'artiste vétérinaire de notre préfecture ait constaté,

par un certificat dont le conducteur sera porteur, qu'il est en état de faire le service.

Faute par le conducteur d'exhiber ce certificat, le cheval sera renvoyé à son propriétaire, sans préjudice des peines de police encourues.

Art. 6. — Les visites ordonnées par l'article 3 de la présente ordonnance, seront faites également dans les écuries des entrepreneurs de diligences et messageries, des aubergistes, voituriers, rouliers, maîtres de postes, loueurs de voitures et marchands de chevaux.

L'expert vétérinaire sera accompagné dans ces visites par le maire de la commune ou par le commissaire de police, toutes les fois qu'il sera nécessaire.

Il sera procédé dans ces établissemens, à l'égard des chevaux malades ou vicieux, ainsi qu'il est dit dans les articles 4 et 5.

Art. 7. — Faute par le propriétaire de se rendre gardien ou d'en présenter un, les animaux atteints de maladies contagieuses seront conduits, s'il y a lieu, au dépôt à ce affecté, rue de la Bûcherie, n° 12, à Paris.

Le propriétaire sera tenu de consigner à la préfecture de police le montant des frais de nourriture pour huit jours, sauf la restitution d'une partie de ces frais, si l'animal était abattu ou retiré avant l'expiration de la huitaine.

Si le propriétaire refuse de faire cette consignation, l'animal sera abattu.

Art. 8. — Les écuries et autres localités dans lesquelles auront séjourné les animaux atteints de maladies contagieuses, seront aérées et purifiées, à la diligence des maires ou des commissaires de police, par les soins des personnes de l'art.

Elles ne pourront être occupées par d'autres animaux, qu'après qu'il aura été constaté, en présence d'un expert vétérinaire, que les causes d'infection n'existent plus.

Ces dispositions seront également applicables aux équipages, harnois et colliers.

Art. 9. — Toute personne qui sera appelée à traiter les animaux atteints de maladies contagieuses, devra en faire la déclaration, savoir : dans les communes rurales, au maire ; et à Paris, à un commissaire de police, pour qu'il nous en soit immédiatement rendu compte.

Art. 10. — Il est expressément défendu à qui que ce soit, de prendre le titre de vétérinaire, s'il n'est muni d'un diplôme, brevet ou certificat de capacité, délivrés par un jury d'examen.

Art. 11. — Dans un mois, à compter du jour de la publication de la présente ordonnance, les vétérinaires qui exercent dans le département de la Seine et dans les communes de Sèvres, de Saint-Cloud et Meudon, sont tenus de faire enregistrer à notre préfecture le titre en vertu duquel ils se livrent à cette profession.

Art. 12. — Les contraventions aux dispositions de la présente ordonnance seront constatées par des procès-verbaux ou rapports, qui nous seront adressés pour être transmis au tribunal compétent.

Art. 13. — La présente ordonnance sera imprimée et affichée.

Les sous-préfets des arrondissemens de Saint-Denis, de Sceaux, et les maires des communes rurales du ressort de la préfecture de police, le chef de la police municipale, les commissaires de police, l'artiste vétérinaire de notre préfecture, l'inspecteur en chef du service des voitures, et les préposés de la préfecture de police, sont chargés, chacun en ce qui le concerne, de tenir la main à son exécution.

Elle sera adressée, en outre, à M. le colonel de la garde municipale et à M. le commandant de la gendarmerie du département de la Seine, pour qu'ils en assurent l'exécution par tous les moyens qui sont en leur pouvoir.

Le conseiller-d'état, préfet de police,

Signé J.-J. BAUDE.

Par le conseiller-d'état, préfet.

Le secrétaire général,

Signé BILLIG.

§ V. — DES RÈGLES DE CONDUITE A OBSERVER PAR LES PROPRIÉTAIRES DE BESTIAUX, LES AUTORITÉS ET LES VÉTÉRINAIRES, LORS DE L'EXISTENCE DE MALADIES CONTAGIEUSES.

A. Conduite à observer par les propriétaires. Les personnes qui possèdent des animaux ou bestiaux soupçonnés ou affectés de maladies contagieuses, doivent en avertir sur-le-champ, dans les communes rurales le maire ou l'adjoint, et dans les grandes villes, le commissaire de police du quartier, par une déclaration verbale ou écrite. Les lois, arrêts et ordonnances sont tous précis sur ce point.

1° A l'égard de toutes les maladies contagieuses, l'article 19, titre Ier, section 4 du décret de l'Assemblée constituante, du 8 octobre 1791, et l'article 1er de l'arrêt du conseil-d'état du roi, du 16 juillet 1784, sous peine de 500 francs d'amende.

Dans le département de la Seine et pour toutes les maladies contagieuses.

L'article 2 de l'ordonnance du préfet de police, du 17 février 1831.

Pour quelques maladies particulières, telles que :

1° *La morve*, l'art. 1er de l'ordonnance de l'intendant de la généralité de Paris, du 8 juin 1745, sous peine de 500 fr. d'amende.

2° *La clavelée*, l'arrêt de la cour du parlement, du 23 décembre 1778, sous peine de 100 francs d'amende.

(46)

3° *Le typhus contagieux* des bêtes à cornes, l'art. 1ᵉʳ de l'arrêt du conseil, du 17 juillet 1746, sous peine de 100 fr. d'amende;

L'arrêt du Directoire exécutif, du 27 messidor an 5 (15 juillet 1795), sous peine de 500 francs d'amende.

La déclaration des propriétaires est une mesure de police sanitaire de la plus haute importance; c'est une de celles que l'autorité doit s'efforcer d'obtenir le plus tôt possible, attendu qu'il est bien prouvé que c'est toujours dans le début des maladies contagieuses que les mesures de police sanitaire sont le plus faciles à mettre à exécution, le moins onéreuses et le plus efficaces.

Cette déclaration devra être écrite, autant que faire se pourra, parce qu'elle peut devenir plus tard une garantie de sûreté au besoin. Voici un modèle de cette déclaration :

A Monsieur le maire (ou commissaire de police) de la commune (ou du quartier) de
département de

Monsieur le Maire,

J'ai l'honneur de vous informer que parmi mes chevaux (*bêtes à cornes, à laine, ou porcs*) un (*ou plusieurs*) d'entre eux présente les symptômes de la maladie connue sous le nom de (*nom de la maladie*), qui est, dit-on, contagieuse ; de laquelle déclaration je vous prie, monsieur le maire (*ou autre autorité*), vouloir bien me donner acte de réception.

Agréez, etc.

> *Laurent, propriétaire* à la ferme de la Maison-Fort, commune de Saint-Vrain (Nièvre), 15 novembre 1824.

Le maire doit donner acte de cette déclaration immédiatement (voyez modèle de cet acte à l'article *devoir des autorités*).

En cas de négligence ou de refus par les propriétaires de faire cette déclaration, ils encourent les peines et amendes voulues par les arrêts et ordonnances et par l'art. 459 du Code pénal, qui punit d'un emprisonnement de six jours à deux mois et d'une amende de 16 francs à 200 francs.

Si le vétérinaire a été consulté pour visiter ou donner des soins aux animaux malades, son devoir est d'engager le propriétaire à faire sa déclaration; autrement il doit lui faire savoir que lui, vétérinaire, est dans l'indispensable nécessité de faire cette déclaration (voyez *devoir des vétérinaires*) pour se mettre à l'abri de l'application de la loi.

Après cette déclaration, l'autorité nomme un expert vétérinaire pour procéder sur-le-champ à la visite des animaux. Cependant, si le maire n'avait point répondu à l'avertissement du propriétaire, ou bien si la visite avait été retardée, il devra néanmoins séparer, isoler complètement les animaux malades, et ne point les sortir de leurs habitations. *Art. 459 du Code pénal.*

Les propriétaires recevront toujours et dans toutes les circonstances, lorsqu'ils en auront été légalement prévenus, les autorités pourvues de leurs insignes, et les hommes de l'art qui les accompagneront pour constater l'espèce de maladie dont les animaux sont atteints. *Art. 1ᵉʳ de l'arrêt du conseil-d'état du roi, du 16 juillet 1784.*

Ils devront répondre à toutes les questions qui leur seront posées sur le nombre, l'espèce d'animaux qu'ils possèdent ou qu'ils ont possédés; ils ne devront opposer aucune résistance lorsque les experts procéderont à la visite, au signalement, au dénombrement, à l'estimation des animaux bien portans; à la marque, à la séquestration, au cantonnement de ceux qui sont regardés comme suspects de maladie; à l'abattage de ceux qui sont jugés malades et incurables. *Art. 3, 4 et 5 de l'arrêt du conseil-d'état du roi, du 16 juillet 1784.*

Dans le département de la Seine, et à l'égard de l'abattage, si le propriétaire ne consent point immédiatement à son exécution, *l'article 4 de l'ordonnance de police du 17 février 1831 permet au* propriétaire de faire nommer un expert vétérinaire pour procéder à une seconde visite des animaux; et, en cas de dissidence entre les deux experts, un tiers-expert est nommé sur-le-champ par l'autorité pour décider souverainement la question.

Après l'abattage et l'autopsie des animaux, si elle a été faite, les propriétaires feront procéder à l'enfouissement des cadavres selon les règles tracées par l'autorité. *Art.* 13, *titre II du décret du 6 octobre* 1791, et *art.* 6 *de l'arrêt du* 16 *juillet* 1784.

Ils devront également, selon les règles indiquées par l'expert vétérinaire, *désinfecter* les lieux qui ont été habités par les animaux malades, les objets qui leur ont servi, comme les harnais, les couvertures ; ceux qui les ont touchés, comme les brosses, les étrilles, et généralement tous les objets utiles à la propreté de l'écurie, comme les fourches, pelles, balais, etc. *Art.* 6 *de l'arrêt ci-dessus cité, sous peine de* 500 *fr. d'amende.*

Avant, aussi bien qu'après la déclaration, il est expressément défendu de vendre ou d'exposer en vente, sous quelque prétexte que ce soit, des animaux *affectés ou soupçonnés affectés* de maladies contagieuses. *Article* 7 *même arrêt, sous la même peine.*

Nous ne saurions trop recommander aux propriétaires qui ont des animaux affectés de maladies contagieuses, de suivre les conseils que peuvent leur donner les vétérinaires ; de se conformer aux mesures sagement prescrites par les autorités ; d'être inaccessibles à la séduction des marchands qui, attirés par le gain d'un commerce perfide, viennent

acheter les bestiaux suspects ou malades à bas prix,
pour les revendre, soit dans les foires, soit à des
bouchers qui en débitent la chair; d'être insensibles aux discours trompeurs des connaisseurs, guérisseurs, empiriques, bergers, maréchaux, charlatans de toute espèce; de n'avoir aucune croyance
aux paroles et aux secrets mystérieux des prétendus
sorciers, maiges, devins, et leveurs de sorts, tous
hommes, quels qu'ils soient, qui cherchent à exploiter leur crédulité, et d'autant plus dangereux
que, se transportant d'un propriétaire chez un autre,
ils amènent avec eux la maladie dans les communes, les habitations où elle n'existait pas.

B. Conduite à observer par les autorités. Les
autorités municipales chargées de faire exécuter
les arrêts et ordonnances concernant la police rurale, sont : **MM.** les préfets, les sous-préfets, les
maires et adjoints dans les départemens; **MM.** les
préfets de police et les commissaires de police dans
les grandes villes.

*Le décret de l'Assemblée constituante rendu sur
l'organisation judiciaire, du 16-24 août 1790,* dit,
titre II, art. 3 : « Les objets de police confiés à la
vigilance et à l'autorité des corps municipaux, sont :
§ 5, les soins de prévenir, par des *précautions* convenables, et celles de faire cesser, par la *distribution
des secours nécessaires,* les fléaux, tels que les
maladies épizootiques ; en *provoquant* aussi dans

ces deux derniers cas l'autorité *des administrateurs du département et du district.* »

Le décret de la Constituante concernant les biens, usages ruraux et la police rurale, du 6 octobre 1791, § 3, titre Ier, section 4, art. 20, dit, en parlant des officiers municipaux : « Ils emploieront particulièrement *tous les moyens de prévenir ou d'arrêter les épizooties* et la contagion de la morve des chevaux. »

Pour le département *de la Seine*, indépendamment de ces deux décrets, le gouvernement a fixé particulièrement les attributions du préfet de police de Paris par *un arrêté du* 12 *messidor an* 8 (1er *juillet* 1800), et 3 *brumaire an* 9 (25 *octobre* 1801).

A l'article *Salubrité*, il est dit dans cet arrêté : « Il assurera la salubrité publique de la ville, en prenant des mesures pour *prévenir et arrêter* les *épizooties*, les *maladies contagieuses ;* en faisant *enfouir* les cadavres des animaux morts, surveiller les fosses vétérinaires ; en faisant *arrêter, visiter* les animaux suspects du mal contagieux, et mettre *à mort* ceux qui en seront atteints. »

Comme on le voit, d'après l'esprit des décrets et arrêtés ci-dessus, les autorités municipales sont constituées, en ce qui touche les maladies contagieuses des animaux, de véritables législateurs d'un ordre subalterne, il est vrai, qui, pour la localité placée dans leur ressort, peuvent prendre par des arrêtés les mesures qu'ils jugeront convenables dans l'intérêt de leurs administrés et de la salubrité publique. Si nous avons bien compris l'esprit que l'on doit attacher aux articles 3 et 20 ci-dessus, il n'est point même nécessaire que MM. les maires des communes qui voudraient prendre par un arrêté des mesures propres à faire cesser la propagation d'une maladie contagieuse, qu'au préalable ils en aient obtenu l'autorisation du sous-préfet ou du préfet il suffira seulement que ces autorités supérieures en soient averties immédiatement après. (*Art.* 11 *de l'arrêt du conseil*, 16 *juillet* 1784.)

L'étendue des mesures que peuvent prendre les autorités peut s'appliquer, en ce qui regarde MM. les maires, à un seul ou à plusieurs habitans de la commune, ou à la commune entière; en ce qui regarde MM. les sous-préfets, à plusieurs cantons ou à tous les cantons qui composent les sous-préfectures; à l'égard de MM. les préfets, à tout le département. Mais les arrêtés, quels qu'ils soient, et quelle que soit la source d'où ils émanent, ne peuvent être obligatoires pour les citoyens qu'autant qu'ils auront été accompagnés des formalités suivantes : 1° en ce qui touche le citoyen d'une commune, les mesures prises à l'égard de ses bestiaux devront lui être signifiées officiellement par le maire; un avertissement verbal serait insuffisant; 2° en ce qui regarde tous les citoyens d'une commune, d'un arrondissement, d'un département, les mesures de police sanitaire devront être *publiées* et *affichées* dans les communes, les cantons, les arrondissemens, le département (1).

D'après l'interprétation des articles cités des mêmes décrets, les autorités municipales sont autorisées à rendre aussi obligatoires des moyens sanitaires suggérés par l'observation, et à faire appliquer, dans l'espèce, les découvertes utiles de la science. C'est ainsi que lors de l'épizootie claveleuse qui a régné en 1815 dans le département du Pas-de-Calais, M. le sous-préfet de Montreuil-sur-Mer, voulant mettre un terme prochain aux ravages occasionnés par l'épizootie, a prescrit, dans un arrêté, que tous les troupeaux de l'arrondissement seraient inoculés. Et, bien que cette mesure toute nouvelle ne fût point consignée dans l'arrêt de la cour de parlement du 23 décembre 1778, elle fut cependant mise à exécution, d'abord dans l'arrondissement de Montreuil, puis approuvée par le préfet, et rendue obligatoire dans tout le département.

Comme on doit le sentir, les attributions confiées aux autorités municipales, lors de maladies contagieuses, sont de la plus haute importance ; elles intéressent la propriété particulière et générale ; elles sont le point de départ de toutes les mesures sanitaires les plus urgentes. En effet, n'est-ce pas dans le début d'une maladie contagieuse qu'on parvient

---

(1) *Duvergier,* Code pénal annoté. Édition de 1833.

facilement à en arrêter les progrès par l'isolement, la séquestration, le cantonnement ou l'occision de l'animal ou des animaux malades? Et ces mesures, qui a droit de les ordonner et de les faire exécuter sur-le-champ; n'est-ce pas l'autorité? D'ailleurs, n'est-il pas incontestablement prouvé que ces premières mesures sont les plus sages, les plus efficaces et les moins dispendieuses? Ne font-elles pas naître la sécurité, non-seulement parmi les habitans des communes où règne la maladie, mais encore parmi ceux des communes environnantes? Au reste, l'article 14 de l'arrêt du conseil-d'état du roi, du 16 juillet 1784, charge spécialement les autorités de faire exécuter les ordonnances qui concernent les maladies contagieuses, par tous les moyens qui sont en leur pouvoir.

Quant aux peines et amendes infligées par le Code pénal et les arrêts et ordonnances sur la matière envers les contrevenans, voici ce que dit à cet égard le *décret de la Constituante sur l'organisation judiciaire, du 16-24 août 1790, titre II, art. 1 et 2* :

Art. 1er. « Les corps municipaux veilleront et tiendront la main, dans l'étendue de chaque municipalité, à l'exécution des lois et réglemens de police, et *connaîtront du contentieux auquel cette exécution pourra donner lieu.* »

Art. 2. « Le procureur de la commune poursuivra *d'office* les contraventions aux lois et aux réglemens de police; cependant *chaque citoyen* qui ressentirait un tort ou un danger personnel , pourra intenter l'action en son nom. »

Si nous insistons ici sur les premiers devoirs des autorités municipales, c'est dans le but de bien convaincre que MM. les maires ont des pouvoirs discrétionnaires en ce qui touche les mesures à prendre à l'égard des maladies contagieuses, et qu'ils ne tiennent nullement ces pouvoirs de MM. *les sous-préfets et les préfets*; ces autorités, informées des mesures qui auront été prises, pourront seulement les *approuver* si elles sont bonnes, les *rejeter* si elles sont mauvaises, ou les *modifier* s'il y a lieu. (*Loi du* 19-22 *juillet* 1791 , *art.* 16.)

Après la déclaration faite par les propriétaires aux autorités pour leur faire connaître qu'ils possèdent des animaux affectés de mal contagieux, celles-ci doivent donner acte de cette déclaration.

Voici un modèle de cette pièce.

L'an mil   le   heure de   par devant nous (*noms et prénoms*), maire (*ou adjoint*) de la commune de   , s'est présenté le sieur (*nom et prénoms* , *profession et demeure*), lequel nous a dit (*ou écrit*) que ses chevaux (*bœufs, moutons ou porcs*) étaient atteints de (*maladie*); qu'il nous en a fait la déclaration au désir de la loi, et en a requis acte que nous lui avons octroyé , et qu'il a signé avec nous , les jour , mois et an que dessus.

Signé MALLET , maire.

Le cachet de la mairie est apposé sur cet acte , et remis au propriétaire.

Que ce soit par les propriétaires , les vétérinaires ou la clameur publique, que les autorités aient été averties qu'il existe dans une commune, dans les champs de foires, les marchés, ou sur la voie publique, des animaux affectés , ou suspects de maladies contagieuses; que des cadavres d'animaux soupçonnés morts de maladies contagieuses aient été trouvés au bord des rivières , dans des enclos particuliers, sur les grandes routes , sur les chemins vicinaux ou partout ailleurs; que des cénacles aient renfermé des animaux soupçonnés atteints de maladies contagieuses , les autorités nommeront d'office un expert vétérinaire *breveté dans l'une des trois écoles vétérinaires de France* , lequel les accompagnera pour procéder à la visite des animaux malades , pour faire ou assister à l'autopsie de ceux qui sont morts ; enfin, inspecter les lieux dans lesquels ils ont séjourné. *Articles* 1, 2, 3 *et* 5 *de l'arrêt du conseil du roi, du* 16 *juillet* 1784; *et titre II, art.* 14 *du décret du* 15 *juillet* 1813 (1).

____

(1) Voici le texte de l'article 14, titre II du décret du 15 juillet 1813. A l'égard de la nomination des experts vétérinaires , art 2. « Les médecins et maréchaux vétérinaires sont *exclusive-*

Si les animaux malades doivent être traités, séquestrés, cantonnés, marqués, abattus, ouverts et enfouis; si les écuries, étables, bergeries ou autres lieux doivent être désinfectés, c'est l'autorité qui doit faire mettre à exécution ces mesures de police sanitaire, si elle les a ordonnées. *Art.* 1, 4, 5, 6 *et* 14 *de l'arrêt du conseil ci-dessus désigné.*

Quant aux dépouilles des animaux morts ou sacrifiés, si elles sont regardées comme dangereuses aux hommes qui les touchent, ou comme agent propagateur de la contagion, c'est encore l'autorité qui prescrit les mesures convenables à cet égard.

L'emploi de cordons sanitaires pour arrêter la

---

ment employés par les *autorités civiles et militaires* pour le traitement des animaux malades. »

L'article 2 de l'arrêt du conseil-d'état du roi dit : « Les experts seront choisis par préférence parmi *les élèves* des écoles vétérinaires; à leur défaut, parmi les *maréchaux* ou *autres* qui *auront les certificats d'études et de capacité du directeur de l'école vétérinaire,* ou *qui auront subi un examen sur les demandes qui leur seront faites en présence dudit sieur commissaire, par deux artistes vétérinaires du département.* »

Comme il est facile de le remarquer, le décret de 1813 étant postérieur à l'arrêt de 1784, en abroge implicitement les dispositions sur lesquelles il a statué. Ainsi donc, les autorités *municipales* et *militaires* ne sauraient invoquer l'article 2 de l'arrêt du conseil pour nommer d'office un maréchal expert ou toute autre personne ayant des titres de capacité, pour la visite, l'autopsie, le dénombrement, etc., des animaux, lors de l'existence des maladies contagieuses.

contagion, l'interdiction des foires, des marchés, des abreuvoirs, des pâturages communs ; l'assommement des animaux malades ou suspects, l'usage de leur chair comme aliment pour l'homme ; les précautions à prendre à l'égard de la vente des bestiaux destinés à l'approvisionnement des grandes villes, sont des mesures sanitaires entièrement du ressort du pouvoir administratif.

En général, nous le répéterons encore, les autorités municipales, dans l'étendue de leurs attributions, peuvent prendre toutes les mesures réclamées selon l'urgence ; et les plus petites précautions, les mesures les plus minutieuses, ne doivent jamais être négligées.

Loin de nous l'idée d'avoir voulu tracer aux autorités les règles de conduite qu'elles doivent suivre ; ce serait une prétention déplacée : mais nous devons proclamer que c'est de l'exécution prompte, ponctuelle, impartiale des mesures qui ont été arrêtées et prescrites, que dépendent les succès heureux qu'on désire en obtenir ; que c'est aux autorités d'assurer, à l'aide d'une main ferme, que les vétérinaires, et particulièrement les autorités subalternes, telles que les gendarmes, les gardes nationaux, les gardes champêtres, les commissaires de police, remplissent strictement leur devoir ; que c'est à elles enfin de faire constater avec la plus grande exactitude les contraventions qui pourraient être faites aux réglemens de police, et de faire poursuivre les contrevenans par-devant les tribunaux compétens , et exiger rigoureusement l'application de la loi.

L'autorité n'a rempli qu'une partie de ses devoirs lorsqu'elle a pourvu à tout ce qui concerne une ou plusieurs communes , un arrondissement ou un département , dont les animaux sont atteints de maladies contagieuses graves et meurtrières. Elle doit immédiatement faire connaître aux autorités des communes, des arrondissemens , des départemens environnans , l'existence de la maladie , ses caractères , ses voies de transmission , les mesures qu'elle a ordonnées et fait exécuter pour en arrêter les progrès et les ravages.

Les autorités voisines ainsi prévenues , devront sans plus tarder prendre toutes les mesures nécessaires pour fermer tout accès à la maladie , et prévenir ainsi les dangers qui l'accompagnent.

Les premières mesures , selon nous , que doivent faire prendre les autorités dans les lieux où débute la maladie contagieuse , c'est , sur-le-champ , de chercher à circonscrire , à étouffer le foyer de la contagion , en le cernant de toutes parts; c'est , en un mot , en faisant la part à la maladie , comme dans un incendie qui peut se répandre de tous côtés on fait la part au feu , que désormais , on parviendra à arrêter la marche des maladies contagieuses graves et à contagions éminemment subtiles. Or , pour arriver à un résultat aussi désirable, est-il indispensable que le maire d'une commune où débutera la maladie, reçoive du sous-préfet l'autorisation de publier un simple arrêté, ou que le sous-préfet doive faire agréer son arrêté par le préfet, comme on a la grande habitude de le faire? Non, certainement non. Car pendant le temps qui s'écoulerait entre la demande de l'autorisation, l'adoption, la rédaction, l'impression, la publication des mesures sanitaires, la maladie aurait le temps de se propager, et de commencer des ravages difficiles à arrêter plus tard.

M. Hurtrel d'Arboval est un des commissaires de département qui, lors de l'épizootie typhoïde qui régnait en 1816 dans le département du Pas-de-Calais, ait signalé et démontré à l'autorité supérieure les graves inconvéniens qui se rattachent à cette subordination des pouvoirs municipaux, et fait adopter la marche que nous indiquons. L'expérience est venue en démontrer les avantages immenses : un quart seulement des communes composant le département du Pas-de-Calais ont été victimes de l'épizootie. Vouloir procéder autrement, c'est s'éloigner des indications qui découlent naturellement des connaissances acquises jusqu'à ce jour sur les causes, les modes de transmission des maladies contagieuses; c'est vouloir attendre mille difficultés, là où d'abord il n'en existait qu'un petit nombre.

Lorsque la maladie contagieuse s'est propagée à tout un département, qu'elle menace ceux qui environnent, les devoirs des autorités deviennent plus étendus, et partant plus difficiles. La célérité, l'exactitude, l'exécution prompte des mesures à opposer au mal, telles sont les conditions à remplir.

Aujourd'hui que les vétérinaires sont répandus dans beaucoup de départemens ; aujourd'hui qu'ils s'efforcent de remplir et qu'ils remplissent convenablement les devoirs qui leur sont confiés par les autorités, celles-ci, à l'occasion de maladies contagieuses, ne pourraient-elles pas adopter le plan sage et bien raisonné tracé par M. d'Arboval ? Le voici tel que l'auteur l'a fait connaître dans une instruction sommaire sur l'épizootie du Pas-de-Calais, en 1815.

« Dans chaque département, qu'une maladie épizootique y règne ou non, il y aurait un commissaire spécial pour les maladies contagieuses des animaux, dont les attributions seraient d'indiquer les précautions préservatives, les mesures à proposer et à prendre, en un mot, qui réunirait toute l'administration de la police : on lui donnerait un vétérinaire adjoint, qui aurait pour attributions spéciales le soin des animaux malades, la direction du traitement, et en général tout ce qui tient à l'exercice pratique de l'art vétérinaire. Il faudrait que l'un et l'autre de ces commissaires fussent de la même résidence, afin que, dans tous les cas, ils pussent agir de suite et de concert.

Nous voudrions qu'il y eût aussi dans chaque

chef-lieu de sous-préfecture un sous-commissaire spécial et un sous-commissaire vétérinaire adjoint; qu'on leur confiât, dans des circonscriptions respectives, les mêmes attributions, afin qu'ils pussent, de leur côté, concourir à remplir les mêmes vues. Enfin, nous demanderions que le titre de correspondant fût accordé aux commissaires spéciaux et aux vétérinaires des cantons ou des communes.

Chacun des membres des correspondans du comité devrait toujours être prêt ou disposé à se déplacer au moindre besoin pour l'exercice des fonctions qui lui seraient dévolues. Au premier signal d'une maladie épizootique, le maire en préviendrait le sous-préfet (1), qui, sans perdre un moment, enverrait sur les lieux les deux commissaires de son arrondissement. Ceux-ci, après avoir prescrit les premiers moyens et pourvu à leur exécution, sans même attendre des instructions ultérieures, feraient de suite un rapport en double, pour être adressé directement au comité central, et en même temps au commissaire spécial du chef-lieu du département. Ce rapport offrirait en détail les causes connues ou présumées de la maladie, la nature de ses caractères, les résultats des autopsies, si déjà il était mort des bêtes; enfin, des vues curatives et préservatives. Le commissaire spécial en chef, conjointe-

____

(1) Nous voudrions que ce fût le maire qui fît prendre d'abord les premières mesures.

ment avec le vétérinaire qui lui serait adjoint, après avoir répondu, se transporteraient l'un et l'autre dans la commune ou dans les communes infectées, y reconnaîtraient la maladie, traceraient la marche à suivre, feraient de nouveaux voyages ou des tournées plus ou moins fréquentes, selon l'étendue ou les progrès du mal ; et, en outre, entretiendraient une correspondance active avec leurs délégués. Le comité, de son côté, informé à temps, s'assemblerait extraordinairement, s'empresserait de délibérer et d'envoyer ses instructions aux commissaires d'arrondissement et de département ; de sorte qu'en peu de jours on aurait ainsi les moyens, non-seulement d'empêcher la propagation de l'épizootie, mais encore d'en atténuer les funestes effets dans les lieux qui en seraient frappés.

Si l'on trouve les rouages de cette machine un peu compliqués, et que ce soit un obstacle à son adoption et à sa mise en activité, il nous paraît facile de la simplifier beaucoup, en se contentant d'instituer dans chaque département un comité de ce genre, qui ait sous lui des commissaires dans chaque arrondissement. Ces commissaires et les membres du comité même, mieux instruits sur les causes locales, pourraient peut-être arriver plus promptement et plus sûrement aux véritables moyens d'y porter remède, et d'en prévenir la fatale influence sur les animaux qui ne l'auraient encore point éprouvée. Plus en état, par une plus exacte connaissance des habitudes et des lieux, de bien voir, de juger sainement, de se rendre même au besoin dans les communes désolées par une épizootie, familiarisés avec le langage des habitans du canton, avec les usages suivis par le gouvernement des bestiaux, les membres des divers comités départementaux pourraient assurément rendre de très-grands services.

D'ailleurs, en pareille conjoncture, rien n'empêcherait que dans les temps malheureux d'épizooties, et dans les seuls départemens qui en seraient désolés, les comités départementaux fussent temporairement organisés, sous la direction du comité central général. Dans des circonstances semblables, plus on réunira d'hommes dévoués et éclairés, plus on obtiendra d'activité et de lumières, et par conséquent, plus on aura de chances favorables pour atteindre le but désiré.

Par de telles manières de procéder, le remède se trouve rapproché du mal et le combat dès son origine. Les commissaires, tout en agissant d'eux-mêmes aussitôt qu'une maladie d'un caractère épizootique se déclare, soumettent leurs observations et leurs vues, leurs doutes et leurs incertitudes même, aux commissaires-généraux du département et du comité central, et bientôt ils en reçoivent des conseils mis aussitôt à profit. De son côté, le comité, instruit de tout ce qui peut l'aider à reconnaître et à caractériser la maladie régnante, peut répandre beaucoup de lumières, soit en approuvant les traitemens mis en usage, soit en les modifiant ou en indiquant ceux qu'il serait plus avantageux d'y substituer. »

Ce plan nous paraît parfait sous tous les rapports; nous y retrouvons les idées que nous avons déjà émises en cherchant à démontrer que les premières mesures de l'autorité doivent d'abord émaner des autorités communales, lors du début imprévu d'une épizootie contagieuse, pour attendre d'autres grandes mesures du ressort des autorités supérieures. Ainsi, on sépare l'homme de la science qui est le vétérinaire, et l'homme administratif qui est l'agent de la police exécutrice; rôle que ne doivent point jouer les vétérinaires.

Or, de cet ensemble d'accords mutuels proposés par M. d'Arboval entre les autorités inférieures et les supérieures, les commissaires de la science et les commissaires de la police exécutive, on arriverait désormais, tout le fait espérer, rapidement à l'exécution pleine et entière des mesures sanitaires proposées et ordonnées, et partant à placer des barrières insurmontables à la propagation des maladies contagieuses. Nous faisons des vœux pour qu'il en soit ainsi.

C. Des règles de conduite à observer par les vétérinaires lors de l'existence de maladies contagieuses.

Nous distinguons dans les règles de conduite

que doivent tenir les vétérinaires lors de l'existence des maladies contagieuses, des devoirs officieux et des devoirs obligatoires. Les vétérinaires qui ont fait une sérieuse étude des maladies épizootiques et contagieuses qui à diverses époques ont régné sur les bestiaux de la France, et les ont ravagés ; qui, réunissant à ces connaissances premières la pratique et l'expérience, devront regarder comme un devoir de se rendre utiles à leurs concitoyens. Ceux-là devront donc s'empresser de propager leurs connaissances médicales vétérinaires, et chercher à en faire l'application, en prenant l'initiative pour faire connaître les moyens propres à prévenir ou à combattre le mal qui se déclare. Tous, pendant le règne calamiteux des maladies épizootiques, doivent redoubler de zèle, d'attention et d'exactitude pour bien remplir les missions qui leur seront confiées ; éloigner tout sujet de discorde, dédaigner tout intérêt particulier, pour n'avoir en vue qu'un seul but : l'intérêt général et le bien public.

Là où débute une maladie contagieuse grave, le vétérinaire qui l'a déjà étudiée devra s'empresser de communiquer le résultat de ses recherches, de ses observations, aux autorités communales, sous-préfecturales et départementales, à ses collègues, à ses concitoyens. Ce qu'il importe surtout qu'il fasse bien connaître, ce sont les moyens curatifs et les mesures préservatives qu'il a adoptés, et dont il a déjà obtenu des résultats satisfaisans. La publication d'un mémoire clair, précis, d'une instruction simple, mise à la portée des propriétaires de bestiaux, suffira pour éclairer les autorités, prévenir les propriétaires des dangers que courent leurs bestiaux, engager les vétérinaires des pays environnans à surveiller le début de la maladie, et dès-lors à se préparer simultanément à la combattre et à l'anéantir aussitôt son apparition.

On sait que la nature du sol, le climat où sont élevés les animaux domestiques, les alimens avec lesquels ils se nourrissent, leur race, leur tempérament, modifient singulièrement les méthodes curatives de leurs maladies; en sorte que tel moyen curatif qui a obtenu des guérisons dans une localité, est inefficace, quelquefois dangereux dans d'autres; que, d'autre part, la situation topographique des lieux, les relations commerciales des diverses localités, doivent apporter de nombreuses modifications aux mesures de police sanitaire prescrites d'une manière générale. Or, c'est aux vétérinaires placés sur les lieux à apprécier ces différences importantes, et à bien s'attacher à faire ressortir les modifications qu'ils proposeront de faire adopter à l'égard des règles de police sanitaire prescrites par les ordonnances.

La conduite qui a été suivie par les vétérinaires lors de l'invasion du typhus contagieux épizootique des bêtes à cornes, en 1814 et 1815, leur a valu des éloges mérités, pour qu'à l'avenir cette conduite

soit digne d'être imitée. En effet, jamais peut-être
le typhus ne s'était annoncé aussi effrayant. Apporté
en France par les immenses convois de bœufs que
traînaient les armées après elles, jamais plus large
et plus actif foyer de contagion n'avait contribué à
le répandre. Et cependant cette épizootie qui menaçait d'être si désastreuse, qui à son début s'était
étendue avec tant de rapidité du nord au midi et
de l'est à l'ouest de notre pays, ne fut ni longue ni
meurtrière ; parce qu'à peine avait-elle paru en
France, qu'elle avait été étudiée ; que ses causes et
ses moyens de propagation avaient été signalés avec
précision à l'autorité ; que les méthodes curatives
ou préservatives les plus efficaces avaient été communiquées par les vétérinaires des pays infectés aux
vétérinaires de ceux qui étaient menacés de l'être ,
et qu'enfin des instructions claires et simples avaient
été répandues dans les campagnes pour indiquer
aux cultivateurs les conditions d'hygiène les plus
propres à éloigner la mortalité de leurs étables.
Aussi ce typhus n'étendit-il pas ses ravages au-delà
des provinces que parcourut et occupa l'armée étrangère : il ne dura qu'un an, et borna ses ravages
au dixième des animaux attaqués (1). Cet exemple

---

(1) Nous citerons parmi les vétérinaires qui se sont empressés
de publier des mémoires et des instructions sur le typhus à cette
époque, MM. les professeurs des écoles vétérinaires d'Alfort et
de Lyon, M. l'inspecteur des écoles vétérinaires ; et parmi les
vétérinaires des départemens, MM. Darboval, vétérinaire

donné par les vétérinaires en 1814 ne sera point perdu, et les vétérinaires d'aujourd'hui chercheront, il faut en être persuadé, à imiter leurs devanciers, si jamais les bestiaux d'une contrée de la France, quelle qu'elle soit, étaient attaqués par une épizootie contagieuse redoutable.

Les devoirs obligatoires que doivent observer les vétérinaires sont imposés par les ordonnances, les arrêts touchant les maladies contagieuses, ou bien ils sont prescrits par le pouvoir municipal au besoin.

L'article 1er de l'arrêt du conseil-d'état du roi, du 16 juillet 1784, en disant : « *Toutes les personnes, de quelque qualité et quelque condition qu'elles soient, qui auront des chevaux ou bestiaux atteints ou soupçonnés de maladies contagieuses, seront tenues d'en faire sur-le-champ la déclaration à l'autorité, sous peine de 500 fr. d'amende,* » force le vétérinaire, aussi bien que tous les autres citoyens, d'obéir à la loi. A cet égard, le vétérinaire devra, s'il arrivait qu'il possédât des animaux malades, s'empresser aussitôt de faire sa déclaration ; car il

---

amateur (Pas-de-Calais), Renault et Valois (Seine-et-Oise), Peuchét père (Oise), Colin, Ablon, Ségalas (Yonne), Basset (Loiret), Moutonnet père (Aisne), Dion (Seine-et-Marne), Chanel (Ain), Collaine (Moselle), Delaunay (Indre-et-Loire), Lechaiue et Canin (Sarthe), Bigot fils (Cher), Habert (Nièvre), et beaucoup d'autres vétérinaires dont les noms nous échappent ici.

serait d'autant plus répréhensible, qu'il ne pourrait prétexter cause d'ignorance.

L'article 4 du même arrêt défend, sous la même peine, « *à tous maréchaux, bergers et autres, de traiter aucun animal attaqué de maladies contagieuses, sans en avoir fait la déclaration à l'autorité* (1). » Cet article, comme on le voit, est bien précis; mais voici quelle doit être la conduite du vétérinaire à l'égard des propriétaires.

Le propriétaire qui fait appeler le vétérinaire pour visiter des animaux malades, ignore souvent, et l'espèce de maladie dont ils sont atteints, et les

---

(1) On reste péniblement convaincu, après avoir lu cet article, que les maréchaux, experts ou non, les guérisseurs, les empiriques, les charlatans de toute espèce, après avoir fait la déclaration exigée par la loi, peuvent, même impunément, traiter les animaux atteints de maladies contagieuses, attendu qu'il *n'existe aucune loi qui défende d'exercer la médecine vétérinaire sans diplôme.* En vérité, aujourd'hui cet état de choses n'est-il pas surprenant et affligeant! Cependant, nous vivons sous un gouvernement qui devrait se faire un devoir de prendre en considération les réclamations fondées qui lui ont été adressées à cet égard par les vétérinaires. Et, d'ailleurs, ne doit-on point encourager une science utile et si intimement liée à la prospérité agricole? Mais ne reprochons rien au gouvernement; on sait que ce déplorable *statu quo* est le résultat de l'insouciance des hommes de l'administration bureaucratique du ministère auquel sont attachées les écoles vétérinaires. C'est là qu'est la résistance inébranlable contre laquelle tout vient se briser.

formalités prescrites par la loi touchant les maladies contagieuses. Le vétérinaire, après lui avoir fait connaître la maladie des animaux, doit conseiller de faire la déclaration, verbale ou écrite, voulue par la loi à l'autorité. Si le propriétaire néglige ou refuse de se conformer à cette formalité, le vétérinaire doit lui déclarer alors positivement que la loi ne lui permet point de donner des soins aux animaux atteints de mal contagieux, sans en avoir préalablement prévenu l'autorité; sinon celle-ci étant informée de l'infraction qu'il a faite à la loi, il deviendrait passible de l'amende de 500 francs infligée par l'art. 4 ci-dessus énoncé.

Mais la maladie contagieuse est-elle d'une espèce peu commune et très-meurtrière? se transmet-elle subitement par contagion? Le vétérinaire devra, indépendamment de la déclaration du propriétaire, faire savoir de son côté, avec détail à l'autorité, la nature, l'espèce de maladie contagieuse qui se déclare, les symptômes qui la signalent, ses moyens de propagation, enfin les mesures de police sanitaire qu'il juge convenable d'être mises à exécution sur-le-champ pour éviter toute espèce de propagation.

Cette déclaration du vétérinaire empruntant la forme d'un rapport, est du plus grand intérêt; elle met l'autorité en demeure, lui fait connaître les dangers auxquels sont exposés les animaux bien portans de ses administrés, et la met à même d'agir immédiatement.

Les vétérinaires qui sont avertis par la voie publique, ou qui ont appris par les journaux scientifiques vétérinaires , qu'une maladie contagieuse grave règne sur les bestiaux dans la province, le département, le canton, la commune qui touche la commune, le canton, le département, la province où ils ont leur résidence, doivent s'empresser d'en avertir l'autorité communale, sous-préfecturale ou départementale , en lui faisant connaître, s'ils en sont à même, les caractères de la maladie, ses voies de conmunication, et les moyens préservatifs qu'il faudrait mettre en pratique pour en éviter l'accès dans le département, l'arrondissement ou la commune. Ainsi avertie, et par simple mesure de précaution , l'autorité peut faire aussitôt procéder au dénombrement , à l'estimation des bestiaux, à l'établissement des postes sanitaires , à l'interdiction des foires et marchés aux bestiaux des commuues infectées, au placement des signaux , etc., etc. , mesures sanitaires simples, faciles alors , et capables de fermer tout accès à la maladie.

Le vétérinaire qui a été nommé expert ou commissaire délégué par l'autorité pour inspecter les bestiaux sains ou malades , d'une ou de plusieurs communes, d'un arrondissement ou d'un département, ne doit jamais, pendant sa mission, se présenter chez les propriétaires sans être accompagné par une autorité municipale. C'est celle-ci qui s'adresse aux propriétaires pour leur faire connaître la mission du vétérinaire; c'est elle qui au besoin se fait prêter main-forte pour faire ouvrir les écuries, les étables, les bergeries qui renferment les bestiaux; qui ordonne la perquisition des lieux où on a pu cacher des animaux malades pour les soustraire à la visite; qui, dans quelques cas, se fait représenter les peaux des animaux qui auraient pu être sacrifiés; qui fait ouvrir les fosses où ont été enfouis ceux qui sont récemment morts, dans le but de faire constater les traces laissées par la maladie sur le cadavre. Au milieu des réquisitions, sommations faites par l'autorité, le vétérinaire doit rester spectateur paisible; son devoir est de visiter, estimer les animaux vivans, de faire l'autopsie des cadavres, de se livrer à toutes les investigations qui lui sont suggérées par les circonstances dans le cours de ses opérations, et de remettre sur-le-champ, s'il est possible, son rapport à l'autorité, qui fera exécuter ensuite, si elle le juge convenable, les mesures qu'il aura prescrites.

Le vétérinaire chargé de ces missions, parfois assez délicates et difficiles, agira avec la plus grande attention : il devra voir, toucher, bien examiner, à plusieurs reprises s'il le faut, afin d'être bien sûr, et de pouvoir se prononcer avec une certitude confirmée. Car il devra bien savoir que les omissions, les erreurs, les fautes, qu'on lui pardonnerait volontiers dans toute autre circonstance, sont, dans ces momens critiques où les intérêts particuliers et généraux sont compromis, tachées de réprobation. Mais aussi, d'autre part, sûr de ses connaissances vétérinaires, fortifié par les observations, les recherches pratiques auxquelles il s'est livré, fort de sa conscience, pénétré de ses devoirs, il se mettra au-dessus de la malveillance de quelques personnes ignorantes, ou instruites et tracassières, qui chercheraient à révoquer en doute ses connaissances médicales, ou blâmer ses opérations.

Si, avant, pendant ou après l'invasion d'une maladie épizootique et contagieuse, l'autorité a ordonné le recensement, l'estimation des animaux, dans une commune, un arrondissement ou un département, un ou plusieurs vétérinaires, concurremment avec l'autorité, sont délégués par elle, et chargés de procéder à ces opérations, selon les règles qu'elle a tracées. Supposons que le recensement et l'estimation s'opèrent avant l'invasion de la maladie, le vétérinaire, après avoir achevé ses opérations, remettra à l'autorité un rapport dans lequel il fera connaître :

1°. Les ordres de l'autorité qui l'a chargé de l'opération ;

2°. La marche qu'il a adoptée et suivie ;

3°. Les communes, les villages qu'il a parcourus ;

4°. Les noms, prénoms et domiciles des personnes possédant des bestiaux ;

5°. Le nombre, l'espèce, le signalement des animaux chez chaque propriétaire ;

6°. L'estimation de leur valeur particulière ;

7°. Enfin, il terminera en dressant un tableau dans lequel il fera voir en total le recensement et l'estimation des bestiaux de chaque commune, de chaque canton, de chaque arrondissement; enfin, le total du recensement et de l'estimation des animaux du département.

Si le vétérinaire doit remplir sa mission pendant l'existence de la maladie, il fera connaître succinctement dans son rapport, l'histoire de la maladie, ses causes, sa marche, ses voies de communication, les altérations cadavériques; puis, indépendamment du dénombrement, de l'estimation, du signalement des bestiaux, il dressera dans son tableau :

1°. Le nombre des animaux qui sont attaqués par la maladie ;

2°. Le nombre de ceux qui sont morts ;

3°. Le nombre de ceux qui ont été guéris ;

4°. Le nombre de ceux regardés comme suspects, et qui ont été cantonnés, séquestrés ou marqués ;

5°. Le nombre de ceux qui ont été jugés incurables et abattus ;

6°. Le nombre de ceux qui sont en traitement avec espoir de guérison.

7°. Le vétérinaire terminera en exposant avec détail les mesures qu'il croit être indispensable de faire mettre en pratique pour arrêter les progrès de la maladie ; il donnera son opinion sur l'usage qu'il est permis de faire des dépouilles, de la chair des animaux morts naturellement ou sacrifiés comme suspects; enfin, le résumé complet de ses opérations.

Après l'extinction de l'épizootie, le vétérinaire adressera un tableau géneral sur l'épizootie à l'autorité départementale. Nous donnons ici en regard la copie d'un état dressé par **M. d'Arboval** lors de l'existence du typhus épizootique qui a régné en 1815 et 16 dans le département du Pas-de-Calais. Les colonnes de ce modèle pourront être augmentées ou restreintes, selon le besoin.

Dans les circonstances ordinaires, lorsque l'animal atteint de mal contagieux a été sacrifié par ordre de l'autorité, le vétérinaire est chargé d'assister à l'autopsie, constater les lésions maladives, et remettre un rapport à l'autorité (rapport d'ouverture). (Art. 5 de l'arrêt du conseil-d'état du roi, du 16 juillet 1784.)

Les écuries, étables, bergeries et autres lieux, où auront séjourné les animaux malades, aussi bien que ceux où ils sont morts, *seront, à la diligence des experts vétérinaires* et des officiers municipaux, convenablement désinfectés et aérés. Les propriétaires ne pourront être autorisés à placer des animaux dans ces endroits, qu'après l'autorisation expresse de l'autorité, *sur le rapport du vétérinaire* qui les aura inspectés et fait convenablement purifier. (Art. 6 de l'arrêt ci-dessus; et, pour le département

État de la Maladie Épizootique dans le département du Pas-de-Calais, à l'époque du 1er Mai 1816.

ARRONDISSEMENS	CANTONS	COMMUNES	ÉTAT NUMÉRIQUE des bêtes à cornes AVANT LA MALADIE — Taureaux ou bœufs	Vaches	Génisses	Veaux	Nombre total	DATE de l'invasion de LA MALADIE	NOMBRE des animaux sur lesquels la maladie ne s'est pas déclarée — Non livrés à la consommation	Livrés à la consommation	ÉTAT NUMÉRIQUE des ANIMAUX — sur lesquels la maladie s'est déclarée	morts de la maladie	guéris de la maladie	encore malades	Estimation des animaux qui ont succombé à la maladie	IMPORTANCE totale des pertes de chaque arrondissement en — animaux	valeur pécuniaire	DATE de la terminaison DE LA MALADIE	Nombre des animaux existans à l'époque du 1er mai 1816
Arras.	Bertincourt.	Metz-en-Couture.	»	»	»	»	109	15 décem. 1815.	72	»	37	29	8	»	5820 fr.			6 février 1816.	80
	Arras (sud.)	Beaurain.	»	»	»	»	131	6 novemb. 1815.	121	»	10	10	»	»	1734	57	12394 f.	15 décem. 1815.	121
	Croisilles.	Douchy-les-Ayettes.	2	100	11	11	124	20 décem. 1815	103	»	21	18	3	»	4840			24 janvier 1816.	106
Montreuil-sur-mer.	Hesdin.	Marconcelle.	3	105	47	24	289	10 décem. 1815.	283	»	6	0	»	»	1240			1er janvier 1816.	283
		Aubin-St-Wast.	»	140	63	10	215	15 décem. 1815.	162	»	53	34	19	»	4551			1er avril 1816	181
		Plumoison.	3	50	24	13	90	5 février 1816.	93	»	6	2	4	»	250			20 février 1816.	97
	Champagne.	Ecquemicourt.	»	53	11	10	94	2 janvier 1816	85	»	9	5	4	»	605	131	18472	5 février 1816.	89
	Montreuil.	Neuville.	3	163	49	30	245	3 janvier 1816.	177	2	61	17	14	»	6011			28 février 1816.	191
		Saint-Josse.	12	288	282	68	650	5 février 1816.	554	»	96	57	30	»	5775			5 mai 1816.	513
Boulogne-sur-mer.	Samer.	Samer.	5	322	198	50	575	10 janvier 1816.	547	»	28	23	5	»	4640			15 février 1816.	552
	Desvres.	Lottinghen.	1	221	54	67	343	1er janvier 1816.	328	»	15	13	2	»	1408			20 janvier 1816.	330
	Boulogne.	Bainethun.	»	509	115	»	644	1er janvier 1816.	617	»	27	18	9	»	2380	120	17798	1er février 1816.	626
	Calais.	Coquelles.	2	145	42	75	284	15 décem. 1815.	220	»	44	22	22	»	3175			15 février 1816.	242
		S.-Pierre-lès-Calais.	12	778	7	244	1051	15 décem. 1815.	972	»	69	44	25	»	6215			1er avril 1816.	907
			43	2983	905	642	4823		4334	7	482	328	154	»	48604	328	48604		4488

Observations.

Le département du Pas-de-Calais était menacé d'être envahi dans son entier par l'épizootie. À force de soins, on est parvenu à réduire ce fléau au petit nombre de communes où il a pris naissance; deux communes seulement, par des imprudences particulières, se sont trouvées infectées ensuite: l'une et l'autre sont déjà délivrées de l'infection.

Des 928 communes que renferme le département, 14 seulement ont été en proie à l'épizootie.

On comptait dans ces 14 communes 4,8.. bêtes à cornes. La maladie s'est déclarée [sur] 482 seulement, et 4,3.. sont entièrement dérobées à la contagion épizootique.

Sur les 482 bêtes à cornes qui ont été atteintes de l'épizootie, 328 sont mortes et 1.. sont guéries.

La perte totale du département, en valeur pécuniaire, est de 48,6.. francs. Cette perte déjà si considérable, eu égard au petit nombre de communes infectées, eût été incalculable sans les précautions prises: la ruine des cultivateurs en eût été la conséquence inévitable.

(Page 77.)

de la Seine, l'art. 8 de l'ordonnance de police du 17 février 1831.)

L'attention du vétérinaire dans cette opération devra se porter non-seulement sur les lieux où ont séjourné les animaux, mais encore sur tous les objets qui les ont touchés, ou qui ont pu être imprégnés de virus, tels que les étrilles, les brosses, les couvertures, les harnais, les pelles, les balais, les fourches, etc., etc., qui aussi doivent être désinfectés avec soin. (Art. 6 de l'arrêt du conseil ci-dessus énoncé.)

A. Conduite des vétérinaires dans quelques cas particuliers. Lors de l'existence d'épizooties contagieuses, souvent les vétérinaires sont nommés experts par l'autorité pour visiter des animaux malades abandonnés et errans sur la voie publique, et rédiger un rapport sur l'état de ces animaux.

Le vétérinaire devra, 1° prendre le signalement détaillé de l'animal ou des animaux, et spécifier s'ils portent les marques **M** ou **S** aux cornes, aux sabots, à la tête ou dans quelques parties du corps; si c'est un cheval, et dans l'étendue du département de la Seine, s'il existe une *équerre* tracée aux ciseaux, en arière de l'épaule gauche.

2°. Il visitera l'animal avec une scrupuleuse attention, et cherchera à bien s'assurer s'il est atteint ou suspect de mal contagieux. Dans l'affirmative, il **fera connaître** les mesures qu'il est convenable de

prendre à l'égard de l'animal, qui pourra être séquestré ou abattu.

3°. Si l'animal est sacrifié, le vétérinaire assistera
à l'autopsie, prendra note de toutes les altérations
maladives, et dira de nouveau à l'autorité, dans
son rapport, qu'évidemment l'animal était atteint
d'une maladie contagieuse.

B. D'autres fois, le vétérinaire est appelé par l'autorité pour constater, si faire se peut, l'espèce de maladie qui a fait périr un animal trouvé mort sur la
voie publique, dans des pâturages, au bord d'une
rivière, d'un lac, d'un étang, d'un marais, ou bien
s'il a été trouvé enfoui secrètement.

Le vétérinaire étant sur les lieux, devra, comme
dans le cas précédent, prendre le signalement exact
de l'animal ; puis, il cherchera à constater : 1° si
la mort n'a pas été la suite d'une violence extérieure, de l'étranglement, de la submersion, par
exemple ; s'il n'existe point quelques traces de
maladies à la peau, comme il arrive pour le
charbon, la clavelée, 2° Il fera procéder ou procédera à l'autopsie du cadavre pour constater les lésions morbides internes, s'il y en a.

Si l'animal est mort d'une affection contagieuse,
il indiquera dans son rapport les recherches qu'il
conviendrait de faire pour découvrir si, dans les environs, il n'existerait point d'animaux atteints de la
maladie qu'il a signalée ; enfin, les précautions qu'

devront être prises touchant l'enfouissement du cadavre et la désinfection du lieu où il a été trouvé.

C'est particulièrement à l'égard de cadavres d'animaux tués sur la voie publique comme suspects ou
affectés de rage, que les vétérinaires sont mandés
par les autorités. Dans ce cas, l'autopsie doit être
faite avec beaucoup de soins, et les altérations
morbides, s'il en existe, être bien spécifiées, bien
décrites. Et s'il arrivait qu'il ne fût point possible
de conclure que l'animal avait la rage (conclusion
fort ordinaire), au moins le vétérinaire ne devra
point dire le contraire, parce qu'il importe trop que
les animaux qui ont été mordus soient tués, ou séquestrés pendant un temps convenable.

C. Les vétérinaires sont aussi consultés par l'autorité dans le but de savoir : si l'emploi des débris
provenant d'animaux atteints de maladie contagieuse ne pourraient pas être des agens propagateurs de la maladie aux bestiaux sains; si, pendant
les manipulations nécessaires pour écorcher les cadavres, pour en enlever la chair, la graisse, les os,
les hommes ne seraient point exposés à contracter
des maladies graves; si l'usage de la chair comme
aliment pour l'homme ou les animaux n'exposerait
point à des maladies internes ?

Pour l'emploi des débris qui pourraient transporter la contagion, le vétérinaire devra faire connaître dans son rapport : 1° l'espèce de maladie qui
fait périr les animaux; 2° les faits, s'il en existe

dans les ouvrages vétérinaires, qui prouvent que la contagion s'est déjà transmise par les débris d'animaux morts de la même espèce de maladie; 3° les exemples qui lui sont propres, s'il en possède ; 4° enfin, s'il doute de la contagion , il devra s'abstenir de prendre aucune conclusion , jusqu'à ce que des faits aient bien prouvé qu'elle ne saurait exister.

A l'égard des manipulations faites sur les débris cadavériques , dans le but de les rendre profitables, il notera également l'espèce de maladie dont les animaux ont été atteints; et s'il affirme que ces manipulations ne sont point sans danger, ou qu'elles ne sauraient être suivies d'aucun accident, dans l'un comme dans l'autre cas, il devra appuyer son opinion sur des faits péremptoires.

Quant à l'emploi de la viande comme aliment, soit pour l'homme, soit pour les animaux, cette question méritera d'être traitée avec une scrupuleuse circonspection.

Le vétérinaire devra d'abord constater l'espèce de maladie régnante , et s'assurer si elle n'est point susceptible de changer de nature selon les localités, ou de se compliquer d'autres maladies qui peuvent venir s'enter sur elle, comme les affections charbonneuses, par exemple. Il fera connaître ensuite les accidens qui sont survenus ou qui peuvent survenir par l'usage de cette viande. Il citera des faits qui prouveront qu'à certaines époques où l'on a tenté de faire usage de la viande d'animaux morts de la même maladie, ou sacrifiés pendant son cours, il en est résulté des accidens graves, ou que son usage n'a été suivi d'aucun inconvénient. Enfin, il concluera que l'usage de la viande doit être toléré ou prohibé sévèrement.

D. Il arrive quelquefois lors d'épizooties contagieuses, que l'autorité, après avoir reçu les plaintes des particuliers contre le débit de viandes réputées mauvaises, mises en vente par les bouchers ou les charcutiers, nomme des experts vétérinaires pour : inspecter la viande qui est exposée en vente ; constater l'état des animaux encore vivans dans les abattoirs ; et faire l'ouverture de ceux qui ont été tués pour être débités. Voici la marche qui est ordinairement suivie dans cette occasion.

L'autorité devra d'abord se faire représenter :

1°. Les certificats de vente délivrés par le maire, si le débitant de viande devait s'en pourvoir ;

2°. Les peaux, les cornes des animaux qui ont été abattus depuis quelque temps, pour constater si ces parties ne portent point l'empreinte de quelques marques.

3°. Le vétérinaire passera la visite de tous les animaux qui forment l'approvisionnement du boucher.

4°. L'autorité fera procéder à l'ouverture des animaux qui ont été abattus pour être débités, et le vétérinaire examinera scrupuleusement l'état des viscères internes, et notamment des chairs. En cas de doute, le vétérinaire peut demander qu'il plaise à l'autorité de vouloir bien laisser faire des expériences directes sur des animaux, soit en leur donnant à manger cuite ou crue la viande suspecte, soit en leur inoculant le sang, la sérosité des chairs ou du tissu cellulaire ;

5ᵉ. Enfin, le vétérinaire remettra un rapport motivé à l'autorité, dans lequel, en supposant une conclusion pour l'affirmative, il indiquera les mesures de police sanitaire auxquelles il faudrait avoir recours pour éviter tout accident ultérieur.

E. Les vétérinaires sont aussi réclamés pour visiter des lieux qui ont été ou que l'on soupçonne avoir été habités par des animaux atteints de maladies contagieuses. L'autorité désire savoir si d'autres animaux peuvent être placés dans ces lieux suspects, sans les exposer à contracter ces maladies ; et dans l'affirmative, quels seraient les moyens de désinfection qu'il faudrait employer pour éloigner tout danger de contagion ?

En remplissant sa mission, le vétérinaire devra porter son attention : 1° sur l'odeur répandue dans l'air du local ; car sa fétidité indique souvent la présence de matières animales en putréfaction ; 2° sur l'état du sol, sur la couleur des murs, des crèches, des mangeoires, des rateliers, des cloisons, des barres, pour s'assurer si ces objets ne sont point souillés par des matières sanguinolentes, muqueuses ou purulentes. 3° Dans l'affirmative, il fera connaître avec détail et précision comment on devra procéder à la purification du lieu infecté.

DU TYPHUS CONTAGIEUX DES BÊTES BOVINES.

Arrêts , Ordonnances , Circulaires , Mémoires instructifs applicables à cette maladie.

SYNONYMIE DE LA MALADIE.

Peste des bœufs, peste du gros bétail (*Lancisi Ramazzini*). — Peste morveuse, maladie humide (*Lancisi*). — Peste dyssentérique (*Scroëkius*). — Fièvre maligne, bilieuse et putride, ardente et pestilentielle (*Leroy et beaucoup d'auteurs*). — Peste varioleuse, variole des bœufs (*Vicq-d'Azir*). — Maladie bos-hongroise (*Buniva*). — Peste bovine hongroise (*Metaxa*). — Typhus (*par les auteurs allemands*). — Fièvre typhoïde continue avec redoublemens (*Girard et Dupuy*). — Enfin, typhus contagieux du gros bétail. *Ce dernier nom est celui qui est généralement adopté aujourd'hui.*

N° 1. *Arrêt du conseil, contenant l'ordre qui sera observé jusqu'au 15 novembre prochain , à l'égard des foires où l'on vend des bestiaux , du 16 septembre* 1714.

Le roi , ayant été informé que la communication des maladies des bestiaux d'une province à une autre, ou même des lieux infectés d'une province dans d'autres de la même province qui ne l'étaient pas, s'est faite principalement à l'occasion des foires et des marchés, par le mélange des animaux malades avec les sains, lesquels s'étant répandus en divers lieux, y ont porté les mêmes maux qu'ils avaient pris; et sa majesté voulant empêcher la continuation d'une communication si dangereuse, et en même temps prendre les précautions convenables pour conserver la liberté des foires nécessaires au commerce et à la subsistance des peuples ; en sorte néanmoins que l'on n'y puisse conduire des bêtes infectées ou suspectes : ouï le rapport du sieur Desmaretz, conseiller ordinaire au conseil royal, contrôleur-général des finances ; *sa majesté, étant en son conseil,* a fait très-expresses inhibitions et défenses à tous marchands, bourgeois et autres, de quelque qualité et condition qu'ils puissent être, de conduire, amener, vendre ni exposer en vente aucuns bœufs, vaches, ni veaux, de quelque province ou pays qu'ils puissent être, dans les foires et marchés de Brie, Gâtinois, Morvant et autres, où lesdites maladies ont cours, suivant les ordonnances particulières qui seront rendues par les sieurs intendans ou commissaires départis ; fait, sa majesté, pareilles défenses à toutes personnes de conduire, ni d'amener desdites provinces infectées ou suspectées, aucuns bœufs, vaches, ni veaux, dans les provinces et pays où les bestiaux ne sont point encore attaqués des mêmes maux, sous quelque prétexte que ce soit, même de les vendre dans les foires et marchés qui s'y tiendront ; le tout à peine de confiscation des bestiaux et de *mille livres* d'amende contre chacun des contrevenans qui seront emprisonnés sur-le-champ, jusqu'au paiement de ladite amende ; veut néanmoins, sa majesté, que lesdites défenses n'aient lieu que jusqu'au 15 novembre prochain ; enjoint, sa majesté, aux sieurs intendans et commissaires départis, aux juges des lieux, et à tous autres officiers qu'il appartiendra, de tenir la main à l'exécution du présent arrêt, qui sera publié et affiché partout où besoin sera, à ce que personne n'en ignore.

Fait au conseil-d'état du roi, sa majesté y étant, tenu à Fontainebleau, le seizième jour de septembre mil sept cent quatorze.

Signé, PHÉLYPEAUX.

Nº 2. *Ordonnance du roi concernant les précautions à prendre sur les frontières, à l'occa-*

sion des maladies contagieuses qui se sont ré-
pandues dans une partie de la Hongrie et pro-
vinces voisines, du 6 janvier 1739.

Sa Majesté étant informée que les maladies contagieuses qui
se sont répandues dans une partie de la Hongrie et provinces
voisines, ne sont pas encore cessées, elle a jugé nécessaire de
prendre les précautions qu'exigent la sûreté et la conservation de
ses sujets, en les préservant, autant que possible, de toute communication suspecte; et en conséquence, elle a ordonné et ordonne ce qui suit :

Art. Ier. Tout commerce et négoce de bestiaux et marchandises, de quelque espèce que ce soit, venant desdits pays, ou
qui y auront passé, sera et demeurera interdit et suspendu, jusqu'à ce qu'autrement, par sa majesté, ait été ordonné; sans que,
sous quelque prétexte que ce soit, elles puissent être reçues dans
le royaume.

II. Pour prévenir les inconvéniens que cette interdiction
pourrait occasionner dans le commerce d'entre les sujets de
sa majesté, et ceux des pays où la santé des bestiaux n'est point
altérée, veut, sa majesté, que les négocians, commerçans, voituriers et autres qui voudraient faire entrer des marchandises
d'Allemagne et pays en dépendant, autres que ceux qui sont
attaqués de la contagion, soient tenus de rapporter des certificats de santé, expédiés en bonne et due forme par les magistrats du lieu d'où lesdits bestiaux seront partis, et où lesdites
marchandises auront été fabriquées; lesquels certificats seront
présentés, à l'entrée du royaume, aux commandans ou magistrats, pour être par eux visés; à faute de quoi il ne leur sera
pas permis de continuer leur route.

III. Aucun voyageur, passager ou autre venant d'Allemagne,
ne sera pareillement admis à entrer dans le royaume sans un
pareil certificat de santé, visé des commandans ou magistrats

de la première ville de la frontière qui se trouvera sur leur route.

IV. Ces précautions seront exactement observées en Flandre, en Haynault, dans les évêchés, sur la frontière de la Champagne, en Alsace, en Comté, en Bresse, Bugey, Valromey et pays de Gex, en Dauphiné et en Provence, sans qu'aucun marchand, voiturier ou voyageur, venant directement ou indirectement d'Allemagne, puisse être dispensé de rapporter lesdits certificats ; voulant, sa majesté, que ceux qui n'en seront pas munis, soient obligés de rétrograder comme suspects.

V. Quant aux officiers qui ont fait la dernière campagne en Hongrie, et qui ont fait depuis une quarantaine en pays non suspects, sa majesté trouve bon qu'en rapportant un certificat authentique des magistrats du lieu où ils auront fait ladite quarantaine, l'entrée du royaume leur soit permise.

Mande et ordonne, sa majesté, à tous gouverneurs et ses lieutenans-généraux en ses provinces frontières, aux gouverneurs et commandans de ses villes et places, intendans et commissaires départis pour l'exécution de ses ordres en sesdites provinces, commissaires ordinaires de ses guerres, bourgmestres, mayeurs, échevins et gens de loi, commis et gardes établis sur les ponts, ports, péages et passages, et tous autres, ses officiers et sujets qu'il appartiendra, de s'employer et tenir la main à l'exacte observation de la présente, laquelle, sa majesté, veut être lue, publiée et affichée partout où il appartiendra, à ce qu'aucun n'en prétende cause d'ignorance.

Fait à Versailles, le six janvier mil sept cent trente-neuf.

Signé, LOUIS.

Et plus bas :

BAUYN.

N° 3. *Arrêt du conseil portant réglement par rapport à ce qui doit être observé pour les bestiaux, du 14 mars 1745.*

Le roi, s'étant fait représenter en son conseil l'arrêt rendu en icelui le 4 avril 1720, par lequel il est fait défenses à tous laboureurs, fermiers, ménagers et autres personnes, de quelque qualité et condition que ce soit, de vendre à aucuns bouchers les veaux et genisses qui seront âgés de plus de huit ou dix semaines, ni aucunes vaches qui seront encore en état de porter des veaux, et auxdits bouchers de Paris et des environs de les acheter ni de les tuer, à peine, contre les vendeurs, de confiscation desdits veaux, genisses et vaches, et contre les bouchers, de pareille confiscation, de trois cents livres d'amende, et d'être privés de faire la marchandise de boucherie : et sa majesté étant informée que, par la mortalité des bestiaux dans plusieurs provinces du royaume, l'espèce des bœufs et vaches est si considérablement diminuée, qu'il est important de rendre ces défenses générales, afin d'en prévenir la disette, qui serait d'autant plus préjudiciable à ses sujets, qu'en donnant lieu à une augmentation sur la viande, elle en occasionnerait une aussi dangereuse sur les voitures, et ferait cesser une partie de la culture : à quoi voulant pourvoir ; ouï le rapport du sieur Orry, conseiller d'état ordinaire au conseil royal, contrôleur-général des finances ; *le roi, étant en son conseil,* a ordonné et ordonne :

Art. Ier. Que l'arrêt du conseil du 4 avril 1720, sera exécuté selon sa forme et teneur ; et en conséquence, a fait inhibition et défenses à tous laboureurs, fermiers, herbagers, ménagers et autres, de quelque état et condition que ce soit, de vendre à aucuns bouchers, tant dans les villes qu'à la campagne, aucuns veaux et genisses au-dessus de l'âge de dix semaines, ni aucunes vaches qu'elles n'aient dix ans passés ; le tout à peine de confiscation , et de trois cents livres d'amende pour chaque contravention.

II. Défend pareillement, sa majesté, tant aux bouchers de Paris qu'à ceux des autres villes du royaume , même à ceux répandus dans les campagnes , d'acheter lesdits veaux et génisses au-dessus de l'âge de dix semaines , et les vaches qui n'auraient pas dix années passées , pour les tuer, sous pareille peine de confiscation , de trois cents livres d'amende , et d'être en outre privés de leur état.

III. Veut, sa majesté, que par l'officier qui sera commis par le sieur lieutenant-général de police, aux marchés de Sceaux et de Poissy, les commis des fermes à Paris, ceux des autres villes du royaume, les commis des aides répandus dans les provinces, les huissiers et autres officiers ayant serment en justice , les contrevenans puissent être saisis, et qu'ils soient poursuivis par devant le sieur lieutenant-général de police à Paris , et les sieurs intendans et commissaires départis dans les provinces , à la requête des personnes qu'ils jugeront à propos de commettre pour l'exécution du présent arrêt.

IV. Les peines ci-dessus prescrites seront prononcées contre les parties saisies , sur les simples procès-verbaux des commis, affirmés véritables devant le plus prochain juge du lieu où ils auront été faits , dans le temps prescrit par l'ordonnance des aides.

V. Et pour engager lesdits commis et autres à veiller plus attentivement à l'exécution des défenses portées par le présent arrêt, sa majesté a accordé et accorde à ceux qui feront les saisies , la moitié des amendes qui seront prononcées sur leurs procès-verbaux; et sur le surplus, il sera fixé un honoraire pour celui qui sera préposé et chargé de la poursuite.

VI. Enjoint, sa majesté, au sieur lieutenant-général de police à Paris, et aux sieurs intendans et commissaires départis dans les provinces , de tenir la main à l'exécution dudit présent rrêt leur attribuant toute cour et juridisction pour connaître et juger sommairement, sauf l'appel au conseil, les contestations qui naîtront à cette occasion, et toutes les contraventions qui seront constatées en vertu d'icelui.

VII. Et sera le présent arrêt imprimé, lu, publié et affiché partout où besoin sera, à ce que personne n'en ignore, même inscrit sur le registre des délibérations de la communauté des bouchers de Paris, à la diligence des jurés.

Fait au conseil-d'état du roi, sa majesté y étant, tenu à Versailles, le quatorzième jour de mars mil sept cent quarante-cinq.

Signé, PHÉLYPEAUX.

N° 4. *Arrêt de la cour du parlement, du 24 mars 1745 (1).*

Vu par la cour la requête à elle présentée par le procureur-général du roi, contenant qu'ayant eu avis de quelques provinces du ressort de la cour, que plusieurs bœufs et plusieurs vaches avaient été attaqués de maladies qui paraissaient être dangereuses, il avait écrit sur les lieux pour en être particulièrement informé; que par les éclaircissemens qu'il avait eus, il paraissait que la maladie se communiquait par le défaut de séparation des bestiaux sains d'avec les malades, et par la facilité qu'on avait de vendre, dans les foires et marchés, des bestiaux attaqués de la maladie; que si on avait la consolation de voir que non-seulement cette mortalité n'avait procuré aucune maladie dans le peuple d'aucune de ces provinces, mais même qu'elle n'était répandue que sur les bœufs, les vaches et les veaux, à la différence de celle qui survint en 1714, qui attaqua, dans toute l'étendue du royaume, les bêtes à cornes, les chevaux et les moutons, il semblait néanmoins que la crainte de la diminution des bestiaux, qui pourrait entraîner celle du lait, du beurre et du fromage, ne devait rien faire négliger

---

(1) Extrait des registres du parlement, année 1745.

pour prévenir les progrès d'un mal qui pourrait avoir de fâcheuses suites, surtout dans un temps si proche des marchés et des foires qui doivent se tenir incessamment pour la vente des bœufs destinés, après le carême, à l'approvisionnement de cette ville; que c'est ce qui l'engage à proposer à la cour quelques articles de réglement qui sont presqu'entièrement copiés sur ceux que la sagesse et la prudence de la cour renfermera dans les deux arrêts de réglemens du 21 avril et 1.er août 1714 : à ces causes; il plut à ladite cour y pourvoir suivant les conclusions par lui prises par ladite requête, signée de lui procureur-général du roi. Ouï le rapport de maître Elie Bachard, conseiller; la matière mise en délibération :

La cour, faisant droit sur la requête du procureur-général, ordonne :

Art. I.er. Que, dans les lieux où la maladie des bœufs, vaches et veaux a commencé de se faire sentir, les officiers, soit du roi, soit des sieurs haut-justiciers, auxquels la police appartient, chacun dans leur territoire, même les syndics des communautés, en cas d'absence desdits officiers, seront tenus de prendre des déclarations exactes des bœufs, vaches et veaux de chaque particulier; de les faire visiter par des personnes à ce intelligentes deux fois la semaine au moins, le tout sans frais, pour connaître s'il n'y a point de bêtes infectées de la maladie; enjoint à tous ceux qui auront du bétail malade de le déclarer incontinent auxdits officiers, à peine de cent livres d'amende contre chaque contrevenant; pour être les bêtes malades séparées de celles qui seront saines, et mises dans d'autres écuries, étables ou autres lieux. Qu'en cas que le bétail malade puisse être conduit au pâturage, il soit mis à la garde d'un pasteur qui sera choisi par la communauté, et qui ne pourra conduire le bétail que dans les cantons et lieux qui seront indiqués par lesdits officiers, à peine de punition corporelle et de tous dommages et intérêts dont la communauté demeurera responsable

II. Fait défenses aux communautés qui ont droit de parcours

ou d'usage sur les territoires voisins, de les exercer dès le moment qu'il y aura dans ladite communauté des bêtes atteintes de maladie, à peine pour les habitans des communautés contrevenantes, de répondre solidairement de tous dommages et intérêts dont la communauté demeurera responsable.

III. Fait pareillement défenses à toutes personnes de conduire des bœufs, vaches et veaux des bailliages et lieux où la maladie est répandue, pour les vendre dans d'autres bailliages et lieux ; à cet effet, ordonne que lesdits bœufs, vaches et veaux ne puissent être vendus qu'après que ceux qui les conduisent auront préalablement représenté aux juges des lieux où la vente en sera faite, un certificat du lieu où lesdits bœufs, vaches et veaux auront été amenés, portant qu'il n'y a point de maladies dans ledit lieu sur lesdits bestiaux, ni à trois lieues au moins à la ronde ; lequel certificat sera visé par ledit juge, sans frais ; le tout à peine de trois cents livres d'amende pour chaque contravention, même de confiscation des bestiaux, s'il y échet.

IV. Fait pareillement défenses à toutes personnes, sous les mêmes peines, d'exposer en vente, dans les foires et marchés, aucuns bœufs, vaches ou veaux, même aux bouchers de tuer et débiter lesdits bœufs, vaches et veaux, qu'après qu'ils auront été vus et visités par personnes à ce intelligentes, nommées par lesdits officiers ; et ce (à l'égard des bestiaux qui seront exposés en vente dans les foires et marchés) avant que lesdits bestiaux puissent être amenés dans le lieu de la foire ou du marché, pour savoir s'ils ne sont point attaqués de maladie, ou même suspects d'en être attaqués, et être ceux qui se trouveront en cet état, renvoyés sur-le-champ dans les lieux d'où ils auront été amenés ; que les bestiaux qui seront jugés sains, ne puissent être mêlés avec ceux de celui qui les aura achetés, ou autres habitans des lieux où ils seront vendus, qu'après en avoir été tenus séparés au moins pendant huit jours, à peine de cent livres d'amende pour chaque contravention.

V. Ordonne qu'aussitôt que les bêtes infectées seront mortes, les propriétaires et fermiers seront tenus de les enterrer, avec leurs peaux, lesdites bêtes préalablement coupées par quartiers, dans des fosses de huit à dix pieds de profondeur pour chaque bête, de jeter dessus lesdites bêtes de la chaux vive, et de recouvrir exactement ladite fosse jusqu'au niveau du terrain; enjoint auxdits officiers, en leur absence, de leur *faire fournir* les charrettes, chevaux, harnais, civières ou traîneaux, *même les manœuvriers* dont ils auront besoin, sans qu'on puisse traîner lesdites bêtes, mais les porter aux fosses dans lesquelles elles seront jetées; le tout à peine de cinquante livres d'amende contre ceux qui auront refusé leurs charrettes, harnais, civières ou traîneaux, ou leur service pour enterrer promptement lesdites bêtes mortes de maladie. Fait défenses à toutes personnes de laisser dans les bois lesdites bêtes mortes, les jeter dans les rivières, ni les exposer à la voirie, même de les enterrer dans les écuries, cours, jardins et ailleurs, que hors l'enceinte des villes, bourgs, villages, à peine de trois cents livres d'amende et de tous dommages et intérêts.

VI. Fait défenses à toutes personnes de tirer des fosses les bêtes, soit entières ou par parties, sous quelque prétexte que ce puisse être, et aux tanneurs ou autres d'en vendre ou acheter les peaux, à peine de trois cent livres d'amende, même de punition corporelle.

VII. Ordonne que les amendes qui seront encourues pour contravention à l'exécution du présent arrêt, seront appliquées, un tiers au dénonciateur, un tiers au haut-justicier, et un tiers aux pauvres du lieu, et ne puissent être réputées comminatoires, ni être remises ou modérées par les juges, sous quelque prétexte que ce puisse être.

VIII. Que les jugemens qui seront rendus en conséquence du présent arrêt, et pour prévenir la mortalité du bétail, seront exécutés par prévision, nonobstant toutes oppositions, appellations, prises à parties et empêchemens quelconques, et sans y préjudicier.

IX. Et que le présent arrêt sera lu, publié et enregistré dans tous les bailliages et sénéchaussées de ladite cour; enjoint aux substituts du procureur-général du roi d'y tenir la main, d'en envoyer des copies dans les justices de leur ressort, pour y être pareillement lu, publié et affiché partout où besoin sera, à ce que personne n'en ignore, et d'en certifier la cour dans le mois.

Fait en parlement, le 24 mars 1745.

Signé, Dufranc.

Nº 5. *Arrêt du conseil qui indique les précautions à prendre contre la maladie épidémique sur les bestiaux, du 19 juillet 1746.*

Le roi, étant informé que la maladie épidémique sur les bœufs et sur les vaches qui, depuis quelque temps, s'était ralentie, se fait sentir de nouveau dans quelques provinces du royaume ; qu'il y a lieu de penser qu'elle s'y est communiquée, soit parce que les propriétaires de bestiaux, dans la crainte de voir périr chez eux ceux de leurs bestiaux dont l'état était suspect, se sont déterminés à les donner à des prix médiocres, et les ont fait conduire, à cet effet, à des foires et marchés, dans des lieux où la maladie n'avait point encore pénétré ; soit parce que ceux qui font le commerce des bestiaux, voulant, par une avidité condamnable, profiter de l'inquiétude desdits propriétaires, ont acheté leurs bestiaux à des prix extrêmement bas, et les ont revendus par préférence à ceux qui venaient des cantons non suspects, en les donnant à des prix inférieurs, ce qui, dans l'un et l'autre cas, a porté la maladie dans les lieux où lesdits bestiaux ont été conduits, en sorte qu'elle pourrait s'étendre successivement dans les endroits qui, jusqu'à présent, en ont été préservés, s'il n'y était pourvu par des dispositions capables de remédier à un abus si préjudiciable au bien public et à l'intérêt de chaque province en particulier ; et l'expérience

ayant fait connaître que le moyen le plus assuré pour empêcher
le progrès de cette maladie, est d'empêcher toute communica
tion des bestiaux qui en sont attaqués avec ceux qui ne le
sont pas ; comme aussi, que les bestiaux d'un lieu où la maladie s'est fait sentir, ne soient conduits dans un lieu où elle n'a
point pénétré ; sa majesté, voulant sur ce expliquer ses intentions : ouï le rapport du sieur Machault, conseiller ordinaire
au conseil royal, contrôleur-général des finances ; *le roi, étant
en son conseil*, a ordonné et ordonne ce qui suit :

Art. Ier. Tous les propriétaires de bêtes à cornes, habitant
dans les villes ou paroisses de la campagne, dont les bestiaux
seront malades ou soupçonnés de maladie, seront tenus d'en
avertir, dans le moment, le principal officier de police de la
ville, ou le syndic de la paroisse dans laquelle ils habitent,
sous peine de cent livres d'amende, à l'effet, par ledit officier
de police ou syndic, de faire marquer en sa présence lesdits
bestiaux malades ou soupçonnés, avec un fer chaud, d'une
marque portant la lettre *M*, et de constater que lesdites bêtes
malades ou soupçonnées de maladie, ont été séparées des bestiaux sains, et renfermées dans des endroits d'où elle ne puissent communiquer avec lesdits bestiaux sains de la même ville
ou paroisse.

II. Ne pourront lesdits propriétaires, sous quelque prétexte
que ce soit, faire conduire dans les pâturages, ni abreuvoirs,
lesdits bestiaux attaqués ou soupçonnés de maladie, et seront
tenus de les nourrir dans les lieux où ils auront été renfermés,
sous peine de cent livres d'amende.

III. Les syndics des paroisses dans lesquelles il y aura des
bestiaux malades ou soupçonnés de maladie. seront tenus, sous
peine de cinquante livres d'amende, d'en avertir, dans le jour,
le subdélégué du département, et de lui déclarer le nombre des
bestiaux qui seront malades ou soupçonnés, et qu'ils auront fait
marquer, le nom des propriétaires auxquels ils appartiennent,
et s'ils en ont été avertis par lesdits propriétaires ou par d'au-

tres particuliers de ladite paroisse ; veut, sa majesté, qu'au dernier cas, le tiers des amendes qui seront prononcées contre lesdits propriétaires, faute de déclaration, appartienne à ceux qui auront donné le premier avis, soit au principal officier de police dans les villes, soit aux syndics des paroisses de la campagne.

IV. Le subdélégué, conformément aux ordres et instructions qu'il aura reçus du sieur intendant de la province, et les officiers de police dans les villes, tiendront la main, non-seulement pour empêcher que les bestiaux malades ou soupçonnés n'aient aucune communication avec les bestiaux sains de la même ville ou paroisse, mais encore pour empêcher que tous les bestiaux, soit malades, soit soupçonnés, soit sains, du lieu où la maladie se sera manifestée, n'aient aucune communication avec ceux des villes ou paroisses voisines.

V. Fait, sa majesté, très-expresses inhibitions et défenses aux habitans des villes ou des paroisses de la campagne dans lesquelles la maladie se sera manifestée, de vendre aucun bœuf, vache ou veau, et à tous autres particuliers des autres paroisses ou étrangers, d'en acheter, sous peine de cent livres d'amende, tant contre le vendeur que contre l'acheteur, par chaque tête de bétail vendu ou acheté en contravention de la présente disposition, sans préjudice néanmoins de ce qui sera réglé par l'article 8 ci-après.

VI. Fait pareillement, sa majesté, défenses à tous particuliers, soit propriétaires de bêtes à cornes ou autres, de conduire aucuns des bestiaux sains ou malades, des villes ou paroisses de la campagne où la maladie se sera manifestée, dans aucunes foires ou marchés, et ce sous peine de cinq cents livres d'amende pour chaque contravention ; de laquelle amende les propriétaires desdits bestiaux qui pourraient se servir d'étrangers pour les conduire auxdites foires et marchés, seront responsables en leur propre et privé nom.

VII. Permet, sa majesté, à tous particuliers qui rencontreront, soit dans les pâturages publics, soit aux abreuvoirs, soit sur les grands chemins, soit aux foires **ou marchés**, des bêtes à cornes marquées de la lettre *M*, de les conduire devant le plus prochain juge royal ou seigneurial, lequel les fera tuer sur-le-champ en sa présence.

VIII. Pourront néanmoins, les propriétaires des bêtes à cornes qui auront des bestiaux sains et non soupçonnés de maladie, dans un lieu où quelques-uns des bestiaux auront été attaqués, vendre lesdits bestiaux sains et non soupçonnés de maladie, aux bouchers qui voudront les acheter, mais à la charge qu'ils seront tués dans les vingt-quatre heures de la vente, sans que lesdits bouchers puissent, sous aucun prétexte, les garder plus long-temps, à peine, tant contre lesdits propriétaires que contre lesdits bouchers, de deux cents livres d'amende pour chaque contravention, pour raison de laquelle amende lesdits proprié-taires et lesdits bouchers seront solidaires.

IX. Seront en outre tenus lesdits bouchers qui, dans les lieux où il y aura des bestiaux malades ou soupçonnés, achè-teront des bestiaux sains, de prendre un certificat des proprié-taires desquels ils feront lesdits achats, lequel sera visé par l'of-ficier de police de la ville, ou du syndic de la paroisse dans les-quels les achats auront été faits, et contiendra le nombre et la désignation des bestiaux qu'ils auront achetés, et qu'ils n'ont eu aucun symptôme de maladie; comme aussi de présenter les-dits certificats à l'officier de police de la ville, ou au syndic de la paroisse dans laquelle ils condüiront lesdits bestiaux, à l'effet de constater que lesdits bestiaux seront tués dans les vingt-quatre heures du jour de l'achat; le tout sous la même peine contre lesdits bouchers, de deux cents livres d'amende pour chaque contravention et par chaque tête de bétail qui n'aurait pas été tué dans lesdites vingt-quatre heures de l'achat.

X. Si aucuns desdits bouchers, abusant de la faculté qui leur est accordée par les deux articles précédens, revendaient aucuns desdits bestiaux à telle personne que ce puisse être, veut, sa majesté, qu'ils soient condamnés à cinq cents livres d'amende par chaque tête de bétail ; même qu'il soit procédé extraordinairement contre eux, pour, après l'instruction faite, être prononcé telle peine afflictive ou infamante qu'il appartiendra.

XI. Les bouchers qui, pour s'approvisionner des bestiaux dont ils auraient besoin, en achèteraient dans les lieux où la maladie n'aura point encore pénétré, seront tenus de prendre un certificat de l'officier de police de la ville, ou du syndic de la paroisse dans laquelle ils feront leurs achats, lequel certificat fera mention de l'état de la paroisse sur le fait de la maladie, et du nombre et désignation des bestiaux qu'ils y auront achetés, comme aussi de représenter ledit certificat à l'officier de police de la ville, ou au syndic de la paroisse de leur domicile, toutes fois et quantes ils en seront requis, pour justifier que lesdits bestiaux ont été achetés dans des lieux sains, et peuvent être conservés sans danger, sous peine de confiscation desdits bestiaux, et de deux cents livres d'amende par chaque tête de bêtes à cornes.

XII. Veut et entend pareillement, sa majesté, que tous les particuliers et habitans des villes ou des paroisses de la campagne où la maladie n'aura point pénétré, qui voudront conduire ou envoyer des bestiaux aux foires et marchés, pour y être vendus, soient tenus, sous peine de confiscation de leurs bestiaux et de deux cents livres d'amende par chaque tête de bêtes à cornes, de se munir d'un certificat de l'officier de police de ladite ville, ou du syndic de ladite paroisse, visé par le curé ou par un des officiers de justice ; lequel certificat fera mention de l'état de ladite ville ou paroisse sur le fait de la maladie, et contiendra le nombre et la désignation desdits bestiaux, et sera ledit certificat représenté aux officiers de police, si aucuns y a, ou aux syndics des paroisses des lieux où se tiendront les foires et marchés, avant l'exposition desdits bestiaux en vente.

XIII. Fait, sa majesté, très-expresses inhibitions et défenses auxdits officiers de police et syndics des lieux et communautés où lesdites foires et marchés se tiendront, de permettre l'exposition desdits bestiaux, sans préalablement s'être assurés, par représentation desdits certificats, du lieu d'où ils viennent, et que la maladie n'y a point pénétré ; à peine, contre les syndics des paroisses, de cent livres d'amende, et contre lesdits officiers de police, de destitution de leurs offices.

XIV. Si aucuns des officiers de police des villes, et des syndics des paroisses de la campagne, dans les cas où il leur est enjoint par le présent arrêt de donner les certificats, en donnaient de contraires à la vérité, veut, sa majesté, qu'ils soient condamnés à mille livres d'amende, même poursuivis extraordinairement, pour, après l'instruction faite, être prononcé contre eux telle peine afflictive ou infamante qu'il appartiendra.

XV. Veut, sa majesté, que dans tous les cas où les amendes prononcées par le présent arrêt seront encourues, les délinquans soient contraignables par corps au paiement desdites amendes, et qu'ils tiennent prison jusqu'à parfait paiement d'icelles.

XVI. Lesdites amendes seront remises au greffier de police pour les villes, et au greffier des subdélégations dans chaque département pour les paroisses de la campagne, pour être distribuées, savoir : un tiers en conformité et dans le cas porté par l'article III du présent arrêt, et le surplus ainsi qu'il sera ordonné par sa majesté, sur l'avis du lieutenant-général de police de la ville de Paris, et des sieurs intendans dans les provinces. Enjoint, sa majesté, au sieur lieutenant-général de police à Paris, et aux sieurs intendans et commissaires départis dans les provinces, de tenir la main à l'exécution du présent arrêt, qui sera lu, publié et affiché partout où besoin sera, à ce que personne n'en ignore, et exécuté, nonobstant oppositions ou autres empêchemens quelconques, pour lesquels ne sera différé, et dont, si aucuns interviennent, sa majesté se réserve, et à son conseil, la connaissance, icelle interdisant à toutes ses cours et autres juges.

Fait au conseil-d'état du roi, sa majesté y étant, tenu à Versailles, le dix-neuvième jour de juillet mil sept cent quarante-six.

Signé, PHÉLYPEAUX.

N° 6. *Arrêt du conseil, concernant les précautions à prendre pour éviter la communication des maladies sur les bestiaux, du 31 janvier 1771.*

Le roi, étant informé que la maladie épizootique sur les bêtes à cornes, qui affligeait des pays voisins, aurait pénétré dans quelques provinces de son royaume, et que, malgré les secours que sa majesté a fait porter aux lieux où ladite maladie s'est manifestée, la contagion a continué de se répandre par la négligence, même par la mauvaise foi des propriétaires de bestiaux malades ou soupçonnés, qui se sont empressés de s'en défaire à quelque prix que ce fût, et par l'imprudence et l'avidité des acheteurs ; sa majesté a jugé qu'il était d'autant plus instant d'y pourvoir, qu'il est reconnu, par l'expérience de tous les temps, qu'il n'y a pas de moyens plus assurés pour arrêter les progrès d'un mal si nuisible à la culture et si préjudiciable aux habitans de la campagne, que d'empêcher toute espèce de communication, non-seulement entre les bestiaux sains et malades, mais encore entre les villes et paroisses où la maladie s'est manifestée, et les paroisses circonvoisines : à quoi voulant pourvoir. Vu les réglemens précédemment faits à ce sujet, et notamment l'arrêt de son conseil du 19 juillet 1746 : ouï le rapport, et tout considéré, *le roi étant en son conseil,* a ordonné et ordonne ce qui suit :

Art. Ier. Ceux qui se trouveront avoir des bêtes à cornes attaquées ou soupçonnées de ladite maladie, seront tenus d'en avertir sur-le-champ les officiers municipaux de la ville où le syndic de la paroisse, lesquels feront aussitôt renfermer lesdits bestiaux dans des étables séparées, et en instruiront le sieur inndant et commissaire départi dans la province, ou son sub-délégué.

II. En cas que l'une desdites bêtes vienne à périr de ladite maladie, le propriétaire qui aura fait ladite déclaration le premier dans la ville ou paroisse, sera payé de la valeur de ladite bête, ainsi qu'il sera réglé par le sieur intendant; et si ladite déclaration a été faite par un autre, le propriétaire sera condamné à cent livres d'amende, dont moitié appartiendra au dénonciateur.

III. Dans toutes les villes ou paroisses où la maladie se sera manifestée, les habitans seront tenus de renfermer leurs bêtes à cornes, et ce aussitôt que l'ordonnance qui aura été rendue à cet effet, par le sieur intendant, aura été notifiée aux officiers municipaux ou syndics, le tout à peine de confiscation des bêtes non renfermées, et de vingt livres d'amende par tête de bétail.

IV. Dans les vingt-quatre heures de la notification de ladite ordonnance, les officiers municipaux ou syndics seront tenus de faire procéder, par ceux qui auront été préposés par le sieur intendant, à la visite de toutes les bêtes à cornes dudit lieu; et s'il s'en trouve quelques-unes attaquées de la maladie, elles seront marquées d'un fer chaud où sera empreinte la lettre M et la lettre initiale du nom de la ville ou paroisse, et les bêtes saines de la lettre S.

V. Les bêtes malades seront renfermées, et ne pourront être menées à la pâture ou à l'abreuvoir commun, ni avoir communication avec les autres bestiaux du lieu; et en cas de contravention, lesdites bêtes seront confisquées, même tuées, s'il y a lieu, et le propriétaire condamné à vingt livres d'amende par tête de bétail.

VI. Lorsque lesdites visites et marques auront été faites, il sera sur-le-champ, à la diligence des officiers municipaux ou syndics, attaché à la porte principale des maisons où il y aura des bêtes malades, et aux principales avenues de la ville ou village, des signaux suffisans pour faire connaître que la maladie y règne. Fait défense, sa majesté, d'enlever lesdits signaux, jusqu'à ce qu'il en ait été autrement ordonné par le sieur intendant, et ce à peine de cent livres d'amende.

VII. Seront tenus en outre, les officiers municipaux ou syndics, de faire publier et afficher dans tous les lieux voisins, que la communication est interdite avec ledit lieu, et de faire boucher les avenues et chemins détournés par où l'on pourrait y entrer.

VIII. Aussitôt après lesdites publications et appositions de signaux, il ne sera plus permis de faire entrer dans le territoire de ladite ville ou paroisse, ni d'en laisser sortir aucunes bêtes à cornes ; veut, sa majesté, que les bestiaux qui seraient pris en contravention, soient confisqués, mêmes tués, s'il y échet, et les propriétaires ou conducteurs condamnés à cent livres d'amende.

IX. En cas que la pâture de ladite paroisse soit commune à d'autres paroisses, elle demeurera interdite aux bêtes à cornes du lieu où la maladie s'est manifestée, et ce sous les peines portées par l'article précédent.

X. Les bêtes malades ou soupçonnées telles, ne pourront sortir des étables où elles auront été renfermées, qu'après parfaite guérison, et après avoir été marquées de la lettre G, en présence des officiers municipaux ou syndics, et ce aux peines portées en l'article 8.

XI. Fait, sa majesté, très-expresses défenses de laisser entrer dans les maisons, cours et étables où seront gardées les bêtes malades, aucunes bêtes à cornes, chevaux, cochons ou moutons, et même les chiens ; enjoint à ceux qui auront soin des bêtes malades, de prendre les précautions qui leur seront indiquées pour prévenir toute communication avec les bêtes saines.

XII. Les bêtes qui seront mortes de la maladie seront portées avec leurs peaux dans des fosses de huit pieds de profondeur, sans qu'elles puissent être brûlées, ou qu'il puisse être mis de la chaux vive dans lesdites fosses ; enjoint, sa majesté, auxd.ts officiers municipaux ou syndics, de veiller à ce que les bêtes soient portées auxdites fosses, sans y être traînées ; comme aussi à ce que les voitures , harnais, et généralement tout ce qui aura approché des bêtes malades, soit lavé et purifié, à peine de cinquante livres d'amende pour chaque contravention.

XIII. Seront pareillement purifiées les étables où lesdites êtes seront mortes, et leurs fumiers seront enterrés dans les mêmes fosses, sans qu'ils puissent être brûlés ni employés à aucun autre usage.

XIV. Il sera pourvu par le sieur intendant aux frais nécescaires pour l'exécution du présent arrêt, sur les fonds qui seront à ce destinés par sa majesté.

XV. Fait, sa majesté, très-expresses inhibitions et défenses aux habitans des villes ou paroisses de la campagne dans lesquelles la maladie se sera manifestée, de vendre aucun bœuf, vache ou veau ; et à tous perticuliers des autres paroisses ou étrangers d'en acheter, à peine de consfication et de cent livres d'amende, même de plus grandes peines, s'il y échet, tant contre le vendeur que contre l'acheteur, et ce par chaque tête de bétail vendu ou acheté en contravention de la présente disposition.

XVI. Les amendes portées par le présent réglement seront payables par corps, et elles seront augmentées suivant l'exigence, sans qu'elles puissent être modérées, pour quelque cause et sous quelque prétexte que ce soit.

XVII. Enjoint, sa majesté, au lieutenant-général de police et aux sieurs intendans et commissaires départis, de tenir la main à l'exécution du présent arrêt, qui sera imprimé, publié et affiché partout où besoin sera ; et de rendre, pour l'exécution du présent arrêt, toutes ordonnances à ce nécessaires, lesquelles seront exécutées nonobstant toutes oppositions ou appellations quelconques, dont, si aucunes y a, sa majesté a réservé la connaissance à soi ou à son conseil : et seront tenus les officiers et cavaliers de maréchaussée d'exécuter les ordres qui leur seront adressés par lesdits sieurs intendans, pour l'exécution du présent arrêt. Fait au conseil-d'état du roi, sa majesté y étant, tenu à Versailles, le trente-un janvier mil sept cent soixante-onze.

Signé, BERTIN.

N° 7. *Arrêt du conseil, contenant des dispositions pour arrêter les progrès de la maladie épizootique sur les bestiaux, dans les provinces méridionales du royaume, du 18 décembre 1774.*

Le roi, s'étant fait rendre compte de l'état et des progrès de la maladie contagieuse qui s'est répandue depuis plus de huit mois sur les bêtes à cornes, dans les généralités de Bayonne, d'Auch et de Bordeaux, et qui commence à se communiquer dans celles de Montauban et de Montpellier; informé par les commandans et intendans desdites provinces, que la maladie se répand de plus en plus par la communication des bestiaux; qu'elle n'a épargné qu'un très-petit nombre d'animaux dans les villages où elle a pénétré; que tous les remèdes qui ont été tentés pour en arrêter les progrès, soit par les médecins du pays, soit par les élèves des écoles vétérinaires que sa majesté a fait passer dans lesdites provinces pour les secourir, n'ont eu jusqu'à présent que peu de succès, et qu'ils laissent peu d'espérance de pouvoir guérir les animaux infectés de cette contagion, qui s'annonce avec les caractères d'une maladie putride, inflammatoire et pestilentielle; qu'il est important et pressant de recourir aux moyens les plus efficaces pour empêcher que ce fléau, en continuant de s'étendre de proche en proche, ne se répande en peu de temps dans d'autres provinces du royaume; que dans les états étrangers limithropes qui ont été infectés de la même maladie pendant les années précédentes, on n'est parvenu à conserver la plus grande partie du bétail qu'en sacrifiant un petit nombre d'animaux malades, dès qu'ils ont eu les premiers symptômes de cette maladie; que ce parti, tout rigoureux qu'il est, est copendant le seul qui reste à prendre pour prévenir les progrès d'une contagion ruineuse pour les propriétaires des bestiaux, et destructive de l'agriculture dans les provinces exposées à ses ravages. Dans ces circonstances : ouï le rapport du sieur Turgot, conseiller ordinaire au conseil royal, contrôleur-général des finances; *le roi étant en son conseil*, en renouvelant les ordres les plus précis pour faire exécuter exactement dans toutes les provinces infectées, et dans celles qui sont limitrophes, l'arrêt du conseil du 31 janvier 1771, a ordonné et ordonne ce qui suit :

Art. Ier. Toutes les villes, bourgs et villages voisins de ceux où la contagion est présentement établie, seront visités par les artistes vétérinaires, les maréchaux, ou autres experts qui auront été pour ce commis par les intendans desdites provinces, à l'effet de reconnaître et de constater l'état de santé ou de maladie de toutes les bêtes à cornes dans lesdits villages et bourgs.

II. Dans le cas où quelques animaux se trouveraient attaqués de la maladie contagieuse annoncée par des symptômes non équivoques, il en sera dressé procès-verbal par lesdits artistes, maréchaux ou experts, en présence des syndics de la communauté dans lesdits villages, et en celles des officiers municipaux dans les villes ou dans leurs faubourgs ; et il sera constaté en même temps, par ledit procès-verbal ou par un acte de notoriété y joint, qu'aucun animal, dans ladite ville, bourg ou village, n'est mort précédemment de la contagion.

III. Aussitôt après la confection desdits procès-verbaux, lesdites bêtes malades seront tuées et ensuite enterrées avec leurs cuirs, jusqu'à concurrence *des dix premières seulement*, à la vigilance desdits syndics et officiers municipaux dans chaque ville, bourg ou village où ladite contagion commencera à se déclarer.

IV. Les sieurs intendans et commissaires départis dans les provinces, feront payer à chaque propriétaire le tiers de la valeur qu'auraient eue les propriétaires des animaux qui auront été sacrifiés, s'ils eussent été sains; et ce sur l'estimation qui en sera faite par lesdits artistes, maréchaux et experts, à la suite de leursdits procès-verbaux, laquelle indemnité sera imputée sur les fonds à ce destinés par sa majesté.

V. Lesdits sieurs intendans enverront à la fin de chaque mois, au sieur contrôleur-général des finances, l'état des villes, bourgs et villages où la maladie aura pénétré; ensemble l'état du nombre et qualité des bêtes malades qui auront été tuées dans lesdits lieux de leur généralité, et des sommes qui leur auront été payées en indemnité, à raison *du tiers* de la valeur de chaque animal, ainsi que des autres dépenses nécessaires pour l'exécution du présent arrêt.

VI. Fait, sa majesté, très-expresses inhibitions et défenses à tous propriétaires de bestiaux, de cacher ou recéler aucune bête saine ou malade, lors des visites qui seront faites en exécution du présent arrêt, à peine de cinq cents livres d'amende, payable par corps, et sans pouvoir être modérée.

VII. Enjoint, sa majesté, aux lieutenans et officiers de police dans les villes, aux sieurs intendans et commissaires départis, de tenir la main à l'exécution du présent arrêt, qui sera publié et affiché partout où besoin sera ; et de rendre à cet effet toutes les ordonnances nécessaires, lesquelles seront exécutées , nonobstant oppositions ou appellations quelconques, sa majesté se réservant d'en connaître en son conseil ; et seront tenus les officiers et cavaliers de maréchaussée, d'exécuter les ordres qui leur seront adressés par lesdits sieurs intendans, pour assurer l'exécution du présent arrêt.

Fait au conseil-d'état du roi, sa majesté y étant, tenu à Versailles, le dix-huit décembre mil sept cent soixante-quatorze.

Signé, BERTIN.

N° 8. *Arrêt du conseil, qui accorde différentes gratifications par chaque mulet ou cheval propre à la charrue, qui sera vendu dans les marchés y désignés, du 8 janvier 1775.*

Le roi, étant informé de la continuation des ravages que la maladie épizootique a faits dans quelques-unes des provinces méridionales de son royaume, nonobstant les précautions qui ont été prises par ses ordres, soit pour en diminuer la cause, soit pour en arrêter les progrès ; et sa majesté voulant, en même temps qu'elle prend toutes les mesures possibles pour en prévenir les progrès ultérieurs, en diminuer les mauvais effets, et prévenir le tort que la perte de tant d'animaux aratoires pourrait faire à la culture, elle aurait jugé de sa sagesse et de ses vues bienfaisantes et d'amour pour ses peuples, d'encourager l'importation des mulets et des chevaux propres au labour dans les provinces, privées, par la maladie des bêtes à cornes, de leurs ressources accoutumées pour la préparation et l'ensemencement de leurs terres. A quoi voulant pourvoir : ouï le rapport du sieur Turgot, conseiller ordinaire au conseil royal, contrôleur-général des finances ; *le roi étant en son conseil*, a ordonné et ordonne ce qui suit :

Art. Ier. Il sera payé une gratification ou prime de vingt-quatre livres par chaque mulet ou cheval propre à la charrue, qui sera vendu dans les marchés de Libourne, Agen et Condom, dans la généralité de Bordeaux, avant le 20 du mois de février prochain, au vendeur desdits chevaux et mulets, en rapportant par ledit vendeur un certificat de l'acheteur, visé du subdélégué desdites villes, de la vente dudit animal, lequel contiendra les noms, qualités et demeure dudit acheteur, et en justifiant devant le subdélégué que les animaux qui seront vendus viennent d'une autre province que celles qui composent les généralités de Guyenne, Auch, Navarre, Béarn, et généralité de Bayonne ;

et, pour éviter tous abus, les animaux qui auront été vendus, et dont la gratification aura été payée, seront marqués à la cuisse de la lettre P.

II. Il sera payé, aux mêmes époques et conditions, une prime ou gratification de trente livres par chaque mulet ou cheval propre au labour, qui auront été vendus dans les marchés de Dax, Mont-de-Marsan, Auch, Bayonne, Orthès, Pau, Tarbes, Mirande, Saint Sever, Oléron, en rapportant un certificat de la vente, dans la forme expliquée en l'article précédent, et observant les mêmes formalités pour la marque.

III. Passé le 20 du mois de février prochain, et jusqu'au 20 de mars, il ne sera donné pour gratification ou prime pour la vente desdits animaux, aux conditions mentionnées aux articles ci-dessus, que seize livres de gratification dans les villes spécifiées en l'article 1er, et vingt livres dans celles énoncées en l'article 2.

IV. Passé le 20 mars, et jusqu'au 20 avril inclusivement, ladite prime ou gratification, aux conditions ci-dessus, sera pour les marchés énoncés en l'article 1er, de dix livres seulement, et pour ceux mentionnés en l'article 2, de quinze livres; et après le 20 avril, il n'y aura plus lieu à aucune desdites primes ou gratifications.

V. Lesdites primes ou gratifications seront payées sur les certificats des subdélégués, en vertu des ordonnances du sieur intendant de la généralité, sur les fonds de la recette générale. Sera le présent arrêt publié, imprimé et affiché partout où besoin sera; enjoint aux sieurs intendans et commissaires départis dans les généralités, d'y tenir la main.

Fait au conseil-d'état du roi, sa majesté y étant, tenu à Versailles, le huit janvier mil sept cent soixante-cinq.

Signé, BERTIN.

N° 9. *Arrêt du conseil qui , en ordonnant l'exécution de celui du 18 décembre 1774, prescrit de
nouvelles dispositions pour arrêter le progrès de la
maladie épizootique sur les bétes à cornes, du
30 janvier 1775.*

Le roi étant informé que la maladie contagieuse sur les
bêtes à cornes continue ses ravages dans les provinces de
Guyenne, de Navarre et de Béarn , et dans quelques autres
provinces méridionales du royaume, s'est fait représenter l'arrêt
rendu en son conseil le 18 décembre 1774, qui ordonne de
tuer, dans chacune des paroisses nouvellement attaquées de
cette maladie, *les dix premières bétes* qui tomberont malades
seulement, et qui prescrit les formalités qui doivent être observées dans ce cas : sa majesté a reconnu , par le compte qui lui
a été rendu des observations faites par ses ordres dans ces provinces, que cette maladie ne se répand que par la communication des bestiaux entre eux, et par l'abus que peuvent faire des
personnes imprudentes ou mal intentionnées , des cuirs des animaux malades et autres objets capables de répandre la contagion , elle a jugé qu'il était de sa prudence et de son amour
pour ses peuples de prendre les mesures les plus certaines, non-
seulement pour arrêter les progrès de cette maladie , mais pour
en détruire , autant qu'il est possible , toutes les semences.

A quoi désirant pourvoir : ouï le rapport du sieur Turgot,
conseiller ordinaire au conseil royal, contrôleur-général des
finances ; *le roi étant en son conseil*, ordonne que l'arrêt du 18
décembre 1774 sera exécuté selon sa forme et teneur ; et sa majesté , l'interprétant et étendant ses dispositions, en tant que de
besoin, ordonne que *tous les animaux qui seront reconnus malades de cette maladie seront tués sur-le-champ*, et enterrés, en
suivant les précautions et les formalités ordonnées par ledit ar-

rêt du 18 décembre 1774, aussitôt qu'on aura bien constaté les signes de l'épizootie; veut, sa majesté, qu'il soit tenu compte aux propriétaires du tiers de la valeur qu'ils auraient eue s'ils avaient été sains; ordonne que les cuirs desdits animaux tués en conséquence du présent arrêt, ou morts de leur mort naturelle, seront tailladés de manière qu'on ne puisse plus en faire usage; fait, sa majesté, très-expresses inhibitions et défenses à toutes personnes, sous quelque prétexte que ce puisse être, de conserver aucuns cuirs provenant d'animaux suspects de ladite maladie, de les preparer, transporter, vendre ou acheter, ainsi que les fumiers, rateliers et autres choses à l'usage desdits animaux, et reconnus capables de porter la contagion, sous peine de cinq cents livres d'amende contre chacun des contrevenans Enjoint, sa majesté, aux gouverneurs et commandans, et aux intendans et commissaires départis dans ces provinces, de tenir la main à l'exécution du présent arrêt; et à tous officiers de ses troupes, officiers de maréchaussée et à tous autres, de prêter main-forte, toutes les fois qu'ils en seront requis, pour ladite exécution.

Fait au conseil-d'état du roi, sa majesté y étant, tenu à Versailles, le trentième jour de janvier mil sept cent soixante-quinze.

Signé, BERTIN.

N° 10. *Arrêt du conseil-d'état du roi concernant l'exécution des mesures ordonnées par le roi, pour arrêter les progrès de la maladie épizootique dans les provinces qui en sont affligées, du 1er novembre 1775.*

Sur le compte qui a été rendu au roi, étant en son conseil, des ravages que la maladie épizootique continue de faire dans les provinces méridionales, et des progrès qu'elle a continué de faire par la négligence des propriétaires de bestiaux à se conformer aux précautions ordonnées; sa majesté a jugé à propos de prendre de nouvelles mesures pour prévenir les suites funestes de cette négligence, et préserver ces provinces et tout son royaume des malheurs que cette contagion peut y occasionner. Rien ne lui a paru plus pressant que de faire connaître ses intentions sur l'autorité qui doit procéder à l'exécution de ses ordres; et comme les circonstances présentes sont hors de l'ordre commun, et que sa majesté espère que les mesures qu'elle prend les feront cesser dans peu de temps, elle a pensé qu'elle devait, tant que ces circonstances subsisteront, confier exclusivement l'exécution de ces mesures aux commandans et officiers de ses troupes, et aux intendans et commissaires départis dans ses provinces. Quels que soient le zèle et l'activité, tant de ses cours de parlement que de ses juges ordinaires, pour le bien de ses sujets, sa majesté a cru que le concours de plusieurs autorités sur un même objet pourrait porter du trouble et de la confusion dans le service, et servir de prétexte à ceux qui voudraient se soustraire à ses ordres; sa majesté a aussi jugé à propos de faire connaître de nouveau ses intentions sur l'exécution des arrêts de son conseil, précédemment rendus, et de prescrire d'une manière précise les précautions qu'elle veut qui soient prises à l'avenir.

A quoi voulant pourvoir : ouï le rapport du sieur Turgot, conseiller ordinaire au conseil royal, contrôleur-général des finances; *le roi, étant en son conseil,* a ordonné et ordonne ce qui suit :

Art. Ier. Les commandans en chef, chargés des ordres du roi pour l'extinction de l'épizootie, et les intendans et commissaires départis dans les provinces, ou ceux qui en seront chargés par eux, donneront seuls les ordres relatifs à cette opération importante; veut en conséquence, sa majesté, que, sans s'arrêter aux dispositions de l'arrêt de sa cour de parlement de Toulouse, du 27 septembre dernier, ni à tous autres pareils qui auraient été rendus ou pourraient l'être à l'avenir, les officiers municipaux ou syndics de paroisses ne puissent assembler leurs communautés autrement que par les ordres desdits commandans en chef, ou intendans; leur fait pareillement, sa majesté, très-expresses inhibitions et défenses de reconnaître, pour ledit service, aucune autre autorité.

II. Les arrêts du conseil-d'état du roi, des 18 décembre 1774 et 30 janvier dernier, seront exécutés selon leur forme et teneur, concernant l'assommement des bestiaux dans les lieux où il sera ordonné, conformément aux instructions qui seront adressées par le roi auxdits commandans et intendans, et aux ordres qu'ils donneront en conséquence.

III. Dans tous les lieux dans lesquels l'assommement des animaux malades aura été ordonné en vertu de ladite autorité, seront tenus, tous propriétaires de bestiaux, de dénoncer ceux qui seront tombés malades, dans les vingt-quatre heures du moment où les premiers symptômes se sont manifestés, sous peine de cinq cents livres d'amende; et il sera fait par les troupes des visites et perquisitions dans toutes les étables, écuries, granges et autres bâtimens, à l'effet de découvrir les contraventions.

IV. Les animaux qui auront été dénoncés seront visités par experts; et dans le cas où ils auraient été reconnus attaqués de la maladie épizootique, ils seront sur-le-champ assommés et enterrés, conformément aux arrêts du conseil rendus, et aux instructions imprimées et publiées sur cet objet, sans que les propriétaires puissent les conserver, sous le prétexte de les faire traiter par des méthodes dont l'expérience a démontré l'illusion, sans s'arrêter aux dispositions de l'arrêt du 2 septembre 1775, rendu par sa cour de parlement de Toulouse, qui paraît autoriser ledit traitement, ni à tous autres arrêts rendus ou à rendre, dont les dispositions seraient contraires à celles du présent arrêt.

V. Il sera payé, par les ordres de l'intendant et commissaire départi, à ceux dont les bestiaux auront été assommés, le tiers du prix desdits bestiaux, sur l'estimation qui en sera faite, conformément aux dispositions des arrêts du conseil-d'état du roi, des 18 décembre 1774 et 30 janvier 1775, dans le cas seulement où la déclaration en aura été faite par le propriétaire dans le temps prescrit par l'article précédent : dans le cas où ladite dénonciation n'aurait pas été faite, lesdits propriétaires, outre l'amende à laquelle ils seront condamnés, seront privés de cette indemnité.

VI. Dans le cas où la nécessité de conserver les provinces saines obligerait de faire passer les bestiaux sains ou malades d'un lieu dans un autre, il sera procédé par les ordres du commandant en chef, ou de l'intendant et commissaire départi; et il sera pris, par ledit intendant, les mesures nécessaires pour en assurer le prix aux propriétaires, dans le cas où lesdits animaux résisteraient à la contagion.

VII. Fait, sa majesté, très-expresses inhibitions et défenses à tous propriétaires de bestiaux, de quelque qualité et conditions qu'ils soient, de faire refus d'exécuter ou de laisser exécuter les ordres du roi qui leur seront notifiés par les officiers ou soldats, à peine de cinq cents livres d'amende; et dans le cas de rébellion, à peine d'être poursuivis extraordinairement, selon la rigueur des ordonnances.

VIII. Il sera pareillement fait défenses à tous propriétaires de bestiaux ou autres, de conduire d'un lieu à un autre ou de transporter des peaux ou des cuirs, ou autres matières capables de répandre la contagion, qu'ils ne soient porteurs de permission par écrit des officiers qui commanderont dans le lieu, ni de contrevenir à aucune des ordonnances qui seront données et publiées par les commandans ou intendans, sous peine de cinq cents livres d'amende, ou telle autre peine portée par lesdites ordonnances.

IX. Sa majesté attribue toute cour et juridiction, en dernier ressort, aux intendans et commissaires départis pour prononcer les amendes qui seront encourues, même pour procéder extraordinairement contre ceux qui auront fait rébellion ; les autorisant, sa majesté, pour les affaires criminelles, à prendre avec eux le nombre de gradués requis par les ordonnances, et de nommer telles personnes capables, et qu'ils jugeront à propos, pour remplir les fonctions de procureur du roi et de greffier ; les autorisant pareillement à subdéléguer pour rendre tous jugemens d'instruction, même de réglement à l'extraordinaire et autres, en se conformant, par eux, aux règles et ordonnances du royaume sur la matière criminelle, et notamment à celle de 1770 ; et sa majesté interdit à toutes ses cours et autres juges, la connaissance desdits cas, ainsi que de tous ceux relatifs aux précautions ordonnées pour arrêter les progrès de la contagion.

X. Enjoint, sa majesté, aux commandans dans les provinces, commandans et officiers de ses troupes, aux intendans et commissaires départis, aux officiers et cavaliers de maréchaussée, de tenir la main, chacun en droit soi, à l'exécution du présent arrêt qui sera imprimé, lu et affiché partout où besoin sera.

Fait au conseil-d'état du roi, sa majesté y étant, tenu à Fontainebleau, le premier jour de novembre mil sept cent soixante-quinze.

Signé, De Lamoignon.

N° 11. *Ordonnance du roi concernant l'exécution des mesures ordonnées par sa majesté contre la maladie épizootique dans les provinces qui en sont affligées, du 1ᵉʳ novembre 1775.*

De par le Roi:

Il sera ordonné à tous sujets du roi, de quelque qualité et condition qu'ils soient, dans l'étendue des provinces de Guyenne, Gascogne, Languedoc et autres, ravagées par la maladie épizootique, de se conformer aux arrêts du conseil-d'état du roi qui ont été publiés sur cet objet, et d'obéir à tous ordres et instructions qui seront donnés par le maréchal de Mouchy et le comte de Périgord, ou par ceux qu'ils auront chargés en leur absence, chacun dans l'étendue de leur commandement.

Il sera ordonné à tous maires, lieutenans de maires, jurats, échevins, et autres officiers municipaux, de se conformer aux ordres qui leur seront donnés par lesdits commandans, ou par les intendans et commissaires départis, sans reconnaître, en cette partie, aucuns autres ordres.

Les troupes du roi feront dans les métairies, étables, écuries, granges, et autres lieux où les bestiaux pourraient être renfermés, toutes visites ou perquisitions qui seront jugées nécessaires, ainsi qu'il leur sera ordonné par les commandans en chef, ou officiers qu'ils en auront chargés. Il est défendu à toutes personnes, de quelque qualité ou condition qu'elles soient, de leur faire refus ou de les troubler, à peine de cinq cents livres d'amende.

Il est expressément ordonné à tous officiers, soldats, cavaliers ou dragons, de rendre compte des contraventions, et d'emprisonner ceux qui feront résistance, pour, lesdits contrevenans, être jugés par l'intendant, sur les cas dont ils seront coupables.

Il est ordonné aux troupes d'employer la force en cas de résistance; et ceux qui auraient fait résistance, seront jugés selon la rigueur des ordonnances, par l'intendant et le commissaire départi, conformément à l'arrêt du conseil-d'état du roi, de ce jour.

Il est expressément défendu à tous les sujets du roi de conduire aucuns bestiaux d'un lieu à un autre, ou de transporter aucuns cuirs, peaux, ou autres choses capables de porter la contagion, à moins qu'ils ne soient porteurs de permissions par écrit de l'officier qui commandera dans le lieu le plus proche de celui dont ils seront partis, et visées par les officiers dans les districts desquels ils passeront, sous peine de confiscation et de cinq cents livres d'amende; et en cas de contravention, il est ordonné à tous officiers, soldats, cavaliers ou dragons, ainsi qu'à **tous officiers ou cavaliers de maréchaussée, et autres qui les ren-**

contreront, de les arrêter et de les conduire devant le subdélégué du lieu le plus proche d'où ils auront été arrêtés, pour y
être fait droit.

Dans le cas où les commandans en chef, ou les officiers chargés de leurs ordres, jugeraient à propos de faire conduire les
bestiaux sains et malades d'un lieu à un autre, conformément
aux instructions données par le roi, ou à ce qu'ils jugeraient nécessaire dans la circonstance, lesdits ordres seront exécutés, à
peine de confiscation et de cinq cents livres d'amende en cas de
refus, et d'être, les refusans, poursuivis extraordinairement devant l'intendant et commissaire départi, en cas de résistance et
de rébellion.

Lesdits commandans en chef pourront seuls, ainsi qu'il est
d'usage, faire assembler les communautés, et faire prendre les
armes, en cas de besoin, pour aider au service des troupes, et
leur prêter main-forte pour l'exécution des ordres du roi.

La présente ordonnance sera imprimée, publiée et affichée
partout où besoin sera dans toute l'étendue des provinces où
la maladie s'est manifestée, à ce que personne n'en ignore.

Fait à Fontainebleau, le premier jour de novembre mil sept
cent soixante-quinze.

Signé, LOUIS.

Et plus bas :

De Lamoignon.

N° 12. *Arrêt du conseil-d'état du roi qui pro-
roge les gratifications accordées par l'arrêt du 8
janvier 1775, par chaque mulet ou cheval propre
à la charrue, qui sera vendu dans les marchés
des provinces dévastées par l'épizootie, du 29 octobre 1775.*

Le roi s'étant fait représenter, en son conseil, l'arrêt rendu
en icelui le 8 janvier de la présente année, portant qu'il sera

payé différentes primes d'encouragement pour les chevaux ou mulets vendus, dans différentes époques, dans les marchés y désignés ; et sa majesté ayant reconnu que les circonstances qui l'avaient porté à accorder ces encouragemens subsistent encore, et qu'il ne pourrait être que très-utile au bien de ses provinces méridionales, dévastées par la maladie des bestiaux, de continuer le même encouragement et de proroger les époques fixées par ledit arrêt, et qui sont expirées : ouï le rapport du sieur Turgot, conseiller ordinaire au conseil royal, contrôleur-général des finances ; *le roi, étant en son conseil*, ordonne que l'arrêt du 18 janvier 1775 sera exécuté selon sa forme et teneur ; veut en conséquence, sa majesté, que les époques fixées pour ledit arrêt soient prorogées, savoir : celle fixée au 20 février, par les articles I et II dudit arrêt, au 1er février 1776 ; celle fixée, par l'article III, au 20 mars dernier, au 1er mars prochain ; et celles fixées, par l'article IV, au 20 avril, au 1er avril 1776. Veut au surplus, sa majesté, que les formalités prescrites par ledit arrêt soient observées selon leur forme et teneur, par ceux qui désireront recevoir lesdites gratifications.

Fait au conseil-d'état du roi, sa majesté y étant, tenu à Fontainebleau, le 29 octobre mil sept cent soixante-quinze.

Signé, BERTIN.

N° 13. *Arrêt du directoire exécutif qui ordonne l'exécution des mesures destinées à prévenir la contagion des maladies épizootiques , du 27 messidor an 5 (15 juillet 1795).*

Paris, le 23 messidor an 5 de la république française une et indivisible.

LE MINISTRE DE L'INTÉRIEUR,

Aux Administrations centrales et municipales de la république.

Il régne sur les bêtes à cornes des départemens du nord et de l'est, une épizootie meurtrière qui s'est annoncée d'abord par des symptômes peu alarmans ; je n'en ai pas plutôt été instruit que j'ai envoyé de Paris des artistes vétérinaires éclairés pour en prendre connaissance. Des instructions rédigées par eux sur les lieux et à leur retour, ont été publiées et répandues dans tous les pays qu'ils avaient parcourus. La maladie a paru se ralentir pendant quelque temps ; mais elle reprend avec plus de force : la rapidité de ses progrès et le nombre effrayant des animaux qu'elle tue, ne permettent plus de douter qu'elle ne soit contagieuse au plus haut degré. Cet objet étant de la plus grande importance, et les moyens de police étant les seuls capables d'empêcher la communication, j'ai cru qu'il était de mon devoir de rappeler l'esprit des lois et réglemens rendus en pareilles circonstances, et qui n'ont pas été abrogés ; je n'ai eu qu'à concilier les dispositions de ces lois avec l'ordre constitutionnel ; j'y ajouterai une courte instruction sur la manière reconnue comme la plus propre à prévenir cette maladie, et à la guérir dans les animaux affectés.

Mesures de police pour arrêter la communication.

Tout propriétaire ou détenteur de bêtes à cornes, à quelque titre que ce soit, qui aura une ou plusieurs bêtes malades ou suspectes, sera obligé, sous peine de cinq cents francs d'amende, d'en avertir sur-le-champ l'agent de la commune, qui les fera visiter par l'expert le plus prochain, ou par celui qui aura été désigné par le département ou le canton. (*Arrêt du parlement, du 24 mars 1745; arrêt du conseil, du 19 juillet 1746, art. 3; autre, du 16 juillet 1784, art. 1er.*)

Lorsque, d'après le rapport de l'expert, il sera constaté qu'une ou plusieurs bêtes seront malades, l'agent veillera à ce que ces animaux soient séparés des autres, et ne communiquent avec aucun animal de la commune. Les propriétaires, sous quelque prétexte que ce soit, ne pourront les faire conduire dans les pâturages ni aux abreuvoirs communs, et ils seron t tenus de les nourrir dans des lieux renfermés, sous peine de cent francs d'amende. (*Arrêt du conseil, du 19 juillet 1746, article 2.*)

L'agent en informera, dans le jour, le commissaire du directoire exécutif du canton, auquel il indiquera le nom du propriétaire, et le nombre des bêtes malades. Le commissaire du directoire exécutif fera part du tout à l'administration centrale du département. (*Arrêt du conseil, du 19 juillet 1746.*)

Aussitôt qu'il sera prouvé à l'agent que l'épizootie existe dans une commune, il en instruira tous les propriétaires de bestiaux de ladite commune, par une affiche posée aux lieux où se placent les actes de l'autorité publique; laquelle affiche enjoindra auxdits propriétaires de déclarer à l'agent le nombre des bêtes à cornes qu'ils possèdent, avec désignation d'âge, de taille, de poil, etc. Copie de ces déclarations sera envoyée au commissaire du directoire exécutif près l'administration municipale du canton, et par celui-ci à l'administration centrale du département. (*Arrêt du conseil, du 19 juillet 1746, article 4.*)

En même temps l'agent municipal fera marquer, sous ses yeux, toutes les bêtes à cornes de sa commune avec un fer chaud, représentant la lettre *M*. Quand l'administration centrale du département se sera assurée que l'épizootie n'a plus lieu dans son ressort, elle ordonnera une contre-marque telle qu'elle jugera à propos, afin que les bêtes puissent aller et être vendues partout sans qu'on ait rien à en craindre. (*Arrêt du conseil, du 19 juillet 1746; et arrêt du conseil, du 16 juillet 1784.*)

Afin d'éviter toute communication des bestiaux des pays infectés avec ceux des pays qui ne le sont pas, il sera fait de temps en temps des visites chez les propriétaires de bestiaux, dans les communes infectées, pour s'assurer qu'aucun animal n'en a été distrait. (*Arrêt du 24 mars 1745, art. 1er.*)

Si, au mépris des dispositions précédentes, quelqu'un se permet de vendre ou d'acheter des bêtes marquées, dans un pays infecté, pour les conduire dans un marché ou une foire, ou même chez un particulier de pays non infecté, il sera puni de cinq cents francs d'amende. Les propriétaires qui feront conduire leurs bêtes par leurs domestiques ou autres personnes dans les marchés ou foires, ou chez des particuliers de pays non infectés, seront responsables du fait de ces conducteurs. (*Articles 5 et 6 de l'arrêt du conseil, du 19 juillet* 1746.)

Il est enjoint à tout fonctionnaire public qui trouvera sur les chemins, ou dans les foires ou marchés, des bêtes à cornes marquées de la lettre *M*, de les conduire devant le juge de paix, lequel les fera tuer sur-le-champ en sa présence. (*Art. 7 de l'arrêt du conseil, du* 19 *juillet* 1746.)

Pourront néanmoins les propriétaires de bêtes saines en pays infecté, en faire tuer chez eux, ou en vendre aux bouchers de leurs communes, mais aux conditions suivantes :

1° Il faudra que l'expert ait constaté que ces bêtes ne sont point malades.

2° Le boucher n'entrera point dans l'étable.

3° Le boucher tuera les bêtes dans les vingt-quatre heures.

4° Le propriétaire ne pourra s'en dessaisir, ni le boucher les tuer, qu'ils n'en aient la permission par écrit de l'agent, qui en fera mention sur son état. Toute contravention à cet égard sera punie de deux cents francs d'amende, le propriétaire et le boucher demeurant solidaires. (*Art. 8 de l'arrêt du conseil, du* 19 *juillet* 1746.)

Il est ordonné de tenir, dans les lieux infectés, tous les chiens à l'attache, et de tuer tous ceux qu'on trouverait divagans. (*Loi du* 19 *juillet* 1791.)

Tout fonctionaire public qui donnera des certificats et attestations contraires à la vérité, sera condamné à mille francs d'amende, et même poursuivi extraordinairement. (*Art.* 14 *de l'arrêt du* 24 *mars* 1745.)

Dans tous les cas où les amendes pour les objets relatifs à l'épizootie seront appliquées, aucun juge ne pourra les remettre **ni les modérer;** les jugemens qui interviendront en conséquence seront exécutés par provision, et les délinquans, au surplus, soumis aux lois de la police correctionnelle. (*Articles* 7 et 8 *de l'arrêt du parlement, de* 1745; *art.* 15 *de celui du conseil, de* 1746; *et article* 12 *de celui de* 1784.)

Aussitôt qu'une bête sera morte, au lieu de la traîner, on la transportera à l'endroit où elle doit être enterrée, qui sera, autant que possible, au moins de cinquante toises des habitations; on la jettera seule dans une fosse de huit pieds de profondeur, avec toute sa peau tailladée en plusieurs parties, et on la recouvrira de toute la terre sortie de la fosse. Dans le cas où le propriétaire n'aurait pas la faculté d'en faire le transport, l'agent municipal requerra un autre citoyen, et même les manouvriers nécessaires, à peine de cinquante francs d'amende contre les refusans. Dans les lieux où il y a des chevaux, on préférera de faire traîner par eux les voitures chargées de bêtes mortes; lesquelles voitures seront lavées à l'eau chaude, après le transport. Il est défendu de jeter les corps dans les bois, dans les rivières, ou à la voirie, et de les enterrer dans les étables, cours et jardins, sous peine de trois cents francs d'amende, et de tous dommages et intérêts. (*Art.* 5 *de l'arrêt du parlement, de* 1745; *et art.* 6 *de celui du conseil, de* 1784.)

Enfin, les corps administratifs, conformément au décret du 28 septembre 1791, emploieront tous les moyens de prévenir et d'arrêter l'épizootie; et, en conséquence, le gouvernement compte sur leur zèle pour faire faire des patrouilles, mettre la plus grande célérité dans l'exécution des lois, et ne rien épargner, soit pour préserver leur pays de la contagion, soit pour en arrêter les progrès. Lorsque l'épizootie se sera déclarée dans leur ressort, ils sont chargés d'en informer les administrations des départemens voisins, et il leur est recommandé très-expressément d'en faire part sur-le-champ au ministre de l'intérieur, ainsi que des progrès que pourra faire la maladie.

Ce n'est qu'en suivant avec une rigueur très-scrupuleuse les mesures indiquées qu'il sera possible de prévenir dans la plupart des départemens, et d'arrêter dans ceux qui sont infectés, les effets d'une contagion ruineuse pour l'agriculture en général et pour les propriétaires.

(Suit une instruction dans laquelle l'épizootie est décrite sommairement, et où les moyens hygiéniques, préservatifs et curatifs sont exposés.)

Le ministre de l'intérieur,

Signé, BENEZECH.

Vu la lettre ci-dessus écrite par le ministre aux administrations centrales et municipales sur les mesures à prendre pour prévenir la contagion des maladies épizootiques, ainsi que l'instruction qui y est inscrite sur le caractère et causes de l'épizootie, et le traitement ;

Le directoire exécutif arrête que lesdites lettre et instruction seront imprimées au bulletin des lois, charge les administrations de veiller à l'exécution des mesures et des dispositions contenues dans ladite lettre et instruction.

Pour expédition conforme,

Signé, CARNOT,
Président.

Vu par le directoire exécutif, le secrétaire-général,

LAGARDE.

N° 14. *Ordonnance du roi concernant l'épizootie, du 27 janvier 1815.*

LOUIS, PAR LA GRACE DE DIEU, ROI DE FRANCE ET DE NAVARRE,

A tous ceux qui ces présentes verront, SALUT.

Sur le rapport qui nous a été fait par notre ministre secrétaire-d'état de l'intérieur, de l'épizootie désastreuse qui enlève journellement un grand nombre de bœufs et de vaches, et qui paraît avoir été apportée dans plusieurs parties du royaume par les animaux amenés à la suite des armées étrangères ;

Touché des pertes qui en résultent pour nos sujets, nous nous sommes fait rendre compte des efforts de l'administration dans cette circonstance, et nous avons eu la satisfaction de reconnaître que rien n'avait été négligé pour arrêter les progrès de ce fléau ;

Voulant compléter les mesures prises précédemment, et donner à nos sujets propriétaires et cultivateurs des preuves de notre sollicitude en prévenant, autant qu'il est en nous, les suites funestes de l'épizootie, et en procurant des indemnités à ceux qui auraient éprouvé des dommages par l'exécution des dispositions rigoureuses que commande l'intérêt général de l'état,

Nous avons ordonné et ordonnons ce qui suit :

Art. Ier. Dans tous les lieux où a pénétré l'épizootie, et dans ceux où elle pénétrera par la suite, les préfets continueront à faire exécuter strictement les dispositions des arrêts des 10 avril 1714, 24 mars 1745, 19 juillet 1746, 18 décembre 1774, et de l'arrêté du directoire exécutif, du 27 messidor an 5, concernant les épizooties.

II. Sur la demande des autorités administratives, les gardes nationales, la gendarmerie, les gardes champêtres, et au besoin les troupes de ligne, seront employés pour assurer l'exécution

des dispositions rappelées et indiquées dans le précédent article, et notamment pour former des cordons et empêcher la
communication des animaux suspects avec les animaux sains.

III. Dans les départemens où la maladie n'a pas encore pénétré, les préfets ordonneront la visite des étables aussi souvent
qu'ils le jugeront utile; ils exerceront une surveillance active,
et feront les dispositions nécessaires pour que l'on puisse exécuter sur-le-champ, et partout où besoin sera, toutes les mesures
propres à arrêter les progrès de l'épizootie, si elle venait à se
manifester.

IV. A la première apparition des symptômes de contagion
dans une commune, il sera envoyé des vétérinaires chargés de
visiter les bestiaux et de reconnaître ceux qui doivent être abattus, aux termes des réglemens cités en l'article 1er. L'abattage
aura lieu, sans délai, sur l'ordre des maires ou des commissaires
délégués par les préfets.

V. Il sera dressé des procès-verbaux à l'effet de constater le
nombre, l'espèce et la valeur des animaux qui ont été ou qui
seront abattus pour arrêter les progrès de la contagion. Les extraits de ces procès-verbaux seront transmis par les préfets à
notre directeur-général de l'agriculture et du commerce, qui
fera établir l'état des indemnités auxquelles les propriétaires de
ces animaux auront droit, d'après les bases déterminées par les
arrêts du conseil, des 18 octobre 1774 et 30 janvier 1775.

VI. Nos ministres secrétaires d'état de l'intérieur et des finances
se concerteront pour nous soumettre un projet de loi sur les
moyens de pourvoir à ces indemnités. Ce projet sera présenté
aux chambres à leur prochaine session.

VII. Ils nous proposeront ultérieurement les mesures propres
à assurer, en tous temps, des ressources suffisantes pour indemniser les propriétaires de bestiaux des pertes qu'ils éprouveront,
soit par l'effet direct des épizooties contagieuses, soit par l'exécution des dispositions prescrites pour en arrêter les progrès.

VIII. Nos ministres secrétaires-d'état de l'intérieur, des finances et de la guerre sont chargés, chacun en ce qui le concerne, de l'exécution de la présente ordonnance.

Donné en notre château des Tuileries, le 27 janvier de l'an de grâce 1815, et de notre règne le vingtième.

Signé, LOUIS.

Par le roi.

Pour ampliation :

Le ministre secrétaire-d'état de l'intérieur,

Signé, l'Abbé DE MONTESQUIOU.

Pour expédition conforme :

Le directeur-général de l'agriculture et du commerce,
conseiller-d'état ,

BECQUEY.

MOYENS DE POLICE SANITAIRE APPLICABLES AU TYPHUS CONTAGIEUX DES BÊTES BOVINES.

Les symptômes qui font reconnaître le typhus du gros bétail, les altérations morbides qui le caractérisent après la mort, les moyens de traitement qu'il réclame ont été traités dans beaucoup de monographies, d'ouvrages spéciaux, auxquels nous renvoyons nos lecteurs. Nous posons immédiatement les questions suivantes qui se rattachent essentiellement à la police sanitaire de cette maladie.

1° Les remèdes qui ont été employés pour guérir

le gros bétail du typhus épizootique ont-ils été jusqu'à ce jour réellement efficaces et avantageux ?

2° Est-il rationnel de traiter les bêtes atteintes de cette redoutable maladie ?

Telles sont les questions importantes qui vont nous occuper.

Pour répondre catégoriquement à la première question, nous ne voyons rien de mieux que de faire connaître en masse les guérisons et les revers que nos devanciers ont obtenus aux diverses époques auxquelles le typhus a régné.

Dans l'épizootie de 1711, malgré les sages conseils donnés par Lancisi et Ramazzini, célèbres médecins italiens, *presque tous les bestiaux* des états du pape Clément XI qui étaient atteints du typhus, *périrent.*

Lancisi avoue qu'on ne trouva aucun remède efficace contre cette maladie ; elle déconcerta la sagacité des médecins, et résista aux remèdes qui paraissaient les mieux indiqués.

Durant l'épizootie terrible de 1740 et 1750, qui parcourut toute l'Europe, qui régna dans toute la France et spécialement dans le midi, des médecins célèbres, tels que de Sauvages, les membres de la Faculté de médecine de Montpellier, les premiers praticiens de la Faculté de Paris, essayèrent une multitude de remèdes, conseillèrent et mirent en pratique toutes les ressources que la thérapeutique offrait alors, et cependant la France perdit les *trois quarts* du bétail qu'elle possédait.

Dans une très petite contrée de la Bourgogne, d'après un relevé fait par le marquis de Courtivron, sur un total de 195 animaux malades, 176 sont morts, 17 seulement ont été guéris.

A la même époque, et suivant Leclerc, la Hollande, pendant trois années que dura le typhus, perdit les *deux tiers* de ses bestiaux.

En 1770, on fit dans le même royaume l'épreuve de tous les moyens thérapeutiques connus jusqu'alors, et on ne vit d'autres ressources pour arrêter les progrès de la contagion qui se répandait de toutes parts, que de tuer *toutes* les bêtes malades. Le résultat suivant semble en effet autoriser cette déplorable et urgente mesure sanitaire ; en effet, depuis le commencement d'avril 1769 jusqu'à la fin de mars 1770, ou durant l'espace d'une année, il y eut 220919 bêtes malades , dont 159228 sont mortes et 61681 sont guéries , ou , en d'autres termes, les *trois quarts* des bestiaux attaqués sont morts, et le *quart* seulement a été guéri.

Dans le canton de Franc-Burge, sur 25693 bêtes qu'il contenait, 10943 furent infectées, et la *moitié* périt.

En 1773, époque où le typhus régnait en Picardie, on regarda comme *fort heureux* la guérison de la *moitié* ou du *tiers* des animaux attaqués.

Les bestiaux de la Hollande sont de nouveau atteints par le typhus en 1774, et c'est à peine s'il est possible de guérir *un* malade sur *vingt-cinq*. Quatre-vingt mille florins sont proposés alors par le gouvernement à l'homme qui découvrira un sûr remède pour guérir les bestiaux ; deux ans après, en 1776, le roi de Prusse offre mille ducats pour cette précieuse découverte, et personne n'est venu réclamer la récompense attachée à un pareil bienfait.

Pendant que l'épizootie typhoïde ravageait les bestiaux du midi de la France, en 1775, Vicq-d'Azyr, qui avait été nommé commissaire pour l'étudier et la combattre, écrivait au gouvernement : « La maladie s'est toujours montrée au-dessus des » secours de l'art et les remèdes les mieux administrés n'ont opéré qu'un petit nombre de guérisons. » Il ajoute plus loin : « L'épizootie a été très meurtrière pendant toute cette année (1775); à peine sur *soixante* malades s'il en guérissait *un* lorsqu'on n'employait aucun traitement, et les meilleures méthodes n'en guérissaient jamais plus *d'un huitième* (1). »

Ce célèbre médecin fut cependant plus heureux dans la Picardie en 1779; car sur 648 bêtes malades, 385 sont mortes, 263 ont été guéries; partout, ajoute Vicq-d'Azyr, où les gens de l'art ont été appelés de

---

(1) Vicq-d'Azyr, *Exposé des moyens préservatifs et curatifs*, pages 85 et 114.

bonne heure, on a guéri à peu près les *deux tiers* des malades (1).

En 1796, le typhus se déclare dans les approvisionnemens des corps de l'armée française appelés Sambre-Meuse et Rhin et Moselle; bientôt il se propage dans tout le département du Bas-Rhin; on ne lui reconnaît pas d'abord la propriété contagieuse; on traite les bestiaux malades, et 10832 meurent dans ce seul département (2).

En 1814, époque plus rapprochée de nous, M. Grognier, professeur à l'école vétérinaire de Lyon, mandait au préfet du Rhône que les *neuf dixièmes* des animaux attaqués du typhus mouraient (3); et aujourd'hui, ajoute l'observateur, la mortalité diminue, parce que le fléau se calme.

Dans le département du Pas-de-Calais, les *trois quarts* des bêtes attaquées sont mortes (4).

Dans le département de la Seine, la mortalité fut d'*un quart* ; dans d'autres départemens plus heureux, elle fut d'*un cinquième;* et en resumé, pour toute la France, cette mortalité fut d'*un dixième* à peu près (5).

---

(1) *Histoire de la société de médecine,* année 1779, p. 359.

(2) *Annales de l'agriculture française,* tome 1, première série, page 206.

(3) Annales citées, tome 58, page 285.

(4) D'Arboval, Instruction sommaire de l'épizootie contagieuse du Pas-de-Calais, tableau page 71.

(5) Huzard, comptes-rendus à l'Institut de France sur l'épizootie de 1814 et 1815, *Annales d'agriculture,* t. 61, p. 281.

Ces faits démontrent évidemment que la mortalité la moins considérable est d'*un huitième* à *un dixième* des animaux attaqués ; que, dans le plus grand nombre des cas, elle ne s'élève qu'au *quart ou à la moitié*. Or, ce résultat pourrait conduire à cette conséquence générale, qu'il y a avantage de traiter les bêtes à cornes attaquées du typhus, puisque, par les soins qu'on leur donne, on peut en sauver le quart, la moitié, ou les neuf dixièmes. Doit-on attribuer ces succès curatifs uniquement aux traitemens employés ? cela n'est pas incontestable. Et d'abord la maladie n'est pas toujours nécessairement mortelle ; elle n'a pas dans les animaux qu'elle attaque toujours la même malignité, et fort souvent elle serait moins meurtrière, si on la laissait suivre son libre cours. Le fait suivant va démontrer l'exactitude de cette assertion qui paraîtra hasardée.

« Un canton de la Flandre autrichienne, situé
» près de la ville de Bruges, contenait 25693 bêtes
» lorsque, le 7 octobre 1790, la maladie s'y ma-
» nifesta et s'y étendit rapidement ; on offrit aux
» propriétaires de ce bétail des *remèdes* et des
» *experts* guérisseurs aux dépens de la province.
» Les propriétaires, convaincus par l'expérience
» des mauvais effets des remèdes connus jusqu'a-
» lors, refusèrent d'accepter ces offres, à moins
» qu'on n'y ajoutât la promesse de *l'indemnité* des

bêtes qui viendraient à mourir pendant la cure.
» La proposition fut rejetée, et les propriétaires
› persistèrent à refuser des remèdes. Qu'arriva-t-il
› alors? que du 7 octobre au 31 décembre, il y
» eut dans ce canton 10943 bêtes *infectées*, et de
» ce nombre il en guérit à peu près *la moitié.*

» Les députés des états de la Flandre voulurent
» vérifier si c'était au *refus des remèdes* proposés
» qu'on pouvait attribuer la conservation d'une
» partie de ce bétail, et à cet effet ils consentirent
» en faveur des propriétaires de seize étables infec-
» tées, à la proposition *de les indemniser du bétail*
» *qui mourrait pendant la cure.*

» Il fut procédé à la fois à cette cure par trois
» experts ; les seize étables contenaient ensemble
» 154 bêtes ; l'opération commença le 24 décembre
» 1770, et finit le 20 janvier 1771.

» Quatre-vingt-trois bêtes du nombre des 154
« moururent, 71 réchappèrent.

» Trois autres étables qui contenaient 53 bêtes,
» avaient été désignées en même temps à l'effet
» de vérifier par comparaison le *bon* ou le *mau-*
» *vais succès* des remèdes administrés au bétail des
» *seize* premières étables. Dans cette vue, la guéri-
» son de ces 53 bêtes fut abandonnée à la nature ;
» on ne leur administra aucun remède, et le 20
» janvier 1771, il se trouva que de ces 53 bêtes

» abandonnees, il en était mort 21, et que les 32
» autres étaient guéries (1). »

L'on conclut que les effets de ces remèdes, comparés à ceux de la nature abandonnée à elle-même,
étaient jusqu'ici démontrés désavantageux dans la
proportion de 4 pour 100; ou bien, ce qui revient
au même, que les effets de la nature avaient vraisemblablement eu avantage de 14 pour 100 sur les
remèdes essayés. Cette expérience tendrait donc à
prouver que toutes les bêtes affectées du typhus ne
meurent pas de cette redoutable maladie.

A côté de ce fait on peut opposer celui-ci : Dans
l'épizootie de 1815 du département du Pas-de-Calais,
482 bêtes à cornes dans divers villages ont été atteintes du typhus; sur ces 482, 145 ont été soumises à un traitement méthodique, et 337 ont été
abandonnées à la *nature*, ou *mal traitées*. Sur les 145
bêtes traitées méthodiquement, 107 sont guéries et
38 sont mortes; sur les 337 abandonnées à la nature
ou mal traitées, 49 seulement sont guéries et 288
sont mortes.

Ainsi, près des *trois quarts* des animaux méthodiquement traités ont été réchappés; tandis qu'on
n'a pas même sauvé *un dixième* de ceux abandonnés à la nature ou mal traités (2).

______

(1) De Berg, Mémoire sur le typhus, page 646.
(2) D'Arboval, Instruction sommaire déjà citée, page 65.

Ce dernier fait, ajouté à celui de Vicq-d'Azyr, nous paraît plus concluant que le premier, attendu qu'ici ces auteurs ont fait connaître les moyens curatifs qu'ils ont employés et que nous regardons généralement comme très rationnels.

Nous observerons relativement au traitement du typhus, que pendant le cours de toutes les épizooties, et particulièrement de l'épizootie typhoïde, il est indispensable de reconnaître trois périodes parfaitement distinctes que tous les observateurs doivent avoir toujours présentes à la mémoire. Le début de cette affreuse maladie dans un village, un canton, est signalé par l'attaque d'un assez grand nombre de bêtes et par une malignité qui entrave ou annule les moyens curatifs propres à la combattre ; cette période est suivie d'une autre phase qu'on appelle l'état de violence de l'épizootie, pendant la durée de laquelle presque toutes les bêtes attaquées périssent ; c'est à peine si on peut en sauver une sur vingt, une sur cinquante, une sur soixante. A cette deuxième période en succède une troisième caractérisée par une bénignité heureuse, et le mal n'est mortel que sur le huitième ou le dixième des bestiaux attaqués. Or, jusqu'à ce jour, on n'a point tenu compte de ce caractère particulier à toutes les épizooties ; nous sommes convaincus que souvent on a attribué aux moyens curatifs des guérisons qui auraient eu lieu sans leur emploi, pendant la période de déclin. Il nous est facile de citer des exemples qui démontreront cette importante vérité.

Dans le début de l'épizootie de 1774 jusqu'au milieu de 1775, dans les provinces méridionales, la mortalité a été effrayante. En 1776, la maladie était devenue bénigne ; elle s'accompagnait d'une éruption salutaire, et les trois quarts des animaux en guérissaient.

Le même fait a été constaté dans la dernière épizootie. En 1814 et 1815, la mortalité était grande, et en 1816 elle était devenue presque nulle partout.

Une autre considération qui, à notre avis, n'est pas moins digne d'intérêt, est que le typhus n'exerce pas les mêmes ravages dans toutes les localités où il pénètre, même dans celles qui sont très voisines les unes des autres. J'ai trouvé dans le Bigorre, en 1775, dit Vicq-d'Azyr, un très grand nombre de communautés où la maladie était très bénigne, et auprès desquelles en étaient d'autres où elle régnait avec toute sa fureur. A Tarbes, la maladie a été assez meurtrière, un petit nombre de bestiaux ont été guéris. A Julians, 203 bêtes sont mortes de l'épizootie, 11 seulement ont été guéries. A Ossun, village situé à une demi-lieue de Julians, sur 680 bêtes malades, 480 ont été guéries, 200 sont mortes (1).

L'épizootie de Saint-Jorri, près de Toulouse, a été *tout-à-fait traitable, et peu de bestiaux sont*

______

(1) Vicq-d'Azyr, pages 425, 429 et 208.

morts Par une bizarrerie étonnante, elle était à la même époque (1775) *très meurtrière* dans un village voisin situé sur l'ancien chemin de la ville. J'avance ces faits, dit Vicq-d'Azyr, parce que j'en ai été témoin. A Loupiac, *tous les bestiaux attaqués ont péri ;* dans une communauté voisine, *ils ont tous réchappé sans remèdes.* Dans le même village on a vu des bestiaux guérir par l'emploi de certains remèdes qui ont été insuffisans sur d'autres bestiaux du même village. A Cazenave, sur 7 bêtes malades dans une étable, 4 ont été guéries. Dans une autre étable la maladie attaque 11 bêtes ; elles sont traitées par le même moyen, et toutes meurent. En général, dit de Berg, la maladie est plus destructive dans les cantons bas et marécageux, qu'elle ne l'est dans les lieux élevés et secs (1).

On voit donc :

1° Qu'aux époques les plus reculées de l'apparition des épizopties typhoïdes et contagieuses de 1711, 1714, 1745 en France, de 1770 en Hollande, ces fléaux ont résisté aux moyens curatifs, et ont emporté les *trois quarts* et la *moitié* des bestiaux ;

2° Qu'aux époques moins reculées de 1775 et 1776, le typhus épizootique a été moins meurtrier, puisque la perte générale ne s'élève qu'à *la moitié* des animaux attaqués ;

---

(1) De Berg, *loco citato*, page 624.

3° Qu'aux époques récentes de 1815, 1816, le typhus a cédé beaucoup aux méthodes rationnelles mises en usage, puisque la moyenne de la perte des bestiaux pour toute la France ne monte qu'au dixième des animaux atteints.

Or, ce résultat général prouve évidemment que les méthodes curatives rationnelles mises en usage par des hommes instruits à cette dernière époque, ont eu une grande influence sur la conservation des bestiaux ; et cette manière de voir acquiert plus de fondement encore si on prend en considération les résultats obtenus par M. D'Arboval, qui est parvenu par un traitement méthodique, à guérir les trois quarts des animaux atteints.

Ces guérisons incontestables, il ne faut cependant pas trop les prôner, puisque plusieurs faits prouvent que la nature seule était peut-être aussi habile que les remèdes pour obtenir des guérisons dont la proportion s'élève jusqu'à la moitié des animaux malades. Quoi qu'il en soit, nous devons profiter de l'expérience que nous ont acquise nos devanciers. nous repousserons une foule de remèdes inutiles ou dangereux, pour n'adopter que les méthodes curatives dont l'expérience a sanctionné l'utilité. Et si nous ajoutons à cette expérience de temps et de faits, qu'aujourd'hui les vétérinaires sont plus instruits, plus nombreux qu'autrefois dans les campagnes, qu'ils pourront livrer avec plus de temps à l'étude de l'épizootie, diriger avec une certitude acquise les moyens capables d'affaiblir la malignité du mal, ou de le guérir en modifiant les méthodes curatives selon le cas ; que les habitans de la campagne, plus instruits, plus sensés, comprendront mieux leurs intérêts, en refusant l'entrée de leurs étables aux empiriques, charlatans, guérisseurs de toute espèce qui aggravent la maladie par des remèdes contre indiqués ; nous conclurons qu'à l'avenir les vétérinaires combattront avec succès les épizooties typhoïdes par l'emploi de méthodes curatives rationnelles sanctionnées par l'expérience.

2ᵉ *Question.* Est-il rationnel, sous le rapport de la police sanitaire, de soumettre à un traitement raisonné les bêtes atteintes du typhus épizootique.

Beaucoup de personnes d'un grand mérite ont fait ressortir les avantages et les inconvéniens de traiter les bestiaux affectés du typhus contagieux. Ces questions leur ont paru d'une haute importance, et il est de notre devoir de nous y attacher aussi.

Il est incontestable que les moyens curatifs rationnels ont des succès réels ; mais envisagé d'une manière générale, le traitement des bestiaux ne peut-il pas avoir des inconvéniens graves dans toutes les phases de l'épizootie.

Ici des objections fondées se présentent de part et d'autre.

1ʳᵉ *Objection.* Les vétérinaires, aujourd'hui, dit M. Grognier, sont-ils assez abondamment répandus

dans les campagnes pour traiter les nombreux bestiaux attaqués tous à la fois dans tout un canton, par
exemple ? N'est-il pas probable que se trouvant réduits à parcourir les villages infectés, en prescri-
vant dans leurs courses rapides les méthodes à mettre
en usage, ces méthodes ne soient point exécutées, ou
le soient imparfaitement par les propriétaires, et que
bientôt on les regarde inutiles ou dangereuses, par
cela même qu'on n'a pas su les diriger convenablement. Dès lors les propriétaires inhabiles ou qui
n'auront aucune confiance dans les remèdes proposés, iront malgré tout quérir les charlatans, les maréchaux et les empiriques, hommes toujours dangereux ?

Quant à la difficulté de se procurer des hommes
capables de bien diriger le traitement des malades,
l'objection est fondée ; car il est vrai, excepté le nord
de la France, que beaucoup de provinces de l'ouest, du
centre et du midi, ont peu de vétérinaires ; et si on
entend que les vétérinaires dans ces épizooties soient
spécialement chargés de voir, de traiter ou de faire
soigner sous leurs yeux les bêtes à cornes malades,
jamais pour le cas dont il s'agit il n'existera assez
de vétérinaires dans les campagnes pour remplir
une telle tâche. Et en supposant même qu'ils
soient assez nombreux et qu'ils puissent la remplir,
se transportant de communes en communes, pénétrant d'étables en étables, ils deviendront agens
propagateurs de la maladie, attendu que dans de

telles circonstances il leur sera extrêmement difficile de prendre toutes les précautions indispensables pour éviter tout accès à la contagion. Appelés par les propriétaires, les charlatans, les guérisseurs, les empiriques, les maréchaux, seront encore beaucoup plus dangereux sous ce rapport. Un grand nombre de faits prouvent que ces sortes de gens ont été, à toutes les époques calamiteuses des épizooties, les grands propagateurs de la contagion.

Mais est-il donc impossible de remédier à ce mal réel? Voici ce que nous proposons.

La rédaction d'une instruction simple, précise, faite par le vétérinaire de la localité, adoptée par l'autorité, affichée, publiée et répandue partout avec profusion, dans laquelle on fera connaître succinctement les symptômes pathognomoniques de la maladie à son début, puis, avec détail, les moyens curatifs dont l'expérience a constaté l'efficacité, remplacera le vétérinaire dans beaucoup de cas; car il n'est point difficile de reconnaître la maladie; elle ne réclame généralement point d'opérations chirurgicales ni de grandes et difficiles préparations pharmaceutiques; les soins à donner aux bestiaux sont simples, et peuvent être mis en pratique par tous les propriétaires, même les plus ineptes. L'expérience a prouvé combien de semblables instructions populaires avaient été utiles en 1814 et 1815 dans beaucoup de départemens où les vétérinaires, dédaignant tout intérêt particulier, se sont efforcés de les répandre.

Quant aux charlatans, empiriques, guérisseurs, donneurs de conseils, compères et commères qui surgissent de toutes parts dans ces malheureux temps, et qui exploitent la crédulité publique, les autorités, en vertu du décret de l'assemblée constituante, du 16-24 août 1790, titre 2, art. 3, et du décret concernant la police rurale, du 6 octobre 1791, tit. 1, section 4, art. 20, pourront prendre à leur égard, en les considérant comme des agens propagateurs des maladies, toutes mesures qu'ils jugeront convenables. Nous voudrions qu'on mît en pratique à cet égard le conseil donné par Bourgelat au gouvernement en 1775, qui serait de punir de la *prison, jusqu'à l'extinction du fléau*, les charlatans, les empiriques, les sorciers et les devins qui cherchent leur fortune dans la misère publique, lorsqu'ils seraient pris en flagrant délit par les autorités (1). Tels seraient donc les moyens de remédier à l'absence des vétérinaires et à la présence des prétendus guérisseurs.

2e *Objection.* En traitant les bestiaux malades, on augmente, dit-on, le nombre des élémens contagieux, on favorise, on multiplie les voies qui les

---

(1) Bourgelat, *Mémoire sur les maladies contagieuses du bétail*; 1775, page 7.

transmettent, et dès lors on concourt à la propagation de la maladie.

Cette objection est juste, car il est évident qu'en
traitant les bêtes malades, on conserve chez les
propriétaires de véritables petits foyers d'infection
pendant sept ou huit jours, durée ordinaire de la maladie. L'expérience a démontré que les vétérinaires,
les propriétaires, les valets et les servantes de ferme,
qui touchent ou approchent les animaux malades, les
objets divers qui leur ont touché ou servi, sont autant d'agens propagateurs de la maladie; que les
propriétaires peu riches cherchent toujours à tirer
avantage des bestiaux malades en les soustrayant
aux mesures préservatrices, en vendant aussi bien
les bêtes malades que celles qui sont infectées,
aux bouchers, maquignons ou autres, qui ne de-
manderont pas mieux de profiter des maux qui af-
fligent le pauvre et crédule campagnard; que l'air,
ce véhicule qui peut se charger des vapeurs contagieuses qui émanent de toutes les parties de l'animal malade, est un agent inévitable, qui transmet
les élémens contagifères à *cent* ou *deux* cents pas
d'une *étable infectée* placée dans la direction du
vent, ainsi que l'ont constaté de Berg et M. D'Arboval ; on concevra la grande utilité d'éviter ces voies
temporaires ou constantes de communication en dé-
truisant les foyers d'émanations. Et atteint-on ce but
lorsque l'on soumet les bêtes malades à un traitement quelconque ? N'est-il pas évident que pour

conserver la moitié, les trois quarts ou les neuf dixièmes des bêtes malades, on s'expose à propager la maladie et à la multiplier? Cette considération dernière
mérite d'être bien méditée.

Dans le but de remédier à ces inconvéniens, quelques auteurs ont conseillé de faire mettre les bestiaux dans des cénacles isolés, sortes d'hôpitaux vétérinaires auxquels on a donné le nom impropre de
lazarets. Voici ce qui a été dit et fait à l'égard de ces
établissemens.

« Le docteur Wal (1) conseille de bâtir des ca-
banes ou des chaumières dans des bruyères ou des
pâturages éloignés à trois quarts de lieue des grandes
routes, de manière qu'elles puissent contenir deux
ou trois cents bêtes malades. Aussitôt qu'une bête
serait atteinte de la maladie, il faudrait la transporter promptement dans l'infirmerie; des valets de
ferme seront chargés du soin des bêtes malades; ils
auront des frocs en toile, des bonnets de même étoffe
et des guêtres de peau passées à l'huile.

» D'autres valets seront occupés à enlever les bêtes
mortes, et aucun ne reviendra à la maison sans avoir
bien parfumé ses habits avec du soufre et du tabac,
après avoir été lavés premièrement avec de l'eau de
savon et puis ensuite avec du vinaire. Il faut que ces
gardes placent leurs habits en lieu convenable, à
moitié du chemin de la barraque et du logis. »

____

(1) Layard, Essai sur le typhus.

M. Fodéré pense qu'il serait convenable d'établir et de multiplier au besoin, dans des lieux isolés, trois grands locaux : le premier serait destiné aux animaux malades, le deuxième aux convalescens, et le troisième aux suspects (1).

Malacorne s'exprime ainsi : « Quel autre expédient pourrait-on trouver à une pareille maladie au milieu de tant de désordres, de tant de résistance, de tant d'obstacles ? J'oserai en proposer un qui me paraît extrêmement économique, absolument sûr et aisé à pratiquer en tout temps, en tous lieux : c'est l'établissement d'hôpitaux vétérinaires. »

Le fondateur des écoles vétérinaires a rejeté ces sortes d'établissemens, en faisant valoir les raisonnemens suivans : « On a pensé, dit Bourgelat (2), que le moyen de faciliter le traitement des animaux malades, serait d'établir des hôpitaux vétérinaires dans lesquels on rassemblerait les malades ; mais, premièrement, les étables des villages qui sont comme le centre et le foyer de la contagion, formeraient, dès que l'animal ne pourrait en sortir, un établissement de ce genre, où l'on pourrait administrer pendant quelque temps divers remèdes, s'il ne convenait pas mieux d'exécuter, le plus promptement qu'il serait possible, les animaux attaqués suivant la loi pronon-

---

(1) Fodéré, *Traité de médecine légale et d'hygiène publique.* Paris, 1797; première édition.

(2) *Mémoire sur les maladies contagieuses du bétail,* 1775.

cée contre eux. En second lieu, si le projet était de former dans chaque village des lazarets tout au plus tolérables dans la circonstance d'une épizootie simple et non communicable, les dépenses que les constructions, les arrangemens et le service à y faire occasionneraient, seraient immenses ; et d'ailleurs, non seulement le nombre incertain des malades pourrait être souvent plus grand que le lieu n'en pourrait contenir, mais ce nombre devenant plus considérable, ne pourrait qu'accroître la somme des élémens contagieux, et le rendrait infailliblement plus meurtrier et plus terrible. Si, au contraire, ces hôpitaux n'étaient placés que dans certaines portions du canton où la contagion se serait manifestée, on conçoit qu'en y conduisant les malades de différens villages, ils répandraient l'infection dans tous ceux qu'ils traverseraient, et sèmeraient pour ainsi dire à chaque pas les miasmes destructeurs qui sollicitent le prochain anéantissement de l'espèce. »

Ces raisonnemens si justes, si fondés de Bourgelat, ne furent cependant pas accueillis par tous les hommes instruits et prudens : en 1793, on établit des lazarets dans le Piémont, et ces établissemens furent reconnus non seulement comme inutiles, mais encore comme nuisibles. A Villa-Franca, à Sanda-miano, dit le docteur Razeri (1), « lieux où j'ai

----

(1) Buniva, Histoire raisonnée des épizooties des bœufs en Piémont, et les moyens prompts à y remédier.

vu de ces hôpitaux, ils ont toujours été nuisibles ; surtout à Villa-Franca, parce qu'on y conduisait des animaux accablés par le mal, qui laissaient sur la route des excrémens, de la morve, de la salive. »

Buniva (1) s'est élevé également avec force contre les hôpitaux vétérinaires, et il a combattu en Piémont l'établissement de ces foyers d'infection et de contagion. « Le lazaret établi à St-Damiens, dit-il, a donné la plus grande expansion au mal contagieux. »

A une époque plus rapprochée de nous, en 1795, l'autorité administrative de la ville de Metz, et en vertu de la loi des 16-24 août 1790, avait jugé convenable d'établir, à ses frais, une infirmerie vétérinaire dans une île située à quelque distance de la ville. Les bestiaux malades étaient conduits dans cette infirmerie ; le traitement était ordonné par un vétérinaire ; les bestiaux qui mouraient étaient enfouis, conformément aux réglemens, deux heures après la mort ; les bestiaux guéris étaient rendus à leurs propriétaires. Cette mesure n'eut pas tout le succès qu'en avait espéré l'administration : les propriétaires de bestiaux malades refusèrent de les conduire à l'infirmerie ; et par une délibération ultérieure de l'autorité, les agens de police furent autorisés à se faire aider par la force armée lorsqu'ils le

____

(1) Histoire ci-dessus citée.

jugeraient nécessaire pour saisir et conduire à l'infirmerie les bestiaux désignés par le vétérinaire.

Dans l'épizootie de 1814 et 1815, il n'a été question nulle part d'établir des hôpitaux vétérinaires. Ainsi se trouvent sanctionnées par l'expérience les judicieuses observations de Bourgelat faites au gouvernement français en 1775. Les infirmeries vétérinaires pour les épizooties typhoïdes seront donc désormais regardées comme des réunions d'animaux malades que la sagesse de tout homme de bien devra repousser, et l'autorité bienveillante de toute administration de ne point accorder. Nous allons plus loin, nous disons qu'elles doivent être sévèrement défendues par les réglemens administratifs et dignes d'un éternel oubli.

On voit donc que, bien qu'il y ait avantage de traiter les animaux atteints du typhus, on s'expose d'autre part à propager infailliblement cette maladie en soignant les malades soit dans les étables, soit dans des infirmeries isolées. C'est un fait avéré aujourd'hui ; mais quel est le remède à opposer à ce dernier mal ? Nous allons émettre une opinion qui nous paraît fondée, mais qui trouvera sans doute des contradicteurs.

Nous avons signalé trois époques bien distinctes pendant la durée d'une épizootie, lorsqu'elle débute dans un canton, dans un village. Pendant les deux premières, avons-nous dit, à peine si on guérit un animal sur vingt qui sont attaqués ; les remèdes sont tout-à-fait impuissans, et la contagion sévit dans toute sa fureur : au contraire, pendant la troisième époque, que nous avons nommée déclin, les neuf dixièmes des animaux guérissent, et la maladie est moins contagieuse. Or, il est plus convenable et plus urgent, sous tous les rapports, de ne point chercher, par des méthodes même rationnelles, à traiter les animaux attaqués pendant ces deux périodes de violence de l'épizootie. Il est préférable d'assommer les premiers bestiaux malades et suspects, de faire disparaître les cadavres en les enfouissant avec leurs dépouilles, et de procéder immédiatement à la désinfection des lieux où ils ont séjourné et de tous les objets qui ont été en rapport avec eux. Avec cette mesure extirpatrice on détruira la maladie dans le moment où elle est le plus dangereuse, et on éloignera tout accès à la contagion. Voilà quelle est notre opinion, étant persuadé que cette mesure énergique et ponctuellement exécutée aurait des succès incontestables. Il faut convenir, il en est temps, que si on a guéri la moitié, les deux tiers, même les trois quarts des animaux attaqués, c'est que la maladie était dans sa période de déclin, qu'elle régnait dans les localités où, ainsi que nous l'avons rapporté plus haut, elle révélait un degré de bénignité qu'elle n'avait pas dans d'autres ; et alors on a chanté victoire, on a prôné les succès obtenus par des remèdes lorsque la maladie ne réclamait aucun moyen auxiliaire pour arriver à une heureuse terminaison.

Il est une circonstance dans laquelle il est indispensable de traiter les bestiaux ; c'est quand l'épizootie occupe une grande surface ; lorsqu'il a été impossible, par des mesures administratives, d'en borner les progrès, ou lorsque ces mesures sont devenues en quelque sorte indépendantes, oh! alors, il faut préférer les remèdes, les méthodes curatives rationnelles, à l'occision générale de toutes les bêtes malades et suspectes. Dans cette occurrence, les secours médicaux peuvent sauver un grand nombre de bêtes que la tuerie n'épargnerait point. Toujours est-il que si les moyens curatifs sont d'un puissant secours, la première condition est qu'ils soient simples, à la portée de tout le monde, d'un facile emploi et peu dispendieux ; si on parle de camphre, de quinquina et ses composés, d'extraits toniques, de longues et bizarres formules, de drogues spécifiques, de moyens préservatifs médicamenteux, on n'atteindra jamais le but désirable. Le point capital est d'offrir aux habitans de la campagne, effrayés par la perte de leurs bestiaux, un remède qu'ils pourront, avec promptitude et facilité, opposer au mal ; c'est d'écarter les gens polypharmaques, les maréchaux, les guérisseurs ; c'est encore mieux enfin d'engager, de forcer les propriétaires à éviter les voies de communication que nous indiquerons plus tard.

De tout ce que nous venons de dire comme se

rattachant au traitement des bestiaux attaqués par l'épizootie typhoïde, nous croyons pouvoir tirer les conclusions suivantes :

1° Que, relativement au nombre des guérisons opérées par l'emploi des remèdes, ce nombre a toujours augmenté depuis l'épizootie de 1711 jusqu'à celle de 1816, qui a été la dernière que nous ayons eue en France ;

2° Que, dans cette dernière épizootie, les méthodes curasives rationnelles, mises en pratique par les vétérinaires, ont obtenu généralement pour toute la France la guérison des neuf dixièmes des animaux attaqués ;

3° Que cependant, malgré ces brillans succès, on doit tenir compte des guérisons obtenues quelquefois par la nature, qui est apte à sauver le quart ou le cinquième des animaux atteints de la maladie ;

4° Que lors du début et de la violence de l'épizootie dans un village, un canton, et même un département, les remèdes sont impuissans, à peine si on obtient la guérison d'une bête sur vingt qui sont attaquées ;

5° Que, pendant la période de déclin, les guérisons peuvent s'élever aux trois quarts des bêtes malades, et même aux neuf dixièmes ;

6° Que, dans certaines localités, la maladie est bénigne et facile à guérir, tandis que dans d'autres elle est extrêmement meurtrière, et résiste à tous les moyens curatifs ;

7° Que l'expérience que nous ont acquise nos devanciers pour combattre le typhus, jointe à l'instruction plus répandue parmi les habitans de la campagne, au plus grand nombre de vétérinaires instruits dans les provinces, et à la facilité de se procurer à bon marché et en quantité convenable les remèdes curatifs, nous devons espérer à l'avenir des guérisons aussi nombreuses, sinon plus nombreuses, que celles qui ont été obtenues en 1815 et 1816;

8° Que si cependant, dans quelques provinces, les vétérinaires n'étaient point assez nombreux pour porter des soins à tous les bestiaux malades, et dans le but d'éviter que les propriétaires n'allassent quérir les maréchaux, les charlatans, les guérisseurs, une instruction simple et détaillée, distribuée avec profusion, remédierait à ce mal;

9° Que l'on ne peut se dissimuler qu'en traitant les bestiaux on multiplie les foyers d'infection et les voies de communication; que l'air, d'autre part, se chargeant des élémens contagieux volatils, est le véhicule qui transporte par les vents inévitablement la maladie à une grande distance des lieux infectés;

10° Que les hôpitaux vétérinaires, établis dans le but de diminuer les petits et nombreux foyers d'infection formés par les étables, ne sauraient remédier à ce danger, parce qu'ils deviennent eux-mêmes de vastes foyers d'infection et le siége de nombreuses voies de communication;

11° Qu'il est préférable d'assommer les bêtes malades pendant la violence de la maladie, que de les traiter, puisqu'on ne réchappe qu'une bête sur vingt;

12° Qu'on ne doit chercher à traiter les bestiaux que dans deux circonstances : pendant le déclin de l'épizootie, et lorsqu'elle est étendue sur un vaste terrain, tout un département, par exemple, et attaquant un grand nombre de bêtes à la fois.

Principales époques où a régné le typhus contagieux du gros bétail; — Royaumes qu'il a parcourus; — Ravages qu'il a faits sur les bestiaux; — Pertes qu'il a occasionnées; — Son Origine; — Causes qui le propagent d'un royaume dans un autre; — Moyens à lui opposer; — Premières mesures à prendre pour l'extirper.

L'épizootie la plus redoutable, la plus meurtrière pour le gros bétail, la plus onéreuse aux particuliers et au gouvernement, est sans contredit l'épizootie typhoïde et contagieuse des bêtes à grosses cornes. Pour fixer l'attention sur la haute importance du sujet que nous allons traiter, nous croyons convenable d'exposer sommairement les principales époques où le typhus a régné en Europe, la contrée d'où il a paru s'échapper à ces diverses époques, les dépenses immenses qu'il a occasionnées en tuant les bestiaux, les dépenses en argent qu'il a suscitées, pour passer ensuite en revue les moyens de préserver les bestiaux de notre royaume de ce fléau calamiteux.

Nous n'irons point chercher dans l'histoire des temps les plus reculés les époques où a régné le typhus épizootique. Pour avoir des notions précises, notre première date sera l'an 1711.

Prenant son origine dans la Hongrie, le typhus épizootique de 1711 s'avança directement de ce royaume dans l'Italie et dans l'Allemagne. Apportée dans le territoire de Padoue par un bœuf infecté, la maladie pénétra de là dans le Milanais, le duché de Ferrare, la campagne de Rome et le royaume de Naples. Dans les seuls états du pape, elle fit périr 30000 bêtes à cornes.

S'échappant du Milanais et s'avançant dans les états de Sardaigne, puis dans le Piémont, l'épizootie typhoïde enleva dans cette dernière province, riche en bestiaux, 70,000 bêtes, de 1714 à 1715, et à la fin de 1717, époque où la maladie se termina, le nombre des victimes s'éleva au total de 80,000.

Du Piémont l'épizootie s'étendit en Suisse, pénétra en France par le Dauphiné, remonta au nord, puis descendit au midi de notre pays, et occasionna des pertes presque aussi considérables qu'en Italie et en Piémont.

L'épizootie, du centre de l'Italie s'avançant au nord, entra dans les montagnes du Tyrol et pénétra en Allemagne, tandis que, d'autre part, s'échappant du centre de la Hongrie elle pénétrait dans le même empire en remontant les bords du Danube. Selon Scroëkius, ce typhus occasionna les plus grandes mortalités.

Abandonnant bientôt l'Allemagne, le fléau épizootique passa dans l'Alsace, arriva dans le Brabant et la Hollande. Dans cette dernière contrée, il fit périr 200,000 bêtes.

Le commerce introduisit alors le typhus de la Hollande en Angleterre, où il fut aussi meurtrier qu'en France, en Italie et en Allemagne. Enfin, après sept années d'existence en Europe, le fléau se calma et disparut, après avoir fait périr plus de 600,000 bêtes à cornes.

Après vingt-trois années, la même maladie se manifesta en Europe, et c'est en 1740 que, selon l'opinion la plus répandue alors, elle prit son origine dans la Bohême, parmi les bêtes à cornes formant l'approvisionnement de l'armée française occupée au siége de Prague.

De ce premier foyer de contagion le typhus se répandit au midi et à l'est, dans la Hongrie, la Bavière, la Styrie, la Carinthie et le Tyrol, descendit une seconde fois dans les plaines fertiles de l'Italie, arriva bientôt au pied des Alpes et passa dans les provinces méridionales de la France.

Au Nord, elle s'avança dans le centre de l'Allemagne et passa en Hollande. De la province du Luxembourg elle arriva par l'Alsace dans la Franche-Comté, la Lorraine et la Flandre, pénétra bientôt

(153)

dans la Picardie, d'où elle parvint aux portes de Paris et dans plusieurs provinces du centre de la France.

Le commerce de la Hollande l'apporta une seconde fois en Angleterre.

Jusqu'à cette époque, on n'avait jamais vu pareils désastres occasionnés par la même maladie; malgré les sages avis donnés par les plus célèbres médecins de l'Europe, malgré les mesures sanitaires les mieux prises par les gouvernemens, 3,000,000 bêtes à cornes furent enlevées par l'épizootie (1). Son extinction ne fut complète qu'après un règne de dix ans.

Pendant vingt années, ou de 1750 à 1769, l'épizootie typhoïde ne reparut plus. Ce fut pendant les années 1770 et 1771 qu'elle se montra de nouveau dans la Hollande, où elle fit des ravages terribles. De 1769 à 1770, elle emporta 98,000 bêtes dans la seule province de Frise; dans la Hollande méridionale, et aussi pendant une année, elle en fit périr 115,665. Dans la Hollande septentrionale, toujours pendant le même laps de temps, la même maladie attaqua 225,831 bêtes, dont 162,276 périrent, en sorte que le total général des pertes s'éleva pour toute la Hollande, dans l'espace d'une année, à 375,441 (2).

De la Hollande la maladie se propagea dans la

---

(1) Paulet, tome 2, page 229.
(2) Gazette d'Amsterdam, 16 août 1770.

Flandre autrichienne, la Flandre française, et ne tarda pas à arriver dans tout le pays Laonais, d'où elle pénétra dans les seules provinces de Picardie et d'Artois, où elle occasionna la mort de 11,000 bêtes.

C'est à peine, dit l'historien Paulet, si la Flandre et la Picardie commençaient à réparer la perte de leur bétail, que le typhus reparut, en 1773. dans le Hainaut d'abord, puis aussitôt dans la Hollande, avec une nouvelle fureur; bientôt l'épizootie ravagea les bestiaux de la Flandre, de la Picardie, du Soissonnais et de la Champagne; mais on n'estima point à cette époque la perte des bestiaux qu'elle occasionna.

Depuis l'épizootie de 1740, les provinces méridionales de la France, pourvues alors comme aujourd'hui de beaucoup de gros bétail, avaient été épargnées par la peste bovine, lorsque, dans le mois d'août de l'année 1774, cette maladie, qui ravageait alors la Hollande et la Picardie, éclata tout à coup au bord de l'Océan, à Bayonne et les environs.

De ce point d'origine le typhus se répandit, d'un côté dans le Bordelais et l'Angoumois, de l'autre dans le Bas-Languedoc et la Provence. De cette dernière province remontant à l'Est, l'épizootie parcourut le Dauphiné, pénétra dans l'Auvergne et la Bourgogne; tandis que, faisant toujours des progrès rapides dans le Nord, elle s'avançait dans le centre de la Picardie et arrivait dans le Boulonnais. A cette malheureuse époque, le gros bétail de la France,

attaqué tout à la fois au nord et au midi par l'épizootie, fut ravagé durant trois années. Les provinces
de l'ouest de la France, la Vendée, la Bretagne et
une partie de la Normandie furent seules préservées
de ce fléau. Le nombre des bestiaux qui périt fut si
grand que dans quelques contrées du midi, autrefois couvertes de bêtes à cornes, c'était à peine si
on en trouvait assez après l'épizootie pour cultiver
les champs. La perte en bestiaux fut estimée à 150,000,
et leur valeur en argent à 15,000,000.

Pendant les guerres de la France, alors républi-
caine, avec l'Autriche et la Russie, et sous le commandement du général Bonaparte, en 1793, 1794
et 1795, dont le théâtre était l'Italie, le typhus épizootique qui se déclara alors sur les bœufs dans les
provinces de cette belle contrée, passa rapidement
dans le Piémont, peuplé de beaux et nombreux bestiaux, où il en fit périr en trois années 3 à 4,000,000 (1).

En 1796, le typhus se manifesta parmi les bœufs
formant les convois de l'armée française, occupant
alors les bords du Rhin. La maladie, qu'on ne regarda pas d'abord comme contagieuse (2), se propagea avec une effrayante rapidité à toutes les bêtes à
cornes du département du Bas-Rhin. Bientôt elle

____

(1) Buniva, page 159.

(2) Desplas et M. Huzard étaient alors commissaires vétéri-
rinaires chargés par le gouvernement de rendre compte de la
maladie.

envahit l'Alsace, la Lorraine, la Belgique, la Picardie, les Vosges et la Franche-Comté. De ce dernier point elle pénétra dans la Suisse, revint en France par la Bourgogne et arriva jusqu'aux portes de Paris.

Partout où elle séjourna, cette épizootie typhoïde fit périr un grand nombre de bestiaux. Dans le seul département du Bas-Rhin, la mortalité fut de 11,043 bêtes, et pour les 27 départemens de la France qu'elle attaqua, la perte fut estimée approximativement à 130,000 bêtes, et leur valeur en argent à 12,000,000.

A cette époque (1796), et d'après un relevé fait par le docteur Faust, le typhus épizootique avait fait périr, depuis l'année 1713, seulement en France et dans la ci-devant Belgique, 10,000,000 de bêtes à cornes (1).

En 1814 et 1815, les armées coalisées arrivèrent en France traînant après elles des approvisionnemens nombreux de bœufs hongrois et allemands affectés ou infectés par le typhus contagieux. Bientôt ces bestiaux communiquèrent la maladie aux bêtes à cornes de notre pays, et presque tous les départemens, excepté ceux occupés par l'armée française dite de la Loire, furent infectés par le typhus, qui y fit de grands ravages.

Ces recherches historiques sur le typhus et la

____

(1) Feuille du *Cultivateur*, n. 28, page 173 du volume année 1797 et 1798.

mortalité qu'il occasionna, à diverses époques, prouvent donc :

1° Que depuis 1711 jusqu'en 1814, le typhus contagieux s'est manifesté sur les bestiaux à peu près tous les vingt-trois ans;

2° Qu'à toutes les époques que nous avons relatées, il paraît avoir tiré son origine de la Hongrie;

3° Que la contagion est la cause unique qui paraît l'avoir transmis dans un grand nombre de royaumes de l'Europe;

4° Qu'à toutes les époques où il a régné, il a occasionné de grandes mortalités parmi les bestiaux;

5° Qu'en estimant à 150 francs la valeur individuelle des 10,000,000 bêtes à cornes qu'il a fait périr en France et dans la ci-devant Belgique, depuis 1713 jusqu'en 1796, la perte en argent s'élèverait à 1,500,000,000.

Quelles pertes énormes!... quelles richesses enlevées à l'agriculture!... quelle atteinte portée au commerce, à l'élève des bestiaux, à l'industrie qui fait usage de leurs produits!... Quel déficit apporté à toutes ces époques désastreuses dans les coffres de l'Etat!... Enfin quel impôt frappé sur tous!... Et qui peut assurer que prochainement les bestiaux de la France ne seront point atteints par cette redoutable et désastreuse maladie?... Son histoire prouve qu'elle reparaît tous les vingt-trois ans au plus, et elle régnait en 1815.

Or, il est donc du plus haut intérêt de rechercher

1° Si le typhus est originaire de la Hongrie ou particulier aux bœufs hongrois ou allemands.

2° Quelles peuvent être les causes qui font naître cette maladie sur les animaux originaires de ces pays.

3° Si les bêtes à cornes d'autres contrées ne sont point également exposées à la contracter spontané-ment.

4° Quelles sont les voies par lesquelles la maladie revêtant le caractère épizootique, se transmet d'un royaume à un autre royaume.

5° Quelles sont les mesures de police sanitaire préservatrices à mettre en pratique pour éviter l'invasion de la maladie dans les royaumes voisins de celui qui est attaqué.

Pour parvenir à ce but important, nous consulterons encore les faits qui nous ont été transmis par nos devanciers, et dans cette revue nous choisirons seulement ceux qui nous paraîtront les plus avérés.

ORIGINE, CAUSES DU TYPHUS CONTAGIEUX EPIZOOTIQUE.

L'épizootie de 1711 a pris son origine dans la Hongrie, et ce fut un bœuf malade qui l'introduisit en Italie.

Celle de 1740 à 1750 en France débuta au siége de Prague sur des bœufs Hongrois.

Celle de 1770, en Hollande, y fut apportée par le commerce de bœufs, de cuirs frais, que ce royaume faisait alors avec la Hongrie et la Dalmatie.

Celle de 1774, en France, a eu le même point de départ; elle passa de la Hollande dans la Flandre, la Picardie et l'Artois en même temps qu'elle était apportée dans le midi de notre patrie par des cuirs infectés, provenant de la Zélande hollandaise, débarqués à Bayonne.

L'épizootie de 1793, en Italie, y fut apportée par des bœufs hongrois formant les parcs d'approvisionnement de l'armée autrichienne, qui la communiquèrent aux bestiaux de la Lomeline, des provinces d'Alexandrie, de Novarre et de Tortose.

Ce fut parmi les bœufs allemands formant les convois du corps d'armée commandé par le général Jourdan que se déclara l'épizootie typhoïde de 1795, dans le département du Bas-Rhin.

Le typhus de 1814, en France, fut apporté par les bœufs hongrois formant l'approvisionnement de l'armée ennemie.

On voit donc qu'aux époques malheureuses auxquelles les principales grandes épizootiques meurtrières ont régné en Europe, le point de départ de ces fléaux a été la Hongrie. Cette maladie serait-elle donc originaire de ce pays, comme la peste de l'homme est originaire de l'Orient? Lancisi, Ramazzini, Leclerc, Layard, Vicq-d'Azir, Paulet, Buniva, Leroy, Metaxa, partagent cette opinion.

D'autres personnes, sans contester cette origine, pensent que cette maladie peut naître *spontanément* sur les bêtes à cornes de toutes les contrées, lorsqu'elles sont exposées aux causes qui en suscitent le développement sur les bœufs hongrois. Cette opinion, émise par MM. Rodet et D'Arboval, nous la partageons. On sait positivement aujourd'hui que le typhus ne règne point sporadiquement ou sous la forme épizootique dans la Hongrie et dans toute l'Allemagne. M. Huzard père assure avoir acquis une certitude à cet égard par des renseignemens qui lui ont été donnés en 1814 par des officiers autrichiens très versés dans l'économie politique. Et M. Rodet, qui a pris des renseignemens sur les lieux en 1806, affirme que si des épizooties enlèvent quelquefois beaucoup de bestiaux dans la Hongrie, ce sont *des épizooties charbonneuses.* D'autre part, les auteurs allemands ne font nullement mention dans leurs écrits du typhus sporadique ou enzootique de la Hongrie.

Si quelques vétérinaires ont élevé des doutes sur l'origine du typhus, tous sont d'accord sur l'opinion suivante, à savoir que les bœufs hongrois, dalmates ou allemands, ont une constitution qui les prédispose à contracter facilement un typhus d'une malignité, d'une subtilité contagieuse qu'on n'a point encore remarquée dans le typhus affectant les bêtes à cornes provenant de toute autre contrée que l'Allemagne.

Voici maintenant quelles sont les causes qui suscitent le développement du typhus épizootique.

Là où existe une guerre de quelque durée, là se déclare le typhus contagieux des bestiaux. Ces deux fléaux destructeurs des hommes et du gros bétail sont en quelque sorte inséparables. Des faits nombreux appuient cette proposition. En effet, ce fut pendant les guerres de la succession d'Autriche, ou la guerre dite de Sept ans, époque désastreuse à laquelle les Français envahirent successivement la Silésie, l'Autriche, la Prusse, les Pays-Bas autrichiens, qu'éclata l'épizootie de 1740 à 1750.

Ce fut aussi en 1807, époque de la guerre soutenue par la France contre la Prusse, que la province d'Elbing eut ses bestiaux ravagés par le typhus, qui ensuite se répandit dans la Prusse orientale, où il sévit pendant deux ans. La même maladie se déclara en 1810 dans les approvisionnemens de l'armée française en Espagne, d'où elle se communiqua aux bestiaux de la province de la Manche qui en furent ravagés. En 1814, ce fut l'armée prussienne qui l'apporta en France; et les guerres de la Russie avec la Turquie, durant les années 1826 et 1827, la firent éclater sur les bestiaux de la Moldavie et de la Valachie.

Il est donc incontestable que le typhus accompagne toujours les grands mouvemens de troupes, et qu'il marche à la suite des approvisionnemens de bêtes à cornes qui suivent les corps d'armée. Or, il est facile de concevoir maintenant comment et pourquoi le typhus épizootique est toujours parvenu en France par l'Allemagne, la Hollande, la Belgique et l'Italie; c'est que ces royaumes ont été, de tout temps, e théâtre des grandes guerres européennes, et que toujours les bêtes à cornes destinées aux approvi- sionnemens des combattans ont été tirées des vastes pâturages qui bordent le Danube, ou des royaumes Hongrois, Dalmates, qui en sont abondamment pourvus. A Dieu donc ne plaise que nous ayons la guerre, car si malheureusement notre pays était un jour envahi par les peuples allemands, prus- siens, russes ou hollandais, à cette calamité viendrait bientôt s'en joindre une autre, le typhus contagieux sur notre gros bétail.

Les causes qui font naître le typhus à la suite des armées sont nombreuses et sans cesse agissantes. Ecoutons M. Rodet qui en fait un fidèle tableau : « Le gros bétail qui suit les armées, dit ce profes- seur vétérinaire, soumis à des changemens brusques et fréquens de pays, de climats, de genre de vie et de nourriture, exposé, sans y être habitué, à des marches longues et souvent forcées, malgré les in- tempéries des saisons et de l'atmosphère ; recevant, après des privations de toute espèce et long-temps continuées, des quantités excessives de fourrages, d'autrefois manquant même de ce qui serait néces- saire pour soutenir ses forces épuisées par la fa- tigue; nourri dans d'autres circonstances par des ali- mens avariés et nuisibles à la santé; obligé de bi- vouaquer par les temps les plus affreux dans les parcs et à l'intempérie de l'atmosphère, ou dans des granges, des étables, où il est entassé, dans l'impos-

sibilité de se coucher et forcé de respirer un air im‑
pur et chargé d'émanations putrides ; abreuvé un
jour par des eaux pures, vives et froides, le len‑
demain avec des eaux corrompues ou croupies,
contracte les maladies les plus funestes, et particu‑
lièrement le typhus contagieux (1). »

Cette maladie une fois déclarée dans un rassem‑
blement de bestiaux, ne tarde pas à se répandre dans
toutes les directions. Les élémens contagifères subtils
qui s'échappent de l'animal malade et qui forment
autour de lui une atmosphère contagieuse, se ré‑
pandent au loin, et infectent les bêtes encore saines;
bientôt bon nombre d'animaux sont atteints par la
contagion. — De ce premier foyer d'infection le ty‑
phus est apporté dans tous les lieux où séjournent,
s'alimentent, s'abreuvent les animaux infectés; de
l'armée l'infection passe dans les étables, les pâtu‑
rages de la campagne, et la maladie se répand rapi‑
dement sur un vaste terrain. Elle envahit bientôt suc‑
cessivement tous les bestiaux d'une province si on ne
parvient à en arrêter les progrès dévastateurs. Se
multiplant à l'infini et s'éloignant de son point de
départ, le typhus peut se répandre dans tout un
royaume, arriver à la frontière des provinces limi‑
trophes, et s'y propager en pénétrant de commune
en commune, d'étables en étables.

Si donc le typhus épizootique n'est point origi‑

____

(1) Rodet, Médecine du bœuf, page 374.

naire de notre pays, s'il se déclare sur les bestiaux destinés à l'approvisionnement des armées ; si, ainsi que nous avons cherché à le prouver, il est toujours arrivé en France par la Belgique, les bords du Rhin et l'Italie, aux époques où la guerre affligeait ces royaumes, ou pendant les temps malheureux où notre territoire a été envahi par des armées étrangères ; si partant d'un premier foyer d'infection il se répand successivement dans tout un royaume, et de là dans les royaumes qui sont limitrophes, les moyens de police sanitaire à opposer à la marche de l'épizootie, et dont nous allons nous occuper, devront donc naturellement porter, 1° sur la connaissance des agens qui propagent le typhus d'un royaume dans un autre royaume, des moyens sanitaires à faire mettre en pratique pour préserver de l'épizootie le royaume menacé, et de ceux à faire mettre à exécution pour extirper la maladie si elle venait à s'y déclarer.

2° Dans la supposition où l'épizootie typhoïde aurait franchi les frontières françaises, sur l'appréciation des causes qui propagent la maladie du département primitivement infecté, dans les départemens limitrophes, et des moyens sanitaires à opposer à l'épizootie sur la lisière du département menacé de l'infection.

3° En admettant l'invasion dans l'intérieur d'un département ; sur la connaissance des causes qui propagent le typhus d'une commune dans une autre commune, d'une étable dans une autre étable, et du choix des mesures sanitaires propres à préserver les bestiaux des communes, des étables encore saines, de l'infection qui les entoure.

Telle est la marche que nous suivrons dans l'exposé des nombreux moyens de police sanitaire applicables au typhus contagieux épizootique ; elle nous paraît rationnelle en ce sens qu'elle permettra de suivre pas à pas la marche ordinaire de l'invasion de l'épizootie, et d'exposer les mesures préservatrices ou extirpatrices opportunes aux cas que nous ferons connaître et qui en réclameront l'emploi.

A. *Causes les plus ordinaires qui introduisent le typhus d'un royaume dans un autre royaume.*

Le commerce des bestiaux, les approvisionnemens pour les armées, les alimens pris dans les pays infectés, le voisinage des pâturages, le commerce des débris cadavériques, les invasions des armées, les voyageurs, les marchands de bestiaux, les contrebandiers, les éleveurs, les vétérinaires, les vagabonds qui parcourent les frontières du royaume où règne l'épizootie typhoïde, sont en général les agens qui transportent la contagion du royaume infecté dans celui qui ne l'est pas.

Faits qui appuient cette proposition.

1° *Commerce des bestiaux.* — Le 17 août 1711,

plusieurs bœufs venus malades de la Hongrie passèrent à la pointe du jour près de Sermeola, lieu
éloigné de Padoue d'environ deux milles; un de
ces bœufs en s'écartant des autres descendit de la
grande route appelée Maestrina, sans que les conducteurs s'en aperçussent; il se retira dans la cour
des Pampagnini, fermiers du comte Trozano et des
frères princes Baromeo; il se coucha tout près des
arcades de l'écurie. Le lendemain matin les fermiers
l'ayant aperçu, se proposèrent de l'envoyer au propriétaire dès qu'il serait connu. Ils le firent entrer
dans l'écurie, où il resta avec beaucoup d'autres depuis le matin du jeudi jusqu'à deux heures du soir
du même jour, moment de son départ pour un village nommé la Brentelle, où se trouvait le propriétaire, qui le conduisit sur-le-champ à une écurie de
Padoue. Les Pampagnini remarquèrent que ce
bœuf étranger était malade. Après cet accident, tous
les bœufs de cette écurie devinrent malades, excepté
un seul (d'après quelques auteurs) qui avait un séton au fanon, et périrent dans l'espace de quinze
jours. De celui-ci la maladie se répandit dans le voisinage, dans le Milanais, le duché de Ferrare, etc.
On n'avait observé dans l'Italie aucune altération
dans l'air, les eaux ou les pâturages; les saisons
avaient été belles et bonnes, et on fut convaincu
que le premier foyer du mal avait été *le bœuf amené
de Hongrie.* Voilà l'origine de l'épizootie de 1711,

en Italie, qui pénétra dans le Piémont en 1712, puis en France par voie de contagion en 1714.

Les villes de Venise et de Padoue, qui de temps immémorial tiraient leurs bœufs de la Hongrie et de la Dalmatie pour leur usage ordinaire, ont été si souvent exposées aux dangers qui résultaient d'un pareil commerce pour les bestiaux, qu'elles ont été obligées enfin d'y renoncer entièrement.

L'assentiment général, dit Dufot, fut que le typhus de 1773 qui pénétra en France par le Soissonnais, fut apporté dans cette province par une vache malade amenée des Pays-Bas, où cette maladie régnait (1).

L'épizootie de 1745 qui régna en Angleterre fut apportée, d'après Théobald, par deux veaux blancs venus de la Hollande, où le typhus existait. Ces veaux débarquèrent à Londres, d'où ils furent conduits dans le comté d'Essex pour en croiser et multiplier l'espèce. Là se déclara la maladie qui passa bientôt dans le Berkshire (2).

2° *Approvisionnemens pour les armées.* — En 1762, les bestiaux de la Poméranie, du Mecklem-

---

(1) Mémoire pour la maladie épizootique qui a régné dans la généralité de Soissons par Dufot, 1773.

(2) Layard, Essai sur la nature et les causes de la maladie des bêtes à cornes.

bourg, du Holstein et du Danemarck furent atteints du typhus. Il fut apporté, dit de Berg, de ces pays dans la Westphalie par les pourvoyeurs de l'armée alliée qui occupait cette province, et dans la Hesse, par les entrepreneurs des vivres destinés à l'armée française. Les bestiaux formant les convois des armées autrichiennes et celles de l'empire qui occupaient la Silésie et la Saxe, eurent bientôt le typhus, parce qu'on tira des approvisionnemens du Danemarck, où régnait cette maladie.

D'après Baumont, le typhus aurait été apporté en France en 1796 parce que l'armée du général Jourdan aurait ramené, lors de sa retraite, des approvisionnemens de bestiaux provenant de l'ennemi, et qui auraient infecté les nôtres.

3° *Fourrages.* — Au commencement de 1770, le typhus se propagea à la Grande-Bretagne; il débuta à Pardzey, près d'Aberdeen, sur la côte occidentale de l'Ecosse. On observa qu'il avait été apporté à cet endroit par du *foin* qu'on avait fait entrer à bord d'un bâtiment venant de la Hollande, où le typhus régnait. Il y mourut d'abord un grand nombre de bétail. Les chefs de la police de l'Ecosse prirent aussitôt des mesures pour couper toute communication avec Partzey, mais inutilement, car la maladie se manifesta dans plusieurs endroits de la Grande-Bretagne.

4° *Pâturages.* — Scroëkius observa que le typhus qui ravagea l'Allemagne en 1711, fut transmis de la

Hongrie jusqu'au territoire d'Augsbourg par les pâturages où l'on conduisait les bêtes malades ou celles qui avaient communiqué avec elles. Les bêtes saines qui venaient paître aux mêmes endroits ou dans les environs, contractèrent aussi la maladie.

5° *Débris cadavériques.* — Le typhus qui se déclara en Angleterre en 1745 y fut apporté, dit Layard, par la cupidité des tanneurs anglais, qui allèrent acheter à bon marché en Zélande une partie des cuirs infectés.

En 1774, la même maladie fut apportée en France, ainsi que nous l'avons déjà dit, par des cuirs frais provenant de la Zélande hollandaise ou de l'Artois, pays infectés alors par le typhus. Des bœufs de la paroisse de Villefranche qui conduisirent ces cuirs infectés de Bayonne à la tannerie d'Asparen, contractèrent la maladie, la propagèrent et en furent les premières victimes. Ce fut de ce point que l'épizootie se propagea dans tout le midi de la France.

6° *Invasion des armées.* — Les bêtes à cornes formant les convois qui suivent les corps des armées sont fréquemment atteintes du typhus, ainsi que nous l'avons dit. Ce sont ces approvisionnemens, mobiles comme l'armée, qui transportent le plus ordinairement le typhus dans les royaumes conquis ou envahis par elle. Cette malheureuse et inévitable transmission se fait et par les bêtes malades et par celles encore saines, mais infectées, qui ont cohabité avec elles.

L'épizootie de l'Italie, et particulièrement du Piémont en 1794, y fut apportée par les corps d'armées autrichiens, russes et français qui combattirent pendant trois années dans ce pays. Ce fut l'armée française en se repliant sur la France qui l'apporta dans la Savoie, la Suisse, quelques cantons des Hautes-Alpes, du Mont-Blanc et de l'Isère. On sait que l'épizootie de 1814 nous fut amenée par les puissances alliées alors contre la France.

Les voyageurs, les marchands de bestiaux, les contrebandiers, les éleveurs, les vétérinaires, les mendians, les vagabonds, en passant alternativement du royaume infecté dans le pays sain, sont d'autres agens propagateurs ambulans très dangereux pour les pays limitrophes des frontières d'un royaume infecté.

B. Mesures de police qui doivent être mises en usage pour prévenir l'invasion du typhus en France.

Les mesures de police sanitaire que le gouvernement français peut faire mettre à exécution si un jour l'épizootie typhoïde règne sur les bestiaux étrangers voisins de nos frontières, sont déterminées par l'ordonnance du roi du 6 *janvier* 1739. Voici les dispositions sages de l'article premier de cette ordonnance : « *Tout commerce et négoce*

» *de bestiaux, de marchandises de quelque espèce*
» *que ce soit, venant des pays infectés, sera et de-*
» *meurera interdit et suspendu* jusqu'à ce qu'au-
» trement sa majesté en ait ordonné, sans que, sous
» quelque prétexte que ce soit, elles puissent être
» reçues dans le royaume. »

Cet article, comme on le voit, est bien précis. Il proscrit l'importation de bestiaux arrivant des pays infectés, ou d'autres bestiaux provenant de contrées éloignées, qui auraient traversé ces pays, de fourrages, de débris cadavériques, comme les cuirs frais ou secs, les suifs, les cornes, les poils, et de tous autres objets pouvant renfermer les germes de l'infection.

Ces mesures sont toutes du ressort de l'administration supérieure ; c'est elle qui doit les ordonner et veiller à leur exécution. L'autorité administrative n'attendra point que l'épizootie soit parvenue à une quinzaine de lieues de la frontière pour les faire mettre en usage. Aussitôt qu'elle aura connaissance de l'existence de la maladie, celle-ci serait-elle à cinquante lieues du royaume, elle devra les faire mettre immédiatement à exécution , particulièrement à l'égard des pays voisins dont les relations commerciales avec la France sont nombreuses.

Les frontières de la France, très étendues comme on le sait, sont bornées au midi et dans une grande partie du nord et de l'ouest par la mer, et on se souviendra que le débarquement des cuirs infectés à Bayonne, en 1774, a fait sortir 15,000,000 des caisses de l'Etat. Or, les plus strictes précautions devront être prises dans tous les ports du littoral de l'Océan ou de la Méditerranée. La vigilance devra redoubler surtout si le typhus règne dans une contrée voisine de la mer. Des ordres devront donc être donnés aux gardes-ports, gardes-côtes, pour visiter la cargaison des navires qui aborderont dans les ports ou sur les côtes. Les débris cadavériques de bêtes à cornes ne pourront être livrés au commerce qu'autant que les capitaines de navires justifieront par des certificats en bonne forme, que les cargaisons n'ont point été prises dans la contrée où règne le typhus. La même rigueur sera exercée à l'égard des fourrages.

Le royaume d'Angleterre, entouré d'eaux de tous côtés, a perdu bon nombre de ses bestiaux, ainsi que nous l'avons vu, à différentes époques par l'introduction d'animaux ou d'alimens infectés. Aussi les lois de police sanitaire vétérinaire de la Grande-Bretagne prescrivent-elles de minutieuses précautions à l'égard des navires provenant des pays où règne le typhus. Une amende considérable est infligée au capitaine du navire dans le cas où des animaux ou des débris cadavériques seraient trouvés à bord; et les animaux ainsi que les objets qui leur ont touché, sont jetés immédiatement à la mer (1).

____

(1) Voici la teneur d'une ordonnance publiée en Angleterre à cet égard en 1774.

L'ordonnance du 6 janvier 1739 défend bien en France l'importation des bestiaux ou des objets pouvant être infectés, par le commerce maritime, mais malheureusement elle n'entre dans aucun détail à ce sujet. Il serait donc à désirer qu'à l'avenir l'administration supérieure fît mettre à exécution les mesures sanitaires qui sont prescrites par les réglemens chez nos voisins d'outre-mer, et que nous venons d'indiquer.

La France, sous le rapport de sa situation topographique, peut être facilement envahie par la contagion du typhus régnant dans les royaumes qui l'avoisinent. Séparée de l'Espagne par les Pyrénées, de l'Italie et de la Suisse par les Alpes, les grandes routes, les chemins détournés, les ponts, les bacs peuvent être facilement gardés. Mais à partir de la Suisse depuis l'Alsace jusqu'au Pas-de-Calais, qui comprend les frontières des provinces Rhénanes et

---

« Sa Majesté étant informée qu'une maladie épidémique s'est
» déclarée sur les bêtes à cornes dans le voisinage de Bordeaux ;
» elle a, de l'avis de son conseil privé, ordonné qu'on ne laissât
» entrer dans les trois royaumes et îles dépendantes, ni bêtes à
» cornes, ni cuirs, ni peaux, ni cornes et autres parties de ces
» animaux, ni paille et autres fourrages employés pour la nourritures de bêtes infectées de la contagion, qui pourraient venir
» de la Guyenne et de la Gascogne. »
Extrait de la Gazette de la cour, du 29 novembre 1774. *Par la même Gazette,* du 24 janvier 1775, les mêmes défenses sont faites en ce qui concerne les côtes de la Provence et du Languedoc.

la Belgique, le pays est plat, et dès lors de plus grandes difficultés se présentent pour intercepter toute fraude, toute communication.

Quoi qu'il en soit, voici, selon nous, quelles devraient être les mesures administratives réclamées sur nos frontières dans le cas où elles seraient menacées de l'envahissement du typhus contagieux épizootique.

La police administrative, telle qu'elle est constituée aujourd'hui en France, se compose des autorités municipales qui ont pour agens actifs les gardes champêtres et les gendarmes ; les gardes nationales et la force militaire dans les cas urgens.

Si donc l'épizootie est située à 30 ou 60 lieues de la frontière, si le commerce est peu actif avec le pays infecté, si la frontière voisine est bornée par une ligne de montagnes ou bordée par un fleuve, une rivière, les agens de l'autorité administrative communale, c'est-à-dire les gardes champêtres, les gendarmes, renforcés des postes militaires établis sur les grandes routes, des postes de douanes, peuvent suffire pour arrêter toute communication du pays infecté, parce que les voies de transmission ouvertes à la contagion ne sont encore que peu nombreuses, et les moyens de les arrêter faciles à employer. Ces mesures simples pourront donc être mises en pratique avec succès sur les frontières de l'Espagne, du Piémont, de la Savoie, de la Suisse, royaumes séparés de la France par des montagnes ; et sur celles du pays de Bade, du Vurtemberg, provinces isolées de la France par le Rhin.

Mais à l'égard des frontières belges qui sont larges et étendues, dans un pays plat très populeux et très commerçant, les mesures sanitaires ci-dessus indiquées seraient insuffisantes pour empêcher la fraude des marchands de bestiaux, des commerçans, des contrebandiers, et fermer tout accès aux communications nombreuses et variées existant sur tous les points de la frontière. L'autorité alors aura recours à la garde nationale pour établir des postes rapprochés, et multiplier ainsi les agens de surveillance. Ces agens réunis aux postes des douanes suffiront pour former une barrière insurmontable à la contagion.

Dans la supposition où l'épizootie serait à dix, à quinze lieues de la frontière, d'autres mesures devraient être mises en pratique pour éviter le fléau qui approche et qui menace. Indépendamment des mesures déjà signalées, l'autorité devrait étendre et multiplier de nouvelles mesures préservatrices, celles déjà prises étant alors insuffisantes. Ces dernières devront résider dans : 1° des moyens de police capables de fermer tout accès à la contagion sur la frontière ; 2° des mesures préservatrices prises à l'avance dans le département ou les départemens limitrophes de la frontière menacés par l'irruption de l'épizootie ; 3° des moyens d'extirper la maladie aussitôt son apparition ; 4° des procédés de désinfection à mettre en pratique pour éviter sa réapparition.

C. *Mesures sanitaires à mettre en pratique pour fermer tout accès à la contagion dans le cas où l'épizootie régnerait sur les bords de la frontière française.*

L'autorité militaire dans cette occurrence se réunira à l'autorité administrative ; car on peut regarder comme à peu près nulle, pour arrêter les voies de communication, la surveillance exercée par les gardes champêtres, les gendarmes et la garde nationale. Des mesures connexes devront être prises entre l'autorité supérieure du département et le chef de la division militaire dans laquelle le département ou les départemens voisins de la frontière se trouvent compris. Un cordon sanitaire composé de troupes à pied et à cheval devra être établi sur la frontière. Les postes seront rapprochés là où les communications sont nombreuses, et de fréquentes patrouilles devront être faites le jour, et la nuit particulièrement.

Ces cordons sanitaires seront surveillés avec la plus scrupuleuse attention. Ils feront refluer dans le pays infecté les objets de commerce, les bestiaux qui pourraient apporter la contagion ; ils mettront immédiatement à mort les animaux qu'ils trouveront errans dans les campagnes ; ils consigneront aux postes les marchands de bestiaux qui chercheraient à faire un commerce perfide en achetant des bêtes à cornes dans le pays étranger infecté pour les amener en France. Ils arrêteront les guérisseurs, les vétérinaires même, qui passeraient la frontière pour aller traiter les bestiaux, ainsi que les vagabonds et les mendians qui voyageraient d'un pays dans l'autre, ces hommes cosmopolites couchant et séjournant dans les étables infectées, transportent toujours avec eux les germes contagieux. Les animaux de l'espèce bovine malades, suspects, qui seraient arrêtés à la frontière, seront tués et enfouis sur-le-champ; les cuirs, les suifs, les poils, les cornes, qui seraient saisis venant des pays infectés, seront enfouis dans le sol immédiatement.

Quant aux Français qui chercheraient à introduire des bestiaux provenant des pays infectés, ou des objets de commerce capables d'apporter la contagion, ils devraient être emprisonnés à temps, obligés à payer 500 francs d'amende, les bestiaux mis à mort et les objets enfouis dans le sol ou livrés aux flammes.

On dira que ces mesures amèneront des entraves dans le commerce, qu'elles susciteront en outre de grandes dépenses; mais si on réfléchit aux désastres que peut occasionner l'invasion du typhus, aux dépenses aussi de toutes espèces que suscitera son invasion, aux pertes qu'occasionnera une épizootie s'étendant au loin et ravageant les bestiaux de plusieurs départemens; et si on fait entrer en ligne de compte non-seulement les dépenses énormes qu'entraîneront dans les départemens les mesures extirpatrices et préservatrices plus nombreuses, plus variées et surtout plus dispendieuses qu'à la frontière, mais encore les pertes immenses et inévitables qui en résulteront pour l'agriculture, l'industrie commerciale et manufacturière, on concevra la haute importance des mesures proposées ci-dessus et l'urgence de les faire mettre à exécution.

Quant aux embarras qui pourraient survenir à l'égard de l'entrée de différens objets de commerce provenant de pays étrangers où la maladie n'existe pas, et qui ont traversé les lieux infectés, les précautions indiquées par *l'article 2 de l'ordonnance du 6 janvier* 1739 peuvent être employées dans ce cas. Ainsi les voituriers, les commerçans et autres personnes qui voudraient faire entrer des marchandises autres que celles provenant des débris d'animaux, seront tenus de présenter aux magistrats de la frontière des certificats de santé expédiés en bonne et due forme par les autorités du lieu d'où ces objets de commerce proviendront.

Quelques auteurs ont pensé à l'égard du gros bétail acheté dans les pays infectés ou dans les pays sains, mais qui aurait traversé les premiers, de lui faire subir une quarantaine dans des espèces de lazarets établis à la frontière. Cette mesure nous paraît plus nuisible qu'utile. En effet, une seule bête malade ou portant les germes de l'infection, ne peut-elle pas faire éclater la maladie dans ce rassemblement

de bestiaux, qui alors deviendrait un foyer de contagion des plus dangereux, que de toute nécessité il
faudrait anéantir sur-le-champ par l'assommement
de toutes les bêtes malades ou suspectes? Et un seul
animal peut-être portant le germe de la contagion,
pourrait être la cause du sacrifice de beaucoup d'autres animaux qui n'auraient pas contracté la maladie
s'ils avaient été gardés par les propriétaires ou livrés
au commerce de la boucherie dans le pays où ils ont
été élevés ou achetés? En outre, pendant combien de temps devra durer la séquestration? L'expérience a prouvé que des bestiaux qui avaient cohabité avec des bêtes malades n'avaient contracté
la maladie que quarante jours après celui où ils
avaient pris le germe de la maladie. Les auteurs
qui ont proposé ces lazarets n'ont certainement pas
réfléchi aux grandes dépenses que ces établissemens
entraînent, et aux nombreuses difficultés de conserver dans des cénacles clos un grand nombre de bétail
destiné à l'élève, au commerce ou à la boucherie. Assurément les bestiaux en sortant de ces établissemens ne
seront plus dans les mêmes conditions de vente, et
dès lors les marchands de bestiaux, redoutant les inconvéniens qui se rattacheront à cette longue séquestration, imagineront tous les moyens possibles
d'y soustraire leurs bestiaux, et ils préféreront
les introduire en fraude par quelques points de la
frontière, au risque d'en voir quelques-uns d'entre
eux confisqués et abattus. Or, ces raisons ne doivent-

élles pas faire bannir l'établissement des lazarets à la frontière, et faire adopter rigoureusement et dans toute son expression les mesures voulues par l'article premier de l'ordonnance de 1739 dont nous avons parlé.

L'article 3 de la même ordonnance, en défendant à *aucun voyageur, passager ou autres*, venant des localités où règne la maladie, de pénétrer dans le royaume sans un certificat de santé visé des commandans ou magistrats de la première ville de la frontière, à faute de quoi il ne leur sera plus permis de continuer leur route, peut être applicable non-seulement aux voyageurs, mais encore aux empiriques, aux charlatans, mendians, marchands de bestiaux et autres qui peuvent venir des lieux infectés.

D. *Moyens à mettre en pratique à la frontière française dans la supposition où la maladie pénétrerait dans le royaume.*

A toutes les époques où le typhus a pénétré en France, des précautions sanitaires ont été prises pour arrêter la maladie; mais on a toujours négligé de prendre à l'avance toutes les mesures nécessaires pour en préserver les bestiaux dans la supposition où elle franchirait la frontière, et les moyens salutaires capables de l'extirper aussitôt son apparition. Ces mesures préparatoires seraient cependant de la plus grande utilité, car elles sont sinon nuisibles, au moins dangereuses, étant prises après l'invasion de la maladie.

Ces mesures sanitaires dont personne, que nous sachions, n'a encore parlé, consisteraient :

1° Dans le recensement des bestiaux chez tous les propriétaires ;

2° Dans l'estimation de leur valeur individuelle ;

3° Dans l'avertissement donné au commerce de l'interdiction des foires et marchés de bêtes à cornes aussitôt l'apparition de la maladie ;

4° Dans la circulation dans les villes et les campagnes d'un grand nombre d'exemplaires d'un mémoire précis et simple faisant connaître la nature de la maladie, les causes qui la propagent, et surtout les moyens d'en préserver les bestiaux.

Ces mesures prises ainsi par anticipation seraient faciles et simples ; les particuliers verraient, en ce qui touche le dénombrement et l'estimation de leurs animaux, la preuve que l'administration supérieure veille à la conservation du bétail en cherchant la possibilité en cas de mort, de les indemniser d'une partie du bétail sacrifié ou enlevé par l'épizootie. Par la publication d'un mémoire , ils seraient convaincus de tous les dangers de l'invasion de la maladie, des mortalités effrayantes qu'elle occasionne, des pertes qu'elle fait éprouver à l'agriculture, au commerce et à l'État, enfin de l'utilité incontestable des mesures prises pour préserver les bestiaux du fléau qui va les ravager.

Autant les propriétaires de bestiaux approuveront ces mesures préservatrices, autant il est probable qu'ils les rejetteront après l'invasion. Ils redouteront avec juste raison l'importation de la contagion par les personnes chargées du recensement, de la visite, de l'estimation, etc.

Quelques personnes diront sans doute : Pourquoi ainsi faire des dépenses avant l'arrivée du fléau, pourquoi répandre l'alarme parmi les propriétaires de bestiaux, et jeter les commerçans de gros bétail dans l'incertitude de savoir s'ils doivent acheter, et si ayant acheté ils pourront revendre ; c'est froisser avant tout les intérêts du commerce, de l'agriculture ?

A cette objection on peut répondre que s'il vaut mieux faire quelques sacrifices en temps de paix, pour ne point s'exposer à la guerre, que de combattre quand elle est déclarée ; de même aussi il est préférable par des précautions simples, faciles, peu dispendieuses, d'éviter le fléau typhoïde que de s'exposer à le combattre étant déclaré, se propageant partout avec une incroyable célérité, et occasionnant des ravages affreux, des pertes inappréciables. Et les dépenses considérables, les entraves apportées au commerce, la suspension des travaux agricoles, etc., etc., peuvent-elles être mises en balance avec le déplacement de quelques personnes pour opérer le recensement, l'estimation des bestiaux, opérations qu'il faudra peut-être exécuter plus tard dans tout le département? Assurément non. Telles seraient donc les mesures de police conservatrices que nous conseillerions de prendre dans un royaume menacé à sa frontière de l'invasion d'une épizootie typhoïde.

E. Moyens d'extirper l'épizootie aussitôt son apparition dans le royaume.

L'assommement des bêtes malades ou saines qui ont apporté la contagion et de celles aussi qui ont communiqué avec elles, l'enfouissement sur-le-champ de leurs cadavres, la désinfection des lieux qu'elles ont habités, la désinfection aussi des personnes et des objets qui ont été en rapport avec elles; telles sont les premières mesures sanitaires que l'autorité doit faire mettre à exécution. Assommer les premières bêtes malades et suspectes de contracter la maladie, n'est-ce pas réellement arrêter la propagation du fléau épizootique en l'étouffant incontinent? N'est-ce pas en arrêtant une étincelle d'incendie aussitôt qu'elle apparaît, qu'on prévient de grands désastres?

Les faits puisés dans l'expérience des temps passés vont avant tout faire connaître les succès obtenus par l'emploi de cette mesure extirpatrice, et justifier notre opinion.

En 1770, l'épizootie typhoïde qui régnait dans la Hollande s'étendit bientôt à la Flandre autrichienne. L'assommement des premières bêtes malades y fut ordonné et exécuté avec un plein succès (1).

Quinze bœufs suspects furent sacrifiés avec un résultat aussi heureux dans le pays de Bredenarde, où les renseignemens et les visites faites très exactement par le chirurgien Lebreton prouvaient qu'il y avait alors 2,400 bêtes saines.

En 1776, on tua à Gênes environ quinze bœufs qui y étaient arrivés d'un pays infecté, et le territoire de Gênes fut préservé de l'épizootie.

La contagion ayant pénétré en 1796 dans la Toscane, le grand-duc ordonna l'assommement des premières bêtes, et le mal cessa.

Le même moyen produisit un semblable effet dans la république cisalpine à la même époque.

Le savant Haller écrivait de Bernes à Bourgelat, le 19 mai 1776 : « Le voisinage de la Franche-
» Comté et surtout celui des montagnes des deux
» états qui se touchent a contribué plusieurs fois à
» infecter les nôtres; nous avons fait tuer toutes les
» vaches d'une montagne et celles d'un village. Le
» nombre des bêtes massacrées est de plus de trois
» cents; nous avons cru devoir sacrifier non-seule-
» ment celles qui étaient infectées, mais encore
» celles qui avaient vécu avec elles ou sur la même
» montagne ou dans la même étable. L'expérience
» nous avait appris que toutes ces bêtes étaient extrê-

______

(1) Buniva, *loco citato*, page 214.

» mement suspectes, et que de retour dans les métai-
» ries, malgré les défenses, elles avaient manifesté et
» communiqué quelques semaines après le même
» mal. Les sacrifices que nous avons faits *ont pré-*
» *servé* notre pays qui, sur une frontière *de qua-*
» *tre-vingts lieues,* était entouré de l'épizootie qui
» régnait dans le Valais, en Franche-Comté, dans
» les environs de Bâle, et dans les cantons de Zu-
» rick et Schaffouse. »

Si ces faits, quoique peu nombreux, tendent à prouver l'utilité de l'assommement des premières bêtes malades dans un royaume où débute l'épizootie typhoïde, voici comment maintenant nous concevons qu'une pareille mesure doit être mise à exécution :

1° Toutes bêtes à cornes suspectes, et à plus forte raison malades, qui seraient trouvées errantes dans les chemins, les pâturages, par les douaniers, les patrouilles, les gardes champêtres ou autres personnes, seraient tuées immédiatement et enfouies sur les lieux mêmes avec la peau.

2° Tous contrevenans aux réglemens sanitaires, soit marchands de bestiaux, bouchers ou autres, qui seraient pris dans les chemins détournés, les pâturages, les bois, les foires, les marchés, les étables isolées ou partout ailleurs, conduisant, gardant, vendant ou tuant des bestiaux suspects provenant des pays infectés, seraient emprisonnés pendant un temps en rapport avec la gravité de la faute, et condamnés à une amende de 500 francs. En outre, tous les bestiaux seraient sacrifiés sur les lieux mêmes, enfouis avec la peau aux frais du délinquant.

3° Si les animaux suspects ou malades avaient communiqué avec d'autres bestiaux dans les pâtu-rages, les étables ou autres lieux, les bestiaux sus-pects, malades, et ceux qui ont communiqué avec eux, seraient tous mis à mort et enfouis avec la peau.

4° Si l'épizootie s'est manifestée dans un village ou dans plusieurs villages, l'assommement des bes-tiaux malades et suspects y serait exécuté aussi sur-le-champ et l'enfouissement ordonné comme nous l'avons dit.

Les autorités municipales pourront, par un arrêté, ordonner l'assommement en vertu, 1° de la loi des 16-24 août 1790 ; 2° de l'article 4 de l'ordonnance du roi du 27 janvier 1815, qui maintient les dispo-sitions de l'article 3 de l'arrêt du 18 décembre 1774, de l'arrêt du 30 janvier 1775, et de l'art. 4 de l'arrêt du 1er novembre même année.

Le nombre plus ou moins considérable des bes-tiaux malades ou suspects, constaté par les experts, ne doit point faire temporiser ni faire rejeter cette sage mesure ; leur sacrifice sera compensé et au-delà par la conservation d'une multitude d'autres ani-maux.

Les autorités peuvent bien prendre sur elles, comme mesure sanitaire, de faire tuer les bestiaux ;

mais elles doivent aussi faire indemniser les propriétaires des pertes qu'ils éprouvent dans l'emploi d'une mesure générale touchant les citoyens et la salubrité publique. L'indemnité accordée par les ordonnances *est du tiers de l'estimation* de la valeur des bestiaux. Cette estimation, portée à un taux assez élevé lorsque le typhus est répandu dans plusieurs départemens et qu'on veut l'extirper par l'assommement, ne l'est pas assez pour le cas dont il s'agit. La mesure essentielle, principale, celle que l'autorité doit s'efforcer d'obtenir des possesseurs de bestiaux, est la déclaration exigée par la loi. Mais l'autorité de son côté, et dans le but de prouver que l'assommement, l'enfouissement, la désinfection, sont des mesures préservatives dont elle espère le plus grand succès, doit faire savoir sur-le-champ aux propriétaires que deux indemnités, l'une *égale aux deux tiers de la valeur des bêtes malades, l'autre égale à la totalité de la valeur des bêtes saines et suspectes,* leur seront accordées. Alors les propriétaires s'empresseront de signaler le mal à l'autorité ; autrement, guidés par des intérêts en apparence légitimes, ils préféreront toujours courir la chance de préserver leurs bestiaux en éludant la loi, que d'aller déclarer à l'autorité qu'ils possèdent des bêtes malades, parce que celle-ci les fera tuer et ne leur remboursera que *le tiers* de leur valeur. Ces raisons, que nous croyons fondées, nous font donc conclure que si l'autorité veut avoir recours à l'as-

sommement des premières bêtes malades pour extirper l'épizootie à son début, elle devra payer une
large indemnité aux propriétaires qui auront déclaré le mal dès son apparition.

Nous avons dit que les bêtes seraient enfouies
avec la peau. Peut-être ici quelques personnes blâ-
meront-elles notre opinion. Nous pensons que le sacrifice des cuirs, lorsque l'épizootie débute se réduit
à une perte modique que l'on ne doit point prendre
en considération, lorsqu'il s'agit d'une mesure aussi
urgente que celle qui nous occupe. Car ne s'exposerait-on pas à répandre l'épizootie en écorchant les
animaux, et à favoriser sa propagation par le commerce des cuirs ? Il est donc préférable de les abandonner dans cette occurrence grave et sérieuse, que
de chercher à en tirer parti.

En même temps que ces mesures seront prises par
les autorités, les propriétaires eux-mêmes devront
veiller à la conservation de leurs bestiaux.

Voici sommairement ce qu'ils seraient tenus de
faire, nous réservant en parlant des causes qui propagent la contagion d'une étable dans une autre
étable, d'indiquer avec détail d'autres précautions
d'une incontestable utilité :

1° Tout bon citoyen ne vendra ni n'achètera de
bestiaux étrangers dans ce moment critique ;

2° Il gardera s'il est possible son bétail à l'étable,
ou bien il le confiera dans les pâturages à un gardien soigneux ;

3° Il n'achètera aucune bête à cornes sans être bien sûr qu'elle ne provient pas du pays infecté; il se gardera bien surtout d'en acheter aux marchands, fût-ce même à moitié prix ;

4° Il ne laissera dans aucun cas entrer dans ses étables les bouchers, les vendeurs de bestiaux, les Juifs, les vagabonds, les mendians qui parcourent le pays ;

5° Il n'achètera point de fourrages provenant de la frontière; il ne logera point les marchands ambulans, les colporteurs, les mendians, les vagabonds dans les granges, les étables ou autres lieux.

6° Enfin le devoir de tout homme de bien sera de dénoncer à l'autorité les moyens frauduleux qui seraient à sa connaissance, et de déclarer surtout l'existence de la maladie, quel que soit le lieu où elle existera.

F. *Procédés de désinfection à mettre en pratique pour éviter la réapparition de la maladie après son extirpation.*

Nous avons parlé de la destruction des bêtes malades et des bêtes saines qui avaient cohabité avec elles comme moyen de désinfection. A proprement parler, cette exécution n'est que le premier acte qui précède d'autres mesures préservatrices complémentaires qui doivent suivre immédiatement, et que voici :

Les bouviers, les garçons de ferme, les trayeuses

et généralement toutes les personnes qui ont approché ou touché les animaux, se débarrasseront de leurs vêtemens et les blanchiront.

Les chevaux, chiens ou autres animaux qui auraient séjourné dans les étables devront être lavés et lessivés par tout le corps.

Les instrumens aratoires, les voitures auxquelles auraient été attelés les animaux, les objets de harnachement, les instrumens de pansement, seront lessivés, puis désinfectés par une solution de chlorure de soude, de chaux ou de potasse.

Les alimens, la litière, les fumiers, les excrémens, seront enfouis dans le sol à une grande profondeur.

Les étables ou autres lieux seront désinfectés convenablement et fermés pendant un laps de temps déterminé, avec un cadenas portant le cachet de l'autorité.

Un écriteau sera placé à la porte de la maison de la ferme, ou sur les avenues voisines, qui fera connaître aux étrangers que dans telle habitation le typhus épizootique existe ou a régné sur le gros bétail.

Quant aux détails qui se rattachent à toute bonne désinfection, nous en parlerons plus loin.

Causes qui propagent le typhus épizootique d'un département dans un autre département limitrophe. — Moyens de police sanitaire à faire mettre à exécution à la frontière et dans l'intérieur du département menacé. — Mesures à prendre aussitôt son apparition dans ce même département.

Fidèle à la marche que nous avons suivie jusqu'à présent, et dans la supposition que le typhus épizootique aurait franchi les frontières de notre royaume, et aurait envahi plusieurs départemens, nous croyons devoir faire connaître : 1° les causes qui propagent l'épizootie typhoïde du département infecté dans celui qui en est menacé ; 2° les mesures sanitaires que l'autorité départementale pourrait faire mettre à exécution pour préserver le département de la maladie, et, en cas d'invasion, celles capables d'en arrêter les progrès.

Ce double exposé nous permettra de faire apprécier toute l'importance des mesures dont nous nous occuperons, et justifiera la nécessité de leur emploi.

1° Causes qui propagent le typhus épizootique d'un département dans un département limitrophe.

L'introduction du typhus contagieux d'un département dans un autre département limitrophe a lieu par :

1° Le commerce du gros bétail ;

2° Les fourrages, les pâturages;

3° Les hommes, les animaux d'espèce bovine ou d'espèce différente qui ont touché ou approché les bestiaux malades.

Faits puisés dans les auteurs qui appuient ces propositions.

L'épizootie de 1771 qui régnait alors en Flandre fut apportée, dit Dufot, dans le pays Laonnais par *une vache* venue de la Flandre.

Il fut prouvé que l'épizootie de 1773, de la Hollande, fut apportée dans le Soissonnais par deux vaches achetées sur les frontières hollandaises, et promenées par un marchand dans le Soissonnais. Ce maquignon s'étant arrêté à Laferre, en Picardie, dans le pâturage d'un fermier qui était absent, les vaches qui allèrent ensuite paître dans ce pâturage furent infectées au point que le fermier eut la douleur de voir toutes ses vaches périr du typhus. De cet endroit l'épizootie passa de la Picardie dans la Champagne et s'étendit jusqu'à Charleville (1).

Voici comment Vicq-d'Azyr rapporte de quelle manière se propagea l'épizootie de 1774 des provinces méridionales de la France, après qu'elle y fut apportée par des cuirs frais débarqués à Bayonne.

L'épizootie, dit Vicq-d'Azyr (2), aurait fait des

(1) Dufot, épizootie du pays Laonnais, 1771.
(2) Vicq-d'Azyr, *loco citato*, page 8.

progrès beaucoup plus lents si l'avidité de quelques particuliers ne l'avait pas transportée dans des lieux très éloignés de celui qui l'avait vu naître. On conduisit à Saint-Martin, à la foire de Saint-Jean, un grand nombre de bestiaux infectés.

Les maquignons ajoutèrent au mal déjà fait en vendant un grand nombre de bestiaux suspects à la foire de Saint-Justin. On a pensé que ces bestiaux venaient de Dax, où la maladie avait pénétré du côté de Bayonne. Le Béarn était déjà infecté par la pointe qui avoisine le pays de labour.

Depuis cette foire, la maladie s'est répandue dans la Chalasse, dans le Marsan, dans le Tursan, dans le pays de Soule et le Basque; de là elle a gagné les montagnes de la Basse-Navarre et les différentes vallées qui sont au midi du Béarn.

Du Marsan elle a passé à Gondrin, de Gondrin à Mont-Réal, à Sos, à Pondenas, qui sont dans le Condomois, à Condom enfin; de là à Lecitoure, et dans la Loumagne.

Des bestiaux qui avaient été amenés du Condomois par le port Sainte-Marie, *à la foire de Créon*, dans l'entre-deux des mers, l'ont portée à Libourne et à Bordeaux. De Libourne enfin elle s'était avancée dans la Saintonge et dans le Périgord. Telle est la marche de la maladie, qui depuis le mois de juillet 1774 n'a pas cessé un instant de désoler les provinces méridionales.

Pendant l'épizootie de 1796 en Piémont, dit Buniva, la foire de *Carignan* et toutes les autres foires où il y a eu grand concours de bêtes à cornes, propagèrent énormément la maladie.

En 1815, ce fut par la voie du commerce des bestiaux que se réintroduisit le typhus dans le département du Pas-de-Calais, qui avait déjà perdu un grand nombre de bestiaux. Voici les faits détaillés qui ont été recueillis par M. D'Arboval, commissaire vétérinaire nommé par l'autorité du département. Ces faits prouveront combien doit être grande la surveillance de l'autorité à l'égard du commerce des bestiaux. Nous laisserons l'auteur raconter les faits (1).

« C'est pourtant la négligence de quelques maires à faire surveiller les marchés qui a renouvelé l'épizootie dans l'arrondissement de ce département. Dès qu'on a vu qu'on ne tenait plus aux certificats d'origine et de santé à l'égard des bêtes à cornes exposées en vente, on a profité de cette fâcheuse tolérance pour vendre publiquement des bêtes plus que suspectes tirées du département du Nord. Tous les cultivateurs qui ont acheté de ces animaux ou de ceux qui ont communiqué avec eux, ont eu, sans exception, la maladie dans leurs étables. Les faits que je vais exposer sont tirés d'une source authentique, et sont de la plus exacte vérité. Ils porteront dans l'esprit la plus forte conviction.

____

(1) Instruction sommaire, page 216.

» Deux individus d'assez mauvaise mine sont venus loger dans une auberge du faubourg Notre-
Dame, à la porte de Lille, avec treize à seize vaches
qui paraissaient fatiguées et surmenées. Ils ont été
les offrir au sieur Isidore Duriez, marchand de vaches, demeurant dans ce faubourg, qui ne voulut
pas les acheter, parce que les individus lui parurent
suspects, et qu'ils ne répondirent que vaguement
aux questions qu'il leur fit. Ils allèrent alors les
offrir au sieur Duchatel, au pont de Cauteleu, qui
les acheta, moyennant 13 ou 14 cents francs. Duchatel en échangea une avec le sieur d'Arras, dit
Cérisier, marchand de vaches au faubourg de Béthune. Cette vache y apporta la contagion, et fit
mourir les trois vaches à lait du sieur d'Arras. La
maladie ne fit pas d'autres ravages dans ce faubourg,
parce que M. le maire de Béthune employa sur-le-
champ les moyens de police les plus propres à prévenir de nouvelles pertes.

» Le sieur Duchatel a couché le 19 avril à Furnes,
à deux lieues de la Basséc, avec trois vaches qu'il
conduisit le lendemain à la foire de la Bassée. Un
boucher d'Ambrin, près du Boursin, y coucha aussi
avec une vache qui fut mise dans une même étable
avec les vaches de Duchatel. Le lendemain, à la
foire de la Bassée, ce boucher changea cette vache
avec le sieur Troussel, marchand de vaches à Palfart-
Levossart; ce dernier la vendit ensuite au sieur Bocquillon, marchand de bestiaux à Liers, arrondisse-

ment de Béthune, lequel la réunit aux autres vaches qu'il avait déjà achetées sur la foire. C'est cette vache qui a infecté les étables du sieur Bocquillon, à Liers, et les dix-huit vaches qu'il avait achetées à la Bassée. Le sieur Duchatel, au surplus, a été lui-même puni de son imprudence, car il a perdu vingt-deux vaches. A Liers, où j'étais le 19 juin, l'épizootie avait cessé dans plusieurs maisons où elle s'était propagée. Il ne restait plus que trois vaches exposées à tomber malades d'un moment à l'autre, vu qu'elles ont communiqué avec celles qui sont mortes ; mais on les surveille avec la plus grande attention, pour qu'elles ne deviennent pas la source d'une nouvelle contagion.

» Les dix-neuf vaches que le sieur Bocquillon a ramenées du marché de la Bassée n'ont pas été seulement funestes à l'arrondissement de Béthune ; elles l'ont été aussi à ceux de Boulogne et de Saint-Omer. Elles ont été revendues, le 27 avril, au marché de Saint-Omer.

» Baptiste Danel en a acheté douze qu'il a conduites avec plusieurs autres et vendues en partie, le 29 avril, à la foire de Guînes, et le 3 mai, à celle de Licques.

» Il a vendu : 1° à la foire de Guînes, une vache au sieur Gillet, maire d'Hardinghen ; quatre vaches au sieur Henon, de Colembert ; une vache au sieur Watel, de Marquise, et deux vaches au sieur Devaux, boucher à Boulogne, lequel a, en outre, acheté huit vaches au sieur Chaput. Baptiste Danel a, de plus, échangé une vache avec le sieur Langagne, d'Andres.

» 2° A la foire de Licques, Baptiste Danel a vendu quatre vaches au sieur Vampouille, de Hames.

» Le 5 mai, Joseph Danel, frère et associé de Baptiste, a vendu et livré deux vaches au sieur Routier, adjoint de Belle et Houllefort. Il en avait conduit une troisième, dont le sieur Routier n'a pas voulu ; il a amené celle-ci à Boulogne, où il l'a vendue, le 7, au sieur Degras, boucher.

» La vache que le sieur Gillet avait achetée le 29 avril, est morte chez lui le 1er mai. Depuis, cinq vaches et cinq veaux sont successivement tombés malades et sont morts, soit naturellement, soit assommés. Le propriétaire n'a réchappé qu'une vache.

» Le 3 mai, le sieur Watel, de Marquise, s'est aperçu que la vache qu'il avait achetée le 27 avril, à Joseph Danel, était malade : elle est morte le lendemain. Il restait encore au sieur Watel trente-deux bêtes à cornes ; elles sont successivement tombées malades, et sept seulement sont réchappées.

» L'épizootie s'est aussi montrée chez le sieur Antoine Hénon, marchand de grains au même bourg de Marquise. Elle y a été amenée par la communication d'une génisse que François Hénon, de Colembert, frère du précédent, a menée chez Antoine Hénon pour être livrée au berger du sieur Parenty, propriétaire à Audinghen ; mais le berger a contremandé cette génisse, parce que la maladie était chez le sieur Parenty, comme nous le verrons tout-à-l'heure.

» Le 30 avril, le sieur Langagne, d'Andres, s'est aperçu que la vache qu'il avait eue la veille en échange du sieur Danel, mangeait peu. Après sept jours de maladie elle s'est guérie; mais alors deux autres vaches avec lesquelles elle avait été mise sont tombées malades et sont mortes au bout de trois ou quatre jours.

Le 6 mai, le sieur Vampouille, de Hames, s'aperçut que deux des quatre vaches que Danel lui avait vendues trois jours auparavant étaient malades; le lendemain il s'aperçut également que les quatre autres vaches étaient aussi malades. Le sieur Vampouille possédait 46 bêtes à cornes : 3 ont été tout-à-fait préservées par un isolement parfait des bêtes infectées. Des 43 restantes, 39 sont mortes, et 4 seulement sont guéries.

» Les quatre vaches que le sieur Hénon, de Colembert, avait achetées de Danel, le 29 avril, ayant été conduites chez lui, avaient eu de la peine à faire la route, et paraissaient très fatiguées. Il les fit saigner le lendemain, et trois parurent rétablies. Il les conduisit le 2 mai chez le sieur Parenty, à Audinghen. Trois ou quatre jours après, on s'aperçut qu'une de ces vaches était malade, qu'elle ne mangeait presque plus, et qu'elle avait la dysenterie. Elle est morte le 9 mai. Les autres vaches vendues par le sieur Hénon sont peu de jours après tombées malades : l'une est morte naturellement, et les deux autres ont été assommées au moment où la maladie était arrivée à son dernier période. L'isolement absolu dans lequel le sieur Parenty a tenu le reste de ses bêtes à cornes, les a préservées de la maladie. La vache que le sieur Hénon avait laissée malade chez lui y est morte le 4 mai. Le sieur Hénon avait encore chez lui trois autres vaches et une génisse, qui sont tombées malades : les trois vaches sont mortes, la génisse s'est guérie.

» La vache que le boucher Degras, à Boulogne, avait achetée le 7 mai à Joseph Danel, fut conduite chez lui dans l'après-midi, et tuée le lendemain. Elle avait été mise dans une étable attenante à une autre étable, où le sieur Degras avait six vaches à lait. Au bout de six à sept jours, l'une de ces vaches est tombée malade, et elle est morte quatre jours après. Les cinq autres sont aussi tombées malades : l'une est morte naturellement, et les quatre autres ont été assommées, ayant été jugées incurables.

» Le 6 mai au matin, le sieur Routier, adjoint de Belle et Houllefort, s'est aperçu qu'une des deux vaches que Joseph Danel lui avait amenées la veille, dans l'après-midi, avait la dysenterie, tremblait et ne mangeait plus ; elle fut assommée le lendemain. Trois ou quatre jours après, la maladie s'est déclarée sur les autres bêtes à cornes du sieur Routier, qui a perdu presque toutes celles qu'il possédait.

» Les huit vaches que le sieur Devaux, boucher

à Boulogne, avait achetées le 29 avril au sieur Chaput, et les deux vaches qu'il avait achetées de Baptiste Danel, furent réunies sous un même conducteur. Elles couchèrent ce jour-là à Marquise. Le lendemain elles furent conduites à Desvres, et mises chez la veuve Pillain, où le sieur Devaux et Gerbert, son associé, ont un dépôt de bêtes à cornes et une tuerie pour le service des troupes anglaises.

» En passant à Boulogne, l'une des vaches provenant de Chaput fut conduite et laissée dans la genièvrerie du sieur Quéhen, où elle est tombée malade et morte quelques jours après. Le sieur Gerbert avait encore cinq vaches et un jeune taureau dans cette genièvrerie. Je les ai visités le 5 mai : les ayant tous reconnus malades de l'épizootie, je n'ai pas hésité à les faire assommer le jour même; et par cette mesure à propos, j'ai sauvé tous les bestiaux du voisinage; et peut-être de toute la ville. Nous sommes au mois de juillet, et l'épizootie n'a pas donné d'autres signes d'existence à Boulogne.

» Quant aux neuf vaches conduites chez la veuve Pillain, à Desvres, elles ont été successivement tuées pour la consommation des troupes anglaises.

» Pendant qu'elles y étaient, le sieur Saguin, d'Aix-en-Ergny, arrondissement de Montreuil, mena deux vaches, qu'il mit dans ce dépôt avec les vaches achetées à la foire de Guînes, de Chaput et Danel; elles y restèrent un jour ou deux. Elles ne furent pas acceptées, parce qu'elles étaient trop maigres.

A leur retour à Aix, elles sont tombées malades et sont mortes.

» A Crémarest, le sieur Magnier avait quatre vaches, quatre génisses et un veau ; ces animaux étaient dans la même écurie que les chevaux et le fourrage des militaires anglais logés chez lui. Le 19 mai, la vache qui était à côté du fourrage est tombée malade ; elle est morte après quelques jours de maladie. Le même jour, 19 mai, une autre vache qui se trouvait dans l'écurie, du côté des chevaux des militaires anglais, est aussi tombée malade. Le reste l'est ensuite devenu ; et, dans l'espace de dix à douze jours, le sieur Magnier a perdu toutes ses bêtes à cornes, dans le nombre desquelles deux ont été assommées.

» Le sieur Capron fils, de Desvres, avait quinze bêtes à cornes, savoir : sept vaches, quatre génisses et quatre veaux. Le 15 mai, une vache est tombée malade ; elle s'est rétablie au bout de huit jours. Le 25 mai, quatre autres sont tombées malades ; deux sont mortes le lendemain, la troisième le surlendemain, la quatrième s'est rétablie. Le 28, deux autres bêtes sont encore mortes ; et trois jours après, trois autres bêtes dangereusement malades ont été assommées. Des quinze bêtes à cornes que possédait le sieur Capron, et qui toutes ont été malades, six seulement se sont guéries, dont trois génisses et trois vaches.

» Nous avons vu déjà que, le 27 avril dernier, il

avait été vendu, au marché de Saint-Omer, par le sieur Bocquillon, de Liers, plusieurs vaches susceptibles de transmettre la contagion. Le sieur Bocquillon pourrait bien avoir été trompé et victime sans être coupable. Il est convenu de bonne foi d'avoir introduit, sans le savoir, l'épizootie dans l'arrondissement de Saint-Omer, par l'achat de bestiaux qu'il a fait le 20 avril au marché de la Bassée. Dix de ces bestiaux ont été mourir dans la commune de Clarques, à la genièvrerie du sieur Briansiaux, et plusieurs autres, vendus au sieur Danel, de Zouafques, par le même marchand, ont également succombé dans les écuries des propriétaires qui les ont achetés. La genièvrerie du sieur Pasquel, l'une des plus considérables de Saint-Omer, a singulièrement souffert; on n'y a sauvé que six animaux. L'épizootie a également pénétré dans la commune d'Arques, à une très petite distance de Saint-Omer, sur la route d'Aire. Le 26 avril, le sieur Bocquillon avait couché dans cette commune, à l'auberge de *l'Ange*, avec une partie des vaches qu'il avait achetées à la foire de la Bassée, et qu'il vendit le lendemain sur le marché de Saint-Omer, au sieur Danel.

» D'après ce que je viens d'exposer, relativement aux arrondissemens de Montreuil et de Boulogne, dit en terminant M. D'Arboval, il serait aussi fastidieux qu'inutile d'entrer dans un nouveau détail pour expliquer comment l'épizootie s'est introduite dans les différentes localités de l'arrondissement de

Saint-Omer. Ce que j'en ai dit doit suffire pour mettre dans toute son évidence un écueil aussi dangereux, et pour déterminer à prendre tous les moyens de l'éviter. »

Les débris de fourrages qui ont été abandonnés par les bêtes malades, appartenant à des marchands de bestiaux, ou provenant de parcs d'approvisionne-mens pour les armées, laissés dans les cours d'auberges, au bord des grandes routes, des chemins vicinaux, les pailles provenant des litières qui sont vendues comme fumier, peuvent introduire la maladie dans un département.

Les pâturages situés sur la lisière du département infecté et dans lesquels les bestiaux du département sain vont pâturer ont été à certaines époques la cause de la propagation de la maladie ; nous en avons rapporté quelques exemples en parlant de l'introduction du typhus par les pâturages voisins des frontières infectées.

Les guérisseurs, les empiriques, les mendians, les pâtres, les vétérinaires, les éleveurs, les chiens, qui ont approché ou touché les bestiaux malades, transportent aussi avec eux la contagion, et la transmettent aux animaux sains qu'ils approchent ou qu'ils touchent.

Les communications nombreuses d'un département dans un autre et le peu de soin que prennent les propriétaires d'isoler leurs bestiaux , sont encore des causes non moins pernicieuses qui facilitent l'introduction de l'épizootie.

2° *Moyens de police sanitaire à mettre en pratique pour éviter l'invasion du typhus d'un département dans un autre département.*

En parlant des devoirs que doivent s'imposer les autorités départementales, nous avons dit que le plus important était d'avertir l'autorité des départemens limitrophes de l'existence de la maladie. Or, le premier devoir des préfets du département menacé de l'invasion typhoïde est de faire publier un arrêté dans lequel il fera connaître les dangers auxquels les bestiaux du département sont exposés, les mesures préservatrices et extirpatrices qui seront indispensables à mettre en usage avant l'invasion de la maladie, et après cette invasion, celles capables de l'extirper sur-le-champ aussitôt le premier signe de son apparition. (V. *Devoirs des autorités*, page 59.)

3° MESURES A FAIRE METTRE EN PRATIQUE AVANT L'INVASION DE LA MALADIE DANS UN DÉPARTEMENT.

Ces mesures à l'égard du département menacé consisteront, 1° dans l'établissement d'un cordon sanitaire sur la frontière limitrophe de ce département;

2° Dans l'interdiction des foires et marchés aux bestiaux du département infecté;

3° Dans les précautions à prendre relativement aux bestiaux destinés à la consommation, à l'élève et au travail;

4° Dans l'inspection rigoureuse des alimens, des personnes venant du département infecté;

5° Dans le recensement et l'estimation préparatoire de tout le gros bétail du département.

A. *Cordon sanitaire.* — On donne ce nom à un cordon formé par des agens de l'autorité municipale ou militaire établi à la frontière d'un département menacé, ayant pour but de bloquer la maladie dans le département infecté en interceptant toutes les voies de contagion de celui-ci dans celui-là. Nous avons déjà parlé de cette mesure à l'égard de la frontière d'un royaume limitrophe d'un royaume infecté, nous revenons encore ici sur cette grande mesure, à l'égard d'un département menacé de la contagion par d'autres départemens infectés qui l'avoisinent.

Pour bien prouver tous les succès que l'on peut obtenir de cette mesure, nous avons à faire connaître, 1° les faits qui prouvent la bonté de son emploi; 2° si l'autorité administrative est en droit de la mettre en pratique; et 3° quels seront les devoirs à remplir par les agens formant le cordon dont il s'agit.

Faits qui prouvent la bonté de l'emploi d'un cordon sanitaire sur les rives d'un département menacé.

Lancisi a conseillé cette mesure en Italie pendant l'épizootie de 1711, et en obtint des succès.

En 1746, on établit des *cordons de troupes* pour empêcher toute communication de la Franche-Comté, où régnait le typhus, avec quelques parties de la Lorraine encore saine. M. de la Galarzière, intendant en Lorraine, fut un de ceux qui apportèrent le plus de vigilance dans l'exécution de cet arrêt. Les bêtes saines dans cette contrée furent préservées d'une manière qui semblait tenir du miracle (1).

Raon-l'Etape, petite ville de la Lorraine, instruite que la contagion la menaçait du côté de l'Alsace, établit de son chef un cordon sanitaire composé de deux corps-de-garde, l'un sur la rivière, l'autre sur la grande route d'Alsace, avec ordre de ne laisser passer aucun cuir, aucune bête à cornes. Cet ordre fut exécuté à la rigueur, et cette ville conserva ses bestiaux.

Dans l'épizootie de 1775, la maladie ne cessa réellement que lorsqu'une armée commandée par le marquis de Foudoas put arrêter les communications des contrées infectées avec les provinces saines.

Dans celle qui a régné dans la Picardie en 1779, Vicq-d'Azyr a obtenu les plus grands succès des cordons de troupes qu'il a fait établir.

En 1795, le département de la Meurthe et les départemens environnans furent promptement envahis et ravagés, parce qu'ils refusèrent d'employer les troupes

---

(1) Paulet, t. 1, page 214.

destinées à former les cordons, tandis que plusieurs communes du Haut-Rhin et de la Suisse surent se préserver de ce fléau en exécutant strictement les réglemens sanitaires, en s'opposant à toute introduction du bétail et à toute communication.

En 1814, d'après les conseils de M. D'Arboval, l'autorité supérieure du département du Pas-de-Calais fit établir un cordon sanitaire sur la lisière de ce département, en regard du département de la Somme, qui était infecté. La ligne sanitaire fut établie sur le bord de la rivière d'Authie ; et tandis que le département de la Somme était ruiné dans quelques-uns de ses cantons par des pertes effrayantes, le département du Pas-de-Calais n'a pas perdu une seule bête à cornes. Ces précautions furent négligées en 1816 sur la frontière du département du Nord, où régnait l'épizootie, et bientôt cette maladie se déclara dans le département du Pas-de-Calais, où elle occasionna la perte d'un grand nombre d'animaux.

Ces faits démontrent mieux que tous les raisonnemens possibles l'efficacité de l'établissement d'un cordon sanitaire pour prévenir l'envahissement du typhus dans un département.

Voyons si l'autorité peut être en droit d'établir ce cordon sanitaire et de requérir la force armée au besoin.

Toute latitude, nous le répéterons toujours, est laissée aux autorités municipales à l'égard des me-

sures urgentes propres à arrêter les progrès des épizooties contagieuses, d'après la loi des 16-24 août 1790.
Les gardes champêtres, la gendarmerie placés sous
leurs ordres sont tenus de leur obéir et de leur
prêter main-forte ; la garde nationale, destinée à
maintenir l'obéissance aux lois, placée d'après l'article 6 de la loi du 22 mars 1831 sous l'autorité des
maires, des sous-préfets et des préfets, peut être
requise au besoin. L'article 2 de l'ordonnance du
roi du 27 janvier 1815 est tout-à-fait précis sur ce
point. Il dit :

« Art. 2. Sur la demande des autorités adminis-
» tratives, les gardes nationales, la gendarmerie, les
» gardes champêtres, et au besoin les troupes de
» ligne, seront employés pour assurer l'exécution
» des dispositions rappelées et indiquées dans l'ar-
» ticle 1er (voyez cette ordonnance), *et notamment*
» *pour former des cordons et pour empêcher la*
» *communication des animaux suspects avec les*
» *animaux sains.* »

Ces mesures sont donc bien précisées aux autorités, et elles seraient bien coupables si, dans l'intérêt de leurs administrés, elles ne les faisaient point
mettre à exécution en temps et lieu.

AGENS QUI SELON LES LOCALITÉS DOIVENT FORMER
LE CORDON SANITAIRE. — DEVOIRS QU'ILS AU-
RAIENT A REMPLIR.

Avant de penser au choix des agens qui devront

former le cordon sanitaire, la première pensée de
l'autorité supérieure sera de prendre en considération l'état des localités où ce cordon sera établi. Si la
partie limitrophe du département infecté est longée
par une rivière, un fleuve ou une chaîne de montagnes, la mesure sera simple et facile. Des piquets
de gendarmerie, de gardes champêtres, de gardes
nationaux, suffiront pour garder les ponts, les bacs,
les gués, les grandes routes, les chemins vicinaux, les
sentiers détournés dans les montagnes, et s'opposer
à toute communication. Dans les contrées où le pays
est plat ou boisé, la fraude étant beaucoup plus
facile, la surveillance devra être plus étendue et plus
exacte. Si le département compte quelques villes de
garnison, d'infanterie ou de cavalerie, dans son sein,
l'autorité municipale, indépendamment des gardes
champêtres, des gendarmes et de la garde nationale,
devra demander à l'autorité militaire supérieure du
département des forces composées de troupes à pied
et à cheval.

Voici en général quels seraient les rôles que les
agens de l'autorité formant ces cordons auraient à
remplir :

1º Des postes seraient établis autant que possible,
et à une distance rapprochée, dans tous les endroits
où les communications clandestines pourraient être
faciles.

2º Des détachemens, placés de manière à former
une chaîne, ne permettraient point qu'il entrât ou

qu'il sortît des bêtes à cornes de la localité ; ils arrêteraient et consigneraient les voitures chargées de fourrages, feraient refluer dans le département infecté les personnes suspectes, tels que les bouchers, les marchands de bestiaux, les maquignons, les mendians, les vagabonds ; ils arrêteraient, tueraient et enfouiraient aussitôt les bêtes à cornes ou autres animaux errans sur les chemins ou dans la campagne ; ils inspecteraient les voitures des tanneurs qui pourraient recéler des cuirs non désinfectés, provenant d'animaux morts de la maladie ; ils surveilleraient dans leurs tournées le paccage permis des bestiaux sur la ligne limitrophe du pays infecté. Pour remplir exactement ces vues, ils feraient de fréquentes patrouilles jour et nuit, et veilleraient avec la plus scrupuleuse attention les grands chemins, les principales communications détournées d'un lieu à un autre et le passage des rivières.

3° Les détachemens iraient à chaque patrouille au devant les uns des autres, et se rendraient un compte mutuel de ce qu'ils auraient observé.

4° Si la maladie venait à se déclarer en quelques endroits de l'espace cerné par le cordon, on le ferait savoir de détachement en détachement, et c'est ainsi qu'on serait aussitôt averti du danger.

5° Les postes devraient être divisés en trois classes : 1° ceux qui auraient pour chefs des sous-officiers ; 2° ceux où il y aura un officier ; et 3° celui où devra se trouver le commandant en chef et le commissaire vétérinaire ou les maires des communes.

Les nouvelles devront parvenir de détachement en détachement jusqu'aux officiers qui seront à leur tête, et ceux-ci enverront alternativement un homme au lieu le plus voisin de la résidence du commandant ou du commissaire. Ainsi il pourra s'établir une correspondance quotidienne entre le commandant militaire et l'autorité administrative.

6° Si la maladie gagnait l'intérieur du cordon, malgré ces sages précautions, on reculerait le cordon au moins d'une lieue dans le pays sain.

On doit compter sur les succès d'une pareille mesure ; elle préviendra les dangers à courir par le coupable désir des marchands de bestiaux, des bouchers, de profiter des malheurs qui viennent désoler le campagnard pour acheter les bêtes suspectes à bon marché, et aller les vendre dans le pays sain ; elle entravera les manœuvres perfides des guérisseurs, des charlatans qui parcourent la campagne, lesquels seront arrêtés par les postes ou les patrouilles du cordon.

On objectera peut-être que cette mesure est d'un emploi difficile, qu'elle est en outre dispendieuse ; il sera, dira-t-on, quelquefois impossible de mettre sur pied assez de troupes pour cerner un département exposé de toutes parts à la contagion. Cette difficulté peut arriver, il est vrai ; mais elle sera rare. Dans l'immense majorité des cas, ce n'est qu'une partie de la frontière qui est menacée par la contagion, et cette partie seule devra être scrupuleusement gardée. Et d'ailleurs si les troupes à pied et à cheval ne sont pas assez nombreuses pour former un long cordon sanitaire, l'autorité municipale pourra exiger des gardes nationales un service actif comme moyen auxiliaire. Car si on doit compter beaucoup moins sur l'exécution ponctuelle des ordres qui seront transmis à la garde citoyenne qu'aux militaires, au moins dans cette occurrence ne doit-on point rejeter les secours qu'elle peut donner. Nous pensons donc que la réunion de la garde nationale aux militaires, aux gendarmes, etc., serait aussi utile qu'avantageuse.

Voilà, selon nous, la meilleure, la première des mesures préservatrices qui devrait être mise à exécution par l'autorité; mais il ne faut pas qu'elle ne figure que sur le papier. Les écritures, les menaces, ne servent à rien dans ces circonstances déplorables et difficiles; elles sont inutiles et font perdre un temps précieux; le point capital est de tenir la main aux moyens d'exécution avec une fermeté inexorable et une juste impartialité à l'égard de tous les citoyens.

INTERDICTION DES FOIRES ET MARCHÉS AUX BÊTES PROVENANT DES PAYS INFECTÉS.

Après l'établissement d'un cordon sanitaire à la frontière d'un département menacé par une épi-

zootie typhoïde, nous ne connaissons point de mesure préservatrice plus efficace que la suspension
complète des foires et des marchés de bestiaux dans
tout le département ou dans quelques-unes de ses
parties évidemment menacées par la contagion.
Nous avons fait connaître les faits nombreux qui
prouvent combien les réunions de bestiaux sont
dangereuses pour propager la contagion de toutes
parts. Or, si les foires et les marchés sont tolérés,
n'est-ce point engager tacitement la cupidité des petits propriétaires de bestiaux, des maquignons de
bestiaux et des bouchers ?

« Il est évident que pour peu qu'un propriétaire de gros bétail ait d'expérience, dit M. de Berg,
s'il voit la maladie à sa porte, il prévoit le danger
imminent de sa ruine, et s'il entend ses intérêts, il
s'empresse de vendre son bétail peut-être infecté
déjà, *quoiqu'il paraisse encore sain.* S'il reconnaît
dans une de ses bêtes des symptômes de la maladie,
il sait dès lors que toutes celles de l'étable la con-
tracteront, il tue, met au sel ou enterre furtivement
la bête qu'il voit être malade ; il se hâte de conduire
à la foire ou au marché toutes les autres bêtes infectées pendant qu'elles conservent encore *les apparences de la santé ;* il les *vend à tout prix.* Les acheteurs alors les conduisent dans différens villages, et
on les distribue dans plusieurs étables. Tout à coup
on voit la maladie se manifester à la fois dans beau-

coup d'endroits, et alors on ne sait à quoi l'attribuer. »

« Il y a du crime, dit le docteur Faust, à acheter, à troquer des bêtes à cornes qui viennent d'un pays infecté. »

« On objecte, dit Vicq-d'Azyr, que la maladie se déclare quelquefois très loin de son foyer, sans que l'on découvre aucune fraude à laquelle on puisse l'attribuer. Mais si l'on recherche avec soin les bœufs qui tombent malades les premiers, on s'apercevra constamment qu'ils ont toujours été vendus à quelque marché des environs, ou qu'ils ne sont pas depuis long-temps dans la paroisse où la maladie les attaque. On ajoute que ces bestiaux sont déclarés sains par un certificat des notables de la communauté d'où ils partent, et qui est encore intacte. Toute l'erreur dépend de ce qu'ils ont été conduits secrètement des pays infectés quelque temps auparavant. »

Ces réflexions prouvent donc assez, ajoute ce savant médecin, combien il est nécessaire de suspendre les foires de bestiaux et tout maquignonage, non seulement dans le pays où l'épizootie a pénétré, *mais encore dans les pays encore sains.*

L'épizootie est quelquefois portée à une grande distance par la vente des bestiaux infectés. Le fait suivant va prouver cette vérité.

En 1796, le typhus fut apporté du département

du Pas-de-Calais à Paris et aux environs par des génisses, des jeunes taureaux, des vaches laitières que
les marchands picards allaient acheter à bon marché dans les localités infectées, et qu'ils venaient revendre au marché de la Chapelle-Saint-Denis. L'é-
pizootie se montre bientôt à Paris et dans la banlieue
parmi les vaches des nourrisseurs; et cependant
toutes les bêtes à cornes qui étaient vendues au
marché de la Chapelle étaient visitées avec soin par
Desplas, inspecteur vétérinaire.

Après avoir vu l'épizootie éteinte, puis reproduite par la vente des bestiaux dans le département
du Pas-de-Calais, M. D'Arboval, commissaire vétérinaire nommé par ce département, disait en 1815 :
« J'ai toujours eu le regret qu'on n'ait pas interdit tout commerce et toute communication de bestiaux dans toute l'étendue du département. Si cette
mesure avait été exécutée et maintenue jusqu'à ce
jour, les cultivateurs des départemens n'éprouve-
raient pas de nouvelles pertes, l'épizootie ne se serait pas reproduite. La crainte d'alarmer en cou-
pant ainsi cette branche de commerce ne saurait
être mise en balance avec les inconvéniens bien plus
graves résultant d'une mesure partielle telle que
celle qui a été prise en janvier dernier par les
arrondissemens de Montreuil et de Boulogne. On
aura beau rompre de nouveau les marchés publics
et particuliers dans le département infecté, on vendra et on achètera dans les foires et les marchés des

autres départemens; les propriétaires seront engagés à y conduire leurs bestiaux, à se soustraire aux mesures qui auraient été prises, et, ainsi que cela est arrivé à chaque instant, on répandra des semences dans le département encore sain. »

« En 1814, dit M. Huzard, toutes les vaches qui ont été achetées à bas prix aux soldats, aux revendeurs et aux marchés de la Chapelle, près Paris, à l'époque où l'on a fait la vente de celles reprises sur les troupes ennemies, ou enfin aux marchands qui les avaient achetées ou qui les amenaient de pays déjà infectés par le séjour des armées, toutes ces vaches ont communiqué la maladie à celles avec lesquelles on les a mises. »

Ainsi, d'une part, les hommes les plus recommandables qui se sont occupés de police sanitaire de bestiaux proscrivent leur vente; de nombreux faits bien authentiques en prouvent tous les dangers. D'autre part, l'interdiction de cette vente avant le règne de l'épizootie typhoïde dans le département du Pas-de-Calais vient prouver la bonté de cette mesure. En faut-il donc davantage pour qu'à l'avenir le commerce des bestiaux soit strictement suspendu dans un département voisin d'un ou de plusieurs départemens infectés.

Arrêts et ordonnances sur lesquels on peut ordonner l'interdiction du commerce des bestiaux.

Les arrêts et réglemens qui ont force de loi en-

core aujourd'hui pour toute la France, ne font nullement mention de l'interdiction des foires et marchés dans un département menacé d'être envahi
par l'épizootie typhoïde.

L'arrêt du conseil du 16 septembre 1714 ne peut
être invoqué, attendu qu'il ne prescrit des ordres
que pour un temps limité, du 16 septembre au 15
novembre 1714, et seulement pour la Brie, le Gatinais et le Morvan. Les autres arrêts ou ordonnances
émanés de l'autorité depuis cette époque se taisent
à cet égard.

Quoi qu'il en soit, les autorités municipales du département menacé, en vertu de la loi des 16-24
août 1790, peuvent, par un simple arrêté légalement promulgué, faire suspendre le commerce des
bestiaux dans les foires et marchés.

Cette mesure, il faut en convenir, est très grave,
elle porte une atteinte préjudiciable au commerce des
bestiaux; elle est onéreuse aux personnes qui s'occupent de leur éducation; mais si on y réfléchit bien,
on restera convaincu qu'à l'égard du commerce du
gros bétail, la crise ne sera jamais que passagère,
et ne peut être mise en balance avec les intérêts généraux de tout le département; qu'en ce qui touche
les propriétaires, les éleveurs, cette mesure est évidemment dans leur intérêt, puisqu'elle tend à la conservation de leur bétail.

Dans l'intérêt du département, des propriétaires
de bestiaux, il est donc pour nous péremptoirement

démontré que cette mesure est d'une nécessité urgente, que les autorités devront la mettre en pratique, et que de sa stricte exécution découleront à l'avenir les plus heureux résultats.

Les peines à infliger aux délinquans seraient celles voulues par les articles 459, 460 et 461 du Code pénal.

Dans le cas où les propriétaires se serviraient d'étrangers pour faire conduire les bêtes à cornes aux foires ou marchés, ils en seraient responsables en leur propre et privé nom.

Les seuls marchés, avons-nous dit, qui doivent être tolérés, sont ceux du gros bétail destiné à la consommation ou à la boucherie, et encore cette tolérance exige-t-elle des précautions minutieuses que les autorités devront bien spécifier dans les arrêtés qui auront trait à cet objet.

Voici ces précautions.

PRÉCAUTIONS A PRENDRE A L'ÉGARD DES MARCHÉS OU ACHATS DES BÊTES A CORNES DESTINÉES A LA BOUCHERIE.

Marchés. — Les rassemblemens de bestiaux pour la boucherie ne pourront exister qu'au voisinage des grandes villes, partout ailleurs les bêtes devront être achetées chez les particuliers, conduites à la boucherie et sacrifiées promptement.

Les propriétaires de bestiaux qui voudront conduire des bêtes à cornes aux marchés d'approvision-

nemens, devront être porteurs d'un certificat donné
par un expert vétérinaire, et légalisé par le maire de
la commune, lequel constatera que les bestiaux, dont
le nombre sera désigné, proviennent d'endroits où la
maladie n'existe pas. Les marchands de bestiaux devront se pourvoir de semblables certificats, et, pour
les uns comme pour les autres, il sera spécifié que
les bestiaux seront conduits à tel marché. Ainsi l'entend l'article 12 de l'arrêt du 19 juillet 1746, et
le veut l'arrêt du directoire exécutif du 27 messidor
an 5 (15 juillet 1795).

Voici un modèle de ces certificats (1).

Nous soussigné (nom et prénoms), vétérinaire,
demeurant à (résidence, département de. . . . .),
certifions que la (vache, bœuf, taureau ou génisse,
âge, taille et quelques signes particuliers) provient
de la (commune ou village), où ne règne point la
maladie, et qu'elle peut être vendue au marché de
(indiquer le lieu) pour la boucherie, le (date du
jour du marché).

Ce. . . . . le. . . . . 18. . . .

. . . . vétérinaire.

Vu et approuvé (date) par nous maire de la commune de. . . canton de. . . département de. . . .

. . . . maire.

---

(1) Ces certificats **devront** être imprimés avec des blancs qui
seront remplis par l'expert vétérinaire et l'autorité.

Le cachet de la mairie sera apposé sur ce certificat.

Cette pièce devra être présentée aux vétérinaires et aux agens de l'autorité partout où besoin sera. En arrivant au marché, le conducteur la remettra à l'autorité ou au commissaire vétérinaire chargé d'inspecter les bestiaux à admettre en vente.

Si les bestiaux n'ont point été vendus, les propriétaires seront tenus de prendre un nouveau certificat auprès du commissaire, qui sera ainsi conçu :

Nous, commissaire vétérinaire au marché de......
tenu aujourd'hui (date), certifions que les bestiaux du sieur. . . . ., de la commune de. . . ., département de. . . . ., n'ont point été vendus aujourd'hui . . . . au marché de. . . ., et qu'ils doivent retourner au domicile du sieur. . . ., demeurant à. . . ., ci-dessus indiqué dans les. . . . heures de la date du présent certificat.

Au marché de. . . . le. . . . an. . . .

Le commissaire vétérinaire,

Les bestiaux qui ont été achetés par les bouchers ne pourront être conduits aux abattoirs ou dans les boucheries sans que les conducteurs soient munis d'un certificat délivré encore par l'expert vétérinaire commissaire du marché.

Voici un modèle de ce certificat :

Nous soussigné, commissaire vétérinaire, certifions que la vache (bœuf ou taureau) a été achetée aujourd'hui (date) au marché de. . . . par le sieur . . . ., boucher, demeurant à. . . ., laquelle devra être abattue dans les (indiquer la quantité de jours ou d'heures à compter de la date du présent certificat).

A. . . . le. . . . mois. . . . an. . . .

Le commissaire vétérinaire ,

Les précautions que nous recommandons ici à l'égard des marchés de bestiaux pourront être regardées comme minutieuses par quelques personnes. On dira sans doute : A quoi bon prendre toutes ces mesures, puisque la maladie ne règne pas encore dans le département, et pourquoi ainsi enrayer les voies du commerce? Encore une fois, il vaut mieux prévenir une épizootie, que de s'exposer à la combattre lorsqu'elle est déclarée. Supposez une seule bête à cornes, infectée ou malade, introduite par un marchand de bestiaux dans un marché composé de deux cents bêtes à cornes, dont un cent seulement est livré à la consommation, et dont l'autre cent retourne chez les propriétaires; eh bien! parmi ces dernières, ne peut-il pas se rencontrer une bête infectée qui pourra transmettre le germe de l'épizootie à un plus ou moins grand nombre de bêtes, lesquelles iront ensuite la répandre dans vingt localités différentes? et ce mal serait déterminé faute de l'emploi de mesures simples, qui consistent à forcer les propriétaires à prendre un certificat pour éviter la fraude des marchands de bestiaux, véritables agens colporteurs de l'infection? Non, les autorités comprendront l'importance de ces mesures; nous ne doutons pas un seul instant qu'à l'avenir elles soient mises partout religieusement à exécution, et surveillées avec la plus scrupuleuse attention.

ACHATS DE BÊTES POUR LA BOUCHERIE AU DOMICILE DES PROPRIÉTAIRES.

MM. les maires devront veiller à toutes les mutations qui auront lieu parmi les bestiaux des propriétaires de la commune qu'ils administrent. Ces mutations ne devront porter que sur la vente des bestiaux destinés à l'élève, au travail et à la boucherie. Or, voici les mesures que devraient faire mettre en vigueur MM. les maires dans la circonstance dont il s'agit :

Aucune bête à cornes ne pourrait être vendue, sortir de la commune ou y être amenée après avoir été achetée ailleurs, si l'acheteur ou le conducteur de l'animal ou des animaux n'est porteur d'un certificat attestant que la bête n'est point suspecte.

Voici un modèle de ce certificat.

Nous soussigné (noms et prénoms), expert vétérinaire, demeurant à. . . . ., département de. , . . ., certifions que la (vache, bœuf, taureau ou génisse, âge et robe) appartenant à M. . . ., domicilié à...., peut être vendue et livrée à M. . . . (qualité), demeurant à . . . commune de . . ., où la maladie n'a point encore pénétré.

Fait à. . . . le. . . . 183. . . .

MORIN, vétérinaire.

Vu par nous, maire de la commune de . . .

A. . . . le. . . . 183. . . .

MAUDUI, maire.

Avec ces attentions, on voit que le commerce de bestiaux ne peut être interrompu ; seulement ces sages mesures ont pour but d'éloigner tout trafic honteux fait par les maquignons de bestiaux, et tout négoce pratiqué par des personnes ignorantes ou imprévoyantes qui pourraient propager la contagion.

Mesures à prendre à l'égard des alimens provenant du département infecté.

Une inspection rigoureuse des voitures chargées d'alimens conduits soit aux foires ou marchés, soit au domicile de quelque personne que ce puisse être, est de toute nécessité.

Nous avons vu que les alimens qui avaient servi à des bestiaux malades du typhus, ou qui avaient seulement séjourné dans un foyer d'infection, pouvaient transporter la contagion au loin. Or, la connaissance précise des lieux d'où proviennent les fourrages est d'une importance incontestable pour prévenir la maladie. Nous ne voyons d'autres moyens pour éviter la vente de fourrages provenant de localités où la maladie règne, que de forcer les propriétaires qui n'ont point de bestiaux malades à prendre un certificat de l'autorité constatant que les fourrages peuvent être livrés sans aucun danger pour les bêtes auxquelles ils seraient donnés. Quant au conducteur de voitures chargées de fourrages qui ne serait point porteur du certificat autorisant la vente, les agens de police pourraient, en prenant le nom et la demeure du propriétaire sur la plaque de la voiture, verbaliser contre lui. Les fourrages devraient être livrés aux flammes, le délinquant emprisonné à temps et obligé à payer une amende de 100 francs.

SIGNALEMENT, RECENSEMENT ET ESTIMATION DES BESTIAUX DANS TOUT LE DÉPARTEMENT ENCORE SAIN.

Le signalement, le recensement, l'estimation des bestiaux, sont des mesures indispensables à faire mettre à exécution dans le département menacé d'être envahi par l'épizootie ; autant alors elles offrent d'avantages, autant après l'invasion elles ont une multitude d'inconvéniens.

Avant l'invasion, les propriétaires ne dédaigneront jamais ces mesures ; ils les approuveront, parce qu'ils y verront une sage prévoyance de l'administration supérieure dans le cas où ils perdraient leurs bestiaux. L'opération pourra être complète et faite avec toutes les précautions qu'elle réclame. Le signalement, le recensement offriront alors pour avantages de pouvoir faire connaître et constater au besoin à l'autorité les mutations qui pourront s'opérer dans la vente des bestiaux, s'assurer des ventes clandestines, et être à même de pouvoir punir les coupables. L'estimation de chaque bête permettra de délivrer, sans retourner sur les lieux, le certificat d'indemnité à accorder au propriétaire en cas de mort ou d'abattage de son bétail. Ainsi ces mesures, auxquelles il faudra toujours avoir recours après l'invasion, n'offrent donc que des avantages avant le début de l'épizootie. Tandis qu'après son apparition, elles seront suivies d'une foule de graves inconvéniens que nous signalerons plus loin. (*Voy.* Visite, Recensement, Marque, etc.)

Quant aux mesures extirpatrices à mettre en pratique aussitôt l'apparition de l'épizootie dans les communes du département préservées jusqu'alors, nous les ferons connaître avec détail lorsque nous exposerons ces mesures, après avoir parlé des causes qui propagent la maladie de communes en communes, d'étables en étables.

INVASION DU TYPHUS ÉPIZOOTIQUE DANS L'INTÉRIEUR D'UN DÉPARTEMENT.

Causes qui propagent l'épizootie de communes en communes, d'étables en étables. — Mesures départementales et communales à faire mettre à exécution. — Mesures à prendre à l'égard des bêtes malades. — Isolement des bêtes menacées par la contagion.

On voit que nous suivons toujours la marche naturelle qu'affecte l'épizootie typhoïde ; nous l'avons vue arriver à la frontière d'un royaume, aux limites d'un département, nous allons la suivre maintenant dans le département où elle a pénétré, et faire connaître les causes qui la propagent d'une commune dans une autre commune, d'une étable dans une autre étable.

Le typhus ayant pénétré dans l'enceinte d'un département, trouve une multitude d'agens contagifères. Les relations plus étendues, les moyens de communication plus faciles, la plus grande facilité qu'ont les propriétaires, les marchands de bestiaux et autres personnes, de se soustraire clandestinement aux mesures sanitaires, sont les causes qui favorisent puissamment les progrès de la contagion en rendant plus impérieux, quoique plus difficiles, les moyens sanitaires préservatifs ou extirpatifs dont l'urgence nécessite l'emploi.

La contagion a lieu par les agens précédemment

exposés; seulement ces moyens propagateurs sont plus nombreux et surtout plus variés.

Ces agens sont : 1° les animaux malades; 2° les animaux bien portans et suspects qui ont cohabité avec les malades; 3° la vente isolée des bestiaux malades ou de ceux recelant les germes contagieux; 4° les alimens, les boissons, les pâturages infectés; 5° les personnes ou les animaux d'espèces diverses qui ont approché ou touché les animaux malades, les objets qui leur ont servi.

Des faits nombreux et authentiques vont encore ici convaincre sur ce point les personnes les plus sceptiques en matière de contagion.

1° *Contagion par les animaux malades.*

Nous avons déjà rapporté beaucoup de faits qui prouvent la transmission de la contagion de l'animal malade à l'animal bien portant; nous pourrions encore en rapporter beaucoup d'autres, si nous le croyions nécessaire, pour appuyer une vérité malheureusement trop bien prouvée. Nous préférerons, dans ce chapitre, relater avec détail la contagion qui s'opère par les animaux, les hommes qui ont cohabité ou touché les animaux malades, les objets qui leur ont servi, afin de bien prouver qu'ils sont les agens propagateurs ordinaires de la contagion, attendu que quelques personnes élèvent encore des doutes aujourd'hui à ce sujet.

2° *Contagion par les bêtes à cornes bien portantes qui ont séjourné pendant un certain temps avec les bêtes malades.*

En 1770, époque à laquelle le typhus régnait dans la Flandre autrichienne, une vache amenée de Yssenghen, paroisse située en Flandre, dans la paroisse de Quadypres, a transporté la maladie aux bestiaux de cette commune (1).

En 1771, le typhus fut apporté à Calais par l'imprudence d'un habitant de Marck, qui amena dans cette communauté une vache achetée à Bergues.

En 1774, l'épizootie a été transportée dans le Marenson et dans le pays de Born par des bœufs qui l'avaient prise à Dax, où elle a enlevé 1,500 bestiaux en très peu de temps (2).

Voici des faits plus récens recueillis en 1815 dans le département du Pas-de-Calais par M. D'Arboval.

« Vers la seconde semaine de décembre 1815,
» neuf vaches conduites par le sieur Moulin, four-
» nisseur de l'armée anglaise, viennent loger à Au-
» bin-Saint-Vast, chez le sieur Barbier, qui ne pos-
» sède pas de bêtes à cornes. Ces vaches refusent de
» manger les alimens qu'on leur présente. Peu de
» jours après, la maladie contagieuse se déclare à

(1) Vicq-d'Azyr, page 273.
(2) Vicq-d'Azyr, page 277.

» Aubin-St-Vast, d'abord chez les propriétaires du
» bouquet de maisons sises sur la grande route, puis
» dans l'étable du maréchal qui est plus enfermée
» dans le village.

» Toujours vers le même temps, des bêtes à cor-
» nes du sieur Moulin, probablement de celles dont
» nous venons de parler, continuant leur chemin
» sur la même route, et passant dans la commune
» d'Ecquemicourt, une vache, effrayée et poursuivie
» par un chien, se détache des autres et descend
» dans le bas du village; arrêtée par un obstacle,
» et toujours agitée par les aboiemens et les mouve-
» mens du chien, elle regagne en courant le trou-
» peau avec *un veau* qu'elle rencontre et qui la suit.
» Ce veau, appartenant au sieur Carron, tombe ma-
» lade et meurt, ainsi qu'une vache au même pro-
» priétaire; une autre maison fait également des
» pertes.

» A Samer, où ce fléau a aussi éclaté, on a la
» preuve qu'une quarantaine de bêtes à cornes ve-
» nant du Cateau-Cambrésis ou des environs, ont
» été introduites dans la commune; que le sieur
» Moulin, à qui elles appartenaient, les a cédées
» en totalité ou en partie à la compagnie Baille-
» mont, chargée de l'entreprise des subsistances
» pour le passage des troupes alliées; que les agens
» de cette compagnie ont envoyé à Samer, dans les
» premiers jours de janvier, douze à quinze de ces
» mêmes bêtes à cornes pour fournir aux besoins

» du service, et que ces animaux ont été placés
» chez différens particuliers, chez lesquels la ma-
» ladie s'est développée dans le même temps.

» Le sieur Berquier, occupeur d'une ferme, par
» bonheur isolée, à Lottinghen, canton de Desvres,
» n'a perdu treize bêtes à cornes sur quinze que
» parce qu'on leur a refusé un taureau de réqui-
» sition qui, après avoir été visité dans le parc du
» sieur Moulin, a infecté à son retour les vaches
» de la ferme. A son arrivée à Boulogne, ce taureau
» est introduit dans la cour d'une boucherie établie
» dans une partie du bâtiment de l'ancien sémi-
» naire ; il s'y trouvait vingt-deux bêtes à cornes que
» gardaient les ouvriers du sieur Moulin. Deux tau-
» reaux forcent les ouvriers et viennent joindre ce-
» lui du sieur Berquier. Au bout de trois jours, ce
» taureau tombe malade ; on le met dans l'étable à
» vaches pour le réchauffer, et douze vaches, suc-
» cessivement atteintes de l'épizootie, périssent non-
» obstant les soins et les remèdes. Le sieur Ber-
» quier n'a réchappé qu'une génisse et un veau.

» Tous ces faits sont constatés par des procès-ver-
» baux qui ne laissent aucun doute sur leur sin-
» cérité et leur exactitude.

» A Coquelles, des bêtes à cornes destinées à la
» consommation de l'armée anglaise ont séjourné
» chez le sieur Pierre Level, qui a eu son étable
» envahie par l'épizootie, et qui a perdu huit vaches.

» Dans le principe de la maladie, et sans la con-

» naître, l'hospice de St-Pierre-les-Calais a envoyé
» deux vaches bien portantes encore, mais qui
» avaient cohabité avec des bêtes malades, au tau-
» reau chez un nommé Toulatre; non seulement
» ce taureau est en peu de jours tombé malade, non
» seulement avant de mourir il a causé la perte de
» neuf vaches au sieur Toulatre, mais encore les
» vaches qu'il a sailli après celles de l'hospice ont
» toutes contracté la maladie, et l'ont communiquée
» aux autres bêtes de l'étable.

» Il n'était plus question de l'épizootie à Co-
» quelles, lorsqu'elle s'y est renouvelée par l'impru-
» dence d'un cultivateur de St-Pierre-les-Calais qui
» a conduit une vache au taureau chez le sieur
» Bonvarlet. Le sieur Bonvarlet, par suite de cette
» imprudence, a perdu son taureau, onze vaches et
» deux veaux (1). »

Voici d'autres fait recueillis par M. Grognier dans
le département du Rhône.

« Un propriétaire des Ornas, nommé Claude Tour-
nisson, a perdu vingt-deux vaches sur vingt-sept; la
mortalité s'est déclarée dans son étable le lendemain
d'une nuit que des bœufs hongrois suspects de la
maladie y avaient passée. »

» Saint-Georges-le-Roguein, commune située sur
la ligne militaire où passaient les bœufs hongrois, a

-----

(1) D'Arboval, Instruction sommaire sur le typhus, pages 18,
19, 20, 21, 23 et 26.

été exempte de la maladie, parce que tous les propriétaires avaient fermé leurs étables; mais dans un hameau voisin un fermier a perdu tout son bétail, parce qu'il avait pris en pension deux bœufs sortis du convoi de l'armée étrangère. »

« Au moment, ajoute M. Grognier, où, en conformité des ordres de l'administration, je visitais les marchés de Villefranche, quatre bœufs que l'on avait dérobés à l'inspection viennent loger chez le sieur Damiron, aubergiste à la montée de Balmont, hameau de Saint-Didier. Deux jours après, les deux vaches uniques du sieur Damiron sont frappées de la maladie, et succombent sous les yeux de MM. Philippe et Lapierre, élèves de l'école vétérinaire (1). »

Ces faits sont plus que suffisans pour prouver tous les dangers de recueillir dans les étables ou de faire communiquer, dans quelque circonstance que ce soit, des bêtes saines avec des bêtes étrangères dont on ignore l'origine.

Contagion par la vente des bestiaux dans les foires, les marchés et au domicile des propriétaires.

Faits. — En 1746, un particulier de Bercy, faisant le commerce du gros bétail, acheta dans la plaine des Sablons dix-neuf bêtes à cornes amenées

____

(1) Grognier, *Recueil de médecine vétérinaire*, année 1834, page 23.

de la Picardie où régnait la contagion, et les amena dans son étable ; bientôt la maladie se mit parmi ses vaches, et il en perdit vingt-six en très peu de temps. De ce lieu infecté la maladie se communiqua dans le voisinage, à la Grande-Pinte, et dans quelques faubourgs de Paris (1).

Voici comment la maladie se propagea dans la Bourgogne.

« Le 13 décembre 1747, dit le marquis de Courtivron, un particulier, marchand de bétail, alla acheter des bêtes à cornes à Châtillon-sur-Seine, distant d'Issurville de deux lieues, qui, contre les ordonnances, avaient été conduites à une foire. Ce particulier les mena à un village nommé Venratte, où il les remit par commission. L'acquéreur s'aperçut le jour même que les bestiaux qu'on lui avait amenés n'étaient pas sains ; il obligea le marchand à les reprendre, et ce dernier conduisit presque immédiatement les bœufs dans l'espace de quatre lieues, en passant par Preniat, Barjan et Bouvent, jusqu'à Issurville, où il arriva le 17. Il fit le prix de son bétail avec des bouchers, d'ont l'un mit dans une écurie où il avait une vache, le bœuf qu'il avait acheté. Il ne le tua que le lendemain, et il laissa aller sa vache avec les autres bestiaux de la ville au pâturage ; la vache du boucher fut la première atta-

---

(1) Paulet, *loco citato*, tome 1, p. 199.

quée et la cause de la contagion parmi les vaches d'Issurville (1). »

« En 1796, dit Buniva, la maladie fut introduite dans les communes de Castello-Villa, Palletto, Saluce, Bielle, Cavaglia, Montegrano, Cassatto, Scalenghe, par des bêtes achetées au marché de Chierri (2). »

« Les autorités du département du Pas-de-Calais, observe M. D'Arboval, ont eu la faiblesse répréhensible de laisser vendre, le 14 février 1816, une trentaine de vaches dans un marché public, à la porte d'Hesdin et dans le voisinage de l'épizootie. On pourra ne pas s'étonner que ce fléau destructeur ait trouvé accès à Plumoison, village dans le voisinage d'Hesdin, à une demi-lieue de Marconcelle et d'Aubin-St-Vast, qui ont souffert de l'épizootie. La même faute vient de se commettre à Guignes, le 29 avril dernier. Le maire y a laissé vendre un jour de foire, par un sieur Daniel de la Recousse, des bêtes à cornes qui viennent de réintroduire l'épizootie dans plusieurs communes du département de Boulogne-sur-Mer. »

« Au hameau de Villiers, la maladie a été introduite par un veau de lait, extrait cachément d'une étable infectée de la commune de Neuville-sous-Montreuil.

___

(1) Courtivron, Mémoire de la Société de médecine, année 1748, page 134.

(2) Buniva, *loco citato*, p. 198.

Un boucher obscur s'est couvert de cette iniquité, et pour le faible bénéfice de trois ou quatre francs, il a causé la perte de cinquante-sept bêtes à cornes. Voici, ajoute M. D'Arboval, comment trois communes de l'arrondissement de Montreuil ont été nouvellement infectées. »

« Le 2 mai 1816, le sieur Alexandre Labouche, des environs de Béthune, achète à la foire de Morbecques, arrondissement d'Hazebronck, département du Nord, une vache provenant des environs, qu'il revend au sieur Louis Blondel. Celui-ci amène cette bête chez lui, à Verchocq; elle y tombe malade, elle y meurt, et elle infecte ainsi une partie de la commune (1). »

« On avait rassemblé, dit M. Huzard père, au marché des vaches laitières de la Chapelle-St-Denis, toutes les vaches qui avaient été reprises aux troupes alliées pour être rendues à leurs propriétaires. On vendit celles qui ne furent point réclamées; un grand nombre étaient malades : on regardait ces maladies comme la suite des fatigues, des mauvais traitemens et du défaut de nourriture que ces animaux éprouvaient. Cinquante-neuf moururent pendant leur séjour dans les étables du marché. On ignorait alors l'existence et la nature de l'épizootie. Ce fut là un foyer de contagion qui répandit la mala-

______

(1) D'Arboval, Instruction citée, pages 25, 214, 215.

die sur un rayon très étendu et avec d'autant plus de rapidité que le mal étant à son commencement, on ne s'en méfiait point encore (1). »

Le rassemblement des bestiaux sains, et parmi lesquels peuvent se trouver des bêtes suspectes ou infectées, à la porte des églises pour les faire bénir, n'est pas moins dangereux que celui qui a lieu dans les foires et marchés.

« En août 1773, un zèle pieux, mais peu éclairé, avait rassemblé sur le cimetière de Tumaide, en Hainault, le gros bétail de cinquante-huit étables, au nombre de 213 bêtes, parmi lesquelles trois ou quatre se trouvaient infectées. Pendant une heure qu'elles y furent, toutes contractèrent la maladie, qui se manifesta dans le terme de quatre semaines. Un seul propriétaire de onze bêtes, nommé Charles Stammane, qui refusa de conduire ses bestiaux à cette malheureuse réunion, les conserva saines. »

Ce fait, rapporté par de Berg, a été vérifié par lui sur les lieux (2).

Contagion par les fourrages, les pâturages et les boissons.

A. *Par les fourrages. — Faits.* — « Après avoir frotté une certaine quantité de foin sur le dos des bestiaux infectés, j'en ai donné la moitié à un bœuf

---

(1) Huzard, *Annales d'agriculture*, tome 58.
(2) De Berg, *loco citato*, p. 642.

sain, dit Vicq-d'Azyr, il est devenu malade au bout
de quinze jours. J'ai fait laver et battre fortement
l'autre moitié à plusieurs eaux ; les bêtes qui en ont
mangé n'ont point été attaquées (1). »

« En 1796, la maladie typhoïde, rapporte Buniva,
fut introduite dans la commune d'Acqui, et devint
ensuite plus meurtrière, parce qu'on laissa manger
aux bêtes saines le foin qui avait déjà été touché par
les malades ; ce qui arriva aussi à Casal, Rosignam,
Sommariva, Caramagna, etc., etc. Les propriétaires
qui achetèrent à bas prix et qui firent manger aux
bêtes saines le foin qui se trouvait près des écuries
où avait régné et où régnait encore la maladie, virent
à la fin leurs bêtes aussi attaquées de la contagion (2). »

M. Huzard assurait en 1815 que dans les endroits
où ont été transporté les restes de fourrages, les
pailles, les litières qui avaient servi aux bestiaux
malades ou infectés, que les bêtes saines auxquelles
on les donna sont mortes (3).

« M. Boin, vétérinaire et maître de poste, a perdu
quatre vaches ; le typhus s'est déclaré simultanément
sur ces animaux après qu'ils eurent mangé le reste
de fourrages qu'on avait donné à un convoi de bœufs
autrichiens (4). »

---

(1) Vicq-d'Azyr, *loco citato*, page 108.
(2) Buniva, *loco citato*, p. 196.
(3) Huzard, *Annales citées*, page 354.
(4) Grognier, *Recueil de médecine*, p. 23.

B. *Par les pâturages.* — A l'époque où l'épizootie typhoïde régnait en Picardie, en 1773, « il fut prouvé, d'après Paulet, qu'un maquignon qui promenait deux bêtes en mauvais état, s'étant arrêté près de Lafère, dans le pâturage d'un fermier qui était absent, ce pâturage fut infecté au point que le fermier eut la douleur de voir périr toutes ses vaches, après qu'elles eurent pacagé au même endroit. »

« Si l'épizootie s'est rallumée à Aubin-St-Vast et à Ecquémicourt, dit M. D'Arboval, c'est par la fréquentation des pâturages, qu'on s'est vu forcé de tolérer à cause du dénuement absolu de fourrage et à cause de l'invincible difficulté de contenir plus long-temps les habitans prêts à entrer en une sorte de rébellion à ce sujet (1) ».

« A Lauzanne, dit le vétérinaire Collet, un parc d'approvisionnement de bœufs hongrois avait été établi dans un pâturage du domaine de M. Dechant, maire de la commune. Le bétail de ce propriétaire, que l'on remit à ce pâturage après le départ des bœufs étrangers, périt tout entier (2) ».

« Enfin, assure l'observateur impartial M. de Berg, rien ne saurait arrêter les progrès de typhus épizootique dans les lieux où il y a beaucoup de communes. Il s'étend avec une extrême rapidité dans

(1) D'Arboval, Instruction citée, p. 215.
(2) Grognier, *Recueil* cité, 1832, page 24.

les cantons où le gros bétail, placé sur les pâturages au temps de son apparition, continue d'y
demeurer. Autant alors il y a de prairies, couvertes
de gros bétail, qui se touchent, autant il y en a
d'infectées, et la maladie ne s'arrête, ou plutôt la rapidité de sa marche n'est interrompue que vers les
lieux où les pâturages finissent ou se trouvent dégarnis
de gros bétail, ou séparés par d'autres pâturages par
de larges rivières, par des bruyères, par des bois, par
des habitations où le gros bétail demeure renfermé
dans ses étables.

» Ainsi, dans un court espace de temps, en deux
ou trois mois, cette maladie se communiquerait infailliblement d'une extrémité de l'Europe à l'autre,
s'il existait entre elles une ligne non interrompue de
pâturages couverts de gros bétail (1). »

C. *Par les boissons.* — Les eaux dont s'abreuvent
les animaux peuvent devenir, lorsqu'elles sont infectées, le véhicule de la contagion.

En voici quelques exemples:

« L'épizootie, dit Buniva, fut introduite dans la
commune de Mortara par un petit ruisseau d'eau
appellé *Rio del Solbrito,* où les bêtes à cornes allaient
boire; à *Saluggia* on jeta des cadavres de bêtes
dans *un canal* appelé *del Motto,* qui porta l'infection
partout où ce canal passe (2). »

---

(1) De Berg, Mémoire de la Société de médecine, 1778
page 626.

(2) Buniva, page 194.

« La maladie s'est propagée dans tout le village de Samer, par l'abreuvoir commun où les bestiaux allaient s'abreuver (1). »

D. *Contagion par les personnes ou les animaux d'espèces diverses, qui ont touché ou séjourné avec les animaux malades ou suspects.*

1° *Contagion par les hommes.* — Lancisi rapporte qu'en 1711 un paysan ayant pénétré dans l'étable d'un troupeau infecté, et étant entré ensuite dans une autre étable saine, avait subitement communiqué la maladie au bétail sain qui l'habitait (2).

« Un seigneur de Bigorre, dit Vicq-d'Azyr, craignant pour les bestiaux qu'il avait en très-grand nombre dans ses terres près d'Ossun, fit construire au milieu d'un herbage une étable très vaste pour les y renfermer. Il en confia le soin et la garde à un domestique affidé qui avait ordre de ne jamais quitter ces bestiaux, de n'entrer dans aucunes métairies et de ne permettre l'entrée de la sienne à personne. La conservation entière du troupeau fut pendant long-temps le fruit de l'homme de confiance; les voisins dont les pertes étaient continuelles s'en montraient en quelque sorte jaloux. Un jour le gardien oublia de fermer la porte de l'étable et s'absenta un

---

(1) D'Arboval, Instruction, *loco citato*, page 21.
(2) Paulet, *loco citato*, tome 1, p. 121.

moment; la curiosité bientôt y porta la contagion. Un voisin voulut voir et toucher ces animaux que des précautions sages et bien entendues avaient jusqu'alors conservés. Le surlendemain la maladie se déclara parmi eux et les enleva en peu de temps les uns après les autre (1). »

Buniva rapporte qu'un maréchal avoua qu'il était persuadé d'avoir donné la maladie à plusieurs bêtes, parce qu'il avait introduit son bras infecté dans le rectum de bêtes malades, pour procéder à l'examen des matières fécales. « L'on a pu croire, ajoute cet auteur, qu'un vétérinaire de *Pianezza* donna la maladie aux bêtes de ce pays en les saignant. » « Des bouchers portèrent la maladie assez loin, parce qu'ils introduisaient leurs mains imprégnées du principe contagieux dans la gueule des animaux qu'ils visitaient (2). » « Un maréchal d'Aubin-Saint-Vast a transporté la contagion à quatre vaches qu'il possédait, après avoir soigné les premières bêtes qui tombèrent malades dans le village (3). »

En 1814, le beau troupeau de vaches de la ferme royale de Rambouillet périt tout entier après avoir été infecté de la manière suivante : un troupeau de vaches de réquisition avait logé dans la cour des bergeries et dans celle de la ferme où habitaient les vaches

---

(1) Vicq-d'Azyr, *loco citato*, page 11.

(2) Buniva, *loco citato*, pages 186 et 199.

(3) D'Arboval, Instruction sommaire citée, p. 19.

de l'établissement. Ce convoi était accompagné de cinquante hommes de garde, et conduit par un directeur et trente sous-employés. La femme de l'un des conducteurs entra furtivement pendant la nuit dans la vacherie royale pour traire les vaches, qui contractèrent la maladie, et qui périrent toutes malgré les soins qu'on leur prodigua (1).

«Enfin, dit M. de Berg, si on voit la maladie gagner successivement les étables de différens propriétaires, dont les habitations sont éloignées les unes des autres d'une demi-lieue, d'une ou de deux lieues. C'est qu'entre ces propriétaires il existe des liaisons d'amitié ou de parenté. On ne songe pas d'abord à ces rapports qui expliquent fort bien la propagation de la maladie dans les cas dont il s'agit. »

E. *Contagion par les animaux de diverses espèces.* — 1° *Chiens.* — Lancisi écrivait à Valisnieri qu'en 1711 les chiens avaient porté la contagion d'un lieu

______

(1) M. Huzard, dans un rapport verbal fait à la Société de médecine de Paris, le 23 avril 1814, dit : « Le beau troupeau de vaches sans cornes qu'on entretenait dans l'établissement de Rambouillet, en sortant le matin pour aller au pâturage, a traversé la cour, a flairé le fumier sur lequel avaient couché des vaches passagères, *et a très vraisemblablement mangé des débris de leurs fourrages;* il n'a pas tardé à être affecté de l'épizootie. » Ce fait, que M. Guer^cent a rappelé, est inexact, et M. Huzard s'est empressé de le rectifier après une réclamation de M. Bourgeois, insérée dans les *Annales d'agriculture,* 2.e série, tome 12, page 300.

dans un autre. Depuis cette époque les faits de ce genre se sont multipliés. En voici un bien circonstancié rapporté par Dufot.

« Le chien d'un laboureur de Morcourt suivait ses valets qui conduisaient des voitures au village de Fonsomme : en passant auprès des fermes de Courcelles, où presque toutes les vaches étaient mortes, mais pas assez profondément enterrées, ce chien fut arrêté par l'odeur de leur chair ; ils les découvrit, s'en reput et retourna chez son maître. Pressé par la soif, il but d'un breuvage destiné pour les veaux, puis il se vautra dans le fumier. Quelques jours après ces veaux tombèrent malades et moururent. La contagion se communiqua aux vaches qui eurent le même sort, et gagna bientôt tout le reste du village (2). »

Voici un autre fait rapporté par Vicq-d'Azyr :

« Le chien du nommé Guillaume Bourrelle, habitant d'Audruiq-en-Artois, après trois jours d'absence est revenu à la maison tout ensanglanté : sans doute il avait dévoré quelque charogne infectée. Il a entré dans une étable qui renfermait quatorze bêtes à cornes, d'où, lorsqu'on la chassé, il s'est échappé entre les jambes de la première, placée près la porte, qu'il a frottée très rudement en sortant : bientôt celle-ci a été attaquée de l'épizootie, qui a passé successivement jusqu'à la dernière

---

(2) Dufot, *loco citato*, Épizootie de 1773 dans le Soissonnais ; et Paulet, tome 2, page 66.

sans laisser aucun intervalle, et on les a vues succomber toutes les unes après les autres à quelques jours de distance.

» Une pareille aventure est arrivée chez le nommé Louis Dubreucq, habitant de la même paroisse, qui a perdu huit bêtes à cornes de la même manière (1). »

« Les chiens déterrant les cadavres des bêtes pestiférées, pour s'en nourrir, apportaient la maladie dans les étables, dit Buniva. J'ai vu une foule de ces exemples, ajoute cet observateur. A Mongrano, le chien d'un vétérinaire qui but le sang d'un bœuf malade, y introduisit l'épizootie ; des chiens de chasse l'apportèrent à Livourne (2). »

2° *Bêtes à laine.* — « L'épizootie a été apportée par des bêtes à laine dans les communes de Revello, de Carmagnola et d'Avigliana à différentes époques par le passage des troupeaux de bêtes à laine de la plaine du Piémont à la montagne. On a remarqué que quelques uns de ces troupeaux portaient l'infection où ils passaient (3). »

3° *Chevaux.* — « Deux chevaux provenant de Castagnole, lieu infecté, apportèrent l'épizootie à Vigon : la même chose arriva dans plusieurs autres endroits (4). »

____

(1) Vicq-d'Azyr, page 5o3.
(2) Buniva, *loco citato*, page 189.
(3) *id.*   *id.*   p. 186.
(4)   *id.* page 189.

(245)

4° *Chats, Cochons, Volailles et Insectes.*—« Dans mon mémoire sur la maladie épizootique des chats, dit Buniva, il est fait mention de l'aptitude des chats pour transporter la contagion, les cochons la propagent aussi. J'ai recueilli plusieurs faits par lesquels il est prouvé que les oiseaux de basse cour portèrent la contagion, en transportant surtout des morceaux de viande ou autres objets infectés.

» Le docteur Razeri et moi, nous observâmes que les mouches ordinaires et plusieurs autres insectes volans occasionnèrent le même malheur, par la raison que les mouches, par exemple, qui se nourrissaient des bêtes contagieuses, ou bien imbues de quelque partie du principe pestilentiel, volaient sur les yeux, sur les naseaux et sur les autres parties du corps des bêtes saines. »

F. *Contagion par les corps qui ont touché ou servi aux animaux.* — *Faits.* — « Les habits infectés des hommes qui ont servi dans les hôpitaux vétérinaires, achetés et mis sur le dos de plusieurs bêtes saines, ont communiqué la maladie à trois bêtes sur six soumises à cette expérience (1). » « Les mêmes expériences, faites en Piémont, ont eu des résultats semblables en 1796 (2). »

L'épizootie pénétra à Marancé de la manière suivante : « Le nommé Pommerel va acheter à Anse

---

(1) Vicq-d'Azyr, *loco citato*, page 103.

(2) Buniva, *loco citato*, page 197.

des chiffons pour fumer ses vignes; c'étaient des lambeaux de couvertures. Il les transporte chez lui dans une voiture attelée de deux vaches; il entrepose ces chiffons sous un hangar où passait son bétail pour aller au pâturage; il voit avec étonnement que ses vaches flairent le tas de chiffons en meuglant et reculant ensuite comme épouvantées : peu de jours après toutes ses vaches et celles qui avaient voituré les chiffons, meurent frappées par le typhus épizootique (1). »

« A *Sommariva*, l'infection y fut introduite par des bœufs qui léchèrent une corde qui avait servi à tirer le cadavre d'une bête à corne, morte de l'infection. Lors du départ des troupes napolitaines qui étaient campées près de *Saluce*, l'administration de cette ville fit procéder à la vente des différens objets qui avaient servi à ces troupes. Un paysan acheta à cette occasion une longue corde qui avait servi à attacher les bœufs qui appartenaient à ce corps de troupes : le paysan porta cette corde chez lui; elle empesta les bœufs de son étable, et par suite les bestiaux du village de Cardé : de là l'épizootie passa aux pays circonvoisins (2). »

G. *Transports, services publics.* — « orsque Bonaparte descendit en Piémont, beaucoup de bêtes à cornes qui se trouvaient aux environs de Carma-

---

(1) Grognier, *Recueil de médecine vétérinaire*, tome 9, p. 23.
(2) Buniva, *loco citato*, p. 189.

gnole, de Fossane, furent à la hâte employées par ordre du roi au prompt transport à la capitale des grains renfermés dans les magasins des susdites communes ; les animaux sains se trouvèrent alors mêlés avec les infectés, et la contagion reprit avec une fureur alarmante (1). »

« La maladie de Born et du Marensin qui vient d'être détruite, dit Vicq-d'Azyr, devait sa naissance au transport des résines du pays sur des charrettes traînées par des bœufs, qui ont pris le germe de l'épizootie et qui en ont été attaqués le lendemain de leur retour (2). »

On voit, par le nombre et la variété des faits que nous venons de rapporter, combien sont nombreux les agens qui peuvent propager la contagion dans l'intérieur d'un département, et on peut juger par avance de la multiplicité des mesures à leur opposer.

Pour bien mettre en harmonie les mesures sanitaires dont nous allons nous occuper maintenant avec les progrès que fait la maladie dans l'intérieur d'un département infecté, nous suivrons encore la marche envahissante du typhus pour nous attacher constamment à ses pas ; nous suivrons ainsi ses progrès dévastateurs, en faisant connaître les moyens de l'arrêter ; enfin, là où l'épizootie apparaîtra isolément et tout-à-coup, nous dirons quelles sont les mesures capables de l'anéantir sur le champ. Pour parvenir à ces impor-

____

(1) Buniva, page 200.
(2) Vicq-d'Azyr, *loco citato*, page 12.

tans résultats, plusieurs mesures sanitaires à mettre en pratique se présentent. Les premières consisteront dans la formation d'un cordon sanitaire mobile, toujours placé en regard de la maladie qui envahit le département, et dans l'emploi de nouvelles mesures générales préventives à tout le département. Les secondes seront des mesures préservatrices mises en pratique dans les communes envahies. Enfin les troisièmes se composeront de grandes mesures préservatrices, dans la supposition où l'épizootie aurait envahi tout le département.

A. MESURES GÉNÉLALES DE POLICE SANITAIRE A FAIRE METTRE A EXÉCUTION APRÈS L'INVASION DU TYPHUS ÉPIZOOTIQUE DANS L'INTÉRIEUR D'UN DÉPARTEMENT.

Le refoulement du cordon sanitaire établi à la frontière du département dans l'intérieur de ce département; la suspension complète de toute vente de bestiaux ; les précautions à prendre à l'égard des ventes de bestiaux destinés à la consommation ; le signalement, le dénombrement, l'estimation des bestiaux sains ou malades ; telles sont les mesures dont nous allons successivement nous occuper.

1° *Refoulement du cordon sanitaire dans l'intérieur du département infecté.*

Si, malgré l'emploi du cordon sanitaire à la frontière d'un departement, il arrivait que l'épizootie vînt à se déclarer dans quelques endroits situés en deçà de ce cordon, son emploi deviendrait alors inutile. Dans ce cas, le reflux des militaires à une lieue au delà des endroits où l'épizootie a éclaté est indispensable pour former une nouvelle barrière à lui opposer. Le choix des lieux propres à l'établissement de ce nouveau cordon sanitaire ne doit pas être indifférent : les bords d'une rivière ou d'un fleuve, les vallées, les côteaux prolongés, les chaînes de légères montagnes, seraient les endroits qu'il faudrait choisir de préférence.

Le reflux de ce cordon devrait être fait simultanément sur toute la ligne ou par échelons selon les circonstances, et les militaires arrivés dans la position de la nouvelle ligne sanitaire y rempliraient les mêmes devoirs, y exerceraient la même surveillance.

Vicq-d'Azyr a dit, et quelques personnes après lui ont répété qu'à l'intérieur du pays infecté il était indispensable de créer un second cordon qu'on a nommé *cordon intérieur*. « Ce dernier, composé de détachemens de militaires, dit Vicq-d'Azyr, occuperait les villages, les communes, et serait chargé de la *visite des étables*, de veiller conjointement avec les maires à ce que les bestiaux sains ne sortent point des cours et étables, à ce que les animaux qui pourraient propager la maladie, comme les chiens, soient renfermés, à ce que les autorités soient promptement averties lorsque la maladie s'est déclarée, à ce que les bestiaux attaqués soient tués le plus promptement

possible, à ce que les fosses soient faites convenablement, enfin à ce que les étables soient nettoyées et purifiées. »

Certes, toutefois et quand il sera possible que
les autorités fassent mettre en pratique ces diverses
mesures, elles ne pourront qu'en retirer de précieux
avantages. L'incurie, la paresse des habitans
de la campagne est si grande à l'égard des mesures
qui doivent être prises, et qu'ils répugnent d'exécuter
ou de mettre en pratique, que l'autorité ne doit avoir
en eux aucune confiance ; elle fera donc bien d'avoir
une surveillance active et toujours incessante. Cependant il est une seule mesure , parmi celles que
nous venons d'indiquer, que l'autorité ne devrait
point faire exécuter par les militaires, c'est la visite
journalière des étables dans le but de s'assurer de l'é-
tat des bêtes saines ou malades. Nous sommes persuadés que cette visite aurait les plus fâcheux résultats.
Les militaires qui l'exécuteraient deviendraient de véritables agens de transmission de la contagion. Car il
est évident qu'après avoir pénétré dans l'étable où ils
constateraient des bêtes malades, ils transporteraient
la maladie dans les étables saines qu'ils visiteraient
ensuite. Nous allons plus loin , nous voudrions que
les militaires n'aient aucune communication avec les
bestiaux sains, pas plus qu'ils ne devraient avoir de
relations avec les personnes qui les possèdent : en un
mot nous voudrions voir leur rôle se borner à la
surveillance des lieux où existent des bestiaux ma-

lades, à faire exécuter les règlemens sanitaires et à empêcher toute fraude.

C'est ainsi que ce cordon, conjointement avec la garde nationale, la gendarmerie, les gardes champêtres, isolant les communes saines des communes infectées, devient extrêmement utile pour arrêter les voies de communication, affermir l'autorité municipale et concourir à l'exécution des mesures indispensables et rigoureuses, telles que l'extirpation de la maladie par l'occision des premières bêtes attaquées, l'enfouissement, la désinfection des étables.

2° *Suspension complète de la vente des bestiaux.*

Nous avons rapporté bon nombre de faits qui prouvent que la vente des bestiaux dans les champs de foire, dans les marchés, est éminemment dangereuse, que c'est par cette voie particulièrement que se transmet le typhus. Or, pour remédier à ce mal, nous croyons que les autorités doivent ordonner la suspension de la vente des bestiaux destinés au commerce, et maintenir seulement le commerce des bêtes destinées à la consommation, en y rattachant toutefois quelques précautions indispensables que nous indiquerons plus loin.

Voici les articles d'arrêts qui d'ailleurs ordonnent la suspension du commerce dont il s'agit : L'article 5 de l'arrêt du conseil du 19 juillet 1746, dit : « Fait sa majesté très-expresse inhibition et défense aux habitans des villes ou des paroisses de la campagne dans *lesquelles la maladie se sera manifestée de vendre aucuns bœuf, vache ou veau,* et à tous particuliers *des autres paroisses* ou *étrangers* d'en acheter, sous peine de *cent livres d'amende*, tant contre *le vendeur* que contre *l'acheteur, par chaque tête de bétail* vendu ou acheté en contravention de la présente disposition. »

L'article 6 ajoute : « Fait pareillement défense à tous particuliers, soit propriétaires de bêtes à cornes ou autres, de conduire aucuns des bestiaux *sains* ou malades des villes ou paroisses de la campagne *dans aucunes foires ou marchés*, et sous la peine de 5oo livres d'amende pour chaque contravention de laquelle amende les propriétaires desdits bestiaux, qui pourraient *se servir d'étrangers* pour les conduire aux foires et marchés, seront responsables en leur propre et privé nom. »

L'arrêt du 27 messidor an 5 (15 juillet 1795), tout en défendant cette vente, inflige une peine plus sévère *contre le vendeur ou l'acheteur qu'il rend solidairement responsables.* Il dit : «Si, au mépris des dispositions précédentes, quelqu'un se permet de vendre ou d'acheter aucune bête *marquée* dans un pays infecté pour la conduire dans un marché ou une foire, ou même chez un particulier de pays non infecté, il sera puni de 5oo livres d'amende. »

L'article 15 de l'arrêt du 19 juillet 1746 ajoute quant à la pénalité : « Que dans tous les cas où les amendes seront encourues et prononcées, les délin-

quans soient contraignables par corps au paiement
desdites amendes, et qu'ils tiennent prison jusqu'au
parfait paiement d'icelles. »

Ces mesures ont été mises en pratique, dans l'épi-
zootié de 1815, dans le département du Pas-de-Calais et dans beaucoup d'autres départemens. Elles ont
toujours eu le succès qu'on en attendait.

La vente isolée des bestiaux dans les étables devra
être particulièrement surveillée par les autorités.
Cette vente frauduleuse, faite par les propriétaires
aux maquignons, aux bouchers, qui enlèvent les
bêtes pendant la nuit pour les revendre ensuite, nécessite ûne rigoureuse surveillance, et en cas de
délit une punition exemplaire.

3° *Mesures à prendre à l'égard de la vente des bêtes
à cornes destinées à la consommation.*

*Précautions à l'égard des marchés d'approvisionne-
ment pour les grandes villes.* — Il est indispensable,
si faire se peut à l'égard des approvisionnemens pour
les grandes villes, que les bestiaux proviennent de
communes où la maladie n'a point encore pénétré.
Autrement, si les bestiaux quoique sains sont amenés
de communes infectées par l'épizootie, on s'expose à
faire du marché un véritable foyer d'infection. Les
certificats donc qui devront être remis à l'autorité
et à l'expert vétérinaire avant l'admission des bestiaux au marché, devront porter que ces bestiaux

proviennent de communes exemptes de la maladie. (Voyez le modèle de ce certificat page 219.)

L'article 12 de l'arrêt du conseil du 19 juillet 1746 est positif sur ce point à l'égard des particuliers. Il dit : « Veut et entend sa Majesté que *tous les particuliers* et *habitans des villes* ou des paroisses où la maladie n'aura point pénétré, qui voudront conduire ou envoyer des bestiaux au marché pour y être vendus, soient tenus, sous peine *de la confiscation de leurs bestiaux et deux cents livres d'amende par chaque tête de bêtes à cornes, de se munir d'un certificat de l'autorité.* »

Dans le cas où les bestiaux ne seront point vendus au marché, ils ne pourront sortir de celui-ci et être reconduits au domicile de leur propriétaire, qu'autant que les propriétaires ou les conducteurs *seront munis d'un certificat* (Voyez le modèle page 220) constatant que les bestiaux proviennent du marché destiné à l'approvisionnement.

Il devrait être exprimé aussi, pour éviter toute fraude, que les bouchers qui acheteraient les bestiaux au marché ne pourraient les conduire aux abattoirs sans être pourvu d'un certificat délivré par le commissaire vétérinaire attaché au marché. (Voyez le modèle page 221.) Au surplus, l'arrêt du 27 messidor an 5, en disant : « Les bouchers ne pourront tuer de bêtes à cornes sans être munis de ce certificat, sous peine de 200 fr. d'amende » est tout-à-fait précis à cet égard.

Les bouchers ne pourront conserver pendant plus de vingt-quatre heures les bêtes qu'ils auront achetées au marché. Cette précaution, voulue par les articles 8 et 9 de l'arrêt du 19 juillet 1746, doit être sévèrement mise à exécution.

Ils ne pourront revendre les bestiaux qu'ils auront achetés. Veut l'article 10 de l'arrêt du 19 juillet 1746 « qu'ils soient condamnés à 500 *livres* d'amende pour chaque tête de bétail, même qu'il *soit procédé extraordinairement contre eux*, pour, après l'instruction faite, être prononcé telle peine *aifflictive* ou *infamante* qu'il appartiendra. »

Nous voudrions pour éviter toute fraude à cet égard, que les bestiaux achetés au marché soient marqués, avec un fer chaud sur l'épaule, de la lettre B, qui ferait reconnaître qu'ils ont été vendus pour la boucherie. Cette marque offrirait pour avantage qu'en cas de fraude l'autorité pourrait se faire représenter les peaux des animaux abattus, et si le nombre des peaux portant la marque B ne s'accordait point avec la quantité des bestiaux que le boucher aurait achetés au marché, l'infraction serait constatée ; et alors le boucher pourrait être légalement puni.

Mesures à prendre à l'égard des bestiaux livrés à la boucherie dans l'intérieur des communes saines et infectées.

L'autorité ne peut, selon nous, tolérer les marchés publics pour la vente des bestiaux destinés à la consommation, dans les bourgs ou villages sains et infectés. Ces rassemblemens seraient évidemment nuisibles et dangereux. Cependant on ne peut se dispenser de laisser circuler les bestiaux qui doivent être tués pour la boucherie; mais alors cette vente isolée et urgente devra se faire selon les règles imposées par divers arrêts. L'article 8 de l'arrêt du 19 juillet 1746, l'arrêt du Directoire exécutif du 27 messidor an 5, permettent aux propriétaires de vendre et aux bouchers d'acheter chez les particuliers, mais aux conditions suivantes :

1° *Un expert vétérinaire constatera que les animaux ne sont point malades ou qu'ils n'ont point communiqué avec des bestiaux malades ou infectés, à peine contre le vendeur et l'acheteur de 200 livres d'amende.* (Article 8 de l'arrêt du conseil du 16 juillet 1746, et arrêt du 27 messidor an 5.)

2° *Le boucher sera muni de sa patente; il n'entrera point dans l'étable où sont renfermés les animaux.* (Arrêt du Directoire, du 27 messidor an 5).

3° *Il ne pourra sortir les bêtes vendues du domicile du propriétaire, sans être muni d'un certificat délivré par le commissaire-vétérinaire et légalisé par l'autorité, lequel contiendra le nombre de bestiaux achetés, leur signalement, et l'affirmation qu'ils ne sont point malades ou ne proviennent point d'étables infectées.*

4° *Le boucher devra tuer les bêtes dans les vingt-*

quatre heures de la date du certificat. (Arrêt du
27 messidor an 5.)

Voici un modèle du certificat :

Nous soussigné (noms et prénoms), vétérinaire,
demeurant à . . . . certifions avoir visité aujourd'hui . . (date) . . . bœufs (vaches, génisses
ou veaux) sous poil . . . âgés de . . . et nous être
assuré qu'ils ne sont point atteints ni suspects de
l'épizootie régnante ; lesquels bestiaux ont été vendus par le sieur . . . . propriétaire à . . . . au
sieur . . . boucher patenté, demeurant à. . . .
lesquels ont été marqués d'un B sur l'épaule gauche
et devront être tués dans les vingt-quatre heures de
la date du présent.

Fait à . . . . . les mois et an que dessus.

Philippe, vétérinaire.

Vu et légalisé le présent certificat par nous
maire de la commune de . . . .
à . . . . le . . . .

Moureau, maire.

Le conducteur ou le boucher devra emmener
immédiatement les bestiaux ; il ne pourra s'arrêter en route pour les faire boire, manger ou re-
poser. Ainsi que les bouchers des grandes villes et
qui achètent aux marchés d'approvisionnemens, les
bouchers des villages ne pourront revendre les bestiaux qu'ils auront achetés, sans encourir l'amende de

5oo francs et les peines voulues par l'article 10 de l'arrêt du 16 juillet 1746. A l'égard des certificats qui doivent être délivrés par l'autorité et les vétérinaires commissionnés, une juste impartialité, une sévère justice, présideront à leur délivrance. Les agens de l'autorité qui en donneraient de faux, non seulement doivent être flétris dans l'opinion publique, mais encore la loi vient leur infliger une punition sévère. « Tout fonctionnaire public *qui donnera des certificats et attestations contraires à la vérité, sera condamné à 1,000 francs d'amende, même poursuivi extraordinairement.* (Arrêt du 19 juillet 1746, art. 4; et arrêt du 27 messidor an 5.) »

4° *Signalement, dénombrement, estimation des bestiaux après l'invasion.*

Le signalement des bestiaux, leur dénombrement, l'estimation de leur valeur réelle dans tout le département, les arrondissemens, les communes, enfin les étables isolées, sont des opérations faites par les autorités dans le but, 1° de constater pendant l'existence de l'épizootie le nombre de bestiaux que possède le département, les arrondissemens, les communes, les propriétaires, afin de pouvoir apprécier les pertes de bestiaux; 2° d'arriver à la possibilité, par le signalement de chacun d'eux, d'éviter leur vente; 3° de pouvoir par l'estimation de leur valeur, accorder légalement aux propriétaires l'indemnité voulue par la loi, en cas de mort ou d'abattage.

Dans notre opinion, et nous nous sommes déjà prononcé à cet égard, ces opérations pour quelles soient bonnes et utiles devraient être faites avant l'invasion de la maladie dans le département, l'arrondissement ou la commune qui en était menacé. Si cependant l'invasion de la maladie a éclaté avant qu'elles aient été prises, pour prévenir les dangers qui en sont la conséquence inévitable, il est indispensable d'y procéder en usant des précautions suivantes :

1° Les autorités commenceront ces opérations par les communes où ne sévit point encore la maladie et termineront par celles où elle existe. (Voyez Devoirs des vétérinaires et des autorités, pages 5o et **65.**)

2° Dans les communes infectées, voici les sages précautions qui sont ordonnées par l'arrêt du **27** messidor an **V**, pour éviter les dangers de la contagion :

« Aussitôt, dit cet arrêt, qu'il sera prouvé à l'autorité que l'épizootie existe dans une commune, elle en instruira tous les propriétaires de bestiaux par une affiche placardée aux lieux où se placent les actes de l'autorité publique, laquelle affiche enjoindra auxdits propriétaires de déclarer à l'autorité le nombre des bêtes à cornes qu'ils possèdent, avec désignation d'âge, de taille, de poil : copie de ces déclarations sera envoyée au sous-préfet, puis au préfet. » Cette manière de procéder au signalement, au recensement, est certainement la meilleure sous tous les rapports. Quant à l'estimation de la valeur des bestiaux, l'autorité doit s'en rapporter à la loyauté des citoyens. Au reste, si un propriétaire estimait trop cher son bétail, le certificat, que l'expert-vétérinaire doit délivrer en cas de mort, pourrait remédier à cet abus de confiance en stipulant la valeur approximative de la bête morte. Nous signalerons cependant un inconvénient qui se rattache à cette réuuion de propriétaires de bestiaux chez l'autorité. Ainsi que nous l'avons fait voir, les personnes qui ont touché ou approché les animaux malades, par le virus subtil dont leurs vêtemens peuvent être imprégnés, sont aptes à porter au loin la maladie; or, dans un semblable rassemblement, si quelques propriétaires de bestiaux malades s'y rencontraient, ne pourraient-ils pas transmettre les germes volatils de la maladie aux vêtemens de propriétaires de bestiaux non encore infectés, et ceux-ci transporter la maladie dans leurs étables ? Bien que nous ne connaissions point de faits semblables, il est cependant bon d'éviter l'inconvénient que nous venons de rattacher à ce mode de recensement. Ne serait-il pas préférable que les maires des communes, accompagnés d'un expert-vétérinaire, se transportassent d'abord chez les propriétaires de bestiaux sains; puis ensuite chez ceux qui ont des bêtes attaquées, et sans entrer dans les étables, sans voir ni toucher les bestiaux, qu'ils reçussent leurs déclarations ? Tout propriétaire qui aurait fait une déclaration inexacte, qui aurait livré frauduleusement des bestiaux au com-

merce, serait dénoncé au procureur du roi, poursuivi et puni suivant l'article 460 du Code pénal.
Ce mode de procéder me paraît préférable au premier, parce qu'il expose moins au danger de propager la contagion. Si nous sommes bien informé,
le recensement des bestiaux dans le département de
la Seine, en 1814 et 1815, aurait été fait de cette
manière et aurait eu les plus heureux résultats.

Telles sont les quatre grandes mesures départementales que messieurs les préfets doivent ordonner
pour prévenir les ravages souvent désastreux qu'entraînent généralement les maladies épizootiques-
typhoïdes du gros bétail. Il nous reste à faire
connaître maintenant d'autres mesures qui ressortent tout à la fois des attributions des préfets, des
sous-préfets et des maires.

B. *Mesures préservatrices particulières à prendre*
dans les communes infectées, ou mesures pré-
servatrices communales.

Lorsque la contagion pénètre dans une commune,
la maladie se déclare d'abord dans une étable ou
dans plusieurs étables à la fois, et successivement
elle se propage d'étable en étable, de village en village, de commune en commune.

Indépendamment des mesures générales que nous
avons indiquées jusqu'à présent, dans lesquelles se
trouvent aussi comprises les communes, les gros
villages, il en est d'autres qui ressortent de l'auto-

rité communale, et auxquelles les propriétaires devront religieusement se conformer. Ces dernières mesures sont :

1° La déclaration ;

2° La visite ;

3° L'occision communale ;

4° La séquestration ;

5° Les signaux d'alarme ;

6° L'émigration ou cantonnement local ;

7° Les précautions à prendre à l'égard des fourrages, des pâturages, des abreuvoirs commmunaux, des travaux agricoles, des travaux publics, des chiens, des personnes ou des objets qui ont touché les animaux.

1° *De la déclaration.* — L'arrêt du conseil du 17 juillet 1746, art. 1er; l'arrêt du 31 janvier 1771, art. 1er; l'arrêt du directoire exécutif du 27 messidor an 5; la loi concernant la police rurale, du 6 octobre 1791, art. 19; l'arrêt du 16 juillet 1784, art. 1er; l'art. 459 du Code pénal, ordonnent aux propriétaires, aux vétérinaires ou autres personnes, de quelque qualité et condition qu'elles soient, de venir déclarer sur-le-champ, au maire de la commune, qu'ils possèdent des bestiaux affectés de typhus contagieux, sous les peines d'une amende de 100 francs (*arrêt du 19 juillet 1746, art. 1er*), de 500 francs d'amende (*arrêt du directoire exécutif, du 27 messidor an 5*), d'un emprisonnement de six jours à deux mois et d'une amende de 16 francs à 200 francs (*art.* 459 du *Code pénal*).

La déclaration, dans le cas d'invasion de typhus épizootique, est une mesure de police sanitaire de la plus haute importance. Les autorités communales doivent exiger impérieusement cette formalité, et faire traduire devant les tribunaux compétens les propriétaires qui auraient osé s'y soustraire. Tout possesseur de bêtes à cornes qui n'avertit pas l'autorité de l'invasion de l'épizootie commet un grave délit; il expose les citoyens à partager les maux quelquefois incalculables qui peuvent survenir. Or, l'autorité ne peut et ne doit, dans un semblable cas, chercher à tolérer ou à adoucir les peines infligées pour une aussi coupable iniquité.

Cette déclaration faite par devant le maire sera écrite autant que faire se pourra (*voyez le modèle de déclaration, page* 46), parce qu'elle peut devenir plus tard une garantie de sûreté au besoin. Le maire devra donner acte de cette déclaration. (*Voyez un modèle de cet acte, page* 55.) L'autorité municipale, en supposant qu'elle ait été avertie, doit immédiatement nommer un expert vétérinaire, faire procéder aussitôt à la visite des animaux malades, afin de constater le mal contagieux, et ordonner les premières mesures preservatrices ou extirpatrices à mettre en pratique.

2° *De la visite.* — Afin de bien s'assurer de l'existence réelle de la maladie, du nombre d'animaux qui en sont atteints , l'autorité doit immédiatement, en vertu de l'article 14 du décret du 15 juillet 1813, nommer *un expert vétérinaire* , et non toute autre personne, pour visiter les animaux malades. (*Voyez Conduite à observer par les autorités, page* 50.) Quelques précautions sont à prendre à l'égard de cette visite ; nous allons les indiquer.

On a reconnu depuis un temps immémorial que les étoffes de laine avaient la funeste propriété d'emprisonner les élémens volatils contagieux, de les conserver intacts pendant quelques temps, et ainsi de pouvoir transporter au loin la contagion et la maladie.

Le vétérinaire devra donc, ainsi que le recommande le *fondateur des écoles vétérinaires*, avoir une blouse, une casquette et un pantalon en toile. Arrivé chez le propriétaire, et au nom de l'autorité qui doit l'accompagner, il demandera et ordonnera que, préliminairement à la visite, les animaux malades soient placés à part des animaux sains, qu'il devra visiter les premiers pour éviter de leur communiquer le mal. Après la visite de chaque animal, l'expert devra se laver les mains et se les essuyer : l'eau qui aura servi à cet effet sera enfouie dans la terre aussitôt.

Si plusieurs étables, sont infectées à la fois et si le vétérinaire doit procéder successivement à la visite des bestiaux contenus dans chacune d'elles , les précautions qu'il doit prendre seront minutieuses à l'égard des bêtes saines ; il ne devra procéder à leur visite qu'autant qu'il aura lavé ses mains et débarrassé ses vêtemens du mucus, de la salive ou autres matières qui les auraient souillés. L'opération terminée, l'expert vétérinaire remettra le plus tôt possible, ou sur le champ, son rapport à l'autorité, dans lequel il fera connaître la gravité du mal, les dangers auxquels il expose, et enfin les moyens d'y remédier.

Les propriétaires ne peuvent s'opposer à cette visite, toutes fois et quantes elle sera prescrite par l'autorité, et que l'expert est accompagné soit par elle, soit par un de ses agens. La visite est ordonnée par *l'arrêt du 27 messidor an 5, et l'art 1er de l'arrêt du conseil d'état du roi, du 16 juillet 1784.*

Cette visite, comme on le voit, est donc toute spéciale ; elle ne doit et ne devra, selon nous, être faite qu'autant que les propriétaires auront fait leur déclaration à l'autorité, ou que celle-ci a été informée par la voie publique que le typhus existe dans la commune.

Les arrêts du 24 mars 1745, art. 1er; du 31 janvier 1771, art. 4; du 18 décembre 1774, art. 1er, ordonnent, aussitôt l'apparition du typhus dans une commmune, *de visiter, en se transportant d'étables en étables, tous les bestiaux de la commune, dans le but de s'assurer du nombre de ceux qui sont malades, et de celui de ceux qui sont sains.* Cette visite, voulue par les arrêts ci-dessus relatés, ne doit point être confondue avec celle dont nous venons de parler. La première est utile, la seconde n'est pas exempte d'inconvéniens. Les voici :

Cette visite a pour avantage, dit-on, de s'assurer du nombre des malades, de les séquestrer, de les marquer pour éviter toute fraude, et d'être averti du nombre des foyers de contagion et du danger auquel les bestiaux sont exposés. Sous ce rapport cette visite peut avoir quelques avantages. Mais quels graves inconvéniens auxquels elle expose! On n'a pas réfléchi que les personnes chargées de la visite, en pénétrant dans les étables, pour toucher, explorer, visiter en un mot successivement les bestiaux sains et malades, pouvaient porter les germes contagieux dans toutes les étables non infectées où elles allaient faire une semblable opération. C'est ainsi cependant qu'on a procédé à certaines époques : et, il faut en convenir, la maladie a dû se déclarer dans une foule d'étables, parce qu'elle y avait été apportée par les visiteurs. Car il est évident que, malgré toutes les précautions, les soins de propreté qui sont réclamés dans une semblable opération, les élémens virulens subtils ne soient point transportés au loin.

Par ces raisons nous rejetons donc la visite pratiquée ainsi comme mesure inutile et dangereuse; inutile, parce qu'on peut y suppléer par d'autres moyens sanitaires ; dangereuse, parce qu'elle propage la maladie qu'il faut au contraire cerner et détruire incontinent.

Dans le cas où la première visite dont nous avons parlé a été faite à la suite de la déclaration, l'autorité, immédiatement après le rapport du vétérinaire, doit informer l'autorité supérieure, le sous-préfet ou le préfet, de l'invasion de la maladie, en indiquant à ces autorités supérieures les premières mesures qui ont été prises. Ainsi le veulent les arrêts du 19 *juillet* 1746, *art.* 3; *du* 31 *janvier* 1771, *art.* 1ᵉʳ, *et du directoire executif du* 27 *messidor an* 5.

Cette information est rigoureusement indispensable, parce qu'elle met l'autorité supérieure à même de pouvoir ordonner les grandes mesures départementales et communales à faire mettre à exécution, pour éviter les voies de communication de l'épizootie et arrêter ses progrès ultérieurs.

Ces premiers devoirs remplis, l'autorité doit aviser aux moyens d'anéantir les bêtes malades, et de mettre à l'abri de la contagion les bêtes saines. Ainsi tuer les bêtes malades et infectées, isoler complètement les bestiaux sains. Telles sont les armes à opposer à la contagion quand le typhus débute dans une commune.

3° *Occision communale.* L'assommement des premières bêtes malades est une mesure rigoureuse, il est vrai, mais que l'autorité doit s'empresser de faire mettre à exécution dans toutes les communes où la maladie débute. Seule elle peut extirper la maladie et l'anéantir aussitôt; mais pour que cette tuerie locale soit efficace, elle réclame diverses précautions, diverses mesures adjuvantes, qu'il ne faut pas négliger. Avant tout, tâchons de démontrer par des faits que l'occision des premières bêtes malades a obtenu à diverses époques des succès incontestables.

En 1711, et dans le bourg de Capravola, cinq bœufs furent subitement atteints du typhus. Après une perquisition, on reconnut qu'un bœuf étranger s'était introduit dans le parc où l'on tenait ceux du bourg renfermés, on tua aussitôt les bœufs infectés, et la maladie n'eut pas de suite (1).

J'ai vu à Esines, près Bordeaux, à Nérac et auprès de Volant, dit Vicq-d'Azyr, des métairies entières préservées par l'assommement des premiers bestiaux attaqués (2).

L'épizootie qui régnait en Normandie pendant l'hiver de 1775 fut extirpée par l'assommement des premiers bestiaux malades dans plusieurs paroisses.

Dans le Soissonnais, l'épizootie s'était manifestée dans les lieux d'Albincourt, de Ribemont et de Mézières; l'assommement a été exécuté avec succès.

Dans le Boulonnais, qui avait en assez peu de temps perdu 104 bêtes à cornes, 64 y ont été sacrifiées à propos, et 32,000 ont été préservées

Quinze bêtes suspectes ont été assommées avec le même avantage dans le pays de Bredenarde, où les

---

(1) Bourgelat, note à l'ouvrage de Barberet, p. 81.
(2) Vicq-d'Azyr, *loco citato*, p. 110.

dénombremens et les visites faites très exactement par M. Lebreton, ont prouvé qu'il y avait 2,400 bêtes saines qui auraient infailliblement été atteintes.

Soixante-deux bêtes tuées dans la châtellenie de Bourbourg, y ont assuré le bon état de toutes les autres.

La perte du Calaisis prise dans toute son étendue, c'est-à-dire en comptant les bestiaux assommés et ceux qui sont naturellement morts avant l'exécution de l'arrêt qui ordonnait l'assommement, ne monte pas tout-à-fait à un sixième; et celle de l'Ardresis est beaucoup moindre (1).

Dans la province de Malines, l'extirpation de l'épizootie n'a coûté que la perte de vingt-quatre bêtes en quatre ans (2).

Voici l'exemple frappant donné par un maire, et rapporté par M. D'Arboval. « M. Gillet, maire d'Hardeinghen, voyant la maladie arriver dans ses étables, et convaincu des bons résultats de l'assommement, prend le parti de faire assommer de son propre mouvement les animaux qui lui restent au moment où il est instruit de la nature du mal et des dangers que courent ses administrés : *il arrête le mal.* »

Le sieur Parenty, de la commune d'Audinghen,

---

(1) Vicq-d'Azyr, *loco citato*, pages 125, 143 et 680.
(2) Buniva, *loco citato*, p. 217.

sur le simple conseil du vétérinaire, fait assommer *six vaches et un veau*, et dans cette commune ces seuls animaux ont été malades (1).

Il n'y eut aucune bête traitée à Wilde en 1774, et là aussi l'extirpation fut assurée par la tuerie de *douze bêtes*.

L'on parvint à en guérir vingt-cinq à Coutigts, en 1774, l'on en perdit vingt-six, et il a fallu en tuer soixante-dix-huit pour extirper l'épizootie.

Dans le Brabant, on ne traita pas les bestiaux depuis mars 1771 jusqu'en janvier 1775 (quatre années), sauf pendant mars 1774 ; et l'extirpation de la maladie dans *trente-quatre endroits*, tant villes que villages infectés, et dans *cent sept* étables, ne coûta que la tuerie de *quatre cent treize bêtes*. D'où il résulte, d'après le calcul qui a été fait alors, que la maladie épizootique du Brabant, quoique ayant infecté cent sept étables dans un espace de quatre ans, ne causa aucun dommage sensible, puisque son extirpation ne coûta que quatre cent seize bêtes tuées ; ce qui *fait cent quatre bêtes de sacrifiées par année, pour la sû-reté de trois cent mille, ou une pour trois mille* (2).

« L'assommement des premières bêtes malades, dit **M.** Huzard père, est le moyen le plus efficace ; cette tuerie ne saurait être considérée comme une

---

(1) D'Arboval, *loco citato*, p. 212.

(2) *Annales d'agriculture*, t. 3o, p. 3ao.

perte, puisque des bestiaux malades il n'en réchappa presque point (1). »

En 1796, époque où le typhus avait envahi la Suisse, quelques mesures furent ordonnées et mises à exécution; l'une d'entre elles a trait à l'assommement des premières bêtes malades, et voici ce qui a été ordonné par l'arrêté publié alors dans le canton de Berne : « Aussitôt qu'une bête est » malade et que la maladie devient suspecte, la » bête sera séparée, examinée, et si la suspicion aug- » mente, estimée et tuée. Si elle est infectée, on » tuera de même le bétail avec lequel elle était en » rapport. »

« Si l'épizootie se manifeste dans un pâturage, on l'environnera d'un double fossé, à la distance de 15 pieds, et on *tuera tout le bétail* qu'on a mené paître ensemble. »

« Si l'épizootie s'est manifestée dans un village, le bétail dans les étables sera tué ; mais le bétail res- tant dans le village sera gardé à l'étable (2). » Cette mesure sévère a eu les plus heureux résultats.

Certes, si on réunit ces derniers faits bien consta- tés à ceux que nous avons déjà fait connaître en parlant des moyens extirpateurs, au moment de l'in- vasion de l'épizootie-typhoïde dans un royaume et dans un département, on doit conclure *que l'abattage*

-----

(1) *Annales d'agriculture*, t. 61, p. 285.
(2) *ibid.* 1re série, t. 2, p. 91.

isolé des bêtes malades et *suspectes* est la première mesure salutaire que l'autorité supérieure doit ordonner strictement, et que les maires des communes doivent s'efforcer de faire rigoureusement exécuter ; mais on doit bien le noter, *l'abattage ne pourra être utile qu'autant qu'il frappera, aussitôt l'apparition de la maladie, les premières bêtes malades.* Que messieurs les maires des communes soient donc bien convaincus de la bonté de cette mesure locale ; alors, forts dans leur opinion, pénétrés des devoirs sérieux et importans qu'ils ont à remplir, ils ordonneront l'abattage des premiers bestiaux malades, et le feront ponctuellement exécuter.

Voici, au surplus, les arrêts sur lesquels on peut ordonner l'exécution de l'abattage isolé : le décret de l'assemblée constituante sur l'organisation judiciaire des 16-24 août 1790, titre 2, article 3 ; le décret de la constituante, concernant la police rurale, du 6 octobre 1791, section 4, article 20, laissent toute latitude aux autorités à cet égard ; et au surplus, l'arrêt du conseil du 30 janvier 1775 ordonne que tous les animaux qui auront été reconnus *malades seront tués* sur le champ.

Relativement aux *bêtes infectées* qui ont séjourné avec les bêtes malades, bien que les arrêts émanés du gouvernement ne fassent pas mention de leur sacrifice, l'autorité peut néanmoins ordonner cette seconde mesure indispensable à l'extirpation du mal, en vertu des décrets de 1790 et 1791, dont mention a été faite ci-dessus, et qui leur accorde plein pouvoir à cet égard.

Indemnités à accorder aux propriétaires. — Il ne faut pas seulement que l'autorité ait le pouvoir de faire exécuter l'abattage, il faut aussi que par avance elle fasse savoir à **tous** les habitans de la commune qu'une indemnité sera accordée selon la valeur des bêtes abattues. Les autorités devront bien être convaincues, que si le propriétaire n'espère aucun dédommagement des pertes qu'il éprouve, il se gardera bien de faire la déclaration du mal qu'il a dans ses étables ; au contraire, il aura tout intérêt à le cacher, et il cherchera à sauver par des remèdes ou par l'isolement ses bestiaux malades, ou bien il les livrera à bas prix aux maquignons ou aux bouchers, lesquels, par l'appât du gain, les emmèneront au loin et propageront ainsi la maladie, en éludant les mesures qui auront été prises. Or, il est donc convenable, en ordonnant l'abattage, d'assurer aux propriétaires une indemnité raisonnable toutes fois et quantes ils auront fait leur déclaration en bonne et due forme à l'autorité. Ainsi les propriétaires seront engagés à faire connaître le mal aussitôt son apparition, parce qu'ils seront les premiers intéressés spécialement à le déclarer.

Les arrêts du 18 décembre 1774, art. 4 ; du 30 janvier 1775 ; du 1er novembre 1775, art. 5, accordent une indemnité équivalente *au tiers* de l'estimation de la valeur des bestiaux qui a été faite par les experts, et *l'ordonnance du 27 janvier* 1815, renvoie à cet égard aux bases déterminées par les arrêts ci-dessus.

Nous pensons que cette indemnité n'est pas assez forte ; elle ne peut engager les propriétaires de bestiaux à déclarer le mal qui les afflige, puisque le remède qu'on y oppose ne peut les soulager que médiocrement des pertes qu'ils vont éprouver. Que le gouvernement ne paie que le cinquième ou le dixième de la valeur des animaux qui meurent après avoir été traités, on peut regarder cette indemnité comme un bien salutaire. Mais lorsque, comme mesure sanitaire, l'autorité use de son droit et fait abattre les bestiaux malades et suspects dans l'intérêt général de la commune, elle doit au moins payer une indemnité équivalente à la *moitié* de la valeur des bêtes malades, et aux *trois quarts de la valeur* des bêtes suspectes. Cette indemnité, nous la regardons comme une rigoureuse condition, faute de laquelle l'assommement isolé ne réussira qu'imparfaitement à étouffer la maladie : aussi, là où l'assommement a compté quelques succès, on a accordé l'indemnité dont nous parlons. Lorsqu'on a extirpé à plusieurs reprises la maladie de la province de Flandres, en 1770, le gouvernement autrichien accorda la *totalité* de la valeur des *bétes tuées, soit saines, soit malades* (1). En 7776, lorsque l'assom-

---

(1) Vicq-d'Azyr, p. 693.

mement fut exécuté dans la généralité de Bordeaux, d'après les ordres de M. de Clugny, l'ordonnance du 10 janvier accordait, par l'article 12, *le tiers* de la valeur des bêtes malades et *la totalité de la valeur des bêtes suspectes* ; et l'assommement alors, d'après Vicq-d'Azyr, qui n'avait encore donné que des avantages contestables, aurait été suivi d'un plein succès.

Aujourd'hui, dans quelques cantons de la Suisse, l'indemnité qui est accordée est des *trois quarts* de la valeur de l'animal, lorsqu'il est abattu sain. On ne paie rien pour le bétail qui a péri, excepté dans le cas d'une extrême pauvreté.

Ces raisons, ces faits, entraîneront donc la conviction sur ce point capital ; et à l'avenir, il faut bien l'espérer, l'autorité accordera une indemnité suffisante aux propriétaires dont les bestiaux auraient été sacrifiés dans l'intérêt général de la conservation du gros bétail. Car s'il faut des magistrats sévères qui fassent exécuter la loi, il faut aussi de l'argent pour indemniser les propriétaires des pertes qu'ils vont éprouver. Il est donc du devoir du gouvernement d'accorder des fonds à cet effet, ou aux départemens à les fournir, en créant, à l'imitation de la Suisse, des caisses d'assurances pour les épizooties. Tuer et payer les premiers bestiaux affectés de typhus contagieux, tels sont les deux moyens infaillibles pour arrêter ses progrès déstructeurs.

Non seulement on doit assommer les animaux, mais encore il faut après cette opération enfouir les cadavres, désinfecter les lieux qui les ont recélés, les objets qui les ont touchés ou qui leurs ont servi. Ces mesures adjuvantes seront exposées en détail au chapitre *Desinfection* (voyez ce chapitre).

4° *De la séquestration des bétes malades et suspectes.*—Dans le cas où l'autorité ne déciderait pas de faire abattre les bestiaux malades et infectés, là où l'épizootie attaque un grand nombre de bestiaux à la fois, là où elle est bénigne, là enfin où il est préférable de traiter les bêtes malades, elle doit néanmoins ordonner la *séquestration*, mesure sanitaire qui consiste à enfermer les bestiaux malades et suspects dans des étables, avec défense de les sortir en dehors des habitations.

Seront tenus les propriétaires de bestiaux malades ou suspects, dit l'art. 2 de l'arrêt du 19 juillet 1746, *de les nourrir dans les lieux où l'autorité les aura fait enfermer, sans pouvoir les sortir, à peine de* 100 *fr. d'amende. Les art.* 459, 460 *et* 461 *du Code pénal désignent une pénalité encore plus sévère* (voyez ces art., page 33). L'isolement complet de bestiaux attaqués ou suspects est une mesure de première nécessité. Les faits de contagion par les bestiaux malades ou infectés, que nous avons relatés, ont pu entraîner la conviction à cet égard. Les autorités devront donc faire surveiller activement les propriétaires de bestiaux, qui, dans ces circonstances déplorables, cherchent toujours à soustraire les bêtes qui sont suspectes de contracter la maladie. Nous avons dit que les valets de ferme, les bouviers, les propriétaires, les bouchers pouvaient transporter la contagion d'une étable infectée dans une étable qui ne l'est pas ; nous croyons que l'autorité agira sagement en défendant toute circulation dans la commune aux personnes chargées du soin des bestiaux malades, et notamment aux bouviers et garçons de cour. Non seulement elle fera bien de prévenir les sorties des gens de l'habitation infectée, mais elle fera mieux encore en proscrivant l'entrée des étables infectées aux parens, amis, voisins et voisines, compères, commères, connaisseurs, guérisseurs, charlatans, sorciers, bergers, curieux, bouchers, mendians, etc., qui, en sortant de ces étables, transporteraient la contagion ailleurs.

« En 1815, dit M. D'Arboval, nous avons cerné les gens dans les habitations infectées, de manière à ce qu'ils cessent absolument toute rélation avec les autres habitations. Pour cet effet, nous avions établi sur les lieux un gendarme chargé des maisons malades ; un garde champêtre, détaché d'un autre commune, chargé des maisons saines ; un poste de garde nationale pour faire des factions et des patrouilles autour des haies et sur les derrières des villages ; le garde champêtre de la commune pour la surveillance du territoire, et un commissaire particulier immédiatement sous nos ordres ; un commis pour s'assurer que tous les autres faisaient bien leur devoir en faisant exécuter à la lettre toutes les mesures ordonnées. Les particuliers n'ont pu sortir de chez eux sous aucun prétexte ; un planton a été à leurs ordres pour faire leurs commissions et pourvoir en leurs noms à tous leurs besoins. Ces moyens sont rigoureux, j'en conviens, dit l'auteur, mais l'épizootie n'a cessé à Neuville-sous-Montreuil que lorsqu'on les a employés ; tandis qu'à Aubin–St-Vast , où l'on n'a pas cru devoir en faire usage , parce que on s'attendait à chaque instant à y voir la fin de l'épizootie, voilà près de deux mois qu'on espère en vain (1).»

Pourquoi l'autorité ne mettrait-elle pas en usage cette mesure dans toutes les communes ? assurément on a droit d'en attendre les meilleurs résultats. Certes nous n'hésiterions pas un seul instant à la conseiller, à la faire exécuter, si cela était en notre pouvoir.

La séquestration doit être accompagnée d'une autre mesure adjuvante non moins utile ; c'est la marque des bestiaux malades et suspects.

5° *De la marque*. — La marque est un signe particulier indélébile, que l'autorité fait imprimer sur certaines parties des bêtes à cornes, afin qu'il soit possible de reconnaître les animaux malades suspects, ou guéris de la maladie.

L'art. 1er de l'arrêt du conseil du 19 juillet 1746 ; l'art. 4 de l'arrêt du 31 janvier 1771 ; l'arrêt du 27 mes-

---

(1) D'Arboval, *loco citato*, p. 77

sidor an 5 ordonnent, « qu'aussitôt après la visite, les bestiaux qui auraient été reconnus malades, et qui ne seraient point immédiatement sacrifiés, seraient marqués sur la peau avec un fer chaud portant l'empreinte de la lettre **M** » qui signale les animaux comme malades. L'arrêt de 1771 veut qu'on ajoute à cette lettre la première lettre initiale de la paroisse ou de la ville à laquelle les animaux appartiennent. Les bêtes suspectes, qui ont cohabité avec celles-ci, seraient marquées de la lettre **S**; enfin, les bêtes guéries, d'après l'art. 10 de l'arrêt de 1771, seraient marquées de la lettre **G** après la lettre **M**.

L'art. 4 de l'arrêt du conseil du 16 juillet 1784, dit : « L'autorité fera appliquer sans délai, sur le front de l'animal malade, un cachet de cire verte, portant les mots *animal suspect*. »

En général, les marques sur la peau ont l'inconvénient de laisser des traces indébiles qui plus tard en faisant reconnaître les bestiaux, nuisent à leur vente dans les foires ou marchés. Dans quelques cantons de l'Allemagne on marque les animaux *aux cornes*. Cet endroit est préférable à la marque de la peau, si mieux on n'aimait la marque sur le *sabot* du membre antérieur gauche par exemple ; marque qui disparaîtrait plus tard par l'usure et le renouvellement de la corne. Quoi qu'il en soit, et sans attacher trop d'importance au siège de la marque, cette mesure a pour avantage de signaler la bête malade ou suspecte, de la faire saisir ou confisquer sur le champ par l'autorité, si elle sort de l'étable pour être conduite aux pâturages, aux abreuvoirs communs, si elle a été vendue ou tuée. Enfin, réunie au signalement des animaux, elle donne la possibilité à l'autorité de constater sur le registre des signalemens qu'elle possède le nom et la demeure du propriétaire auquel la bête appartient, et qui a commis le délit. Nous pensons qu'à côté de la marque M ou S on devrait ajouter un numéro d'ordre correspondant au nom du propriétaire. Ce numéro servirait à faire constater à l'autorité le délinquant qu'elle doit faire punir.

Les bêtes marquées de la lettre M ou S qui seront trouvées sur les chemins, les pâturages, les foires ou marchés, ou en quelque lieu que ce soit, seront conduites devant l'autorité qui les fera tuer sur le champ. *Art. 7 de l'arrêt du 19 juillet 1746, et du directoire exécutif du 27 messidor an 5.*

Les propriétaires de ces animaux pourront être punis des peines et amendes infligées par les articles 459, 460, 461, 462 du Code pénal.

La marque des bestiaux est pour nous une mesure de police sanitaire urgente qu'il faut mettre en pratique comme offrant beaucoup d'avantages, et à laquelle ne se rattachent que de légers inconvéniens.

6° *Des signaux d'alarme.* « Après la visite et la marque, *dit l'art. 6 de l'arrêt du 31 janvier 1771,* « *il sera sur le champ, à la diligence des officiers municipaux ou syndics attachés à la porte principale des maisons où il y aura des bêtes malades, et aux principales avenues de la ville ou village, des signaux suffisans pour faire reconnaître que la maladie y règne. Fait défense sa majesté d'enlever lesdits signaux jusqu'à ce qu'il en ait été autrement ordonné par le sieur intendant, et ce à peine de 100 francs d'amende. »*

Le signal apposé à la porte de l'habitation qui recèle des animaux malades est de pure convention; il pourra consister en un écriteau en bois d'un pied carré, portant les mots: *Habitation infectée par l'épizootie régnante.*

Les signaux placés sur les principaux chemins aboutissant à la commune, par ordre de l'autorité, consisteront en un poteau de la hauteur au moins de six pieds, surmonté d'une planche carrée de la hauteur d'un pied, portant : *Maladie contagieuse sur les bêtes à cornes.*

La forme des signaux importe fort peu, si le maire de la commune fait publier et afficher, dans la commune et dans celles environnantes, ainsi que l'ordonne l'art. 7 de l'arrêt du 31 janvier 1771, que des signaux, dont il indiquera la forme, ont été apposés à l'entrée de la commune et à la porte des étables.

Indépendamment de ces signaux, les petites avenues, les chemins détournés aboutissant à la commune, devront être bouchés ou barrés avec une haie morte, des branches d'arbres, des épines ou des échalats. *Art. 7 de l'arrêt ci-dessus.*

Il ne sera plus permis alors, dit l'art. 8 du même arrêt, *de faire entrer dans le territoire de la ville ou paroisse, ni d'en laisser sortir aucunes bêtes à cornes, malades ou autres. Veut sa majesté que les bestiaux qui seraient pris en contravention soient confisqués, même tués, et les propriétaires ou conducteurs condamnés à* 100 *livres d'amende.* » Le ministère public peut, indépendamment des condamnations ci-dessus, demander l'application des peines et amendes voulues par les art. 459, 460 et 461 du Code pénal.

Cette mesure a été prise à diverses époques, et notamment en 1815, pendant l'épizootie du Pas-de-Calais : les autorités de ce département n'ont eu qu'à se louer de son emploi.

7° *Mesures à prendre à l'égard des pâturages et des abreuvoirs.* Nous avons rapporté plusieurs faits qui démontrent l'indispensable nécessité de bannir des pâturages les animaux malades et suspects. Car, non seulement les émanations volatiles virulentes qui s'échappent du corps des animaux malades peuvent transmettre la contagion à une grande distance des malades, lorsque ces émanations sont entraînées au loin par des courans d'air ; mais encore la bave, les excrémens qui sont répandus sur le sol et les plantes transmettent encore plus facilement la maladie. Il en est de même à l'égard des abreuvoirs ; les bestiaux s'y trouvant souvent réunis en plus ou moins grand nombre , peuvent y rencontrer la maladie apportée, soit par des bêtes infectées, mais non encore atteintes, soit par l'eau infectée qui a dissous la bave, les urines ou les excrémens dont elles peuvent être souillées. Les mares , les étangs, les lacs, les fontaines, les citernes, et en général les eaux stagnantes retenant l'eau qui est infectée, offrent plus de dangers que les eaux courantes dans lesquelles les virus peuvent être très délayés et bientôt détruits. Nous avons vu , d'après Buniva, que l'eau infectée d'un canal avait propagé la maladie dans une grande étendue de pays. Or, il est donc de toute urgence d'interdire aux bestiaux malades et suspects des communes les pâturages et les abreuvoirs. Cette sage et utile précaution est au reste voulue *par l'art. 5 de l'arrêt du 31 janvier 1771 , à peine de 20 livres d'amende par tête de bétail , et par les articles 459 , 460 , 461 du Code pénal.*

Dans les communes qui possèdent des pâturages communaux , de même qu'à l'égard de celles qui possèdent de vaines pâtures en communauté avec des villages voisins , le parcage de tous les bestiaux de la commune ou des communes voisines devra être sévèrement défendu (*art. 9 de l'arrêt ci-dessus et art. 2 de l'arrêt du 24 mars 1745*), *à peine de 100 francs d'amende.*

Il n'est pas cependant toujours possible d'interdire pendant long-temps le parcage des animaux , la séquestration à l'étable peut devenir préjudiciable au bétail souvent encombré dans des étables, la plupart très malsaines. Souvent, à cet inconvénient vient se joindre la disette, le haut prix des fourrages, faute d'approvisionnemens suffisans; et nous avons déjà fait connaître combien il était pernicieux d'acheter des fourrages aux marchés pendant la durée de l'épizootie, parce que ces fourrages étaient souvent infectés. Dans cette occurrence, l'autorité doit tolérer le parcage ; mais autant que faire se pourra dans des enclos séparés, limités par l'autorité , et les bestiaux mis à la garde d'hommes vigilans et soigneux choisis par elle.

Dans le cas où le parcage communal deviendrait indispensable, le bétail sera mis à la garde d'une ou de plusieurs personnes désignées par l'autorité, et dans le cantonnement qui sera indiqué pour chaque commune. Dans les pays de montagnes, dans les provinces boisées abondantes en pâturages, d'héritages entourés de haies vives et éloignés des grandes routes, des habitations, le parcage peut encore être toléré pour les animaux sains , et particulièremen pour ceux dont les communes ne sont point infectées. Mais nous le répétons , le pacage ne sera permis qu'autant qu'il sera jugé indispensable par les réclamations fondées des citoyens, et son urgence bien constatée par l'autorité.

Quant aux abreuvoirs communs, ils ne devront

jamais être tolérés , si ce n'est dans des circonstances tout extraordinaires ; attendu qu'il sera toujours extrêmement rare que les propriétaires soient dans l'impossibilité d'abreuver leurs bestiaux à l'étable.

8° *Mesures applicables aux animaux errans.* Nous appelons animaux errans les chiens, les volailles, les porcs quelquefois, qu'on laisse courir dans les villages, dans les chemins ou dans les pâturages. Les porcs, les volailles, attirés par l'odeur des matières animales, s'en repaissent souvent, s'en souillent, et, rentrant dans les fermes pénétrant dans les étables, ils y transportent la contagion. Nous avons rapporté des faits qui prouvent que maintes fois le typhus avait été apporté dans des étables par ces animaux. Il est donc indispensable , quant aux volailles et aux porcs qui pâturent ou qui appartiennent à des propriétaires qui n'ont point de bestiaux malades, de les confier à des gardiens agés et vigilans. Quant à ceux qui appartiennent à des personnes qui ont des habitations infectées par la maladie, ils devront rester séquestrés dans les cours ou logemens des fermes ou maisons.

Les chiens, alléchés par l'odeur, des cadavres vont souvent gratter les fosses pendant la nuit et se repaître des viandes infectées; ou bien, pénétrant dans les habitations, les étables infectées, ils s'imprègnent du virus contagieux qu'ils peuvent transporter au loin. Nous avons cité des exemples de ces transmissions malheureuses. Ce sont particulièrement les

chiens des bouviers, des bouchers, des nourrisseurs,
des vétérinaires, des bergers, des maquignons (ceux-ci
sont les plus dangereux) les chiens de rues qui n'ont
ni maîtres ni refuges, vivant de ce qu'ils rencontrent, logeant où ils trouvent un abri, qui répandent
la contagion en parcourant les villes et les villages.
La divagation de ces chiens doit donc être sévèrement défendue. Voici ce que dit à cet égard l'arrêt
du 27 messidor an 5 (15 juillet 1795) : « *Il est ordonné de tenir dans les lieux infectés tous les chiens
à l'attache, et de tuer tous ceux qu'on trouvera
divaguans.* »

Les autorités devront tenir la main à la mesure
prescrite par cet arrêt. Tout chien qui sera trouvé
divaguant par les gardes-champêtres, les gendarmes,
les gardes nationaux, les soldats, les citoyens, doit
être tué impitoyablement. Les voyageurs, les chas-
seurs, les bergers, les particuliers, devront toujours
avoir leurs chiens en laisse dans les villes ou villages,
ou le long des chemins, et surtout aux environs des
habitations et des lieux d'enfouissement.

9° *Précautions sanitaires à l'égard des bestiaux
employés à un service public indispensable.* Le typhus contagieux est inséparable des guerres, des
grands mouvemens d'hommes et de bestiaux. Or, il
arrive qu'à ces époques désastreuses, dans les contrées peu riches en bêtes chevalines, les bêtes à
cornes dressées au collier ou au joug sont mises en
réquisition pour traîner les fourgons, les convois mi-

litaires d'une étape à l'autre étape. À ces tristes époques, malgré les ravages, les désastres qu'occasionne
le typhus, les bêtes à cornes suspectes et saines, sont
forcées de faire les corvées qui sont ordonnées par
l'impitoyable autorité militaire amie ou ennemie.
Dans ces temps désastreux où les mesures les mieux
ordonnées sont inexécutées ou entravées par mille
obstacles, quelques autorités ont cependant mis en
usage des précautions que nous devons faire connaître. Voici ce qui fut ordonné dans un arrêté du
préfet du département du Pas-de-Calais, en 1815.

« 1° Les maires prendront les mesures nécessaires
pour faire établir dans des locaux particuliers *toutes
les bêtes à cornes destinées* à un service public hors
de la commune, et pour empêcher qu'elles ne communiquent avec les autres bêtes à cornes non employées à un semblable service.

» 2° Ils les feront visiter tous les cinq jours par
un vétérinaire, et empêcheront qu'elles ne soient
transportées d'un lieu dans un autre, autrement que
par les besoins du service et avec des certificats constatant leur état de santé.

» 3° Lorsqu'elles seront en route, les maires des
lieux où elles passeront veilleront à ce qu'elles ne
posent ou logent que dans des endroits où il n'y aura
point d'autres bêtes à cornes. »

Nous adoptons entièrement cette sage mesure que
les autorités devront s'empresser d'ordonner au
besoin.

MESURES A PRENDRE A L'ÉGARD DES BESTIAUX SAINS.

10° *De l'isolement.* On doit entendre par ce mot la séparation complète des bêtes saines, des bêtes suspectes ou malades pendant et après la durée de l'épizootie d'une commune. On connaît les nombreux agens de transmission du typhus, ainsi que ses voies de communications variées et multipliées ; on sait que les animaux de la même espèce, quoique bien portans, qui ont cohabité avec les malades, les animaux de diverses espèces, les hommes, les objets qui ont été en rapport avec les animaux malades, peuvent transmettre la contagion. Or, est-il une mesure plus sage, plus simple que l'isolement des bestiaux encore sains dans les étables, et leur éloignement de tous les corps animés ou inanimés, qui ont eu des rapports avec les bêtes malades ou suspectes ? Si les propriétaires étaient une fois bien persuadés des avantages de cette simple mesure, si tous la mettaient en pratique et l'observaient exactement, on parviendrait à anéantir l'épizootie, puisqu'elle ne rencontrerait plus d'animaux exposés à ses coups terribles. Il y a long-temps que les vétérinaires ont dit et répété bien des fois que cette mesure était la plus urgente, la plus salutaire et la moins dispendieuse. Quand donc les propriétaires seront-ils convaincus de cette vérité ? Toutefois, nous allons rapporter des faits qui pourront convaincre les personnes qui pourraient douter des avantages, nous le répétons, de la plus simple, de la meilleure des mesures que puissent conseiller les hommes instruits, et que doivent faire exécuter les autorités communales.

Faits qui prouvent les bons effets de la séquestration ou de l'isolement des bestiaux sains.

Lancisi dit : « Toutes les personnes qui ne laissèrent aucune entrée à la contagion dans leurs domaines, tant aux environs de Rome que dans les provinces de l'Etat ecclésiastique, et dans les terres des autres princes, préservèrent leurs troupeaux. Tel fut l'effet de la vigilance des princes Pamphyle, Borghèse, qui, quoique à la porte de Rome, et dans la province la plus infectée, garantirent leurs bestiaux de toute atteinte. Le même moyen défendit les campagnes de Corneto, du patrimoine de Saint-Pierre, de l'Ombrie, de Picemene, de la province Flaminienne (1).

De Sauvages a observé dans le Vivarais, durant l'épizootie de 1745, que les étables du hameau de Ville-Dieu furent préservées de la contagion dont les bestiaux étaient entourés de toutes parts, en évitant toute communication (2).

« A Aizerey, dit le marquis de Courtivron, le

---

(1) Lancisi, Opera. t. 2; Gen. 1718.

(2) De Sauvages, Mémoires sur la maladie épidémique des bœufs du Vivarais, 1746.

seul jardinier du château avait son bétail sain le 9 juillet, au milieu d'un village où tout mourait. Ce particulier avait toujours gardé dans son enclos les vaches qu'il conservait encore alors et que j'y ai vues (1). »

Voici un fait remarquable rapporté par Dufot, et qui fut observé en Picardie en 1773. « Dans une commune qui était entièrement infectée, une seule métairie fut préservée, parce que le propriétaire des douze vaches qui existaient dans cette ferme prenait des précautions qui consistaient à empêcher ses domestiques de communiquer dans le village, à tenir les bêtes constamment renfermées, à les faire boire dans une mare particulière qui n'était que pour elles. » Une personne, ajoute l'auteur, digne de foi a vérifié ce fait sur les lieux.

Le seigneur de Dalton procura le même avantage à ses vassaux. Il obligea les habitans de Dalton de tenir leurs vaches renfermées dans les étables avec les précautions les plus scrupuleuses, pour empêcher que des bouchers ou des maréchaux s'y introduisissent et ne communicassent la maladie qu'ils auraient pu prendre ailleurs. Ces précautions, fait observer l'auteur ci-dessus cité, contrarièrent beaucoup les paysans ; mais quand ils virent périr les vaches dans leurs environs, tandis que celles des vassaux du seigneur étaient préservées de la maladie, ils

____

(1) Histoire de l'Académie, 1745, 2ᵉ cahier, p. 6.

reconnurent la sagesse de la conduite qu'on les avait obligés de tenir, et ils eurent le bonheur de sauver tous leurs bestiaux sans *qu'aucun eût été atteint* de la maladie épizootique (1). »

« Le typhus épizootique de 1815, dit M. Huzard père, ne s'est déclaré que là où on l'a porté. Tout ce qui a pu être isolé a été préservé. C'est ainsi qu'à Saint-Ouen, dans la même maison, quatre vaches malades sont mortes dans une étable, quand deux autres vaches, placées dans une étable à côté, et sans aucune communication avec les premières, n'ont pas contracté la maladie. »

« Dans le cours de l'épizootie contagieuse régnante (1815) qui emporta tant d'animaux, disaient MM. Girard et Dupuy, l'isolement strict et sévèrement soutenu a toujours été un moyen sûr de préservation. Tous les propriétaires qui ont su le mettre en pratique s'en sont bien trouvés et ont sauvé leurs bestiaux. Nous possédons à l'école d'Alfort un taureau sans cornes, qui depuis l'invasion de la maladie continue d'habiter dans une grande écurie où entrent tous les élèves, à l'exception cependant de ceux qui prodiguent des soins aux vaches qui servent aux expériences sur l'épizootie ; ce taureau a résisté jusqu'à présent à l'infection, par la seule précaution de l'isolement complet (2). »

------

(1) Dufot, *loco citato*.
(2) *Annales d'agriculture*, t. 58, p. 354.

A la même époque, le marquis de Lafayette, à la Grange (Seine-et-Marne), est parvenu à préserver son troupeau de bêtes à cornes de l'épizootie contagieuse qui dévastait les environs, par *l'isolement parfait* (1).

Faut-il donc des faits plus nombreux, plus circonstanciés et observés par des personnes dignes de la plus grande confiance, pour prouver tous les avantages de la séquestration des bestiaux sains même au milieu de foyers d'infection ?

Les arrêts et ordonnances prescrivent au reste cette sage mesure. L'arrêt du 31 janvier 1771 dit, art. 3, « *Dans toutes les villes ou paroisses où la maladie se sera manifestée, les habitans seront tenus de renfermer leurs bêtes à cornes, le tout à peine de confiscation des bêtes non renfermées, et de vingt livres d'amende par chaque tête de bétail.* »

Le propriétaire sage et prévoyant qui sera convaincu de la bonté de l'isolement des bestiaux sera toujours sûr d'en préserver les siens, si lui-même ou les personnes les plus intéressées à ses intérêts mettent en pratique les moyens suivans que nous indiquerons ici sommairement.

Il placera ses bestiaux dans un lieu clos, aéré par le plancher ou le toit. Il tendra aux fenêtres des châssis en toile, et bouchera tous les trous par où pourraient pénétrer les chats ou les chiens. Il y pla-

______

(1) Mémoires de la Société d'agriculture, 1817, p. 118.

cera ses bestiaux, les enfermera à clef, et mettra celle-ci dans sa poche, si faire se peut. Cette dernière attention pourra paraître minutieuse à quelques personnes. « On n'oublie jamais, dit Vicq-d'Azyr, de renfermer son argent sous la clef; mais les véritables trésors de l'agriculteur sont ses troupeaux; pourquoi refuserait-il donc de prendre à leur égard les mêmes précautions ? »

Il refusera l'entrée de sa maison, et à plus forte raison de son étable, aux vétérinaires, aux étrangers, mendians, vagabonds, charlatans, sorciers, guérisseurs, campagnards, compères, commères du village ou du quartier. Il n'ira point aux foires et marchés de bestiaux, autant que faire se pourra.

Il n'achètera point de bestiaux, il n'en admettra aucun dans ses enclos; il n'achètera des fourrages que dans les endroits où ne règne point la maladie, il abreuvera ses bestiaux dans sa cour, il tiendra ses chiens enchaînés, il ordonnera aux gens de sa maison de ne point mettre le pied chez les étrangers propriétaires de bestiaux; il n'achètera rien qui ait pu servir à des bêtes à cornes, s'il se trouve forcé de faire travailler ses bestiaux à la culture des champs, ou à des travaux publics; il prendra les précautions d'éviter les endroits où la maladie réside; enfin, il ne sortira ses bestiaux que quarante jours après l'extinction complète du mal contagieux.

Nous sommes persuadés qu'un propriétaire qui mettrait en pratique ces sages et simples mesures préservatrices conserverait ses bestiaux en santé au milieu des foyers d'infection, fussent-ils très-nombreux.

DE QUELQUES MESURES SANITAIRES QUI ONT ÉTÉ CONSEILLÉES ET MISES QUELQUEFOIS A EXÉCUTION.

L'extension de l'épizootie sur une grande surface, son long séjour, les nombreuses victimes qu'elle fait tous les jours, ont suscité à certaines époques l'emploi de trois mesures dont nous allons nous occuper. La première, tout extirpatrice, consiste dans le massacre des bestiaux atteints ou suspects de l'épizootie ; la seconde, toute préservatrice, consiste à soustraire les bestiaux en santé à l'épizootie, en les éloignant des lieux où elle sévit ; la troisième enfin a pour but de transmettre aux bestiaux en santé le virus de la maladie qu'ils ne sauraient éviter, d'en modifier la nature en la rendant plus bénigne, plus traitable, moins meurtrière.

Le massacre général des bestiaux, leur émigration générale, l'inoculation générale de la maladie ; telles sont les trois mesures sanitaires dont nous allons rendre compte, en nous attachant à en faire connaître les avantages et les inconvéniens, pour ensuite établir notre opinion sur l'utilité ou l'inutilité de leur emploi.

A. *Massacre général.* Le typhus épizootique qui a éclaté dans une localité et auquel on n'a opposé au-

cune mesure sanitaire ou des mesures mal conçues,
ou bien conçues et mal exécutées, ne tarde pas à se
répandre dans plusieurs départemens, dans une ou
plusieurs provinces. S'éloignant toujours de son point
de départ, il peut envahir la moitié ou la totalité
des bêtes bovines d'un royaume. C'est ainsi qu'on l'a
vu se propager de l'est à l'ouest de l'Angleterre,
occuper toute la surface de la Hollande, se répandre
dans toute la Belgique, sévir sur tout le territoire de
l'Italie, du Piémont, de la Suisse, et sur les trois
quarts de celui de la France. Ainsi répandue et mul-
tipliée sur beaucoup de points, l'épizootie typhoïde
acquiert pendant ses deux premières périodes une
malignité et une subtilité contagieuses qui multiplient prodigieusement le nombre des victimes. Quelquefois elle franchit de grandes distances pour
éclater tout-à-coup dans une localité où on ne
s'attendait nullement à son apparition : d'autres fois,
après avoir ravagé les bestiaux d'une contrée qu'à
grand' peine on avait repeuplée, on la voit revenir
sur ses pas et la décimer une seconde fois. D'une durée fort variable, l'épizootie typhoïde finit cependant
par s'éteindre; mais avant cette fin désirable, que
de milliers de victimes elle peut avoir faites, quelles
pertes elle a occasionnées dans l'espace d'une ou de
deux années, temps ordinaire pendant lequel on l'a
vue sévir le plus souvent !

Pour remédier aux grands ravages qu'amène le
typhus dans la moitié, la totalité d'un département,

d'une province , des médecins célèbres , de savans vétérinaires , des administrateurs éclairés , amis de leur pays et jaloux de sa prospérité , ont pensé étouffer l'épizootie en faisant massacrer tous les bestiaux malades ou suspects de le devenir.

Cette mesure rigoureuse , effrayante pour les propriétaires de gros bétail , désastreuse pour l'agriculture , a trouvé des partisans zélés , et aussi fort heureusement, de nombreux détracteurs.

Lancisi est le premier écrivain qui osa la proposer en Italie en 1711 ; mais elle fut rejetée heureusement, disent quelques auteurs; malheureusement, affirment quelques autres. Les Anglais l'adoptèrent deux ans après , en 1713; puis plus tard les Autrichiens et les Hollandais, en 1769 et 1771.

En France, deux hommes célèbres par leurs talens, Vicq-d'Azyr et Bourgelat la proposèrent en 1775 , alors que l'épizootie régnait sur les bestiaux des provinces méridionales. Ces deux savans publièrent alors leurs opinions qui reçurent, notamment celles de Bourgelat, l'approbation de Lieutaud, Lassone, Lemonnier, Lorry, Tronchin, Cochu, Poissonnier, Lethieullier, Bordeu, Montabourg et Haller, hommes célèbres, dont plusieurs d'entre eux étaient les premiers médecins du roi, de la cour, et des principaux hôpitaux de Paris.

Ce fut d'après les opinions exprimées dans les écrits de ces hommes savans que la tuerie générale de

1775 fut ordonnée par le gouvernement français et ponctuellement exécutée.

Buniva, médecin italien, possédant des connaissances vétérinaires, vint ensuite en 1796 conseiller l'assommement général dans le Piémont ; mais malgré ses nombreux adeptes, la tuerie fut différée et enfin ne fut point ordonnée.

Quelles ont donc été les raisons majeures qui ont pu déterminer de grandes autorités médicales et administratives à conseiller ces massacres généraux ? Existe-t-il donc des faits qui démontrent bien leur utilité et qui aient justifié leur emploi ? Cette grande question sanitaire qui touche tout à la fois les intérêts généraux du gouvernement, de l'agriculture, du commerce des bestiaux, l'industrie manufacturière qui fait usage de leurs produits, et les intérêts individuels, mérite bien qu'elle soit discutée sans opinion préconçue, avec franchise et impartialité.

Voici les raisons qu'à diverses époques on a fait valoir en faveur du massacre général des bestiaux :

1.º L'impossibilité certaine et reconnue de rompre toute communication entre les bêtes malades et celles qui ne le sont pas. La sévérité des ordres n'a pu jusqu'ici déterminer les habitans des campagnes à s'assujétir rigoureusement aux précautions nécessaires, mais d'un succès assuré, pour arrêter le cours et les progrès de l'épizootie typhoïde ; et si cette communication des bestiaux ne peut être empêchée que très difficilement, à plus forte raison celle des hommes, qui échappe nécessairement à la vigilance de l'administration.

2° L'avidité de l'imprudent cultivateur qui, en pareille occasion, désolé de la perte qu'il redoute, cherche à la diminuer en vendant à vil prix, à quelques marchands ou à quelques bouchers mercenaires, un animal dont le transit, contraire aux lois, va infecter, par des écoulemens pestilentiels, des territoires plus ou moins éloignés qui peut-être auraient été à l'abri de la contagion.

3° L'action meurtrière que commet le cultivateur en dépouillant de leur peau les bestiaux morts, et en cherchant un dédommagement dans la vente des cuirs, dont l'exportation portera bientôt la contagion même à de très grandes distances.

4° La défiance ordinaire des paysans, leur peu d'attention à veiller sur le bétail, leur incapacité à reconnaître le début de la maladie; leur refus obstiné de séparer les animaux malades de ceux qui ne le sont pas, de nettoyer les étables, de les aérer, de ne pas y entasser une trop grande quantité de bêtes, d'isoler les bêtes infectées, et de ne point les sortir pour les conduire aux pâturages et aux abreuvoirs communs.

5° Leur négligence ou leur mauvais vouloir à ne point se soumettre aux ordres de l'autorité, par la déclaration des bêtes malades; leur empressement à les cacher, à enterrer les bêtes mortes en secret dans leur jardin, cour ou étable, à aller quérir les

charlatans , les maréchaux , les empyriques , les sorciers , tireurs de sorts , etc. , plutôt que les vétérinaires et les hommes capables de leur donner de
bons et sages avis.

A ces premières raisons on a ajouté les suivantes qui
ont paru plus péremptoires. On a dit : 1° Que les paysans refuseront toujours de suivre les moyens curatifs
rationnels , et préféreront la recette d'un maréchal ,
d'un compère , d'un charlatan , aux méthodes rai-
sonnées et offertes par les hommes les plus instruits
et les plus capables, attendu l'impossibilité où se
trouve un petit nombre d'hommes instruits de
suivre et de servir les nombreux malades dispersés
à différens lieux plus ou moins éloignés les uns des
autres , et d'employer méthodiquement les remèdes
convenables pour parvenir à un heureux résultat.

2° Qu'il ne faut pas oublier que , pendant qu'on
guérit quelques bêtes, les progrès de la contagion sont
tels que bientôt on n'est plus maître de l'arrêter , et
qu'en considérant *l'ensemble des meilleures méthodes on ne guérit jamais plus du tiers des
animaux attaqués.*

3° Qu'en supposant qu'avec des remèdes appropriés , ou en abandonnant aux seuls efforts de la nature les animaux malades, on parviendrait à en guérir
le tiers ou même *la moitié* ; il ne conviendrait pas
de les traiter ni de les abandonner à leur sort , à
cause de la contagion qu'ils ne cessent de répandre

pendant tout le temps que dure leur maladie et même quelque temps après.

4° Que partout où l'on s'était obstiné à traiter les bestiaux, partout aussi la maladie avait subsisté ; parce qu'alors les surfaces infectées devenaient si étendues et si nombreuses que l'on ne pouvait se flatter de les purifier toutes. La Hollande, en voulant traiter ses bestiaux, en a fourni un exemple terrible.

5° Que les bêtes suspectes, c'est à dire celles qui ont communiqué avec les malades, prennent toutes, les unes après les autres, elles-mêmes la maladie, et meurent également.

6° Qu'enfin le caractère le plus effrayant de l'épizootie typhoïde est celui de sa *perpétuité*, lorsqu'on ne prend pas pour la détruire les mesures nécessaires. Après avoir exposé ces raisons que Vicq-d'Azyr appelle des vérités terribles, et dont aucune ne peut, dit-il, être révoquée en doute, les partisans de l'assommement concluent : que le parti le plus sûr pour extirper le typhus est celui d'assommer tous les bestiaux malades, les bestiaux sains qui ont communiqué avec eux, et de procéder immédiatement à la désinfection des lieux où les animaux ont séjourné.

A l'appui de ces raisons on a ajouté les faits suivans :

Premier Fait. La maladie ayant pénétré en Angleterre en 1713, le gouvernement ne vit d'autres moyens d'en arrêter le cours et de garantir le nombre des bêtes saines qui en étaient menacées que d'immoler toutes celles qui avaient été infectées, en suivant l'avis que Lancisi avait donné à sa patrie en 1711. Bates fut alors envoyé sur les lieux pour faire exécuter cet ordre, et le sacrifice fut d'environ *six mille bêtes* dans les provinces de **Midlesex**, d'**Essex** et de **Surry**. La contagion y fut éteinte en moins de trois mois. Les Anglais sont les peuples de l'Europe qui les premiers aient donné l'exemple d'une pareille conduite (1).

Deuxième Fait. En Hollande on s'obstina à chercher des remèdes et des préservatifs : plus de trois cent mille bêtes en furent les victimes, et le fléau dura plus de trois ans.

Troisième Fait. Dans la Flandre Autrichienne où l'on prit le parti d'abattre les *bêtes infectées* ou *soupçonnées de l'être*, on n'en perdit que *trois* sur *huit cents* ; tandis qu'en Suisse, où on laissa la contagion s'accroître en cherchant à y remédier , on en perdit plus de quatre mille en un an , et sur treize cents à peine put-on en sauver huit cents.

Quatrième Fait. En 1769, l'impératrice Marie-Thérèse fit partager la Flandre en deux cantons, et ordonna que dans l'un, qui contenait cent onze mille cinq cent trente-six bêtes, on abattît toutes-celles qui étaient atteintes de la maladie ; il y en eut quatre cents de sacrifiées et tout le reste fut sauvé.

Dans l'autre canton, qui est celui de Franc-de

---

(1) **Transactions philosophiques**, n° 378.

Burges , on prit le parti de *ne pas tuer* les animaux, mais de chercher *à les guérir ;* sur vingt mille six cent quatre-vingt treize bêtes qu'il contenait, il y eut, au mois de décembre 1770 , dix mille neuf cent quarante-trois bœufs infectés : la moitié périt de la contagion qui n'avait pas cessé , lorsqu'en 1771 on imprima à Bruxelles la relation de ce désastre (1).

Cinquième Fait. Dans la châtellenie de Courtray , cent vingt-huit bêtes sacrifiées ont suffi pour en préserver vingt-cinq mille six cent quatre-vingt-treize. De sorte qu'il fut démontré, par les calculs qui furent donnés à Bourgelat, que, dans le premier cas que nous avons cité, la perte réelle ne fut que de *trois huitièmes* pour *cent* , tandis que dans le second cas le nombre de *deux cents bêtes* se réduisit à *une seule* (2).

Sixième Fait. En 1775, les provinces méridionales ont fourni l'exemple d'un pareil succès. L'épizootie a été éteinte dans la *Saintonge* , dans le *Périgord* , et dans l'entre-deux des mers. Le *Médoc* et une grande partie de *l'Agenais* doivent la conservation de leurs bestiaux à l'exécution exacte de l'arrêt du conseil du 30 janvier 1775. Le *Comminge* , le *Couserans* , le *Nébouzan* , un grand nombre des vallées environnantes des montagnes, la *Navarre* , le *Labour* , la *Soule* et une partie de la *Chalasse*

----

(1) Buniva, *loco citato*, p. 213.

(2) Bourgelat, Mémoire de 1775, p. 6.

ont été parfaitement désinfectés par l'assommement général ; enfin la Normandie a été préservée en 1774 par ce même moyen (1).

Telles sont les raisons qui ont été données pour justifier la nécessité de l'assommement général des bestiaux, et les faits qu'on a invoqués à l'appui pour faire accepte cette cruelle mesure : voyons s'il serait possible de les invoquer aujourd'hui comme autrefois, et si le gouvernement devra prêter main-forte à un expédient si dur, si violent.

1° Sans remonter très loin, en 1775, époque où l'assommement général a été mis en pratique, il y avait en France quelques traces d'organisation municipale, communale ou départementale ; peu ou point d'agens de police ; des seigneurs exerçant une suzeraineté odieuse et affranchie des lois régissant les citoyens ; ignorance, crédulité parmi les habitans des campagnes et même des villes ; peu ou point de vétérinaires, d'agriculteurs, d'hommes instruits et dévoués au bien public : telle était la malheureuse situation politique, administrative, agricole et médicale où se trouvait la France à cette époque. Aujourd'hui les choses et les hommes ont bien changé : nous avons une organisation municipale, communale et départementale, aussi bonne que possible ; des agens de police dans chaque commune; des troupes à pied et à cheval en grand nom-

____

(1) Vicq-d'Azyr, *loco citato*, page 642.

bre, au pouvoir des autorités départementales ; dans les campagnes, plus d'instruction populaire, beaucoup moins de superstition, de crédulité : et si on ajoute à toutes ces grandes améliorations des professeurs vétérinaires répartis dans trois écoles placées au nord, au centre et au midi de la France, qui peuvent donner les plus salutaires conseils et les meilleurs avis en se transportant sur les lieux ; des vétérinaires répandus en grand nombre dans les bourgs, villages et villes ; des agriculteurs instruits, qui peuvent servir d'exemple ; enfin, il faut bien le noter aussi, plus de dévouement au bien public chez tous les citoyens.

Or, ne devons-nous pas espérer, avec de tels moyens d'action et d'union, de vaincre les difficultés qui ont paru insurmontables aux commissaires du gouvernement en 1775? Ne nous serait-il pas possible aujourd'hui de rompre toute communication entre les bêtes malades ou infectées et les bêtes saines? entre les communes qui ont des bestiaux malades et celles qui n'en n'ont point? de prévenir les ventes frauduleuses et la cupidité des marchands, des bouchers, des maquignons? d'éloigner l'accès des étables aux étrangers, aux maréchaux, aux sorciers? d'empêcher la sortie des animaux infectés pour les conduire aux pâturages, aux abreuvoirs ou ailleurs? enfin, de détruire par l'abattage des premières bêtes malades et suspectes dans une commune les voies de communication, et

d'étouffer sur le champ les germes de la maladie?
Ainsi que nous avons cherché à le prouver péremptoirement jusqu'à présent , avec les mesures faciles
et simples que nous avons conseillées , si elles sont
scrupuleusement ordonnées, surveillées et exécutées,
on aplanira les difficultés qui autrefois , avec juste
raison , étaient regardées comme très difficiles
à surmonter.

Les raisons ci-dessus en faveur de l'assommement
pouvaient donc être fondées alors , tandis qu'elles
n'ont pas même le mérite d'être spécieuses aujour-
d'hui. Si l'expérience, dit-on, prouve que toutes
les bêtes qui ont cohabité avec les malades contractent la maladie et meurent; si en somme, en
supposant qu'on traite les bestiaux attaqués , on ne
parvient à en guérir qu'un tiers ; si on augmente en
les traitant les surfaces infectées, si on multiplie les
foyers d'infection et les voies de communication , on
arrive à laisser enraciner la maladie et on doit
craindre à la voir se perpétuer; n'est-il pas plus rationnel de tuer toutes les bêtes malades et suspectes ?

Et d'abord , les mesures que nous avons passées en
revue pour arrêter la marche de l'épizootie, pour
former des barrières insurmontables à la contagion,
pour l'étouffer là où elle apparaît , ou lui former sa
part de destruction, comme on fait celle d'un incendie qu'on ne peut arrêter sur le champ, renversent une partie de ce raisonnement.

Il est vrai qu'en traitant les bestiaux on augmente

les foyers d'infection et on facilite l'écoulement de
la contagion. Mais comment est-il possible de fermer tout accès à la contagion , quand la moitié des
bestiaux de tout un département, d'une province,
sont atteints par l'épizootie? Cela est impossible. Et
croit-on que le remède que l'on propose alors de
tuer tous les bestiaux malades et suspects soit celui
qui réussisse le mieux ? Non, assurément non. Si le
nombre en est trop grand , l'espace infecté trop considérable , les moyens d'extinction offriront des
obstacles insurmontables, comme nous le prouverons
plus loin. Les partisans de l'assommement ont dit
plus : ils ont proposé de tuer même quand on guérissait un tiers des bestiaux attaqués. Mais ce tiers,
vous le conserverez pour les besoins de l'agriculture
et du commerce en prenant des mesures convé-
nables , tandis que vous le perdez en l'assommant.

D'ailleurs, les relevés de succès ou d'insuccès
de traitement faits en 1814, 1815 et 1816, prouvent qu'à l'aide de moyens curatifs simples, peu
chers, faciles à se procurer partout, on parvenait
à guérir les *trois quarts* des animaux attaqués. Pourquoi, au surplus, si l'infection est générale, assommer
tous les bestiaux malades et suspects, quand la maladie est parvenue à la période de bénignité , alors
qu'elle ne fait périr qu'un malade sur vingt? Or ,
n'est-il pas plus sage et plus conforme aux principes
d'une vraie économie de ne pas les tuer? On craint,
dit-on, que l'épizootie se perpétue ; mais l'expé-

rience a démontré le contraire: les plus longues épizooties typhoïdes qui aient régné en France n'ont pas duré plus de dix années; et, en total, depuis 1750 elles n'ont point séjourné plus de trois années. Celle de 1815 et 1816 a été apportée deux fois par les armées ennemies, et aux deux fois elle a été éteinte après une année.

Hoc post, hoc ergo ab hoc, voilà, dit Brugnone, le raisonnement de ceux qui, parce qu'ils ont vu cesser la maladie dans les pays où on avait pratiqué l'assommement des bestiaux malades et suspects, concluent que cette mesure a été la cause de la cessation de l'épizootie. Cette conséquence serait juste si, dans le pays où l'on n'a pas tué, la maladie n'y eût pas cessé également, ou du moins y eût duré plus long-temps, ou fait de plus grands ravages; mais l'histoire et l'expérience disent le contraire. Nous laisserons ici Brugnone parler lui-même (1).

« L'épizootie a cessé, dit-on, en 1714, en Angleterre, dans l'espace de trois mois après que l'on eut tué six mille bêtes malades, mais elle y avait duré toute l'année précédente; tandis qu'elle a cessé à peu près dans le même espace de temps en Italie, dans les états du Pape, sans y avoir adopté l'assommément proposé par Lancisi, et après y avoir duré *neuf* mois seulement.

____

(1) Brugnone, Mémoire sur l'assommement des bestiaux. *Annales d'agriculture,* t. 16, p. 71.

» On dira peut-être que l'assommement exécuté dans les provinces de Middlesex, d'Essex et de Surey a préservé du moins le restant de l'Angleterre; mais en Italie, à la même époque, les bestiaux des campagnes de *Corneto,* du *patrimoine de Saint-Pierre,* de *l'Ombrie,* du *Picentin,* de *la Toscane,* du *Modenois,* ont été également préservés sans l'assommement. D'ailleurs l'exemple de l'Angleterre ne peut être appliqué au continent. Il est plus aisé, dans une île, d'empêcher la communication et l'entrée d'une nouvelle contagion.

» L'exemple de la Suisse, où, au rapport d'Haller (1), *de temps immémorial, aucune contagion de bétail n'a ravagé un district considérable, par la précaution que l'on a de tuer à la première apparition d'une maladie contagieuse quelconque,* n'est pas non plus applicable aux pays de plaine. La Suisse est presque toute montagneuse; il est aisé de garder les gorges des montagnes. Les Suisses ont été pendant une longue suite d'années libres de la guerre et de l'incursion de troupes dans leur pays; ils n'ont jamais fait qu'un commerce actif de leur bétail; c'est à ces heureuses circonstances, plus encore qu'à l'assommement prompt et subit des bêtes malades et suspectes qu'est due la préservation de l'intérieur du pays des épizooties contagieuses. Mais dans ces der-

____

(1) Traité de la contagion parmi le bétail, page 31; par Haller. Berne, 1773.

niers temps (en 1796) que les circonstances ont changé, que la guerre a affligé aussi les Suisses, et qu'il y a eu dans leur pays importation de bestiaux étrangers ; qu'il n'a plus été possible de garder aussi soigneusement leurs frontières, la maladie y a pénétré et s'est répandue dans plusieurs cantons, *où malgré l'assommement exécuté comme les autres fois*, elle n'a pu être tout à fait détruite jusqu'à ce jour.

» Dans le pays bas autrichien on a tué, dit-on, en 1770, quatre cent vingt-quatre bêtes, et l'on prétend que par ce moyen on y a sauvé cent onze mille cinq cent trente-six bêtes : l'on suppose donc que sans l'assommement toutes ces bêtes seraient tombées malades et seraient mortes ; mais nous n'avons aucun exemple dans aucun temps que toutes les bêtes d'un pays aient été la victime de l'épizootie ; nous avons vu au contraire que son plus grand ravage n'a jamais outrepassé la moitié du total du bétail existant.

» On s'est d'ailleurs trop empressé de prouver dans la Flandre autrichienne l'avantage obtenu par l'assommement général; la maladie n'y a été *assoupie que pendant un temps très court:* elle a *bientôt recommencé plus furieuse* qu'auparavant, et y a continué, malgré cette mesure, jusque vers la fin de 1776, ainsi qu'on le voit par les différens édits que le gouvernement autrichien a publiés depuis 1770 jusqu'à ladite époque 1776.

» Il est très possible que l'assommement de quatre cent vingt-quatre bêtes ait été la cause de la suspension momentanée de la maladie, puisque, comme on l'a dit ci-dessus, on diminue par ce moyen la masse de l'infection ; mais le petit nombre de bêtes sacrifiées fait assez voir que dans ce temps l'épizootie n'était pas beaucoup répandue (abattage isolé) et ne faisait pas de grands ravages, peut-être cela est arrivé dans un des intervalles de temps (car la maladie s'est montrée de temps à autre), et la suspension aurait également en lieu sans l'assommement. En effet depuis 1775, en Italie, elle s'est introduite deux différentes fois dans les provinces d'Acqui et de Bielle, dans les vallées de Lanzo et de Pont, où elle a toujours fini d'elle-même en très peu de temps, et avec une perte très petite, quoique dans aucun de ces endroits on n'ait assommé les bestiaux infectés : elle s'est montrée déjà trois fois à la vénerie, et toutes les fois elle s'y est éteinte sans sortir des étables où elle s'était introduite ; elle n'a jamais paru à la *Mandria*, près de *Chiras*, ni à la *Cazabianca*, canton de *Verolas*, quoique ces cantons aient été presque toujours environnés de toutes parts par d'autres cantons très infectés. Si dans tous ces pays l'on eût adopté le système de l'assommement, l'on n'aurait pas manqué d'attribuer la cessation de la maladie, dans lesdites provinces et *vallées* et à la *vénerie*, ainsi que la *préservation* de la *Mandria* et

de la *Cazabianca* , à l'exécution de l'assommement. »

En France on a long-temps hésité à adopter le
système de l'assommement de toutes les bêtes malades et suspectes; cependant en 1775, 1796,
1815 et 1816, l'assommement fut exécuté.

Or, il paraîtra intéressant de savoir si à ces
époques, et notamment aux deux dernières (1815
et 1816), l'assommement a eu des résultats satisfaisans.

En 1775, le massacre général de tous les bestiaux n'aurait pas eu, partout où on l'a employé, un
succès égal.

Le Condomois, dit-on, qui était infecté, a été
désinfecté par l'assommement; mais d'après l'aveu de
Vicq-d'Azyr, cette désinfection ne fut que momentanée, puisque trois mois après, la maladie y sévissait avec une nouvelle fureur.

Dans le Languedoc, les Etats de Bigorre, la
maladie a été seulement assoupie pendant quelques
mois. Dans le Béarn on n'a pu l'éteindre que dans
quelques endroits. Dans l'Agenois, on a rapporté
que l'assommement avait réussi; d'après Vicq-d'A-
zyr, la maladie y aurait reparu après avoir franchi
les anciennes barrières formées par la Garonne (1).

Dans l'Aquitaine, au rapport de Dufot, l'assom-

____

(1) Vicq-d'Azyr, pages 643 et 644.

mement non seulement n'aurait pas réussi, mais aurait porté la désolation parmi les habitans des campagnes qui voyaient massacrer leurs bestiaux par des soldats, des étrangers, tandis qu'ils avaient l'espoir d'en conserver quelques uns pour la culture des champs et leur subsistance.

On a beaucoup vanté les éclatans succès de la tuerie ordonnée en 1776 par Clugny, intendant de la généralité de Bordeaux, dans le Médoc, le Condomois, le pays de Labour, et autres. Assurément que doit-on conclure quant aux effets d'une pareille mesure, alors que l'épizootie s'éteint, qu'elle n'est presque plus mortelle et qu'elle va abandonner le pays? En effet, aussi bien dans d'autres provinces que dans celles désinfectées par les ordres de l'intendant de Bordeaux et que nous venons de citer, la maladie s'y est éteinte à la même époque sans massacre général. Dans le Marensin et le pays de Born, où, dit Vicq-d'Azyr, la maladie a été portée par des bœufs qui l'avaient prise à Dax : dès sa première invasion elle a enlevé quinze cents bestiaux en peu de temps, sans qu'il y eût été possible d'en guérir aucun; mais, ajoute cet homme consciencieux, *la maladie commençait à s'adoucir,* lorsqu'elle a été tout-à-fait détruite par l'assommement exécuté par les soins de M. le comte de Funel et de M. de Clugny, intendant de Bordeaux. D'après cette seule citation on peut avoir une idée précise de l'urgence d'une pareille exécution.

Certes, les réflexions de Dufot, médecin, habitant l'Aquitaine, et qui a vu sous ses yeux exécuter la sanglante tuerie demandée par Vicq-d'Azyr, sont justes, lorsqu'il dit : « Cependant on dira dans les siècles suivans , lorsqu'après l'apparition d'une pareille maladie on aura fouillé dans tous les livres qui auront traité des épizooties pour y puiser des règles de conduite, on dira dans ces temps à venir qu'un auteur bien digne de foi par ses talens, par ses qualités et par l'aveu de l'approbation du gouvernement , a écrit qu'en 1775, en France , dans l'Aquitaine, on avait prouvé par la destruction de cette maladie qu'on avait opéré de grandes choses. Les vétérinaires , les médecins, les académiciens futurs, ne manqueront pas de s'en faire honneur, de proposer ces mesures comme confirmées par l'expérience et rapportées par un docteur des deux célèbres Facultés ; et le gouvernement ordonnera l'exécution de mesures qui ne remédieront en rien non plus qu'aujourd'hui (1). »

Ainsi donc, l'assommement n'aurait pas eu le succès qu'on en désirait obtenir dans les provinces méridionales en 1775 et 1776.

Voyons donc si cette mesure générale a eu de plus heureux résultats à une époque moins éloignée, en 1796 par exemple : « L'assommement de bestiaux , disaient Desplas et M. Huzard père envoyés sur

---

(1) Dufot, Lettres sur l'épizootie de 1775.

les lieux pour le traitement de la maladie (1) , mis en vigueur pour détruire l'épizootie, *conseillé et suivi dans quelques endroits, est inutile et ruineux;* aux armées, il favorise trop évidemment les abus des fournisseurs des vivres viandes ; dans les campagnes , il décourage le cultivateur : voilà quelles étaient les opinions des deux spectateurs de la scène sanglante qui se passait alors sous leurs yeux,

Ce qu'il y avait encore de plus remarquable à cette même époque (1796) et qui donne à penser que l'occision générale était une mesure inutile et nuisible , c'est que, pour arrêter les progrès de l'épizootie, le gouvernement , sur les conseils sans doute d'hommes fort compétens , publia l'arrêt du directoire exécutif du 27 messidor an 5, où il n'est nullement question de l'assommement.

Voyons ce qui arriva pendant l'épizootie de 1815 et 1816. Dans le commencement de l'année 1815 le typhus épizootique exerçait de nombreux ravages dans toute la France, lorsque parut l'ordonnance du 17 janvier, qui, entre autres mesures, prescrivait l'assommement des bestiaux malades et suspects. Déjà les autorités des départemens de l'Ain, de la Loire, du Rhône, avaient fait mettre à exécution cette rigoureuse mesure, lorsqu'arriva le mois de mars et le retour de Napoléon de l'île d'Elbe. On

____

(1) Instruction sur les maladies inflammatoires épizootiques, page 17.

connaît les nombreux évènemens politiques qui suivirent ce retour ; alors on ne songea plus au typhus, et cependant l'épizootie disparut l'année suivante de tous les points de la France. Or , si l'assommement eût reçu sa pleine et entière exécution , alors on lui aurait indubitablement attribué la cessation de l'épizootie et on aurait chanté victoire.

Ainsi , les faits sur lesquels les partisans de l'assommement général se sont appuyés pour prouver la bonté de cette mesure , peuvent donc être révoqués en doute , et ne sauraient être d'aucune valeur pour appuyer désormais une tuerie générale qu'on voudrait mettre à exécution.

Nous allons plus loin , nous pensons que par l'emploi de cette mesure on tue inévitablement des bestiaux que la maladie n'aurait pas attaqués. Le fait suivant va appuyer cette assertion. Voici ce qui est arrivé en 1770 dans le canton de Franc-de-Burges : on a abandonné ce canton à son sort, on n'y a tué ni les bestiaux malades ni les suspects. Il était peuplé de vingt-cinq mille six cent quatre-vingt-treize bêtes, parmi lesquelles, le 7 octobre 1778 , il y en avait deux mille soixante-neuf malades ; le nombre de celles-ci est arrivé en décembre de la même année à dix mille neuf cent quarante-trois, dont la moitié est *guérie* (1).

Or, il est très vraisemblable que les huit mille

____

(1) Récit de la marche, *loco citato.*

huit cent soixante-quatorze bêtes qui sont tombées malades depuis le 7 octobre étaient les suspectes, c'est-à-dire celles qui avaient communiqué avec les deux mille soixante-neuf qui étaient malades avant cette époque; la moitié des dix mille neuf cent quarante-trois malades est guérie : il est donc plus que probable qu'au moins *cette moitié aurait été perdue si dans ce canton on eût fait tuer les bêtes malades et suspectes.*

Nous avons cherché à prouver que l'assommement général n'avait point réussi à diverses époques où on l'a mis en pratique; il nous sera moins difficile maintenant de convaincre nos lecteurs des obstacles insurmontables qui se rattachent à ses moyens d'exécution : par là nous serons à même de juger des dépenses énormes que cette mesure extrême coûte au gouvernement; de faire sentir toute la désolation qu'il apporte aux habitans, des campagnes et le préjudice qu'il porte à l'agriculture et au commerce des bestiaux.

Vicq-d'Azyr a publié en janvier 1775 ce qui suit : « Il sera envoyé dans chacune des paroisses comprises dans l'intervalle qu'on aura entrepris de purifier, un détachement de soldats, suffisant pour, avec les paysans qui pourront être commandés, exécuter toutes les opérations prescrites : ce détachement sera composé d'une personne experte (le vétérinaire), d'un officier militaire pour donner les ordres convenables, d'un officier municipal pour faire payer sur le champ aux propriétaires l'indemnité accordée pour les bestiaux sacrifiés.

» *On visitera toutes les étables et tous les bestiaux de la paroisse sans exception* avec les précautions indiquées, pour n'occasionner aucune communication entre les bêtes saines et les bêtes malades.

» On fera tuer sans délai tous les animaux attaqués et suspects, et on les fera enterrer sur le champ après avoir fait taillader les cuirs, dans des fosses assez profondes pour que non seulement les animaux voraces ne puissent entreprendre de les déterrer pour en emporter les chairs, mais encore pour que les émanations putrides qui s'en exhaleraient ne puissent répandre la contagion.

» Un cordon extérieur, composé de troupes à cheval, gardera les routes, les chemins vicinaux ; parcourra les campagnes pour s'opposer à toute soustraction du bétail malade, suspect ou sain.

» En même temps on procédera à la désinfection des étables ; on brûlera, on enterrera les fumiers, et on désinfectera les objets de l'étable, ainsi que l'air et les personnes chargées du soin des animaux. »

Comment, en vérité, parvenir strictement à l'exécution d'une pareille mesure ? D'abord il faudrait un nombre considérable de troupes à pied et à cheval pour opérer cette opération promptement ; car la promptitude seule peut assurer le succès de la mesure, si succès il y a. Or, comment est-il possible en quelques jours de désinfecter en la manière prescrite vingt ou trente communes très rapprochées les unes des autres, formant le quart ou seulement la moitié d'un département? Pendant la visite faite par l'autorité militaire et administrative prendrat-on toutes les précautions voulues? Ces visiteurs improvisés ne deviendront-ils pas, ainsi que nous l'avons déjà dit, des agens propagateurs de la maladie? Les paysans ne chercheront-ils pas à cacher dans les montagnes, dans les bois ou ailleurs, les bestiaux suspects qu'ils espèreront soustraire à l'assomment, soit pour faire des élèves, soit pour la culture indispensable de leurs champs? Ne pourront-ils pas s'opposer en masse à une mesure vexatoire et destructive, en résistant à l'autorité?

D'ailleurs, on ne peut pas dire, à l'occasion de la mort des bestiaux : morte la bête, mort le venin, les cadavres des bestiaux assommés, les assommeurs eux-mêmes, les dépouilles, si on veut en faire usage, peuvent encore transmettre la contagion? Il faudra donc faire procéder méthodiquement à l'enfouissement des cadavres. D'autre part, après que ces exécutions, ces désinfections, auront eu lieu, s'il arrivait que, dans un village, une commune, une ou plusieurs bêtes suspectes contractassent la maladie, quinze jours, un mois après qu'elle aura été désinfectée, il faudra donc avoir recours une seconde fois à l'assommement et à de nouvelles purifications?

Vicq-d'Azyr avait bien compris tous les obstacles

insurmontables que suscite cette rigoureuse mesure , lorsqu'il a dit : « Que l'on se garde bien d'une loi aussi sévère, lorsqu'on n'a pas les moyens de la faire exécuter *partout* en *même temps* ; alors , au lieu d'un projet utile on exécuterait une suite de vexations aussi onéreuses à l'État qu'elles sont à charge aux particuliers. »

Indépendamment des dépenses énormes nécessitées pour l'exécution de l'assommement, le gouvernement doit accorder une indemnité par chaque tête de bétail malade et sain regardé comme suspect.

« Cet acte de rigueur , dit Bourgelat, par lequel on dépouille forcément des particuliers d'un bien qui leur appartient, ne serait qu'un acte totalement contraire au droit des gens et vraiment tyrannique , si d'autres conditions réunies ne concouraient à le transformer en un acte utile et légitime. La première condition est dans l'assurance de fonds nécessaires au dédommagement des possesseurs des animaux sacrifiés. Il serait souverainement injuste de leur donner une indemnité , lorsque la perte à laquelle la contagion les expose n'est point évidemment certaine et que rien ne peut détruire d'une manière absolue l'espérance que leur laisse le doute sur l'issue de l'événement. »

Voyons donc si le dédommagement accordé aux propriétaires est assez grand pour alléger les pertes qu'ils supportent par l'assommement de leur bétail.

Les arrêts du Conseil du 18 décembre 1774, art. 4 ; — du 1er novembre 1775, art. 5. ; — du 27 janvier 1815, art. 5, qui renvoient aux dispositions des deux premiers arrêts cités , *accordent le tiers de la valeur des bestiaux malades assommés, en les considérant comme s'ils avaient été sains.*

Relativement aux bêtes saines et suspectes, les ordonnances, les arrêts, ne fixent rien à cet égard ; seulement on voit dans l'ordonnance du 10 janvier 1776, art. 12, publiée par de Clugny, intendant de la généralité de Bordeaux, que la totalité de la valeur des bêtes suspectes et saines sera remboursée aux propriétaires d'après les procès-verbaux d'estimation qui en seront dressés.

Le gouvernement autrichien , lors des assommemens qui furent exécutés en 1779 et 1790 en Flandre, payait également la valeur des bêtes saines. Le taux de l'une et de l'autre de ces indemnités nous paraît juste et assez élevé. Mais quelle dépense pour le gouvernement à l'égard d'une mesure dont les résultats ne sont rien moins qu'incontestables; 15,000,000 suffirent à peine en 1776 pour indemniser les propriétaires de la valeur des bêtes sacrifiées. Certes , n'est-ce pas le cas de dire que le remède est pire que le mal ? Mais ce n'est pas tout : si on ajoute à ces dépenses énormes les pertes des cuirs, du suif, des bestiaux malades ; si on prend en considération les coups désastreux portés à l'élève, au commerce des bestiaux, à l'industrie manufacturière qui tire parti des débris cadavériques qui sont enfouis et perdus pour toujours, on se fera une idée des tristes résultats qui seront toujours la suite inévitable du massacre général des bestiaux.

Nous repoussons donc l'assommement général, attendu, d'une part : 1° Que jusqu'à ce jour aucun fait bien avoué n'a été inséré nulle part, que nous sachions au moins, capable de bien prouver les avantages de l'assommement général ;

2° Que si quelques faits semblent militer en faveur de cette mesure, ces faits ne doivent être regardés que comme des abattages isolés.

Attendu, d'autre part : 1° Que l'exécution de l'assommement général est hérissée de difficultés insurmontables ;

2° Que cette exécution est onéreuse à l'Etat et destructive de l'espèce bovine, en ce sens qu'elle n'épargne pas les bestiaux suspects qui n'auraient point conctracté la maladie ou qui n'en seraient point morts ;

3° Que ce massacre est opposé aux principes d'économie politique, parce qu'il décourage le cultivateur, qu'il peut même le pousser à des insurrections, qu'il porte une atteinte préjudiciable à l'élève des bestiaux, à leur commerce et à l'agriculture ;

4° Qu'enfin on peut faire découler , comme corollaire de ces conclusions , la conséquence suivante : Que le *massacre isolé* est la seule mesure qui ait offert quelques avantages au début de l'épizootie dans une localité circonscrite, et que lui seul doit et peut être conseillé aux autorités par les vétérinaires.

B. *Emigration ou migration des bestiaux*. On appelle émigration des bestiaux le transport d'animaux sains d'une localité dans une autre localité, dans le but de les soustraire à la contagion dont ils sont menacés.

On a donné aussi ce nom au reflux des bestiaux épargnés par l'assommement dans une autre localité dépeuplée de bestiaux , soit par l'épizootie, soit par le massacre, et convenablement désinfectée.

Nous croyons devoir consacrer quelques lignes à ces deux moyens.

L'émigration des bestiaux en parfaite santé d'une localité menacée de la contagion dans une autre localité où la maladie n'existe pas encore et assez éloignée des foyers d'infection est certes une des mesures les plus sages que l'autorité puisse faire mettre à exécution ; car il est incontestable qu'en faisant refluer dans un pays sain tous les bestiaux menacés d'une localité , ce dépeuplement opéré dans une étendue de terrain de plusieurs lieues formerait une barrière impénétrable à la maladie , puisqu'elle ne trouverait plus de sujets à frapper. Cette mesure a été mise en pratique dans quelques localités de la France, en 1815, avec un plein succès. Dans le département de la Seine , les habitans de Clichy, dont les bestiaux étaient menacés par l'épizootie qui régnait à La Chapelle, à Montmartre, conduisirent une partie de leurs vaches laitières de l'autre côté de la Seine, à Asnières, à Genevilliers, où la maladie n'existait pas et les ont toutes préservées (1).

Dans les pays couverts de pâturages, dans les pays de montagnes , l'émigration pourrait être facilement mise en usage dans la belle saison, si les animaux trouvaient dans la localité où on les aurait transhumés une nourriture suffisante. Dans les pays de montagnes où se rencontrent des vallées arrosées par des rivières et fertiles en gras pâturages , isolées entièrement d'autres vallées où existerait la contagion, l'émigration aurait, nous en sommes persuadés, des succès incontestables, parce qu'il suffirait de garder les défilés par où pourrait pénétrer la contagion pour arrêter ses progrès.

Dans les localités bordées par une rivière assez considérable ou un fleuve, cette émigration serait encore utile, puisque l'expérience a fait constater que l'épizootie s'arrêtait fréquemment aux bords des fleuves

______

(1) *Annales d'agriculture.* — Huzard père, t. 58, p. 354.

ou rivières, toutes fois et quantes les ponts, les gués, étaient gardés par des agens de police qui interceptaient toute communication.

Cependant l'émigration pourrait trouver des obstacles dans ses moyens d'exécution pendant l'hiver, et dans les localités pauvres en fourrages : les étables, les cénacles, les lieux dans lesquels on ferait refluer les bestiaux pourraient être encombrés ; et si à cet inconvénient venait se joindre une pénurie dans l'alimentation, on pourrait craindre le développement de maladies non moins redoutables que le typhus. Nous voyons encore un inconvénient, c'est l'apparition soudaine de la maladie dans les localités où l'on a rassemblé les bestiaux, qui alors, se répandant parmi ces animaux accumulés dans un espace circonscrit, sévirait avec une nouvelle fureur.

Nous pensons donc que l'émigration dont nous nous occupons est une mesure spéciale à quelques localités où elle pourra être mise en pratique très utilement avant l'invasion de la maladie, et lorsqu'on se sera bien assuré que tous les bestiaux qui devront transhumer ne sont ni malsains ni suspects du typhus.

L'émigration des bestiaux infectés dans les localités où la maladie les a dépeuplés est une mesure à rejeter comme dangereuse. Le petit nombre d'essais qui ont été faits en 1774 et 1775 dans le midi de la France appuie cette opinion.

« On imagina, dit Vicq-d'Azyr , qu'en faisant passer les bestiaux sains d'un pays où régnait alors la contagion dans un pays anciennement infecté et où la maladie avait cessé depuis quelque temps , cette émigration pourrait leur être favorable : dans cette vue on a fait passer une assez grande quantité de bestiaux du *Condomois* à *Montréal,* où ils se sont conservés pendant plusieurs mois ; mais comme on n'avait point désinfecté les étables , ils y ont été attaqués de l'épizootie vers la fin de l'année 1775. »

A la même époque, lorsque le typhus régnait sur les bestiaux de la rive droite et de la rive gauche de la Garonne, on assomma, d'après un plan dressé par Vicq-d'Azyr, les bestiaux malades et suspects sur la rive droite ; on désinfecta les lieux que les animaux avaient habités : on assomma également les bêtes malades sur la rive gauche ; mais on épargna les bêtes saines et suspectes, dans le double but de les faire passer sur la rive droite désinfectée et les conserver. Un espace de quelques lieues de profondeur sur la rive gauche formait donc un rayon dépourvu de bestiaux. Ce vide devait former une barrière insurmontable à la maladie et l'empêcher de se propager plus loin.

L'opération fut commencée, mais on fut obligé d'y renoncer à cause des obstacles qui s'y opposèrent. Vicq-d'Azyr convint ensuite de l'impossibilité d'exécuter une semblable mesure ; et ce savant, aussi modeste qu'instruit , a fait connaître toutes les difficultés qui désormais pourraient empêcher l'exécution d'une semblable opération. Les voici :

1° L'agriculture et le labour du pays dont on déplace les bestiaux deviennent fort difficiles.

2° Il n'est pas aussi facile qu'on pourrait le croire de trouver des propriétaires qui veuillent recevoir des bestiaux suspects chez eux.

3° Ces bestiaux émigrés peuvent conserver , quoique bien portans , pendant vingt ou trente jours le germe de la maladie qui pourra les attaquer dans la nouvelle localité après y avoir apporté la contagion.

4° La dépense à faire pour l'exécution est énorme. Le gouvernement doit payer les frais d'assommement, l'indemnité du tiers de la valeur des bêtes malades , la totalité de la valeur des bêtes suspectes, les dépenses des procédés de désinfection , la moitié de la valeur des bêtes émigrées , et, dans le cas où celles-ci périraient de l'épizootie chez le nouveau propriétaire dans l'espace d'une année , la totalité de leur valeur; enfin les gratifications à accorder aux personnes qui voudraient bien se charger de la culture des champs avec des chevaux ou mulets dans la localité dépourvue de bêtes à cornes. L'exécution d'une pareille mesure est donc non seulement dangereuse , comme nous l'avons dit d'abord ,

TABLEAU SYNOPTIQUE DES NOCULATIONS DU TYPHUS.

ÉPOQUES.	LIEUX.	INOCULATEURS.	ÉTAT PARTICULIER DE LA MALADIE.	PROCÉDÉ OPÉRATOIRE, ORIGINE ET NATURE DU VIRUS.	NOMBRE des ANIMAUX INOCULÉS.	ÂGE.	ANIMAUX GUÉRIS.	ANIMAUX MORTS.	OBSERVATIONS.
1746.	Angleterre.	Dodson.	.	.	.	.	.	.	Succès douteux.
1755.	Hollande.	Moreau, Agge, Kool et Tack.	.	.	17	.	1	16	
1757.	Hollande.	Schwencke.	.	.	6	d'un à 2 ans.	6	.	
1757.	Angleterre.	Evêque d'Yorck.	.	.	6	vaches.	5	1	
1757.	Angleterre.	Layard.	Avec éruption de pustules à la peau.	Incision à la peau, insertion du plumasseau trempé dans la matière d'une pustule ou bouton d'un jeune animal.	8	de tout âge.	3	5	
1757.	id.	Bewley.	Avec éruption de pustules.	Même procédé.	3	id.	3	.	
1763.	Allemagne	Anonyme.	.	Mèche imbibée de sang, de salive ou mucus nasal, placée dans une ouverture faite à jugulaire, ou dans une incision au fanon.	20	id.	9	11	
de 1764 à 1769.	Mecklembourg.	Claus Detlof, Doertsen.	Maladie maligne.	Mucus, salive, introduits sous la peau avec une mèche ou une éponge imbibée de vis.	16	id.	3	13	
1769.	Hollande.	Camper, Van Daveren et Munnicks.	Avec taches rouges et desquamation aux aines.	Séton imbibé de mucus nasal provenant d'animaux gravement ou légèrement attaqués.	112	id.	41	71	
1769.	Hollande.	Koopman et Sandifort.	Avec éruption de pustules.	Même procédé.	94	id.	45	49	112 bêtes n'ont pas contracté la maladie.
1769, 1771 et 1772.	Allemagne.	Witer, OEder et Berger.	Sans éruption exanthématique ou pustuleuse.	Fil de coton trempé dans le sang, et inséré à la région iliaque externe.	300	id.	252	45	D'après Munichs, cette inoculation aurait réussi en des années sur 3300 veaux.
1770 et 1771.	Hollande.	Geert-Reinders, Camper et Munnicks.	Maladie bénigne.	Mucus nasal, séton à la cuisse, inoculation seulement sur des veaux au-dessous de six mois provenant de vaches guéries du typhus.	11	2 à 6 mois.	10	1	
1774.	France.	Vicq-d'Azyr.	Affection maligne avec ou sans éruption.	Fil de coton imbibé de matière virulente.	12	vaches.	1	11	Vicq-d'Azyr fait observer que l'inoculation réussit mieux quand la maladie est bénigne.
fin de 1775.	France.	id.	Déclin de l'épizootie, bénignité avec éruption sur le plus grand nombre des bêtes attaquées.	.	10	id.	8	2	8 n'ont point contracté la maladie.
1776.	Allemagne.	Compagnie de savans.	.	Mucus nasal, séton à la cuisse, inoculation sur des veaux au-dessous de six mois provenant de vaches guéries du typhus.	120	2 à 6 mois.	90	30	Below fait observer que tous les bestiaux qui furent inoculés dans les endroits où la maladie était maligne, mouraient. Les veaux au-dessous de six mois mouraient, à moins qu'ils ne fussent nés de vaches guéries de la maladie.
1776, 1778 et 1779.	Mecklembourg.	Bulow.	Sans éruption : matière virulente prise dans les endroits où la maladie était bénigne.	Séton imprégné de matière virulente.	175	de tout âge.	135	40	
1778.	Mecklembourg.	Claus Detlof, Doertsen.	Maladie bénigne.	Séton imbibé de matière virulente, placé sous la peau, près de l'épine, avec le soin de faciliter l'écoulement du pus.	3679	de tout âge.	3241	438	Detlof insiste sur l'inoculation d'une maladie bénigne.
1814 et 1815.	France.	Girard et Dupuy.	Avec éruption quelquefois à la peau.	Inoculation avec la salive, le mucus nasal, la chassie des yeux, à l'aide de lancette ou pénicé avec un séton sous la peau de l'encolure.	7	vaches de 5 à 8 ans.	4	3	
				TOTAUX.	4696		3814	733	

mais encore onéreuse à l'Etat et ruineuse pour les agriculteurs. Bien plus, elle n'est même pas plus exécutable sur une petite que sur une grande échelle. Car quel est le possesseur de gros bétail jusqu'alors à l'abri de la contagion, ou même de bétail suspect, qui voudra le faire passer dans le pays infecté ? Quelle est l'autorité qui jugera convenable d'ordonner une mesure inutile et dangereuse ?

Nous approuvons seulement l'émigration locale avant l'invasion de l'épizootie dans une localité ; mais nous rejetons comme onéreux et injuste le dépeuplement des bestiaux épargnés par le typhus dans une localité pour repeupler un pays déjà ravagé. Nous nous dispenserons donc de commenter l'ordonnance de Clugny, du 15 janvier 1776, et le second Mémoire instructif de Vicq-d'**Azyr**, publié en novembre 1775, qui ont trait à l'émigration.

C. Inoculation. La pratique de l'inoculation de la variole de l'homme et les avantages qui s'y rattachent connus au seizième siècle, suggéra en 1746, aux médecins anglais, l'idée d'inoculer le typhus contagieux, que l'on disait alors avoir quelque analogie avec la variole de l'homme, espérant par cette méthode transmettre aux bêtes à cornes une maladie bénigne capable de les préserver d'une nouvelle atteinte du typhus.

Dosdon, Layard, tentèrent donc en Angleterre les premiers essais d'inoculation sur quelques bêtes.

Grashuis, Sandifort, Kopnam, Noseman, Camper,

Munnicks, Bulow, Claus-Detlof, Bergius, Vicq-
d'Azyr, les répétèrent dans la Hollande, la Suède, le
Mecklembourg, la Zélande, à diverses époques;
enfin MM. Girard et Dupuy les tentèrent aussi
en France en 1815.

Ainsi que l'inoculation de la vaccine chez les enfans et du claveau sur les moutons, la transmission
du typhus comptant des succès et des insuccès a dû
rencontrer des apologistes et des détracteurs : les opinions les plus dissidentes ont été émises sur les avantages et les inconvéniens de ce procédé; mais grace
à la persistance des essais de Camper et de Detlof,
l'inoculation du typhus, qui jusqu'alors avait été
dédaignée, a fixé l'attention les vétérinaires et
des médecins.

Les avantages qu'on lui rattache seraient: 1° de
transmettre aux animaux bien portans un typhus
bénin, facilement curable dans son début; 2° de
mettre les bestiaux inoculés à l'abri de toute récidive; 3° d'atténuer la gravité de la maladie, dans
les localités où elle pourrait sévir avec fureur en y
débutant; 4° de conserver des milliers de bêtes à
cornes qui seraient victimes de la maladie, ou bien
assommées conformément aux lois sanitaires.

Les avantages de cette transmission typhoïde sont-
ils incontestables? Si un jour le typhus épizootique
venait à se déclarer sur notre gros bétail, les vétérinaires devraient-ils proposer l'inoculation générale

aux autorités, qui alors pourraient en ordonner l'exécution ?

. Ces questions d'un haut intérêt méritent de notre part une sérieuse attention.

M. Dupuy, dans un ouvrage récemment publié, conseille l'inoculation du typhus; il n'hésite point à dire que le typhus n'est autre chose qu'*une cachexie varioleuse ou picotte des bœufs*, enfin une maladie ressemblant aux affections varioleuses de l'homme, du cheval, du mouton et du porc; et, s'appuyant sur cette parité de maladie, sur les essais d'inoculation qui ont été faits et qu'il a faits lui-même, il conclut que l'inoculation doit être désormais une mesure qu'on s'empressera de mettre en pratique de préférence à toutes les mesures sanitaires conseillées jusqu'à ce jour. Une semblable opinion émise de nos jours par un homme qui a vu, étudié et inoculé le typhus, pourra être de quelque poids pour beaucoup de vétérinaires et d'autorités administratives. Il est donc de notre devoir d'examiner l'inoculation typhoïde avec détail, et avant tout de chercher à faire connaître la similitude ou l'analogie existant entre le typhus et les affections varioleuses malignes ou bénignes. Ce premier point capital éclairci et jugé, nous examinerons successivement et avec détail tout ce qui a rapport à l'inoculation, en insistant sur les avantages qui ont été rattachés à diverses époques à ce procédé.

Le typhus est-il une affection varioleuse?

L'opinion de M. Dupuy que nous avons exprimée plus haut n'a pas le mérite de l'originalité. Ramazzini, en 1711 , a décrit le typhus sous le nom de petite vérole des bœufs (1).

Les médecins de Genève, en 1714, cherchèrent à prouver les rapports qui existaient entre la maladie des bœufs et la petite vérole des hommes (2).

Herment, docteur en médecine et médecin du roi de France; Drouen, chirurgien des gardes du corps; Guillot, médecin à Besançon, cherchèrent également à démontrer cette analogie (3).

En 1757, Layard faisait les mêmes observations en Angleterre (4). Enfin Vicq-d'Azyr désignait le typhus épizootique de 1774, 1775 et 1776 sous le nom de typhus varioleux (5).

Pour bien chercher à établir l'analogie ou la parité qui peut exister entre l'affection varioleuse et le typhus contagieux, nous ne voyons rien de mieux à faire que d'examiner, dans un tableau synoptique et

(1) Ramazzini, *della contagiosa*, an 1711.

(2) Réflexions sur la maladie du bétail, par la Société des médecins de Genève, 1715; et Paris, 1745.

(3) Même recueil.

(4) Layard, Essais sur la nature, les causes et la cure de la maladie contagieuse des bêtes à cornes en Angleterre. Londres, 1757.

(5) Vicq-d'Azyr, ouvrage déjà cité, pages 200 et 502.

comparatif, les symptômes, la durée, les terminaisons de l'une et de l'autre maladie.

L'épizootie typhoïde, éclatant dans une localité, présente toujours, à son début et à sa période d'état, une gravité qu'on ne peut méconnaître ; elle fait périr la majeure partie des animaux qu'elle attaque, tandis qu'après un certain temps d'existence elle devient moins rebelle et peu meurtrière. On pourrait donc à la rigueur distinguer, relativement à sa gravité et à sa bénignité, deux espèces de typhus, l'un malin, irrégulier, et l'autre bénin et régulier, ainsi qu'on observe ces deux types dans les affections varioleuses. Cette distinction, nous la faisons pour faciliter la comparaison des deux maladies dans le tableau ci-dessous.

Tableau synoptique et comparatif du typhus contagieux et des affections varioleuses de l'homme et du mouton.

MALADIES VARIOLEUSES.	TYPHUS CONTAGIEUX.
Caractères maladifs.	*Caractères maladifs.*
A. *Variole régulière ou bénigne.*	A. *Typhus régulier ou bénin.*
Quatre périodes parfaitement distinctes : — incubation, —éruption, — sécrétion séreuse et purulente,—desquammation.	Périodes très difficiles à distinguer, —éruption n'appartenant guère qu'au déclin de l'épizootie.
1° *Contagion naturelle, — apparition de la maladie.*	1o *Contagion naturelle ; — apparition de la maladie.* — Mouvement fébrile général ; — soubresauts musculaires ; —agitation ; —prostration ; —branlement de la tête ; — salivation abondante ; — larmoiement ; — toux ; — constipation.
Six à huit jours après la transmission :—mouvement fébrile général;—toux; — mouvemens convulsifs dans quelques bêtes ; — sensibilité très grande de la région lombaire.	

MALADIES VARIOLEUSES.

2° *Eruption, desquammation.*

Du quatrième au sixième jour après le début:-éruption de pustules lenticulaires déprimées au sommet, entourées d'une auréole rougeâtre, devenant promptement grisâtres, renfermant un fluide séreux sous l'épiderme, laiteux et bientôt purulent, se desséchant ensuite en formant des croûtes, autour des ouvertures naturelles, aux ars, aux mamelles, entre les onglons, dans différentes parties du corps ; — symptômes généraux disparaissant en partie après cette éruption unique.

3° Ces pustules deviennent bientôt grises, forment croûtes, se desséchent et s'enlèvent par écailles, du douzième au vingtième jour ; —quelquefois pendant le cours de l'éruption ; apparition de pustules vésiculeuses ou aphthes sur la muqueuse buccale.

TYPHUS CONTAGIEUX.

2° *Eruption; desquammation.*

Du cinquième au sixième jour après le début. (*Ramazzini*, épiz. 1712.) Du septième au neuvième jour. *Layard*, épiz. 1757.) Du cinquième au septième jour; (*Dufot*, épiz. 1771.) Du troisième au sixième jour; (*Vicq-d'Azyr*, épiz. 1774 et 1775.) Eruption de pustules rougeâtres, aplaties, renfermant une matière blanche, épaisse, puis puriforme; autour des ouvertures naturelles, aux mamelles, aux épaules, sur tout le corps ; — mieux quelquefois apparent.

Sans indiquer l'époque précise de l'éruption, beaucoup d'auteurs ont parlé de boutons, de pustules; (*Lancisi*, épiz. *Italie*, 1711 ; — *Guillot*, — *Drouin*, — *Herment*, épiz. *France*, 1713;—*Leclerc*, épiz. *Hollande*, 1746; — *de Courtivron*, épiz. *France*, 1746 ; — *Beaumon*, épiz. *France*, 1775 ; — *Gohier*, *Girard et Dupuy*, épiz. 1815.) Ces deux derniers auteurs ont signalé des pustules pendant la convalescence.

3° Ces pustules forment bientôt croûtes, qui tombent par écailles après cinq à six jours d'existence. (*Girard et Dupuy.*)

On a observé aussi en même temps que l'éruption pustuleuse, l'éruption de boutons, de vésicules, d'aphthes, dans la bouche. *Lancisi, Ramazzini*, épiz. 1711 à 1714;—*Scroëkius*, épiz. *Allemagne* 1711 ; — *Société des Médecins de Genève*, épiz. 1712; — *Leclerc*, épiz. *Hollande*, 1746; — *De Sauvages*, épiz. *France*, 1746;—*Layard*, épiz. *Angleterre*, 1747 ; — *Vicq-d'Azyr*, épiz. *France*, 1774 et 1775 ; — *Beaumon*, épiz. *France*, 1795; — *D'Arboval*, épiz. *France*, 1815.)

D'autres observateurs ont remarqué une terminaison heureuse avec apparition de taches rouges érysipélateuses par tout le corps , et notamment aux aines , recouvertes bientôt de squammes tombant en poussière furfuracée. (*Camper*, épiz. *Hollande*, 1768 à 1769;—*Vicq-d'Azyr*, épiz. *France*, 1775.)

D'autres observateurs ont remarqué comme terminaison heureuse, l'éruption de tumeurs sous-cutanées se terminant par suppuration. (*Abcès*.) — *Layard* , épiz. *Angleterre* , 1757 ; —*Vicq-d'Azyr*, *Grignon*, épiz. *France*, 1775 ; — *Girard et Dupuy*, épiz. *France*, 1815.)

Enfin beaucoup d'auteurs n'ont point observé d'éruption , ni dans l'état , ni dans le déclin du typhus. (*Camper* , épiz. *Hollande*, 1769 ; — *Girard et Dupuy* , 1815.) D'autres ont vu une diarrhée muqueuse-bilieuse terminer heureusement la maladie. —(*Courtivron*, 1746 ; *Dufot*, 1771 ; *Vicq-d'Azyr*, 1775.)

B. VARIOLE MALIGNE OU MEURTRIÈRE.

Caractères maladifs, d'après Gilbert, MM. *Girard, D'Arboval et Dupuy*.

1º Invasion irrégulière ; — fièvre générale s'accompagnant de douleurs du dos et des lombes ; — soif ardente; — écoulement de bave; — flux par le nez d'une matière épaisse ichoreuse ; — faiblesse générale ; — muqueuses quelquefois pâles ; — yeux larmoyans, gonflés ; — battemens du cœur très forts ; — respiration bruyante ; — fétidité de l'air expiré ; — lèvres et extrémités des membres souvent infiltrées ; — laine s'arrachant avec la plus grande facilité.

Ces symptômes sont suivis le deuxième, le troisième, quelquefois le huitième jour, de l'appa-

B. TYPHUS MALIN OU MEURTRIER.

Caractères maladifs , d'après *Bourgelat, Camper , Vicq-d'Azyr , Gohier* ; MM. *d'Arboval , Huzard père, Grognier, Girard et Dupuy*.

1º Les deux premiers jours grande tristesse ; — sensibilité très grande au garrot, aux lombes, au cartilage xyphoïde ; tremblemens généraux ;— contractions spasmodiques à l'encolure, aux grassets, aux coudes.

Troisième et quatrième jour, emphysème sous-cutané le long du dos ;—branlement continuel de la tête ;— larmoiement abondant, roussâtre ; — jetage nasal, quelquefois sanguinolent , obstruant les naseaux; salivation continuelle; — quelquefois toux ; — respiration laborieuse, plaintive ; —constipation, — à laquelle succède la diarrhée ; — ecchymoses sur le corps ,

rition de taches rouges, nombreuses, sur toutes les parties du corps, desquelles s'élèvent bientôt des renflemens noueux, cordés, ou bien des duretés agglomérées qui bientôt se dessinent sous la forme de grosses pustules rougeâtres, existant principalement autour des ouvertures naturelles, aux onglons, quelquefois par tout le corps. — Quelques bêtes meurent pendant cette éruption, quelquefois la mort la précède.

Ces pustules renferment un fluide séro-sanguinolent ichoreux, purulent ; quelquefois cette suppuration est tardive et accompagnée d'une fièvre intense ; — bientôt diarrhée, dysenterie ; — chassie abondante aux yeux ; — adynamie, prostration ; — quelques mouvemens convulsifs ; — mort du dixième au douzième jour.

Guérisons peu nombreuses ; — desquammation très lente ; — convalescence toujours longue ; — répercussion de l'éruption ; — tumeurs phlegmoneuses ; — érysipèle gangréneux ; — pustules ; — aphthes dans la bouche ; — perte de la vue.

C. LÉSIONS MORBIDES d'après *Gilbert, Borel, Lamayran, D'Arboval* et *Girard,* dans les animaux; et *Guersent* chez l'homme.

Altérations ordinaires.

1° Pustules nombreuses, agglomérées, aplaties, encadrées par une auréole livide sur toute la surface cutanée, particulièrement autour des ouvertures naturelles, aux aines, aux aisselles ; — taches plombées à divers endroits.

Membranes muqueuses buccale,

aux conjonctives, à la nasale, — teinte violacée de la pituitaire, de la buccale, des mamelles, de la vulve ; exacerbation le soir.

Quatrième, cinquième et sixième jours, emphysème sous-cutané plus considérable; — aphthes, boutons dans la bouche, aux lèvres, autour des naseaux ; — diarrhée muqueuse, bilieuse, suivie de dysenterie ; — matières expulsées noirâtres, excessivement infectes; — faiblesse extrême ; — pouls petit et mou, très vite, inexplorable ; — sang retiré de la jugulaire, se coagulant incomplètement, très noir, se putréfiant très vite, — d'autres fois comme de la lavure de chair.

Septième et huitième jour, adynamie profonde ; — épreintes, tenesme rectal, avec expulsion constante de matières grises, noires, infectes ; — emphysème sous-cutané, formant de grosses bosselures dans quelques parties du corps.

Mort le deuxième, troisième, quatrième et cinquième jour, rarement au delà du dixième ; — l'éruption cutanée n'a point lieu ou apparaît par exception dans ce dernier cas, elle disparaît promptement par métastase. (*Vicqd'Azyr, Beaumon, Girard* et *Dupuy.*)

C. LÉSIONS MORBIDES, d'après *Lancisi, Ramazzini, Herment, Guillo, Drouin, de Courtivron, de Sauvages, Layard, Camper, Sandifort, Vicq-d'Azyr, Grignon, Nocq, Maillard, Huzard père, Desplas, Baumon, D'Arboval, Gohier, Grognier, Girard* et *Dupuy.*

Altérations très rares.

1° *Lancisi* a vu des ulcérations au gosier en 1711 ; *Herment,* l'intestin grêle garni de pustules, en 1712 : *les Médecins de*

MALADIES VARIOLEUSES. | TYPHUS CONTAGIEUX.

nasale , pharyngienne , laryngienne-bronchique, parsemées de pustules semblables à celles de la peau ; traces de pustules s'offrant sous la forme d'ulcérations , attaquant l'épaisseur de la muqueuse.

Muqueuse du rumen (Borel), de la caillette, des intestins grêles, offrant également des pustules, ou de nombreuses taches rouges disséminées.

Pustules à la surface et dans l'épaisseur des poumons , se présentant sous la forme de petits corps lenticulaires jaunâtres , renfermant un fluide séro-purulent.

M. d'Arboval seul n'a point constaté ces pustules sur 27 bêtes.

Ecchymoses, épanchemens sanguins autour du cerveau , de la moelle épinière , dans le poumon, le foie , les reins, la rate , le canal intestinal.

Paris ont trouvé les poumons couverts de pustules en 1745.

Grignon a observé des pustules dans les naseaux et la caillette en 1774.

Ramazzini, — *les Médecins de Genève*, — *Scroëkius*, — *de Sauvages*, — *Leclerc*, — *de Courtivron*, *Gayard*, — *Dufot* , —*Vicq-d'Azyr*, *Beaumon*, — *Gohier*, — *Grognier*, *D'Arboval*, — *Girard et Dupuy* n'ont point observé les pustules dont il est question.

Altérations ordinaires.

Emphysème cellulaire de toutes les parties du corps;—ecchymoses, épanchemens sanguins autour des organes encéphaliques , dans leur épaisseur, à l'orifice des nerfs rachidiens ; — semblables épanchemens dans le poumon , les muqueuses intestinales, le foie, la rate, les reins, la vessie, le cœur;—rougeurs et matières sanguinolentes , fétides dans le tube intestinal ; — tissu pulmonaire quelquefois engoué, ramolli, gangrené (*Camper*); —vésicule biliaire deux à trois fois plus grosse que dans l'état normal ; — sang liquide , épais , boueux, non coagulé, se décomposant avec la plus grande facilité, et colorant rapidement les vaisseaux qui le renferment (*presque tous les auteurs*); ou bien liquide , séreux , puis coloré, ressemblant à de la lavure de chair. (*Guillot , Vicq-d'Azyr, Courtivron.*)

Ce tableau, construit à l'aide des faits observés par les médecins et les vétérinaires instruits qui ont

étudié la variole et le typhus, font voir clairement le peu de similitude existant entre les deux
maladies, soit pendant la vie, soit après la mort.
Nous allons résumer ici cette dissemblance, en y
ajoutant quelques réflexions que nous croyons dignes
d'être prises en considération dans l'intérêt de la
science et de la vérité.

1° L'éruption pustuleuse cutanée pendant le cours
du typhus malin est un phénomène morbide insolite, constituant une exception ; tandis que, pendant le cours de la variole maligne de l'homme,
du mouton et du porc, *l'absence de pustules*
confluentes à la peau est une exception extrêmement rare.

2° L'autopsie des hommes et des bêtes mortes de
la variole offre presque toujours, sinon constamment,
des pustules sur les muqueuses des voies respiratrices
et intestinales, tandis qu'à l'autopsie de bêtes
mortes du typhus, quatre observateurs seulement
ont noté la présence de ces pustules sur les mêmes
muqueuses, tandis que vingt-cinq ne les ont point
observées.

3° Dans les cas les plus ordinaires, la variole se
montre, tout à la fois dans la même localité et pendant presque toute sa durée, à l'état malin ou bénin:
une seule éruption se manifeste, c'est l'éruption pustuleuse. Dans la majorité des circonstances, l'épizootie
typhoïde est toujours maligne à son début dans une
localité. Ce n'est que vers la terminaison de la période

de déclin qu'elle devient bénigne; et, au lieu et place d'une éruption pustuleuse constante, le cours de la maladie s'accompagne de *quatre espèces d'éruptions* toujours heureuses, qui sont : *l'éruption pustuleuse, l'éruption aphtheuse, l'éruption érysipélateuse*, enfin *l'éruption phlegmoneuse sous-cutanée.*

4° Ces quatre éruptions appartiennent toujours au typhus bénin ; au contraire elles sont le triste partage de la variole maligne.

5° Le typhus bénin parcourt souvent toute sa période maladive, et se guérit sans éruption. — Ou bien quelquefois c'est une diarrhée muqueuse ou bilieuse qui termine heureusement la maladie. — Jamais on n'a, que nous sachions, remarqué de terminaisons semblables dans le cours des maladies varioleuses. Telles sont les différences que présentent les deux affections pendant leur cours et leurs lésions morbides.

Ainsi ce n'est donc point sans fondement que le célèbre médecin Camper a dit : Que l'épizootie de la Hollande différait essentiellement de la variole et de la rougeole de l'homme. Ce n'est donc point sans y avoir sans doute bien réfléchi que le plus grand nombre des auteurs qui ont étudié le typhus, et de ce nombre on compte Gohier, MM. Grognier, D'Arboval, Girard et Dupuy, aient dit : Que les éruptions pustuleuses du typhus n'étaient autre chose que *des crises heureuses se manifestant à la peau pendant la convalescence.*

22

D'après ces dissemblances qu'on ne saurait révoquer en doute, nous pourrions déjà conclure que le typhus contagieux n'est point une affection varioleuse, si nous ne voulions mieux encore corroborer cette assertion par les raisons suivantes :

1° Si après avoir mis à part la contagion comme cause propagatrice des affections varioleuses, on se demande quelles sont les causes qui peuvent faire naître spontanément ces affections; il n'est guère possible de répondre pertinemment, aujourd'hui du moins, à cette question. En effet, les affections varioleuses de l'espèce humaine et des animaux apparaissent soudain dans toutes les saisons, jamais circonstances fortuites n'ont suscité leur apparition : jamais un laps de temps ne s'est attaché à leur durée, jamais peut-être une année ne s'est écoulée en Europe sans qu'elles n'aient sévi quelque part sur les hommes ou sur les animaux; jamais à l'avance on ne peut prédire leur apparition; et, toutes choses égales d'ailleurs, elles attaquent plutôt les jeunes sujets que les adultes et les vieux. En est-il de même à l'égard du typhus contagieux du gros bétail ?

Les causes du typhus sont connues. On ne peut disconvenir, sans marcher à pieds joints sur l'évidence des faits, que cette maladie ne se développe toujours sur les bestiaux formant les convois d'approvisionnemens des armées; qu'elle n'est la suite de fatigues, de longues privations d'alimens ou de boissons, d'alimentations insuffisantes ou mauvaises, de l'encombrement des bêtes à cornes saines ou malades dans des lieux trop étroits ou mal aérés, de l'usage d'eaux impures, croupies ou trop crues, etc. Voilà les causes du typhus. Son origine est connue: son apparition a toujours coïncidé avec les désordres amenés par la guerre. — Là où se porte le fléau de la guerre, là se montre le fléau typhoïde. — Or , jamais on n'a constaté pareille coïncidence à l'égard des affections varioleuses.

2° Depuis 1514 jusqu'en 1816 , laps de temps qui ne comprend rien moins que trois siècles, le typhus et les affections varioleuses ont été observés tour à tour en Europe par d'illustres médecins, par de savans vétérinaires, parmi lesquels on peut citer Lancisi, Ramazzini , Leclerc, Vicq-d'Azyr , Haller, de Sauvages, Malouin, Dufot, Bourgelat, Huzard père, Desplas, Buniva, Brugnone, Gohier, MM. Grognier, Girard, etc., auxquels on accordera le talent d'avoir su comparer et juger avec discernement les maladies. — Eh bien ! sur le total de cinquante médecins ou vétérinaires , *cinq* seulement ont trouvé de l'analogie, sans affirmer qu'il y ait parité , entre le typhus et la variole. Pourquoi M. Dupuy, qui vient aujourd'hui ressusciter cette analogie, de laquelle il fait découler l'emploi de l'inoculation, publiait-il avec M. Girard en 1815, dans le moment même où il avait la maladie sous les yeux, *que le typhus était une fièvre typhoïde continue, avec redoublement.* Jamais, il faut bien le noter, on n'a méconnu à aucune époque l'analogie frappante de la clavelée des moutons avec la variole de l'homme. Pourquoi aurait-on méconnu cette analogie à l'égard du typhus?

3° M. Dupuy expliquera s'il le peut pourquoi l'illustre Camper et son digne émule Munnicks, après avoir étudié le typhus pendant quatre années, après avoir inoculé cette maladie à plus de deux mille bêtes, n'aient point fait la remarque de l'analogie dont il s'agit. Comment il se fait que Claus-Detlof-Doertzen, ce grand partisan de l'inoculation typhoïde, n'ait point observé que le typhus était analogue à la petite vérole, lui qui a distingué un typhus malin, dangereux à transmettre, et un typhus bénin dont la transmission a été heureuse sur trois mille deux cent quarante-une bêtes. Enfin, pourquoi ce sont précisément les chauds partisans de l'inoculation, ceux qui en ont obtenu de brillans succès, qui n'aient nullement *soupçonné* l'analogie dont on parle aujourd'hui; car s'ils l'eussent seulement entrevue, certes ils n'auraient point manqué de la faire valoir en faveur des procédés qu'ils cherchaient à répandre.

Des faits, des raisons que nous venons d'exposer, nous pensons pouvoir conclure :

1° Que le typhus contagieux du gros bétail n'a que peu ou point d'analogie avec les affections varioleuses de l'homme et des animaux;

2° Que cette vraisemblance d'analogie ne peut se rencontrer dans l'éruption pustuleuse qui accompagne la terminaison du typhus bénin, puisque cette éruption n'est ni constante ni unique sur les bêtes attaquées du typhus ;

3° Que l'éruption dont il s'agit ne peut et ne doit être considérée que comme un phénomène insolite accompagnant le déclin de la maladie, ou une de ses *crises* heureuses.

Cette première question traitée, il reste maintenant à nous occuper

1° Du choix du virus à inoculer ;

2° De sa conservation ;

3° De son inoculation ;

4° Des effets primitifs et consécutifs du virus inoculé sur l'économie ;

5° Du nombre d'inoculations qui ont été pratiquées en Europe jusqu'à ce jour;

6° Des succès ou des insuccès qui s'y rattachent;

7° Des preuves, s'il en existe, qui attestent que l'inoculation jouit des précieux avantages de préserver les bêtes à cornes qui ont eu le typhus de toute récidive, ou qui infirment le contraire ;

8° Enfin, des avantages que MM. Girard et Dupuy ont rattachés à la pratique de l'inoculation générale comme transmettant un typhus bénin et facile à traiter dans son début avec succès.

A. *Choix du virus à inoculer.* Le mucus nasal, la bave, la matière mucoso-puriforme qui se forme aux yeux, les larmes, le fluide séro-purulent des pustules cutanées, sont les véhicules qui ont servi à inoculer le typhus.

Le grand sénéchal, Claus-Detlof (1) et Bulow insistent pour que le *véhicule virulent soit pris sur des bêtes affectées d'un typhus bénin.*

Camper et Munnicks, autorités d'après Vicq-d'Azyr beaucoup plus compétentes, ne font aucune distinction à cet égard, l'expérience leur ayant prouvé que l'intensité de la maladie inoculée *tient toujours à la constitution de l'animal ou à des circonstances accessoires, et jamais à ce que l'on a employé le virus provenant d'une bête gravement malade.* Seulement, ajoutent ces deux inoculateurs, il ne faut point que la *bête porte le typhus à son période le plus élevé.*

La matière virulente récente est préférable à celle qui a été conservée seulement vingt-quatre heures : avant qu'elle ait perdu sa chaleur, son effet est aussi plus assuré.

B. *Conservation du virus.* Munnicks a fait des essais qui lui ont démontré qu'un fil imbibé de liqueur contagieuse, renfermé dans un vase bouché, répand dès le *quatrième* jour une odeur de moisi, et n'est plus propre à l'inoculation : placée dans un vase bouché hermétiquement et mis dans un lieu frais, la matière a conservé jusqu'au *huitième* jour la propriété de communiquer la maladie : ayant pompé avec une machine pneumatique tout l'air renfermé dans le vase, le fil imprégné s'y est conservé *onze à douze*

---

(1) Avis au public concernant l'inoculation de la maladie épidémique des bêtes à cornes. Hambourg, 1779.

jours avec ses propriétés. Le succès a été le même ,
soit qu'on se soit servi de l'humeur des narines, ou
de celle de toute autre partie du corps.

Detlof n'a pu conserver le virus au delà de *quatre
à cinq jours en été, et quatorze jours en hiver.*

Les matières animales des fosses où ont été enfouis
les cadavres conserveraient plus long-temps la propriété contagieuse. Vicq-d'Azyr a pu communiquer
ce typhus avec des mèches imbibées de sanie putride prises dans des fosses établies depuis plus de
trois mois.

Aujourd'hui on parviendrait sans doute, en se servant de tubes ou de plaques de verre, a conserver à
la salive, au fluide des pustules, aux larmes, leur
propriété contagieuse pendant un temps beaucoup
plus long.

C. *Procédé d'insertion.* Munnicks passe un fil imbibé de fluide virulent dans la châsse d'une aiguille
plate un peu tranchante , de la longueur de deux
pouces ; puis il introduit cette aiguille sous la peau
de la cuisse, et, la dirigeant perpendiculairement afin
que l'écoulement des matières purulentes soit plus
facile, il la fait sortir après un trajet d'un demi-
pouce : il noue ensuite les deux extrémités du fil,
comme on le pratique pour un séton , et le laisse en
place pendant douze à vingt-quatre heures, intervalle qui suffit pour que la contagion se communique à l'animal s'il en est susceptible. Le même
procédé a été suivi en Danemarck par Witer Berger

et Bulow. Claus-Detlof fait une incision d'un pouce et demi à la peau, dans une direction transversale à l'axe du corps, entre l'épine dorsale et la partie supérieure des côtes; il y place des fils imbibés de virus, qu'il recouvre et qu'il maintient par un emplâtre agglutinatif.

MM. Girard et Dupuy blâment avec raison ces procédés. La matière virulente est déposée dans le tissu cellulaire; elle peut s'y décomposer et faire déclarer des tumeurs gangréneuses rebelles dues à l'inoculation d'une matière putréfiée. Ils préfèrent l'inoculation avec la lancette ou l'aiguille cannelée. Outre que ce mode opératoire est plus facile, plus expéditif, il est très rarement suivi des engorgemens gangréneux dont il a été question. On charge de virus l'instrument que l'on plonge ensuite avec précaution sous l'épiderme, et en le retirant on a l'attention de laisser le virus dans la petite incision. L'insertion doit se faire dans les parties où la peau est fine et dénudée de poils, telles que les trayons du pis des vaches, les bords des lèvres de la vulve, le mufle, etc. l'inoculation est généralement moins assurée dans les endroits où le tégument est dur, épais, et très poilu.

Effets primitifs et consécutifs de l'inoculation. — Le typhus inoculé, dit Camper, se manifeste du 4ᵉ au 6ᵉ jour : pendant ce laps de temps, on n'observe aucun changement notable dans la santé des animaux; le sixième ou le septième, le lait dans les vaches commence à tarir; la conjonctive rougit; des grincemens de dents et des frissons , la perte de l'appétit , se manifestent ; les oreilles sont tantôt chaudes et tantôt froides, et la fiente semble acquérir plus de consistance.

Le huitième et le neuvième jour les bêtes poussent des gémissemens profonds et fréquens ; elles respirent avec peine : les déjections alvines deviennent plus abondantes

Dans le dixième ou le onzième jour les naseaux se remplissent d'une humeur sanieuse. Le douzième et le treizième sont ceux dans lesquels la crise se fait le plus communément. On a remarqué que la maladie est quelquefois si légère que l'on distingue à peine ses symptômes, tandis que sur d'autres bêtes elle débute avec violence, poursuit rapidement sa marche, et devient promptement mortelle, si, au début, on ne se dépêche de mettre en pratique des moyens capables d'en arrêter le cours.(V. le tableau).

Les expériences d'inoculations exposées dans le tableau ci-contre, font voir positivement

1° Que l'inoculation de virus provenant de bêtes attaquées d'un typhus malin et mortel, quelle que soit la période de l'épizootie, transmet une maladie également grave et mortelle. (Bergius, Claus-Detlof, Vicq-d'Azyr.)

2° Que l'inoculation de virus provenant de bêtes attaquées d'une maladie bénigne, quelle que soit aussi la période de l'épizootie , transmet un typhus égale ment bénin, rarement mortel. (Bergius, Claus-Detlof, Vicq-d'Azyr, Camper.)

3° Que l'inoculation pratiquée pendant la durée des périodes de début et de violence de l'épizootie est suivie de résultats fâcheux. (Claus-Detlof.)

4° Que l'inoculation employée pendant la durée de la période dite de déclin de l'épizootie, alors que la maladie est bénigne, peu meurtrière, a eu des résultats heureux. (Claus-Detlof.)

5° Que l'inoculation faite sur des veaux nés de mères ayant été attaquées et guéries du typhus, réussit constamment. (Camper, Munnicks, Geert-Reinders.)

6° Que l'inoculation du virus provenant des pustules cutanées, inoculé à huit bêtes, a transmis seulement à trois d'entre elles une maladie bénigne. (Layard, 1757.)

7° Que les résultats en faveur de l'inoculation sont satisfaisans, puisque plus des deux tiers des animaux inoculés jusqu'à ce jour en Europe ont guéri.

D. *Le typhus naturel ou inoculé met-il les bestiaux qui en ont été atteints à l'abri de toute récidive ?*

Observations et faits affirmatifs. Camper, Munnicks, Detlof, assurent que les bestiaux guéris de l'épizootie ne la contractent plus, ou au moins la contractent très rarement.

De Berg s'exprime ainsi : Toute bête, dit-il, une fois guérie de cette maladie, ne la contracte plus ; et s'il existe des exemples du contraire dûment constatés, ils sont très rares. Un grand nombre de faits que nous avons eu occasion d'observer ne doivent laisser aucun doute sur cette assertion.

Je me suis convaincu, ainsi que MM. Camper et Munnicks, dit Vicq-d'Azyr, qu'une bête guérie de l'épizootie n'est pas susceptible de la contracter de nouveau; au moins peut-on assurer que l'on n'a pas vu, ni dans les provinces méridionales de la France ni dans toute la Flandre, un seul exemple qui le confirme. M. Esmangeard, intendant à Bordeaux, voulut bien faire acheter, d'après ma demande, plusieurs bêtes qui avaient été guéries de la maladie épizootique. *Quelques efforts que nous ayons faits pour la leur communiquer de nouveau, nous n'y sommes point parvenus* (1).

« Les bestiaux qui ont échappé l'année dernière (1775) à la maladie, dit l'auteur célèbre que nous venons de citer (2), et qui *sont en petit nombre, n'ont pas été attaqués cette année, quoique l'on n'ait pris aucune précaution à leur égard.* « Il répète ailleurs : « J'ai inutilement tenté de communiquer la maladie une seconde fois à des bestiaux, qui après l'avoir essuyée avaient eu le bonheur d'en guérir. » Ce fait doit, dit-il, rassurer le petit nombre de per-

______

(1) Mémoire sur l'inoculation. — Mémoires de la Société de médecine, 1777, page 169.

(2) Exposé des moyens curatifs et préservatifs, p. 209.

sonnes qui ont des bestiaux guéris de l'épizootie actuelle ; à peine cite-t-on deux exemples contraires dans toutes les provinces méridionales, encore ils sont *très suspects* (1). »

Massie, médecin célèbre qui s'est trouvé au milieu d'un foyer immense de contagion, dit, dans son mémoire adressé à Vicq-d'Azyr, que l'expérience lui a appris qu'un bœuf guéri de la maladie épizootique est d'un prix inestimable, parce qu'il affronte impunément tous les dangers de la contagion.

Faits affirmatifs après l'inoculation. En 1770, après les inoculations faites en Allemagne par Berger et OEder, *onze* bêtes inoculées ont été envoyées en Zélande où l'épizootie typhoïde régnait alors : on les a dispersées parmi les troupeaux attaqués ; elles ont été placées dans des étables où se trouvaient des bêtes malades dont plusieurs sont mortes ; enfin, on les a soumises à bien d'autres épreuves *sans qu'elles aient été atteintes de nouveau par la maladie.*

Claus-Detlof, après avoir inoculé *huit* veaux et leur avoir communiqué la maladie, *les a inoculés trois fois sans succès.* Placés dans des étables infectées, ces veaux n'ont point contracté la maladie.

Bulow inocula *neuf* bêtes, toutes contractèrent la maladie, cinq gravement, quatre légèrement ; toutes furent inoculées une seconde fois sans contracter la maladie : toutes furent menées ensuite dans

____

(1) Page 101.

une localité encore saine, mais où se déclara bientôt la maladie; *elles seules résistèrent à la contagion qui les entourait de tous côtés.*

Claus-Detlof envoya *trente* bêtes échappées par l'inoculation dans un lieu où venaient de périr en peu de jours *soixante-treize bêtes*; ces trente bêtes furent mises et nourries dans des étables infectées sans qu'on les eût nettoyées, et *restèrent saines.*

Camper résume toutes ses expériences d'inoculation, en disant que les bestiaux guéris de la maladie inoculée, résistent parfaitement à une *deuxième* contagion, soit naturelle, soit inoculée.

En 1815, MM. Girard et Dupuy, après avoir transmis le typhus par l'inoculation à trois vaches, ont réinoculé et exposé ces trois animaux à une contagion certaine, sans pouvoir leur faire contracter *une seconde* fois la maladie.

Ces observations, ces faits assez nombreux, et observés par des personnes dignes de mériter toute confiance, tendraient donc à prouver que les animaux qui ont eu le typhus naturel ou inoculé sont désormais préservés de cette affection. Existe-t-il des faits contraires à leur opposer?

2° *Faits négatifs.* Camper rapporte que *six* bêtes qui avaient été inoculées par Grashuis et parfaitement guéries ont contracté ensuite l'épizootie, et que *quatre* en sont mortes (1). Dufot, en parlant de

---

(1) Camper, œuvres tome 3, p. 138.

l'inoculation pratiquée en Hollande, fait mention d'une bête à laquelle cette opération a communiqué la maladie pour la seconde fois (1).

Vicq-d'Azyr cite un seul exemple d'une seconde infection, mais il le regarde comme suspect.

« J'ajoute encore un mot au sujet d'un préjugé dont il est utile de désabuser le public, dit le marquis de Courtivron, préjugé qui a coûté cher à quelques particuliers. Les années dernières, en Bresse, dans le Maconnais et dans le Bugey, l'on pensait que les bestiaux qui avaient échappé à la maladie *après l'éruption extérieure, qui laissait à ces animaux des marques du danger qu'ils avaient couru, par les pustules dont ils étaient couverts*, se trouvaient ensuite hors d'atteinte de la funeste maladie : sur cette opinion il y a tel animal qui a été vendu entre 200 et 300 francs, c'est-à-dire, vu les lieux, plus de six fois sa valeur dans les temps ordinaires ; cependant ce bétail est souvent mort quelques mois après entre les mains de l'acquéreur, lorsque la maladie, ainsi qu'il est arrivé en beaucoup d'endroits, les a infectés pour *la seconde, la troisième* et la *quatrième fois* : enfin, il y a tel animal qui, ayant échappé une *seconde fois*, a péri à *la troisième* ; et nous avons ramassé des observations qui nous prouvent que le bétail *qui a été attaqué* n'en est pas moins susceptible *de l'être encore*, et cela aussi

____

(1) Dufot, p. 21.

indifféremment que les animaux qui en avaient toujours été épargnés ou qui n'avaient pas encore été exposés à la contagion (1). »

Le professeur de clinique à l'école royale vétérinaire de Lyon a consigné, dans le compte-rendu de cette école, en 1816, « qu'un animal guéri de la maladie contagieuse peut éprouver une rechute, et contracter deux fois la même maladie s'il est exposé à la contagion. » Et il ajoute : « Nos tentatives d'inoculation nous ont démontré que cette opération *ne préservait pas les animaux d'une rechute à laquelle ils pouvaient succomber.* »

M. Leroi, qui a vu le typhus régner sur les bestiaux de l'Italie en 1795, assure avoir vu *neuf bêtes retomber malades environ sept mois après leur guérison.* J'ai de plus observé, ajoute cet auteur, *cinq* autres exemples de récidive sur cinq bœufs. Ces animaux avaient été guéris déjà depuis environ dix mois : *trois périrent* à cette deuxième invasion , et deux furent guéris de nouveau. »

« Quelques-uns de mes collègues, ajoute M. Leroi, parmi lesquels on peut citer M. le professeur de clinique Volpi, m'ont assuré avoir eu aussi des exemples variés dè cette récidive (2). »

En présence de faits aussi dissemblables et rapportés par des personnes dignes de foi , on ne peut

---

(1) De Courtivron, *loco citato*, page 337.
(2) Rodet, Médecine du bœuf, page 208.

pas se prononcer affirmativement sur l'avantage que possèderait l'inoculation du typhus, de transmettre aux animaux bien portans un typhus bénin qui les préserve pour toujours de cette maladie. Cette conclusion est certes la seule raisonnable qui puisse être adoptée aujourd'hui.

E. *De quelques autres avantages de l'inoculation.* MM. Girard et Dupuy ont fait connaître, dans un mémoire publié en 1815, d'autres avantages se rattachant à la pratique de l'inoculation ; à savoir :

1° Que l'emploi de l'inoculation permet de pouvoir transmettre une maladie bénigne en même temps à un grand nombre d'animaux à la fois ;

2° Qu'elle permet de pouvoir traiter la maladie aussitôt son début, dans la supposition de la transmission d'un typhus grave ;

3° Qu'elle débarrasse du typhus en même temps toutes les bêtes à cornes d'un département par exemple ;

4° Qu'elle affranchit une localité des nombreux inconvéniens qu'entraînent les mesures sanitaires que les autorités ne peuvent se dispenser d'ordonner et de faire rigoureusement exécuter.

Ces avantages sont-ils tous incontestables ?

Il n'est point exact de dire d'une manière générale que la maladie inoculée soit toujours bénigne, car beaucoup de faits infirment cette proposition. L'expérience de MM. Girard et Dupuy a dû d'ailleurs les convaincre sur ce point, puisque, de leur propre aveu, sur sept vaches inoculées trois sont mortes. Et on ne saurait disconvenir que l'inoculation multiplie les foyers de contagion, et concourt par cette cause même à répandre et à multiplier la maladie. Si donc d'un côté, il n'est pas encore bien prouvé que l'inoculation transmet sur le plus grand nombre des animaux une maladie bénigne ; si de l'autre elle concourt à répandre la contagion sans diminuer la mortalité, les autorités administratives se décideront-elles à faire exécuter l'inoculation ? Ne redouteront-elles pas l'emploi d'une mesure dont l'expérience n'a point encore assez sanctionné les bons résultats ? Ne préfèreront-elles pas faire mettre en pratique des mesures simples, telles que l'isolement, la séquestration, l'abattage isolé, dont les bons effets ont justifié l'emploi ?

Quoi qu'il en soit, et bien qu'on ne puisse admettre positivement aujourd'hui que la maladie inoculée préserve les bestiaux du typhus, si l'expérience prouvait cependant qu'en inoculant le typhus bénin on transmît aux bestiaux une maladie également bénigne, cette pratique offrirait un immense avantage. On pourrait espérer, en inoculant alors tous les bestiaux sains d'une contrée menacée par la contagion et exposée aux débuts terribles de l'épizootie, y introduire ainsi l'épizootie sous la forme bénigne, et sauver un grand nombre de bêtes. C'est ainsi que cette pratique offrirait une ressource précieuse pour la conservation des bestiaux ! qu'elle préviendrait de grandes dépenses ! Assurément l'inoculation serait la première mesure à faire exécuter, puisqu'elle affranchirait les départemens des entraves apportées au commerce des bestiaux , des visites, etc., etc. ; mesures toujours gênantes et onéreuses. Mais la question est de savoir si ces avantages peuvent être obtenus ?

La difficulté, la grande difficulté est de pouvoir ainsi substituer, comme nous venons de le dire, au début malin de l'épizootie un début bénin. On a bien cherché à obtenir cet immense avantage ; mais qu'est-ce que l'histoire de l'inoculation typhoïde a appris à cet égard ? elle a prouvé que les inoculations faites pendant la période de début et de violence de l'épizootie , en Allemagne, par Bergius , OEder et Detlof; en Hollande, par Camper et Munnicks; en France , par Vicq-d'Azyr , furent toutes malheureuses; que ce n'est que pendant la période de déclin de l'épizootie, alors que la maladie est généralement bénigne, et ne fait guère périr qu'un tiers des animaux attaqués, que l'inoculation a eu constamment des succès heureux.

Or, si pour employer avantageusement l'inoculation, il faut choisir l'époque à laquelle l'épizootie est bénigne (ce qui fait supposer le séjour de six mois ou d'une année de l'épizootie dans un département ou un royaume) et si encore les succès qu'on espère de ce procédé, ainsi que Camper, Munnicks et Detlof l'ont prouvé, ne sont véritablement réels

que sur des veaux nés de mères guéries du typhus;
nous ne voyons plus les avantages de l'inoculation, puisque la maladie transmise naturellement
est alors bénigne, ainsi que la maladie inoculée.

L'avantage que l'on pourrait obtenir en traitant la
maladie inoculée, en supposant qu'elle fût grave
à son début n'est que tout à fait secondaire. Car, si
l'inoculation transmet une maladie bénigne, elle
ne réclamera alors aucun traitement; si au contraire
elle transmet une maladie grave, il ne faudra point
l'employer, puisqu'il sera bien préférable de chercher à préserver les bestiaux de l'épizootie.

On objectera sans doute que les procédés d'inoculation employés ont été généralement mauvais, que
le choix du véhicule virulent n'a point été convenablement fait, que beaucoup d'accidens ont été le résultat de l'inoculation de matières susceptibles de se
putréfier dans les parties vivantes où on les a déposées, et qu'elles ont pu faire naître des maladies
putrides et gangréneuses. Ces objections sont justes.
Mais si on veut tenir compte des seules inoculations
pratiquées convenablement avec la lancette, et du
choix bien fait du virus pustuleux, on n'aura qu'un
seul exemple à citer, c'est celui d'un agneau inoculé
avec succès en 1815 par MM. Girard et Dupuy.

Nous voyons cependant une circonstance dans laquelle l'inoculation pourrait être avantageuse ; ce
serait le cas où l'épizootie, malgré les mesures
qu'on lui aurait opposées, occuperait une large sur-

face, qu'elle ferait de grands ravages, qu'il ne serait plus possible en quelque sorte d'en préserver les bestiaux ; oh alors il serait bien préférable de les inoculer que de les massacrer pour anéantir la maladie.

De tout ce que nous venons de dire à l'égard de l'inoculation du typhus, nous pensons pouvoir faire découler les conséquences suivantes :

A. *Relativement à la nature du typhus :*

1° Que les causes, les symptômes, les terminaisons, les altérations pathologiques du typhus malin ou grave, et des affections varioleuses malignes comparées entre elles, ne peuvent point faire admettre la similitude de deux maladies.

2° Que les caractères qui appartiennent au typhus bénin et à la variole bénigne n'offrent d'analogie qu'autant que la crise du typhus s'opère par une éruption de pustules.

3° Que cette éruption n'est point un caractère *univoque* du typhus, puisqu'elle n'est ni *unique* ni *constante* sur le plus grand nombre de sujets que cette maladie attaque.

4° D'où l'on doit conclure qu'il n'y a point parité entre les deux maladies, mais bien seulement quelques traits d'analogie.

B. *Relativement à l'inoculation :*

1° Que le total des résultats avantageux de la pratique de l'inoculation typhoïde est aux résultats désavantageux comme trois est à un.

2° Que ces succès sont dus à l'inoculation de virus provenant de bêtes atteintes de typhus bénin.

3° Que l'inoculation faite sur des veaux nés de vaches guéries du typhus, donne des résultats très-avantageux.

4° Que la question de savoir si les bêtes inoculées sont à l'avenir préservées du typhus ne peut être résolue affirmativement.

Qu'en laissant de côté cette question indécise, et relativement à l'égard des avantages de la transmission d'un typhus bénin.

1° Qu'il n'est point encore assez prouvé que la transmission du typhus donne dans la majorité des cas une maladie bénigne.

2° Que les faits en faveur de cette transmission heureuse n'ont été observés que pendant le déclin de l'épizootie, alors qu'elle était devenue bénigne.

3° Que les autorités administratives ne sauraient s'appuyer sur l'expérience pour ordonner et faire exécuter l'inoculation du typhus, comme elles pourraient l'être à l'égard de la variole des moutons, de préférence aux mesures sanitaires voulues par les règlemens.

4° Enfin qu'en prenant en considération ces dernières conclusions, on doit dire en définitive que l'inoculation typhoïde ne paraît être de quelqu'utilité qu'autant que l'épizootie occuperait une large étendue de terrain; qu'il ne serait plus possible d'en arrêter les progrès, d'en préserver les bestiaux ;

qu'elle arriverait à sa période de bénignité, parce qu'alors cette pratique abrègerait la durée de l'épizootie, diminuerait sa gravité, débarrasserait la localité, le département, par exemple, des inconvéniens de son long séjour et permettrait de soigner les animaux au début de l'affection.

Du repeuplement des bestiaux dans les provinces dévastées par le typhus épizootique.

En 1745, époque désastreuse à laquelle les bestiaux ont été ravagés dans beaucoup de provinces de France, le gouvernement avait pris de sages mesures à l'égard de la vente des veaux ou génisses destinés à repeupler les bestiaux. Leur application a eu pour louable but de prévenir l'augmentation du prix de la viande destinée à la consommation, et de faciliter les travaux agricoles, les charrois faits presque exclusivement par les têtes à cornes dans beaucoup de localités; aussi l'arrêt du 14 mars 1745 fut-il rendu pour obtenir ce triple résultat important. L'article Ier *défend à tous laboureurs, fermiers, herbagers et autres, de quelque état et condition que ce soit, de vendre à aucun boucher, tant dans les villes qu'à la campagne, aucuns veaux ou génisses au dessus de l'âge de dix semaines, ni aucune vache qui n'ait dix ans passés, à peine de confiscation et de 300 livres d'amende pour chaque contravention.*

Cet article, selon nous, ne saurait atteindre le but auquel on désire arriver. Ce n'est pas dans beaucoup de provinces, passé l'âge de dix mois et demi, que l'on vend les veaux pour la boucherie. Cette vente se fait beaucoup plus tôt. D'ailleurs , dans la circonstance dont il s'agit, les propriétaires trouvant un bénéfice réel dans la vente d'animaux qui ne leur ont encore rien coûté, les livrent toujours aux bouchers avant l'âge fixé par l'ordonnance ci-dessus. Cette demi-mesure a donc de nombreux inconvéniens sans avoir des avantages ; il serait donc préférable d'interdire toute vente de veaux destinés à la consommation dans les campagnes, et de limiter les achats des veaux dans les grandes villes.

L'arrêt du conseil ci-dessus relaté non seulement a pris la mesure sage de restreindre la vente des veaux , mais encore celle de défendre l'achat aux bouchers par l'article 2. Voici cet article.

Article 2. *Défend pareillement Sa Majesté , tant aux bouchers de Paris qu'à ceux des autres villes du royaume, même à ceux répandus dans les campagnes, d'acheter lesdits veaux ou génisses au dessus de l'âge de dix semaines , et les vaches qui n'auront pas dix ans passés, pour les tuer, sous pareille peine de confiscation de 300 livres d'amende , et d'être en outre privés de leur état.*

A cet article complémentaire du premier doit se rattacher l'opinion que nous avons émise plus haut.

Le gouvernement, après la désastreuse épizootie de 1775, a jugé dans des vues de bienfaisance de venir au secours des malheureux habitans de la campagne, en offrant des gratifications aux personnes qui conduiraient des chevaux ou mulets de travail dans les provinces privées de leurs ressources accoutumées pour la préparation et l'ensemencement des terres.

L'arrêt du conseil du 8 janvier 1775 (voyez cet arrêt, page 106), qui accorde ces gratifications à des conditions justement appréciées, mériterait d'être mis en vigueur, si un jour nos provinces étaient privées de toutes ressources par la culture rurale. Ces secours font l'éloge du gouvernement d'alors qui les a accordés, et aujourd'hui on ne pourrait qu'applaudir le gouvernement, qui, dans sa sollicitude pour l'agriculture et le bonheur du peuple campagnard, contribuerait à un semblable bienfait.

Le typhus peut-il pendant la vie des bêtes malades se communiquer aux personnes qui les touchent ou les approchent ?

Les faits de contagion du typhus des bêtes bovines malades aux hommes sont excessivement rares ; à toutes les époques où ont régné les épizooties typhoïdes, on a toujours touché, exploré, saigné, sétonné, médicamenté des animaux malades, mais personne n'a parlé de la contagion du typhus aux hommes. Il faut arriver jusqu'à l'année 1814 pour trouver dans les auteurs qui ont observé le typhus quelques faits qui tendraient à prouver cette transmission. M. d'Arboval rapporte que la fille et le valet de charrue du sieur Carpentier de Marconcelle, en soignant de très près six vaches affectées, qui ont enfin fini par mourir, ont éprouvé une inflammation de la muqueuse des premières voies et de la membrane interne du nez, accompagnée d'éternuement, de pesanteur, de douleur de tête, d'écoulement de mucosités par les narines, de fièvre rémittente, de ténesme, suivis d'une diarrhée de matière lientérique séreuse, dont l'émission se faisait avec une sorte d'impétuosité (1).

Sans doute les symptômes qu'ont présentés ces deux personnes ont bien quelque ressemblance avec ceux qu'offrent le bétail atteint du typhus ; mais ce fait est le seul que nous ayons rencontré dans tous les ouvrages que nous avons consultés. On ne peut donc raisonnablement rien conclure à cet égard.

Le lait des bêtes malades peut-il être nuisible à la santé des personnes ou des animaux qui en feraient usage?

Camper, dans une lettre adressée aux états-généraux de Hollande, assure que le lait, le beurre, le fromage provenant des bêtes malades ne produit *aucun* mauvais effet sur les personnes qui en font usage : il fit avaler à plusieurs veaux le lait trait d'une vache fort malade, et ils conservèrent une santé parfaite. Voulant s'assurer cependant s'ils étaient aptes à contracter la maladie, il la leur inocula ; tous la contractèrent.

----

(1) D'Arboval, Instruction citée, page 115.

Le lait donné par les vaches malades ne serait donc point nuisible aux veaux qui en font usage.

A ces faits on peut opposer les suivans.

On donna en 1814 à un gros chien mâtin, âgé de quatre ans, le lait provenant d'une vache malade du typhus; il fut affecté d'une dysenterie subite qui dura huit jours. L'animal guérit. Plusieurs personnes dignes de foi ont attesté ce fait à M. Grognier (1).

« Dans la commune d'Havrincourt, dit M. d'Arboval, une femme a eu l'imprudence de faire du beurre avec le lait qu'elle a eu de ses vaches toutes malades; sept personnes qui ont fait usage dans un de leur repas du petit lait provenant de ce beurre sont de suite tombées malade : leur maladie s'est déclarée par des vomissemens et de fortes tranchées (2).

Voici les seuls faits qui soient à notre connaissance touchant l'usage du lait de vaches malades pris par les hommes ou les animaux.

Les autorités administratives pourraient-elles, en s'étayant de ces faits, proscrire l'usage du lait des vaches suspectes et malades? Nous ne le pensons pas. Le beurre, le fromage, sont en France, dans la Normandie, l'Auvergne, la Franche-Comté, la Brie et autres provinces, l'objet d'un commerce assez considérable qui entre dans le revenu des produits de l'agriculture. Vouloir interdire l'usage du lait ou la vente des produits qu'il donne, c'est

---

(1) Grognier, *Recueil*, t. 9, p. 25.
(2) D'Arboval, *loco citato*, page 115.

donc porter une atteinte grave au commerce de ces produits. D'ailleurs, cette mesure est au moins inutile à l'égard des bêtes suspectes, puisque chez elles la sécrétion laiteuse n'est point encore troublée ; et à l'égard des bêtes malades, dont le lait est altéré et impropre à la fabrication du beurre et du fromage, les fabricans de ces produits se garderont toujours de l'associer au bon lait dont il susciterait promptement l'altération.

En résumé, en attendant que des observations nombreuses et bien circonstanciées aient fait décider la question dont il s'agit, nous croyons pouvoir dire qu'on doit faire usage du lait des bêtes suspectes de la maladie, et qu'on doit rejeter celui provenant de vaches malades.

Le typhus du gros bétail peut-il se transmettre par contagion aux autres espèces d'animaux domestiques ?

En 1775, époque à laquelle le typhus régnait sur les bestiaux du Boulonnais, Vicq-d'Azyr a remarqué que les chiens, les chats, les cochons, les poules, étaient atteints d'une maladie qui offrait quelque analogie avec le typhus du gros bétail. Plus de cinquante chiens sont morts dans les étables.

On lit dans un journal de Venise qu'une poule, en grattant dans la fiente d'un bœuf infecté fut attaquée de la maladie et mourut peu de temps après.

Un chirurgien très instruit de Bordeaux assura à

Vicq-d'Azyr, en 1775, qu'un mulet avait pris le typhus dont était atteinte une de ces vaches (1).

« En 1814 un cheval mangea une botte de foin
qu'avaient rebutée plusieurs bœufs hongrois et qu'ils
avaient souillée de leur bave : le cheval offrit quelques symptômes typhoïdes et il mourut. *On trouva à
l'ouverture les traces d'une forte inflammation du
canal intestinal.* Ce fait, rapporté par M. *Grognier,
lui fut attesté par M. Matheron, vétérinaire.* »

Gohier (2) a observé que deux chèvres ayant séjourné fort peu de temps dans une étable où étaient
des bêtes malades, furent atteintes du typhus.

Buniva rapporte un fait de communication du
typhus, d'après le docteur Finazzi, à deux chats qui
périrent rapidement après avoir mangé un morceau
de chair adhérent à la peau d'une bête à corne morte
du typhus (3).

Ces faits, beaucoup plus concluans que les deux
premiers, et observés par des personnes dignes de
foi, ne peuvent cependant pas encore faire dire péremptoirement que le typhus contagieux peut se
transmettre à des animaux d'espèce différente. Pour
qu'il en fût ainsi, il faudrait à l'appui d'une telle proposition un grand nombre de faits, et qu'il n'existât

---

(1) Vicq-d'Azyr, page 534.

(2) Mémoire sur la maladie épizootique du département du
Rhône.

(3) Guersent, Essai sur les maladies épizootiques, p. 64.

point de faits qui prouvassent la non-contagion : heureusement qu'il est loin d'en être ainsi ; et c'est ce que nous allons chercher à prouver par les faits suivans :

Vicq-d'Azyr affirme « que le typhus ne se communique point aux chevaux , mulets, ânes, chiens, chats , cochons et moutons , par l'inoculation directe. » « Cependant, dit-il , trois moutons sont morts à la suite de l'inoculation ; mais il nous a semblé que cet accident devait être attribué à l'action du virus sur la plaie , qui, en moins de trente-six heures, a gangréné une extrémité tout entière. J'ai piqué des pigeons et des coqs avec un scalpel imprégné de molécules virulentes, et leur santé n'en a point souffert (1). »

Daignan a dit : « que les volailles qui fouillent dans les excrémens , les chiens qui découvrent les fosses et qui dévorent les cadavres ; les chevaux qui habitent avec les bestiaux infectés ne sont nullement exposés à cette maladie (2). »

Leclerc assure que les chevaux ne prennent point la maladie des bœufs (3).

Voici de nouveaux faits d'inoculation qui paraissent bien concluans , parce que l'opération a été pratiquée par des personnes qui avaient inoculé des

---

(1) Vicq-d'Azyr, *loco citato*, p. 97.
(2) Vicq-d'Azyr,   *id.*   p. 275.
(3) Vicq d'Azyr, *loco citato*, p. 533.

centaines de bêtes à cornes, et qui, on n'en peut douter, ont pris toutes les précautions convenables pour réussir à communiquer la maladie.

Camper et Munnicks affirment avoir inoculé sans aucun résultat le chien, le chat, le cheval, le cerf et la biche (1).

« Nous avons inoculé, disent les mêmes inoculateurs, en *six* endroits une chèvre ainsi qu'un mouton avec le virus d'une vache fort malade, sans que nous ayons aperçu aucun symptôme de maladie; nous avons fait co-habiter des chèvres avec des vaches malades sans qu'il en soit résulté aucun accident (2). »

Les faits de non-contagion sont donc plus nombreux, plus positifs, d'où l'on doit conclure que le typhus n'est point contagieux aux animaux domestiques dans l'immense majorité des circonstances; que si des animaux ont contracté le typhus, cette transmission doit être considérée comme une exception à ce qui a été observé ordinairement.

MOYENS DE DÉSINFECTION APPLICABLES AU TYPHUS CONTAGIEUX.

Les mesures sanitaires que nous venons de passer en revue, bien que mises rigoureusement à exécution, ne sauraient cependant arrêter le cours d'une

---

(1) Camper, Lettre aux états-généraux de Hollande.
(2) Camper, OEuvres, page

épizootie typhoïde, si, après le séjour de la maladie dans une étable, dans un département, les autorités négligeaient les procédés de désinfection capables d'en prévenir le retour.

On entend généralement par désinfection l'action de détruire les molécules virulentes provenant des animaux malades ou des cadavres et pouvant faire renaître la maladie.

On ne peut pas dire, à l'égard des bestiaux affectés de typhus, *morte la bête, mort le venin* ; les exhalaisons qui s'élèvent des cadavres encore chauds, les chairs, le cuir, le sang, les matières résultant de la putréfaction, conservent encore dans toute leur énergie la propriété virulente. Les émanations volatiles provenant des animaux malades et unies à l'air des étables ; les fumiers, les objets de pansemens, etc., sont non moins dangereux pour communiquer la maladie et la faire renaître dans toute sa force. Il est donc de la plus grande importance de faire connaître :

1° L'usage que l'on peut faire de la chair, du suif, des cuirs des bêtes à cornes tuées comme susceptibles de contracter le typhus, comme étant atteintes de maladie ou mortes de ses effets ;

2° Quelles sont les précautions que doit exiger : l'enfouissement des débris cadavériques dont l'usage doit être proscrit ou d'aucune utilité ;

3° Quels sont les moyens de désinfection à faire mettre en pratique dans les lieux où ont séjourné les animaux malades, suspects, les cadavres ou quelques débris cadavériques;

4° Enfin comment on doit procéder à la désinfection des animaux ou des personnes qui ont été en rapport avec les animaux malades, suspects, ou quelques uns de leurs débris cadavériques.

A. *Peut-on faire usage, pour l'homme ou pour les animaux, de la chair du gros bétail suspect ou atteint de typhus ?*

Beaucoup d'opinions dissemblables ont été émises relativement à l'usage que l'on peut faire de la viande des animaux atteints du typhus. Quelques personnes ont signalé les dangers se rattachant à cet usage, tandis que d'autres n'y ont vu aucun inconvénient. Nous avons cherché à nous rendre compte de cette dissidence d'opinions sur une question aussi grave, et nous avons pensé que le peu de connaissance qu'on a possédé pendant long-temps sur les diverses espèces de maladies épizootiques des bestiaux, avait été la principale cause des erreurs commises de part et d'autre.

En effet, bon nombre d'observateurs, et un bien plus grand nombre encore de compilateurs ont confondu les maladies épizootique des bestiaux. Là où les uns ont décrit une épizootie typhoïde, les autres n'ont vu qu'une épizootie charbonneuse *et vice versâ ;* les uns tenant compte des complications qui surviennent pendant le cours de la maladie, les autres prenant ces complications pour l'essence de la maladie. Or, il n'est donc point étonnant que Gohier, dans son tableau synoptique des voies par lesquelles se communiquent les maladies contagieuses, soit aux hommes, soit aux animaux; ainsi que dans son Mémoire sur le typhus de 1815; que M. Guersent dans son Essai sur les épizooties ; que M. D'Arboval dans son Instruction sommaire sur le typhus, et dans son Dictionnaire de médecine et de chirurgie vétérinaires, n'ayant eu égard qu'aux faits de contagion rapportés par les écrivains, sans prendre en considération l'époque où régnait la maladie ; les descriptions qu'ils en ont faites; aient rattaché au typhus contagieux des accidens occasionnés par des maladies charbonneuses ou gangréneuses : et qu'ils aient conclu que les plus sages précautions devaient être prises à l'égard de l'usage de la chair, des débris cadavériques provenant d'animaux morts du typhus contagieux.

Désirant éclairer la question qui nous occupe, nous nous sommes attaché, dans la lecture que nous avons faite de tout ce qui a été écrit sur le typhus, à reconnaître : les époques où ont régné les maladies épizootiques; les causes qui les ont amenées ; les symptômes qui ont signalé la maladie; les altérations cadavériques qui ont été constatées : et c'est de cet ensemble que nous avons jugé que la maladie qui nous était transmise par tradition écrite, était de nature typhoïde, charbonneuse ou gangréneuse. Ce travail accompli , nous avons reconnu dès lors les erreurs qu'avaient commises nos devanciers et les compilateurs; et nous sommes resté convaincu que l'usage de la viande du gros bétail atteint de typhus contagieux simple , bénin ou malin , n'était point nuisible , soit aux hommes , soit aux animaux.

Le lecteur pourra se convaincre lui-même par les faits que nous allons citer, et qui appuient notre opinion.

Ramazzini rapporte, à l'occasion du typhus de 1711 en Italie, que la Faculté de médecine de Padoue avait décidé, après de longs débats, *que l'usage de la viande des bêtes tuées étant atteintes du typhus était exempte de danger.*

Carcani, dans un Mémoire publié en 1714, par conséquent pendant le règne de la seconde infection typhoïde de l'Italie et du Piémont, a prouvé, en rapportant un très grand nombre de faits recueillis par des autorités recommandables, *que l'usage de la chair de bêtes malades de l'épizootie a servi à la nourriture de l'homme, sans qu'il en soit résulté aucun mal* (1).

En 1745 on consomma , dit Camper, une assez grande quantité de viande provenant de bestiaux malades en Hollande , *et il n'en est résulté aucune maladie parmi le peuple.*

____

(1) Considerazione su l'uso innocente delle carni nella epidemia bovina presente. In Milano, 1714.

Ce même auteur, consulté par les états-généraux de Hollande à ce sujet, dit dans sa réponse : « La chair, tant fraîche que fumée et salée des bestiaux attaqués, *ne produit aucun mauvais effet sur les personnes qui en font usage* (1). »

Dufau, médecin de l'Aquitaine, dit dans sa deuxième lettre sur l'épizootie de 1775 en France, *que l'usage de la viande des bestiaux atteints ou suspects de l'épizootie était sans danger pour les hommes.* Et il ajoute, pour corroborer cette assertion, que, pendant le temps où dans l'Aquitaine on se nourrissait partout de cette viande, les hommes jouissaient d'une santé admirable et extraordinaire que depuis quarante ans on n'avait point constatée dans ce pays.

Nous arrivons à des époques plus récentes et à des faits plus authentiques que ceux que nous venons de rapporter.

Baumon affirme que, lors de l'épizootie ty-phoïde du département du Bas-Rhin en 1796, des chiens, des chats, des oies, des canards, ont mangé *les chairs des cadavres, soit immédiatement après la mort, soit à une époque assez éloignée, pour que la putréfaction eût commencé, sans que ces animaux en aient été incommodés.* Et il ajoute : On a tué à l'armée et dans les boucheries des animaux malades depuis quelques jours ; leur viande a été distribuée

____

(1) Camper, OEuvres, *loco citato.*

ou vendue aux habitans ou aux soldats, qui s'en sont nourris et n'en ont point été malades (1).

MM. Huzard et Desplas, dans le rapport qu'ils ont fait au gouvernement à l'occasion de l'existence de la même épizootie, disent : « Les chiens, les chats, les cochons, les volailles, les bouviers, les panseurs, ont mangé sans inconvénient de la viande *des animaux très malades ou morts.* Cette viande, dans tous ceux que nous avons ouverts, nous a toujours paru saine (2) »

Dans son rapport fait à la Faculté de médecine de Paris, le 28 avril 1814, M. Huzard père s'exprime ainsi : « La gravité de cette maladie est si connue parmi les nourrisseurs et les gens de la campagne, que sitôt qu'ils voient leurs vaches malades ils se hâtent de les vendre aux bouchers : ceux-ci les tuent et en débitent la viande. Ce qu'il y a d'heureux, c'est que cette *viande n'est point malfaisante ; toutes les troupes s'en nourrissent sans ressentir aucun mauvais effet ;* elle n'a d'autre inconvénient que d'avoir moins de goût : il n'est pas même sûr que la chair *des animaux qui succombent* à cette épizootie *soit nuisible :* cependant à Paris la police s'oppose à son débit.

Les troupes alliées ont mangé de la viande des animaux infectés de cette maladie avant leur arrivée

---

(1) Baumon, Mémoire déjà cité, p. 9.

(2) *Annales d'agriculture,* 1re série, tome 1er, p. 200.

en France. On en a fait usage dans tous les départemens où elles ont porté la contagion, tout Paris et
les environs, toutes les troupes qui l'occupaient et
qui l'entouraient s'en sont alimentées pendant plus
de deux mois ; *les malades mêmes en usaient dans
les hôpitaux* : on n'a pas observé que le nombre en
ait été augmenté. Il n'y a eu d'épidémie ni parmi les
troupes ni parmi le peuple ; et le typhus de l'homme
qui avait précédé le typhus des bestiaux dispa-
raissait alors (1). »

M. Huzard ajoute dans une note : « Les animaux
de la Ménagerie du Muséum d'histoire naturelle ont
mangé beaucoup de viande de bêtes affectées de l'é-
pizootie : celle-là n'était dénaturée ni par la cuisson
ni par les assaisonnemens : il n'y a point eu de maladies parmi eux. »

Pendant que M. Huzard publiait ces faits inté-
ressans, M. Grognier en recueillait d'autres non
moins importans dans le département du Rhône.
« On se demandait, dit ce professeur vétérinaire,
s'il était prudent de livrer à la consommation la
viande des *animaux infectés du typhus, et surtout
lorsqu'ils* avaient succombé à cette maladie ? Eh
bien ! je me suis assuré de prime abord que les
troupes ennemies avaient mangé impunément
avant leur entrée dans notre malheureuse patrie

---

(1) Mérat, Compte-rendu fait à la Société de médecine, p. 7,
8 et 25.

la viande de leurs bœufs affectés de typhus; qu'on leur en avait donné dans tous les départemens où ils avaient traîné la contagion; que leurs malades même en usaient dans leurs hôpitaux. Je m'assurai encore que dans l'arrondissement de Villefranche on les nourrissait principalement de cette viande et avec beaucoup d'économie, car on l'achetait deux sous la livre. Plus tard on les soumit à cette alimentation dans notre ville (Lyon : ils ne s'en plaignirent pas; encore moins les fournisseurs militaires, qui se gardèrent bien de faire connaître à quel prix leur revenait cette denrée.

» Je mangeai moi-même plusieurs fois de cette viande sans en être incommodé, elle m'a paru être d'un goût analogue à celle de la viande dite de basse boucherie. J'en ai fait cuire en ma présence dans un pot de terre, à un feu modéré, pendant quatre heures et demie; elle a donné au moins deux fois plus d'écume que n'en donne la viande de bonne qualité. Le bouillon s'est trouvé blanchâtre, trouble, ayant l'aspect de celui que l'on obtient du porc ladre au dernier degré. ce bouillon chaud n'exhale point cette odeur agréable qu'on attribue à l'osmazome.

» Que cette viande, dit en terminant M. Grognier, soit de mauvaise qualité et peu nutritive; qu'elle puisse nuire à des individus faibles, débiles, malades, et que par conséquent elle doive être exclue de la consommation, c'est ce qu'on ne peut contester; mais qu'elle soit essentiellement insalubre, surtout qu'elle puisse introduire dans les personnes qui s'en nourrissent le germe typhoïde, c'est ce qu'il n'est pas permis de croire (1). »

Nous allons terminer ces citations par l'analyse d'un Mémoire détaillé et consciencieux fait par M. Coze, doyen de la Faculté de médecine de Strasbourg, et publié en 1817. C'est en 1814 et en 1815 que M. Coze a fait ses observations. Placé par M. le préfet du département du Bas-Rhin à la tête de toutes les commissions sanitaires, et en rapport avec les vétérinaires et les médecins de chaque canton, il ne lui a manqué aucune des ressources nécessaires pour exploiter le beau champ d'observations sur lequel il se trouvait placé. « Après la première invasion du département du Bas-Rhin par les troupes alliées (*fin de 1813 et commencement de 1814*), dit M. Coze, l'épizootie s'est répandue dans la presque totalité des communes de ce département. Partout les bêtes attaquées de la maladie contagieuse étaient, *lorsqu'elles n'offraient plus d'espoir de guérison*, ou abattues par les propriétaires qui en livraient la viande à la consommation, ou vendues aux bouchers juifs qui achetaient une vache de 24 à 40 francs, la tuaient et en vendaient ensuite la viande au public. Ainsi, la presque totalité des vaches atteintes de l'épizootie a été consommée dans les campagnes ou dans les villes du Bas-Rhin, et l'usage de ces viandes n'a causé aucune maladie aux

---

(1) *Recueil de médecine vétérinaire*, t. 9, p. 26.

personnes qui s'en sont nourries (page 5 du Mémoire).

» En 1815 l'épizootie dont l'apparition avait eu lieu au commencement de l'été continua jusqu'au mois de janvier 1816. Pendant six mois de cette épizootie, les troupes alliées n'ont reçu dans leur distribution que des viandes provenant de bestiaux *attaqués* du typhus ; les boucheries des villes et des villages étaient en grande partie approvisionnées de la même manière : *partout on ne mangeait que des viandes qui provenaient des bestiaux malades, et personne n'en a été incommodé* (page 9). »

C'est surtout pendant le blocus, en 1815, qu'on acquit la preuve que l'usage de la viande des animaux *attaqués* du typhus contagieux n'est nullement dangereux. Ce passage du Mémoire de M. Coze est trop curieux pour n'être pas rapporté en entier.

« Un troupeau de treize à quatorze cents têtes de bétail avait été rassemblé à la hâte vers le milieu du printemps pour l'approvisionnement de la place. Les habitans aisés et les bouchers s'empressèrent d'y faire entrer pour eux des vaches et des bœufs ; les paysans s'y réfugièrent également avec leurs bestiaux : en sorte qu'on estima à quatre mille au moins le nombre des bêtes à cornes qui se trouvaient dans la place.

» Dans les derniers jours de juin, le troupeau d'approvisionnement de siége qui se trouvait réparti dans les villages des environs entra dans la ville, et avec lui l'épizootie ; car il en était attaqué depuis quelque temps. Elle fit des progrès si rapides qu'au mois de juillet elle était devenue presque générale ; ce qui fit que les habitans de Strasbourg *se nourrirent alternativement de chair de bêtes saines ou malades*, suivant que le hasard en décidait dans les boucheries, et bien plus souvent *de cette manière que de l'autre* ; car l'administration ne pouvant remédier au mal feignait de l'ignorer. Quant à l'armée campée sous les murs de la ville, et à la garde nationale qui recevait ses rations des magasins militaires, *il ne fut pas abattu pour elle une seule bête dans l'état de santé pendant tout le blocus de* 1815. J'ai d'autant plus le droit d'affirmer ce fait, dit M. Coze, que j'ai toujours été membre de la commission chargée de la conservation du troupeau d'approvisionnement, et que je savais journellement ce qui se passait.

» Ainsi, *généraux, officiers, employés, gardes nationales, soldats, hôpitaux militaires*, n'ont reçu pendant l'espace *de plusieurs mois* dans les distributions que la viande qui provenait de bœufs *atteints de l'épizootie ou du typhus contagieux.*

» Les distributions journalières ne suffisant pas pour consommer la viande des animaux qui tombaient malades, on s'est vu forcé d'en saler une partie qui a été distribuée aux troupes après le blocus, et consommée comme la viande fraîche.

» C'est ainsi *qu'un millier de bœufs* de la grande

taille , *malades pour la plupart au plus haut degré ,
quoiqu'un assez grand nombre aient été égorgés
au moment où ils allaient expirer* , a été consommé
pendant et après le blocus : *et cet. aliment n'a produit aucune maladie ; il n'a pas même influé sur les
organes qui servent à la digestion.*

» Mais on pourrait objecter, continue **M.** Coze ,
que l'effet d'une nourriture insalubre pourrait bien
ne pas être immédiat , et dans la suite donner lieu à
des maladies plus ou moins graves. Cette objection
répond-il , tomberait encore à faux ; car depuis
l'automne dernier il y a eu moins de malades que dans
les années ordinaires , et la mortalité est *au dessous
du terme moyen à Strasbourg depuis · plus d'une
année.* »

M. Coze termine par la conclusion suivante :

« On peut assurer, dit-il , et c'est la conclusion
que je tire de l'observation et de l'expérience , que
l'usage des viandes provenant de *bœufs attaqués* du
typhus communément appelé épizootie, n'est nullement nuisible à la santé des personnes qui s'en
nourrissent. »

A ces faits nombreux bien authentiques ,et recueillis par des personnes instruites, consciencieuses
et amies de la vérité, nous n'avons trouvé qu'un
seul fait à leur opposer , c'est celui rapporté par
Cogrossi (1) : à savoir que deux paysans s'étan nourris

---

(1) V. *Acta eruditor.* an 1713 et 1714; et Pault, Maladies
épizootiques, tome 1er, p. 125.

avec de la viande provenant de bœufs malades, en eurent une diarrhée violente.

Ce fait doit assurément être regardé comme une exception.

Nous croyons donc dans cette importante question pouvoir conclure que l'usage de la viande cuite provenant de bêtes tuées comme suspectes du typhus, atteintes de cette maladie ou mortes de ses suites, n'est d'aucun danger, soit pour les hommes, soit pour les animaux.

On objectera que dans quelques localités boisées, marécageuses, on a vu dans une localité le typhus se compliquer d'affection charbonneuse, et dans d'autres localités voisines ou éloignées régner le charbon en même temps que le typhus sur les bestiaux. Nous dirons que la complication de typhus et de charbon est très rare; nous nous sommes attachés à rechercher si des faits de ce genre avaient existé, et nous n'avons trouvé qu'une seule épizootie qui ait présenté cette complication : c'est celle qui régna sur les bestiaux des marécages voisins de la ville de Vérone en 1514, et qui fut étudiée par Fracastor.

Quant à l'existence simultanée des affections charbonneuses et typhoïdes dans quelques localités, cette circonstance a existé en 1775 en France. A cette époque, en même temps que le typhus ravageait les bestiaux des provinces méridionales, une épizootie charbonneuse dévastait ceux de la Beauce et du Gévaudan.

Le charbon épizootique jouit de la funeste propriété de se communiquer aux hommes, soit par le contact simple de la chair, soit par l'usage de celle-ci comme aliment. Or, est-il possible de distinguer le typhus des affections charbonneuses ; car si cette distinction était difficile, ne s'exposerait-on pas à de grands dangers?

Assurément on ne saurait confondre aujourd'hui les variétés de charbon qu'on nomme *essentiel et symptomatique* avec le typhus contagieux, sans commettre une erreur grossière. Mais ce qui tout d'abord ne peut qu'être difficilement distingué du typhus, c'est la variété de charbon, dite fièvre charbonneuse ou charbon interne, parce qu'elle ne s'accompagne point de tumeurs dites charbonneuses à la peau. Mais cependant la courte durée de la fièvre charbonneuse, les causes toujours locales qui la font naître, sont des circonstances qui n'échapperont point aux vétérinaires. L'inspection cadavérique ne fournit point, il est vrai, des lésions bien différentielles pour l'une et l'autre maladie, et l'expert pourra être fort embarassé ; mais dans ces cas douteux qui ne se rencontreront jamais que lors du début de l'épizootie.dans une localité, la prudence exigera la proscription de toute viande provenant d'animaux malades.

Si nous avons prouvé que l'usage de la chair des animaux atteints de typhus n'offre aucun inconvénient pour la santé des personnes qui en font usage, le débit de cette chair ne peut-il pas être cause de la propagation de la maladie, et l'autorité doit-elle permettre ou proscrire ce débit ?

Telle est la question importante qu'il s'agit de traiter maintenant.

Voyons d'abord si la chair possède des propriétés virulentes.

« Nous avons inoculé, dit Camper, quatre veaux avec de la chair musculaire d'une vache morte du typhus, savoir : le premier, le deuxième, le quatrième, le sixième jour après la mort ; les quatre veaux ont péri rapidement (1). »

« Dans plusieurs villages et hameaux, rapporte Buniva, l'on a ouvert des boucheries où la viande était à très bas prix, par la raison qu'on n'y tuait que des bêtes infectées, ou bien qu'on y apportait des cadavres de bêtes pestiférées : ces endroits devenaient des foyers de cette peste : nulle bête à corne ne pouvait y passer sans en être attaquée (2).

« Il a été prouvé aux juges, dit le même auteur, que des scélérats ont introduit dans les étables des morceaux de viande infecte qu'ils avaient cachés sous la litière, dans le foin, dans la paille, et jetés dans des puits tout exprès pour communiquer la maladie ; ce qui malheureusement n'avait pas manqué d'arriver.

---

(1) Camper, Lettre aux Etats-Généraux.
(2) Buniva, *loco citato*, p. 187.

» La maladie s'est prodigieusement étendue dans le pays où l'on a fait un usage habituel de viande infecte, soit en la faisant bouillir ou rôtir, soit en la salant de différentes manières pour en faire des saucissons, etc.

» Il est des approvisionnemens dans diverses forteresses qui ont été faits de cette manière; aussi les bœufs qui y entraient pour y conduire du vin, du riz ou autres provisions, sortaient ordinairement avec le germe de la maladie.

» J'ai été, ajoute Buniva, témoin de plusieurs faits pareils au suivant. Un mendiant vagabond dormit une nuit dans une étable du village de Frossasco qui était encore intact par rapport à l'épizootie; ce misérable avait dans un sac cinq ou six livres de viande crue infecte : il partit de bon matin et ne revint que quelques jours après. La peste se manifesta dans cette étable et passa ensuite à d'autres étables : de sorte que le pays souffrit une perte considérable de bêtes à cornes (1). »

On voit donc que la contagion du typhus peut être transportée par la chair des bestiaux qui en sont atteints. En effet, cette chair n'est-elle pas imprégnée de sang, de sérosités, de fluides sécrétés? L'inoculation de ces liquides, ainsi que nous l'avons vu à des animaux bien portans, ne leur donne-t-elle pas

______

(1) Buniva, *loco citato*, p. 201.

la maladie? Les personnes qui tueront, débiteront la viande, celles qui en prépareront l'usage domestique, ne transporteront-elles pas indubitablement avec elles des émanations animales capables de transmettre la maladie là où elle n'existe pas ? Et dans la supposition que le débit de cette viande soit autorisé par MM. les maires, les sous-préfets et les préfets, on accorderait aussi implicitement l'autorisation aux bouchers de parcourir la campagne, d'acheter à bas prix les animaux suspects et malades, de les amener dans les villes, aux abattoirs. Or, nous avons prouvé par un grand nombre de faits que les marchands de bestiaux qui parcouraient les villages , que les bestiaux suspects ou malades, en suivant les grandes routes, les chemins vicinaux, semaient sur leur trace la contagion et propageaient ainsi la maladie.

Toutes ces raisons majeures nous font donc conclure que le débit de la viande de bêtes suspectes ou malades ne doit point être toléré par les autorités.

Quelques personnes pourront objecter qu'en proscrivant l'usage de la viande on fera monter à un taux élevé le prix d'une denrée de première nécessité ; impôt qui frappera spécialement les habitans des grandes villes où le débit de la viande est plus considérable ; qu'indépendamment de ces inconvéniens, le cultivateur déjà en partie ruiné par la perte de son bétail, ne pourra, dans cette malheureuse occurrence, tirer aucun parti du bétail infecté. Pour

nous ces objections ne sauraient avoir quelque consistance ; car dans une telle position l'essentiel, avant
tout , est d'agir dans l'intérêt général. Or cet intérêt réclame impérieusement, et le plus tôt possible,
l'anéantissement de la maladie ou la formation de
barrières capables d'en arrêter la propagation. Et
croit-on qu'on parviendra à atteindre ce but en tolé-
rant la vente des bestiaux suspects et le débit de leur
chair ? Et peut-on mettre en parallèle les ravages,
les pertes qu'occasionnera la propagation de l'épizootie , avec le renchérissement momentané de la
viande pour la nourriture de l'homme ?

Non, les autorités ne pourront et ne devront autoriser que la vente des bêtes saines et non suspectes
du typhus, avec les précautions que nous avons indiquées. (Voyez pages 218 et 255.)

Nous ne voyons que deux circonstances qui nécessiteraient impérieusement le débit et l'usage de la
viande des animaux atteints ou suspects du typhus :
ce seraient celles où le typhus régnerait sur les bestiaux formant l'approvisionnement d'un corps d'armée , d'une place forte, et celle où cette maladie
exercerait des ravages sur un grand nombre d'animaux à la fois et depuis long-temps dans une localité.

Dans la première circonstance, la nécessité fera
toujours loi, et certes on aurait grand tort ici de se
priver d'une ressource aussi précieuse ; dans la seconde, alors que l'épizootie est répandue, alors

qu'on ne saurait arrêter ses moyens de propagation par les mesures sanitaires les plus rigoureuses, on devra faire usage de la viande des animaux, soit malades, soit suspects; parce que le débit de la viande, la vente du bétail, viendront dédommager le pauvre campagnard des pertes qu'il éprouve ou qu'il a éprouvées.

B. *De l'usage du suif.* Quelques infracteurs aux lois concernant l'épizootie typhoïde, dit Buniva, ayant établi dans plusieurs forêts de la plaine du Piémont des fabriques de graisse tirée des cadavres, le gouvernement ne laissa pas subsister long-temps ce scandale, attendu qu'on observa que les bêtes à cornes que l'on avait conduites au pâturage dans ces forêts furent attaquées de la maladie (1).

« Les veaux, dit Camper, inoculés avec du suif de bêtes mortes de l'épizootie, les troisième, quatrième et sixième jours après la mort, ont été atteints si violemment de la maladie le sixième jour; qu'ils en sont morts ensuite (2). »

Nous dirons à l'égard de l'emploi et du débit du suif ce que nous avons dit à l'égard de la chair. La graisse peut être imprégnée de sang, de sérosité, de matières sanieuses, véritables véhicules virulens, capables de transporter la maladie et de la communiquer. D'un autre côté, les opérations indis-

----

(1) Buniva, p. 197.
(2) Camper, Lettre déjà citée.

pensables pour extraire la graisse des cadavres , pour la transporter dans les fonderies, pour la livrer au commerce, ne peuvent se faire sans s'exposer à multiplier les germes destructeurs de la maladie. Aussi donc est-il convenable de ne point chercher à profiter du suif pour alléger les pertes occasionnées par la maladie. Ce ne serait que dans les trois circonstances applicables au débit et à l'usage de la chair que nous avons déjà signalées, et dans les cas où tous les efforts faits par l'administration supérieure seraient inutiles pour arrêter la propagation de la maladie, qu'il faudrait faire usage du suif. Cet exemple a été donné dans la province de Frise en 1745; les états de cette province, qui avaient d'abord défendu d'employer le suif, le permirent quand l'épizootie fut très étendue , dans le louable but de diminuer les pertes qu'elle occasionnait.

Dans ces circonstances toujours sera-t-il du devoir de l'autorité de soumettre la vente et la fonte des suifs à des règlemens particuliers applicables à la localité, pour prévenir de nouveaux dangers de contagion.

C. *De l'usage de la peau ou cuir*. L'arrêt de la Cour du parlement du 24 mars 1745 dit, art. 5 et 6 :

Art. 5 : La Cour ordonne qu'aussitôt que les bêtes seront mortes, les propriétaires et fermiers seront tenus de les enterrer avec leurs peaux , lesdites bêtes préalablement coupées par quartiers.

Article 6 : Fait défense aux tanneurs ou autres

(387)

d'en vendre ou acheter les peaux, à peine de trois cents livres d'amende, même de punition corporelle.

Les arrêts du 31 janvier 1771, art. 12 ;

Du 18 décembre 1774 ; art. 3 ;

Du 30 janvier 1775 ;

Du 1ᵉʳ novembre 1775, art. 8 ;

Du 27 messidor an 5 ;

Du 27 janvier 1815 ; ont maintenu les dispositions prescrites par l'arrêt du 24 mars 1745. Celui du 27 messidor an 5 a ajouté : *Que les animaux seraient enterrés avec leur peau après l'avoir tailladée en divers endroits.*

Est-il possible de faire usage des cuirs des animaux tués comme suspects, comme malades ou morts du typhus ?

Les dispositions des arrêts ci-dessus devront-elles être maintenues ou modifiées à l'avenir ?

Ces questions à toutes les époques des épizooties typhoïdes ont soulevé une foule de discussions. Quelques auteurs du plus grand mérite ont proscrit l'usage des cuirs ; d'autres, non moins distingués et consciencieux ont prétendu qu'on pouvait les utiliser sans inconvénient. Que devons-nous faire ? Consulter d'abord les faits recueillis, les expériences faites dans le but d'éclaircir cette importante question ; puis chercher à découvrir si, avec les connaissances industrielles que nous possédons aujourd'hui, on ne pourrait point tirer parti, sans s'exposer à d'inévitables inconvéniens, du meilleur produit des débris cadavériques des bestiaux.

1° *Faits qui tendent à prouver que l'emploi ou le commerce des cuirs doit être proscrit.*

En 1763, le gouvernement anglais, convaincu que le commerce des cuirs pourrait apporter en Angleterre le typhus épizootique qui régnait dans la Hollande, le Danemarck, et dans divers endroits de l'Allemagne, interdit par une ordonnance l'entrée des cuirs des bêtes à cornes provenant de ces royaumes. La même interdiction avait eu lieu en 1762 dans le royaume des Pays-Bas autrichiens à l'égard des cuirs venant des Provinces-Unies.

En 1774, le gouvernement français, faute d'avoir pris une semblable mesure, eut les provinces méridionales ravagées par le typhus apporté à Bayonne par des cuirs infectés, venant de la Zélande hollandaise et débarqués à Bayonne.

Buniva assure avoir vu tant de fois l'épizootie propagée par la voie des cuirs frais, qu'il a été forcé de déclarer au sénat de Turin que ces cuirs étaient contagieux même par excellence. Il ajoute: Les tanneries où l'on travaille beaucoup de peaux d'animaux morts de l'infection deviennent un vrai foyer de contagion qu'on ne doit point tolérer (1).

Camper a fait quelques essais dans le but de se prononcer sur la contagion des cuirs et de savoir pendant combien de temps ils conservaient la

____

(1) Buniva, *loco citato*, p. 190.

propriété contagieuse; voici le résultat de ses expériences :

1° Un veau a été inoculé avec des lanières de peau
provenant d'une vache qui venait de périr de l'épizootie.

2° Un autre veau fut inoculé quarante-huit heures
après la mort de la vache et de la même manière.

3° Un troisième avec des languettes de cette peau,
quatre jours après la mort de la vache en question.

4° Un quatrième avec six aiguillettes, six jours
après la mort.

Tous ces veaux tombèrent malades le cinquième
jour après l'introduction des lanières et avec une
telle violence qu'un seul en réchappa (1).

L'infection des cuirs de Bayonne, les expériences
de Camper, tels sont les seuls faits avoués attestant
la propriété contagieuse des cuirs frais. Pour nous,
les expériences de Camper ne sont pas très positives. Si Camper eût fait la contre-épreuve en se
servant de lanières de cuir provenant d'une vache
parfaitement saine et n'eût pas transmis une maladie,
nous les regarderions comme valables. Car, est-il
possible d'assurer qu'une lanière de peau provenant
d'un animal mort depuis plusieurs jours, placée dans
des parties vivantes, humides, chaudes, et au contact
de l'air, ne se soit pas putréfiée et n'ait pas commu-

______

(1) OEuvres de Camper, Lettre aux Etats-Généraux déjà
citée.

niqué une maladie putride et gangréneuse due à la résorption d'un produit septique? D'ailleurs les expériences de Camper ne peuvent être comparées à la contagion produite par le simple contact immédiat des peaux avec les bestiaux sains, ou à la contagion émanant de ces peaux pendant leur dessiccation sous la forme d'une vapeur contagieuse susceptible de porter l'infection à distance par l'intermède de l'air.

Voici maintenant des faits opposés à ceux-ci, et qui tendent à prouver que l'emploi des cuirs ne doit point être proscrit. Lors de l'épizootie de 1745, qui à cette époque menaçait la province de Bourgogne, le marquis de Courtivron habitant de cette province, homme instruit, consciencieux, dévoué à son pays, affligé des ravages de l'épizootie et des pertes énormes qu'elle allait faire supporter aux propriétaires, puisque les arrêts défendaient de faire usage des débris cadavériques, entreprit des expériences tendant à prouver que les cuirs des bestiaux ne propageaient pas la maladie, ainsi qu'on l'avait avancé et qu'on le croyait généralement.

« Le 2 juillet dernier (1745), dit Courtivron (1), je me transportai à Aizeray pour y examiner le bétail ; ce lieu sans être fort considérable était riche en bestiaux. Avant la maladie on y comptait plus de quatre cents bêtes à cornes ; deux cents avaient déjà

_____

(1) Mémoire de l'Académie royale des sciences, an 1745, p. 3,

péri en moins d'un mois : quand j'y allai, une centaine étaient malades dans les étables.

» Je choisis des cuirs frais de bêtes qui, étant
mortes du jour, furent dépouillées tout de suite ; je
les fis envelopper de paille fermement serrée, et le
tout fut recouvert d'un cuir épais et anciennement
tanné. Mon but était que dans le transport il ne
transpirât que le moins possible des particules de
ces cuirs que l'on supposait assez malfaisantes pour
infecter le bétail sain, et je voulais aussi me garantir
du blâme d'avoir porté ces cuirs dans un endroit que
la maladie avait épargné.

» Pour acquérir la connaissance que je cherchais
sur la mauvaise qualité des cuirs, je ne pouvais
choisir qu'un lieu où la maladie n'eût point été ;
dans tout autre l'expérience aurait pu devenir suspecte. L'endroit que j'habite n'avait point eu la maladie, et elle ne s'est même pas approchée à plus de
deux lieues ; c'était là une raison de préférence :
enfin, les bestiaux que j'avais dessein de sacrifier à
mon instruction devaient m'appartenir ; j'en achetai
dans le lieu même pour ce seul objet.

» Une grande cour qui n'a point de communication avec le reste du village avait une écurie propre
à mon dessein ; j'en fis boucher les fenêtres qui
étaient d'un seul côté, et je fis remplir de foin et
de paille les deux tiers de l'écurie.

» Deux vaches, l'une jeune, l'autre déjà âgée,
y furent enfermées le 3 juillet au soir, et dès lors

elles n'en sortirent plus ; j'enfermai avec elles les cuirs dont elles furent revêtues pendant la nuit. Le matin on les découvrait, et le foin et la paille qu'elles devaient manger la nuit suivante séjournaient dans les peaux fraîches des animaux morts du typhus. Il est difficile que l'on se soit donné plus de soin pour garantir le bétail que je m'en donnais pour faire prendre à ces vaches, par cette voie, la fatale maladie. Le jour on apportait à boire dans l'écurie, et l'eau leur était présentée dans des seaux qui ne servaient qu'à elles, où on avait fait tremper des morceaux de cuirs qui servaient à l'expérience.

» Les vaches prenaient leur nourriture sans dégoût malgré la préparation dont j'ai parlé. Cinq ou six jours se passèrent sans qu'elles souffrissent impatiemment l'espèce de vêtement dont on les couvrait, et qui cependant avait contracté une odeur cadavéreuse qui m'était presque insupportable. Vers le cinquième ou sixième jour elles en parurent incommodées, et peut-être l'étaient-elles davantage de la chaleur qu'elles souffraient à leur occasion , le thermomètre de Réaumur ayant monté le 8 et le 9 juillet, vers les quatre heures du soir, à 23 degrés et demi.

» Le septième jour les cuirs furent enlevés, et je continuai à garder les vaches enfermées. Quinze jours se passèrent ainsi. Elles mangeaient avec appétit , et elles donnaient abondamment du lait. Le 24 juillet je commençai à les faire parfumer avec du genièvre, ce qui fut continué jusqu'au 1ᵉʳ août que je leur laissai prendre l'air, et je crus aussi pouvoir sans imprudence les laisser communiquer avec l'autre bétail. Elles y vont depuis long-temps sans qu'on se soit aperçu que ni elles ni aucune bête de la vacherie aient été attaquées. Aujourd'hui que plus de six semaines sont révolues, je peux rendre publique l'expérience que je viens de rapporter. »

Vicq-d'Azyr a répété les expériences de Courtivron en 1775, et voici ce qu'il rapporte (1).

« La maladie ne se communique point par le moyen des cuirs frais ; ce que M. de Courtivron a dit avant moi. J'ai inutilement renouvelé les cuirs sur le dos de huit vaches à quatre reprises, sans qu'elles aient éprouvé d'autres symptômes que du dégoût pour les alimens ; l'appétit leur est revenu ensuite. »

Camper, dont les expériences ont été rapportées ci-dessus, n'était certainement pas convaincu que les cuirs fussent aussi funestes qu'on le croyait pour transmettre la maladie ; car il dit dans une note : « J'ai placé deux veaux près d'une peau provenant d'une vache morte de l'épizootie, ils n'ont point contracté la maladie par cette voie. Elle leur a été communiquée ensuite, ajoute Camper, en cohabitant avec des vaches malades : un de ces deux veaux en est mort ; ce qui prouverait qu'ils étaient

____

(1) Vicq-d'Azyr, *loco citato*, p. 102.

disposés à contracter l'épizootie si les peaux la communiquaient toujours immanquablement. »

On voit donc que, sur dix vaches recouvertes par des cuirs frais infectés, pas une seule n'a contracté la maladie: que deux veaux placés à côté de cuirs frais également infectés sont aussi restés parfaitement sains.

Maintenant est-il possible de conclure que les cuirs provenant d'animaux malades du typhus ne soient point susceptibles de transmettre la contagion? Une semblable conclusion paraîtrait hasardée. Selon nous la question est encore à juger; et elle mérite de l'être. Nous avons peine à croire que des cuirs frais souillés de sanie, de bave, de matières excrémentitielles, de sang, de sérosité sanguinolente, ne soient point des agens capables de transmettre le typhus, tandis que les autres débris cadavériques auraient cette funeste propriété.

Jusqu'au moment donc où tous les doutes seront levés à l'égard de cette grave question, il est important de savoir si on posséderait aujourd'hui des moyens désinfectans à l'aide desquels on pourrait sans crainte utiliser les cuirs des bestiaux suspects, malades, ou morts du typhus.

Ce n'est point d'une petite importance pour les propriétaires de bestiaux que de pouvoir livrer leurs cuirs au commerce. Le cuir d'un bœuf ou d'une vache de moyenne grosseur se paie dans le commerce 1 franc la livre, et le poids moyen étant porté à 40 livres, le prix d'un cuir payé 40 francs allége la perte du propriétaire. Le marquis de Courtivron a estimé que la perte, suite de la destruction des cuirs, s'était élevée dans la seule province de Bourgogne à plus de 300,000 francs.

Il est donc d'un grand intérêt pour les propriétaires, pour l'industrie commerciale des cuirs, de chercher à les utiliser sans craindre de propager la contagion. Vicq-d'Azyr est le premier qui s'est occupé, en 1775, de chercher un moyen peu dispendieux et d'un facile emploi propre à désinfecter les peaux sans cependant nuire à l'opération du tannage. Ce savant illustre s'est concerté avec un habile tanneur de la capitale pour tout ce qui a rapport à la main-d'œuvre, et c'est ensuite qu'il a publié une Instruction dont nous croyons devoir donner la copie; la voici :

Instruction sur la manière de désinfecter les cuirs des bestiaux suspects ou morts de l'épizootie, et de les rendre propres à être travaillés dans les tanneries sans y porter la contagion.

1° Il sera permis à tout tanneur d'acheter les peaux de bestiaux *morts* de l'épizootie, mais il ne pourra les transporter de la paroisse où il les aura achetées dans sa tannerie qu'après avoir pratiqué une fosse dans un lieu isolé qui lui sera indiqué, et où il leur fera subir les préparations dont il est fait mention ci-dessous.

2° Si un autre tanneur vient ensuite acheter des cuirs dans la même paroisse, il sera également tenu, avant de les sortir des dépôts où ils seront renfermés, de pratiquer une autre fosse dans le même lieu isolé et assez près de la première pour être gardée par le détachement, ou de convenir et de s'arranger avec le tanneur auquel la première fosse appartiendra , pour y faire en commun les préparations ci-après prescrites , ou enfin se servir de la première fosse si elle est abandonnée par le tanneur qui l'a faite, sans qu'il puisse dans ce cas en pratiquer ni en employer aucune autre.

3° Les ouvriers qui travailleront à ces fosses , même ceux qui y seront employés à charger et à transporter les cuirs vers des lieux où ils seront déposés à la fosse, seront habillés en toile, et ne communiqueront point avec les bestiaux sains.

4° Un détachement de soldats sera destiné à veiller sur la fosse, à empêcher que les étrangers n'en approchent et à écarter les bestiaux des environs.

5° Afin d'éloigner toute supercherie, les syndics, ou chefs de communauté des lieux où sera la fosse , seront obligés de tenir un registre exact des bestiaux morts ou tués, et du nombre de peaux que le tanneur apportera dans la fosse commune ; le syndic en remettra une copie à l'officier public ou chef du détachement, et celui-ci aura soin, conjointement avec le syndic, qu'aucune peau n'échappe à la préparation ; il sera même défendu d'en désinfecter aucune sans sa permission.

6° On aura deux cuviers ou tonneaux. L'un sera destiné au lavage des peaux, et ne sera point enfoncé en terre, afin qu'on puisse le vider et le remplir plus aisément. On se servira d'eau de rivière ou d'une eau de source amortie : les eaux vives resserrent trop et ne lavent pas aussi bien. L'autre cuvier sera destiné au travail de la chaux, et ce dernier sera enfoncé en terre au niveau de sa surface, afin qu'il ne puisse se dessécher au dehors. Ainsi enfoncé, il sera d'ailleurs plus commode aux ouvriers.

7° On commencera par fendre la peau, comme il est d'usage ; on la trempera ensuite dans l'eau du premier cuvier, et on la lavera bien, dans la vue de la désaigner et de la rendre propre à subir l'action de la chaux. Quand on aura fait un nombre suffisant de lavages dans la même eau, on la jettera. Mais comme elle sera nécessairement trop infectée, on aura soin de ne pas la répandre trop au loin. Il serait à propos de faire quelques fosses dans le voisinage, afin que cette eau, s'infiltrant dans les terres, ne porte point ailleurs la contagion.

8° Surtout on ne lavera point les peaux dans l'eau courante ; en commettant cette imprudence, on communiquerait nécessairement la maladie aux animaux sains qui viendraient s'y désaltérer.

9° Ordinairement on met dans le plein, pour chaque cuir, le tiers ou le quart d'un minot de chaux ; le minot équivant à un pied cube : on le délaie bien avec l'eau, et on les brouille ensemble le plus qu'il est possible.

10° On se servira d'une chaux éteinte depuis deux jours au moins, ou d'une chaux qui aura déjà servi et que les tanneurs appellent *chaux usée :* elle le sera dès que plusieurs peaux y auront passé.

11° Les peaux bien lavées dans le premier cuvier seront plongées dans le second, où sera la chaux délayée, comme il est dit ci-dessus. On les laissera pendant deux jours, ayant soin, de quatre en quatre heures, c'est-à-dire deux fois chaque jour, de les relever et de les laisser en retraite, étendues sur le bord du plein pendant une heure et demie à peu près. En se comportant ainsi, la chaux souvent remuée ne se déposera point au fond, et l'on n'aura rien à craindre de son action ainsi interrompue par les retraites.

12° On ne se servira point un trop grand nombre de fois de la même eau de chaux, il y aurait à craindre que les molécules putrides et vireuses chassées par son action n'empêchassent la désinfection des cuirs que l'on y plongerait de nouveau; on aura soin aussi en jetant cette eau qu'elle ne s'étende pas trop loin, afin d'éviter tout danger.

13° Les cuirs ainsi préparés seront portés à la tannerie que le tanneur à qui ils appartiendront indiquera. Un détachement accompagnera la voiture, afin que sur la route il n'y ait aucune imprudence de commise et pour éloigner tout soupçon. On doit être prévenu qu'il ne faut pas laisser sécher les cuirs passés à la chaux avant de les transporter à la tannerie : ce dessèchement rendrait leur travail très difficile.

14° Comme on ne débourre les cuirs qu'après les avoir fait passer au plein de chaux vive, alors le tanneur aura soin de ne pas faire servir la bourre ni à l'engrais des terres ni à garnir les harnais des bêtes de labour ; la raison en est que, s'il reste quelques molécules vireuses après la première opération, le poil en sera tout imprégné : il sera donc expressément ordonné à tous les tanneurs d'enfouir le poil et les carnosités que le couteau rond détachera.

15° S'il était possible d'établir quatre pleins dans les chefs-lieux des pays infectés, d'y débourrer les peaux et d'y enfouir les poils, la préparation n'en serait que plus certaine et plus exempte de danger.

16° Si un métayer est trop éloigné de la fosse commune, ou s'il n'y a qu'un petit nombre de bestiaux malades dans un canton, les cuirs seront tailladés, et leur désinfection sera défendue.

17° On évitera de faire des amas ou dépôts de cuirs frais sous quelque prétexte que ce puisse être. Aussitôt que la bête sera écorchée, si l'on veut tirer parti de sa peau, on sera tenu de la passer sur le champ à la chaux, ainsi qu'il est exposé dans la présente instruction, en satisfaisant toutefois aux conditions requises.

Les procédés indiqués ci-dessus ne sont point de nature à empêcher les cuirs de passer aux apprêts des grandes et petites tanneries. Frappé de ces avantages, le gouvernement s'empresse de publier un moyen qui conserve aux particuliers et à l'état une partie des richesses que l'épizootie enlève depuis long-temps tout entière ; cependant on ne pourra en faire usage qu'avec la permission expresse de monsieur l'intendant, et après en avoir instruit le commandant du lieu.

A Paris, ce 6 août 1775.

Il est facile de se rendre raison de l'action de l'oxide de calcium ou de la solution de chaux sur le tissu cutané, et d'expliquer comment ce tissu perd une partie des matières animales contagieuses qui entrent dans son organisation, et pourquoi la peau ainsi *chaulée* est tout à la fois désinfectée et préparée à l'opération du tannage.

L'oxide de calcium de la chaux s'insinue dans les porosités du cuir et en absorbe l'humidité animale ; puis agissant avec lenteur sur les matières graisseuses, il se combine avec elles pour former *un savon calcaire* insoluble : cette soustraction d'une partie constituante de la peau donne lieu à la formation de larges porosités résultant d'un commencement de désorganisation de la partie fibreuse de la peau ; et bientôt la ramollissant, la destruction complète du cuir serait inévitable si on le laissait trop long-temps exposé à l'action dissolvante de l'oxide de calcium.

La peau étant donc suffisamment ramollie et po-reuse, est lavée, puis râclée avec un couteau en fer pour la débarrasser entièrement de l'oxide de cal-cium : elle est ainsi désinfectée.

Cette première opération achevée, la peau est mise ensuite en contact avec le tan renfermant l'acide tannique : les molécules acides s'insinuent bientôt dans les porosités cutanées ; et leur combinaison avec la matière gélatineuse, complète l'opération du tannage , en formant un composé solide impu-trescible, qui est *le cuir tanné*. Mais, ainsi que l'observe Vicq-d'Azyr, pour l'exécution d'une bonne préparation à l'action de l'acide tannique, il faut que les pores du cuir soient ouverts lente-ment et par nuances insensibles ; une action trop vive les resserrerait trop, opposerait un obstacle insurmontable à tous les agens que l'on pourrait employer ensuite pour en opérer la dilatation, et rendrait les cuirs incapables d'être tannés convena-blement. Une eau de chaux trop forte ou trop nou-velle, et un séjour trop long dans le plein, auraient tous ces inconvéniens: il faut donc concilier, comme on le voit, la désinfection des cuirs avec leur prépa-ration, de sorte que l'une ne fasse point de tort à l'autre.

Mais ces opérations, ces moyens de désinfection, sont-ils facilement applicables dans toutes les circonstances ?

Et d'abord l'établissement des pleins dans les campagnes, aux frais des tanneurs, nécessite déjà une forte dépense à laquelle ceux-ci pourront toujours se refuser. Les officiers municipaux se chargeront-ils dans chaque commune d'un semblable établissement, et de diriger les opérations préliminaires convenables exigées pour l'opération du tannage? Car ces opérations, outre qu'elles nécessiteraient une dépense de temps considérable, ne seront jamais bien faites par des personnes étrangères à l'art du tannage, et il arrivera que les peaux ainsi mal préparées seront dédaignées par les tanneurs et achetées à bas prix. Ce n'est donc guère que dans une tannerie que ces opérations pourront être convenablement mises à exécution. Dufau, qui a vu en homme impartial l'emploi de ces procédés dans l'Aquitaine en 1775, dit dans ses lettres : « Les moyens proposés par Vicq-d'Azyr pour désinfecter les cuirs sont bons et suffisans, mais d'une difficile exécution, si, dit-il, dans beaucoup de localités il n'est pas impossible de les mettre en pratique. »

Offrir aux habitans des campagnes un agent désinfectant sûr, facile à se procurer partout à bon marché, et d'un simple emploi, tel est le but qu'aujourd'hui on doit chercher à atteindre si on veut qu'il soit employé par les campagnards toujours peu partisans de toute innovation ; cet agent a été découvert depuis l'année 1815, date de la dernière épizootie typhoïde , *c'est le chlorure d'oxide de calcium.*

On sait que le chlore altère les matières animales, en décomposant tout à la fois et leurs élémens fétides et leurs principes constituans. Nous avons dit que la chaux se combinait avec les matières graisseuses des tissus organiques pour former un savon calcaire ; or , si d'un côté le chlore dénature les matières animales subtiles en se combinant avec leur hydrogène, que de l'autre la chaux, en s'associant aux principes plus tenaces les transforme en un composé inorganique, nous aurons trouvé un agent désinfectant, précieux pour opérer la purification des cuirs sans nuire à l'opération du tannage.

Le chlorure de chaux, d'une facile préparation, peut être au besoin abondamment répandu dans le commerce. Fabriqué en grand , son prix est fort peu élevé ; aujourd'hui les chimistes livrent ce produit dans le commerce à 40 centimes la livre,

Nous avons calculé que dix litres d'eau tenant en dissolution quatre onces de chlorure étaient suffisans pour mouiller complètement et désinfecter un cuir de bête à corne pesant quarante livres ; ce qui porte à 10 centimes la dépense à faire pour désinfecter un cuir dont la valeur peut être estimée 40 francs.

Nous nous sommes assurés par l'expérience qu'avec 200 litres d'eau contenue dans un tonneau dans lequel on met dissoudre cinq livres de chlorure d'oxide de calcium coûtant alors 2 francs, on peut désinfecter convenablement vingt cuirs ; ce qui porte la dépense à 10 centimes par cuir. Et en supposant que la dépense de l'établissement de tonneaux pour y plonger les cuirs, la main-d'œuvre des ouvriers, arrive à 40 centimes par cuir, le montant de la dépense totale ne s'élèverait encore qu'à 50 centimes pour chaque cuir : nous allons encore plus loin, nous portons cette dépense à un franc par cuir désinfecté.

Or, s'il était prouvé par l'expérience que les cuirs provenant d'animaux morts du typhus, plongés, lavés dans une solution de chlorure d'oxide de calcium, soient désinfectés convenablement, certes les autorités devraient ordonner et tenir rigoureusement la main à ce procédé de désinfection qui nous paraît réunir tout à la fois une facilité d'emploi et une grande économie.

Dans le cas où ce procédé de désinfection serait adopté, les cuirs à chlorurer seraient :

1° Ceux qui proviennent d'animaux tués comme suspects de contracter la maladie ;

2° Ceux qui proviendront d'animaux abattus étant malades ;

3° Ceux qui proviendront d'animaux morts de la maladie.

La désinfection devra être plus rigoureusement exigée pour les cuirs des deux dernières classes que pour ceux de la première. Elle sera aussi plus facilement pratiquée pour les cuirs appartenant aux deux premières classes, parce que l'opération pourra être faite tout à la fois immédiatement après l'abattage des bestiaux.

Le gouvernement enjoindrait aux préfets les dispositions suivantes qui devraient être mises à exécution par MM. les sous-préfets, les maires des communes, les commissaires-vétérinaires ou autres nommés par l'autorité.

1° Aussitôt que l'épizootie-typhoïde se montrera dans une commune, le maire, sur le rapport de l'expert-vétérinaire, devra, s'il le juge convenable, faire abattre et enfouir les bestiaux suspects ou malades avec leur peau, si leur nombre ne s'élève pas au delà de quinze ; faire procéder immédiatement à la désinfection du local où ont séjourné les animaux, et à la destruction ou à la désinfection de tous les objets qui leur ont touché ou servi.

2° Si le nombre des animaux devant être sacrifiés est plus considérable, un équarisseur devra être nommé par l'autorité pour procéder au dépouillement des cadavres, et exécuter au moyen d'aides les procédés de désinfection ci-après expliqués.

Procédé de désinfection. Deux tonneaux ou futailles pouvant contenir deux cents litres d'eau devront être conduits au lieu et place où les animaux devront être sacrifiés et leurs dépouilles enfouies. Dans l'un de ces tonneaux contenant de l'eau de rivière, de fontaine ou de puits, on jettera une livre de chlorure d'oxide de calcium, et on remuera le liquide à l'aide d'un bâton, pour éviter le dépôt du chlorure au fond du tonneau.

Les bêtes à cornes étant dépouillées, on commencera par plonger les cuirs deux ou trois fois dans le tonneau renfermant l'eau simple dans le but de les débarrasser du sang ou des matières étrangères dont ils pourraient être souillés; puis on les plongera complètement quatre à cinq fois dans le tonneau renfermant la solution de chlorure de chaux. Après ce lavage désinfectant, les cuirs seront mis à égoutter sur le bord du tonneau pendant quelques minutes, puis placés dans un tonneau vide. Ce dernier tonneau, étant rempli par les cuirs, sera foncé. Ainsi renfermés, ces cuirs pourront être conduits sans danger à la tannerie la plus proche, y être vendus, et l'argent qui en proviendra remis à l'autorité, qui répartira cette somme à qui de droit.

L'eau qui aura servi à la désinfection sera jetée dans la fosse ou enfouie dans le sol.

Telles seraient, selon nous, les simples précautions à prendre pour la désinfection des cuirs provenant de bêtes assommées comme suspectes ou malades du typhus.

Voyons maintenant quelles seraient les mesures à faire prendre par les autorités à l'égard de l'équarissage des bêtes mortes chez les propriétaires, et comment on pourra désinfecter les cuirs qui en proviendront.

1° Le maire nommera un équarisseur *ad hoc*, spécialement chargé de dépouiller les bestiaux dans toute la commune : cet équarisseur pourra avoir un ou plusieurs aides au besoin. Ces écorcheurs seront vêtus de pantalons et de sarraux de toile, lesquels seront blanchis tous les jours. Ils n'entreront jamais dans les habitations qui renfermeront des bêtes à cornes ; ils ne communiqueront dans aucun cas avec des personnes possédant des bestiaux ; en tout ces équarisseurs se conformeront aux dispositions prescrites par les art. 8 et 9 de l'arrêt du 16 juillet 1784. (*Voyez ces articles page 38.*)

2° Il choisira un emplacement convenable pour y faire déposer les cuirs désinfectés qui seront amenés journellement par les équarisseurs. Tous les jours les peaux seront arrosées avec une dissolution de chlorure de chaux.

3° Il mettra à la disposition de l'équarisseur et aux frais de la commune des tonneaux pour opérer la désinfection des cuirs, un cheval et une voiture pour les conduire au local désigné par l'autorité.

Un ou plusieurs tanneurs, autorisés par l'officier municipal de la commune, du canton ou de l'arrondissement, pourront seuls faire l'achat des cuirs désinfectés. Le tanneur estimera les peaux et soldera comptant au moment de leur livraison.

La voiture du tanneur destinée au transport des peaux sera couverte et traînée par des chevaux. Plusieurs tonneaux y seront placés. Les peaux, convenablement pliées s'il est possible, seront placées dans ces tonneaux qui seront ensuite foncés. Arrivées à la tannerie, elles devront être immédiatement soumises aux premières opérations du tannage.

Cette instruction, que nous regardons comme loin d'être complète sous beaucoup de rapports, pourra, selon les circonstances, les besoins, être modifiée ; ce n'est à proprement parler qu'un simple plan que nous proposons, étant pénétré qu'il pourra être de quelque utilité.

Des dangers auxquels pourraient être exposées les personnes qui écorchent les animaux.

L'expérience a prouvé que les manipulations auxquelles se livrent les écorcheurs pour dépouiller les cadavres ; les dissections longues et minutieuses auxquelles s'adonnent les vétérinaires pendant l'inspection des organes malades, n'ont jamais été suivies d'accidens. Nous répéterons encore ici, afin qu'on en soit bien convaincu, que si des accidens occasionnés dans les manipulations des cadavres ont été consignés dans les auteurs, ces accidens sont dus à des affections charbonneuses ou gangréneuses, et jamais au typhus. Voici d'ailleurs des faits en faveur de cette manière de voir.

« Aucun des vétérinaires, dit Vicq-d'Azyr, qui ont ouvert sous mes yeux un grand nombre de bestiaux morts de l'épizootie de 1775, aucun des ouvriers qui les ont écorchés pour désinfecter les cuirs n'a éprouvé le plus léger accident qui puisse avoir quelque rapport à la contagion. Il m'est seulement arrivé étant à Condom d'être attaqué d'un accès de fièvre très violent, avec des nausées et un gonflement très considérable au bras droit, ayant son principe au pouce qu'un éclat de côte avait blessé très légèrement ; M. Le Breton, chirurgien très instruit qui m'accompagnait, témoigna même à cet égard beaucoup d'inquiétude. En peu de jours je fus rétabli. Ce chirurgien a pratiqué lui-même un grand nombre de dissections , d'inoculations et d'expériences, sans avoir jamais ressenti la moindre atteinte de maladie (1). »

« Nous nous sommes blessé et d'autres personnes aussi, dit Camper, en ouvrant les cadavres, sans que nous en ayons éprouvé aucune suite fâcheuse (2). »

Baumon dit dans son mémoire : « Les vétérinaires, les commissaires-vétérinaires nommés par le gouvernement, se sont coupés en faisant l'ouverture des cadavres et n'ont eu aucun accident ; d'autres se sont fait de fortes blessures avec la partie tranchante de l'aiguille à séton pleine de sang, en passant cet exu-

---

(1) Vicq-d'Azyr, *loco citato*, page 173.
(2) Camper, Lettre déjà citée.

toire , et il ne leur est arrivé rien de fâcheux (1). »

« J'ai su que plusieurs vétérinaires, dit M. Grognier , s'étaient blessés en ouvrant des bêtes bovines mortes du typhus , et qu'ils n'avaient éprouvé d'autres accidens que ceux d'une plaie simple (2). »

Ces faits sont suffisans selon nous pour lever toutes les incertitudes qui pourraient exister sur la contagion de la maladie , aux hommes chargés de dépouiller les animaux ou d'en manipuler la chair , le suif , ou aux vétérinaires qui feraient les autopsies cadavériques.

Des précautions qu'exigent les débris cadavériques qui ne peuvent êtrè utilisés.

On a pu se convaincre par les faits que nous avons fait connaître qu'avec quelques précautions indispensables on peut tirer parti de la peau, du suif, de la viande des animaux atteints du typhus épizootique. Dans le cas cependant où les experts-vétérinaires, les autorités, jugeraient convenable de prohiber l'usage de ces débris cadavériques, les cadavres devront être enfouis ; de même que dans la supposition où la peau, la viande, le suif, seraient utilisés , le sang, les entrailles, les os, les basses chairs, toutes les parties enfin de l'économie dont

---

(1) Baumon, Mémoire déjà cité, page 9.

(2) Considérations sur l'épizootie typhoïde de 1814; *Recueil de médecine vétérinaire*, tome 9, page 25.

l'emploi serait peu profitable devront être enterrées.

Les arrêts et règlemens ne sauraient être trop sévères à cet égard ; et les propriétaires, dans leur propre intérêt, devraient religieusement observer les règles de conduite qu'ils prescrivent. Beaucoup de faits prouvent l'utilité d'enfouir les débris cadavériques ; en voici quelques uns pris parmi un grand nombre rapportés par les auteurs.

« Pendant l'épizootie de 1796, dit Buniva, la négligence à enterrer les bêtes à cornes mortes de l'épizootie contribua beaucoup à sa propagation. »

Le citoyen Batazzy, chirurgien collégié, établi à Pozzuolo, dans un Mémoire présenté au conseil de Saintes sur l'épizootie de 1796 en Piémont, rapporte la cause de sa propagation dans les campagnes de Pozzuolo, et autres voisines, à la tête d'un veau mort du typhus, laquelle tête avait été flairée par une bête à corne (1).

Voici un autre fait recueilli dans le département du Maine en 1814. Tandis qu'on enfouissait une vache morte de l'épizootie, dit M. Huzard père, quatre bêtes à cornes du voisinage ont passé près de la fosse et ont flairé la bête morte ; quelques jours après elles étaient affectées de la maladie, qui se répandit bientôt dans toutes les étables environnantes (2).

---

(1) Buniva, page 195.

(2) *Gazette de santé*, n° 19, et *Annales d'agriculture*, t. 62, p. 259.

Le vétérinaire Jollivet rapporte le fait suivant qui s'est passé sous ses yeux. « Ayant un jour ordonné, dit-il, l'abattage de trois vaches, on en conduisit deux encore en vie près des fosses ; mais la troisième n'ayant pu continuer sa marche, étant tombée dans un champ de sainfoin, y resta jusqu'à ce qu'on eût amené une voiture, ce qui ne tarda pas : mais peu de temps après cet enlèvement, un taureau et trois vaches qui avaient échappé à la vigilance de leur garde vinrent paître à cette même place. Huit jours après une des vaches tomba malade, puis le taureau, ensuite les deux autres vaches, et ces quatre bêtes périrent de la maladie (1). »

Déjà quelques faits qui ont été consignés ont dû faire apercevoir les dangers auxquels sont exposées les bêtes à cornes, lorsqu'elles font usage de boissons qui tiennent en dissolution le virus contagieux du typhus. Le fait suivant, rapporté par *Buniva*, démontrera combien il est dangereux de jeter les cadavres dans les rivières, les puits, les lacs, les mares, les fossés, etc., etc.

« La négligence, dit l'observateur judicieux dont nous avons parlé, à enterrer les bêtes à cornes contribua beaucoup à la propagation de l'épizootie typhoïde : nous en eûmes des preuves convaincantes dans beaucoup de communes, et nommément dans le village de Saint-Paul, près la ville d'Asti, où les

---

(1) Etrennes du département du Cher, 1816.

paysans eurent la bêtise de *jeter dans un puits* des bœufs morts de l'épizootie. Quelques bœufs ayant bu de l'eau de ce puits devinrent affectés de la maladie.»

Les dangers sont peut-être plus grands encore lorsqu'on jette les cadavres ou quelques parties de leurs débris dans les eaux courantes qui les entraînent au loin. Abordant alors sur les côtes, les grèves, et s'y arrêtant, les matières animales se décomposent, se putréfient, laissent exaler dans l'air le virus contagieux: celui-ci alors, pris par les courans d'air, va porter la contagion au loin, et notamment dans les pâturages qui bordent les rivières, dans lesquels vont paître les bêtes bovines. Les animaux carnivores, attirés par l'odeur des chairs, peuvent se souiller dans les débris virulens, et transporter la contagion dans les étables ou parmi les troupeaux qui paissent dans les pâturages. Les oiseaux carnassiers, comme les corbeaux, les pies, qui vivent ou folâtrent au milieu des troupeaux, qui se perchent même sur le dos des animaux, ayant les pattes, le bec et les plumes imprégnés des liquides cadavériques contagieux, sont encore des agens propagateurs d'une contagion éminemment subtile. Buniva a constaté des faits de ce dernier genre de contagion (1). Les boyaux, les chairs, les os, la corne, en un mot les débris des animaux laissés dans les cours, les jardins, les chemins, les enclos environnant les fermes,

____

(1) Buniva, *loco citato*, page 200.

les habitations, répandant des matières animales volatiles et virulentes, peuvent être la cause aussi de nombreuses infections.

Les manœuvres des campagnards qui, pensant chasser la maladie de leurs habitations, enterrent les animaux dans les étables ou à leur entrée, pour, disent-ils, fermer la porte à la maladie, sont aussi absurdes que pernicieuses. Cet enfouissement jamais assez profond donne lieu à des vapeurs contagieuses, lesquelles, s'échappant de la terre pendant la putréfaction, portent l'infection dans les étables.

Il est donc de la plus grande importance de faire mettre à exécution les articles d'arrêts qui ont trait à *l'enfouissement.* Voici ces articles : l'arrêt du 27 messidor an 5 (15 juillet 1795), qui maintient et rapporte les dispositions de l'article 5 de l'arrêt du 24 mars 1745, de l'article 13 de l'arrêt du 31 janvier 1771, dit :

« Aussitôt qu'une bête sera morte, au lieu de la traîner ou transporter à l'endroit où elle doit être enterrée, qui sera autant que possible au moins à cinquante toises des habitations, on la jettera seule dans une fosse de *huit pieds* de profondeur avec toute sa peau taillée en plusieurs parties ; on la recouvrira de toute la terre sortie de la fosse. Dans le cas où le propriétaire n'aurait pas la facilité d'en faire le transport, l'agent municipal en requerra un autre, et même les manouvriers nécessaires, à peine de 50 francs d'amende contre les refusans. Dans les lieux où il y a des chevaux, on préfèrera faire traîner par ces animaux les voitures chargées de bêtes mortes, lesquelles voitures seront lavées à l'eau chaude après le transport. Il est défendu de les jeter dans les bois, les rivières, ou à la voirie ; de les enterrer dans les étables, cours et jardins, sous peine de 5oo francs d'amende et de tous dommages et intérêts. »

L'arrêt du 16 juillet 1784, ayant trait à toutes les maladies contagieuses, ordonne par son art. 6 l'enfouissement des cadavres à dix pieds de profondeur, l'éloignement des fosses de toute habitation, à cent toises ; et en cas de contravention, l'amende de 5oo francs.

Telles sont les bases de la législation sanitaire à l'égard de l'enfouissement cadavérique. Reste à présent à faire connaître avec détails les précautions qui doivent présider à la confection des fosses en cas de mort naturelle ou d'abattage ; au transport des cadavres, à leur enterrement ; enfin, à la surveillance des fosses, lorsque ces diverses opérations sont terminées. Ces détails nous conduiront à discuter si les mesures prescrites par les arrêts ci-dessus rapportés ne doivent pas être modifiées au besoin, selon les circonstances réclamées par des cas particuliers ou des besoins urgens.

1° *Choix des lieux destinés aux fosses.* On choisira, dit Vicq-d'Azyr, des lieux isolés et perdus qui ne servent point de passage aux bestiaux, et sur lesquels on puisse se dispenser de faire aucun travail pour établir les fosses, autant que possible, le sol devra être facile à creuser, de manière à pouvoir leur donner la profondeur convenable.

Dans tous les cas les fosses seront confectionnées, autant que faire se pourra, dans un terrain inculte.

2° *Distance des habitations.* L'article 6 de l'arrêt du 16 juillet 1784 ordonne que les fosses soient ouvertes à cent toises, ou deux cents pas des habitations. L'arrêt du 27 messidor an 5 réduit cette distance à cinquante toises. La première distance est préférable. Les mêmes règles devront être observées à l'égard des grandes routes, des chemins vicinaux, sur lesquels pourraient passer des bestiaux. Dans tous les cas, le nombre d'habitations, la quantité de cadavres à enfouir dans la même fosse, le passage fréquent de bestiaux dans la localité, le voisinage de pâturages, doivent faire varier cette distance. Il ne peut donc y avoir rien de bien absolu à cet égard.

3° *Confection des fosses.* Trois cas peuvent se présenter : ou bien les animaux meurent isolément et en petit nombre dans une commune ; ou bien le nombre des victimes est considérable, parce que la mortalité est grande ; ou bien un assez grand nombre d'animaux ont été sacrifiés par ordre de l'autorité. Dans ces circonstances, la confection des fosses réclame quelques attentions dont nous allons nous occuper.

Pour un seul animal la profondeur de la fosse sera de dix pieds; sa largeur sera telle qu'un bœuf de grande taille puisse y être mis couché sur le côté.

Si la fosse est destinée à contenir plusieurs animaux, elle devra avoir la profondeur de quinze à vingt pieds; si on ne peut la creuser qu'à celle de dix pieds, sa largeur devra compenser sa hauteur, pourvu que les cadavres puissent être placés sur le côté et d'un seul rang.

En cas d'assommement d'un grand nombre de bêtes, les fosses seront profondes, vastes, et généralement en rapport avec la quantité d'animaux qu'elles devront contenir. Ce n'est point, nous le répétons, la profondeur qui doit généralement être prise en considération, mais bien la hauteur de la couche de terre qui recouvrira les cadavres.

4° Dépenses à faire pour la confection des fosses. Si un ou plusieurs animaux meurent isolément chez les propriétaires, ceux-ci seront tenus de faire creuser les fosses à leurs frais, dans leur terrain. (Arrêt du 24 mars 1745, art. 5.) Dans le cas où le propriétaire ne posséderait point de terrain, ou bien qu'il en possédât, si celui-ci n'était point convenable à l'enfouissement, l'autorité pourra ordonner la confection de la fosse dans les terrains appartenant à la commune, ou dans tout autre lieu qu'elle jugera convenable.

Dans le cas où la mortalité serait nombreuse, dans celui où l'autorité aurait ordonné l'assommement d'un assez grand nombre de bêtes, l'ouverture des fosses devra être faite aux frais de la commune. Ces fosses communales seraient confectionnées dans un ou plusieurs endroits indiqués par l'autorité ; les propriétaires devraient être tenus d'y faire conduire les animaux destinés à être tués, ou les cadavres de ceux qui sont morts dans les étables. Les ouvriers désignés par l'autorité ne peuvent refuser leur concours à la confection de ces fosses, sans s'exposer à être poursuivis judiciairement et condamnés à 5o francs d'amende. (Arrêt du 24 mars 1745, art. 5.)

Dans les localités où la nature du sol ne permettrait pas de creuser des fosses à une profondeur convenable pour éloigner tout accident ultérieur, Vicq-d'Azyr conseille de brûler les cadavres, ou bien de creuser le sol autant que faire se pourra, de placer le cadavre dans la fosse superficielle qu'on aura faite, et de le recouvrir avec un monceau de terre entouré par un mur. Si dans de telles localités le bois était très abondant et peu cher, peut-être serait-il préférable d'employer l'incinération des cadavres à leur enfouissement.

5° *Enlèvement et conduite des cadavres*. Layard a pensé qu'il était utile de laisser refroidir les cadavres, avant leur enlèvement, pour les conduire à la fosse. Cette précaution est de rigueur. Il est évident que les vapeurs qui s'échappent de la surface du cadavre où la chaleur se conserve encore ; que les liquides tels que la salive, le mucus, la sanie putride du canal intestinal, le sang, peuvent s'échapper de leurs conduits naturels, se répandre sur le sol, se volalitiser, et donner lieu à des élémens virulens fixes ou volatils. Sous ce rapport l'opinion de Layard est donc fondée. Mais aussi, pendant le temps nécessaire qui ne peut être moins de vingt-quatre heures pour opérer le refroidissement cadavérique, ne peut-il pas arriver que le séjour du cadavre dans un lieu chaud et humide, que la putréfaction rendue plus facile par la nature de la maladie ne donnent naissance à des vapeurs virulentes non moins dangereuses? Quoi qu'il en soit, s'il est possible de laisser écouler huit à dix heures après la mort des animaux, avant de procéder à l'enlèvement cadavérique, la surface du cadavre pourra être refroidie; le sang, la sérosité, seront coagulés, et alors on pourra éviter les inconvéniens signalés par Layard.

Le cadavre étant refroidi devra être conduit à la fosse particulière à un seul cadavre ou commune à plusieurs. Ici souvent des difficultés se sont présentées dans le cas où la mortalité des bestiaux était très grande ; on n'a pas toujours pu se procurer le nombre d'hommes, d'animaux suffisans pour exécuter l'enlèvement prompt d'un grand nombre de cadavres. C'est alors que l'autorité, dans sa bienveillante sollicitude pour le bien public, doit, ainsi que l'ordonne l'art. 8 de l'arrêt du 16 juillet 1784, commettre tel nombre d'équarrisseurs qui sera jugé nécessaire pour faire l'enlèvement des cdavres.

Pour éviter le grave inconvénient du séjour trop long des cadavres dans les lieux où les animaux sont morts, les autorités devront aussi faire savoir aux propriétaires qu'aussitôt la mort ils aient à les en avertir, afin de faire procéder à l'enlèvement cadavérique en temps utile.

Dans les lieux où il y a des chevaux, dit l'arrêt du 27 messidor an 5, « il sera préférable de faire traîner les cadavres par des chevaux, ânes ou mulets, animaux qui ne sont pas susceptibles de gagner la maladie. »

Cette précaution devra être scrupuleusement observée. Vouloir faire traîner les cadavres par des bêtes à cornes, c'est vouloir aussi leur communiquer la maladie. Aussi toute négligence à cet égard serait-elle très préjudiciable aux propriétaires et à tous les citoyens.

Autant que possible, on se servira d'un tombereau planchéié pour transporter les cadavres. Un moulinet y sera ajouté pour rendre le chargement plus facile et plus prompt.

La litière, le fumier, la terre et tous les objets inutiles qui seraient imprégnés de sanie putride, de sang, de salive, de matières excrémentitielles, devront être enlevés avec le cadavre et enfouis avec lui.

Chargés dans le tombereau, les cadavres devront être recouverts d'une certaine quantité de paille destinée à arrêter le dégagement trop facile des émanations contagieuses.

La route que suivra la voiture sera indiquée par l'autorité. Autant qu'on le pourra, on choisira les chemins éloignés des habitations, des fermes qui récèlent des bestiaux. On aura soin, pendant le parcours, de ramasser soigneusement et de jeter dans la voiture le sang, les matières excrémentitielles, les liquides sanieux qui pourraient tomber sur la route.

En cas d'assommement, les bestiaux suspects et ceux qui sont malades, s'ils peuvent marcher, seront pris par les équarrisseurs chez les propriétaires, pour les conduire jusqu'à la fosse qui devra être toute prête à les recevoir. Pendant ce trajet on aura soin d'enlever les excrémens, la bave et le mucus nasal que les bêtes auront répandus sur le sol.

On s'est demandé s'il n'était pas indifférent de tuer les animaux par effusion de sang, de les assommer par un coup de masse porté sur la partie antérieure du crâne, ou bien de couper la moelle épinière en faisant pénétrer un bistouri ou un scalpel entre la première vertèbre du cou et la tête. Nous dirons notre opinion à ce sujet : et d'abord le dernier procédé ne peut être mis en pratique que par un médecin ou un vétérinaire; jamais on ne rencontrera assez de gens habiles à le bien mettre en pratique toujours avec succès.

L'émission sanguine a le grave inconvénient d'inonder le sol de sang, de fournir ainsi une plus grande somme d'élémens contagieux, et de nécessiter un surcroît de travail en forçant à racler la terre pénétrée de sang et à la jeter dans la fosse avec les cadavres.

L'assommement à l'aide de la masse n'offre aucun de ces inconvéniens; c'est donc ce moyen qu'on devra préférer. Voici comment on y procédera : On attachera l'animal de très court avec une forte corde à un arbre, ou mieux, à un pieu implanté solidement près de la fosse. On lui bandera les yeux, et on lui assènera un violent coup de masse entre les deux cornes. Si un seul coup est insuffisant, on devra immédiatement en frapper un second au même endroit. Si plusieurs victimes sont à frapper, on les exécutera toutes successivement, et on procédera à l'enlèvement des cuirs, de la graisse, si on le juge convenable, en commençant par les premières bêtes assommées, dont le sang refoulé à l'intérieur, coagulé en partie, ne se répandra qu'en petite quantité sur le sol.

Si l'autorité a défendu l'enlèvement des cuirs, aussi bien à l'égard des bêtes assommées qu'à celui des bêtes mortes, l'on fera, ainsi que le prescrivent les réglemens sanitaires, sur chaque hanche et sur chaque épaule, une longue taillade coupée crucialement par une autre taillade faite sur les côtés du ventre et de la poitrine.

L'article 5 de l'arrêt du 24 mars 1745 prescrit de couper les bêtes par quartiers avant de les jeter dans la fosse. Ce dépècement aurait, dit-on, pour avantage de pouvoir mieux remplir la fosse et d'y faire tenir un plus grand nombre de cadavres. Mais cette opération, qui demanderait un temps fort long et des hommes assez adroits pour l'exécuter, est inutile et dangereuse : inutile, parce qu'elle n'offre point d'avantages ; dangereuse, parce qu'elle nécessite l'ouverture des cavités du corps, et qu'ainsi elle expose à l'émission de vapeurs pestilentielles et contagieuses qui s'échapperont inévitablement du sang, de la sérosité, des matières excrémentitielles répandues sur le sol. Il vaut mieux, ainsi que nous l'avons déjà dit, placer les cadavres de champ et couchés sur le côté, afin de mieux les tasser et de remplir la fosse exactement.

6° *Achèvement des fosses*. L'article 5 de l'arrêt du 24 mars 1745 prescrit de jeter de la chaux vive sur les cadavres ; l'article 12 de l'arrêt du 31 janvier 1771 défend cette précaution. On ne peut concevoir l'utilité de la chaux vive sur les cadavres. Cet oxide ne peut pas empêcher la fermentation putride, il ne peut s'opposer au dégagement des gaz, des émanations putrides et volatiles ; il est inhabile à les neutraliser, et dès lors donc d'un emploi inutile. Il est bien préférable de réserver l'argent qu'on destinerait pour cet usage à la désinfection des cuirs avec le chlorure de chaux. La terre extraite de la fosse peut seule suffire à son achèvement.

Vicq-d'Azyr conseille dans son ouvrage (p. 561), pour donner plus de consistance aux différentes couches de terre placées sur les cadavres, de les humecter en les foulant. Il suffira pour cela, dit-il, de répandre de l'eau en différens endroits, on empêchera par ce moyen qu'il ne se fasse par la suite des crevasses qui pourraient être dangereuses. Malgré l'expérience qu'a pu acquérir ce savant sur la confection des fosses, nous croyons qu'en humectant la terre au lieu d'empêcher la formation des crevasses, on doit au contraire la favoriser ; car il est évident que la terre se desséchant tout à coup, d'un côté par la chaleur qui se dégage pendant la putréfaction, de l'autre côté par la chaleur du soleil, volatilisera promptement l'humidité de la terre, la desséchera par conséquent, et par cela même donnera naissance aux crevasses. Il est d'observation constante au surplus que ce sont les terrains les plus humides qui se dessèchent, se crevassent le plus par la chaleur solaire. Il sera préférable que plusieurs hommes battent la terre avec une masse, au fur et à mesure que d'autres ouvriers la jetteront dans la fosse.

Toute la terre extraite servira à l'achèvement de la fosse, et lorsqu'elle sera comblée jusqu'au niveau du sol, le surplus de la terre devra être employé pour faire une espèce de butte que l'on aura soin encore de bien tasser. Cette élévation, en s'affaissant pendant la putréfaction, remplira constamment la fosse jusqu'au moment où elle sera descendue au niveau du sol.

Ainsi achevée, la fosse sera ensuite recouverte d'épines ou de pierres, si on le peut; et à défaut de pierres et d'épines, on sèmera du gazon à sa surface.

Les autorités, les commissaires vétérinaires, les gardes champêtres, les gendarmes, les militaires formant la police dans les communes, veilleront à la confection des fosses, dont les plus petits détails ne devront point être négligés.

L'expérience a prouvé que les émanations putrides qui s'échappent des fosses, les chairs pourries à moitié, la sanie infecte **résultant** d'une putréfaction très avancée, pouvaient amener les plus grands dangers pour le gros bétail.

L'expérience m'a prouvé, dit Vicq-d'Azyr, que les fosses sont contagieuses. **Des** morceaux de peau et de chair pris à Mont-Réal dans des fosses *où depuis plus de trois mois* on avait enseveli des animaux morts de la contagion, et introduits dans plusieurs plaies faites à des animaux sains, *les ont infectés.* **Nous** avons perdu deux vaches après une pareille inoculation.

Voici un autre fait rapporté par Dufot : « En passant auprès des fermes de Courcelles, où presque toutes les vaches étaient mortes, mais pas assez profondément enterrées, un chien fut arrêté par l'odeur de leur chair; il les découvrit, s'en reput, et retourna chez son maître. Pressé par la soif, il but d'un breuvage destiné pour les veaux, puis il se vautra dans le fumier. Quelques jours après, ces veaux tombèrent malades et moururent; la contagion se communiqua aux vaches, qui eurent le même sort, et gagna bientôt dans tout le reste du village. »

J'ai vu plusieurs fois, dit Vicq-d'Azyr, des vaches courir en mugissant, et se rassembler en foule dans des endroits où on avait enfoui les bêtes mortes de la contagion. Ces faits démontrent donc l'utilité de bien confectionner les fosses d'abord, puis ensuite de les faire inspecter, surveiller attentivement par les gardes champêtres et autres agens du pouvoir municipal. Avec cette attention, on sera à l'abri de tout danger.

7° Désinfection des objets qui ont servi à transporter et à enfouir les cadavres. Veut, l'arrêt du 27 messidor an 5, que les voitures qui auront servi au transport des cadavres, soient lavées à l'eau chaude et désinfectées. Cette désinfection à l'eau chaude ne serait point assez complète; il est préférable de gratter, de lessiver le bois, puis de le laver avec une solution de chlorure de chaux. Une livre de ce chlorure dans deux ou trois seaux d'eau suffira pour opérer une bonne désinfection. Les cordes, les planches, les pelles, les bêches et autres objets ayant servi à l'enfouissement, devront subir la même désinfection.

8° *Désinfection des ouvriers.* Les ouvriers auront, si faire se peut, des blouses et des pantalons de toile par-dessus leurs vêtemens ; ces objets seront passés tous les jours à l'eau chaude, et convenablement lessivés et nettoyés.

Des agens désinfectans et des méthodes de désinfection.

Jusqu'à présent nous avons fait voir la grande utilité de mesures de police sanitaire ayant pour but capital la préservation des bestiaux sains de l'épizootic typhoïde. Maintenant nous nous empressons de dire que toutes ces mesures seraient inutiles si elles n'étaient accompagnées ou suivies d'une bonne désinfection. En effet, à quoi bon cerner, couper la marche suivie par la contagion ; à quoi bon soustraire les animaux sains aux nombreux agens contagifères qui les menacent, si les endroits qui ont recelé les animaux malades, si les corps animés ou inanimés qui ont été en rapport avec eux, ne sont pas rigoureusement désinfectés ; ou si, en d'autres termes, ces lieux, ces corps, sont encore *infectans* ou aptes à transmettre la maladie ?

La désinfection, que plusieurs personnes considèrent comme une mesure adjuvante aux mesures extirpatrices du mal, doit être, selon nous, placée au même rang d'importance ; car non seulement il faut détruire la maladie, mais aussi ses germes reproducteurs. La désinfection est une mesure complémentaire, indispensable, qui, il faut bien le noter, doit être régardée comme la fidèle compagne de toutes les mesures dont nous avons parlé jusqu'à présent.

Si l'épizootie a reparu dans le Condomois en 1775, et dans la généralité d'Amiens en 1776, cette réapparition, dit Vicq-d'Azyr, a été due surtout à ce que les étables n'ayant point été précédemment désinfectées, l'épizootie s'y est renouvelée dans toutes les circonstances favorables à son développement (1).

Il est notoire, dit Buniva, qu'en Piémont les étables qui n'ont point été désinfectées reproduisirent constamment le typhus bos-hongrois (2).

Nous pourrions rapporter un grand nombre de faits semblables à ceux-ci, si aujourd'hui les vétérinaires, les propriétaires, n'étaient convaincus de l'indispensable nécessité de purifier les lieux infectés par la contagion du typhus, aussi bien que par celle de toute autre maladie contagieuse.

Pour que la désinfection soit complète, elle doit comprendre : 1° la désinfection de l'étable et des objets qu'elle renferme ; 2° la purification de l'air qui y est contenu ; 3° la désinfection des personnes

---

(1) Vicq-d'Azyr, pages 137 et 632.
(2) Buniva, *loco citato*, page 195.

et des animaux qui ont été en rapport avec les bêtes malades.

A. *Désinfection des étables ou des lieux où ont séjourné les bêtes malades.* —La bave, le mucus nasal ou la morve, les larmes, les excrémens, les urines, les matières provenant des plaies suppurantes, la matière de la transpiration cutanée et pulmonaire, tels sont les principaux véhicules fixes ou volatils qui renferment les virus susceptibles de reproduire la maladie.

La bave, le mucus nasal, les larmes, les excrémens, les urines, s'attachent non seulement aux crèches, aux rateliers, aux séparations en planches, et autres objets de l'étable, mais encore souillent les alimens, les litières, les fumiers, et pénètrent à une certaine profondeur dans le sol.

Détruire ces élémens virulens fixes ou volatils par des moyens physiques ou chimiques, partout où ils se rencontrent, telles sont les conditions que doivent remplir les procédés de désinfection quels qu'ils soient. La tenacité des virus est très grande; elle résiste souvent à l'action chimique de certains agens dont l'énergie sur les matières animales est bien connue. J'ai trempé, dit Vicq-d'Azyr, des tampons imbibés de virus dans les huiles grasses et aromatiques; je les ai exposés à la vapeur de l'acide sulfureux volatil, à celle de l'acide marin dégagé du sel de cuisine par l'acide vitriolique; je les ai mouillés avec l'alcali volatil, et la maladie s'est communiquée aussi facilement : son invasion a seulement été retardée sur les bestiaux inoculés avec les tampons imbibés avec l'alcali volatil.

De semblables essais démontrent positivement combien on doit être sévère dans le choix de l'agent désinfectant , et quelles sont les attentions qui devront présider à une bonne désinfection.

Nous allons faire connaître les procédés les plus usités aujourd'hui, et dont l'expérience a sanctionné l'efficacité.

1° *Précautions à prendre à l'égard des litières et des fumiers.*

Selon M. D'Arboval, l'épizootie typhoïde aurait reparu à la fin de mars de l'année 1815 chez le sieur Toulotte qui en avait éprouvé les funestes effets il y avait deux mois, et chez le nommé François Delrue, parce que ces personnes auraient négligé de faire enlever et enterrer soigneusement les fumiers provenant d'étables infectées.

Ainsi que nous l'avons déjà fait observer, imprégnés de bave, de larmes, d'excrémens, de la matière de la transpiration cutanée, les fumiers recèlent tous les germes de l'infection , qu'ils transmettent non seulement par leur contact immédiat, mais encore par les vapeurs contagieuses qu'ils laissent échapper, lesquelles, prises et entraînées par les courans d'air, transmettent la maladie à une grande distance si elles viennent à être respirées par des animaux bien portans.

Les dangers auxquels exposent les litières et les fumiers nécessitent donc l'application des précautions voulues par les règlemens sanitaires ; les voici :

Les fumiers, dit l'arrêt du 31 janvier 1771, art. 13, *seront enterrés avec les cadavres dans les mêmes fosses. Défense* est faite par l'arrêt du 30 janvier 1775, *à peine de 500 francs d'amende, de vendre ou acheter les fumiers provenant des bêtes à cornes infectées.*

Vicq-d'Azyr, et après lui **M.** Huzard père, ont conseillé d'incendier les litières et les fumiers. Ce moyen est excellent. Certes le feu détruit tous les élémens de la contagion ; mais la perte quoique faible des fumiers vient cependant grossir la somme de celles en bestiaux que le propriétaire a déjà faites. Nous pensons qu'il serait préférable d'enfouir les fumiers infectés dans la terre à plusieurs pieds de profondeur, de les y laisser pourrir et séjourner pendant un ou deux mois, époque où la putréfaction aurait cessé ; puis de les extraire pour les enfouir dans les terres à ensemencer. Les fumiers ainsi utilisés ne seraient d'aucun danger et deviendraient profitables au cultivateur.

B. *Précautions à l'égard du sol des étables.* Le sol des étables, imbibé de liquides contagieux jusqu'à une certaine profondeur, renferme tous les élémens de la contagion ; se desséchant par la chaleur, il dégage une vapeur humide, infecte, contagieuse, qui devient la source d'une nouvelle infection qu'il faut éviter. On enlèvera donc le sol pénétré de matières animales, et alors d'une couleur noire, d'une odeur infecte, jusqu'à une profondeur qui sera indiquée par la couleur naturelle du sol. Ordinairement l'enlèvement d'un pied à un pied et demi suffit. Cette couche infectée sera déposée dans une fosse creusée à une grande distance des étables, et remplacée par de la terre fraîche bien battue.

Si le sol de l'étable est pavé, on le dépavera, et les pavés seront lavés, balayés, avant d'être remis en place.

Cependant si quelques bêtes seulement avaient été malades dans une étable bien tenue et dont le sol serait pavé, le dépavage pourrait être négligé en ayant l'attention de gratter les intervalles des pavés avec de bons balais, de les laver ensuite avec de l'eau bouillante, puis avec une solution de chlorure de chaux. Huit seaux d'eau dans lesquels on aura fait dissoudre deux livres de ce chlorure suffiront pour désinfecter le sol d'une étable pouvant contenir douze bêtes à cornes.

C. *Précautions à l'égard des planchers, des murs, des crèches, des auges et des rateliers.*—Dans beaucoup d'étables les planchers sont formés par des solives placées à distance, dont les intervalles sont remplis par des fourrages emmagasinés au dessus. La portion de fourrage faisant partie du plafond de l'étable , exposée aux émanations contagieuses , s'en imprègne profondément ; puis se desséchant plus tard, laissant exhaler le virus, elle devient le foyer d'une nouvelle infection. Il sera donc toujours indispensable d'enlever cette couche de fourrages et de les enfouir dans le sol avec les fumiers.

Lorsque les plafonds seront en bois ou en mortier, il faudra avoir le soin d'enlever toutes les nombreuses toiles d'araignées dont ils sont garnis. Ces toiles, que beaucoup de personnes regardent comme des rets dans lesquels viennent se prendre les insectes nuisibles aux bestiaux sont , dans le cas dont il s'agit , des plus perfides : elles recèlent les germes du contagium , peuvent les conserver long-temps , et être cause de la réapparition de la maladie.

Les toiles d'araignées enlevées, on lavera les solives et le plafond avec une solution de chlorure de chaux ; les crèches, les mangeoires, les rateliers, les séparations en maçonnerie ou en planches , les murs, seront lavés , grattés à l'eau bouillante, ou, ce qui est préférable, avec une lessive de cendre. Enfin on terminera l'opération en passant toutes les parties lavées, brossées, grattées ou râclées, à la solution de chlorure de chaux dans les proportions que nous avons indiquées.

Les crevasses , les dégradations des murs nécessiteront surtout une attention particulière ; on s'attachera à bien laver, et à faire pénétrer le chlorure dans ces parties, qui emprisonnent et retiennent le virus.

Si les murs étaient par trop dégradés, il sera préférable de les recrépir après ou avant le lavage.

Beaucoup de personnes font blanchir avec un lait de chaux les murs et autres objets de l'étable, mais ce blanchiment ne saurait être utile et bon qu'autant qu'il aura été précédé de la désinfection à l'eau de lessive et au chlorure.

Les objets destinés au nettoyage, tels que les pelles, les balais, les seaux, les civières, les brouettes, seront brûlés s'ils sont mauvais, sinon lavés, lessivés, râclés à l'eau chaude, puis désinfectés avec l'eau chlorurée.

Les objets de pansement, tels que les brosses, les étrilles, les peignes, les époussettes, etc. ; seront détruits ou lessivés.

Les longes ; les chaînes, les colliers destinés à fixer les animaux à l'étable, les objets de harnachement, tels que les gonges, les colliers, les lanières en cuir, subiront les mêmes désinfections.

Ces opérations indispensables étant terminées, on procédera à la purification de l'air de l'étable.

D. *Désinfection de l'air contagieux des étables.* —Un grand nombre d'agens désinfectans ont été conseillés pour opérer la purification de l'air, ou, pour mieux dire, la destruction des virus volatils unis à la vapeur d'eau que cet élément tient toujours en suspension. Vantés à certaines époques, tombés en discrédit à d'autres, ces agens ont suivi le cours des idées régnantes sur la nature et l'essence de la composition des virus. Supposant les virus formés par une matière animale putréfiée, associée à l'air et décelée à l'odorat par la fétidité, quelques personnes ont pensé que les élémens volatils aromatiques unis à l'air pouvaient annuler les effets septiques de la matière infectante. D'autres ayant cru découvrir des élémens acides dans la composition du contagium, leur ont opposé les alcalis vaporeux, dans le but de former une association nouvelle et innocente. Par contre, et par la conséquence d'une supposition non moins gratuite, quelques pathologistes, ayant admis que les virus étaient de nature alcaline, ont conseillé les acides pour en neutraliser l'action. Enfin, d'autres admettant que les virus sont des êtres animés microscopiques, ont cherché et vanté des agens capables d'en opérer la destruction ou la mort. Tous ces moyens ont eu leur temps, leur vogue, leurs apologistes, et aussi leurs détracteurs. Tour à tour abandonnés avec les idées de ceux qui les avaient créés, l'expérience est enfin venue éclairer de son flambeau ce chaos obscur, et on s'est convaincu qu'il n'existait point d'agent exclusif de désinfection, mais bien des procédés, des méthodes de désinfection, dans lesquels on fait entrer différens agens désinfectans.

Quoi qu'il en soit, beaucoup de personnes peuvent avoir lu ou avoir entendu vanter les avantages de quelques agens désinfectans de l'air usités ou inusités aujourd'hui ; nous les ferons connaître dans le but de démontrer l'inefficacité ou la bonté de leur emploi. Ces agens sont : 1° les fumigations aromatiques ; 2° la détonation de la poudre ; 3° les fumigations acides ; 4° les fumigations alcalines ; 5° les feux allumés dans les étables ; 6° les fumigations de chlore.

1° *Fumigations aromatiques.* — Les fumigations aromatiques se pratiquent en brûlant dans les étables ou dans les lieux infectés diverses substances aromatiques, telles que, les résines, les baumes, les gommes-résines, les huiles essentielles, le camphre, les baies de genièvre. Associée à l'air, la fumée odorante de ces substances est impuissante pour altérer les propriétés malfaisantes des virus. Inspirant quelque confiance en masquant la fétidité de l'air, elles deviennent dangereuses par la sécurité trompeuse qu'elles inspirent. Conseillées cependant par Bourgelat et par Vicq-d'Azyr pour neutraliser les virus, aujourd'hui on ne doit vanter leur utilité que comme agent excitant, dans la supposition où elles seraient légères et faites pendant le séjour des animaux dans les étables dans le but d'exciter la transpiration cutanée, et d'introduire par la voie d'absorption pulmonaire quelques principes excitans dans le sang ; mais ces fumigations, comme pouvant purifier l'air et détruire les virus, sont tout à fait inefficaces.

2° *Détonation de la poudre.*—La combustion de la poudre, en l'enflammant dans des vases, ou en tirant des coups de fusils dans les étables , ébranle l'atmosphère, secoue brusquement les molécules aériennes, peut éloigner de l'étable ,par les portes , les fenêtres , ou autres issues , la masse d'air qu'elle renferme , et concourir ainsi à son renouvellement. Mais doit-on compter beaucoup sur un pareil moyen physique , pour raréfier et purifier une masse d'air circonscrite? Non. Les fluides élastiques développés pendant la détonnation sont-ils par devers eux capables de désinfecter l'air ? Encore non. Car ces fluides gazeux, composés de gaz acide carbonique, de gaz azote, de deutoxide d'azote, de gaz oxide de carbone, de vapeur d'eau , de gaz hydrogène sulfuré, sont tout à fait incapables d'opérer la destruction des matières animales et virulentes. Ce second moyen désinfectant est donc encore à rejeter.

3° *Fumigations acides.* — On a conseillé, comme fumigations acides, les vapeurs de vinaigre , d'acide sulfureux , d'acide nitrique et d'acide hydrochlorique. Nous dirons un mot sur la valeur de chacun de ces agens.

Les vapeurs de vinaigre, qu'on obtient en vaporisant l'acide acétique sur des charbons ardens , des pierres chaudes ou des morceaux de fer rouges, masquent la mauvaise odeur, mais elles ne sont point assez tenaces pour s'attacher aux matières animales virulentes et les détruire complètement ; on ne doit donc espérer aucun bon résultat de leur emploi.

Les vapeurs d'acide sulfureux qu'on obtient en projetant de la fleur de soufre ou du soufre en poudre sur des charbons ardens ; plus pesantes que l'air, peu expansibles, elles n'ont qu'une faible action sur les matières animales qu'elles ne peuvent décomposer entièrement.

L'acide nitrique gazeux proposé par Schmitz est employé de préférence à tous les autres acides en Angleterre. On l'obtient en plaçant dans un vase trois onces de nitrate de potasse sur lequel on verse deux onces d'acide sulfurique ou vitriolique : on place le vase sur des charbons ; et, à l'aide d'une douce chaleur, des vapeurs blanches formées par l'acide nitrique se dégagent et se répandent dans l'air. L'acide nitrique est très caustique ; son action est si grande sur les matières animales qu'il les désorganise promptement. On peut donc bien facilement croire qu'associé à l'air atmosphérique chargé de matières animales il attaquera celles-ci et les détruira complètement : mais malheureusement ce gaz acide est plus pesant que l'air ; il ne peut gagner les régions supérieures des étables ; peu expansible, il ne pénètre que peu ou point dans les coins et recoins de l'étable, dans les trous des murailles, dans les fentes des cloisons, des planchers, etc. ; sous ce rapport, et bien qu'incontestablement bon pour détruire les virus, on ne peut lui accorder une grande confiance : cependant on devra faire usage de la fumigation anglaise dans les étables ou cénacles peu spacieux dont les murs et autres parties de l'étable seraient dans un bon état.

L'acide hydrochlorique muriatique ou marin, par sa grande affinité pour la vapeur d'eau existant dans l'air, et son action sur les matières animales qu'il attaque et qu'il décompose de même que l'acide nitrique, est néanmoins comme le dernier plus pesant que l'air, peu expansible, et ne se répand que difficilement dans toutes les parties à désinfecter. Cependant Vicq-d'Azyr assure avoir obtenu de bons effets des fumigations hydrochloriques. C'est donc un agent désinfectant que l'on pourra employer en l'absence du procédé Guytonien. Le procédé à l'aide duquel on obtient l'acide hydrochlorique gazeux est simple. On place dans le milieu de l'étable un vase en terre vernissé, dans lequel on a mis une demi-livre de sel de cuisine (*chlorure de sodium*) réduit en poudre, sur lequel on verse une à deux onces d'acide sulfurique concentré : un boursoufflement s'opère dans le mélange; des vapeurs blanches se dégagent et remplissent bientôt le local. Cette quantité de sel et d'acide suffit pour désinfecter une étable contenant de quinze à vingt-cinq bêtes.

Les vapeurs d'acide nitrique et d'acide hydrochlorique ne sont point à dédaigner comme agens désinfectans; nous leur accordons toute notre confiance. Cependant il est un procédé de désinfection simple, facile, peu coûteux, dont l'expérience a sanctionné l'efficacité depuis bon nombre d'années, auquel nous accordons la préférence; nous voulons parler du procédé Guytonien ou des fumigations de *chlore gazeux, ou d'acide muriatique sur-oxigéné.* Mais avant de faire connaître l'emploi de ces fumigations, il est convenable d'indiquer les conditions dans lesquelles on devra placer le lieu à désinfecter, et les opérations préliminaires qui concourent à l'obtention des succès de cette désinfection.

Avant de procéder aux fumigations de chlore, on aura dû mettre en pratique les procédés de désinfection qu'on a fait connaître à l'égard des fumiers, du sol, des murs, des crèches, des objets de pansement. Ces désinfections préliminaires sont de rigueur. Après avoir ouvert les portes et les fenêtres de l'étable pour procurer des courans d'air et le renouveler, on allumera des feux au milieu de l'étable si elle est petite, et dans plusieurs endroits si elle est grande; ces feux seront faits avec de la paille, des fagots ou autres matières facilement combustibles et donnant le plus de flamme possible. Ils seront entretenus pendant douze heures, et surveillés attentivement pour éviter tout accident. Cette combustion a deux avantages : 1° de procurer des courans d'air qui renouvelleront l'air de l'étable; 2° de détruire les matières animales volatiles et contagieuses que la flamme atteindra; 3° enfin par la chaleur qu'elle répandra dans l'étable, de dessècher les parties humides, de dilater l'air en procurant l'expansion des molécules vaporeuses infectes qu'il renferme. On conçoit donc la bonté de ce procédé simple, que nous ne saurions trop recommander en hiver surtout.

Ces précautions prises, on fermera les portes et les fenêtres des lieux infectés, et on procédera à la fumigation Guytoniene de la manière suivante : on mettra dans une petite terrine de terre vernissée, de trois litres de capacité :

Sel gris de cuisine   1 livre et demie,
Oxide de manganèse en poudre   1 demi-livre ;

on mêlera bien ces deux substances, on placera le vase sur quelques charbons allumés, puis on y versera un mélange d'acide sulfurique et d'eau dans la proportion d'une livre chaque.

On pratiquera encore plus facilement les fumigations de chlore en prenant :

Chlorure de chaux   2 onces,
Acide sulfurique   2 onces.

On mettra le chlorure dans un vase vernissé, on le placera au milieu de l'étable, on versera l'acide sulfurique dessus, et on mélangera vivement les deux substances. Il se dégagera immédiatement une grande quantité de vapeurs blanches formées de chlore gazeux et d'acide hydrochlorique. On se retirera aussitôt pour ne point respirer ces vapeurs irritantes, et on fermera la porte par laquelle on est entré. On laissera dégager la fumigation pendant une heure. Ce laps de temps écoulé, on ouvrira les portes et les fenêtres de l'étable pour laisser dégager les vapeurs de chlore. La désinfection de l'air de l'étable sera alors complète. Cependant, pour plus de sûreté, on devra encore, autant que faire se pourra, laisser l'étable vide pendant une huitaine de jours. Le huitième jour on fera une nouvelle fumigation, et deux heures après on rentrera les bestiaux dans l'étable.

E. *Désinfection des personnes qui ont soigné ou touché les animaux malades ou suspects.* Les vêtemens des personnes qui ont approché ou touché les bestiaux malades ou suspects doivent être aussi l'objet d'une sérieuse attention; ils devront être lessivés : les vieux chapeaux, bonnets, casquettes, les sabots, les guêtres des bouviers, seront détruits ou lavés avec la dissolution de chlorure.

F. *Précautions à prendre à l'égard des animaux de la même espèce ou d'espèce différente qui ont cohabité avec les bêtes malades ou suspectes.* Nous avons rapporté plusieurs exemples qui prouvent jusqu'à l'évidence que les animaux de la même espèce, aussi bien que les animaux d'espèce différente, comme les chevaux, les moutons, les chiens, les chats, les porcs, pouvaient transporter au loin les virus volatils qui s'attachent à la surface de leur corps; que les excrémens, l'urine, la bave, les débris de fumier, de litière, qui peuvent s'attacher à la peau, aux pieds ou ailleurs, étaient des parties qui renfermant les germes de la contagion sont capables d'infecter les bêtes à cornes qui les recèlent, ou bien célles qui pourraient les toucher, les flairer ou en respirer les émanations. Il est donc indispensable toutes les fois qu'on désirera conserver par la séquestration les bêtes infectées, et permettre la libre circulation d'animaux n'appartenant point à l'espèce bovine, de les soumettre à une désinfection convenable. Le procédé à mettre en pratique sera simple : on confectionnera de l'eau de lessive, au besoin on se servira d'eau chaude et de savon gras, et, à l'aide de brosses, de bouchons de paille, on nettoiera le corps des animaux. Quelques parties du corps des bêtes à cornes, comme la croupe, les fesses, qui portent des matières excrémentitielles attachées et durcies aux poils, seront spécialement bien appropriées. On pourra en couper les poils au besoin.

L'eau qui aura servi au lavage et les poils ou autres débris de matières animales ou excrémentitielles qu'elle aura détachés, seront enfouis dans le sol immédiatement.

§. DES MALADIES CHARBONNEUSES OU CARBUNCULAIRES.

SYNONYMIE. — *Typhus charbonneux* (Guersent); *Peste charbonneuse* (Vicq-d'Azyr); *Anthrax malin, Affections, Maladies charbonneuses* (beaucoup d'auteurs). *Ces dernières dénominations leur sont généralement données.*

Distinctions des maladies charbonneuses. — Époques auxquelles
ces maladies ont régné. — Causes générales et moyens hygiéniques à leur opposer. — Contagion charbonneuse. —
Distinction des véhicules contagieux. — Agens qui propagent
la contagion. — Moyens de police sanitaire à leur opposer.
— Usage des débris cadavériques, et dangers auxquels ils exposent les hommes et les animaux. — Moyens de désinfection.

Les maladies qui se rapprochent le plus du typhus
contagieux du gros bétail, par leur début prompt,
leur marche rapide, leurs terminaisons funestes,
sont les maladies charbonneuses. Attaquant toutes
les espèces d'animaux domestiques, sans excepter les
oiseaux de basse-cour, ces maladies sont sporadiques, enzootiques ou épizootiques. Généralement
graves, elles paraissent être le résultat d'une altération matérielle, subite ou lente, des élémens constituans du sang, sans diminution de la quantité normale de ce fluide.

Douées de la funeste propriété de se transmettre
par contagion à toutes les espèces d'animaux domes-

tiques et même à l'homme, on les a vues à diverses époques s'échapper d'un centre d'infection, se répandre à des distances assez éloignées de leur lieu d'origine, et faire de nombreuses victimes parmi les bestiaux.

Ces maladies se présentent sous trois formes, qui en constituent trois espèces bien distinctes.

Première espèce. — Apparition de la maladie annoncée par un trouble général subit, avec agitation ou stupeur profonde. — Petitesse extrême du pouls. — Battemens tumultueux du cœur. — Emphysèmes partiels sous-cutanés. — Taches violacées sur les muqueuses apparentes.

Marche prompte, accompagnée d'adynamie, de prostration, de faiblesse extrême. Sans apparition de tumeurs, dites charbonneuses, à l'extérieur. — Mort trois, six ou vingt-quatre heures après le début.

Altérations morbides consistant dans des dépôts sanguins, des ecchymoses, des épanchemens gazeux, des ramollissemens dans tous les viscères sanguins, et notamment dans la rate, le foie, les muqueuses intestinales, les ganglions lymphatiques; dans l'incoagulation, la couleur noire foncée, la prompte putréfaction du sang et de tous les solides.

Cette forme de maladie charbonneuse a reçu les noms de *fièvre charbonneuse*, de *typhus charbonneux*, de *charbon intérieur*.

Cette espèce est rarement sporadique, plutôt enzootique qu'épizootique, elle attaque les chevaux, les bêtes à cornes, les bêtes à laine, les porcs, quelquefois la volaille.

Époques auxquelles elle a régné sur les bestiaux.

En 1756, sur les bêtes bovines de l'île Minorque (1);

En 1763, sur les chevaux, les bêtes bovines et ovines du pays Brouageais (2);

En 1774, sur les bêtes bovines de la Guadeloupe (3) et du Gévaudan (4);

En 1780, sur les bœufs d'une partie du département de la Nièvre (5);

En 1783, sur les chevaux de quatre compagnies des dragons du roi d'Italie, en garnison à Fossano (6);

En 1833, sur les porcs du département de l'Aveyron (7).

Deuxième espèce. — Apparition de la maladie annoncée par un début subit, avec fièvre générale, stupeur, quelquefois agitation, tremblemens géné-

_____

(1) Mémoire de Barberet sur les épizooties, p. 103; et Paulet, t. 1, p. 291.

(2) Nicolau, Notes de Bourgelat au Mémoire de Barberet, p. 105; et Paulet, t. 1, p. 373.

(3) Bertin, Relation de quelques accidens extraordinaires arrivés sur les nègres à la suite de l'usage qu'ils ont fait de la chair de bestiaux morts d'une maladie épizootiqne.

(4) Paulet, t. 2, p. 110.

(5) Instructions vétérinaires, t. 1, p. 196.

(6)   *id.*   t. 6, p. 227.

(7) *Recueil de médecine vétérinaire*, t. 11, p. 120.

raux. — Petitesse du pouls. — Battemens tumultueux du cœur.

Ces symptômes sont suivis, après dix, vingt-quatre
ou quarante-huit heures d'existence, de l'apparition
d'une tumeur œdémato-sanguine dans quelques parties du corps, laquelle grossit, s'étend rapidement,
et se gangrène bientôt en occasionnant la mort.
Marche rapide. Mort du troisième au sixième jour.

Désordres morbides locaux. — Imprégnation
de la matière colorante du sang dans les parties formant la tumeur charbonneuse, sérosité jaunâtre
ichoreuse dans le tissu cellulaire.

Désordres généraux. — Dépôts sanguins (ecchymoses) dans la rate, les poumons, le cœur, les ganglions lymphatiques , les muqueuses intestinales, le
tissu cellulaire, le cerveau, la moelle épinière.

Cette espèce de maladie charbonneuse a reçu le
nom distinctif de *charbon symptomatique*, de *fièvre
charbonneuse avec éruption de tumeurs charbonneuses.*

Époques auxquelles elle a régné sur les bestiaux.

En 1757, sur les bêtes bovines de l'Auvergne, de
la généralité de Moulins, du Limousin, de la province du Bugey, de la Champagne, du Forez, du
Dauphiné (1);

En 1760, en Suisse, sur les chevaux et les bœufs (2);

(1) Paulet, t. 1, p. 368.
(2) Regnier et Paulet, t. 1, p. 336.

En 1780, dans les paroisses de Puycolet, de Montmirail, sur les chevaux, les mulets, les ânes et les bêtes bovines (1) ;

En 1786, dans le Quercy, sur les bœufs (2) ;

En 1789, dans l'Auvergne, sur les bêtes bovines (3) ;

En 1824, dans l'arrondissement de Bergerac, sur les bêtes bovines (4).

Troisième espèce. — Apparition soudaine d'une petite tumeur simple, ou multiple, très douloureuse dans quelque partie du corps, laquelle augmente rapidement en volume et en largeur ; donne lieu à une réaction générale, avec stupeur, abattement en se gangrénant bientôt à son centre. — Marche très rapide. — Gangrène opérant des désordres très profonds. — Mort après quinze ou vingt-quatre heures.

Lésions morbides. — Désordres locaux et généraux, semblables à ceux déjà notés dans le charbon symptomatique.

Cette espèce de maladie charbonneuse a reçu le nom de *charbon essentiel.* — Elle correspond à la *pustule maligne* de l'homme.

A cette espèce se rattache la pustule maligne à la langue, ou le glossanthrax de Sauvages.

---

(1) Chabert, Instructions vétérinaires, t. 1, p. 191.
(2) Desplas,   *id.*   t. 2, p. 275.
(3) Petit,   *id.*   t. 2, p. 255.
(4) Félix, *Recueil de médecine vétérinaire*, t. 3, p. 550.

Caractères. — Apparition subite d'une vésicule sur la langue, contenant un fluide séreux, encadrée bientôt d'une auréole d'un rouge vif, vésicule à laquelle succède une ulcération gangréneuse accompagnée de gonflement, de lividité, de dyspnagie, de dyspnée, de gangrène de tout ou d'une partie de la langue. — Marche rapide. — Mort après six ou vingt-quatre heures.

Le glossanthrax est particulier aux espèces bovines et chevalines.

Epoques auxquelles elle a régné sur les bestiaux.

En 1682, dans le Lyonnais et le Dauphiné, sur les bœufs (1);

En 1712, sur les chevaux, les bœufs, les porcs, les oiseaux de basse-cour, dans le territoire d'Ausbourg (2);

Dans la même année, dans plusieurs provinces de France, sur les chevaux et le gros bétail (3);

En 1731, dans l'Auvergne, le Bourbonnais, sur les bœufs et les chevaux (4);

En 1761, en Allemagne, sur les chevaux, mais particulièrement sur les bœufs (5);

---

(1) *Journal des savans,* novembre 1682.

(2) Paulet, *loco citato,* t. 1. p. 142.

(3)　　　　*id.*　　　　p. 144.

(4)　　　　*id.*　　　　p. 163.

(5) Plenciz, *Medici tractatus de contagio seu de lue bovina,* 1762.

En 1775, en Beauce, sur les chevaux (6) ;

En 1780, dans le Nivernais et le Berry, sur les bœufs ; — dans le Gatinais, sur les chevaux et les bœufs ; — dans le Mantouan, sur les bêtes à cornes (7) ;

En 1781, dans le Dauphiné, sur les bœufs (8) ;

En 1801, dans le département de la Dordogne, sur les bœufs (9) ;

En 1822, dans les départemens des Basses-Pyrénées, de l'Aveyron, de la Corrèze, sur le gros bétail et sur les mulets (10).

Ces trois espèces de maladies ont régné tantôt isolément, tantôt simultanément aux mêmes époques et dans les mêmes localités. Les épizooties charbonneuses de 1757 en Brie, de 1758 en Finlande, de 1773, 1774, 1775 et 1776 à Saint-Domingue ; l'enzootie de 1786 dans le Quercy, de 1788 à Villeneuve-les-Cerfs, de 1790 dans le département de la Haute-Vienne, de 1793 dans les environs de Paris et dans plusieurs provinces de France, se sont offertes sous les trois formes ou espèces de charbons dont il s'agit.

Quelle que soit leur espèce, les maladies char-

---

(6) Instructions vétérinaires, t. 1, p. 208.

(7)   id.   t. 1, p. 194, 203 et 212.

(8)   id.   t. 1, p. 204.

(9) *Annales de l'agriculture française*, t. 12, p. 69.

(10) Compte-rendu de l'école de Lyon, 1824, p. 31.

bonneuses sévissent annuellement en France, à l'état sporadique enzootique, sur toutes les espèces d'animaux domestiques. Jamais, fort heureusement, on ne les a vues faire irruption loin du lieu où elles avaient pris naissance, et se propager à tous les bestiaux de plusieurs départemens et de plusieurs provinces. Toujours particulières aux localités qui les engendrent et les reproduisent, la contagion ne les a jamais entretenues pendant toutes les saisons de l'année, ne les a jamais conduites sous des climats de différentes températures : la durée de leur règne ne s'est jamais prolongée au-delà d'une année ; jamais, non plus, leur présence n'a occasionné de grands ravages, d'énormes dépenses. Envisagées sous tous ces rapports, la gravité des maladies charbonneuses, épizootiques ou enzootiques, ne saurait donc être comparée à celle du typhus contagieux épizootique.

Si donc les maladies charbonneuses sévissent annuellement sur les bestiaux de notre pays, si elles ne s'échappent que peu ou point des lieux où elles ont pris naissance, si leur règne est soumis à l'influence de causes qui en prolongent ou en abrégent la durée, nous croyons devoir, avant de passer à leur mode de contagion, indiquer sommairement les causes générales de ces maladies, afin de les détruire ou de pouvoir soustraire les bestiaux à leur action, première condition de rigueur, selon nous.

Causes générales des maladies charbonneuses.

Les grandes et longues chaleurs de l'été et de l'automne succédant aux longues pluies, aux inondations, brûlant les plantes des pâturages, desséchant la terre, les ruisseaux, les étangs, les marais, les mares, les flaques d'eau, produisant l'émanation de matières animales volatiles, délétères ou septiques, respirés par les animaux, concentrant les impuretés, les matières animales putréfiées, des eaux stagnantes bues par les bestiaux, sont les causes ordinaires des enzooties et des épizooties charbonneuses.

L'épizootie qui a régné sur le territoire d'Ausbourg en 1772; celle de 1756 de l'île Minorque; celle de 1756 de la Finlande; celle de 1773, 1774, 1775 et 1776 de St-Domingue; celle de la Bauce en 1775; celle du Quercy en 1786; celle de 1823 dans les Basses-Pyrénées, la Corrèze, ont eu pour cause les grandes chaleurs atmosphériques.

Toutes choses égales d'ailleurs, ces conditions atmosphériques agiront avec d'autant plus d'énergie, que la localité sera plus marécageuse, boisée, encaissée et humide.

Les fourrages vasés, rouillés, moisis, poudreux, servant d'alimentation aux animaux depuis longtemps sont d'autres causes fréquentes des maladies charbonneuses.

L'épizootie de 1790 du pays Mantouan; celle de 1793, étudiée aux environs de Paris par Gilbert;

l'enzootie de l'arrondissement de Bergerac en 1824, ont pris leur source dans les alimens avariés.

Les écuries, les étables, les bergeries, les porcheries insalubres, mal aérées, dans lesquelles les fumiers restent amoncelés, où les animaux, entassés pendant l'hivernage, respirent un air chargé d'émanations putrides, sont autant de foyers d'infection dans lesquels se déclare le charbon.

Les enzooties charbonneuses du Dauphiné, du Béarn, du Bigorre, des Vosges, de l'Auvergne, de la Suisse, du Tyrol, du Piémont, si fréquentes pendant les longues stabulations de l'hiver, ont été dues et sont le résultat encore aujourd'hui de ces infections locales.

Ces causes ne font point naître l'affection charbonneuse incontinent; leur action constante, occulte, ne la fait éclater qu'au moment où l'économie profondément altérée ne saurait conserver plus longtemps son influence normale. Aussi n'est-ce, dit Gilbert, qu'après trois ou six mois de l'existence de ces causes que les animaux tombent malades; et selon qu'elles séviront sur un ou plusieurs animaux, dans une seule ou dans plusieurs localités, elles feront naître des affections charbonneuses, sporadiques, enzootiques ou épizootiques.

Sans tenir compte ici de la contagion qui propage les maladies carbunculaires, il est indispensable que le vétérinaire, avant de s'occuper des mesures sanitaires, recherche les causes de ces maladies, et propose les moyens hygiéniques capables de les modifier ou de les éviter. Car soustraire les animaux aux grandes chaleurs atmosphériques, les éloigner des foyers d'infection dont nous avons parlé, changer, modifier l'alimentation, la stabulation, telles sont les premières indications à remplir.

Procurer des abris aux animaux pendant les chaleurs, éviter de les conduire pâturer aux environs des marais, des étangs, des flaques d'eau, le matin, le soir et pendant la nuit, momens où ils respirent les vapeurs septiques des marais, où ils mangent les plantes couvertes d'une rosée putride; ne point les laisser s'abreuver dans les eaux croupies, saumâtres ou putrides des mares, des égoûts, des citernes; aérer les étables pendant l'hiver, les débarrasser des fumiers infects qui y séjournent; détourner le bétail des pâturages ayant été inondés et dont les plantes sont vasées ou rouillées; changer les alimens avariés par de bons, ou bien les battre, les secouer, si on ne peut les remplacer, puis les asperger avec de l'eau salée; telles sont les précautions hygiéniques à l'aide desquelles on fait cesser ou diminuer les ravages des maladies charbonneuses.

Contagion charbonneuse. Quelle que soit l'espèce de charbon dont est attaqué l'animal, un *contagium* morbide ou *virus* y trouve naissance. Ce contagium est *fixe* ou *volatil.*

Le virus fixe a pour véhicule le sang, la sérosité de toutes les parties de l'économie, et particulièrement celui des tumeurs, les chairs, la peau, et tous les solides qui sont imprégnés de ces deux fluides.

Le virus volatil a pour véhicule, pendant la vie, la vapeur pulmonaire, la transpiration cutanée, et après la mort, la vapeur qui s'élève du cadavre, du sang, et de tous les débris cadavériques. L'air, les corps animés ou inanimés qui recèlent cette vapeur, en sont les agens de transmission.

Le typhus charbonneux ne paraît point posséder cette propriété contagieuse par virus volatil si subtil et si facilement transportable qui appartient au typhus contagieux. Nous avons passé en revue tout ce qui a été dit et écrit sur la contagion, et nous n'avons point trouvé de nombreux faits avérés qui prouvent que l'air entraîné par les vents; que les animaux encore bien portans qui auraient séjourné avec les animaux malades ; que les hommes qui les ont soignés, pansés ou touchés; que les animaux d'espèce différente qui auraient logé dans les lieux infectés ; que les alimens, les boissons dont auraient usé les animaux malades ; que les objets des écuries, des étables, aient été les agens qui auraient transporté à des distances très éloignées le *contagium* des maladies charbonneuses.

On ne saurait cependant douter un seul instant que les matières animales qui s'échappent du corps des animaux malades, recueillies par l'air, ne forment autour d'eux une atmosphère contagieuse dans laquelle les animaux sains ne peuvent séjourner sans contracter la maladie ; que les vapeurs qui s'élèvent des fumiers imprégnés de matières excrémentitielles ne soient aptes à la transmettre également ; car, bon nombre de faits prouvent qu'il en est ainsi. Mais on ne sait pas encore quelle est l'étendue de cette atmosphère contagieuse ; mais on ne connaît pas bien non plus la résistance qu'offrent les virus fixes ou volatils à l'action de l'humidité, du froid, et d'autres modifications des matières animales volatiles. On ne sait point bien non plus à quelle distance la contagion peut être portée par les courans d'air ; si cet air contagieux peut conserver pendant un certain temps l'élément contagieux dans toute son intégrité. Heureusement, il faut le dire, ces faits négatifs inspirent quelque sécurité ; car, depuis un temps immémorial que les maladies charbonneuses sont connues, des faits de contagion médiate auraient bien pu être recueillis avec autant de soin que l'ont été ceux si nombreux, si convaincans, qui se rattachent à la contagion médiate du typhus contagieux de la variole. Jamais d'ailleurs, et nous l'avons déjà dit, on n'a vu la contagion médiate transporter au loin, et entretenir pendant plusieurs années, les maladies charbonneuses, qui au reste sont plutôt locales que générales.

L'animal qui a pris le germe des maladies charbonneuses ne tarde pas à en ressentir les funestes effets. Lorsque la matière virulente a été déposée sur une partie vivante et absorbante, son temps d'incubation est fort court. Quelquefois la maladie apparaît incontinent. L'inoculation par virus volatil est suivie d'un temps d'incubation généralement plus long, mais qui dépasse rarement le huitième jour.

Faits qui prouvent la contagion charbonneuse.

1° *Contagion médiate par les animaux malades.* La fièvre charbonneuse qu'a observée Brugnone sur les chevaux du régiment de dragons en garnison à Fossano, se manifesta d'abord sur les chevaux de la compagnie de Lucerne ; il en mourut vingt-cinq sur vingt-huit attaqués.

Trois jours après, la maladie se manifesta parmi ceux de la compagnie Fresia , et en peu de temps elle en emporta treize sur vingt-sept attaqués.

Plus tard elle se déclara sur les chevaux de la lieutenance en moins de dix-huit heures, et il en périt quatorze sur vingt-sept.

Elle se propagea ensuite à la compagnie Isasque, attaqua plus tard les chevaux des officiers qui en furent presque tous victimes.

On nia d'abord, dit Brugnone, la contagion de cette affection, et cette persuasion fit que l'on ne prit pas toutes les précautions nécessaires pour empêcher la communication entre les animaux sains et les animaux malades ; et c'est à quoi l'on peut attribuer la propagation de cette maladie d'une compagnie à l'autre : on ne fut pleinement convaincu de cette vérité que lorsqu'on vit attaqués les chevaux des officiers, et qu'on la vit se répandre sur trois chevaux de la ville (1).

Les faits suivans vont démontrer encore mieux la subtilité de la contagion charbonneuse, et faire sentir la nécessité de se défier toujours de l'approche de bestiaux ayant communiqué avec des animaux malades.

Voici ce qui fut observé par Regnaudot à la Guadeloupe en 1773. Le typhus charbonneux attaquait alors les chevaux, les mulets et les bœufs, et beaucoup de bêtes avaient été victimes de cette affection. L'habitation Carré et l'habitation Dupaty, *distantes l'une de l'autre de plusieurs lieues*, étaient administrées par la même personne : les nègres et les animaux des deux habitations communiquaient nécessairement ensemble; et il fut prouvé que la maladie fut apportée de l'habitation Carré dans l'habitation Dupaty par *un cheval* qui avait séjourné pendant deux mois dans la première habitation, et qui fut ramené imprudemment dans la seconde, où il est mort quelques jours après. La maladie ainsi apportée fit périr, dans l'espace de trois mois, quatre-vingts mulets, sans compter les chevaux et les bœufs.

De ce point la maladie se répandit ensuite dans les habitations voisines (2).

____

(1) Instructions vétérinaires, t. 6, p. 229 et 234.
(2) Regnaudot, Epizootie de St-Domingue, p. 196.

(459)

Voici un exemple de contagion de glossanthrax observé en 1683 par le docteur Wincler, premier médecin du prince Palatin. La maladie débuta en Italie; elle s'étendit avec une rapidité étonnante en Suisse, en Allemagne, et jusqu'en Pologne ; elle ne se déclarait point au même moment dans des lieux fort éloignés , mais elle avait une marche réglée et faisait environ deux milles d'Allemagne en vingt-quatre heures, sans épargner une seule paroisse sur son chemin et aux environs (1).

Bertin fait observer à l'égard de la contagion de l'épizootie qui régnait à la Guadeloupe en 1774, que le charbon, après avoir pris son origine sur les bœufs d'une habitation appelée la Source , s'était transmis aux bestiaux de l'habitation nommée le Moulin-à-Eau, lesquels mis dans les savanes limitrophes, la communiquèrent aux bestiaux qui y pâturaient ; et qu'ainsi le charbon se propagea de proche en proche à une distance fort éloignée du lieu de la naissance de l'épizootie (2).

M. Roche-Lubin a constaté que par la cohabitation de porcs atteints de typhus charbonneux avec des animaux sains , ceux-ci ne tardent pas à être attaqués de cette maladie (3).

Ces faits, quoique peu nombreux , pourraient

____

(1) Paulet, t. 1, page 103.
(2) *id.* t. 2, p. 88 et 89.
(3) *Recueil de médecine vétérinaire,* t. 11, p. 128.

donc faire conclure que la fièvre charbonneuse est contagieuse par contact immédiat. Cependant telle n'est point l'opinion de quelques vétérinaires. M. Barthélemi aîné, désirant éclaircir cette question par l'expérience, a fait cohabiter à l'école d'Alfort, en 1823, des animaux herbivores et carnivores avec des animaux auxquels le charbon avait été communiqué, coucher sur la même litière, boire et manger avec eux, sans qu'il en soit rien résulté (1). Quoi qu'il en soit, cette expérience ne nous paraît pas assez concluante pour infirmer la proposition que nous venons d'énoncer. M. Barthélemi a transmis un charbon sporadique qu'on ne saurait comparer à une affection charbonneuse enzootique ou épizootique, dont le contagium possède incontestablement plus d'énergie.

Nous n'avons point recueilli, dans les nombreux écrits publiés sur les maladies charbonneuses, de faits bien constatés prouvant que la contagion aurait eu lieu par des alimens qui auraient servi aux bêtes malades, par les hommes ou par les animaux d'espèces diverses qui auraient approché ou touché les bêtes malades, par les objets de pansement ou de harnachement. D'où nous concluons, pour le moment, que les affections charbonneuses ne paraissent se transmettre par contagion qu'autant que les animaux bien portans cohabitent ou séjournent un certain temps avec les animaux malades.

______

(1) Compte-rendu de l'école d'Alfort, an 1823.

Contagion immédiate. Si la contagion médiate des maladies charbonneuses n'est point encore bien prouvée, un grand nombre de faits démontrent positivement *que le simple contact du virus charbonneux fixe* transmet le charbon à toutes les espèces d'animaux domestiques, et même aux hommes, soit pendant la vie des animaux, soit après leur mort. Nous ne rapporterons point ici ces nombreux faits. Nous les ferons connaître lorsque nous traiterons des précautions à prendre à l'égard du traitement des bêtes malades, et de l'usage que l'on peut faire des débris cadavériques des animaux sacrifiés pendant le cours de la maladie ou morts de ses suites.

MOYENS DE POLICE SANITAIRE APPLICABLES A CES MALADIES.

Il n'existe point d'arrêts, d'ordonnances, ayant trait spécialement aux maladies charbonneuses.

Le décret de l'assemblée constituante concernant les biens et usages ruraux et la police rurale du 6 octobre 1791 ;

Les articles 459, 460, 461 et 462 du Code pénal. L'arrêt du Conseil-d'Etat du roi, du 16 juillet 1784 ;

Telles sont les lois sanitaires applicables d'ailleurs à toutes les maladies contagieuses dont on peut invoquer les dispositions à l'égard des maladies charbonneuses.

Les autorités municipales, en vertu du décret de la constituante concernant les biens et usages ruraux et la police rurale du 6 octobre 1791, §. 3, titre 1ᵉʳ, section 4, art. 20, du décret de l'assemblée constituante rendu sur l'organisation judiciaire, du 16-24 août 1790, titre 2, art. 3, peuvent en outre prendre les mesures qu'elle jugeront convenables dans le but de prévenir ou d'arrêter les progrès de la contagion. (Voyez *Devoirs des autorités*, page 50, et *Arrêts applicables à toutes les maladies contagieuses*, page 31.)

Les maladies charbonneuses n'étant point douées de la funeste propriété de se transmettre à de grandes distances par des véhicules contagieux s'attachant à des corps animés ou inanimés, les mesures de police sanitaire à leur opposer sont simples, d'un facile emploi et peu dispendieuses.

La déclaration, la visite, la marque, le dénombrement, l'estimation, la séquestration, les soins à donner aux animaux malades, l'isolement des animaux sains, sont les mesures sanitaires que nous croyons applicables aux maladies charbonneuses, et dont nous allons tout d'abord nous occuper.

Nous discuterons ensuite la question de savoir si l'on peut faire usage des débris cadavériques, tels que les cuirs, la chair, la graisse des animaux morts des suites de la maladie ou sacrifiés pendant son cours ; et nous terminerons par les procédés de désinfection convenables pour éviter la réapparition du charbon.

4° *Déclaration.*— Les personnes qui possèdent des animaux affectés de maladies charbonneuses doivent en avertir sur le champ le maire ou l'adjoint dans les communes, et le commissaire de police du quartier dans les grandes villes. Art. 19, titre 1er, section 4 du décret de l'assemblée constituante du 6 octobre 1791, art. 1er de l'arrêt du Conseil-d'Etat du roi du 16 juillet 1784, sous peine de 500 francs d'amende, et art. 459 du Code pénal, sous peine d'un emprisonnement de six jours à deux mois, et d'une amende de 16 francs à 200 francs. (Voyez *Devoirs des propriétaires*, page 45.)

Les vétérinaires ou autres personnes qui sont appelés par les propriétaires pour soigner les bestiaux doivent également faire leur déclaration à l'autorité. Art. 1er et 4 de l'arrêt du Conseil-d'Etat du roi du 16 juillet 1784. (Voyez *Devoirs des vétérinaires*, page 65.)

Cette déclaration est importante; l'autorité mise en demeure fait procéder immédiatement à la visite des bêtes déclarées malades ; et, convaincue de l'existence du mal, elle fait en sorte d'en arrêter les progrès.

En vertu de l'art. 14, titre 2, du décret du 15 juillet 1813, elle nomme un vétérinaire breveté pour procéder à la visite, à la marque des animaux malades, au recensement, au signalement, à l'estimation de bêtes bien portantes, si elle le juge convenable.

(464)

2° *Visite, signalement, marque, séquestration, abattage isolé.* — *La visite* des animaux affectés de charbon est de première nécessité, faite en commençant par les animaux présumés en santé et terminée par ceux qui sont malades ; on doit y procéder avec toutes les précautions voulues pour ne point propager le mal. (Art. 3 de l'arrêt du Conseil-d'État du roi du 16 juillet 1784.)

Le signalement des bestiaux malades sera pris, et ensuite ils seront *marqués* sur le sabot gauche, ou à la corne gauche, avec un fer chaud portant la lettre M et un numéro d'ordre correspondant au nom du propriétaire.

Les animaux malades désignés par le vétérinaire comme pouvant être traités, seront placés dans des cénacles isolés. (Art. 4, même arrêt.) S'il n'est point possible aux propriétaires de se conformer à cette mesure, parce qu'ils manquent de locaux nécessaires, alors les animaux seront abattus. S'il est impossible de placer dans d'autres lieux que ceux infectés les animaux encore sains, ces lieux devront être convenablement désinfectés.

A l'égard des animaux qui vivent en troupeaux, tels que les bêtes bovines et ovines, le défaut d'emplacement, l'impossibilité de reconnaître les premiers signes du mal et de signaler les bêtes suspectes, rendent l'emploi de l'isolement très difficile. A cette difficulté vient s'en joindre une autre, celle de ne pouvoir distinguer, soit pendant la vie, soit après la

mort, *le sang de rate* ou les maladies dites *de sang*
de la redoutable *fièvre charbonneuse*. Souvent on
croit à l'existence de la première affection qui n'est
point contagieuse, on cherche à y remédier par l'é-
migration, le changement de l'alimentation, la saignée; on néglige l'isolement, du reste très difficile,
et la maladie charbonneuse se propageant à un grand
nombre de bêtes, les faisant périr presque toutes,
ravage les deux tiers du troupeau.

Si le vétérinaire-expert mentionne dans son rapport à l'autorité que les animaux malades sont incurables, elle devra les faire *abattre* sans délai. (Art. 5
de l'arrêt ci-dessus.) Cet abattage est indispensable ;
on détruit ainsi les foyers de contagion. Quant à
l'occision des bêtes suspectes , cette mesure est trop
rigoureuse, attendu qu'il est bien prouvé aujourd'hui
que tous les animaux qui ont cohabité avec les
bêtes atteintes du charbon , quelle que soit son espèce, ne contractent pas toutes la maladie ; et encore
bien même qu'elles en seraient attaquées, en les
isolant complètement on a encore l'espoir d'en guérir un assez grand nombre.

On pourra peut être invoquer l'exemple fourni
par le gouvernement italien à propos de l'enzootie
charbonneuse de Fossano , où l'abattage de tous les
animaux suspects a anéanti la maladie qui commençait à se propager aux chevaux de la ville ; mais on
peut répondre que cet exemple est le seul qui ait été
donné jusqu'à ce jour. L'histoire des épizooties char-

bonneuses prouve que toutes celles qui ont été observées ont cessé sans qu'il ait été besoin d'avoir recours
au massacre des bêtes suspectes ; massacre indispensable dans le cas de typhus contagieux; mais complètement inutile à l'égard des maladies charbonneuses.
La séquestration est bien préférable, ainsi que nous
le démontrerons plus loin.

Quant à l'indemnité à accorder par le gouvernement aux propriétaires qui ont perdu des animaux
malades, ou qui ont été sacrifiés comme incurables
par ordre de l'autorité , cette indemnité est de toute
justice, toutes fois et quantes cependant les propriétaires auront fait leur déclaration en temps opportun,
et qu'un vétérinaire breveté aura certifié leur mort
ou leur abattage.

Cette indemnité devrait être du tiers de la valeur
des animaux abattus, et du quart de ceux qui sont
morts des suites de l'affection.

3° *Séquestration des animaux suspects.* — La
séquestration des bêtes suspectes est une mesure de
rigueur, surtout à l'égard de la fièvre charbonneuse.
Les animaux sequestrés ne pourront sortir des lieux
où ils auront été placés. Ils ne pourront être conduits
ni aux pâturages , ni aux abreuvoirs communs, pas
plus qu'aux foires et marchés pour y être vendus.
(Art. 4 et 7 de l'arrêt du Conseil du 16 juillet 1784.)

La durée d'un mois de séquestration est un temps
suffisant pour éloigner tout danger. Pendant ce laps
de temps, les lieux où les animaux auront été placés

seront aérés, les fumiers enlevés tous les jours , l'air convenablement purifié par une fumigation de chlore tous les huit jours ; les alimens seront choisis et de bonne qualité.

La saignée, comme moyen préservatif, n'est point indispensable; l'expérience a prouvé que si parfois elle était utile, bien plus souvent elle était nuisible. L'emploi d'un simple séton au poitrail ou au fanon est préférable, dans le cas seulement où l'épizootie est une fièvre charbonneuse ou un charbon symptomatique ; car l'expérience a fait reconnaître que dans le charbon essentiel ce préservatif avait été suivi d'engorgement charbonneux ou gangréneux souvent mortel.

Les cordons sanitaires, la suspension , l'interdiction des foires et marchés de bestiaux, les signaux d'alarmes , l'émigration, l'assommement général, sont des mesures inopportunes aux cas dont il s'agit.

Doit-on traiter les animaux affectés de charbon ? Existe-t-il des dangers à courir pour les personnes chargées de ce traitement ?

L'expérience a démontré que les soins à donner aux bêtes affectées de la fièvre charbonneuse sont dans la plupart des cas tout à fait inutiles. La violence du début de la maladie, la rapidité de sa marche, les altérations profondes qu'elle suscite dans l'économie, justifient les insuccès obtenus jusqu'à ce jour.

Le charbon symptomatique est plus curable: lorsque les vétérinaires sont appelés à temps et qu'il leur est possible de fixer, cautériser, extirper la tumeur symptomatique, ils guérissent généralement les animaux.

Le charbon essentiel, extirpé et cautérisé aussitôt son apparition, guérit rapidement.

Les acidules et les excitans généraux à l'intérieur sont les agens dont l'efficacité est généralement reconnue.

Au demeurant, il y a avantage incontestable de soumettre les animaux atteints de charbon à un traitement rationnel, modifié selon les localités et le tempérament des animaux qui en sont atteints.

Les manipulations, les opérations diverses auxquelles doivent se livrer les personnes qui soignent les bestiaux, ne sont pas exemptes de graves dangers: le sang s'écoulant de toutes les parties du corps, la sérosité provenant des tumeurs, ont été les véhicules contagieux qui ont souvent transmis la pustule maligne à l'homme.

Faits. — Le vétérinaire Perrat, en faisant l'extirpation d'une tumeur charbonneuse, s'étant blessé à la main, le contact du sang lui communiqua la pustule maligne qui l'emporta malgré tous les secours qu'on lui prodigua.

Coquet fut appelé pour traiter une maladie charbonneuse sur les bêtes à cornes , dont la malignité était telle , que deux hommes de la commune de Cahagne ayant eu l'imprudence de saigner à la gorge un taureau malade et sur le point de mourir, ont éprouvé un gonflement très considérable au bras droit , avec des taches livides à la suite de l'attouchement du sang sur la partie. Peu de temps après l'existence de la tuméfaction, ils ont éprouvé des maux de cœur, une fièvre violente, des sueurs copieuses, et ont été dangereusement malades (1).

Une femme voulant faire donner un remède à un animal malade, sur le refus que fit une jeune fille d'obéir, elle le donna elle même, et mit ensuite la main qu'elle venait de retirer de la bouche du malade dans le sein de cette fille; la fièvre saisit celle-ci, une tumeur et des pustules parurent au sein , et elle mourut (2).

Bertin rapporte qu'un nègre éprouva des douleurs avec un engourdissement considérable au bras, pour avoir introduit sa main dans le fondement d'un animal malade.

Lors de l'épizootie de 1757 en Brie , observée par Audoin de Chaignebrun, une femme fut attaquée du charbon au bras , après avoir fouillé sa vache qui en était atteinte. Godine aîné a noté pareils accidens

(1) Instructions vétérinaires t. 1, p. 150.
(2) Hartman et Paulet, t. 1, p. 332.

dans son Mémoire sur le charbon du département de la Haute-Vienne (1).

Une femme, après avoir saigné un mouton mort du charbon, ayant laissé tomber deux seules gouttes de sang sur sa main, il survint deux pustules malignes aux endroits où ces gouttes étaient tombées (2).

Le sang produit le même effet sur les animaux. Gilbert assure avoir vu mourir des poules, des dindons, des canards, jusqu'à des merles et des étourneaux, après avoir becqueté du sang d'animaux *affectés* de charbon (3). Desplas a fait la même observation sur des poules (4).

Il est prouvé par nous que le sang circulant dans toute l'économie peut transmettre le charbon, soit aux hommes, soit aux animaux pendant la vie.

M. Barthélemy aîné s'est assuré en 1823, à l'école d'Alfort, que le sang retiré des artères coccigiennes d'un cheval affecté de charbon à l'encolure, inoculé à un animal bien portant, lui transmet la maladie.

Dans le courant de l'année 1836, et à l'école d'Alfort, la veine jugulaire droite d'un cheval atteint de charbon, et la veine jugulaire gauche d'une

---

(1) *Journal général de médecine*, an XIII, t. 9.

(2) D'Arboval, Dictionnaire de médecine vétérinaire, tome 4, page 383.

(3) Gilbert, Maladies charbonneuses, p. 19.

(4) Desplas, Instruction vétérinaire, t. 2, p. 287.

jument saine, ont été mises à découvert et isolées dans l'étendue de plusieurs pouces, par M. le docteur Leuret; une double communication a été établie dans ces deux vaisseaux par le moyen de deux sondes; de façon que le sang venant de la tête de l'un allait se rendre dans le cœur de l'autre, et réciproquement. La transfusion a duré sept minutes, après quoi les deux chevaux ont été séparés. Le cheval charbonneux est mort le lendemain ; la jument sujet de l'expérience est morte du charbon sept jours après.

Ces faits, ces expériences, démontrent donc bien que le sang des animaux affectés de charbon possède pendant la vie la propriété virulente.

Les vétérinaires devront agir avec beaucoup de prudence lors des manipulations qu'ils seront obligés de faire pendant le traitement des animaux malades. Ils devront opérer les animaux avec des gants pour éviter l'attouchement du sang, ou avoir soin de s'enduire les mains et les bras avec de l'huile, de la graisse, du suif ou du beurre, et de se laver la partie touchée par le sang immédiatement.

Les autorités doivent-elles tolérer la vente des animaux affectés ou suspects de charbon, pour la consommation ?

Cette question, d'un grand intérêt, mérite que nous la traitions avec une sérieuse attention.

Existe-t-il d'abord des faits qui prouvent que les

manipulations qu'entraînent la préparation de la viande des animaux assommés étant atteints de charbon, l'usage de la viande crue donnée aux animaux carnassiers, celui de la viande cuite pour la nourriture des hommes, ait été suivie d'accidens légers ou graves ?

Telle est la question qu'il s'agit de bien éclairer, afin de pouvoir motiver la prohibition ou la tolérance de la vente des animaux atteints de charbon, pour la consommation.

Si le sang, ainsi que nous venons de le prouver, peut transmettre le charbon aux personnes qui soignent les animaux malades, nul doute qu'en assommant, en égorgeant les animaux charbonneux, en manipulant leur peau, leur chair, leur suif imprégnés ou salis par le sang, la sérosité, ces liquides touchant la peau des hommes, ne soient aptes à leur transmettre le charbon. Cependant, pour mieux convaincre les personnes les plus sceptiques sous ce rapport, nous mettrons sous les yeux de nos lecteurs les faits suivans.

Les marches forcées, longues et fatigantes que l'on fait subir aux bœufs gras pour les conduire aux marchés éloignés, font souvent déclarer sur ces animaux la fièvre charbonneuse, et il est arrivé que des bœufs ont été tués dans les boucheries lorsque déjà cette maladie s'était manifestée. Or voici l'évènement malheureux qui arriva dans la province du Gatinais.

« En 1737, on amena chez un aubergiste à Pithiviers, en Gatinais, un troupeau de bœufs qui venaient du Limousin, et que l'on conduisait à Paris.
Un des plus beaux, pesant à peu près huit cents livres, ne pouvant suivre les autres, les toucheurs con-
sultèrent des marchands et des bouchers qui tous
jugèrent qu'il était impossible que ce bœuf suivît la
bande, parce qu'il était attaqué *d'une maladie* appelée *mal-à-butin*. Sur le champ il fut vendu à un
boucher, qui envoya son garçon pour le tuer et l'ha-
biller. Ce garçon tua ce bœuf dans l'auberge même
et le coupa par morceaux. Ayant mis son couteau
dans sa bouche pendant quelques momens de son
opération, quelques heures après sa langue s'épaissit, il sentit un serrement de poitrine avec difficulté
de respirer, son corps se couvrit de pustules noirâtres, et il *mourut le quatrième jour d'une gangrène
générale.*

» L'aubergiste ayant été piqué au milieu de la
paume de la main gauche par un os du même bœuf,
au bout de quelques heures il *s'éleva une tumeur
livide à l'endroit piqué, le bras tomba en sphacèle,
et il mourut au bout de sept jours.*

» La femme reçut du sang de l'animal sur la partie externe de la main, et la servante de l'auberge
ayant passé sous la fressure du bœuf qu'on venait
de suspendre toute chaude, reçut quelques gouttes
de sang sur la joue droite; aussi bien l'une que

l'autre eurent la pustule maligne aux endroits touchés par le sang (1). »

Je me trouvai, dit le docteur Thomassin, dans
un village de Franche-Comté dans le temps de la
fête du lieu. Le boucher préparait beaucoup de
viande. Après avoir tué plusieurs bœufs et vaches,
il fut subitement attaqué de la pustule maligne sous
la mâchoire inférieure qui le fit mourir le cinquième
jour. Le frère de ce boucher qui lui avait aidé à
dépecer ces viandes, fut aussi attaqué du même
mal, à la partie inférieure de la joue gauche, deux
jours après. Les animaux qui avaient communiqué
cette maladie avaient paru bien portans, seulement
ils avaient beaucoup fatigué pour être venus
pendant la forte chaleur d'une foire de sept à huit
lieues (2).

On lit dans les Mémoires de l'Académie des sciences, année 1767, et dans les Opuscules de chirurgie
de Morand, l'histoire de deux bouchers de l'hôtel
royal des Invalides qui furent attaqués, l'un le
lendemain, et l'autre le second jour, d'une pustule
maligne à la face, après avoir tué et découpé ceux
bœufs qui avaient été très fatigués.

Il est rapporté dans le Cours complet d'agicul-

____

(1) Mémoires de l'Académie des sciences, année 176, pages
315 et suivantes.

(2) Thomassin, Dissertation sur la pustule maligne de la
Bourgogne.

ture de Rozier, article *Charbon*, ce qui suit : « En 1776, un paysan, après avoir tué un bœuf atteint de charbon, fut atteint de la pustule maligne au bras droit, accompagnée d'une fièvre aiguë avec vomissement et diarrhée putride, qui lui donna la mort le troisième jour. »

Ces faits démontrent que les manipulations opérées sur la chair, la peau, le suif, les os, le sang des animaux attaqués de charbon, et qui sont sacrifiés pendant le cours de cette maladie, peuvent être suivies de grands dangers pour les hommes tels que les bouchers, exposés par leur état à faire ces manipulations.

La viande provenant d'animaux affectés de charbon interne ou externe peut-elle sans danger servir à la nourriture de l'homme ou des animaux carnassiers ?

Duhamel fait remarquer que la viande du bœuf qui a communiqué le charbon à Pithiviers à trois personnes fut vendue principalement en bonnes maisons. Plus de cent personnes en ont mangé rôtie ou bouillie : elle était fort bonne, et personne n'en a resenti la plus légère incommodité.

La viande du bœuf qui donna le charbon à deux personnes, d'après Thomassin, fut mangée entièrement dans le village où était arrivé l'accident, et personne n'en éprouva la plus légère indisposition. La viande du bœuf des Invalides fut mangée dans l'hôtel : tout le monde la trouva bonne, et personne n'en fut incommodé.

Il est à notre connaissance que dans presque toutes les fermes où l'on possède des moutons, les bergers égorgent sur le champ les bêtes qui sont affectées de la maladie que l'on appelle le sang ou sang de rate, pour en utiliser la chair qui sert à la nourriture des personnes attachées à la ferme. Dans beaucoup de moutons ainsi tués, bon nombre sont affectés de fièvre charbonneuse, maladie difficile à distinguer du sang de rate ; eh bien ! rien ne nous a appris jusqu'à ce jour que la viande des animaux qui meurent du sang, rôtie, bouillie, et mangée par l'homme, ait occasionné quelque accident. Nous avons pris beaucoup d'information à cet égard, et nous n'avons recueilli aucun fait opposé à l'opinion que nous venons d'énoncer.

Ainsi, la viande d'animaux tués étant *affectés* de charbon avant que la maladie ait parcouru tous les périodes, avant en un mot qu'elle ait altéré profondement les solides et les liquides de tou le corps, que ses principes virulens aient infecté toutes les parties de l'organisation, débarrassée, par la cuisson du sang, de la sérosité, véritables agens contagifères dont elle pourrait encore être imbbée, peut être impunément mangée par l'homme sans donner naissance à des accidens maladifs intérieurs.

Nous aurons occasion de prouver plus loin qu'il n'en est point ainsi à l'égard de l'usage de laviande d'animaux *morts* du charbon, et que les accidens internes les plus graves en ont été la suite.

Mais par cela même que jusqu'à ce jour aucun accident n'a été observé par l'usage d'un tel aliment, l'autorité peut-elle prendre sur sa responsabilité l'autorisation de laisser libre le débit de la viande des animaux *atteints* de maladies charbonneuses ? Nous ne le pensons pas.

Et d'abord, puisque la chair fraîche imprégnée de liquide a pu transmettre le charbon aux bouchers, aux personnes qui avaient dépecé ou aidé à dépecer les animaux, ne peut-il pas arriver que le contact de la chair fraîche débitée aux personnes qui voudraient en faire usage comme aliment, leur transmît le charbon par le simple contact du sang, de la sérosité contagieuse dont elle est imbibée ? Et doit-on mettre en balance les accidens qui peuvent être la suite d'un semblable emploi avec la conservation de la vie de plusieurs personnes qui pourraient en devenir les victimes ? Nous pensons que l'autorité ne peut et ne doit point dans aucun cas permettre aux bouchers d'abattre les bêtes à cornes ou les bêtes à laines *affectées* ou simplement *soupçonnées* d'être affectées de maladies charbonneuses. Si l'autorisation dont il s'agit était accordée, l'administration municipale encourrait une grande responsabilité ; en ce sens que les bouchers abusant de cette tolérance pourraient tuer des bêtes dont la maladie avancée et incurable occasionnerait les plus grands malheurs.

Cette tolérance, nous le répétons, ne doit point avoir lieu, et les autorités devront faire l'application de la loi.

L'art. 3, titre XI de la loi des 16-24 août 1790 confie aux corps municipaux l'inspection sur la salubrité des comestibles exposés en vente ; or, l'autorité devra donc si une maladie charbonneuse règne sur les bestiaux, et étant accompagnée d'un expert-vétérinaire, visiter, inspecter la viande des boucheries, soit après l'abattage des animaux, soit après leur dépècement, et la confisquer si elle provient d'animaux affectés de charbon.

Les bouchers, de même que les propriétaires qui oseraient enfreindre les arrêtés publiés à cet effet, pourront être traduits devant les tribunaux compétens, pour y être condamnés aux peines voulues par l'art. 605 de la loi du 4 brumaire an 4, et les art. 96 et 98 du Code pénal.

Voici les dispositions pénales de ces articles :

Art. 605 de la loi du 4 brumaire an 4 : « Ceux qui exposeront en vente des comestibles gâtés, corrompus ou *nuisibles*, devront être cités devant le tribunal de police, pour s'y voir condamnés à une amende de trois journées de travail, ou à trois jours d'emprisonnement. »

L'art. 96 du Code pénal (articles modifiés) dit : « Seront punis d'amende depuis 6 francs jusqu'à 10 francs inclusivement) paragraphe 14) ceux qui exposent en vente des comestibles gâtés, corrompus ou nuisibles. »

L'art. 98 dit : « Seront saisis et confisqués (paragraphe 4) les comestibles gâtés, corrompus et nuisibles ; ces comestibles seront détruits. »

Pour Paris, l'ordonnance du préfet de police du 25 mars 1830 concernant le régime du commerce de la boucherie, dit, art. 61 : « Il est défendu aux préposés de la police des abattoirs d'y admettre pour y être abattues des vaches envoyées par les nourrisseurs de Paris, si le conducteur n'est porteur d'un certificat d'expert-vétérinaire constatant la nécessité de les faire abattre.

» Après l'habillage, la vérification des viandes en provenant sera faite en présence du nourrisseur et de deux adjoints au syndicat.

» Si les viandes sont jugées en état d'entrer dans la consommation, le nourrisseur pourra les vendre dans l'abattoir.

» Dans le cas contraire, il sera dressé contradictoirement un procès-verbal constatant l'état insalubre des viandes ; elles seront envoyées, à la diligence de l'inspecteur du commerce, à la ménagerie royale, pour le compte et aux frais du propriétaire. Le cuir et le suif lui seront remis sur récépissé. »

L'art. 247 de la même ordonnance ajoute : « Il est défendu d'exposer en vente à la halle et dans les marchés publics des viandes insalubres, sous la peine déterminée par l'art. 605 du Code de brumaire, an 4. »

Les autorités, en s'appuyant sur ces articles d'une application générale et spéciale, pourront toujours, et quand elles le jugeront convenable dans l'intérêt de la salubrité publique, proscrire la vente de la chair des animaux affectés de charbon.

De l'usage du lait provenant de bêtes affectées de charbon. Nous avons eu occasion d'examiner le lait provenant de vaches affectées de charbon, soit interne, soit externe. Ce liquide nous a toujours paru altéré dans sa qualité. Voici ce que nous avons observé : Sa quantité est diminuée notablement ; sa couleur est d'un blanc bleu sale ; sa saveur est plus fade ; il se décompose avec la plus grande facilité. Exposé à la plus petite chaleur, ses élémens cazeux se séparent. Reposé pendant six heures, si on l'examine couler du vase en le renversant doucement, on aperçoit passer de temps en temps des stries rougeâtres, dues à la présence d'une matière colorante rouge, semblable à celle du sang. Après quatre à six heures de séjour dans un vase, ses élémens se séparent, bientôt une fermentation putride s'en empare, et après vingt-quatre à trente heures, il n'est plus possible de supporter l'odeur infecte que ce liquide laisse échapper.

Ce lait, altéré ainsi dans l'économie par la perversion de la sécrétion mammaire, est nuisible à la santé des animaux ou des personnes qui en font usage; quelquefois il est même apte à transmettre le charbon.

En 1795, le charbon régnait dans quelques cantons des îles Barbades. M. Commins, planteur de ces îles, a rapporté le fait suivant à M. Chisholm, docteur-médecin de la Société royale de Londres.

« Ma famille, dit M. Commins, fut le théâtre d'un exemple bien singulier de la virulence du lait. Ma fille, âgée de trois ans, prit un matin, pendant le règne de l'épizootie, une si grande quantité de lait pour son déjeûner, qu'il n'en restait que fort peu pour les autres enfans. Ce lait avait malheureusement été trait d'une vache qui avait la maladie. Au bout de quatre jours, cet enfant fut atteinte de tous les symptômes ordinaires du charbon malin intérieur, dont elle guérit avec la plus grande difficulté (1). »

Gohier dit avoir vu à Tramois, département de l'Ain, un homme affecté d'une forte diarrhée qui l'avait réduit à une très grande faiblesse, pour avoir bu pendant plusieurs jours du lait provenant d'une vache atteinte d'une maladie charbonneuse.

La même chose arriva à Lyon, en 1809, à cinq personnes de la même famille, pour avoir mis dans du café le lait provenant d'une chèvre attaquée de

______

(1) *Recueil de médecine vétérinaire*, t. 3, p. 617.

charbon. L'une de ces personnes fut surtout très malade (1).

Desplas assure que pendant l'épizootie de la province de Quercy, les veaux prenaient la maladie par le lait qu'ils suçaient des bêtes malades (2). Cependant M. Mousis, vétérinaire à Oléron, rapporte qu'un enfant fut nourri impunément du lait d'une chèvre atteinte par le charbon (3).

L'altération matérielle du lait des femelles affectées du charbon, les accidens qui sont survenus aux personnes qui en ont fait usage comme aliment, démontrent évidemment que l'on ne doit point utiliser ce liquide, pas plus pour les hommes que pour les animaux.

Est-il possible de tirer parti des débris cadavériques des animaux morts de maladies charbonneuses ?

Depuis un temps immémorial, la transmission du charbon des animaux aux hommes n'avait pu faire l'objet d'un doute. De nombreux exemples étaient venus malheureusement démontrer cette funeste contagion. Les médecins, les vétérinaires, tous étaient généralement d'accord sur ce point, lorsqu'en 1825, un membre distingué de l'Académie royale de mé-

---

(1) Gohier, Mémoire sur le typhus contagieux déjà cité.
(2) Desplas, Instructions vétérinaires, t. 2, p. 287.
(3) Compte-rendu de l'école de Lyon, 1824, p, 31.

decine et du conseil de salubrité de la capitale, homme consciencieux et de bonne foi, ayant fait une étude spéciale de l'hygiène publique, Parent Duchâtelet, vint chercher à prouver, dans un beau travail sur les clos d'équarrissage de Paris, que les débris cadavériques provenant d'animaux morts d'affections charbonneuses n'étaient point aptes à transmettre ces maladies aux équarrisseurs qui dépouillent, dépècent les cadavres pour vendre leurs produits, et aux tanneurs qui font usage de leurs peaux.

« J'ai vu, dit ce savant, les ouvriers équarrisseurs toucher, couper impunément les parties les plus altérées. Lorsqu'ils se coupent, ces coupures se guérissent spontanément. Les maladies auxquelles ils sont sujets sont des plaies de mauvaise nature dues à l'inoculation de matières sanieuses putrides.

« Je me suis transporté chez deux tanneurs de la capitale qui jouissent d'une réputation méritée, et ils m'ont assuré que dans aucune circonstance *les peaux de chevaux* n'étaient capables d'occasionner des maladies aux ouvriers qui les travaillent; qu'elles différaient en cela *des peaux de bœufs, de vaches, et surtout de moutons, qui en déterminaient quelquefois, mais toujours* bien plus rarement qu'on ne le pense communément.

» Il n'est arrivé à ma connaissance, ajoute Duchâtelet, *qu'un seul fait de contagion,* c'est celui d'un jeune équarrisseur portant une pustule maligne à la joue, lequel l'aurait prise dans un clos d'équarrissage du nommé Fiard; et encore ce fait ne peut être concluant, puisqu'à la même époque la pustule maligne se faisait remarquer assez fréquemment sur des personnes qui ne furent jamais exposées aux émanations ni au contact de substances animales »

En 1832, l'Académie royale de médecine fut consultée par M. le ministre du commerce et des travaux publics sur la question de savoir si les dépouilles et les débris des animaux morts du charbon, ou de toute autre maladie contagieuse, sont susceptibles de transmettre ces maladies aux hommes; si l'on doit faire exécuter à la lettre l'art. 6 de l'arrêt du conseil-d'état du roi du 16 juillet 1784, qui prescrit de taillader les peaux des animaux morts, et d'enfouir leur cadavre dans des fosses de dix pieds de profondeur; et si l'on peut tolérer au sieur Collé, équarrisseur à Metz, l'équarrissage d'animaux morts de maladies contagieuses telles que le charbon ?

Une commission fut nommée au sein de l'Académie : MM. Villermé, Pelletier, Adelon, Parent-Duchâtelet, médecins; Barruel, chimiste, et Girard, vétérinaire, la composèrent. Duchâtelet en était le rapporteur. Cette commission a reconnu que la question qui lui était soumise n'ayant jamais été traitée d'une manière spéciale, ce n'était pas dans les livres qu'on pouvait la résoudre, mais bien sur ce qui est arrivé et ce qui arrive journellement aux clos d'équarrissage de Montfaucon, à

Paris. D'après les renseignemens pris auprès du maire de **La Villette**, commune dans la circonscription de laquelle se trouve Montfaucon, des médecins de cette commune, des médecins de l'hôpital Saint-Louis, situé dans le voisinage du lieu d'équarrissage, pas un seul individu n'aurait, de mémoire d'homme, été affecté de pustule maligne. Sur le nombre de 250,000 malades visités par **M. Biett** pendant sept années, sept cas seulement de maladie charbonneuse se sont présentés, et ni les uns ni les autres de ces malades n'avaient eu de rapport avec Montfaucon, *c'étaient des bouchers et des conducteurs de bestiaux.*

La commission a conclu et l'Académie a adopté cette conclusion : Que **M.** le ministre du commerce pouvait sans inconvénient autoriser à Metz ce que l'on tolère impunément à Paris, c'est-à-dire l'emploi cadavérique des débris provenant d'animaux morts du charbon, de la morve, etc.

Ce jugement porté par l'Académie au sujet d'une question aussi grave dans laquelle on n'a point voulu tenir compte des faits authentiquement recueillis par des médecins et des vétérinaires instruits et consciencieux, nous a suggéré l'intention de rechercher la vérité, et de puiser, soit dans l'histoire des épizooties charbonneuses, soit dans nos observations propres, des faits à opposer à ceux rapportés par **Parent-Duchâtelet**, tendant à prouver que les débris cadavériques d'animaux morts du charbon peuvent communiquer cette maladie aux hommes, qu'à leur égard, et contrairement aux conclusions de la commission académique, les dispositions prescrites par l'art. 6 de l'arrêt du conseil-d'état du roi du 16 juillet 1784 doivent être maintenues.

Le sang des cadavres mis en contact avec la peau de l'homme ou des animaux peut-il leur transmettre le charbon ou la pustule maligne?

Faits rapportés par les auteurs. — Premier Fait. — En 1712, une épizootie charbonneuse se fit remarquer aux environs d'Augsbourg sur les chevaux, les bœufs, les porcs, les oies et les poules-d'Inde. Un paysan ayant voulu couper d'un coup de hache le pied d'un cheval mort qu'on n'avait pas enterré assez profondément, le sang qui en sortit ayant rejailli sur un de ses yeux, y causa une tumeur inflammatoire qui se communiqua en très peu de temps aux parties voisines et fit enfler sa tête au point de mettre le malade en danger (1).

Deuxième Fait. — M. Perret, vétérinaire, en donnant l'histoire d'une maladie charbonneuse, rapporte le fait suivant :

Le nommé Chevalier ayant fait l'ouverture d'un bœuf mort du charbon, porta ses mains teintes de sang à son visage ; peu de temps après il y survint un érysipèle qui s'étendit et prit un caractère abso-

----

(1) Paulet, *loco citato*, t. 1, p. 143.

lument charbonneux : les maux de cœur , le frisson, la syncope et la mort suivirent de près le contact du sang altéré.

Troisième Fait. — M. Vinson, vétérinaire, s'étant blessé à la jambe avec l'instrument dont il s'était servi pour faire l'ouverture d'un bœuf mort du charbon, a été affecté presque subitement d'une tumeur charbonneuse à cette même jambe; il n'a dû son salut qu'à un traitement raisonné dont il a fait usage sur le champ (1).

Quatrième Fait. — Le nommé Giroud écorchait une vache morte du charbon; il se fit jaillir une goutte de sang au grand angle de l'œil gauche, il s'essuya aussitôt avec la manche de sa veste : néanmoins trois jours après cet accident il parut sur la caroncule lacrymale une tumeur noire, livide, à peu près de la grosseur d'une pomme ordinaire ; cette tumeur se propagea ensuite sur toute la face et le cou jusqu'aux clavicules. On cautérisa, et le malade guérit.

Cinquième Fait. — Un homme, habitant de la paroisse de Vesse, près Alanche, dépouillant une vache dans la montagne, reçoit comme le précédent un peu de sang dans l'œil : la paupière devint bientôt noire, livide, et engorgée ; il survint un érysipèle gangréneux sur toute la face qui entraîna la mort du malade (2 .

---

(1) Chabert, Instructions vétérinaires, t. 1, p. 151.
(2) Petit, *id.* t.2, p. 273.

Sixième , septième et huitième Faits. — Jean Laforgue, Pierre Lestang, et Laurans, vétérinaires, furent attaqués du charbon par le simple contact du sang de bœufs malades (1).

Neuvième Fait. — Voici ce qui est arrivé au professeur-vétérinaire Gilbert. « Le seul séjour, dit-il, sur ma main pendant moins d'un quart-d'heure d'une goutte de sang qui avait passé à travers la couture du gant dont je me servais pour faire l'ouverture d'un bœuf mort du charbon, suffit pour produire un petit ulcère que j'arrêtai sur le champ en le brûlant très profondément avec un fer rouge.»

Dixième Fait. — M. Glaudus, vétérinaire dans le département de la Corrèze, avait à traiter une fièvre charbonneuse enzootique sur les bestiaux de ce département, s'étant blessé à la main en faisant l'ouverture d'une vache, a eu un charbon au bras, qu'on est parvenu à arrêter (2).

Onzième Fait. — Le 20 juillet 1831 me trouvant à Villeneuve-le-Roi, en ma présence un berger faisait l'autopsie d'un mouton mort à l'instant du charbon interne, maladie que les bergers confondent si souvent avec le sang de rate. Ce berger reçut une goutte de sang sur le sein gauche, à laquelle il ne fit point attention ; douze heures après il se manifesta une pustule maligne qui nécessita la cautérisa-

______

(1) Desplas, Instructions vétérinaires, t. 2, p. 286.
(2) Mémoires de la Société d'agriculture, an 1820, p. 139.

tion, et plus tard l'amputation de la partie. Le malade guérit.

Voici d'autres faits non moins positifs de transmission aux animaux.

Douzième et treizième Faits.—Le 2 janvier 1823, M. Barthélemy, alors professeur à l'école d'Alfort, inocula par piqûres à une brebis saine le sang provenant de la rate d'une brebis morte du sang de rate. Au bout de soixante heures environ, la bête inoculée fut trouvée morte; elle avait la rate plus volumineuse et plus profondément altérée que celle qui avait fourni la matière de l'inoculation.

Cinq heures après la mort de cet animal, M. Barthélemy inocula à une autre brebis également saine, et provenant du même troupeau, le sang de la rate dont on venait de reconnaître l'état maladif; les effets furent encore plus prompts cette fois qu'ils ne l'avaient été dans l'expérience précédente. Le sujet mourut trente-six heures après l'inoculation ; la rate avait également éprouvé des altérations très profondes (1).

Quatorzième Fait. — M. Roche-Lubin inocula du sang provenant de porcs morts du typhus charbonneux à plusieurs brebis. Ces animaux ont succombé deux jours après l'opération , après avoir offert tous les symptômes de cette maladie; les lé-

______

(1) Compte-rendu de l'école d'Alfort, an 1823, p. 31.

sions morbides ont été toutes celles appartenant au charbon (1).

Ces faits sont-ils assez nombreux pour prouver tous les dangers que courent les personnes qui, en faisant l'autopsie de bêtes mortes du charbon recevraient du sang sur la peau et surtout là où elle est fine et absorbante? Pour nous ils seraient assez concluans pour infirmer la conclusion portée par la commission académique ; mais en voici d'autres tout aussi positifs se rattachant à l'équarrissage des cadavres.

L'équarrissage des animaux morts du charbon peut-il se faire sans danger pour l'homme ?

Nous avons fait connaître l'opinion de Parent-Duchâtelet à l'égard de l'équarrissage des animaux morts du charbon, et nous avons vu que les conclusions qu'il a tirées des recherches qu'il a faites, sont que la peau, les chairs, la graisse, les os, manipulés par les hommes, n'étaient point aptes à leur transmettre le charbon ou la pustule maligne. A Dieu plaise que les conclusions de ce savant soient fondées; mais malheureusement il n'en est point ainsi. Un grand nombre de faits que nous allons rapporter vont prouver tous les dangers qu'entraînent les manipulations des parties cadavériques d'animaux morts du charbon. Nous passerons ces faits en revue selon les époques auxquelles ils ont été observés.

______

(1) *Recueil de medecine vétérinaire*, t. 11, p. 128.

Ouverture des animaux. — Premier Fait. En 1757, époque où une épizootie charbonneuse régnait dans la Brie, d'après Audouin de Chaignebrun, deux maréchaux qui dépouillaient des animaux morts du charbon, *contractèrent la maladie et en moururent.*

Deuxième Fait. Pendant l'épizootie charbonneuse de 1774 qui régnait à la Guadeloupe, Bertin observa que tous les nègres qui ouvrirent les cadavres des bœufs eurent des *charbons aux bras.* Ces accidens, dit-il, furent observés dans les fermes où la maladie avait débuté, et ces exemples furent assez frappans pour en détourner ceux qui auraient eu la même envie (1).

Troisième et quatrième Faits. Voici ce qui fut observé dans le Gevaudan, au mois de décembre 1774 : « Un homme de ma paroisse, écrit le curé de Salce au greffier du diocèse, faisant métier de lever les peaux d'animaux morts du charbon, écorcha *plusieurs bœufs.* Il lui survint un grand mal aux dents, une enflure au visage qui lui rendit la tête énorme ; il lui vint un charbon au visage, la gangrène lui gagna les lèvres, et il périt *deux jours* après que le mal se fut déclaré.

» Un autre pauvre homme, aussi de ma paroisse, écorcha de ces bêtes qui ont péri : il est mort en *deux jours* de la même maladie que le premier (2). »

---

(1) Paulet, Maladies épizootiques, t. 2, p. 95.
(2) Paulet,   *id.*   t. 2, p: 110.

Cinquième et sixième Faits. Dans la même année, Lorez, chirurgien du village de Bleno (Haute-Bretagne), adressait au savant Fourcroy les observations suivantes, que ce dernier a jugé convenable de communiquer à l'Académie royale des sciences. Les voici.

« Les frères Gandin perdirent subitement un bœuf du charbon. Après avoir écorché ce bœuf et l'avoir éventré pour en tirer le suif, ils l'enterrèrent dans une fosse.

» Le lendemain, l'un d'eux (Pierre Gandin) sentit une des parotides se gonfler, ainsi que toute la face du même côté, bientôt toute la tête enfla d'une grosseur demesurée ; la peau de la parotide de la poitrine se couvrit de taches violettes. *Le malade mourut vingt heures après l'accident.*

» Le lendemain, l'autre frère (Jean Gandin) avait la lèvre supérieure, la paupière gauche et la parotide du même côté très gonflées ; mais les accidens furent arrêtés par des soins bien entendus.

» Ces accidens, dit le chirurgien Lorez, ne se bornèrent pas à ces deux personnes. Un boucher, après avoir soufflé *une vache* qu'il venait de tuer au village des Vallées, eut la joue enflée, mais il guérit (1). »

Septième Fait. A Fossano, et dans le moment où une épizootie charbonneuse régnait sur les che-

______

(1) Paulet, *loco citato*, t. 2, p. 114.

vaux de la garnison, un pauvre malheureux que la misère avait porté à déterrer dans la nuit les cadavres pour en avoir la graisse, fut attaqué, le jour d'après, d'un anthrax à la gorge, dont *il mourut en deux jours* (1).

Huitième Fait Le charbon qui s'est manifesté sur les chevaux et sur les bœufs en août 1775, à Châlons-sur-Marne, s'est communiqué à plusieurs personnes qui en sont mortes. De ce nombre est le berger de la Grange-le-Comte, *mort au bout de dix-huit heures* pour avoir ôté le cuir *d'un bœuf* mort de cette maladie (2).

Neuvième et dixième Faits. Antoine Falsimague et sa fille, bouchers à Ardes, ont eu des tumeurs charbonneuses au bras, après avoir *écorché une vache.* Ces tumeurs s'étendaient depuis la partie moyenne du bras droit jusqu'à l'épaule (3).

Onzième Fait. En 1827, un équarrisseur ayant *dépouillé six vaches mortes du charbon,* à Eclausc-la-Rotière (département de l'Aube); en moins de douze heures cet homme *est mort* des suites d'une tumeur charbonneuse survenue au bras droit le même jour. Ce fait a été recueilli par M. Gaullet, vétérinaire à Bar-sur-Aube (4).

---

(1) Instructions vétérinaires, t. 6, p. 249.
(2) Instructions vétérinaires, t. 1, p. 151.
(3)　　　　　*id.*　　　　　t, 2, p. 274.
(4) Mémoire de la Société d'agriculture; compte-rendu des observations de médecine vétérinaire.

Le sang de rate des moutons ou le typhus charbonneux de ces animaux, que l'on confond, ainsi que nous l'avons déjà dit, avec le sang de rate occasionné par une nourriture trop substantielle après la récolte, donne souvent naissance à de semblables accidens aux bergers ou autres personnes qui dépouillent ces animaux. Ces accidens sont malheureusement trop fréquens sur les bergers dans la Beauce, dans la Brie, et généralement dans toutes les localités où l'on élève des bêtes à laine.

Voici plusieurs faits.

Douzième Fait. Vers le 16 octobre 1836, dit M. le docteur Herpin, époque où la maladie dite sang de rate sévissait sur mon troupeau, je remarquai sur le dos de la main gauche de mon berger, qui faisait avec moi l'ouverture d'une bête qui venait de succomber, une tache dont le sommet formait un point grand comme la tête d'une épingle fine, et noir comme du charbon. Douze heures après, cette tache présentait l'aspect d'une véritable pustule maligne.

La gangrène fit des progrès rapides, de larges phlyctènes couvraient l'avant-bras et le bras qui étaient prodigieusement gonflés. On cautérisa énergiquement la plaie, et le malade guérit.

Treizième Fait. Le sieur Cuif, équarrisseur à Charenton, fit en la présence de M. Maillet, chef de service attaché à la clinique des hôpitaux de l'école d'Alfort, l'ouverture d'une vache morte pendant la nuit de la maladie dite sang de rate. Bien que l'équarrisseur ne se fût point coupé en faisant cette ouverture, il ne s'en développa pas moins dès le lendemain, sur son bras gauche ainsi que sur la main du même côté où il avait une petite écorchure huit à dix boutons d'un rouge brunâtre de la grosseur d'une noisette ; ces boutons disparurent après une friction de liniment ammoniacal, médicament héroïque contre ces sortes d'accidens.

Voici d'autres faits recueillis par les vétérinaires Laurent et Bonnetain. Nous avons été conduits chez les personnes où ces accidens sont arrivés par nos confrères, lesquelles nous ont assuré de leur réalité.

Quatorzième Fait. En décembre 1826, Gaspard Garrouget, berger chez M. Bénard, propriétaire à Suci, fut atteint du charbon à la joue gauche en dépouillant et insufflant des moutons qui, à cette époque, mouraient de sang de rate.

Quinzième et seizième Faits. En août 1834, M. Lamothe, cultivateur à Pontault (Seine-et-Marne), et Victor Garrouget, son berger, furent atteints le même jour du charbon : l'un à la joue gauche, l'autre à la partie inférieure du menton, après avoir dépouillé des moutons qui mouraient en grande quantité du sang de rate.

Dix-septième Fait. A la même époque, le berger de M. Bourgeois (Louis), à Torcy, fut atteint du charbon à la main, après avoir dépouillé également des moutons morts du prétendu sang de rate.

Dix-huitième Fait. En 1829, M. Chatard, cultivateur à Villiers, perdit tout à coup plusieurs moutons de la maladie dite du sang. Un d'entre eux fut dépouillé par le cultivateur, qui aussitôt après eut sur le bras une pustule maligne qui réclama aussitôt des soins empressés et qui furent fructueux.

Pour notre compte, nous connaissons *dix bergers* qui portent des cicatrices résultant de la cautérisation de pustules malignes qu'ils avaient contractées en enlevant la peau des moutons affectés de sang. Ces faits avérés, il est inutile de le dire, sont plus que suffisans pour prouver les dangers que courent les personnes qui dépouillent les animaux morts du charbon.

Le contact des peaux provenant d'animaux morts du charbon peut-il transmettre cette maladie soit aux hommes, soit aux animaux ?

Existe-t-il des exemples bien constatés qui prouvent que le contact des cuirs d'animaux morts de maladies charbonneuses ait communiqué le charbon aux hommes ou aux animaux ?

Voici les faits que nous avons extraits des ouvrages de plusieurs auteurs.

En 1758, le charbon régnait en Finlande, Hartmann, qui a tracé l'histoire de cette maladie dans les mémoires de l'Académie de Stockholm, rapporte le fait suivant :

« Un ours déterra un animal mort du charbon et s'en reput. Il en mourut ensuite. Un paysan de la paroisse d'Eumacki trouva cet ours et l'écorcha. Il fut à peine rentré chez lui qu'il tomba malade et mourut. Les magistrats de Wibourg informé de cet accident envoyèrent l'ordre de brûler la peau infectée. Le curé l'avait reçue pour le prix de l'enterrement. Sa cupidité, dit Hartmann, lui persuada que cette peau n'avait point fait périr le paysan qu'il venait d'enterrer ; il ne la brûla point : il persuada même à un autre paysan de l'apprêter : *celui-ci et deux autres qui l'aidaient tombèrent malades et moururent.*

» Il vint aussitôt de Wibourg un nouvel ordre de brûler cette peau, de brûler la maison où elle avait été préparée, de brûler même le presbytère s'il était nécessaire. La peau avait été vendue déjà trois ou quatre fois. Cependant le curé la retrouva, et regrettant toujours de la perdre. Est-il possible, dit-il, que cette peau ait donné la mort ! En même temps il la frotte, il la sent : *peu de temps après il tombe malade et meurt.* » Paulet et Gilbert ont rapporté ce fait remarquable auquel cependant nous n'accordons pas une entière confiance. Nous avouons également notre dédain pour l'exactitude du fait suivant rapporté par le même auteur.

« Un jeune homme sain et vigoureux se coucha, par bravade, un soir dans la peau d'un animal mort du charbon et qu'il venait d'écorcher. *Le lendemain matin on l'y trouva mort.* »

Voici un autre fait recueilli par un vétérinaire, et

qui mérite plus de confiance. Il est de Petit, et inséré dans les *Instructions vétérinaires*, t. 2, p. 272.

« François Mars d'Ardres, dit Petit, fut chercher dans les montagnes (Auvergne) des peaux d'animaux morts du charbon ; il jeta sa veste sur ces peaux, et il couvrit la nuit avec ce vêtement souillé de la matière des peaux, les pieds de deux de ses filles ; l'une avait quinze ans, l'autre neuf. Dès le lendemain leurs bouches devinrent noires, et successivement le reste du corps. Le fils couchant avec son père a éprouvé les mêmes accidens, *et tous les trois sont morts le soir même de l'apparition du mal*. Le père qui s'est couvert de sa veste ne s'est aperçu d'aucun dérangement dans sa santé. »

Il est d'observation, disent Enaux et Chaussier dans leur *Traité sur la pustule maligne*, que ce sont les tanneurs, les corroyeurs, les bouchers, et en général toutes les personnes qui touchent ou emploient les cuirs, les débris des animaux, surtout de l'espèce bovine, qui sont affectés de la pustule maligne.

Les animaux, par le contact, le frottement des cuirs sur leur peau, ne sont point exempts de cette funeste propagation charbonneuse, en voici des exemples :

On se rappellera l'histoire malheureuse des deux frères Gandin, que nous avons rapportée plus haut. Eh bien ! la peau du bœuf qui a déterminé les accidens dont Pierre Gandin a été victime fut transportée par lui sur un cheval à Ploermel, où il la vendit à un tanneur. En retournant chez lui il s'aperçut que son cheval avait peine à marcher ; rentré dans l'écurie *il ne tarda pas à périr du charbon* (1).

J'ai vu , dit Gilbert, un cheval attaqué d'une tumeur charbonneuse sur la hanche quelques heures après avoir porté en croupe une peau fraîche de bœuf mort du charbon , bien que cette peau fût engagée dans un sac (2).

A la Rotière, rapporte M. Gaullet, la peau d'une vache morte du charbon a été étendue sur une claie, trois chats sont allés *lécher cette peau et* sont *morts dans les vingt-quatre heures* (3).

Ces faits ont-ils besoin d'être multipliés pour prouver une contagion par les cuirs, malheureusement trop vraie ?

La chair fraîche des animaux morts du charbon, manipulée par les hommes, offre-t-elle quelques dangers? Donnée aux animaux carnassiers peut-elle avoir des inconvéniens?

Chisholm rapporte que , pendant l'épizootie charbonneuse qui ravagea les bestiaux de l'île de Grenade, il y eut plusieurs exemples de gens qui eurent assez de mauvaise foi pour exposer en vente la chair

(1) Paulet, Maladies épizootiques, t. 2, p. 114.

(2) Gilbert, Mémoire cité, p. 20.

(3) Mémoire de la Société d'agriculture de la Seine; compte-rendu des mémoires de médecine vétérinaire.

des animaux morts du charbon. Et telle était la nature septique du poison, qu'il suffisait qu'on touchât la viande et qu'il s'attachât un peu de sanie aux doigts, pour qu'il résultât les effets les plus funestes. Une dame respectable de l'île en offrit un exemple remarquable : une particule de ce virus s'attacha à l'un de ses doigts, *il y survint un charbon, et on ne lui sauva la vie qu'en amputant le membre affecté.*

M. Hughes, le savant historiographe des Barbades, rapporte un exemple remarquable de la virulence des liquides qui pénètrent les chairs fraîches d'animaux morts du charbon. Une négresse portait sur sa tête dans un panier un morceau de viande nouvellement coupée d'un cadavre ; quelques gouttes de sanie tombèrent à travers le panier sur son sein gauche, quelques heures après elle enfla par tout le corps et devint incapable de mouvoir un seul membre ; deux jours après il survint des ulcères gangréneux sur la partie où les gouttes étaient tombées ; enfin, on fut obligé d'extirper le sein et les parties voisines jusqu'aux os. Elle guérit.

M. Lionnet, vétérinaire à Saulieu (Côte-d'Or), a adressé à la Société royale d'agriculture, en 1820, un Mémoire qui renferme l'exposé d'accidens survenus par suite de la distribution de viandes provenant d'un bœuf *mort* du charbon, et des détails de l'affaire judiciaire à laquelle cette distribution a donné lieu.

Il est dit dans ce Mémoire que plusieurs personnes qui ont touché immédiatement les dépouilles, le sang ou la chair du bœuf, ont été affectées de la pustule maligne, dont quelques-unes en sont mortes (1).

On nous a communiqué le fait suivant recueilli en 1828. Madame Bonnot fut atteinte du charbon à l'œil gauche après avoir porté sa main à cet endroit dans le moment où elle était occupée à dépecer les chairs d'un mouton mort du sang de rate. M. Bonnot, son mari, fermier à Berchère, perdait alors beaucoup de moutons affectés de cette maladie.

Les manipulations de la viande des animaux morts du charbon sont donc dangereuses. En effet, si le sang, la sérosité, qui imprègnent la viande possèdent des propriétés virulentes, pourquoi celle-ci serait-elle dépourvue de cette funeste propriété ?

Mais cette chair donnée aux animaux carnassiers leur transmet-elle le charbon ? Voyons ce qui a été observé à ce sujet.

En 1763, et lorsque le typhus charbonneux ravageait les bestiaux du pays, Brouageai Nicolau observa que les chiens qui s'étaient nourris de débris cadavériques périrent (2).

A Fossano, deux cochons et quelques chiens qui

---

(1) Mémoires de la Société d'agriculture, 1820, p. 143.
(2) Paulet, t. 1, p. 374.

mangèrent de la viande des chevaux qui périrent, moururent en très peu de temps (1).

Gilbert a vu périr le même jour du charbon deux ours et un loup auxquels on avait donné de la chair d'un cheval mort de cette maladie. Il a fait manger la chair d'un bœuf à plusieurs chiens, et ils sont morts (2).

Les chiens qui mangèrent de la viande des cadavres lors de l'épizootie du Quercy, dit Desplas, périrent (3).

Pendant l'épizootie charbonneuse de Saint-Domingue, Worlock a vu des chiens qui avaient déterré les cadavres mis peu profondément en terre, gagner la maladie et en mourir (4).

En 1776, dit l'auteur de l'article CHARBON *du Cours d'agriculture pratique* de Rozier, deux chiens qui mangèrent de la viande d'un bœuf tué atteint de charbon, périrent.

M. Godine aîné a fait la même remarque en l'an 2 de la république, lorsque le charbon régnait dans le département de la Haute-Vienne.

M. Guillame, vétérinaire a vu quatre truies être attaquées d'une angine gangréneuse après avoir

---

(1) Instructions vétérinaires, t. 6, p. 249.

(2) Gilbert, Mémoire déjà cité, p. 20.

(3) Instructions vétérinaires, t. 2. p. 287.

(4) Vorlock, Mémoire sur l'épizootie des bœufs de Saint-Domingue, p. 176.

mangé la chair d'une vache morte du charbon. Une d'entre elles mourut ; les trois autres furent sauvées (1).

M. Thomas, vétérinaire à Loumarin, département de Vaucluse, a adressé une observation à l'école vétérinaire de Lyon en 1816, de laquelle il résulte que vingt porcs ayant dévoré le cadavre d'une jument morte du charbon et que l'on avait négligé d'enfouir, dix-huit gagnèrent la maladie (2).

Cependant, M. Barthélemy assure, d'après des expériences faites en 1823 à l'école d'Alfort, que des animaux carnivores ont pu se repaître impunément de la chair d'animaux morts du charbon et s'abreuver du liquide qui s'en échappe sans en être incommodés.

Il est notoire que les animaux carnassiers tels que les lions, les ours, les panthères de la ménagerie du Jardin des Plantes de la capitale se nourrissent de la viande crue de bœufs morts du charbon, dans les abattoirs de Paris à la suite de longues fatigues ; jamais, que nous sachions, ils n'en ont été incommodés. Nous avons fait manger nous-mêmes plusieurs fois de la chair de chevaux morts du charbon à plusieurs chiens, et aucun n'a été malade.

Bien que ces derniers faits fassent exception aux

---

(1) Mémoire de la Société d'agriculture, 1821, p. 95.
(2) Compte-rendu de l'école de Lyon, 1816.

premiers, on peut conclure que la viande fraîche mangée par les animaux carnivores, lorsqu'elle est pénétrée du liquide ichoreux contagieux du charbon, est apte à leur transmettre cette maladie et à les faire périr.

La chair cuite, mangée par les hommes ou les animaux, est-elle susceptible d'occasionner des accidens?

En 1745, les bœufs du Vivarais furent atteints du charbon intérieur. Un boucher d'Anduze, ville du Bas Languedoc, ayant acheté à bas prix un bœuf malade, eut l'imprudence d'en distribuer la viande aux soldats du régiment de Royale-Bavière qui y était alors. Tous ceux qui en mangèrent en furent malades. La diarrhée, la dysenterie, accompagnées de fièvre, furent les symptômes qu'ils éprouvèrent (1).

Lors de l'épizootie de l'île Minorque, en 1756, on observa, dit Barberet, que presque tous les bouviers qui eurent l'imprudence de se nourrir de la chair des animaux morts du charbon furent attaqués de fièvre maligne qui s'accompagnait de gangrène (2).

En 1774, pendant l'épizootie charbonneuse de la Guadeloupe, Bertin a observé que treize nègres qui avaient mangé de la chair cuite de bœufs morts du charbon furent attaqués de fièvres putrides accompagnées de pustules charbonneuses sur quelques par-

---

(1) Paulet, t. I, p. 229.
(2) Barberet, Mémoire cité; et Paulet, t. I, p. 291.

tiesdu corps, et de gangrène dans les viscères abdominaux. Ce médecin assure avoir guéri un grand
nombre de ces malheureux en leur faisant prendre
de la limonade à grande dose (1).

A St-Domingue, rapporte Worlock, des nègres
voraces ayant mangé de la chair des animaux morts
du charbon ; les uns ont été attaqués de cette maladie, les autres de dysenterie pestilentielle *dont presque tous ont été les victimes* (2).

Chisholm, auteur que nous avons déjà cité, a observé à Grenade que la chair des animaux morts du
charbon ayant été mangée par les nègres, produisit
des charbons pestilentiels accompagnés de fièvre maligne.

Commins, planteur instruit, a assuré à Chilshom
que, dans quelques cantons des Barbades où le charbon avait fait périr plus de cinquante bœufs, le
nombre de nègres qui *périrent* pour avoir mangé de
la chair des animaux morts fut très considérable(3).

Enaux et Chaussier assurent qu'un homme vigoureux *périt* avec tous les symptômes d'une violente
inflammation de l'estomac après avoir fait usage de
la viande d'une vache morte d'un charbon malin (4).

---

(1) De Montigny et Paulet, t. 2, p. 95 et suivantes.
(2) Worlock, Mémoire sur la maladie épizootique des bœufs
de St-Domingue, p. 176.
(3) *Recueil de médecine vétérinaire*, t. 3, pages 613 et 617.
(4) Enaux et Chaussier, Mémoire sur la pustule maligne.

M. Fauvet, vétérinaire à Soresina, rapporte que sur sept personnes de la même famille qui ont fait usage de la viande de gros bétail mort de fièvre charbonneuse *deux sont mortes* à la suite de pustules, d'érysipèles et d'anthrax charbonneux, toutes les autres ont été plus ou moins malades (1).

Les accidens nombreux que nous venons de rapporter et déterminés d'une part, par le contact sur la peau de l'homme et des animaux, du sang de la viande provenant d'animaux simplement malades du charbon ; d'autre part, les accidens graves et mortels survenus par l'enlèvement de la peau des cadavres, suscités par les peaux fraîches, isolées du corps; les manipulations de la viande; l'usage, comme aliment, de la chair des cadavres, sont des faits qu'on peut opposer aux recherches, aux observations rapportées par Parent-Duchâtelet. Ils ne peuvent être révoqués en doute, car ils ont été recueillis par des personnes instruites et auxquelles on peut accorder toute confiance. On ne saurait donc douter, à moins d'être un acharné sceptique, de l'existence d'un virus dans les maladies charbonneuses; on ne peut donc non plus disconvenir que son contact sur la peau de l'homme et des animaux n'est point apte à transmettre le charbon.

On pourra objecter que les accidens que nous avons rapportés, quoique nombreux, sont cependant

____

(1) Mémoires de la Société d'agriculture, 1825, p. 110.

rares. Nous répoudrons que tous les médecins, les vétérinaires qui ont écrit sur les maladies charbonneuses enzootiques et épizootiques, presque tous ont recueilli des exemples de contagion soit aux hommes, soit aux animaux.

Plusieurs personnes se fondant sur leur propre expérience, affirmeront peut-être qu'elles ont elles-mêmes touché, opéré, saigné, cautérisé des animaux atteints de charbon ; que leurs mains, leurs vêtemens ont été salis par les liquides virulens ; qu'elles ont ouvert, disséqué, plongé le bras dans les entrailles des cadavres; qu'elles ont vu maintes fois les équar-risseurs ouvrir, dépouiller impunément les cada-vres et conserver leur peau. — Tout cela est vrai et exact. Nous-mêmes nous pourrions avancer les mêmes raisons, attendu que nous avons peut-être ouvert plus de vingt-cinq animaux morts de char-bon. Mais ces objections sont loin d'être péremptoi-res. La contagion de la peste qu'on ne saurait mé-connaître ne se transmet pas toujours aux médecins, aux infirmiers, aux personnes qui touchent les pes-tiférés. La gale ne se transmet pas non plus, fort heureusement, à toutes les personnes qui touchent aux galeux. Et d'ailleurs a-t-on toujours eu égard à toutes les circonstances qui favorisent, qui dimi-nuent ou qui annulent la contagion charbonneuse ? Non, sans doute. Nous avons constaté que l'effet septique du virus charbonneux est d'autant plus actif, toutes choses égales d'ailleurs, que ce virus provient d'un animal vivant et malade et que la période du charbon est plus avancée ; que le danger d'ouvrir, de disséquer, d'équarrir les cadavres est d'autant plus grand que le cadavre est encore chaud , et le sang , la sérosité, encore liquides ; que la matière ichoreuse est d'autant plus dangereuse pour produire la contagion , qu'elle est déposée sur les muqueuses des ouvertures naturelles, telles que la conjonctive, les lèvres, les ailes du nez et les endroits du corps où la peau est fine; que la maladie charbonneuse règne sous la forme enzootique ou épizootique ; qu'elle sévit pendant les chaleurs de l'automne ou sous le ciel d'un climat chaud. Les circonstances opposées à celle-ci diminuent ou rendent moins favorable la transmission virulente dont il s'agit. Et ce sont précisément ces circonstances favorables ou défavorables qui, prises en considération, rendent raison de la fréquence, ou de la rareté de la contagion charbonneuse.

Si, ainsi que l'avance Parent-Duchâtelet, les accidens déterminés par l'inoculation charbonneuse aux ouvriers équarrisseurs du clos d'équarrissage de la capitale sont rares relativement au grand nombre de cadavres morts de maladies de toute espèce qui y sont dépouillés et dépecés sans précaution, cette circonstance tient, à n'en pas douter, à ce que les maladies charbonneuses sont ordinairement sporadiques aux environs de la capitale (il n'a point existé d'affection charbonneuse enzootique ou épizootique grave à Paris ou dans les environs depuis l'année 1793), à ce que les cadavres y sont amenés quelque temps après la mort et lorsque le refroidissement cadavérique est opéré. Et si les habitans, les animaux de Montfaucon, de Belleville et des environs ne sont point affectés de pustules malignes, ainsi que l'a avancé Parent-Duchâtelet, cela tient évidemment à ce que cette maladie est toujours transmise par le contact immédiat du virus fixe, contact auquel les uns aussi bien que les autres ne sont point exposés.

Des faits que nous avons relatés, des raisons que nous venons d'exposer, nous croyons pouvoir tirer les conclusions suivantes :

1° Que le sang, la sérosité des parties affectées de charbon quelle que soit son espèce, sont des véhicules contagieux capables de transmettre, par le simple contact ou par l'inoculation directe, le charbon aux hommes et aux animaux ;

2° Que la chair des animaux tués pendant le cou s de la maladie, manipulée par les hommes, est apte à leur transmettre la pustule maligne ;

3° Que le lait des vaches malades pris comme aliment peut occasionner des accidens graves aux hommes et aux animaux qui en font usage ;

4° Que l'enlèvement de la peau des cadavres, l'autopsie des cavités intérieures du corps, pour en retirer la graisse, pour inspecter les viscères malades, peut occasionner le charbon aux personnes qui se livrent à ces manipulations ;

5° Que les cuirs, après avoir été détachés du corps, conservent la funeste propriété de transmettre le charbon, soit aux animaux mis en contact direct avec eux, soit aux hommes qui veulent en tirer profit ;

6° Que la chair fraîche des cadavres, aussi bien que le sang, la sérosité dont elle est imbibée, mise en contact avec la peau des hommes, leur transmet la pustule maligne ;

7° Que cette chair donnée aux animaux carnassiers les fait souvent périr ;

8° Que cette chair, cuite et prise comme aliment par les hommes occasionne rapidement l'apparition de fièvres putrides et malignes, avec gangrène intérieure presque toujours mortelles.

De ces conclusions découle naturellement la conséquence suivante, à savoir : que les autorités devront maintenir dans toute leur rigueur les dispositions prescrites par l'art. 6 de l'arrêt du conseil-d'Etat du roi, du 16 juillet 1784. Voici cet article :

Art. 6. « *Les bestiaux morts ou abattus pour cause de maladie charbonneuse seront enterrés (chair et ossemens) dans des fosses de trois mètres vingt centimètres (10 pieds) de profondeur, qui ne pourront être ouvertes plus près de cent quatre-vingt-quatorze mètres dix-huit décimètres (100 toises) de toute habitation, et les peaux en seront tailladées à l'effet d'éviter la contagion ; le tout à peine de cinq cents francs d'amende.*»

Toute la législation sanitaire applicable aux cadavres d'animaux morts de maladies charbonneuses et à leurs débris, se trouve renfermée dans cet article.

Nous allons y ajouter quelques considérations relatives aux précautions à prendre relativement à l'abattage, à l'enlèvement des cadavres et à l'enfouissement.

—*Abattage.* Si, après la visite du vétérinaire faite dans le but de constater l'état des animaux malades, quelques-uns d'entre eux étaient désignés pour être abattus comme incurables (art. 5 de l'arrêt du 16 juillet 1784), ces animaux seront conduits auprès de la fosse, assommés et enfouis sur le champ avec la peau qui aura été probablement tailladée sur les épaules, le long du dos et sur la croupe.

Enlèvement des animaux morts. En cas d'enzootie ou d'épizootie charbonneuse, les cadavres ne pourront être enlevés du lieu où ils sont morts que par des équarrisseurs nommés par l'autorité (art. 8, même arrêt); lesquels prendront toutes les précautions nécessaires à cet égard, et que nous avons indiquées à l'article des animaux morts du typhus (voyez pages 418 et suivantes).

Les cadavres laissés sur le sol dans les clos, les jardins, les héritages, étant approchés, flairés par les animaux en santé, sont susceptibles de transmettre encore la contagion. Nous avons vu que les poules, les chiens, qui vont se repaître de la viande peuvent contracter la maladie ; que la cupidité qui pousse quelques personnes à s'emparer de la peau, de la graisse, de la chair, pouvait occasionner de grands malheurs. Or, pour éviter la contagion d'un côté, de l'autre les accidens qui pourraient être la suite d'une pareille incurie, les autorités devront faire surveiller exactement l'enfouissement des cadavres.

Des préjugés aussi absurdes que ridicules portent quelquefois les campagnards à enterrer les cadavres sous la porte d'entrée des étables ou dans l'étable même, pensant par cette manœuvre conjurer la maladie et l'empêcher d'y pénétrer. Cette pratique a occasionné maintes fois la réapparition du mal. Voici au reste quelques exemples qui appuieront ces vérités, et qui en outre prouveront que la contagion peut s'opérer même à distance par les émanations qui s'échappent des cadavres.

Brugnone rapporte que deux chevaux gagnèrent le charbon, parce que leur maître eut l'imprudence de suivre de près avec son cabriolet le charriot qui conduisait aux fosses les cadavres d'animaux morts de la fièvre charbonneuse (1).

Il est de la plus grande importance, observe Worlock, d'enterrer profondément les cadavres, mais plus particulièrement ceux des bœufs. On a vu des animaux contracter la maladie pour en avoir flairé.

_____

(1) Instructions vétérinaires, t. 6, p. 235.

Dans une métairie appartenant au citoyen Godau, maître de forges d'Ablon, rapporte Gilbert, le colon , ayant perdu quelques bœufs , s'avisa pour arrêter la maladie d'en enterrer un dans l'étable ; le bœuf placé immédiatement sur la fosse et les deux bœufs les plus voisins ne tardèrent pas à être affectés.

Voici d'autres faits de contagion par les débris cadavériques recueillis par M. Damoiseau, vétérinaire à Chartres, et qui démontreront jusqu'à l'évidence l'indispensable nécessité d'enfouir convenablement les cadavres entiers.

Le 21 août 1796, un nommé Davie ramenant une jument affectée de charbon de la commune d'Orgerès, qu'il avait conduite au charlatan empirique de ce lieu, mourut sur une digue par où passaient les animaux de la ferme du sieur Le Gouet, à Houë (Eure-et-Loir), pour aller paître dans une prairie ombragée située au bord de la rivière d'Oise. Le cadavre de cette jument séjourna à cet endroit pendant plus de deux heures ; il fut écorché ensuite et traîné sans la peau par deux chevaux du sieur Le Gouet, tout le long de la digue sur laquelle des muscles déchirés, des intestins même séjournèrent : les excrémens et le sang s'y épanchèrent. Ces débris putrides servirent quelques jours de pâture aux chiens et aux insectes.

Ce jour-là comme de coutume le troupeau du sieur Le Gouet passa plusieurs fois sur la digue pour aller au pâturage. Les bêtes flairèrent le sang et les débris cadavériques dans toute la longueur du trajet qu'avait suivi le cadavre.

Les vaches de la ferme passèrent à leur tour, et avec elles le taureau. Celui-ci à l'aspect du sol ensanglanté, entra dans une espèce de fureur, se roula plusieurs fois sur place en poussant des mugissemens horribles, en faisant sauter avec ses cornes la terre imprégnée de sang. Pour l'éloigner de ce lieu de terreur, il fallut faire rentrer les vaches et même employer des moyens violens.

Six jours après, le taureau paya le premier tribut de la contagion ; il tomba malade de la fièvre charbonneuse : on le fit tuer.

Le septième jour plusieurs moutons périrent du charbon.

Le huitième, il mourut deux vaches, et les moutons périssaient en si grande quantité que l'on fut obligé d'aller à plusieurs voyages les chercher dans les champs avec un cheval. Ces bêtes étaient amenées à la ferme et dépouillées ; les cadavres écorchés étaient ensuite enfouis si peu profondément dans les héritages voisins de la ferme, que les chiens, les volailles pouvaient s'en repaître en les déterrant. Ces négligences multipliaient les foyers de contagion : et cinq à six cents moutons, parmi lesquels se trouvaient plus de soixante animaux de race pure espagnole, périrent du charbon. Le troupeau de vaches, composé de vingt-cinq bêtes, périt tout entier. Quinze à dix-huit chevaux eurent le même sort ; et parmi ces dernières victimes de la contagion, le cheval qui transportait les moutons fut attaqué le premier. — M. Damoiseau, en opérant un animal d'une tumeur charbonneuse, contracta la maladie dont il guérit heureusement.

Ce qui prouva bien que la contagion avait seule occasionné tous ces malheurs fut l'observation suivante. Le sieur Le Gouet fit émigrer ses moutons à quatre lieues de Houë : pendant le voyage il en est mort huit. Ils restèrent près de deux mois à leur nouveau domicile sans qu'il en mourût un seul. Ramenés alors dans le lieu infecté la mortalité recommença. Il est à noter que nulle cause infecte n'existait dans la localité où est située la ferme de Houë, et que les animaux de trois autres fermes voisines ont été épargnés. L'observation suivante vient encore positivement faire croire à l'origine de la cause dont il s'agit.

Un vigneron de Houë ayant passé avec deux vaches sur la digue où gisait le cadavre écorché de la jument morte du charbon, ne fut pas peu surpris lorsque le lendemain matin, entrant dans son étable, il vit qu'une de ses vaches était morte. Le surlendemain l'autre subit le même sort (1).

Ces faits, nous le pensons, sont plus que suffisans pour convaincre les personnes les plus incrédules de

____

(1) *Annales d'agriculture*, 1re série, t. 30, p. 332.

la contagion médiate et immédiate du charbon par les débris cadavériques.

Il est donc de la grande précaution de faire enterrer les cadavres selon les précautions voulues par l'art. 6 de l'arrêt du conseil du 16 juillet 1784. (Voyez articles ENFOUISSEMENT, CONFECTION, ACHÈVEMENT, SURVEILLANCE DES FOSSES, pages 415 et suivantes.)

Procédés de désinfection.

L'art. 6 de l'arrêt du conseil d'état du roi du 16 juillet 1784 dit à l'égard de la désinfection ;

Article. 6 : « *Les écuries, ainsi que les étables et bergeries qui auront servi aux animaux attaqués de maladies contagieuses seront, à la diligence des officiers municipaux et experts, aérées et purifiées, conformément à ce qui a été prescrit par le procès-verbal qui aura été dressé, pour, par les propriétaires ou autres, s'y conformer ; ainsi qu'à toutes les précautions qui auraient été indiquées par les experts à l'effet d'éviter la contagion. Le tout sous la peine de* 5oo *francs d'amende.* »

L'expérience a démontré à Worlock, à Gilbert, à Félix, à Godine aîné, à un grand nombre de vétérinaires, que les fumiers, les litières, imprégnés de sang, de matières excrémentitielles, de bave, pouvaient transmettre la contagion : aussi est-il indispensable de brûler ou d'enfouir ces fumiers dans le sol, ou bien de les jeter dans la fosse avec les cadavres. Le sol des étables sera enlevé et remplacé; les pavés seront lavés à grande eau ; les murs, les séparations, les auges, les crèches, les rateliers, les mangeoires, seront grattés, lavés à l'eau bouillante ou avec de l'eau de lessive, puis brossés, frottés avec des brosses, des passe-partout, des bouchons de paille imbibés d'eau chlorurée.

Les mêmes précautions seront prises à l'égard des objets de pansement ; les cénacles seront ensuite laissés exposés à un courant d'air pendant quatre à cinq jours, puis on en désinfectera l'air avec une ou deux fumigations Guitoniennes. (Voyez *Désinfection, purification de l'air*, pages 434 et suivantes.)

L'expérience a prouvé que l'infection des lieux qui ont été habités par des animaux malades ou qui ont renfermé des cadavres, pouvait même, après un long laps de temps, transmettre la contagion. Un cultivateur de Saint-Benoît-du-Sault, district d'Argenton, dit Gilbert, après avoir perdu ses bœufs du charbon, les avait remplacés par d'autres qu'il avait tirés d'un domaine éloigné de plus de 20 lieues, où la maladie n'avait point régné ; au bout d'une quinzaine de séjour dans la même étable, ces bœufs furent attaqués, et ne durent leur conservation qu'aux secours que je leur donnai sur le champ (1).

Les animaux encore bien portans, qui par né-

---

(1) Gilbert, *loco citato*, page 20.

gligence auraient séjourné avec les animaux malades, seront lavés avec de l'eau chaude par tout le
corps, puis séchés et convenablement bouchonnés.

§ DES AFFECTIONS GANGRÉNEUSES.

Parmi les affections gangréneuses des animaux
domestiques, et qui sont contagieuses ou réputées
telles, deux seulement fixeront notre attention.
Ce sont, 1° la péripneumonie gangréneuse ; 2° l'angine gangréneuse.

1° *De la péripneumonie gangréneuse.*

Lorsqu'on a eu la patience de lire toutes les observations qui ont été faites jusqu'à ce jour sur la
péripneumonie gangréneuse des bêtes à cornes, on
reste convaincu que les plus graves erreurs ont été
commises relativement au diagnostic, à la nature,
au siége et à la contagion de cette maladie. On s'assure, par exemple, que plusieurs vétérinaires ont
qualifié de péripneumonie gangréneuse une maladie
dite de poitrine, dont les animaux ont guéri par des
soins très simples, et à laquelle cependant ils ont rattaché la propriété contagieuse; que d'autres ont
confondu de simples pneumonites aiguës ou chroniques quelquefois compliquées d'inflammation
pleurale avec la péripneumonie gangréneuse, en disant, dans la persuasion où ils étaient qu'ils avaient
traité cette dernière, qu'elle n'est point contagieuse.

D'autres erreurs non moins funestes ont été commises à l'égard des altérations morbides que laissent après elles les diverses maladies ayant leur siége dans la poitrine. En effet, quelle confiance peut-on avoir, quelle induction pathologique peut-on tirer de l'énoncé de produits morbides désignés par des mots vagues et insignifians, tels que les taches gangréneuses, la gangrène, la pourriture, le ramollissement, la couleur noire, l'inflammation des poumons? C'est à ce point que si l'on jugeait par le nombre d'observations dans lesquelles on n'a point parlé de la gangrène du poumon, comparativement à celui dans lesquelles cette lésion si reconnaissable a été mal décrite, on pourrait mettre en doute l'existence de la péripneumonie gangréneuse. Qu'est-il arrivé de ce manque de connaissances anatomico-pathologiques ? que les dissidences les plus grandes ont régné parmi les vétérinaires et parmi les auteurs à l'égard de la contagion ou de la non contagion de la maladie qui nous occupe; que les praticiens, par exemple, qui ont eu sous les yeux la véritable péripneumonie gangréneuse, qui l'ont vue se transmettre par contagion, ont affirmé avec fondement qu'elle était contagieuse, tandis que les autres, qui n'ont eu à examiner que des animaux affectés de pleuro-pneumonites non gangréneuses enzootiques, dues à des causes locales, mais ne se transmettant pas par contagion, et qu'ils ont confondues avec la péripneumonie contagieuse, ont affirmé qu'elle n'était pas contagieuse. Voilà

les erreurs qui ont été commises à l'égard de
la distinction des affections de diverses natures des
organes pectoraux et des altérations morbides qui
les signalent; erreurs dont pourront se convaincre
les lecteurs s'ils le jugent convenable, en lisant les
Observations d'Abilgaard (1), de Sajous (2), de Chabert (3), de Gervy (4), de Bragard (5), de Grognier (6), de Tissot (7), de Guersent (8), de D'Arboval (9), de Lessona (10). Or, si des fautes aussi
capitales ont été commises à l'égard de la nature et
du siége de la péripneumonie gangréneuse, quelle
confiance peut-on accorder aux opinions émises sur
la contagion ou la non contagion de cette maladie?
Aucune, selon nous.

Assurément nous ne ferons point, à l'instar de
MM. Guersent et D'Arboval, le relevé des opinions
émises par MM. tel ou tel sur la contagion ou la non

---

(1) Instructions vétérinaires, t. 5, p. 17.

(2) Correspondance de Fromage de Feugré, t. 3, p. 170.

(3) Instructions vétérinaires, t. 4, p. 138.

(4)   id.   t. 4, p. 251.

(5) Compte-rendu de l'école de Lyon, 1824, p. 38.

(6) *Annales d'agriculture*, t. 15, p. 273.

(7) Mémoire sur la péripneumonie gangréneuse du département. du Jura, 1820.

(8) Essai sur les maladies épizootiques.

(9) Dictionnaire de médecine et de chirurgie vétérinaires.

(10) Sulla non esistenza del contagio nella peripneumonia
delle bestie bovine. Torino, 1836.

contagion. Ce n'est plus ainsi qu'il faut traiter de semblables questions; on ne doit plus se payer de mots ou d'opinions, fort recommandables du reste : cette monnaie est vieille, usée, et ne doit plus trouver cours aujourd'hui. L'observation de faits bien circonstanciés, bien observés et bien convaincans, peuvent seuls entraîner la conviction sur des questions aussi graves et qui méritent à tous égards d'être bien approfondies, parce qu'elles tendent à un but utile. Or ces faits manquent totalement, nous le répétons, dans tout ce qui a été écrit jusqu'à ce jour; et l'histoire de la contagion de la péripneumonie gangréneuse est encore à faire aujourd'hui. Nous sommes persuadés que les faits tendant à prouver la contagion ne manquent point et qu'on en possède de bien avérés, mais malheureusement ils ne sont connus que des personnes qui les ont observés. Ainsi, quand M. Tissot assure dans son mémoire que vingt années de pratique lui ont démontré la contagion, nous n'hésitons point à le croire; quand M. Favre dit avec Chabert que la péripneumonie est contagieuse, nous le croyons sincèrement; et cependant si nous affirmions le contraire sans preuve, ne pourrait-on pas nous adresser précisément le reproche que nous faisons aujourd'hui; celui d'avancer une opinion sans faits à l'appui?

L'étude des maladies dites de poitrine est perfectionnée de nos jours; il est facile, par l'auscultation et la percussion du thorax, de distinguer entre elles

les diverses espèces de maladies qui affectent les organes pectoraux (1). A l'aide de ces moyens d'exploration, les vétérinaires devront reconnaître, 1° la pneumonite aiguë sporadique se terminant quelquefois par gangrène, non contagieuse ;

2° La pleurite aiguë sporadique se terminant par épanchement, très rarement enzootique, jamais contagieuse ;

3° La pneumonite et la pleurite chronique non contagieuses ;

4° La pleuro-pneumonite aiguë, fréquemment enzootique sur les bêtes à cornes et les chevaux, se terminant par épanchement pleural ou par hépatisation rouge du poumon ;

5° La pleuro-pneumonite chronique, fréquemment aussi enzootique, se terminant par épanchement pleural, avec induration rouge ou grise du tissu pulmonaire et œdême de son tissu cellulaire interlobulaire.

Ces deux dernières maladies, communes sur le gros bétail des pays de montagnes, tels que le Jura, le Dauphiné, les Vosges, les Alpes et les Pyrénées, sont celles que MM. Tissot, Bragard, Grognier, ont regardées comme non contagieuses.

6° Enfin, la péripneumonie gangréneuse à marche

---

(1) Voyez nos recherches sur l'auscultation et la percussion de la poitrine des animaux domestiques, *Recueil de médecine vétérinaire*, t. 6, 7 et 8.

rapide, à durée courte, à terminaison souvent mortelle, avec épanchement pleural et gangrène manifeste du poumon, qui paraît posséder la funeste propriété de se transmettre par contagion.

Voilà, quant à la nature et à la distinction des maladies de poitrine des animaux, ce qu'il faut que les vétérinaires distinguent avant tout.

Quant à la contagion, les recherches auxquelles doivent se livrer désormais les vétérinaires devront avoir pour but de faire connaître :

1° Si la péripneumonie gangréneuse est contagieuse ou n'est pas contagieuse pendant ses *périodes de début et d'accroissement ;*

2° Si elle possède seulement cette propriété pendant *la période de terminaison par la gangrène ;*

3° Si cette contagion, en supposant qu'elle existe, s'opère par contact médiat et immédiat ;

4° Les faits à l'appui de ces transmissions, si tant est qu'elles aient eu lieu.

Alors seulement la contagion de la péripneumonie gangréneuse sera avérée pour tous les vétérinaires.

Quant à notre opinion aujourd'hui, et sans rien préjuger sur cette question, nous pensons que la maladie qui nous occupe est contagieuse ; ses causes, sa nature, son début prompt, sa marche rapide, ses terminaisons avec gangrène du tissu pulmonaire, sont des propriétés qui se rattachent aux caractères de toutes les maladies contagieuses et qui accusent la contagion.

Dans cette vue nous conseillons l'emploi de moyens sanitaires qui ont été mis en usage jusqu'à ce jour avec quelques succès par des vétérinaires instruits.

L'air, dit M. Tissot, n'est point un moyen de propagation de la péripneumonie contagieuse ; j'ai eu dans le cours de ma pratique de près de vingt années des occasions fréquentes d'observer la manière dont la maladie se transmet, et je me suis intimement convaincu que cela n'a lieu que par suite d'un contact *immédiat* ou *médiat* avec les objets imprégnés de miasmes contagieux.

Chabert et M. Favre de Genève ne font point mention non plus que l'air ait transmis, étant entraîné par les courans d'air, la contagion à une grande distance. Il paraîtrait donc que l'atmosphère contagieuse serait très bornée autour de l'animal malade.

Lorsque la péripneumonie gangréneuse débute dans une localité, voici les mesures sanitaires à faire mettre en pratique :

1° Les propriétaires des animaux malades feront la déclaration voulue par la loi à l'autorité. Art. 1ᵉʳ de l'arrêt du conseil d'état du roi du 16 juillet 1784. (Voyez *Conduite à observer par les propriétaires*, page 45.)

2° L'autorité fera visiter et inspecter les animaux sains d'abord, puis les animaux malades. Les précautions que nous avons déjà indiquées à l'égard de la

visite de la part du vétérinaire seront observées.
(Voyez pag. 263.)

3° Les animaux en santé , suspects ou malades,
seront signalés, marqués et estimés. (Art. 4, même
arrêt.)

4° Les bestiaux malades ou incurables seront
abattus et enfouis. (Art. 5 et 6, même arrêt.)

5° Les animaux malades et susceptibles d'être
guéris, seront laissés dans le lieu infecté, s'ils sont
en assez grand nombre ; dans le cas contraire, ils
seront mis dans un lieu séparé pour y être traités.
Le local d'où on les aura retirés sera désinfecté convenablement, avant qu'on puisse y replacer les animaux qui cohabitaient avec les malades et qui sont
susceptibles de contracter la maladie.

Si les propriétaires n'ont point d'étables de rechange, et si la maladie règne pendant la douce
saison , les bêtes à cornes pourront être mises en
cantonnement dans une étendue de terrain ou de
pacage circouscrit par un enclos, ou bien dans des
parcs isolés. (Titre 1ᵉʳ , § 4, art. 19 du décret de
l'assemblée constituante , concernant les biens et
usages ruraux et la police rurale, du 6 octobre 1791.
Voyez pag. 31.)

Si la maladie existe dans plusieurs étables, et si
les propriétaires sont dans l'impossibilité de mettre
les bêtes suspectes au cantonnement ou au parc, il
vaudra mieux aérer, purifier les étables infectées
que de placer les animaux dans des étables de

rechange, parce qu'on multiplierait ainsi les foyers de contagion si ces bêtes suspectes contractaient la maladie.

L'entrée des étables ou le lieu de la séquestration sera défendu à tous étrangers ou à toutes personnes venant du dehors.

Les propriétaires ne pourront vendre, soit dans leurs étables, soit dans les foires ou marchés, le bétail malade ou convalescent, ainsi que celui qui a cohabité avec les bêtes malades. (Art. 7 de l'arrêt du conseil d'état du 16 juillet 1784.)

Toute circulation dans les villages, dans les chemins, sera interdite aux animaux suspects et malades. Les abreuvoirs communs leur seront défendus. (Art. 460 du Code pénal. Voyez pag. 33.)

Les cadavres seront transportés par des chevaux jusqu'au lieu où on aura pratiqué la fosse autant que faire se pourra ; jamais ils ne seront traînés sur le sol: on les chargera dans des tombereaux, et on les recouvrira d'une couche de paille pour éviter toute émanation volatile.

Les fosses seront pratiquées loin des habitations ; elles auront une profondeur telle qu'au dessus du cadavre on puisse mettre au moins trois pieds de terre : celle-ci sera foulée. (Art. 6 de l'arrêt ci-dessus.)

Chabert et Tissot disent que les cadavres seront enterrés avec leur cuir, après les avoir tailladés. M. Favre est d'une opinion opposée ; il pense que la perte du cuir est inutile, que c'est l'ajouter à une autre perte. Il n'y a, dit M. Favre, aucun danger à enlever les peaux et à les transporter, pourvu qu'on le fasse avec les précautions que le bon sens indique. Nous pensons qu'il serait utile de passer chaque cuir à l'eau simple d'abord, pour le débarrasser du sang et autres matières qui pourraient le souiller, puis de le laver dans une solution de chlorure de calcium. Cette précaution évitera tout danger ; le cuir sera désinfecté. (Voyez, pour plus de détails, article *Désinfection des cuirs*, pages 375 et suivantes.)

Les fumiers seront enlevés chaque jour, transportés hors des cours, placés dans des fosses faites exprès dans un lieu isolé, assez loin des habitations, et recouvertes d'environ dix à douze pouces de terre. Cette précaution est préférable à celle qui consiste à les incendier, parce que cette dernière mesure occasionne une double perte, notamment chez les propriétaires possesseurs de beaucoup d'animaux.

La désinfection de l'étable ou des lieux où auront séjourné les animaux malades réclamera les mêmes procédés que ceux que nous avons indiqués à l'article CHARBON. (Voyez pages 516 et suivantes.)

2° *De l'angine gangréneuse.*

Synonymie. — *Esquinancie maligne;* — *Charbon à la gorge;* — *Etranguillon malin* — dans le porc; *Soie, soyon, piquet, etc.*

L'angine gangréneuse est une maladie assez rare parmi les animaux domestiques, souvent sporadique, quelquefois enzootique ; on l'a cependant vue à certaines époques attaquer un grand nombre de chevaux ou bestiaux, et régner sous la forme épizootique. Si l'on parcourt les ouvrages des vétérinaires et des médecins sur cette maladie, on voit qu'en 1712 les chevaux du territoire de Naples et des environs de Rome furent attaqués d'une angine gangréneuse épizootique qui en fit périr un grand nombre. Lancisi est le médecin qui nous a transmis l'histoire de cette épizootie (1).

En 1762, une angine enzootique régna sur les vaches de la paroisse de Mézieux, en Dauphiné ; un petit nombre de chevaux et de mulets en furent atteints. Bourgelat dans ses notes à l'ouvrage de Barberet a donné les détails de cette enzootie.

En 1770, l'angine gangréneuse apparut sous la forme épizootique sur le territoire de la Flandre française, hollandaise et autrichienne ; bientôt elle se propagea en France. L'école d'Alfort ayant été

____

(1) Lancisi, appendix de Bovilla, peste dissertatio; et Paulet, t. 1, p. 146.

consultée, Bourgelat rédigea alors un Mémoire sur cette maladie et les moyens d'en préserver les bestiaux. Ce Mémoire, digne de la plume du fondateur des écoles vétérinaires, fut imprimé par ordre du gouvernement français (1).

La maladie dont nous nous occupons est très ordinaire sur les bestiaux des pays de montagnes, tels que ceux du Jura, des Vosges, des Alpes, du Tyrol, du Piémont, de l'Auvergne, où annuellement elle est sporadique ou enzootique.

Sur les porcs l'angine gangréneuse est, dit-on, très fréquente; parfois elle fait périr un grand nombre de ces animaux. On a commis de graves erreurs à l'égard de l'angine gangréneuse de cet animal, de la maladie charbonneuse qui l'attaque à la gorge, ainsi qu'à l'égard de celle nommée soie ou soyon.

Il est utile que nous cherchions à éclairer nos confrères à cet égard. La soie du porc est une maladie fort ordinaire sur les gorets de six mois à un an. Loin d'être une maladie charbonneuse et contagieuse comme l'a dit Chabert, et après lui Viborg et M. D'Arboval, elle n'est autre chose qu'un enfoncement fort extraordinaire de quelques paquets de bulbes de soie, de chaque côté de la gorge, un peu au dessous des parotides. Cet enfoncement s'effectuant lentement, parvient après trois ou quatre mois d'existence à former un petit canal cylindrique ouvert à l'exté-

____

(1) Vol. in-4°, 1770, de l'imprimerie royale.

rieur, dans lequel les soies sont accumulées , et dont la base, comprimant bientôt les parois du pharynx, occasionne une inflammation violente qui devient promptement mortelle. Voilà ce que c'est que la soie du porc, maladie que nous avons étudiée et suivie avec attention sur le beau troupeau de porcs élevés à l'école d'Alfort. Cette maladie n'est point contagieuse , elle n'est ni charbonneuse ni gangréneuse ; les porcs peuvent être tués et utilisés sans danger pour l'homme; elle ne fait jamais périr les animaux lorsque le canal comprimant ou la soie est extirpé pendant son cours.

Nous croyons qu'on a désigné improprement, sous le nom d'angine gangréneuse du porc, une inflammation suraiguë attaquant les amygdales, le palais et la base de la langue de cet animal. Cette maladie frappe les porcs tout à coup ; ils se tiennent sur le derrière, leur marche est vacillante, ils refusent les alimens ; leur voix est rauque, la gorge est tuméfiée et quelquefois légèrement bleuâtre, la respiration est laborieuse. En baillonnant le porc et en écartant fortement les mâchoires avec deux cordes, on reconnaît que le voile du palais, la base de la langue, les amygdales sont tuméfiés d'un rouge vif d'abord, puis d'un blanc sale. (Cette dernière teinte indique déjà la gangrène.) Cette affection a une marchet rès prompte ; elle se termine par la gangrène des amygdales et du pharynx , s'accompagne de dyspnée suffocante , d'altération générale des liquides et bientôt se termine par la mort. Les porcs vivent rarement au delà de vingt-quatre à trente-six heures lorsqu'ils sont atteints de cette fréquente et redoutable affection, qui a la plus grande similitude avec la terrible angine diphthérique ou couenneuse de l'homme, décrite par M. Bretonneau.

Cette maladie n'est point contagieuse, ainsi que nous avons pu nous en assurer à l'école d'Alfort. Les animaux peuvent être tués *au début de l'affection* et être utilisés sans aucun danger. Nous pouvons affirmer ce dernier fait avec une certitude confirmée; mais nous croyons que la viande de porcs tués peu de temps avant la mort et *pendant l'existence de la gangrène, et surtout lorsque l'ichor gangréneux a pu être résorbé, porté dans* le torrent circulatoire et déposé dans toutes les parties de l'organisation, doit être insalubre et nuisible aux personnes qui en feraient usage.

On a confondu aussi sous le nom d'angine maligne et de soie, le charbon du porc attaquant les environs du pharynx, du larynx, et ces parties elles-mêmes ; maladie due ordinairement à l'insalubrité des toits, à marche rapide et foudroyante pour les animaux qui en sont atteints. Les altérations cadavériques ne peuvent faire confondre cette maladie avec l'angine dyphthérique, se terminant par la gangrène ; dans l'affection charbonneuse le pharynx, le larynx, les muscles des environs de la gorge, sont noirs et teints par la matière colorante du sang; le tissu cellulaire est engorgé par la sérosité de ce fluide ; tandis que dans l'angine dyphthérique les amygdales présentent toujours des débris gangréneux , livides , plombés , grisâtres , autour desquels le tissu du pharynx, des amygdales présente de vives traces d'inflammation recouvertes d'une couche de matière épaisse , grise , pultacée , provenant d'une sécrétion altérée des follicules muqueux. Cette espèce de charbon du porc est contagieuse ; les manipulations de la chair peuvent la transmettre aux hommes ; la chair mangée par l'homme ou les animaux carnassiers occasionne , d'après Chabert et Viborg , de graves accidens internes : d'où il suit que l'usage de la viande de ces porcs doit être proscrite ; que les cadavres doivent être enfouis , ainsi qu'il est prescrit par l'art. 6 de l'arrêt du conseil d'état du roi du 16 juillet 1784 , et que toutes les mesures de police sanitaire dont nous avons parlé à l'article *Charbon* doivent être appliquées à cette maladie. Telles sont les trois affections de la gorge du porc , très différentes entre elles sous le rapport de leur nature , de leur siége , de leur transmission , qui , envisagées sous le rapport de la police sanitaire ne doivent point être confondues ainsi qu'on l'a fait jusqu'à ce jour.

L'angine gangréneuse des chevaux et des bêtes à cornes possède-t-elle la propriété de se transmettre à des animaux bien portans, soit par contact immédiat , soit par contact médiat ?

D'après quelques observations faites par Lancisi

en Italie en 1712 , la bave des animaux malades transmettait l'angine gangréneuse à d'autres animaux lorsque cette bave souillait les alimens dont ils faisaient usage.

Bourgelat a dit que l'angine gangréneuse épizootique de 1770, de la Hollande, de la Flandre autrichienne et de la Frandre française, était contagieuse.

Beaucoup de vétérinaires regardent cette espèce d'angine comme contagieuse, d'autres au contraire lui refusent cette propriété; il est très fâcheux qu'aucuns faits avérés de part et d'autres n'aient point appuyé de semblables assertions. Des observations toutes neuves et dignes d'intérêt sont donc à faire sur la contagion de l'angine gangréneuse. Nous devons nous abstenir et ne point nous prononcer sur cette question , n'ayant jamais eu occasion d'observer la contagion de l'angine gangréneuse. Néanmoins , dans l'état actuel de la science , nous conseillons les mesures de police sanitaire dont nous avons parlé à l'égard de la péripneumonie gangréneuse comme applicables à l'angine gangréneuse.

§ DES MALADIES VARIOLEUSES.

La vaccine ou cow-pox des vaches, la clavelée des bêtes ovines, la variole du porc, sont les maladies varioleuses bien connues de nos animaux domestiques, toutes les trois sont contagieuses.

La clavelée est celle qui règne souvent épizootiquement en occasionnant de grands ravages parmi les troupeaux ; les deux autres sont très rares et généralement peu graves. La clavelée fixera seule ici notre attention.

DE LA VARIOLE OVINE.

SYNONYMIE. — *Clavelée, Claveau, Clavin, Claviau, Clavelin, Clavelle, Clavelière, Clavelade, Glavanne, la Glave, Clousiau, Cloubiau, Petite-vérole, Vérolin, Variolin, Picotte, Rougeole, Picotin, Mal rouge, Bouslade, Bourgeonné, Bourgeon, Pustule, Pustula, Chapelet,* etc., etc. Les dénominations de *clavelée* et de *variole* sont généralement les plus répandues aujourd'hui.

Epoques auxquelles la variole a régné ; pertes qu'elle a occasionnées. — Contagion, voies et modes de propagation. — Moyens de police sanitaire à mettre à exécution.

A. *Époques et pertes.* — En 1578 la clavelée régnait dans les environs de Montpellier. Laurent Joubert, qui l'a étudiée, est le premier auteur qui ait parlé de cette maladie dans son deuxième livre sur la peste.

En 1691 la clavelée détruisit, selon Ramazzini, presque toutes les bêtes à laine des environs de Modène (1).

En 1798, Stegmann, médecin à Mansfeld (Allemagne), observa une épizootie de petite vérole chez les brebis, les poules-d'Inde, les oies, qui en fit périr un grand nombre (2).

En 1712, Jean Adam Gensil l'observait dans la Basse-Hongrie (3).

En 1746 elle ravagea les troupeaux des environs de Beauvais, elle s'y renouvela les années 1754, 1761 et 1762. Borel en a donné la description (4).

En 1756 elle régnait sur les troupeaux de la Saxe (5).

La clavelée se déclare, en 1773, à Crest en Dauphiné. Plus de 6,000 moutons périssent (6).

En 1773 et 1774 elle se montra sur un troupeau composé de 1,068 à Bobigni, près Paris.

Durant une partie de l'hiver de 1776, elle régna sur le beau troupeau de Rambouillet, nouvellement importé, et qui avait gagné la maladie en route.

---

(1) Ramazzini, *loco citato*, p. 42.

(2) Epidemia mansfeldiana. D. D. Ambroise Stegmanni, an 1698.

(3) Constitut. Epidemia, Hungaria, an 1712.

(4) Notes à l'ouvrage de Barberet par Bourgelat, page 84.

(5) Paulet, t. 1, p. 289.

(6) D'Arboval, Mémoire sur la clavelée, p. 23.

Les départemens d'Eure-et-Loir, de l'Aisne, de la Seine-Inférieure, du Pas de Calais, sont ravagés par la clavelée en 1796.

En 1801, les troupeaux du département des Hautes-Pyrénées ; en 1802, ceux de la Creuse ; en 1803, ceux du Beaujolais (département du Rhône) ; en 1805, ceux de la Seine, de la Marne ; en 1806, ceux de l'Isère et des Hautes-Alpes ; en 1808, ceux de l'Aube, du Gers, sont décimés par la clavelée. A toutes ces époques des mesures de police sanitaire sont mises à exécution pour arrêter la mortalité et affaiblir les ravages ; néanmoins la mortalité est considérable.

L'année 1810 fut une des plus accablantes pour les bêtes ovines ; les départemens de la Haute-Garonne, de l'Indre, de l'Isère, de la Haute-Saône, des Basses-Pyrénées, de la Meurthe, du Tarn, de l'Aube, de la Seine, sont envahis par des épizooties claveleuses qui occasionnent des pertes considérables. Le tiers des bêtes à laine du canton de Mézière (Isère) périssent.

En 1811, ces épizooties claveleuses continuent à affliger le département de la Meurthe ; elles y causent la perte des deux cinquièmes des troupeaux. Dans le département de l'Eure la chaleur atmosphérique y rend la maladie maligne et des plus meurtrières.

Dans le courant de l'année 1812, la variole ovine apparaît dans le département de la Somme ; en 1813, elle gagne le canton de Rue et s'y maintient jusqu'en 1816 ; débordant à gauche la rivière d'Authie, elle s'introduit dans le département du Pas-de-Calais où elle infecte 59 communes et y séjourne jusqu'en 1816. D'après un relevé fait par M. D'Arboval, le nombre de bêtes à laine que possédaient ces 59 communes s'élevait à 31,171. La maladie a attaqué naturellement 20,567 bêtes. La perte des animaux morts s'est élevée à 4,503 bêtes ; et l'importance de | la perte totale du département en valeur pécuniaire a été évaluée à 67,544 fr.

Aux époques que nous venons de relater, les moutons mérinos avaient un très grand prix, et des propriétaires des environs de la capitale ont perdu les trois quarts de leurs troupeaux qui valaient plus de 30,000 fr.

Selon les calculs faits en 1819 par Rougier-Labergerie (Cours d'agriculture pratique), les victimes que la clavelée aurait faites en 1819 s'éleveraient à plus de 1,000,000 de bêtes à laine. Or, en estimant la valeur de chaque bête à la modique somme de 15 fr., la perte en argent s'élèverait à 15,000,000. En Prusse et en Autriche, Laubender estime les pertes annuelles à plus d'un million de bêtes (1).

Depuis les époques que nous venons de citer, la clavelée a régné et règne encore annuellement dans quelques départemens de la France, il en est

____

(1) Laubender der thierheilkund, t. 4, p. 34.

même quelques uns, dans lesquels on élève de nombreux troupeaux, où elle est enzootique : les Cévennes, les Pyrénées, les provinces de la Gascogne, de la Provence, de la Sologne, du Berry, du Nivernais, du Gatinais, sont dans ce cas, et la perte moyenne a toujours été évaluée jusqu'à ce jour au tiers ou à la moitié des animaux attaqués ; mais grace aux précieux bienfaits résultant de la pratique de l'inoculation de la maladie ; aujourd'hui la clavelée n'entraîne point de grands désastres.

Le relevé le plus récemment fait de la quantité de bêtes ovines que posséde la France, porte leur nombre pour l'année 1836 à 32,000,000 (1). Parmi ce nombre se trouvent aujourd'hui de beaux et nombreux troupeaux appartenant à la race mérine, la race anglaise à laine longue, introduite récemment en France, va donner un nouvel élan à l'élève de ces précieux animaux, dont la toison, la chair, les os, le suif, l'engrais, est pour l'homme d'une grande et incontestable utilité ainsi que l'objet d'un commerce considérable. Et aujourd'hui que l'élève des bêtes ovines pour la laine et pour la boucherie est déjà, et deviendra dans quelques années un des plus riches produits de l'industrie agricole, il est du plus haut intérêt que nous fassions connaître les moyens de préserver les troupeaux de la plus désastreuse maladies qui puisse les attaquer.

---

(1) Passy, loi sur les douanes, avril 1836.

La clavelée attaque les bêtes ovines de toutes les races, de tous les âges, de tous les tempéramens; elle les frappe dans toutes les localités de la France, les saisons, les variations atmosphériques peuvent bien en aggraver ou en diminuer les terribles effets, mais elles ne sauraient en détourner le développement. Attribuée à la rouille des plantes (*Ramazzini*), à une surabondance d'humeur qui se porte à la peau (*Hastfer*), à la malpropreté des bergeries, aux mauvaises nourritures (*Carlier* et beaucoup d'auteurs) à l'effet des variations de l'air, des exhalaisons malsaines, on est réduit à se demander encore aujourd'hui quelles sont les véritables causes déterminantes de la clavelée des moutons?

Ce qui est certain, c'est que cette maladie peut naître spontanément chez ces animaux, c'est qu'une fois déclarée, la cause principale qui la propage est *la contagion*. C'est donc de cette dernière cause que nous devons nous occuper spécialement, ainsi que des nombreux agens qui répandent et transmettent le *contagium*.

B. *Contagion de la clavelée.* — La contagion claveleuse s'opère par deux élémens virulens : l'un est *fixe*, l'autre est *volatil*.

Le *virus fixe* a pour élément ou véhicule le fluide sero-albumineux, clair, inodore, légèrement alcalin existant dans l'intérieur des pustules dites varioleuses. L'apparition de ce fluide a lieu aussitôt la formation complète de la pustule; sa sécrétion tarit et n'existe plus à l'époque de la suppuration ou de la dessiccation. Ce virus inoculé pur, ou associé à du sang sous l'épiderme, déposé sur les muqueuses apparentes, pris même en petite quantité avec les alimens, ou dissous dans l'eau servant de boisson, transmet la clavelée. Recueilli entre deux plaques de verre ou dans un tube de même nature et placé à l'abri du contact de l'air, de la chaleur et de l'humidité, il conserve ses propriétés virulentes pendant plusieurs mois. Cet élément virulent ne peut transmettre la maladie que par le contact immédiat ou par son dépôt sur les parties vivantes et absorbantes.

Ce n'est point cet élément qui est l'agent propagateur puissant de la contagion : c'est le virus volatil.

Virus volatil. Le contagium volatil de la clavelée a pour véhicule les vapeurs humides provenant de la dessiccation des pustules, de la transpiration cutanée, de la transpiration pulmonaire, ou qui s'échappent des matières muqueuses nasales, lacrymales ou intestinales.

Ces vapeurs forment autour de l'animal malade une atmosphère contagieuse qui, unie à l'air ambiant et respirée par les animaux, ou déposée sur les alimens dont ils se nourrissent leur transmet le mal contagieux.

Les animaux encore sains de la même espèce placés dans cette atmosphère, et leur toison, imprégnée de cette vapeur malfaisante, emportent avec eux aux pâturages, aux abreuvoirs communs, dans les foires et marchés , ou partout ailleurs, une contagion qu'ils sont aptes à propager. Les bergers ou autres personnes , les animaux d'espèces diverses, les chiens notamment qui abordent et séjournent dans l'atmosphère virulente , sont aussi aptes que les bêtes à laine à transporter ailleurs cette subtile contagion. Les objets qui ont séjourné dans les bergeries infectées, comme les fourrages, les litières, les fumiers, sont dans le même cas.

Les débris cadavériques, comme la laine, les peaux, le suif, la chair, les vapeurs qui s'échappent des grandes cavités du corps pendant la putréfaction, sont non moins dangereuses pour propager le mal.

L'air atmosphérique chargé des principes volatils, entraîné par les vents au delà des bergeries, des endroits où pacagent, où séjournent les bêtes malades , est l'agent principal et propagateur de la contagion ; toute bête à laine qui respire cet air malfaisant peut contracter la clavelée. Pour bien convaincre nos lecteurs sur ce dernier point nous rapporterons quelques faits qui ont trait à ce mode de propagation claveleuse ; ils justifieront en outre l'utilité de quelques moyens sanitaires dont nous parlerons plus loin.

1° *Contagion par les pâturages.* Paulet rapporte comme n'étant pas douteuse la manière dont la clavelée, depuis le commencement du siècle dernier se communique dans le Languedoc , surtout dans la partie appelée les Cévennes, où il est d'observation que lorsqu'un troupeau claveleux a été dans un pacage, le troupeau qui vient après lui gagne la maladie (1).

Il a été reconnu et prouvé, dit M. D'Arboval, que le troupeau de la commune de Calloterie a été infecté pour avoir *posé* sur des portions de pacage qu'abandonnait celui de la Madeleine en proie à la maladie (2).

On a vu des troupeaux, avance Gilbert, gagner la clavelée *à trois ou quatre cents* pas de distance des troupeaux infectés, lorsque le vent soufflait du troupeau malade sur le troupeau sain.

La communication des troupeaux dans les pâturages où on les transfère de pays éloignés, est une cause fréquente de la propagation et du long règne des épizooties claveleuses. Dans les montagnes des Cévennes, de l'Isère, dans la plaine de la Crau, dans les bruyères de la Sologne, dans tout le bassin du Rhône, localités où les communications sont fréquentes parmi les troupeaux, la clavelée est enzootique, tandis que dans toutes les localités où les troupeaux vont paître sur des pâturages isolés et

---

(1) Paulet, *loco citato*, t. 1, p. 154.
(2) D'Arboval, Traité de la clavelée, p. 60.

environnant les habitations, la clavelée est beaucoup plus rare.

La fréquentation des abreuvoirs communs à plusieurs troupeaux est non moins dangereuse que celle des pâturages; les troupeaux passant sur le même chemin , se mêlant quelquefois, soit pendant le trajet, soit pendant le séjour à l'abreuvoir , se transmettent indubitablement la maladie.

De tout temps on a fait une remarque que nous devons signaler ici , c'est que la pluie et la rosée ont la propriété de détruire les propriétés virulentes de l'élément contagieux, à tel point qu'après une pluie de quelques instans , ou la rosée du matin , un troupeau sain peut séjourner sans danger sur les lieux où a résidé le troupeau claveleux.

2° *Contagion par les rassemblemens de bêtes dans les foires ou marchés.* Le sieur Charlemagne fils , laboureur à Bobigny, acheta en 1774 mille soixante-huit bêtes à laines à la foire de Montargis (Loiret) ; ces bêtes apportèrent le claveau dans son domaine (1).

Quelques cultivateurs peu délicats sur les moyens d'accroître leur fortune en faisant des dupes , n'ont pas craint d'exposer en vente sur les marchés publics des bêtes à laines trop récemment guéries de la clavelée, ou encore saines en apparence , mais prises dans une troupe où cette maladie commençait , et on a vendu ainsi dans l'arrondissement de Montreuil-

______
(1) Paulet, *loco citato,* t. 2, p. 80.

sur-Mer , dit M. D'Arboval , des bêtes qui ont transmis la contagion (1).

C'est presque toujours par le transport de troupeaux infectés de la clavelée, ayant cette maladie ou devant l'avoir , que se transporte au loin et dans beaucoup d'endroits la contagion claveleuse. En effet le troupeau malade, en suivant les grandes routes , les chemins vicinaux, sème, sur son passage, des élémens contagieux, lesquels, respirés par d'autres troupeaux passant aux mêmes endroits, contractent la maladie.

Le troupeau de M. Allaire, à Pocancy, composé de trois cent soixante-huit bêtes, en revenant du parc où il avait été conservé intact pendant tout l'été , contracta la clavelée en rentrant à la bergerie, après avo   traversé des communes infectées (2).

Les bêtes ainsi conduites aux foires pâturent souvent au voisinage des routes , d'autrefois sont menées clandestinement par les conducteurs sur des terrains de parcours, lieux sur lesquels peuvent être conduits ensuite des troupeaux bien portans qui contractent la clavelée.

Ce mouvement commercial de bêtes à laine a été à toutes les époques , et bien plus encore aujourd'hui qu'autrefois, la cause de la propagation de la clavelée le long des routes fréquentées par les troupeaux qui

---

(1) D'Arboval, Traité cité, p. 29.
(2) *Annales de l'agriculture française,* t. 29, p. 273.

se rendent aux marchés d'approvisionnement des grandes villes. Si la clavelée est si commune aux environs de la capitale, cela doit être attribué à cette cause, et à ce que les propriétaires, se livrant à l'engraissement des troupeaux , en rechangent fréquemment.

Indépendamment de cette voie de contagion due au transport des bêtes destinées à être vendues, leur séjour dans le marché est une cause bien autrement agissante : formant un foyer d'infection dans le lieu où elles ont été placées, les troupeaux environnans, exposés aux coups de la contagion, ne tardent pas à en subir les effets. Ceux-ci ramenés infectés du champ de foire chez les propriétaires, ou vendus et conduits dans des localités souvent éloignées, y apportent la maladie, qui bientôt se propage aux autres troupeaux de cette localité. C'est ainsi qu'un troupeau infecté par la clavelée, placé malheureusement sur un champ de foire , peut propager cette maladie et être la cause de grands désastres. A Fronton (Haute-Garonne), distant de cinq lieues de Toulouse, il se tient un marché aux moutons chaque semaine ; eh bien ! l'usage où l'on est de ne garder les bêtes à laine qu'on y achète que deux ou trois mois, de les revendre ensuite et de les remplacer par d'autres, contribue beaucoup à rendre la clavelée épizootique dans ce pays.

Les bouchers ont pour habitude, aux environs des grandes villes, d'acheter des bêtes à laine qu'ils conservent et qu'ils tuent selon le besoin de la vente. Ces troupeaux sont souvent attaqués de la clavelée ; et, pâturant sur les bords des chemins, des rivières, ou dans les pâturages communs, il est rare qu'ils ne propagent pas la clavelée dans les environs. Les bouchers obscurs qui tuent clandestinement les bêtes vendues, bien que malades, et qui en débitent la chair malgré les règlemens sanitaires, sont très dangereux sous ce rapport.

Les saisons, la température, la situation topographique des lieux, influent sur la contagion claveleuse. Pendant les chaleurs de l'été et de l'automne, presque toujours la clavelée revêt un caractère malin ou grave, sa contagion devient plus subtile, plus active, et aussi plus malfaisante : ces circonstances expliquent suffisamment pourquoi la clavelée fait toujours d'affreux ravages parmi les troupeaux pendant les chaleurs.

Le froid au contraire suspend le cours de la clavelée, diminue la masse infectante, concentre les foyers d'infection dans les bergeries, et par cela même suspend et diminue momentanément les ravages de la contagion.

Pendant les temps pluvieux et chauds, et dans les localités où les bergeries sont basses, mal aérées, rendues infectes par l'accumulation des fumiers et l'entassement d'un grand nombre de bêtes, ces circonstances fâcheuses font acquérir une nouvelle force à la maladie, et les lieux alors où elle sévit deviennent des foyers d'infection et de contagion des plus redoutables. Le virus volatil y étant accumulé, infecte tous les corps qui y sont plongés ; aussi les hommes, les animaux, et généralement tous les objets qui ont séjourné dans ces sources empoisonnées, portent le mal destructeur à une grande distance.

On a remarqué dans les pays de montagnes que souvent la clavelée dévaste tous les troupeaux d'une vallée, tandis que dans d'autres vallées voisines, mais séparées par de hautes montagnes, les troupeaux en sont exempts. Cette singularité s'explique tout naturellement par les courans d'air infectés qui règnent constamment dans la vallée, sans pouvoir en franchir les bornes, lesquels entraînés toujours dans la même direction portent au loin l'élément contagieux uni à l'air.

Ces circonstances, qui apportent des modifications à la propagation de la contagion claveleuse, doivent être bien prises en considération par les vétérinaires, puisque de leur connaissance découlent des indications sanitaires du plus haut intérêt, et que nous aurons soin de bien spécifier.

Bien que la plupart des bêtes à laine exposées à la contagion claveleuse contractent la maladie, il est cependant, dans le nombre des bêtes qui composent une troupe bêlante, quelques animaux qui en sont à l'abri, sans pour cela en être préservés pour toujours.

Vitet rapporte que trois béliers sont restés pendant le cours de la clavelée au milieu de brebis malades sans en ressentir aucun effet. Des animaux nés de brebis infectées ont séjourné pendant longtemps avec elles sans en être attaqués. M. Faure, cultivateur distingué du département de l'Isère, après avoir clavelisé son troupeau, a fait la remarque que quelques agneaux nés après l'opération de la clavelisation n'ont point eu la maladie. D'ailleurs ne voit-on pas, quoi qu'on fasse, quelques bêtes résister à des inoculations répétées ? Toutefois ces exceptions extraordinaires que quelques personnes ignorantes regardent comme des preuves à l'appui d'idées erronées et dangereuses de non contagion, ne doivent point faire dévier la conduite du vétérinaire qui ne consulte que la masse de faits opposés à ces rares exceptions et dont il a pu être tous les jours témoin.

C. *Incubation de la maladie.* — Les animaux qui ont été exposés à la clavelée ne la contractent point immédiatement ; le virus séjourne, couve dans l'économie, et la maladie à laquelle il donne naissance n'apparaît qu'après un certain laps de temps. On sait que celui qui s'écoule entre l'inoculation directe avec la lancette et l'apparition de la maladie est de huit à dix jours, terme moyen. Mais on ne sait point encore précisément si cette incubation est la même dans le cas d'inoculation naturelle et accidentelle. M. Girard, qui a fait des expériences positives à ce sujet, affirme que l'incubation est de six à huit jours dans les temps chauds et d'un temps plus long quand la saison est froide et surtout humide (1). Cependant de seize moutons soumis à la contagion par co-habitation, par M. Voisin, quatorze ont contracté la clavelée qui ne s'est manifestée chez eux que du quinzième au vingt-cinquième jour (2). Dans les cas les plus ordinaires, l'incubation est de huit à douze jours.

D. *De la durée de la clavelée dans un troupeau, sous le rapport de la contagion.* — La clavelée, comme on le sait, parcourt quatre périodes qui sont : l'incubation, l'éruption, la suppuration et la desquammation. Pendant toutes ces périodes la maladie est-elle contagieuse ?

Si nous prenons en considération les recherches de M. Girard sur l'origine et la durée de la sécrétion virulente ; si nous avons égard aux tentatives d'inoculation que nous avons faites nous-mêmes dans toutes les phases suivies par la pustule claveleuse, nous serons conduit à dire que la contagion claveleuse *ne doit et ne peut exister que depuis l'éruption jusqu'à la dessiccation.* En effet si, comme nous nous en sommes assuré, on inocule la sérosité sanguinolente provenant d'une pustule de deux jours d'existence, on transmet quelquefois la clavelée. Le troisième jour, cette contagion est plus certaine ; le septième et le

____

(1) Girard, Mémoire sur l'inoculation du claveau.
(2) *Annales de l'agriculture française*, t. 25, p. 216.

huitième, époque où la sécrétion virulente est dans toute sa force, la contagion est constante ; or, c'est pendant cette période de sécrétion virulente des pustules de la peau, de celle aussi des muqueuses, des voies respiratoires et digestives, voies qui communiquent au dehors, que les émanations volatiles virulentes, où la vapeur contagieuse unie à l'air est abondante et très pernicieuse. C'est alors aussi pendant cette époque que les mesures préservatrices les plus sévères doivent être mises en vigueur.

Après la période de sécrétion et pendant la période de dessiccation, de desquammation, la maladie ne paraît plus posséder la propriété contagieuse. Si on inocule ainsi que l'ont fait MM. Girard et D'Arboval, et que nous avons fait aussi, le fluide purulent de la pustule aussi bien que les croûtes auxquelles elle donne naissance en se desséchant, on ne transmet point la clavelée. L'opinion de Gilbert, qui pensait que la contagion médiate avait lieu par la poussière furfuracée provenant des croûtes, laquelle pouvait être entraînée par le vent et transmettre la maladie au loin, est donc erronée.

Bien cependant qu'il en soit ainsi, il ne faudrait point en tirer cette conséquence qu'on pourrait, sans danger, placer un troupeau atteint de clavelée à sa période de dessiccation à côté d'un troupeau en santé ; les toisons peuvent conserver la vapeur contagieuse dans leur épaisseur, l'emprisonner même pendant un temps assez long et transmettre ainsi la maladie; c'est au moins ce que l'expérience a appris d'une manière positive.

E. *Contagion de la clavelée dans un troupeau ; durée de cette contagion.* — Lorsqu'un troupeau a été exposé à la contagion claveleuse, la maladie se déclare d'abord sur une portion de ce troupeau par une attaque qui porte le nom de bouffée ou lunée. Benigne, peu contagieuse alors, la clavelée parcourt toutes ses périodes en vingt à trente jours au plus. Cette première attaque est bientôt suivie d'une seconde bouffée, durant laquelle la maladie revêt un caractère malin, confluent, et acquiert une énergie contagieuse redoutable. Un mois est la durée de cette seconde infection ; alors les deux tiers du troupeau ont été envahis. Apparaît enfin une troisième attaque sévissant sur le dernier tiers du troupeau, pendant laquelle la maladie revêt tous les caractères de la première bouffée. Nous ne chercherons point, ainsi que l'ont fait Gilbert, MM. Guersent, Girard et D'Arboval, à donner l'explication de cette singularité pathologique. Ce qu'il est essentiel de savoir en ce qui touche la police sanitaire, c'est que la clavelée naturelle sévit pendant trois mois dans les troupeaux, et que la contagion, bien qu'existant pendant ce temps, est beaucoup plus à craindre par sa force et par sa subtilité pendant la seconde attaque que lors de la première et de la dernière.

Gilbert a dit, et après lui M. Tessier a répété avec beaucoup d'autres personnes, que la durée totale des bouffées entraînait le séjour de la clavelée pendant six mois et plus parmi les troupeaux composés d'animaux de différentes races et tirés de divers pays. M. D'Arboval a constaté que cette opinion n'était point fondée, et nous sommes entièrement de cet avis.

F. *Un troupeau qui a été attaqué de la clavelée naturelle ou inoculée peut-il, après la cessation de cette maladie, la transmettre encore?* — M. D'Arboval pense que, bien que la clavelée ait cessé après trois mois d'existence dans un troupeau, ce troupeau est cependant encore apte à transmettre la maladie. Des explications motivent l'opinion de cet auteur; un fait vient l'appuyer. « Les élémens contagieux imperceptibles à nos sens peuvent s'attacher, dit-il, à la laine et y demeurer fixés surtout dans les toisons fines et tasseés. Tout le monde sait d'ailleurs que les virus volatils déposés dans les tissus laineux peuvent s'y conserver avec toutes leurs propriétés pendant long-temps ; et alors pourquoi ne serait-il pas possible que les élémens virulens claveleux se conservassent dans la toison deux ou trois mois après la dernière bouffée? cela n'est point inadmissible. Voici au reste un fait qui appuie notre manière de voir. « Un fermier de Rue épouse une fermière des environs de Favière, distant de Rue de six lieues. Le troupeau du fermier n'avait pas eu la clavelée; celui de la fermière avait été en proie à cette maladie un an auparavant. Les deux troupeaux étant réunis et confondus en un seul dans la bergerie de la fermière, la clavelée s'y introduisit en peu de temps, mais seulement sur la partie du troupeau qui n'avait pas eu cette maladie. »

Nous pensons que ce fait est une exception rare et qui peut-être ne se rencontrera jamais ; mais dire avec Barrier et beaucoup d'autres vétérinaires, que trois mois sont suffisans pour que tous les élémens de propagation soient détruits dans un troupeau affecté de clavelée naturelle, et possédant sa toison, c'est commettre une erreur qui peut être funeste. Après quatre mois nous n'oserions pas affirmer que la contagion fût entièrement éteinte ; mais il faut convenir que la contagion ne saurait avoir lieu à distance ; il faut admettre le contact immédiat des bêtes à la bergerie.

POLICE SANITAIRE APPLICABLE A LA CLAVELÉE OVINE.

Lois et arrêts ayant trait à cette maladie.

L'arrêt du conseil d'état du roi du 10 avril 1714 ; l'arrêt du conseil d'état du roi du 16 juillet 1784 ; le décret de l'assemblée constituante, concernant les biens et usages ruraux et la police rurale, du 6 octobre 1791 ; les articles 459, 460, 461 et 462 du Code pénal, sont applicables à la clavelée des moutons aussi bien qu'à toutes les maladies contagieuses. (Voyez pages 31 et suivantes.)

Indépendamment de ces arrêts, décrets et articles de lois, un arrêt est spécialement affecté à la clavelée, c'est celui de la Cour du parlement du 23 décembre 1778. Cet arrêt est applicable à toute la France.

Une ordonnance du préfet de police de Paris du 16 vendémiaire an 10 (8 octobre 1801) est applicable spécialement aux départemens de la Seine et Seine-et-Oise.

Un arrêté de M. le préfet du Pas-de-Calais du 5 octobre 1815 est applicable seulement à ce département.

Nous allons relater ces trois dernières pièces, les regardant, la première comme indispensable à connaître, les deux secondes comme utiles aux deux départemens auxquels elles ont trait, et comme modèle au besoin.

N° 1. *Arrêt de la cour du parlement qui ordonne que les moutons, brebis et agneaux qui seront attaqués de la clavelée, seront séparés de ceux qui sont sains ; fait défenses à toutes personnes de les exposer en vente dans les foires et marchés, et aux bouchers de les tuer et d'en débiter la viande.*

(Extrait des registres du parlement, du 23 décembre 1778.)

La cour ordonne que dans les lieux où il y aura des moutons

attaqués de la maladie du claveau, les officiers, soit du roi, soit
des sieurs haut-justiciers auxquels la police appartient, chacun
dans leur territoire, même les syndics des communautés, en cas
d'absence desdits officiers, seront tenus de prendre des déclarations exactes des moutons, brebis et agneaux de chaque particulier, et de les faire visiter par personnes à ce intelligentes,
deux fois la semaine au moins, le tout sans frais, pour connaître
s'il n'y a pas de moutons, brebis et agneaux infectés de la maladie; enjoint à tous ceux qui ont ou qui auront des brebis,
moutons ou agneaux malades, de le déclarer aussitôt auxdits officiers, à peine de cent livres d'amende contre chaque contrevenant, pour être les bêtes malades séparées de celles qui seront
saines, et mises dans d'autres écuries, étables et lieux; qu'en cas
que le bétail malade puisse être conduit au pâturage, il soit mis
à la garde d'un berger qui sera choisi par la communauté, et qui
ne pourra conduire le bétail que dans les cantons et lieux qui seront indiqués par lesdits officiers, à peine de punition corporelle
et de tous dommages et intérêts dont la communauté demeurera
responsable; fait défenses à toutes personnes de conduire des moutons, brebis et agneaux des bailliages et lieux où la maladie du
claveau est répandue, pour les vendre dans d'autres bailliages et
lieux; ordonne qu'il ne pourra être vendu de moutons, brebis
et agneaux qu'après que ceux qui les conduisent auront préalablement représenté aux juges des lieux où la vente en sera faite,
un certificat des officiers du lieu d'où lesdits moutons, brebis et
agneaux auront été amenés, portant qu'il n'y a point de maladie
du claveau dans ledit lieu sur ledit bétail, ni à trois lieues au
moins à la ronde; lequel certificat sera visé par ledit juge, sans
frais, le tout à peine de trois cents livres d'amende pour chaque
contravention, même de confiscation des bestiaux, s'il y échet;
fait pareillement défenses à toutes personnes, sous les mêmes
peines, d'exposer en vente, dans les foires et marchés, aucuns
moutons, brebis ou agneaux, même aux bouchers de tuer et dé-

biter la viande desdits animaux, qu'après qu'ils auront été vus et visités par personnes à ce intelligentes nommées par lesdits officiers, et ce à l'égard des bestiaux qui seront exposés en vente dans les foires et marchés avant que lesdits bestiaux puissent être amenés dans le lieu de la foire ou du marché, pour savoir s'ils ne sont pas infectés de la maladie du claveau, ou même suspects d'en être attaqués, et être, ceux qui se trouveront en cet état, renvoyés sur le champ dans les lieux d'où ils auront été amenés; que les moutons, brebis et agneaux qui seront jugés sains ne pourront être mêlés avec ceux de celui qui les aura achetés, ni avec ceux des habitans des lieux où ils seront vendus qu'après en avoir été tenus séparés au moins pendant huit jours, à peine de cent livres d'amende pour chaque contravention; ordonne qu'aussitôt que les bêtes attaquées de la maladie du claveau seront mortes, les propriétaires et fermiers seront tenus de les enterrer avec leurs peaux dans des fosses de six pieds de profondeur, et de recouvrir exactement les fosses jusqu'au niveau du terrain; fait défenses à toutes personnes de jeter lesdites bêtes mortes dans les rivières, ni de les exposer à la voirie, même de les enterrer dans les écuries, cours, jardins et ailleurs que hors l'enceinte des villes, bourgs et villages, à peine de trois cents livres d'amende et de tous dommages et intérêts; fait défenses à toutes personnes de tirer des fosses lesdites bêtes, sous quelque prétexte que ce puisse être, et aux tanneurs et autres d'en vendre ou acheter les peaux, à peine de trois cents livres d'amende, même d'être poursuivis extraordinairement: ordonne que les jugemens qui seront rendus par les juges des lieux en conséquence du présent arrêt, et pour prévenir la mortalité du bétail, seront exécutés par prévision, nonobstant toutes oppositions, appellations et empêchemens quelconques et sans y préjudicier; ordonne que le présent arrêt sera imprimé, lu, publié et affiché partout où besoin sera; enjoint aux substituts du procureur-général du roi d'y tenir la main, d'en envoyer des copies dans les justices de leur ressort, pour y être pareillement lu, publié et affiché, et de certifier, le procureur-général du roi, de l'exécution du présent arrêt.

Fait en parlement, le 23 décembre 1778.

Collationné Lutton,

Signé Dufranc.

N° 2. *Ordonnance du préfet de police de Paris concernant le claveau des moutons.*

Paris, le 16 vendémiaire an 10 (8 octobre 1801).

Le préfet de police, vu les articles 23 et 33 de l'arrêté des consuls du 12 messidor an 8 (1er juin 1800), et celui du 3 brumaire an 9 (25 octobre 1800), ordonne ce qui suit :

Art. 1er. Dans les communes rurales du département de la Seine, et dans celles de Saint-Cloud, Sèvres et Meudon, département de Seine-et-Oise, les propriétaires ou dépositaires de moutons atteints du claveau sont tenus d'en faire sur le champ la déclaration aux maires de leurs communes respectives, et d'en indiquer exactement le nombre, sous peine de cent livres d'amende.

Art. 2. Pour s'assurer si les propriétaires ou dépositaires de moutons se sont conformés à l'article précédent, tous les troupeaux seront visités, en présence du maire, par experts nommés à cet effet.

Art. 3. Les troupeaux dans lesquels il y aura des animaux malades seront séparément cantonnés en plein air, ou dans des bergeries particulières, suivant les circonstances.

Les lieux du cantonnement ou les bergeries seront indiqués par les maires, de concert avec les notables des communes et les propriétaires des troupeaux.

Art. 4. Il est expressément défendu de laisser vaguer les

moutons malades, dans les parcours et sur les routes, et de les
laisser communiquer avec ceux qui sont sains.

Art. 5. Les troupeaux de moutons atteints du claveau qui seront rencontrés au pâturage, sur les terres de parcours ou de
vaine pâture, autres que celles destinées pour le cantonnement,
pourront être saisis par les gardes champêtres, et même par
toute autre personne, et conduits dans l'endroit qui sera indiqué
par le maire.

Art. 6. Il est défendu d'amener sur les marchés de Sceaux et
de Poissy et à la foire de St-Denis des moutons atteints du claveau, à peine de trois cents francs d'amende.

Art. 7. Les moutons amenés sur les marchés de Sceaux et de
Poissy et à la foire de St-Denis seront visités par des experts
avant leur exposition en vente sur lesdits marchés.

Art. 8. Si, en contravention aux deux articles précédens, des
moutons atteints du claveau sont amenés sur les marchés, ils seront traités dans des endroits particuliers, aux frais des propriétaires.

Art. 9. Les moutons qui pourront être soupçonnés atteints
du claveau, soit pour avoir fait partie d'un troupeau infecté de
cette maladie, soit pour avoir communiqué avec une troupe
malade, seront renvoyés dans les lieux d'où ils auront été amenés.

Art. 10. Lors du renvoi des moutons, les propriétaires ou
conducteurs devront prendre toutes les précautions nécessaires
pour les empêcher de communiquer avec les moutons sains, soit
sur les routes, soit dans les bergeries.

Art. 11. Les bergeries et autres lieux dans lesquels auront
séjourné des troupeaux de moutons atteints du claveau ne
pourront servir qu'après avoir été désinfectés, sous la surveillance des maires.

Art. 12. Les moutons morts du claveau seront enfouis dans
le jour avec leur peau et laine, à 1 mètre 34 centimètres (4 pieds)

de profondeur, hors de l'enceinte des communes, le tout aux frais des propriétaires.

Art. 13. Il sera pris envers les contrevenans aux dispositions ci-dessus telles mesures administratives qu'il appartiendra, sans préjudice de poursuites à exercer contre eux devant les tribunaux, conformément à la loi du 6 octobre 1791, et aux arrêts des 19 juillet 1746, 23 décembre 1778 et 16 juillet 1784.

Art. 14. La présente ordonnance sera imprimée; elle sera publiée et affichée dans Paris, dans les communes rurales du département de la Seine et dans celles de Saint-Cloud, Sèvres, Meudon et Poissy, département de Seine-et-Oise.

Les sous-préfets de Sceaux et de St-Denis, les maires et adjoints dans les communes rurales et dans celles de Saint-Cloud, Sèvres, Meudon et Poissy, les commissaires de police de Paris, les officiers de paix, les commissaires des halles et marchés, et les autres préposés de la préfecture de police sont chargés, chacun en ce qui le concerne, de tenir la main à son exécution.

Le général commandant la première division militaire, le général commandant d'armes de la place de Paris, et le chef de la première division de gendarmerie, sont requis de leur prêter main-forte au besoin.

Le Préfet: *Signé* Dubois,
pour le préfet;

Le secrétaire-général : *Signé* Fils.

N° 3. *Arrêté de M. le préfet du Pas-de-Calais, du 5 octobre 1815, qui ordonne l'exécution des lois et réglemens relatifs aux épizooties, et notamment à la maladie des bêtes à laine connue sous le nom de clavelée.*

Nous, maître des requêtes au conseil-d'état, officier de la Légion-d'Honneur, préfet du département du Pas-de-Calais;

Instruit, par les rapports de MM. les sous-préfets de St-Pol, Montreuil, Boulogne et St-Omer, qu'une épizootie connue sous le nom de claveau, qui attaque les bêtes à laine, s'est déclarée parmi un certain nombre de troupeaux :

Voulant prévenir la communication rapide de cette maladie, dont il importe essentiellement d'arrêter les progrès dans un département agricole;

Considérant qu'il est urgent de prendre toutes les mesures possibles pour la conservation des troupeaux de bêtes à laine, de tranquilliser par de sages précautions les propriétaires et cultivateurs, et surtout par l'exécution prompte et sévère des lois et réglemens qui sont intervenus pour la conservation des troupeaux et bestiaux, ainsi que pour la police des foires et marchés;

Vu l'arrêt de la cour du parlement du 23 décembre 1778; l'arrêt du conseil du 16 juillet 1784; la loi sur la police rurale du 6 octobre 1791; l'arrêté de notre prédécesseur, du 15 février 1808, inséré au Mémorial n° 7;

Arrêtons ce qui suit :

Art. 1er. Tous propriétaires et cultivateurs ayant des troupeaux de bêtes à laine qui sont atteints ou soupçonnés du claveau ou autre maladie contagieuse seront tenus, à peine de 500 fr. d'amende, conformément à l'art. 1er de l'arrêt du conseil du 16 juillet 1784, d'en faire sur le champ la déclaration au maire ou à l'adjoint de la commune de leur résidence, pour être lesdits troupeaux vus et visités sans délai, en présence desdits fonctionnaires publics, par un des vétérinaires du département.

Art. 2. Les sous-préfets des arrondissemens où se déclare la maladie sont chargés, dans les vingt-quatre heures, de désigner un ou deux vétérinaires, pour, dans les arrondissemens respectifs, être chargés de la visite des bestiaux, soit dans les écuries, bergeries, étables, soit sur les foires et marchés.

Art. 3. Seront tenus lesdits vétérinaires de se transporter

dans la commune de l'arrondissement qui leur aura été assi-
gnée, pour examiner les bêtes malades ou suspectes, à la réquisition des sous-préfets, maires, adjoints, officiers de police et
commandans des brigades de gendarmerie. A cet effet, l'entrée
des bergeries, étables et écuries, ne pourra leur être refusée, en
se faisant accompagner du maire, de l'adjoint ou de la gendarmerie.

Art. 4. En cas de refus à ce qu'il soit procédé auxdites visites,
conformément à ce qui est prescrit par l'article précédent, il sera
dressé procès-verbal, dans lequel les parties intéressées pourront
faire tels dires et réquisitions qu'elles aviseront; mais il y sera
statué provisoirement et sans aucun délai par le fonctionnaire
public qui aura prescrit la visite.

Art. 5. Défenses sont faites à tous possesseurs de secrets, bergers et autres, de traiter aucun animal attaqué du claveau ou
maladie contagieuse, sans en avoir fait la déclaration au maire
ou à l'adjoint de leur résidence, et sous la surveillance et direction du vétérinaire délégué. Le maire ou l'adjoint devront également faire appliquer sur le champ, au front de la bête malade, avec un fer chaud, une marque représentant la lettre M,
conformément à l'arrêté du gouvernement du 27 messidor an 5,
pour dès cet instant être lesdits animaux conduits et enfermés
dans des lieux séparés et isolés, sans qu'ils puissent communiquer avec d'autres, ni être envoyés aux pâturages ou abreuvoirs communs, sous peine de 100 fr. d'amende, ainsi qu'il est
ordonné par l'arrêté du 19 juillet 1746.

Art. 6. Seront au surplus exécutés, par les maires et adjoints,
suivant leur forme et teneur, les articles 5 et 6 de l'arrêt du
conseil du 16 juillet 1784, et autres lois, réglemens et arrêtés
rappelés au Bulletin des lois n° 133, à la date du 27 messidor
an 5, en tout ce qui concerne l'abattage et l'ouverture des animaux que ces vétérinaires auront jugés et reconnus incurables,
et dont il sera de suite donné avis par lesdits maires et ad-

joints ou les sous-préfets de l'arrondissement. Il en sera [de même à l'égard des précautions prescrites par lesdits articles pour purifier les bergeries, étables ou écuries, ainsi que pour l'éloignement et la profondeur des fosses où seront enterrés les animaux.

Art. 7. A l'instant où l'autorité locale sera instruite qu'un troupeau de bêtes à laine, ou tous autres animaux appartenant à un habitant de la commune, sont attaqués d'une maladie contagieuse, elle en donnera avis aux habitans par des affiches, et assignera pour le pâturage un cantonnement séparé et particulier, dont ne pourront s'écarter les troupeaux malades ; elle indiquera en outre les chemins qu'ils seront tenus de suivre pour aller à ce pâturage et en revenir.

Art. 8. A défaut par le propriétaire ou le cultivateur à qui il aura été fixé un cantonnement particulier pour le pâturage de son troupeau de se conformer à ce qui lui aura été prescrit à cet égard, il sera poursuivi et puni conformément aux dispositions contenues en l'article 23 du titre 2 de la loi du 6 octobre 1791.

Art. 9. Il sera également fixé un cantonnement particulier pour tout troupeau qui sera nouvellement introduit dans une commune, et le propriétaire de ce troupeau sera tenu de le renfermer dans ce cantonnement pendant un mois, sous les peines portées à l'article ci-dessus, à moins qu'il ne justifie l'avoir fait visiter à ses frais par un vétérinaire, une quinzaine après l'arrivée du troupeau, en présence du maire ou de l'adjoint, et que ce troupeau ait été reconnu n'être attaqué d'aucune maladie contagieuse.

Art. 10. Dans aucun cas et dans aucun temps, les troupeaux appartenant à des bouchers ou à des marchands ne pourront, attendu leurs fréquens renouvellemens, être conduits aux pâturages communs ; il leur sera toujours fixé, par les maires ou adjoints, un cantonnement particulier dont ils ne pourront s'écarter, sous les peines prescrites. Il est expressément recommandé aux autorités locales de porter une surveillance spéciale sur ces sortes de troupeaux, et d'en ordonner la visite au cas où ils seraient soupçonnés de maladie.

Art. 11. Les vétérinaires nommés conformément à l'art. 3 du présent arrêté, outre les visites qu'ils devront faire pour arrêter les progrès de la maladie actuellement existante, et prescrire le traitement curatif, devront se transporter, pendant tout le temps de la durée de la maladie, dans les écuries des auberges ou cabarets où sont amenés des troupeaux pour être mis en vente, afin de les visiter et de faire marquer, comme il a été dit plus haut, les bêtes malades ou soupçonnées atteintes. Ils surveilleront spécialement les foires et marchés publics.

Le sieur G...., vétérinaire, demeurant à Pas, est nommé notre commissaire spécial pour parcourir les arrondissemens et les communes infectés du claveau, se concerter avec les vétérinaires délégués par les sous-préfets et diriger les moyens curatifs, exécuter en un mot toutes les mesures prescrites par le présent arrêté, dont une expédition manuscrite lui sera adressée pour lui tenir lieu de nomination et d'instruction.

Le sieur G..... devra en outre correspondre avec chaque sous-préfet d'arrondissement, pour l'instruire de l'état de la maladie dans l'étendue de son territoire, des symptômes, des progrès et de la décroissance du mal. Il nous rendra en outre un compte général de son opération tous les cinq jours, et plus souvent s'il y a lieu.

Il sera ultérieurement pourvu aux vacations et dépenses du sieur G....., et avec l'approbation du ministre de l'intérieur, à qui l'état de ces frais extraordinaires sera soumis.

Art. 12. L'exécution des mesures ci-dessus prescrites est spécialement recommandée à la vigilance et au zèle de MM. les maires et adjoints, surtout ceux d'entre eux qui ont des foires ou marchés dans leurs communes. Ils sont autorisés à donner toutes réquisitions ou ordres nécessaires, soit à la gendarmerie, soit aux gardes champêtres.

Art. 13. MM. les sous-préfets des arrondissemens de ce département tiendront la main à l'exécution pleine et entière du présent arrêté. Ils nous rendront tous les cinq jours, dans le commencement de la maladie, un compte particulier des contraventions qui pourraient avoir été commises, et nous proposeront en outre toutes les mesures qu'ils croiront particulièrement utiles pour qu'aucune des précautions nécessaires à la conservation des troupeaux ne puisse échapper à notre vigilance.

Art. 14. Le présent arrêté, qui sera inséré au Mémorial administratif, sera en outre imprimé en placards, publié et affiché dans toutes les communes de ce département, et des exemplaires en seront adressés à MM. les procureurs du roi, aux juges-de-paix, à la gendarmerie, aux gardes champêtres, pour être exécuté selon sa forme et teneur.

La déclaration, la visite, la marque, l'occision, l'inoculation générale de la maladie, l'interdiction des foires et des marchés aux bêtes malades ou infectées, l'isolement des bêtes malades et des bêtes saines, les précautions à prendre à l'égard des débris cadavériques, l'usage que l'on peut faire de la viande des bêtes malades ou suspectes, tels sont les moyens sanitaires dont nous allons nous occuper. Nous dirons ensuite quelques mots de la contagion de la clavelée aux hommes.

A. *Déclaration.* Les propriétaires, les fermiers, les bouchers ou autres personnes ayant des moutons affectés de la clavelée, sont tenus d'en faire la déclaration immédiatement au maire ou à l'adjoint de la commune à laquelle ils appartiennent, sous peine de 100 livres d'amende (arrêt de la Cour du parlement du 23 décembre 1778); de 500 francs d'amende (arrêt du 16 juillet 1784); d'une amende de 16 à 200 francs, et de six jours à deux mois d'emprisonnement (art. 459 du Code pénal). Cette déclaration sera faite verbalement, ou mieux, écrite et remise à l'autorité. (Voyez *Conduite à observer par les propriétaires*, page 45.)

Les vétérinaires, bergers, maréchaux ou autres, qui seront consultés par les propriétaires, ne pourront traiter les animaux affectés sans avoir préalablement fait également la déclaration de l'existence de la maladie à l'autorité, à peine de 500 francs d'amende (art. 4 de l'arrêt du conseil d'état du roi du 16 juillet 1784).

B. *De la visite.* Que l'autorité ait été avertie par les propriétaires, par le vétérinaire ou par une plainte adressée par les propriétaires possesseurs de troupeaux sains, elle devra aussitôt nommer un expert-vétérinaire pour visiter le troupeau ou les troupeaux atteints ou suspects de la clavelée. (Voyez *Conduite à observer par les autorités*, page 50.)

Le vétérinaire ayant reçu la mission de l'autorité se présente, accompagné par elle ou par un de ses agens, au domicile des propriétaires. (Voyez *Conduite à observer par les vétérinaires*, page 65.)

La visite des troupeaux réclame quelques précautions particulières qui devront être observées par le vétérinaire. Nous allons les indiquer.

1° Autant que faire se pourra le vétérinaire pendant la belle saison sera vêtu en toile; en hiver, il passera une blouse et un pantalon de toile par dessus ses habits.

2° Si la clavelée est épizootique, avant de commencer sa visite chez tous les propriétaires de troupeaux, il devra s'informer quels sont ceux d'entre eux qui ont fait la déclaration et qu'ils possèdent des bêtes malades, dans le but de commencer sa visite par les troupeaux non encore attaqués, pour ne point y apporter la contagion, et terminer par celle des troupeaux malades.

3° Arrivé chez le propriétaire, le vétérinaire devra s'informer si un triage a été fait dans le troupeau, et, dans l'affirmative, il commencera sa visite par les animaux encore sains. Des aides pris dans la ferme, le berger et autres personnes devront saisir et amener au vétérinaire les bêtes les unes après les autres afin qu'il les visite.

4° Les propriétaires qui n'ont point fait la déclaration du mal, et qui lors de la visite ont tout intérêt à le cacher, détournent souvent les animaux malades et les cachent dans des réduits éloignés. Le maire, dans cette circonstance, doit sommer le propriétaire d'ouvrir tous les locaux qu'il possède, afin de faire une perquisition générale et s'assurer de la fraude, si tant est qu'elle existe.

5° Lors des visites faites chez les bouchers, souvent bien que la clavelée ait existé dans leurs troupeaux, le vétérinaire ne rencontre point d'animaux malades, parce que les bêtes ont été tuées et débitées aussitôt l'apparition de la maladie ; dans cette circonstance et possédant le désir sincère de convenablement remplir sa mission, le vétérinaire doit demander à l'autorité de se faire présenter les peaux de toutes les bêtes qui ont été tuées depuis quelque temps. Leur inspection peut faire découvrir le mal par les traces qu'il a laissées à la peau.

6° Après avoir visité un troupeau, le vétérinaire doit abandonner les aides dont il s'est servi. En arrivant dans une autre ferme, il doit en choisir de nouveaux. Les premiers recélant les germes de l'infection pourraient porter la maladie là où elle n'existe pas.

7° Dans le cas où le vétérinaire constate la présence d'animaux malades, il doit aussitôt les faire mettre dans un lieu isolé et séparé de ceux qui sont seulement infectés.

L'opération terminée, il rédigera son rapport à l'autorité, dans lequel il fera connaître la quantité de troupeaux qu'il a visités, le nombre de bêtes malades qu'il a rencontrées dans chaque troupeau, l'état de la maladie, enfin les mesures sanitaires que l'autorité peut et doit faire mettre à exécution pour arrêter les progrès et les ravages de la clavelée. Voici les mesures qu'il peut conseiller.

C. *De la marque.* La marque est une mesure facile

et simple qui doit être mise en pratique aussi bien dans le cas de la clavelée que dans le cas de typhus contagieux. Elle a l'avantage de faire reconnaître l'animal malade partout où besoin sera ; en outre elle empêche les propriétaires d'éloigner les animaux malades du lieu affecté pour la séquestration ou le cantonnement ; elle les met dans l'impossibilité de conduire les animaux sur les foires et marchés, et rend les ventes clandestines beaucoup plus difficiles. La marque est donc une précaution qu'on ne doit point négliger à l'égard des bêtes attaquées seulement. L'arrêt du 16 juillet 1784 ordonne, par son art. 4, que les animaux seront marqués. Le préfet du département du Pas-de-Calais prescrit, par son arrêté du 5 octobre 1815, de marquer les bêtes malades au front avec un fer chaud représentant la lettre M. Cette marque est celle qu'il faut préférer parce qu'elle est simple, expéditive et inaltérable.

On eut à se louer de la marque des moutons claveleux dans l'épizootie du Pas-de-Calais en 1815, dans les communes où l'autorité a tenu la main à l'exécution de cette mesure, tandis que dans d'autres communes, où elle avait été négligée, les plus graves abus ont été commis par les maquignons et les bouchers obscurs des villages.

D. *De l'occision des bêtes malades.* La destruction des bêtes affectées de clavelée a été conseillée par quelques auteurs, et notamment par Gilbert.

Nous repoussons cette mesure destructive, attendu 1° qu'elle ne saurait arrêter la maladie dans sa marche, puisqu'elle a dû se communiquer au moment de son apparition aux autres bêtes composant le troupeau ; 2° que par son emploi on détruit des animaux dont la guérison est souvent certaine lorsque la maladie est bénigne ; 3° enfin parce que ces animaux ne réclament pas une surveillance spéciale après la marque, la séquestration, et surtout après la pratique de l'inoculation sur le reste du troupeau.

E. *De l'inoculation.* Dans l'immense majorité des cas la mortalité occasionnée par la clavelée naturelle dans les troupeaux s'élève au quart, au tiers, quelquefois à la moitié de la totalité des animaux attaqués. La clavelée inoculée convenablement ne fait périr que les deux centièmes, trois centièmes ou quatre centièmes des animaux atteints. Ce résultat est incontestable aujourd'hui ; la statistique suivante convaincra même les plus incrédules de cette grande vérité.

Depuis 1790, date des premières inoculations pratiquées en France par Venel, médecin à Montpellier, jusqu'en 1815, trente-deux mille cent vingt-une bêtes à laine ont été clavelisées, trente-un mille huit cent cinquante-une ont été guéries, deux cent soixante-dix seulement sont mortes, ce qui établit la proportion de la perte de trois bêtes sur quatre cents environ. Nous aurions été satisfaits de pouvoir comparer ce résultat avec celui obtenu par le nombre des inoculations faites depuis 1815, mais les documens nous ont manqué en partie. Quoi qu'il en soit, de nos jours les inoculations sont certes incomparablement mieux faites, et les résultats qui ont été obtenus partiellement par MM. Girard, D'Arboval et Dupuy, par beaucoup d'autres vétérinaires, et par nous-mêmes, portent encore le nombre des animaux guéris à un total beaucoup plus élevé.

On ne saurait douter un seul instant que l'inoculation claveleuse ne mette les troupeaux à l'abri pour toute leur vie de la récidive de la maladie. Le résultat suivant démontre encore cette vérité. Sept mille six cent quatre-vingt-dix-sept bêtes à laine clavelisées ont été soumises à diverses contre-épreuves de clavelisation plus ou moins de fois réitérées, ou de cohabitation avec des moutons claveleux naturellement; aucune n'a contracté la maladie.

Lorsque la clavelée débute dans un troupeau, sa durée par bouffée est de trois mois, six mois, quelquefois une année. La clavelée inoculée à tout un troupeau, quel que soit le nombre des bêtes qui le composent, ne se propage point au delà du terme d'une bouffée, c'est-à-dire un mois au plus.

Voilà donc trois avantages immenses, incontestables, obtenus par la clavelisation. Envisagé sous le point de vue sanitaire, ce précieux procédé en offre de tout aussi grands; les voici :

La clavelée règne sur les troupeaux à l'état enzootique ou épizootique; rarement elle ne sévit dans une localité que sur un seul troupeau.

Lorsqu'elle sévit sur un seul troupeau, la clavelisation de toutes les bêtes restantes, suspectes alors, a pour avantage de limiter la durée de la maladie à un mois d'existence, d'éviter les deux bouffées qui arriveront nécessairement plus tard, et par conséquent de diminuer la durée ou le séjour de la contagion dans ce troupeau, tout en diminuant son énergie par la bénignité qu'elle fait acquérir au mal contagieux; enfin d'en arrêter les progrès destructeurs.

Lorsque la clavelée est épizootique, lorsqu'elle règne sur plusieurs troupeaux dans la même commune, ou sur ceux de plusieurs communes, d'un canton, d'un arrondissement, l'inoculation a des avantages plus grands encore. Indépendamment de ceux que nous venons d'indiquer sur un seul troupeau et qui peuvent se rattacher à plusieurs, étendue aux troupeaux qui sont menacés de la contagion, elle amortit la malignité du mal général, elle transmet aux troupeaux exposés à une dévastation souvent inévitable une maladie peu rebelle et dont ils seront débarrassés promptement.

Outre ces avantages, qui ne manqueront point d'être hautement appréciés par les propriétaires, si l'inoculation est pratiquée sur tous les troupeaux d'un canton, d'une vallée, d'une localité, cette *pratique* dispensera des mesures de police sanitaire, telles que la séquestration, le cantonnement, qui deviendront complètement inutiles, puisque tous les troupeaux auront la maladie.

Sous ce dernier rapport quel immense résultat pour les propriétaires! les troupeaux pourront être conduits dans tous les pâturages, quels qu'ils soient ; ils pourront suivre tous les chemins, s'échapper par toutes les issues, fréquenter les abreuvoirs, les pâturages communs, sans aucun inconvénient. L'épizootie, bien que générale, aura un temps que l'homme aura pu limiter. Après un mois, un mois et demi de durée, elle n'existera plus, et à jamais les propriétaires n'auront à redouter la clavelée sur les bêtes clavelisées. Ainsi, économie pour le cultivateur, tranquillité générale, bienfait apporté au commerce, à l'industrie ; tels sont les grands avantages généraux non moins précieux que les avantages particuliers qui se rattachent au plus simple des procédés chirurgicaux que l'homme de l'art puisse pratiquer.

Gilbert avait entrevu ces avantages en 1796 sur lesquels M. Girard a insisté en 1815, et que M. D'Arboval a fait obtenir au département du Pas-de-Calais, et surtout à l'arrondissement de Montreuil-sur-Mer, lorsque la clavelée était épizootique et très meurtrière dans ce département en 1815.

A cette époque (1815), où pour la première fois la clavelisation fut mise en pratique comme mesure sanitaire, ordonnée par l'autorité supérieure, quelques personnes, quelques vétérinaires ont fait des objections à cette pratique : on a dit que la mesure était dangereuse, attendu qu'en portant la clavelée là où elle n'est pas, on multiplie la maladie, on augmente les foyers d'infection, et par conséquent aussi les ravages du fléau épizootique. Nous n'entreprendrons même pas de réfuter de semblables objections, elles sont aujourd'hui mort-nées, et le vétérinaire ou la personne qui chercherait à les ressusciter de nos jours commettrait une action digne d'être hautement blâmée. D'ailleurs l'inoculation générale exécutée par les ordres de l'autorité dans le département dont nous avons parlé a eu les plus encourageans succès, et c'est là un fait patent qu'on ne peut révoquer en doute.

Les autorités devront donc, dans le cas d'existence de la clavelée dans un troupeau, pour éviter les dangers de la contagion, ordonner immédiatement l'inoculation de ce troupeau, et, si la clavelée prend le caractère épizootique, l'inoculation de tous les troupeaux qui en sont menacés.

Les arrêts, les ordonnances de police sanitaire applicables à la clavelée ne font point mention de cette mesure, dont les rédacteurs du nouveau projet du Code rural n'ont point parlé non plus. Mais l'autorité communale, sous-préfecturale ou préfecturale pourra toujours la faire mettre en pratique si elle le juge convenable , en vertu *du décret de l'assemblée constituante des* 16-24 *août* 1790, *titre* 2, *art.* 3, *et du décret de la constituante concernant les biens et usages ruraux et la police rurale du* 6 *octobre* 1791, § 3, *titre* 1*er*., *section* 4, *art.* 20. (Voyez ces articles , pages 5o et 5i (1).

---

(1) Nous donnons ici comme modèle de pièce administrative, et aussi comme pièce d'appui, l'arrêté de M. le préfet du département du Pas-de-Calais, du 28 novembre 1815, concernant la mesure de la clavelisation générale :

« Nous, maître des requêtes au conseil-d'état, officier de la Légion-d'Honneur, préfet du département du Pas-de-Calais ;

» Vu la lettre de M. le sous-préfet de Montreuil, du 22 courant, de laquelle il résulte que la clavelée fait de nouveaux progrès dans cet arrondissement;

» Vu aussi les correspondances de MM. les sous-préfets de Boulogne et de Saint-Pol, et les rapports des vétérinaires chargés de visiter et de traiter les bestiaux atteints de l'épizootie;

» Vu enfin l'instruction publiée par la Société d'agriculture de Boulogne-sur-Mer;

» Considérant qu'il est instant d'arrêter le cours de l'épizootie funeste qui s'est manifestée dans ce département, et que le meilleur moyen d'y parvenir est de faire inoculer du claveau tous les troupeaux pour les garantir de la contagion;

» Nous avons arrêté ce qui suit :

Art. 1er. » MM. les sous-préfets sont autorisés, dans leurs arrondissemens respectifs, à faire claveliser, aux frais des propriétaires, tous les troupeaux qu'ils jugeront convenable de soumettre à cette opération.

Nous ne ferons point connaître ici le procédé d'inoculation ni les soins à donner aux troupeaux, ces détails sont connus de tous les vétérinaires.

On sait qu'une température douce contribue beaucoup au succès de l'inoculation ; que dans les circonstances d'inoculation préservative on peut choisir ce moment favorable. Mais, dans le cas de clavelée épizootique, on ne doit point attendre les secours offerts par la nature, l'inoculation doit être mise immédiatement en pratique, quels que soient la saison, la race et l'âge des animaux.

Art. 2. « Ils emploieront à cet effet les vétérinaires qu'ils ont déjà chargés de visiter et de traiter les bestiaux malades.

» Il est alloué à chaque vétérinaire.... francs par chaque centaine de bêtes qu'il aura inoculées.

Art. 3. » Tous les moutons soumis à la clavelisation seront marqués au fer rouge de la lettre M, ainsi que ceux attaqués naturellement de la clavelée; ils ne pourront être vendus avant que d'avoir été contre-marqués de la lettre S, marque de santé.

Art. 4. » Tous les moutons qui succomberont à la maladie seront enfouis à trois pieds de profondeur, sous les peines portées par les lois.

Art. 5. » En cas d'opposition de la part d'un propriétaire à ce qu'il soit procédé à la clavelisation générale de son troupeau, il en sera dressé procès-verbal, et le délinquant sera traduit devant les tribunaux pour être puni conformément aux lois.

Art. 6. » Le présent arrêté sera inséré dans le Mémorial administratif, et publié dans toutes les communes par les soins de MM. les maires, qui demeurent chargés de concourir à son exécution en ce qui les concerne.

» Signé MALOUET. »

F. *De l'interdiction des foires et des marchés aux bêtes malades naturellement, inoculées ou suspectes.* On concevra tous les dangers que pourraient courir dans un champ de foire les nombreux troupeaux sains de divers pays, si parmi eux se rencontraient un ou plusieurs troupeaux affectés de clavelée; la maladie, soit par le contact immédiat des troupeaux séparés entre eux seulement par une frêle cloison, soit par l'intermède de l'air, des personnes qui touchent, conduisent, visitent alternativement les troupeaux malades et en santé, se propagerait infailliblement aux troupeaux, qui transporteraient la maladie dans la localité d'où ils proviennent.

L'arrêt de la Cour du parlement du 23 décembre 1778, l'arrêt du 16 juillet 1784, défendent la vente des moutons affectés de clavelée. Le premier arrêt inflige aux délinquans l'amende de 300 francs pour chaque contravention et la confiscation du bétail; le second, l'amende de 500 francs. (Voyez ces arrêts, pages 38 et 554.)

L'arrêt du 16 juillet 1784 défend, en outre, aux cabaretiers, loueurs de bergeries aux environs des marchés, de loger les animaux affectés de clavelée sous peine de 500 francs d'amende.

Ces mesures sont utiles et très sages, et l'autorité devra toujours en surveiller l'exécution.

Il ne suffit pas que les arrêts défendent la vente, il faut encore que l'autorité ait un moyen de surveillance capable de pouvoir éviter la fraude et de faire l'application de la loi aux délinquans.

Voici ce que l'autorité doit faire à cet égard.

1° Elle fera afficher dans les communes que les troupeaux malades ou inoculés ne pourront être admis sur les champs de foires ou marchés, que les troupeaux sains ne pourront y être admis qu'autant que les conducteurs seront munis d'un certificat de l'expert-vétérinaire, vu et légalisé par le maire, constatant que les troupeaux sont en parfaite santé et non suspects de contracter la maladie (Arrêt du 23 décembre 1778) à peine de 300 francs d'amende.

2° Elle désignera un ou plusieurs experts-vétérinaires chargés de recevoir les certificats de santé à l'arrivée des bestiaux sur le champ de foire, et de visiter toutes les bêtes qui les composent.

3° Dans le cas où des animaux seraient trouvés atteints de la clavelée, l'autorité désignera une localité ou une bergerie où le troupeau sera séquestré immédiatement, pour ensuite plus tard ce troupeau être reconduit chez le propriétaire avec les précautions convenables.

4° Le vétérinaire dressera procès-verbal, et l'autorité fera traduire immédiatement le délinquant devant les tribunaux compétens. (Voyez *Conduite à observer par les autorités*, page 50.)

G. *De l'isolement.* Que le troupeau soit attaqué de la clavelée naturelle ou inoculée, pendant la durée de la maladie, il doit être isolé des troupeaux des environs, soit en le renfermant dans une bergerie, soit en lui assignant une étendue de parcours pour lui seul. Dans la première circonstance, l'isolement prend le nom de séquestration ; dans la seconde, celui de cantonnement.

1° *Séquestration.* Si la clavelée règne pendant l'hiver, après la visite du troupeau malade, l'autorité doit défendre de le sortir pour être conduit aux pâturages ou aux abreuvoirs communs pendant toute la durée de la maladie.

Cette mesure ne doit être prise qu'autant que la clavelée existera dans un seul troupeau et que l'autorité ne jugera point convenable de faire pratiquer l'inoculation sur les autres troupeaux de la commune, auquel cas la séquestration deviendrait alors inutile.

Cette *séquestration*, nommée aussi *cantonnement d'hiver*, est le seul moyen de circonscrire la maladie; il mériterait peut-être la préférence sur tous les autres moyens, dans toutes les saisons, si son exécution n'était pas aussi préjudiciable aux intérêts des propriétaires que défavorable à la cure de la maladie. Les frais de nourriture sont dans ce cas toujours onéreux, et la maladie concentrée dans un espace resserré et peu aéré fait des ravages auxquels il n'est pas toujours possible de s'opposer.

La séquestration ne devra donc être mise en pratique qu'autant que la saison sera trop rigoureuse et que le troupeau ne pourrait point sortir des bergeries ; autrement il serait préférable d'employer le *cantonnement mixte* dont nous parlerons plus loin.

2° *Cantonnement.* Le cantonnement est l'isolement du troupeau malade naturellement ou par inoculation sur un terrain de parcours limité dont il ne peut s'écarter, et dont les troupeaux voisins ne peuvent approcher aussi long-temps que dure la maladie.

Voici les dispositions prescrites par les règlemens sanitaires à l'égard de cet isolement particulier.

L'arrêt de la Cour du 23 décembre 1778 dit: « Ordonne qu'en cas que le bétail malade puisse être conduit au pâturage, il soit mis à la garde d'un berger soigneux et qui sera choisi par le maire, lequel ne pourra conduire le bétail que dans les cantons et lieux qui seront indiqués par lesdits officiers, à peine de punition corporelle et de tous dommages et intérêts. »

Le décret de l'assemblée constituante concernant les biens et usages ruraux et la police rurale du 6 octobre 1791, dit, titre 1er, §4, art. 19 : « La municipalité assignera sur le terrain de parcours ou de la vaine pâture, si l'un ou l'autre existe dans la paroisse, un espace où le troupeau malade pourra pâturer exclusivement, et le chemin qu'il devra parcourir pour se rendre aux pâturages ; si ce n'est point un pays de parcours ou de vaine pâture, le propriétaire sera tenu de ne point faire sortir de ses héritages son troupeau malade. »

Voici quelle sera la conduite que l'autorité communale devra suivre lorsqu'elle jugera convenable d'établir le cantonnement.

Après la visite et le rapport du vétérinaire, l'autorité préviendra tous les propriétaires de troupeaux de la commune qu'ils aient à se trouver à la mairie au jour et à l'heure qu'elle indiquera pour arrêter le lieu et les limites du cantonnement. Si la commune possède des vaines pâtures où tous les troupeaux ont droit de pacage, il sera arrêté le lieu où le troupeau malade devra pâturer exclusivement.

Si plusieurs propriétaires possèdent des troupeaux claveleux, ces troupeaux seront réunis pour aller pacager dans le même cantonnement, et mis à la garde d'un berger soigneux qui sera désigné par l'autorité.

Si le propriétaire ou les propriétaires des troupeaux possédaient des pâturages assez nombreux ou un terrain de parcours entouré de clôtures, le cantonnement y sera établi, et le troupeau ou les troupeaux mis à la garde de leurs bergers.

Le chemin par où devra passer le troupeau pour aller au cantonnement sera désigné aussi bien que le lieu où le troupeau ira s'abreuver.

Si l'autorité ne juge point convenable de réunir les propriétaires de troupeaux, après qu'elle aura établi le lieu du cantonnement, elle devra faire connaître par écrit aux propriétaires le lieu qu'elle aura choisi et les limites de parcours qui auront été arrêtées. Son devoir ensuite sera de prévenir le sous-préfet de l'existence de la clavelée dans la commune.

Le choix du lieu de parcours où le cantonnement devra être établi n'est point indifférent; autant que faire se pourra on choisira un terrain isolé, en jachères, par exemple, pour y placer le troupeau; dans tous les cas, ce lieu de parcours devra être éloigné de trois cents pas au moins des grandes routes, des chemins vicinaux et des pâturages communs. On a conseillé de limiter le cantonnement par un sillon de charrue, un chemin, une haie, défendue elle-même par un bon fossé. Si le terrain est borné par des haies, des ravins, une rivière, des fossés d'écoulement, un bois, un chemin peu fréquenté, on devra profiter de ces limites naturelles pour borner le cantonnement; mais, le cerner par un sillon de charrue, c'est temps perdu; établir une haie morte, défendue d'un fossé, ce sont dépenses inutiles.

La grande importance, selon nous, c'est d'ordonner au berger de conduire le troupeau toujours à l'extrémité du pâturage au dessus du vent, afin de laisser un long espace derrière lui pour la dissémination des élémens contagieux unis à l'air; c'est de bien instruire les bergers gardant les troupeaux sains qui paissent au voisinage du cantonnement de ne point en approcher et de ne jamais se placer au dessous du vent qui aura passé sur le troupeau.

Autant que faire se pourra, et dans la supposition

où le troupeau séjournerait jour et nuit dans le cantonnement, un abreuvoir particulier sera désigné pour lui seul. S'il n'était point possible de lui procurer un abreuvoir, au lieu de fixer des heures particulières pour que les bêtes vinssent boire à cet abreuvoir commun, il vaudrait mieux transporter des baquets dans le cantonnement, lesquels étant remplis d'eau journellement, serviraient à la boisson des bêtes malades.

Le cantonnement en plein air réunit aux avantages du pacage celui d'un air frais, pur et sans cesse renouvelé ; il est aussi peu dispendieux : c'est donc celui qu'on devra préférer.

Au commencement du printemps et de l'hiver, alors qu'il règne de grandes variations atmosphériques, de même que pendant les grandes chaleurs, il serait funeste de laisser les troupeaux constamment au cantonnement, soit pendant la chaleur du jour, soit pendant la fraîcheur des nuits, de même qu'il serait non moins dangereux de les laisser constamment dans les bergeries, ordinairement très malsaines ; pour éviter ces inconvéniens, on établit un cantonnement qu'on a nommé *mixte*, pendant la durée duquel le troupeau est conduit tout le jour ou quelques heures du jour au pâturage, et rentré la nuit ou lors des chaleurs, des pluies, des orages, à la bergerie.

Ce cantonnement offre beaucoup d'avantages ; il est peu onéreux aux propriétaires et très salutaire à la santé des troupeaux. Mais il sera bien entendu que le troupeau ne divaguera point au delà des limites assignées pour le cantonnement, et que le berger suivra toujours les chemins qui auront été désignés par l'autorité.

L'opinion la plus générale est que la clavelée naturelle ne peut durer plus de trois mois dans un troupeau : il est certain que la durée de la clavelée inoculée est d'un mois au plus ; or, la durée de la séquestration et du cantonnement devra donc être de *trois mois au moins dans le premier cas, et de six semaines dans le second :* cependant l'autorité administrative pourra prolonger cette durée, selon le besoin et d'après le conseil du vétérinaire.

Les propriétaires qui dérogeraient aux règles prescrites par l'autorité à l'égard de la séquestration ou du cantonnement seront passibles des peines portées par l'art. 23, titre 2, du décret du 6 octobre 1791, et des art. 460, 461 et 462 du Code pénal.

Lorsque la durée du cantonnement sera expirée, l'autorité devra faire visiter de nouveau les troupeaux par le vétérinaire, et si d'après le rapport qui lui sera remis elle juge convenable de lever le cantonnement ou la séquestration, elle avertira les propriétaires voisins que le libre parcours est permis à tous les troupeaux.

H. *Précautions à prendre à l'égard des cadavres et des débris cadavériques.* Aussitôt que les bêtes seront mortes , dit l'arrêt du 23 décembre 1778 : « Les propriétaires et fermiers seront tenus de les enterrer avec leur peau dans des fosses de six pieds de profondeur, et de les recouvrir exactement jusqu'au niveau du terrain ; fait défense à toutes personnes de jeter lesdites bêtes dans les rivières, ni de les exposer à la voirie , même de les enterrer dans les écuries , cours, jardins et ailleurs, que hors l'enceinte des villes , bourgs et villages , à peine de 3oo livres d'amende et de tous dommages et intérêts; fait défense à toutes personnes de tirer des fosses lesdites bêtes sous quelque prétexte que ce puisse être, et aux tanneurs ou autres, d'en vendre ou acheter les peaux *à peine de* 3oo *livres d'amende , même d'être poursuivis extraordinairement.* »

Ces mesures sont extrêmement sages, et les autorités devront en faire surveiller l'exécution ponctuellement.

Quelques propriétaires dans un intérêt mal calculé arrachent quelquefois la laine des cadavres dans le but d'en tirer profit ; l'autorité ne devra point tolérer cette coupable manœuvre qui pourrait être cause de la réapparition de la maladie , parce que la laine possède la funeste propriété de conserver intact et pendant long-temps le virus claveleux.

I. *Peut-on et doit-on faire usage de la chair, du suif des moutons morts de la clavelée ou sacrifiés pendant le cours de cette maladie?*

Usage de la chair comme aliment. Jusqu'à présent aucun fait n'est venu démontrer que l'usage de la viande des moutons affectés de clavelée bénigne ait été suivi d'accidens ; mangée rôtie par les bergers, les valets de ferme en notre présence, cette viande n'a eu aucun inconvénient ; nous en avons nous-même fait usage, quoiqu'avec répugnance, et elle ne nous a nullement incommodé.

Lors de l'épizootie du département du Rhône en 1810, les bouchers de Lyon et ceux de la banlieue ont, dit M. Grognier, acheté des moutons claveleux à vil prix, et ils en ont vendu la viande ; je n'ai pas ouï dire qu'elle ait donné lieu à des maladies ; j'ai su que le troupeau que j'avais vu malade avait été vendu tout entier à des bouchers des environs de Lyon (1).

Pendant l'épizootie claveleuse de 1815, dans le département du Pas-de-Calais, beaucoup de propriétaires, dans la vue de prévenir des dommages résultant de la maladie, se sont entendus quelquefois avec des bouchers pour livrer à la consommation des animaux mal guéris ou encore malades : il n'en est résulté aucun accident (2).

(1) Grognier, Observation sur le claveau, *Annales d'agriculture*, t. 47, p. 317.
(2) D'Arboval, *loco citato*, p. 41.

La viande que nous avons mangée nous a paru un peu fade, quelques personnes nous ont assuré qu'elle était beaucoup plus tendre, et même de plus facile digestion. Quoi qu'il en soit de l'usage de la chair provenant de bêtes affectées de clavelée bénigne, on doit toujours répugner à l'usage d'un semblable aliment. Et d'ailleurs, peut-il en être de même à l'égard de la clavelée maligne? Ne peut-il pas arriver aussi que des bêtes ayant la clavelée maligne compliquée de gangrène à la peau, de gangrène intérieure, soient tuées impunément pendant le cours de l'affection? et alors cette viande ne peut-elle pas occasionner la fièvre dite putride?

D'un autre côté, dans la supposition que l'autorité tolèrerait l'usage de cette viande, ne serait-ce point implicitement donner accès à de graves abus; les bouchers obscurs en parcourant les campagnes, en conduisant les bestiaux à la boucherie; les maquignons en allant de ferme en ferme acheter les bêtes malades ou susceptibles de le devenir, ne sèmeront-ils pas, eux et les bêtes qu'ils conduiront, des germes contagieux sur leur passage? Ces abus, ces fraudes, sont déjà très difficiles à prévenir lorsque l'autorité défend la vente des bêtes pour la boucherie; que serait-ce donc s'ils pouvaient être commis à l'ombre de la loi?

Cinq moutons, dit M. D'Arboval, ayant la tête encore couverte de croûtes claveleuses, et conduits par un boucher obscur, ont été arrêtés en passant dans la commune de Neuville-sous-Montreuil. Des bouchers de cette dernière ville ont fait une autre fraude : profitant de quelques brèches aux murailles de la ville, ils ont passé clandestinement des bêtes malades qui, par ce moyen, ne payaient pas même les droits d'entrée. Voici ce qui est arrivé, et nul doute que de semblables abus ne soient commis à l'avenir.

En définitive, bien que l'usage de la viande de bêtes affectées de clavelée bénigne mangée par l'homme n'occasionne aucun accident, bien qu'il ne soit pas positivement prouvé que l'usage de celle provenant d'animaux atteints de clavelée maligne ait été suivie de maladies intérieures, bien que la vente des bêtes malades indemnise les propriétaires des pertes qu'ils peuvent faire; mais attendu que la tolérance de la vente des bêtes malades, leur transport chez les bouchers, pourraient occasionner la contagion et l'extension de la clavelée, l'autorité devra interdire la vente de bêtes affectées de cette maladie, quelles que soient sa nature et l'époque de sa durée (1).

---

(1) Voici un modèle d'arrêté concernant la prohibition de l'usage de la viande des bêtes malades, pris par M. le sous-préfet de l'arrondissement de Montreuil-sur-Mer en 1815, qui pourra servir de modèle au besoin.

Arrêté de M. le sous-préfet de l'arrondissement de Montreuil-sur-Mer, en date du 20 octobre 1815, sur l'usage de la viande des moutons claveleux.

J. *De la contagion de la clavelée à l'homme et aux animaux*. Après la belle découverte de Jenner sur l'inoculation du cowpox aux enfans , après qu'il fut positivement reconnu que ce procédé avait le pré-

---

« Nous, sous-préfet de l'arrondissement de Montreuil-sur-Mer, département du Pas-de-Calais,

» Informé que quelques particuliers, avides de gain, livrent à la consommation de la chair de moutons attaqués de maladies épizootiques, et voulant prévenir les inconvéniens qui peuvent en résulter pour la vie des hommes,

» Arrêtons ce qui suit :

Art. 1ᵉʳ. » A compter de la publicatiou du présent , et jusqu'à ce qu'il en soit autrement ordonné, il est défendu aux bouchers forains d'introduire dans les villes de Montreuil et d'Hesdin de la viande de moutons abattus *extra-muros*.

Art. 2. » Aucun mouton vivant ne pourra être introduit en ville, sans avoir été préalablement visité et reconnu sain.

Art. 3. » Les troupeaux de bouchers desdites villes seront visités deux fois chaque semaine; toute bête reconnue malade sera mise à part et marquée d'un fer portant la lettre M; et elle ne pourra être abattue avant sa guérison et l'application d'un fer constatant son état de santé et portant un S pour empreinte.

Art. 4. » Le maire de chaque ville indiquera un jour de la semaine et un local pour l'abattage des moutons. Ceux de ces animaux qui seraient destinés à la consommation de la semaine, y seront réunis, visités et marqués de la marque de santé avant que d'être tués; un agent de police sera désigné pour veiller à ce qu'aucun mouton ne soit substitué à ceux visités.

Art. 5. » Les bouchers desdites villes seront tenus d'abattre tous les animaux sains qu'ils ont actuellement avant d'en introduire d'autres en ville, et lorsque ces troupeaux seront épuisés et qu'ils voudront les renouveler, ils en feront la déclaration, et les

cieux avantage de les préserver de la petite vérole ,
on chercha parmi les maladies pustuleuses des
animaux si la clavelée des moutons jouirait aussi
de ce beau privilége : Bourgelat et Brugnone avaient
déjà tenté de transmettre la clavelée aux hommes et
aux animaux, mais ces tentatives furent infruc-
tueuses. Le docteur Sacco de Milan répéta ces essais
plus tard ; il inocula deux enfans et en clavelisa
deux autres : les boutons qui se développèrent sur
les enfans clavelisés étaient plus petits que ceux provenant de la vaccination ; à cela près ils paraissaient
absolument semblables. D'après Sacco, Mauro-Legui
se serait servi du virus provenant de ces enfans clavelisés, et aurait inoculé avec ce produit beaucoup
d'autres enfans dans la ville de Pessaro : trois mois
après,une épidémie varioleuse aurait régné dans cette
ville, et les enfans clavelisés ne l'auraient point con-

---

moutons qu'ils auront acquis seront visités à la porte de la ville
avant d'être introduits.

Art. 6. » Tous les moutons qu'on amènera aux marchés seront visités à la porte de la ville avant d'être introduits; ceux
parmi lesquels on remarqnera des indices de l'épizootie, ne seront pas admis à entrer.

Art. 7. » Le présent arrêté sera soumis à M. le préfet ; néanmoins, et attendu l'urgence, il sera provisoirement exécuté, et
tout contrevenant sera livré au tribunal de police correctionnelle,
pour se voir condamner aux peines établies par le Code contre
les infractions des réglemens de police.

» Signé GOUILLARD. »

tractée, bien qu'aucune précaution n'aurait été prise pour les garantir de la contagion (1). Plus tard Sacco clavelisa quatre enfans sans aucun résultat.

Désirant éclairer cette question importante, M. le docteur Voisin, de Versailles, se livra en 1812 aux essais suivans : huit enfans furent clavelisés, sur cinq *on n'obtint aucun résultat ;* sur les trois autres, du deuxième au cinquième jour, quelques signes d'irritation se manifestèrent aux piqûres, mais ils *s'éteignirent promptement.*

Cinq autres enfans furent *inoculés ensuite avec le virus d'un mouton claveleux,* envoyé à Versailles par M. Girard, alors directeur de l'école d'Alfort ; il ne se manifesta qu'un léger travail aux endroits inoculés.

Un enfant fut *vacciné* au bras et *cla elisé* aux cuisses en même temps ; la clavelisation ne donna lieu qu'à une *faible efflorescence* : la vaccination se *manifesta complètement.* Quatre enfans furent inoculés ; deux avec la matière provenant de *pustules-vaccin,* deux avec celle de *pustules-claveleuses :* les inoculations du vaccin *amenèrent un bon résultat ;* et celles de la pustule claveleuse *qu'un léger travail local.*

Huit enfans furent clavelisés en même temps que deux moutons : sur les huit enfans il ne se *manifesta qu'un léger travail local.* Sur les deux bêtes

---

(1) Traité de la vaccination, par Sacco. Milan, 1809.

ovines, *une clavelée générale apparut et détermina la mort de l'une d'elles.*

Enfin, trois enfans furent *clavelisés* au bras droit, et *vaccinés* au bras gauche en présence d'un jury médical présidé par Chaussier. Les piqûres claveleuses n'eurent *qu'un travail local*, celles du vaccin donnèrent lieu *à de fort belles pustules.* Enfin, tous les enfans qui avaient été *clavelisés d'abord furent ensuite vaccinés* avec le virus provenant d'un de ces trois derniers enfans, *et le succès fut complet* (1).

M. Jouvencel a signalé un enfant de quatorze à quinze ans qui, n'ayant jamais eu la petite vérole, a soigné un troupeau claveleux, a conduit, manié et pansé pendant deux mois plus de soixante bêtes malades, sans éprouver la plus légère altération dans la santé ; plus de trois ans après cet enfant a eu une petite vérole confluente dont il est resté marqué.

Les expériences concluantes de M. Voisin et l'observation de M. Jouvencel prouvent donc que la clavelée ne se transmet point avec tous ses caractères à l'homme, et qu'elle n'est point apte à préserver les enfans du développement de la vaccine inoculée. Et, attendu que l'inoculation claveleuse ne produit qu'un effet local sur les enfans sans les préserver de la vaccine, on doit aussi conclure qu'elle n'est point apte à les préserver de la petite vérole.

____

(1) *Annales d'agriculture*, t. 53, p. 51.

K. *La clavelée ovine peut-elle se transmettre à d'autres animaux par contagion naturelle ou par inoculation directe ?* Voici le seul fait qui soit à notre connaissance sur la contagion naturelle de la clavelée aux animaux.

Barrier rapporte que des chiens de chasse flairèrent et pillèrent un mouton mort de la clavelée qu'on avait jeté dans un fossé. Dix-sept tombèrent malades, eurent une grande faiblesse des membres postérieurs avec jetage abondant par les naseaux ; bientôt se manifesta une éruption à la peau qu'on ne put méconnaître pour une petite vérole maligne : onze en moururent. Le valet de chiens qui les soigna tomba aussi malade et eut les mains et le visage couverts de pustules.

Des expériences d'inoculation ont été tentées sur des vaches et sur des veaux par Auguste Chambrier de Neufchatel sans aucun succès.

Nous avons inoculé trois fois le virus claveleux avec toutes les précautions possibles à la face interne de la cuisse de trois jeunes chiens, et un simple travail local qui n'a pas duré plus de quatre à cinq jours a seulement eu lieu. Il est d'observation que les chiens de bergers qui séjournent avec les troupeaux claveleux, qui pillent les cadavres, ne contractent point la clavelée, bien que cependant les virus dont ils sont imprégnés soient par eux transportés au loin et donnent la maladie aux bêtes ovines dont ils approchent. Le fait rapporté par Barrier nous paraît fort extraordinaire, et il est l'unique qui en ce genre ait été recueilli jusqu'alors : et sous ce rapport il ne saurait nous faire conclure que la clavelée puisse se communiquer aux chiens avec tous les caractères qui lui appartiennent, ou seulement avec quelques-uns d'entre eux.

K. *Méthodes de désinfection.* Les procédés de désinfection applicables aux lieux ou aux bergeries dans lesquels ont séjourné des moutons claveleux consistent, comme nous l'avons dit à l'égard du typhus contagieux, à désinfecter tous les objets qui ont été en rapport avec les animaux ; ainsi tout ce que nous avons conseillé à l'égard des hommes, des chiens, des alimens, des litières, des fumiers, des augettes, des râteliers, des murs, des planchers, du sol, de l'air contagieux, en traitant du typhus, est en tout point applicable à la clavelée. (Voyez *Désinfection*, pages 427 et suivantes.)

§ DE LA MORVE DES SOLIPÈDES.

Histoire de la morve, — résumé de ses causes, — distinction de ses espèces. — Contagion et non contagion. — Moyens de police sanitaire. — Usage des débris cadavériques. — Procédés de désinfection. — Contagion à l'espèce humaine.

Histoire. — La morve des solipèdes est connue depuis la plus haute antiquité ; les symptômes si frappans qui la caractérisent, son incurabilité, la propriété de se transmettre toujours par contagion qu'on y a rattachée , ont , de tout temps , frappé les agriculteurs, les hippiatres, les médecins et les vétérinaires, dans toutes les parties du globe. Attaquant le cheval, l'âne et le mulet, cette redoutable affection, dont le siège et la nature ne sont pas encore bien connus de nos jours, est fréquemment sporadique, quelquefois enzootique, rarement épizootique. La température, les saisons, les climats, l'espèce des animaux, leur âge, leur constitution, influent généralement peu sur son apparition ; cependant elle est plutôt le triste partage des chevaux habitant les pays froids et humides, que celui de ceux séjournant dans les localités chaudes et sèches, ou froides et sèches.

Les saisons de l'année, dans notre pays du moins, ne paraissent que peu ou point exercer d'influence sur son développement , bien que les froids humides, les longues variations atmosphériques y contribuent quelquefois. Les chevaux de troupe, en France particulièrement, ceux attachés aux services actifs, de poste , de diligence, les chevaux de place des grandes villes, ceux attachés à de grands établissemens de roulage, de hallage, sont généralement plus souvent attaqués de la morve que ceux réunis en petit nombre chez diverses personnes, attachés à de petits transports ou à la culture des champs.

Il n'existe pas dans l'espèce cheval de maladie plus formidable que la morve ; presque tous les animaux qu'elle attaque en sont victimes, c'est à peine si sur cent chevaux qui en sont atteints on peut en guérir dix. Aujourd'hui, plus qu'à toute autre époque, on connaît mieux les véritables causes de la morve; mais notre intention n'est point de les faire connaître avec détail. Nous dirons seulement que les fatigues longues, soutenues et très pénibles, qui usent profondément tous les ressorts de l'organisation, qui épuisent les ressources destinées à l'entretien de la vie; que l'alimentation long-temps continuée avec des alimens avariés ou peu nutritifs, incapables d'entretenir, de fortifier, de nourrir en un mot convenablement les organes, et de ramener l'équilibre détruit par les pertes qu'ils éprouvent dans l'exercice de leurs fonctions; que le séjour des chevaux dans des lieux froids et humides, peu aérés et sombres, dans lesquels la transpiration cutanée insensible est incomplète, ou la transpiration sensible est suspendue, arrêtée un grand nombre de fois, sont les trois grandes causes majeures de la morve. Les animaux jeunes, d'une constitution débile, soumis à leur influence, en sont les premières victimes. Autour de ces causes principales viennent se grouper une infinité d'autres causes déterminantes, telles que les longues souffrances, la présence de maladies chroniques, internes ou externes, les résorptions morbides de toutes espèces qui ont lieu pendant le cours de beaucoup de maladies; mais ces dernières sont généralement les plus rares.

Lorsque la morve se déclare parmi des chevaux réunis en grand nombre, toujours on doit en accuser les causes séparées ou réunies dont il s'agit : leur action est lente et cachée ; l'effet qui les suit, ou la morve, n'apparaît qu'après deux mois, six mois, quelquefois une année, et en général lorsque l'économie, profondément altérée dans sa composition intime, devient malade dans toutes ou dans quelques unes de ses parties : alors ce n'est point un seul animal qui est attaqué ; les faibles comme les forts, les vieux comme les jeunes, presque tous, après un temps toujours en rapport avec la force de leur constitution, contractent enfin cette redoutable maladie.

Voilà quelles sont les véritables causes de la morve, celles sur lesquelles on n'a point assez insisté pendant long-temps, celles dont l'effet est si patent et si bien reconnu aujourd'hui, celles qui feraient taxer d'ignorantes, qui feraient nommer coupables, les personnes qui élèveraient la voix pour chercher à les révoquer en doute, celles dont on a dédaigné d'étudier les effets, parce qu'elles ont toujours été masquées ou éloignées par la cause puissante et sans cesse en vue de tout le monde, *la contagion.*

En France la morve fait périr un très grand nombre de chevaux. Dans les régimens de cavalerie les pertes sont énormes ; elles s'élèvent annuellement à des millions de francs : chez les maîtres de poste, les relayeurs de diligence, les propriétaires de grandes entreprises de voitures publiques, elle porte la désolation ou la ruine; et malheureusement, dans ces tristes circonstances, c'est la contagion qui est accusée, c'est elle qui se présente partout; c'est elle qu'on cherche à détruire; et au nombre des victimes que la maladie a faites, des pertes qu'elle a occasionnées, la terrible idée de contagion suscite, amène encore d'autres pertes : les harnais, les couvertures, les objets de pansement, de nettoyage sont détruits; les râteliers, les auges, sont rabotés, blanchis ou brûlés; les écuries sont réparées, et quelquefois démolies, ressources trop souvent impuissantes, nouvelles dépenses tout à fait inutiles. Nous pensons ici remplir un devoir impérieux en nous occupant sérieusement de la contagion de la morve, et en cherchant de tout notre pouvoir à prouver si aujourd'hui comme autrefois on doit rattacher à la contagion le développement de cette maladie dans la plupart des circonstances où elle se montre.

Dans la grave question dont il s'agit, irons-nous invoquer l'opinion des agriculteurs, des hippiatres grecs et latins, ainsi que celle des maréchaux, des hippiatres du XVIe et du commencement du XVIIe siècle? Assurément non. Tout en rendant justice aux connaissances que pouvaient posséder Absirte, Végèce, Aristote, Massé, Duts, et des écuyers tels que Garsault, Laguérinière, Solleysel, Gaspard Saulnier nous devons repousser aujourd'hui ces opinions usées, parce qu'elles n'ont point été le résultat de connaissances fondées sur la nature de la morve et d'observations bien faites. Elles ne méritent qu'un juste dédain, et ne sont d'aucun poids.

Nous arrivons à une date plus rapprochée, à celle de la création des écoles vétérinaires, époque où la médecine des bestiaux acquit tout à coup un grand perfectionnement en s'échappant des mains des maréchaux ignorans et des écuyers, pour passer dans celles de Bourgelat, de Lafosse, et de quelques médecins. Chercherons-nous encore à cette époque, qui est celle de la fin du XVIIe siècle, à nous aider des lumières de Bourgelat et des praticiens Lafosse père et fils ? nous ne le pensons pas. Bourgelat admet, ainsi que Lafosse fils, la contagion de la morve. Lafosse cherche à faire des distinctions ; il motive son opinion, il reconnaît une morve *proprement dite* de tous les jetages qu'on désignait sous le nom de morve, et c'est *celle-ci seulement qu'il croit contagieuse* ; mais cet auteur, aussi bien que Bourgelat, ne fait aucune distinction entre ce qui touche la morve chronique, et la morve aiguë.   .

Le praticien Chabert est arrivé après ces deux hommes instruits. Pendant les trois quarts de sa vie vétérinaire, Chabert a dit peut-être plus que personne que la morve *était contagieuse* ; ses adeptes, Gilbert, M. Huzard père, Desplas, ont appuyé cette opinion ; et ses nombreux élèves, forts de la parole de leur maître, accordant toute confiance à un homme aussi expérimenté et aussi compétent que l'était alors Chabert sur cette matière, répétèrent cette opinion et la propagèrent. Cependant, vers la fin de sa vie, l'opinion de Chabert fut ébranlée ; il l'abjura, ou plutôt Fromage de Feugré et Chaumontel *écrivirent en son nom* dans le *Dictionnaire d'agriculture* que la morve n'était pas contagieuse (1).

A cette époque naquit le doute partout sur la propriété contagieuse de la morve, et bien que Coleman, Delabère-Blaine, Clarck en Angleterre ; que Frenzel, Viborg, Volstein, Schreber, Sander, Kersting, Kruger, en Allemagne ; que Brugnone en Italie, répétaient que la morve était contagieuse, ce doute grandit, se fortifia, et bientôt il fut suivi d'observations, d'expériences qui vinrent presque le changer en certitude. En 1810, le professeur vétérinaire Gohier, avec l'aide de quelques expériences, chercha à relever l'opinion des contagionistes au nombre desquels il se comptait ; mais ces expériences, dont la valeur était contestable, parce qu'elles avaient été faites sur des sujets prédisposés à la morve, ne firent que redoubler le zèle des partisans de la non contagion et de ceux qui doutaient encore à ce sujet. Bientôt M. Godine jeune arriva, après *Fromage de Feugré* et Chaumontel, avec une série de faits et d'observations de *non contagion* qui frappèrent au

____

(1) Dictionnaire d'agriculture pratique de l'abbé Rosier, t. 4, article MORVE.

cœur les contagionistes ; aussi **se** réveillèrent-ils, et c'est alors qu'on a entendu dire à M. Huzard père, en faisant l'éloge du vétérinaire César, *qu'on avait fait dire des sottises à Chabert.*

Pénétré que la morve n'était point contagieuse, M. Dupuy, ancien professeur à l'école vétérinaire d'Alfort, arriva avec un autre genre de preuve. M. Dupuy étudia le siège et la nature de la morve, il dit qu'elle était due à des causes éloignées, qu'elle s'annonçait à l'extérieur long-temps après son existence dans l'économie, que les altérations morbides qui la constituaient étaient de nature tuberculeuse, et qu'on ne pouvait raisonnablement admettre qu'une semblable maladie fût contagieuse. Quelques faits fortifièrent cette opinion fondée.

L'ouvrage de M. Dupuy fut publié en 1817, et depuis cette époque les opinions des vétérinaires se trouvant partagées entre la contagion et la non contagion, beaucoup d'entre eux cherchèrent à s'éclairer mutuellement en recueillant des faits, en faisant des expériences. Il est digne de remarque qu'à dater de cette époque la question de non contagion et de contagion s'embrouilla plutôt qu'elle ne s'éclaircit. Une foule d'opinions, d'idées, de faits opposés les uns aux autres, furent publiés, et bientôt on ne s'entendit plus. Cependant, il faut le dire, on chercha alors à faire des distinctions dans la nature de la morve. Gilbert le premier avait parlé d'une morve aiguë ; M. Dupuy revint sur cette distinction, qu'il blâma et adopta tour à tour dans son ouvrage. Mais plus tard MM. Hamont et Prévost cherchèrent à faire connaître cette variété de morve. De nos jours la question pendante est de savoir : 1° s'il existe sur les chevaux *une morve aiguë* et *une morve chronique*; 2° si ces deux espèces de morve ont des caractères pathologiques univoques, différentiels, et facilement reconnaissables ; 3° si on doit rattacher les faits de contagion de la morve rapportés jusqu'à ce jour à la morve aiguë seulement, ou bien tout à la fois à la morve aiguë et à la morve chronique:

Nous désirons jeter quelque jour sur ces questions envisagées sous le point de vue de police sanitaire. Nous avons beaucoup étudié depuis une dixaine d'années les diverses espèces de maladies auxquelles on a donné le nom générique de morve; et, afin de mieux être d'accord sur le présent et de mieux s'entendre à l'avenir, nous allons, dans le but d'éclairer les vétérinaires sur les distinctions de leurs espèces, donner, dans un tableau synoptique et comparatif, les caractères pathognomoniques de la morve chronique, de la morve aiguë et du coryza gangréneux, ou mal de tête de contagion, pendant la vie, et ceux aussi des altérations pathologiques que ces trois maladies laissent après la mort. Cette question capitale éclaircie, nous rapporterons les faits de non contagion et de contagion, tant de la morve chronique que de la morve aiguë ; et de l'exposé de ces faits, de quelques explications physiologiques, nous chercherons à vider, s'il y a lieu, l'importante question de la contagion ou de la non contagion de la morve. Nous ferons découler de l'éclaircissement de cette question les mesures sanitaires applicables à la morve chronique et à la morve aiguë. (Voyez le tableau ci-contre.)

Maintenant que nous avons ait connaître les caractères distinctifs des trois espèces de maladies connues sous le nom de morve, il nous sera facile de discuter sur leur propriété contagieuse. Commençons par la morve chronique.

De la contagion de la morve chronique.

Que la morve chronique soit une altération des humeurs, ainsi que l'ont dit les vétérinaires de l'école de Bourgelat et de Chabert; qu'elle soit de nature tuberculeuse, cancéreuse, scrophuleuse, inflammatoire et chronique, ou calcaire: qu'elle ait son siége dans toute l'économie, ou seulement dans la membrane nasale, dans le poumon, dans le système lymphatique; que tous ces organes, ces systèmes soient affectés primitivement ou consécutivement, peu nous importe: dans la question de contagion, ce dont il faut être d'accord c'est sur ce point, à savoir : que la morve débute long-temps après les causes qui l'ont suscitée; qu'elle a une marche lente, une durée indéterminée; qu'elle s'accompagne de lésions morbides toujours d'ancienne formation; qu'elle revêt, en un mot, tous les caractères d'une maladie essentiellement chronique.

TABLEAU SYNOPTIQUE ET COMPARATIF DES MALADIES
DÉSIGNÉES SOUS LE NOM DE MORVE.

Police Sanitaire.

MORVE CHRONIQUE.

Attaque les chevaux de toutes races, de tous âges.

COURS DE LA MALADIE.

Prodrômes. — 1er *degré.* — *Suspicion de la morve.* — Léger jetage séreux, inodore, par un seul ou par les deux naseaux; pituitaire pâle glacée; — yeux légèrement chassieux; — léger empâtement des ganglions de l'auge, ou engorgement intermittent et indolent de ces ganglions avant le jetage; — toux quinteuse, sèche, rarement humide; — plus tard, léger jetage glaireux, verdâtre, adhérant aux ailes du nez par une seule ou par les deux narines. — Épistaxis et claudication intermittente; empâtement fréquent des testicules. — Cet état peut durer *un ou deux mois.*

Augment ou 2e *degré.* — Jetage persistant; — mais alors matière du jetage gluante, inodore, verdâtre, abondante pendant l'exercice ou le repos, se desséchant et adhérant aux poils des naseaux. — Pituitaire pâle, glacée, offrant quelques érosions superficielles; — apparition de corps blanchâtres, arrondis, miliaires, dans son épaisseur. — Légers renflemens alongés, sortes de petites cordes noueuses sous l'appendice antérieur du grand cornet. — Induration indolente des ganglions sous-linguaux; — yeux souvent chassieux; — toux fréquente, quinteuse; — aucun bruit accidentel dans la poitrine; — poil tantôt piqué, avec un peu de maigreur; — d'autres fois lustré, avec embonpoint. — Toutes les fonctions intérieures sont dans l'état de santé. — L'énergie est souvent conservée; — persistance de cet état pendant *un ou deux mois,* quelquefois moins.

État. — 3e *degré.* — *Morve confirmée.* — Matière du jetage très abondante, mais conservant les mêmes caractères; — pituitaire toujours pâle; — apparition *d'ulcérations superficielles ou profondes, petites, à bords irréguliers, échancrés, dentelés à pic, à fond blanchâtre, et jamais entourées par un bord rouge;* — quelquefois cicatrisation de ces ulcérations sous la forme de plaques blanches, rayonnées, irrégulières. — Entre ces cicatrices, ces ulcérations, existent de petits corps durs, blanchâtres et miliaires (tubercules crus de M. Dupuy). — Ganglions de l'auge gros, durs, indolens, rapprochés de la table interne des os maxillaires. — Table de l'os frontal, des os sus-naseaux, lacrymaux, zygomatiques, soulevés, rendant un son mat par la percussion. — Toux fréquente et sèche; — faiblesse du murmure respiratoire dans tout le poumon, et alors embonpoint, poil lustré; — d'autres fois absence de ce murmure, râles muqueux et caverneux, et alors maigreur ou marasme. — Claudication tantôt d'un membre, tantôt d'un autre; — épistaxis passagères; — induration des testicules. — Cet état peut encore durer *un à deux mois,* et alors le cours de la morve date de quatre, cinq ou *six mois.*

Terminaison. — Bientôt la désorganisation des produits morbides amenant des résorptions purulentes qui s'opèrent dans toutes les parties altérées, l'influence du séjour dans les lieux insalubres où l'on relègue souvent les chevaux, l'altération générale des liquides circulatoires qui en est la suite, suscitent un changement d'état de la morve chronique, qui se présente tout à coup sous un autre aspect. Cette terminaison a pour résultat des produits impropres de morve aiguë *entée sur la morve chronique, de terminaison typhoïde.* Elle mérite d'être bien connue et surtout bien distinguée de la morve chronique et de la véritable morve aiguë.

Caractères. — Tout à coup flux nasal jaunâtre, sanguinolent, couleur jaune livide de la pituitaire; — pétéchies, boursoufflemens, puis gangrène du tissu muqueux; — élargissement considérable des chancres anciens; empâtement des ailes du nez avec dyspnée; — ganglions de l'auge empâtés, rapidement et devenant douloureux. — Cordes de farcin dues à des résorptions purulentes des naseaux, prenant leur origine aux naseaux, se prolongeant obliquement sur la face et se rendant aux ganglions de l'auge. Râle muqueux dans la trachée et les bronches; râles caverneux, muqueux, sibilant dans le poumon; — pouls petit, vite; battemens cardiaux tumultueux; — œdème quelquefois aux membres et au scrotum; — faiblesse, épuisement, marasme; — bientôt asphyxie, *mort du huitième au dixième jour.* — Rarement amélioration dans les symptômes et guérison. — Cette terminaison est très ordinaire pendant la durée du troisième degré.

Altérations morbides. — Les chevaux sont rarement sacrifiés pendant le premier degré de la morve. Nous croyons devoir ne point faire connaître ici les altérations morbides de ce degré.

Lésions appartenant au deuxième degré. Cavités nasales. — Ulcérations à la partie supérieure de la cloison nasale et des cornets, isolées, superficielles, ou intéressant déjà le corps de la pituitaire. — Lignes saillantes, blanchâtres, irrégulières dans tout leur trajet, offrant une suite de corps arrondis, blanchâtres, durs, formés par l'altération des lymphatiques superficiels de la muqueuse (tubercules de M. Dupuy). — Matière pultacée blanchâtre dans les cornets et les sinus.

Poumons. — Rosés par place; tissu pulmonaire contenant çà et là de petits corps arrondis, miliaires ou pisiformes, jaunâtres, formés d'une matière peu dense, albumino-fibrineuse, et renfermés dans l'intérieur d'un lymphatique oblitéré (tubercules naissans ou crus de M. Dupuy); quelquefois durs, associés à une matière calcaire qui les encroûte (tubercules calcaires), entourés d'un kyste et du tissu pulmonaire sain.

Ganglions lymphatiques. — De l'auge, de l'entrée de la poitrine, des bronches, renfermant dans leur tissu aréolaire, là de la lymphe légèrement opaque et stagnante; ailleurs de la lymphe coagulée, blanchâtre, assez dure; dans un autre endroit, une petite masse de lymphe coagulée, altérée, dure, enkystée dans une utricule du tissu ganglionnaire; dans quelques ganglions cette petite masse (tubercule de M. Dupuy) est entourée de sels calcaires. — Ganglions mésentériques, sous lombaires, inguinaux, offrant plus rarement cette altération. — Tous les autres viscères, excepté le poumon, sont généralement sains.

3e *degré. Cavités nasales.* — Ulcérations plus nombreuses, plus profondes, souvent réunies et formant de larges surfaces blanchâtres, à bords irréguliers. — Matières mucoso-puriformes épaisses dans les cornets et les sinus; épaississement de la membrane de ces cavités; ossification par plaques à la surface des cornets et des lames osseuses concourant à former les sinus. — *Poumons.* — Dépôts lymphatiques (tubercules) entourés de tissu pulmonaire rouge infiltré. — Membrane formant le kyste rouge, matière y contenue ramollie, s'écrasant dans les doigts, mais sans odeur. — des dépôts ont donné naissance à une cavité circonscrite par le kyste, dans laquelle existe une matière demi-liquide, pultacée, infecte, communiquant quelquefois avec les tuyaux bronchiques (vomiques). — Indurations blanches ou grises à l'extrémité des lobes pulmonaires. — Bronches renfermant un mucus purulent. — Matière épaisse, crémeuse, semblable au pus parfaitement beau, dans les épydidimes.

Terminaison avec résorption purulente, gangrène et altération générale des liquides. — Toutes les altérations notées dans le troisième degré. — En outre : *Cavités nasales.* — Dépôts sanguins dans l'épaisseur de la pituitaire; — gangrène de cette membrane s'offrant sous la forme d'un détritus livide et infect. — Ulcérations ayant une grande étendue, offrant à leur surface une matière pultacée épaisse; fond des ulcérations rugueux, chagriné; bords irréguliers et quelquefois renflés. — Ramollissement, perforation de la cloison cartilagineuse par les ulcérations; — mucus sanieux infect dans les cornets et dans les sinus. — *Poumons.* — Dans quelques endroits, tissu pulmonaire rouge noir, friable, ramolli, noirâtre ou grisâtre, répandant une odeur infecte (commencement de gangrène). — Cavités closes formées par une membrane dense pouvant loger une noisette ou une noix, renfermant un liquide trouble, sanieux, grisâtre, dans lequel nagent des détritus blanchâtres; ou bien perforées, communiquant avec les bronches (vomiques anciennes). — Dépôts lymphatiques entourés de tissu pulmonaire rouge, ramolli et infiltré, quelquefois noir et friable; — ecchymoses répandues çà et là; — infiltration séreuse dans le tissu cellulaire interlobulaire. — Lymphatiques superficiels nombreux très apparens, s'entrecroisant de toutes parts, et renfermant un liquide rougeâtre. — *Ganglions lymphatiques* de toutes les parties du corps volumineux, rougeâtres, entourés de tissu cellulaire gorgé de sérosité quelquefois sanguinolente. — *Ecchymoses* dans les cavités du cœur, dans la rate, les muqueuses intestinales; — muscles pâles, sang se décomposant facilement et colorant bientôt les parois des vaisseaux.

MORVE AIGUË.

Attaque particulièrement les chevaux de race distinguée, les ânes et les mulets.

COURS DE LA MALADIE.

Début. — Débute tout à coup; — inappétence. — grande tristesse, — yeux larmoyans; — jetage par une seule narine et plus ordinairement par les deux, de mucus glaireux, légèrement jaunâtre, abondant et inodore; — pituitaire tuméfiée, d'un rouge vif ou d'un rouge jaunâtre; — ganglions de l'auge empâtés, douloureux; — respiration accélérée; — puis plein et fort; — engorgement des membres et des enveloppes testiculaires. — Cet état dure *deux à trois jours,* rarement il se prolonge jusqu'au huitième.

Augment. — Jetage plus abondant, d'une couleur jaunâtre, des ailes du nez particulièrement l'interne, tuméfiées, douloureuses; — nasale engorgée, rouge jaunâtre, douloureuse, recouverte de petites blanchâtres, de forme variable, souvent entourées d'un cercle rouge; — ganglions de l'auge volumineux, gras, mais douloureux. — Quelquefois éruption à la peau de petits boutons cutanés, rarement sous-cutanés, lenticulaires, douloureux, disséminés dans diverses parties du corps, mais particulièrement autour du nez, sur l'encolure, les côtes et le ventre. — Engorgement des membres et des enveloppes testiculaires plus considérable; — dyspnée laborieuse, sifflée; — pouls petit, vite; — battemens du cœur tumultueux; — faiblesse très grande. — Cet état dure *deux à trois jours au plus.*

État. — Aux pustules nasales succède des ulcérations profondes, rugueuses, irrégulières, encadrées par un cercle rouge, quelquefois isolées, souvent réunies, et alors formant une large et profonde ulcération qui détruit la pituitaire, attaque et perfore très rapidement la cloison cartilagineuse. — Jetage conservant les mêmes caractères, mais plus abondant et strié de sang; — ailes du nez rapprochées, occlusion presque complète des naseaux, rendant la respiration sifflante et suffocante; — air expiré fétide; — murmure respiratoire accompagné de bruits confus, tels que les râles muqueux et crépitant très humides; — toux fréquente et grasse; — ganglions de l'auge très douloureux; — boutons cutanés et sous-cutanés ramollis, renfermant une matière puriforme, quelquefois rouge lie de vin; d'autres fois sécrétant et laissant suinter une matière ichoreuse, se desséchant et formant croûte; — œdèmes des membres et du fourreau plus considérables. — Les plaies, si on en fait, loin de se cicatriser, si on en passe, laissent écouler, six heures après, un fluide glaireux, jaunâtre, semblable au mucus nasal. — Ces symptômes se montrent pendant les cinquième, sixième et huitième jours.

Terminaisons. — Bientôt dyspnée suffocante; — ulcérations nombreuses, mais difficilement explorables; — *résorption purulentes* annoncées par des pétéchies sur la conjonctive, la prompte coagulation du sang retiré de la jugulaire et l'abondance de sa partie séreuse; — *asphyxie;* — mort par suffocation *du dixième au douzième ou quinzième jour.* — Quelquefois le cinquième ou le huitième jour, la maladie décline, les pustules s'affaissent, les ulcérations peu profondes ne tendent point à s'élargir; les symptômes généraux se calment, le jetage diminue, les ganglions de l'auge se dégorgent lentement; une direction heureuse se fait remarquer. — Si alors des moyens curatifs rationnels aident la marche de ce déclin, les animaux guérissent, mais après un temps toujours long. — D'autres fois, la maladie prend le type chronique, en revêt tous les caractères, et reste incurable.

Altérations morbides. — *Cavités nasales.* — Pituitaire rouge-jaunâtre, épaissie; — nombreux ulcères, à bords frangés, rouges et élevés, recouverts d'une matière épaisse, caséeuse, souvent fétide, occupant toute l'épaisseur de la muqueuse, quelquefois l'ayant perforée, ainsi que le cartilage de la cloison; — cordons blanchâtres, noueux, irrégulièrement festonnés, se dirigeant vers les ouvertures gutturales, formés par des lymphatiques superficiels ou profonds, malades et remplis de lymphe altérée. — Quelquefois existence de corps lenticulaires, arrondis, blanchâtres, faciles à détruire, entourés d'un cercle rouge (pustules que nous avons signalés lors de la période d'augment pendant la vie). — Cornets et sinus renfermant un mucus glaireux, jaunâtre, filant et sanguinolent. — Ulcérations dans le larynx, et quelquefois dans la trachée.

Poumons. — Tissu pulmonaire parsemé de nombreuses ecchymoses et de dépôts de la grosseur d'une lentille, d'un petit pois, faciles à écraser, d'un blanc sale au centre, d'un rouge livide à la circonférence, formés de matière albumino-fibrineuse, et entourés de tissu pulmonaire rouge vif et friable, occupant particulièrement la superficie du poumon. Ailleurs ces dépôts sont réduits en une matière mucoso-puriforme, rouge au centre, et entourée de tissu pulmonaire rouge-brun et très friable. — Lymphatiques superficiels très gros et très nombreux; — bronches renfermant beaucoup de mucus filant et jaunâtre.

Ganglions lymphatiques, sous-linguaux, sous-parotidiens, pectoraux, bronchiques, mésentériques, sous-lombaires, des aines, gros, rouges ou rougeâtres, entourés d'une infiltration séro-sanguinolente, gorgés d'une grande quantité de lymphe rougeâtre contenue dans les utricules de leur tissu. — Rate volumineuse maculée de taches noires, formées par un sang boueux. — *Boutons de la peau* formés au centre d'une matière albumino-fibrineuse, entourée d'une belle arborisation vasculaire; — œdèmes des membres, du fourreau, des ailes du nez formés par un fluide séreux ou séro-sanguinolent.

CORYZA GANGRÉNEUX. — ENCORE APPELÉ MAL DE TÊTE DE CONTAGION. — MORVE GANGRÉNEUSE.

Attaque particulièrement les gros chevaux, ceux qui ont subi de longues fatigues, qui ont ou qui ont eu de vieilles plaies suppurantes, qui ont d'anciennes maladies de poitrine.

COURS DE LA MALADIE.

Début. — Apparition sur la pituitaire et sur la conjonctive de taches circonscrites, irrégulières, d'arborisations, de pointillemens, d'un rouge plus ou moins vif (pétéchies). — Engorgement des membres, du fourreau, du bout du nez; — pouls mou et très vite; — battemens tumultueux du cœur; — respiration presque normale; — faiblesse générale; — crins s'arrachant avec facilité; — conservation de l'appétit. — Cet état dure *deux à trois jours.*

Augment. — Taches des muqueuses plus foncées, plus étendues; — tuméfaction plus considérable du nez, s'étendant à la lèvre supérieure; — jetage séreux, peu abondant; — ganglions de l'auge à l'état normal, — conjonctive (outre la pituitaire) jaunâtres et infiltrées; — œdèmes des parties déclives faisant des progrès de bas en haut, et terminés par de gros bourrelets circonscrivant l'engorgement; — absence du murmure respiratoire et matité dans la région inférieure de la poitrine, correspondant au bord inférieur du poumon; — battemens du cœur offrant les mêmes caractères; — fonctions digestives conservant l'état de santé. — *Point d'éruption cutanée.*

État. — *Ramollissement;* — gangrène septique locale avec destruction de la pituitaire dans les endroits renfermant le sang altéré formant les pétéchies, alors en contact avec l'air; — odeur fétide du jetage, dont la matière est gluante, roussâtre et sanguinolente. — Apparition d'ulcérations nombreuses, irrégulières, sans cercle rouge, succédant à la destruction gangréneuse de la nasale. — Aussitôt engorgement, empâtement des ganglions de l'auge; — gonflement considérable des ailes du nez et des lèvres, s'étendant à la face, amenant une dyspnée suffocante, occasionnant l'impossibilité de la préhension des alimens et de la mastication; — œdèmes des membres, du fourreau faisant toujours des progrès, quelquefois suintement de sérosité à leur surface; — matité, absence et murmure respiratoire s'élevant dans la région moyenne de la poitrine, et indiquant l'engouement du poumon marchant de bas en haut. — Cet état dure *quatre à cinq jours,* rarement plus.

Pendant ces trois phases maladives, et notamment pendant la dernière, le sang retiré de la jugulaire, et recueilli dans un hématomètre, se coagule en dix minutes (15 à 16 minutes état de santé); — caillot blanc, peu consistant, caillot noir, diffluent. — Sérum très abondant; — putréfaction très prompte.

Terminaisons. — Obstruction des naseaux par l'engorgement qui gagne la face, amène une dyspnée suffocante, et force à faire la trachéotomie. — Engorgement des poumons plus étendu; — œdèmes dépassant les genoux et les jarrets; — pouls petit et insensible; — faiblesse extrême; — chute sur le sol; — impossibilité de se relever. — *Mort du dixième au douzième jour,* rarement plus tard. — Quelquefois pendant le début et l'augment, et par un traitement convenable, l'état stationnaire des pétéchies et des œdèmes, puis disparition successive des symptômes; — *guérison.* — Souvent réapparition de la maladie pendant la convalescence; — mort toujours certaine après la gangrène de la pituitaire et du poumon.

Altérations morbides. — Altérations pathologiques nombreuses et multipliées, se répétant dans les mêmes caractères dans beaucoup d'organes, étant plus nombreuses et plus profondes dans les parties en rapport avec l'air extérieur.

Cavités nasales. — Pituitaire offrant des taches occupant sa superficie ou son épaisseur; là ces taches sont d'un rouge brun, et le tissu muqueux est encore résistant; ailleurs, la teinte noire est grise foncée, et la membrane offre un ramollissement boueux, sale et infect. — Plus loin, des ulcérations ont succédé à cette destruction locale. Celles-ci sont profondes, rugueuses, irrégulières, sans particularités; le long des sinus veineux de la cloison; — infiltration des appendices des cornets, dont l'intérieur est noir et rempli de sang; mucus sanguinolent dans les gouttières nasales et les sinus; — engorgement des lèvres, des ailes du nez, formé 1° d'un liquide séro-sanguinolent existant dans le tissu cellulaire; 2° d'une matière colorante du sang se formant des taches foncées dans l'épaisseur des tissus, et notamment dans les fibres musculaires.

Poumons gros, noirs, pesans, marqués de taches noires, rouges ou plombées. — Dans ces taches intérieur des deux lobes, tissu noir, friable, engoué de sang, où bien le sang est organisé avec la substance pulmonaire, et la rend plus pesante (induration rouge). Cette altération est entourée par de la sérosité épanchée dans le tissu cellulaire interlobulaire. — Épanchemens sanguins circonscrits dans quelques parties du tissu pulmonaire; dans d'autres endroits, ramollissement circonscrits formant une matière noire, boueuse, répandant l'odeur fétide de gangrène. (Véritable gangrène septique partielle due au sang altéré pendant la vie et mis en contact avec l'air dans le poumon.)

Rate volumineuse, d'un noir livide, ramollie, renfermant un sang noir comme de la boue d'encre; — quelquefois cette altération est locale et disséminée à quelques points de la rate seulement.

Ganglions lymphatiques de l'auge, de l'entrée de la poitrine, des bronches, du mésentère, quelquefois de la région sous-lombaire, de l'aine, du fourreau, rouges, tuméfiés, gorgés de sang épanché dans leur tissu, et entourés d'une infiltration séro-sanguinolente; — ecchymoses dans le cœur, dans le canal intestinal, dans les reins, et généralement dans toutes les parties vasculaires.

Engorgement des membres et du fourreau formé par un épanchement de sérosité dans le tissu cellulaire sous-cutané et intermusculaire. — Taches noires dans l'épaisseur des muscles.

TABLEAU DES ÉPREUVES FAITES ET DES FAITS RECUEILLIS JUSQU'A CE JOUR

POUR PROUVER LA NON CONTAGION DE LA MORVE CHRONIQUE.

ÉPOQUES.	OBSERVATEURS.	NOMBRE DE CHEVAUX soumis à la contagion.	ÉTAT DE CES CHEVAUX.	ÉPREUVES AUXQUELLES ILS ONT ÉTÉ SOUMIS.	DURÉE de L'ÉPREUVE.	RÉSULTATS.	TEMPS QUI S'EST ÉCOULÉ APRÈS L'ÉPREUVE.	OUVRAGES DANS LESQUELS les faits ont été puisés.
1789	Godine jeune.	8	Gros chevaux en bon état et deux poulains de 18 mois.	Ont cohabité, mangé, travaillé avec quatre chevaux morveux pendant	8 mois.	Négatif.	Restés en observation pendant plusieurs années.	Élémens d'hygiène vétérinaire.
1790	id.	6	Chevaux de trait en bon état.	Ont cohabité, mangé et ont été guéris à la même voiture avec un cheval morveux abattu à l'école d'Alfort, pendant	4 mois.	id.	Pendant 4 mois, les cinq chevaux exposés à la contagion ont été visités à l'école d'Alfort.	id.
1794	id.	12	Chevaux de réforme.	Ont cohabité, mangé et ont été exercés avec deux chevaux morveux pendant	2 mois.	id.	Ont été examinés pendant 18 mois après l'épreuve.	id.
1795	id	3	Chevaux en bon état.	Ont cohabité, mangé et ont été exercés avec un cheval morveux pendant	2 mois.	id.		
1798	id.	2	Jumens bretonnes en bon état.	Ont cohabité, mangé, travaillé avec un cheval morveux au troisième degré; les couvertures, brosses, étrilles ont servi alternativement aux trois chevaux sains et au cheval morveux; injections de la matière du jetage tous les jours dans les naseaux.	3 mois.	"	Mises à la culture et observées pendant plusieurs années.	id.
1806	Dupuy.	1	Cheval vigoureux et jeune.	A cohabité dans une écurie basse et étroite avec deux chevaux morveux au dernier degré pendant	3 mois.	id.	Abattu : arrière dent molaire enfoncée dans les cavités nasales.	Dupuy, De l'affection tuberculeuse, page 454.
1809	Chaumontel.	1	Poulain de 20 mois en bon état.	A vécu et cohabité avec des chevaux morveux pendant	20 mois.	id.	A été revu et examiné jusqu'à l'âge de 6 ans.	Cours complet d'agriculture pratique, tome 4, page 54
1809	id.	1	Cheval en bon état.	A été inoculé sur la pituitaire; puis injections tous les jours de matière morveuse dans les naseaux; cohabitation avec deux chevaux morveux pendant	2 mois.	id.	A eu un petit ulcère à l'endroit inoculé qui s'est promptement cicatrisé.	Id. page 547.
1809	Vitry.	3	Chevaux parfaitement sains.	Ont cohabité pendant long-temps avec des chevaux morveux.	"	id.	"	Élémens d'hygiène vétérinaire.
1809	Godine jeune	9	Chevaux en bon état.	Ont travaillé avec trois chevaux morveux au dernier degré pendant	2 ans.	id.	"	Id. page 161.
1813	Moutonnet	1	Jument jeune et saine.	Couverte par un étalon morveux.	"	id.	Conservée pendant 4 ans.	id.
1813	Moutonnet	1	Poulain.	Allaité par une jument morveuse; cohabitation pendant	4 ans.	id.	Conservé jusqu'à 5 ans sans aucun signe de morve.	
1815	Caffin.	1	Cheval âgé de 9 ans, en bon état, et de race bretonne.	A cohabité dans la même écurie entre quatre chevaux morveux; a mangé du son associé à du mucus morveux; dépôt dans le nez, à l'aide d'une éponge, du jetage provenant d'un cheval morveux au troisième degré; inoculation avec des mèches imprégnées de morve du même animal.	2 mois.	id.	Observé pendant 7 à 8 mois; il n'a pas cessé de jouir d'une parfaite santé.	Dupuy, Affection tuberculeuse, page 433.
id.	Id.	1	Jument bien portante.	Inoculation d'une petite portion de membrane pituitaire ulcérée d'un cheval abattu morveux, sur la membrane nasale et sous la peau.	"	id.	A été examinée pendant un an.	id.
id.	id.	1	Jument en bon état; léger catarrhe chronique.	A été mise en contact pendant un mois avec des chevaux douteux, a séjourné pendant deux mois entre deux chevaux morveux au troisième degré qui ont été abattus.	4 mois.	id.	Est rentrée dans un escadron de cavalerie, et a été vue pendant long-temps.	id.
id.	id.	1	Cheval portant une fistule dans l'épaisseur des muscles de la jambe.	A été mis au vert avec deux chevaux morveux qui ne laissaient plus d'espoir de guérison, pendant	2 mois.	id.	N'a pas été perdu de vue pendant plusieurs mois.	id.
1817	Bullion.	2	Poulains de 3 ans provenant de jumens morveuses.	Ont été nourris et ont cohabité pendant six mois avec leur mère.	6 mois.	id.	Ont été examinés après l'épreuve.	Mémoires de la Société royale d'agriculture, t. 17, p. 12...
1818 1819 1820	Morel.	1	Cheval parfaitement sain.	A cohabité, mangé, travaillé en commun avec un cheval morveux au dernier degré pendant	2 ans	id	"	Traité de la morve, p. 56 et suivantes.
id.	id.	3	Jumens parfaitement saines.	Ont cohabité avec un cheval morveux pendant	20 jours.	id.	N'ont pas été perdues de vue pendant long-temps.	id.
id.	id.	8	Chevaux de labour bien portans.	Ont cohabité, mangé, travaillé avec une jument morveuse pendant	1 an.	id.	Examinés long-temps après.	id.
id.	id.	"	Chevaux de labour.	Ont séjourné avec un cheval morveux au premier degré pendant	6 mois.	id.	N'ont pas été perdus de vue pendant long-temps.	id.
id.	id.	1	Cheval boiteux en bon état.	A cohabité, a mangé avec un cheval morveux au troisième degré pendant	1 mois.	id.	id.	id.
id.	id.	"	Chevaux de labour.	Ont cohabité avec une jument morveuse morte des suites de cette maladie, pendant	5 semaines.	id.	id.	id.
1819	École d'Alfort, expériences.	1	Cheval hongre, poussif, âgé de 7 ans.	A cohabité et mangé avec trois chevaux morveux pendant	7 mois.	id.	A été tué, et n'a présenté aucune lésion qui caractérise la morve.	Recueil de médecine vétérinaire, tome 6, page 66...
id.	id.	1	Jument poussive, âgée de 7 ans.	A cohabité et mangé avec deux chevaux morveux pendant	2 mois.	id.	id.	id.
id.	id.	1	Jument de selle, 9 ans.	A cohabité avec un cheval morveux pendant	3 mois.	id.	id.	id.
id.	id.	1	Cheval hongre, 9 ans	A cohabité et mangé avec deux chevaux morveux pendant	1 mois.	id.	id.	id.
id.	id.	1	Jument de selle, 9 ans.	A cohabité et mangé avec sept chevaux morveux pendant	9 mois.	id.	id.	id.
id.	id.	1	Cheval de selle, 15 ans.	A cohabité avec cinq chevaux morveux pendant	10 mois.	id.	id.	id.
id.	id.	1	Cheval de selle, 15 ans.	A cohabité avec un cheval morveux pendant	3 mois.	id.	id.	id.
id.	id.	1	Jument âgée de 15 ans.	A cohabité avec un cheval morveux pendant	2 mois.	id.	id.	id.
id.	id.	2	Chevaux âgés de 11 à 15 ans.	Ont travaillé pendant long-temps avec les harnais de chevaux morveux.	"	id.	id.	id.
1819	Expériences faites à l'école de la vénerie de Turin, attribuées à M. Lessona.	1	Cheval hanovrien, âgé de 11 ans; inflammation chronique du poumon.	Introduction dans le nez, à l'aide de tampons flexibles, de la matière du jetage de chevaux morveux, et a séjourné ensuite pendant trois mois avec des chevaux morveux.	5 mois d'épreuves.	id.	Trois mois après l'inoculation, il a présenté quelques symptômes de morve, tels que ulcération légère de la pituitaire, induration des ganglions; mais il a guéri spontanément.	Recueil de médecine vétérinaire, tome 4, page 3...
id.	id.	1	Cheval hanovrien, âgé de 8 ans, très peu libre des épaules.	Même épreuve que le précédent.	5 mois.	id.	Mêmes symptômes, même résultat.	id.
1822	id.	5	Chevaux hanovriens, âgés de 8 à 11 ans.	Par trois fois introduction, à l'aide de tampons, de la matière du jetage de chevaux morveux.	5 mois.	id.	id.	id.
1827	id.	7	Chevaux hanovriens, vieux, ruinés et affectés de diverses maladies.	Introduction du virus morveux dans les cavités nasales avec un tampon; inoculation à l'aide de piqûres sur la pituitaire; inoculation, par incision à la peau, de la matière puriforme provenant de sétons de chevaux morveux.	2 à 5 mois.	id.	id.	id.
1815	Gager.	"	Chevaux de labour en bon état.	Ont travaillé avec des chevaux morveux pendant	3 mois.	id.	Vus un mois après parfaitement sains.	Journal pratique, tome... page 312.
1817	id	2	Chevaux de régiment.	Ont cohabité, mangé dans une infirmerie de chevaux morveux, l'un pendant trois mois, l'autre pendant un an; ont été pansés avec les mêmes objets.	3 mois et 1 an.	id.	Ont été examinés trois années après l'épreuve.	id.
1818	id.	1	Cheval aveugle, mais sain.	A été frotté aux naseaux avec la matière du jetage provenant de trois chevaux morveux pendant	15 jours.	id.	Réformé long-temps après l'épreuve.	id.
1826	id.	1	Cheval corneur, réformé.	Introduction à différentes fois d'un tampon d'étoupes qui avait séjourné 18 heures dans le nez d'un cheval morveux.	"	id.	A été vu et examiné long-temps après l'expérience.	id.
1826	Cosson.	1	Poulain de 3 mois.	Né d'une jument morveuse, a été allaité et cohabité avec elle pendant	3 mois.	id.	A été conservé pendant 3 ans.	Journal pratique, tome... page 421.
id.	id.	6	Chevaux de différens âges et en bon état.	Ont cohabité avec un cheval morveux pendant	3 mois.	id.	Ont été vus pendant long-temps.	id.
id.	id.	Plusieurs chevaux.	id.	Ont cohabité pendant deux mois avec des chevaux morveux, ont été ensuite harnachés avec les harnais provenant d'un cheval morveux au deuxième et au troisième degré, pendant	2 mois.	id.	"	id.
id.	id.	id.	id.	Ont cohabité dans une écurie avec un cheval morveux au troisième degré pendant	8 jours.	id.	"	id.
id.	id.	8	id.	Ont cohabité avec trois chevaux morveux au deuxième et au troisième degré pendant	3 mois.	id.	"	id.
id.	id.	5	id.	Ont cohabité avec un cheval morveux au deuxième et au troisième degrés pendant	6 mois.	id.	"	id.
id.	id.	2	id.	Ont cohabité avec des chevaux morveux pendant	1 mois.	id.	"	id.
id.	id.	1	id.	A cohabité avec un cheval morveux et chancré.	"	id.	A été revu pendant 18 mois.	id.
1834	École de Lyon.	1	Poulain de 3 ans.	Né d'une jument morveuse, n'a pas cessé de cohabiter avec des chevaux morveux pendant	3 ans.	id.	"	Recueil, tome 11, p.
1834	Bruguot et Barthonneau.	3	Chevaux guéris de farcin bénin.	Inoculation sur deux chevaux par quatre piqûres sur la pituitaire, avec le mucus nasal provenant d'un cheval désigné pour être abattu, et sur le troisième avec du mucus provenant d'un cheval attaqué de morve au troisième degré.	"	id.	Ulcération de la pituitaire aux endroits piqués; léger engorgement des ganglions de l'auge; guérison complète sans aucun soin.	Id. tome 12, page 2...
id.	id.	9	id.	Tampon d'étoupes imprégné de jetage morveux placé sous la peau de l'encolure.	"	id.	Développement de petites glandes dans l'auge qui disparaissent promptement chez l'un; aucun effet chez l'autre.	id.
1836	Gally.	7	Chevaux de différens âges servant au labour.	Ont été nourris, logés et ont travaillé avec plusieurs chevaux morveux pendant	3 mois.	id.	Ont été vus et examinés long-temps après.	Traité de la morve, ...
	Total.	130						

temps habitées, infectées de morve ; que d'autres ont été inoculés dans le nez, sur la pituitaire, sous la peau, avec la matière provenant du jetage ; que plus de cent chevaux ont été soumis à ces diverses épreuves et n'ont point contracté la morve, que devrait-on penser de la contagion de cette maladie ? De bonne foi, si avec de tels faits la non contagion de la morve chronique n'est pas encore positivement avérée, au moins la contagion qu'on lui accorde pourra être fortement ébranlée.

Nous avons recherché minutieusement toutes les tentatives ainsi que toutes les observations qui ont été faites pour prouver la non transmission de la morve chronique à des chevaux parfaitement sains, et nous avons pensé qu'il était important de les faire connaître réunies et classées par ordre de date dans le tableau ci-après, en indiquant la source où nous les avons puisées, afin que nos lecteurs puissent s'assurer par eux-mêmes de leur exactitude et de leur véracité. (Voyez le tableau ci-contre.)

Il résulte de ces recherches que 130 chevaux, depuis l'âge de trois mois jusqu'à celui de quinze ans, propres à différens services et généralement en bon état, ont eu des rapports avec des chevaux morveux à divers degrés ;

Que sur ce nombre quatre-vingt-treize ont cohabité, mangé et travaillé avec des chevaux atteints de la morve, savoir :

1 pendant 15 jours.
7 pendant 1 mois.

20 pendant 2 mois.

26 pendant 3 mois.

1 pendant 4 mois.

19 pendant 5 mois.

7 pendant 6 mois.

1 pendant 7 mois.

8 pendant 8 mois.

1 pendant 9 mois.

10 pendant 1 an.

1 pendant 1 an 1/2.

10 pendant 2 ans.

1 pendant 3 ans.

1 pendant 4 ans.

Et 13 pendant un temps qui n'a point été indiqué, sans qu'aucun d'entre eux ait contracté la morve ;

Que, indépendamment de la cohabitation avec des animaux morveux, *douze* ont été inoculés sur la pituitaire, avec de la matière du jetage provenant de chevaux morveux à divers degrés ; qu'ils ont eu un flux par les naseaux avec présence d'ulcérations aux endroits piqués, engorgement des ganglions de l'auge ; mais que tous ont guéri sans aucun traitement peu de temps après avoir offert ces signes maladifs;

Que *onze* ont été inoculés par le simple contact de virus morveux injecté journellement dans les cavités nasales, ou déposé sur la pituitaire à l'aide d'éponges et de tampons qui en étaient imprégnés, ou introduit dans la peau entourant les naseaux à l'aide de frictions, sans qu'aucun d'eux ait contracté la morve ;

Que *quatre* ont été allaités par des jumens morveuses, sans aucun résultat ;

Que *deux* ont travaillé long-temps avec des harnais ayant servi à des chevaux morveux, sans avoir
la morve ;

Enfin, que tous ces chevaux ont été vus et exa-
minés un mois au moins, et six ans au plus après
l'épreuve à laquelle ils ont été soumis et sont toujours restés parfaitement sains.

Des raisons que nous avons fait valoir, des faits
nombreux et authentiques que nous venons de rapporter, nous serions donc en droit de conclure que
la morve chronique n'est point contagieuse ; mais
comme on a recueilli et publié des observations
qui tendent à infirmer cette conclusion, nous allons maintenant rapporter celles-ci, et discuter la
valeur et l'importance qu'on doit leur accorder,
avant de nous prononcer définitivement sur la non
contagion qui nous occupe.

REVUE CRITIQUE DES EXPÉRIENCES ET DES FAITS TEN-
DANT A PROUVER LA CONTAGION DE LA MORVE.

1° *Expériences du professeur vétérinaire Gohier.*
Année 1809.

Première expérience. — Anon de quatre mois. —
Injection dans les naseaux d'une demi-verrée de
matière du jetage *d'un cheval morveux au troisième*
degré. — Le troisième et le quatrième jour, léger

engorgement des glandes ; flux léger par les narines ;
—les jours suivans, jetage abondant et sanguinolent ;
— gonflement des ailes du nez ; — chancres larges
et nombreux ; — éruption boutonneuse sur le nez ;
— faiblesse très grande ; — mort le onzième jour.
— *Autopsie.* — Chancres du côté gauche de la nasale ; — vives traces d'inflammation du côté droit ; —
ganglions mésentériques tuméfiés.

Quatrième expérience. — Anon de cinq ans. —
Introduction dans les naseaux de la matière du jetage
d'un cheval morveux au dernier degré ;—le sixième
jour, flux par les naseaux ;—chancres sur la nasale ;
— engorgement des ganglions ; — le neuvième,
respiration très gênée ; — flux très abondant ; —
faiblesse très grande ; — mort le dixième jour. —
Autopsie. — Tous les viscères sont sains, excepté la
nasale qui est couverte de chancres.

Cinquième expérience. — Anon de six mois. —
Pendant trois jours introduction dans le nez d'un
tampon d'étoupe imprégné de morve provenant d'un
cheval morveux dont Gohier n'indique pas l'état ; —
cinquième jour, inflammation vive de la pituitaire ;
engorgement des ganglions ; — le septième , respiration gênée ; air expiré fétide ; chancres sur la
nasale ; —le onzième, symptômes plus prononcés ;
engorgement d'un membre postérieur jusqu'au
jarret ; — le quatorzième , boursouflement des
ailes du nez ; — air expiré très fétide ; — faiblesse
très grande ; — mort. — *Autopsie.* — Ulcérations à

l'endroit où le tampon a porté sur la pituitaire ; — cornets noirâtres ainsi que l'ethmoïde ;— poumons , quelques traces d'inflammation.

Troisième expérience. — *Cheval âgé de dix ans.* — Plaie suppurante à la queue, avec ulcère fistuleux profond, suite de l'opération de la queue à l'anglaise faite récemment ; — dépôt sur la pituitaire de la matière du jetage de l'ânon inoculé, faisant le sujet de la première expérience ; — le neuvième jour, glandes et chancres avec flux nasal ;—le trente-unième jour , apparition du tétanos ; mort.

Nous ferons remarquer 1° que Gohier n'a point fait connaître la nature de la morve qu'il a inoculée, puisqu'il signale seulement les degrés de morve indiqués par Chabert; 2° que la maladie communiquée a eu une marche rapide accompagnée de tuméfaction des ailes du nez, d'éruption boutonneuse à la peau, d'engorgement des membres et d'une grande faiblesse ; 3° que la mort a eu lieu les dixième , onzième et quinzième jours qui ont suivi l'inoculation. Or, l'ensemble de tous ces caractères maladifs , la marche rapide, la terminaison mortelle de la maladie qui a été le résultat de ces tentatives, sont des caractères qui appartiennent à la morve aiguë, morve que contractent facilement les ânes, et que Gohier a inoculée sans la connaître (1); et, en outre, il est

———————————

(1) A l'époque où Gohier a fait ces tentatives (1809), on ne connaissait point encore la morve aiguë.

avéré pour nous que l'âne a transmis la morve aiguë au cheval faisant le sujet de la troisième expérience. Ainsi, sur six exemples de contagion rapportés par Gohier, quatre appartenant à la morve
aiguë doivent donc en être soustraits. Voyons la
valeur des deux autres.

*Sixième expérience. — Cheval de seize à dix-huit
ans, un peu maigre, portant une fistule ancienne au
garrot.* — A l'aide des barbes d'une plume, dépôt
sur la nasale de la matière du jetage d'un cheval
morveux. Cette opération est répétée pendant quatre
jours. — Le quatrième jour, léger engorgement des
ganglions de l'auge ; — le sixième, jetage ; — le dix-
huitième, apparition de chancres ; — le vingtième,
faiblesse très grande ; — mort. — *Autopsie.* — Chancres
sur la nasale seulement.

Deuxième expérience. — Jument de douze ans. —
Même procédé d'inoculation. — Le neuvième jour,
deux chancres assez larges sur la pituitaire de la
cavité nasale gauche ; — engorgement léger des ganglions ; — jetage peu abondant ; — les seizième et
dix-septième, amélioration dans l'état des chancres ;
— flux nasal léger ; — le vingt-neuvième, faiblesse
très grande ; — mort. — Point d'autopsie.

Expériences faites sur de vieux animaux, dont l'un
porte une fistule ancienne au garrot , cause fréquente
de morve ou de farcin. — Sur tous les deux se déclarent
des chancres à l'endroit frotté par la plume seulement ;
— sur l'un, le seizième jour, les chancres commencent à se cicatriser : tous les deux meurent de fai-

blesse. — Ces animaux, certes, étaient prédisposés à contracter la morve ; ils l'auraient peut-être eue sans l'inoculation ; et d'ailleurs, s'ils avaient pu vivre, il est plus que certain qu'ils auraient guéri spontanément, ainsi que les chevaux inoculés par MM. Lessona et Beugnot. Ces deux dernières tentatives ne peuvent donc avoir rien de concluant. Gohier en est convenu lorsqu'il a dit : «On objectera peut-être que, la plupart des expériences dont il vient d'être question ayant été faites sur des animaux âgés, ou affaiblis par des travaux forcés, par une mauvaise nourriture, etc., on ne peut point en déduire des conséquences aussi rigoureuses que si elles eussent été faites toutes sur des animaux jeunes et jouissant encore de toutes leurs forces. Cette objection est fondée ; mais je n'ai pu faire autrement. »

Tentatives de contagion par la cohabitation. — Les expériences faites par Gohier sont au nombre de six. Trois vieux chevaux ont été mis en cohabitation avec des chevaux morveux pendant un mois : ils ne contractèrent pas la morve. Un âne et deux chevaux affectés de farcin furent mis en cohabitation dans la même écurie et pendant le même temps ; sur tous les trois le farcin s'agrandit et se multiplia, puis ils devinrent morveux.

Gohier conclut que ces trois animaux ont contracté la morve. Cette conclusion est certes erronée, car tous les jours ne voit-on pas des chevaux affectés de farcin devenir morveux par le fait de l'extension et de la persistance de la maladie ; et d'ailleurs ne sait-on pas que le farcin et la morve sont deux maladies de la même nature ? Ces expériences ne sont donc point concluantes. Les trois premières, au contraire, sont en faveur de la non contagion.

Tentatives par les objets ayant servi à des chevaux morveux.—Six expériences.— Deux chevaux, deux ânes et un mulet sont recouverts avec des couvertures provenant de chevaux morveux et attachés avec des licols ayant également appartenu à des chevaux atteints de cette maladie, les uns pendant huit jours, les autres pendant quinze à vingt jours. Aucun ne contracta la morve.

Un âne, faisant le sujet de la première expérience, âgé de quinze ans, couvert de gale ancienne, est attaché avec un licol et recouvert avec une couverture ayant servi à des chevaux morveux. — Le troisième jour, muqueuse nasale de la cavité droite très enflammée ; — le quatrième, air expiré fétide ; — boursouflement des ailes du nez et de la face ; — le cinquième, chancres sur la pituitaire, dans les cavités nasales ;—tuméfaction considérable des ailes du nez ; — dyspnée suffocante ; — mort le sixième jour. — *Ouverture* : — Chancres sur la pituitaire.—Rien de remarquable du reste. —Gohier a conclu de ces tentatives que les objets qui avaient servi à des chevaux morveux pouvaient transmettre la morve. Nous le demandons, un âne couvert de gale ancienne et âgé de quinze ans n'était-il pas prédisposé à contracter la morve ? ne pouvait-il pas avoir cette maladie sans la présence de la couverture et du licol provenant de chevaux morveux ? Et d'ailleurs l'animal est mort le cinquième jour, après avoir présenté tous les symptômes de la morve aiguë. Cette tentative de transmission ne peut donc avoir rien de concluant non plus.

Tentatives de transmission par l'inoculation du virus morveux. — Wolstein avait dit que la morve se communiquait en introduisant le virus morveux dans une plaie faite à la peau. Vitet avait avancé le contraire. Gohier a tenté de résoudre ces opinions contradictoires par l'expérience, en insérant du virus morveux dans des plaies faites sur différentes parties du corps.

Sur un mulet, un âne et trois chevaux, on fit des plaies aux environs des naseaux, aux joues et à l'encolure ; on y déposa de la matière du jetage de chevaux morveux. — De petits ulcères se déclarèrent aux endroits inoculés, les ganglions de l'auge se tuméfièrent un peu, mais *aucun de ces animaux, tous vieux et en mauvais état, ne contracta la morve.*

Un mulet, trois ânes et un ânon, dans l'espace intermaxillaire desquels on fit une plaie dans laquelle on introduisit et maintint, par des points de suture, des *ganglions sympathiques malades provenant de chevaux morveux, ne furent point non plus affectés de morve.*

Delabère-Blaine rapporte dans son ouvrage (1) que *Coleman* ayant transfusé le sang de la carotide d'un cheval morveux dans la jugulaire d'un âne parfaitement sain, ce dernier avait contracté la morve ; que ce vétérinaire prit de la matière du jetage des naseaux de cet âne pour inoculer un autre âne, qui fut atteint aussi de la morve. Gohier répéta encore ces essais. Deux chevaux, une jument, une mule et deux ânes, dans la jugulaire desquels on fit passer depuis trois livres jusqu'à six livres de sang tiré de la jugulaire ou de la carotide d'animaux morveux, *périrent du premier au cinquième jour, sans présenter, pendant la vie, aucun signe de morve.*

Ainsi, sur trente-deux animaux soumis à diverses tentatives de contagion de la morve, trois ânes seulement contractent positivement la morve ; dans tous la maladie offre les caractères de la morve aiguë et ne se prolonge pas au delà de quinze jours. Voilà donc le résultat des expériences de Gohier, dont on a tant parlé ; que tous les contagionistes ont prônées comme étant décisives ; qui ont fait dire que la morve était contagieuse, sans spécifier de quelle espèce de morve on entendait parler ! Pour nous ces expériences prouvent seulement que Gohier, sans le savoir, a transmis la morve aiguë à trois ânes, et qu'il n'a pu transmettre la morve chronique aux

____

(1) Notions fondamentales sur l'art vétérinaire, t. 3, p. 217.

vingt-neuf autres animaux sur lesquels il a expérimenté.

M. Gérard a publié dans le *Recueil de médecine
vétérinaire*, année 1827, des exemples de contagion
de la morve : quatre chevaux affectés de morve, deux
atteints de farcin furent placés dans une écurie avec
quatre chevaux de réforme en bon état : tous les
jours et à diverses reprises, au moyen d'un pinceau, on
introduisait de la matière du jetage dans les naseaux.
Le trente-deuxième jour trois de ces chevaux devinrent morveux, et le quatrième farcineux : tous furent abattus, et on rencontra les lésions appartenant
à la morve. Cette expérience serait concluante si
M. Gérard eût bien spécifié que ces quatre chevaux
morveux étaient bien atteints de la morve chronique;
mais comme il ne l'a point fait, on peut douter de
l'espèce de morve qu'il a communiquée.

M. D'Arboval, à l'article Morve de son *Dictionnaire
de médecine et de chirurgie vétérinaire*, fait connaître
plusieurs exemples de contagion de la morve observés
par lui-même; les voici : « Une écurie était infectée
par la morve depuis long-temps, le fermier se décide
au sacrifice de tous ses chevaux, et fait procéder à
une désinfection complète de l'écurie; il achète
d'autres chevaux et les introduit dans cette écurie ;
ils contractent la morve : une nouvelle écurie est
bâtie, de nouveaux chevaux y sont introduits , gou-
vernés et nourris comme les précédens , et ils ne
contractent point la morve. Donc que l'écurie était

infectée ; donc que les nouveaux chevaux achetés ont contracté la morve due à cette infection. » Nous ferons remarquer que M. D'Arboval ne dit pas quelle était l'espèce de morve dont les chevaux avaient été atteints ; il ne dit point non plus si l'écurie était très salubre, et dès lors on peut admettre aussi bien l'insalubrité de l'écurie comme cause de morve que la contagion, surtout après une bonne désinfection.

M. D'Arboval est appelé pour visiter un cheval qu'un général venait d'acheter, lequel était glandé et jetait des deux narines. Il n'est point jugé morveux et mis à côté d'un cheval très sain. Quinze jours après le cheval suspect est reconnu morveux et abattu ; le cheval sain est isolé ; mais deux mois après il donne des signes de morve ; au bout de six mois il est chancré, et on l'abat.

Un charbonnier place deux chevaux dans une auberge ; il s'aperçoit que l'auge est salie par de la matière morveuse ; il s'efforce de la nettoyer et repart le lendemain : ces deux chevaux sont bientôt morveux, et abattus comme tels.

Un maître de poste fait visiter un cheval à M. D'Arboval ; il était glandé et jetait du côté gauche ; il était placé à côté d'un cheval sain : l'animal morveux est abattu la nuit suivant le jour de la visite. Le cheval sain est mis à part : six semaines après il est morveux et abattu.

Voici un exemple qui pour l'auteur est bien plus remarquable : En 1807 la rumeur publique, dit

M. D'Arboval, fait connaître que la morve existe sur les chevaux d'un entrepreneur de charrois militaires à Boulogne et à Montreuil-sur-Mer. Le maire de cette dernière ville commet un vétérinaire de l'arrondissement pour faire la visite de l'écurie signalée. Qu'arrive-t-il? L'entrepreneur s'entend avec un faux maquignon et le vétérinaire. Celui-ci constate que ce n'est pas la morve, que ce n'est qu'un échauffement; et le maquignon se charge de tous les chevaux réellement morveux qui sont pour la plupart répartis entre plusieurs petits maquignons sans fortune comme sans recours, et par eux disséminés sur différens marchés des environs. On en a vu plus de vingt à la file les uns des autres exposés en vente sur un seul franc marché d'Hucquelier. Il est résulté de ces manœuvres blâmables que l'arrondissement de Montreuil-sur-Mer s'est bientôt trouvé infecté de la morve, surtout vers le canton d'Hucquelier ; les arrondissemens de Boulogne-sur-Mer et de Saint-Omer qui en sont voisins en ont, presqu'en même temps, ressenti les atteintes. Elle s'est ensuite propagée aux autres arrondissemens du Pas-de-Calais. Et, la main sur la conscience, M. D'Arboval dit n'avoir pas trouvé d'autres causes que la contagion pour expliquer la propagation du mal.

Nous admettons volontiers ces divers exemples de contagion, mais nous demandons encore une fois si la contagion était due à la morve aiguë ou à la morve chronique ? M. D'Arboval se tait à cet égard. Ainsi donc voilà des exemples de propagation de la morve dont il est impossible de s'emparer pour prouver la contagion, parce qu'on n'a fait aucune distinction de l'espèce de morve, et cependant l'auteur leur fait jouer un très grand rôle, bien à tort selon nous, pour prouver la contagion dont il s'agit.

Voici maintenant les seuls faits qui tendraient à prouver que la morve chronique s'est transmise par contagion, parce qu'on y retrouve, assez bien circonstanciés, les caractères qui se rattachent à cette maladie. Ils sont au nombre de trois, et appartiennent à M. Dandre, vétérinaire à Paris. M. L*** achète un cheval; cinq jours après l'achat il portait au côté gauche de l'auge une glande grosse comme une petite noix, adhérente et légèrement douloureuse; la narine du même côté offrait à son orifice des croûtes formées par la matière jaune verdâtre qui en découlait; la pituitaire avait une teinte pâle, mais ne laissait voir aucune trace d'ulcère. Après un mois de traitement, la pituitaire devint blafarde, fut envahie par des ulcères à bords irréguliers, denticulés, petits et rares d'abord, puis nombreux, larges et profonds; le cheval fut, malgré son apparence de bonne santé, sacrifié comme irrévocablement morveux.

Dans l'écurie où était logé ce cheval, un cheval anglais, une jument mecklembourgeoise, jeunes et en bon état, cohabitaient avec lui. Un cheval étranger de race normande fut déposé dans la même écurie:

le cinquième jour ce dernier présente des signes de morve ; cinq semaines après il est abattu morveux. Quatre mois après les deux autres chevaux sont morveux et également sacrifiés. L'écurie où logeaient ces animaux n'était pas très saine, mais jamais on n'y avait remarqué de chevaux morveux. Le travail , la nourriture , n'ont pu être accusés comme cause du développement de la morve.

Tels sont pour nous les trois seuls faits bien circonstanciés de contagion de la morve chronique. Nous connaissons particulièrement la sincérité et la bonne foi de celui qui les a publiés, mais on voit qu'ils font pour ainsi dire exception à une masse d'autres faits non moins concluans, non moins bien observés en faveur de la non contagion. On dira : Si ces faits ont existé, pourquoi d'autres, tout à fait semblables, ne se rencontreraient-ils pas à l'avenir? D'accord. Il peut en exister d'autres qui sont ignorés. D'accord encore. Nous désirons à l'avenir que ces faits soient précieusement inscrits dans les annales de la science, avec tous les détails qu'ils comportent et qui peuvent entraîner la conviction ; et s'il en est d'autres qui soient ignorés, les vétérinaires qui les possèdent devraient se faire aujourd'hui un devoir de les faire connaître. La question est assez digne d'intérêt pour qu'on s'en occupe, et qu'elle soit définitivement vidée par les hommes de l'art et du métier.

Quant à nous , notre opinion est que la *morve*

chronique n'est point contagieuse. Mais nous nous empresserons de l'abdiquer lorsque le contraire sera suffisamment démontré ; nous ne sommes point, quand même, anti-contagioniste de la morve; nous ne demandons pas mieux que d'être convaincu et de reconnaître notre erreur.

M. le Ministre de la guerre vient d'ordonner que des chevaux sains et morveux seraient mis à la disposition d'une commission nommée par lui pour faire des essais de contagion. Espérons que ces tentatives , faites avec authenticité et par des hommes compétens, décideront cette importante question par la négative ou l'affirmative (1).

De la contagion de la terminaison de la morve chronique au troisième degré, avec changement de nature par suite de résorption purulente , ou de la prétendue morve aiguë entée sur la morve chronique.

Nous avons dit que la morve chronique très ancienne entraînait une altération générale des liquides circulatoires, laquelle amenait un changement dans la nature de cette morve. Parvenue à cet état, la morve chronique acquiert-elle la propriété contagieuse? Sa contagion fait-elle naître la morve aiguë ou toute autre maladie ? Ces questions méritent d'être traitées avec attention.

---

(1) Les expériences se font maintenant à l'école d'Alfort et dans une ferme située à huit lieues de Paris.

M. Dupuy, en parlant de cette terminaison maladive qu'il appelle *terminaison typhoïde* (page 223 de
l'*Affection tuberculeuse*), avance, sans preuves,
qu'elle est capable de transmettre la contagion de la
morve à la manière des maladies typhoïdes. Les
faits et l'observation peuvent seuls décider cette
question. Voici ce qui a été observé.

En 1827, à l'école de la vénerie de Turin on déposa plusieurs fois du mucus, provenant du jetage
d'un cheval affecté de morve chronique passée à
l'état aigu, sur la membrane nasale d'un cheval sain.
Quatre jours après : — gonflement douloureux des
glandes de l'auge ; — pituitaire rouge. — Ces phénomènes morbides disparurent insensiblement les
jours suivans.

Dans le courant de juillet 1827, M. Renault,
professeur à l'école d'Alfort, plaça un cheval soumis à l'influence de résorption purulente suite de
morve chronique, entre deux vieux chevaux en
mauvais état et disposés à contracter la morve. *La
cohabitation dura un mois; ils ne contractèrent point
la morve ni d'autres maladies.*

M. Vatel a rapporté (dans le *Recueil de médecine
vétérinaire*, année 1829) un exemple de contagion
de cette terminaison de la morve chronique à un
cheval parfaitement sain qui avait cohabité avec l'a-
nimal malade, et qui fut tué plus tard comme incurable. M. Vatel ajoute ensuite : «Cette observation
nous a excité à injecter la matière du jetage de cette

espèce de morve dans les narines de chevaux sains, et nous nous sommes assurés par cette voie qu'elle était contagieuse. Nous avons aussi plusieurs fois placé des chevaux abandonnés à l'école d'Alfort entre des chevaux affectés de cette maladie, et ils l'ont contractée. Quant à nous, sur cinq chevaux, vieux et amenés à l'école d'Alfort, et sur quatre jeunes chevaux abandonnés à cette école, nous avons cherché, par le simple dépôt de la matière du jetage dans les naseaux et par la cohabitation, à transmettre cette maladie ; sur deux d'entre eux seulement cette transmission a eu lieu bien positivement. »

Ces faits, ces tentatives ne sont pas, selon nous, assez nombreux pour décider de la contagion ou de la non contagion pendant le changement de nature de la morve dans la terminaison dont il s'agit.

De la contagion de la morve aiguë.

Le début prompt de la morve aiguë, les symptômes qui la signalent, sa marche rapide, sa courte durée, les altérations cadavériques locales et générales qu'elle laisse voir à l'autopsie des cadavres ; tout annonce les caractères d'une maladie aiguë promptement mortelle et capable de se transmettre par contagion. Les faits suivans vont appuyer cette proposition :

Les trois ânes inoculés par Gohier, et morts des suites de la contagion du dixième au quinzième jour, sont des exemples qu'il faut rapporter à la contagion de la morve aiguë.

En 1787, les docteurs Arnaut et Roulin, et le vétérinaire Lapole, ont tenté quelques expériences à Saint-Domingue pour prouver la contagion de la morve des mulets. En voici deux qui se rattachent à la morve aiguë (1) :

Deux mules très saines, jeunes et vigoureuses, sont logées, nourries et abreuvées pendant le jour seulement avec des mulets affectés de morve aiguë bien confirmée.

Premier sujet. Le huitième jour après la communication, jetage glaireux ; — engorgement des membres ; — le quinzième, fièvre ; — muqueuse nasale d'un rouge vif ; — le vingtième, matière du jetage épaisse, jaune, striée de sang ; — ulcération sur la pituitaire ; — yeux larmoyans ; — respiration suffocante ; — tristesse très grande ; — perte de l'appétit ; — sacrifiée le vingt-unième comme incurable ; — les lésions morbides ont été mal décrites ; — durée de la maladie pour parvenir à l'état incurable, vingt-un jours.

Deuxième sujet. Cohabitation pendant vingt-quatre jours ; — le vingt-cinquième, *alimentation avec des plantes imprégnées de la matière du jetage ;* — le vingt-sixième, tristesse ; — excoriation sur le

---

(1) Recherches sur les maladies épizootiques de St-Domingue, page 123.

dos ; — le vingt-huitième, respiration fréquente ; —
jetage glaireux par les naseaux ; — le trentième, rougeur vive de la pituitaire ; — jetage plus abondant ;
— le quarantième, jetage sanguinolent ; — gêne de
la respiration ; — ganglions de l'auge très gros ; —
mort par effusion de sang le quarante-cinquième
jour. — *Autopsie* : — ulcérations nombreuses sur la
pituitaire. — Durée de la maladie, vingt jours.
Ces deux exemples de contagion ne laissent rien à
désirer.

En 1819, M. Cosson, vétérinaire, voit un cheval
offrant les symptômes suivans : — muqueuse nasale
d'un rouge violet, recouverte d'ulcères à base large,
offrant aussi quelques petites taches noirâtres comme
des têtes d'épingle ; — jetage jaunâtre, grumeleux,
d'une odeur fétide ; — ganglions sous-linguaux
légèrement tuméfiés ; — respiration laborieuse et
bruyante. — Ce cheval resta pendant vingt-quatre
heures avec trois autres chevaux ; *peu de temps après
les deux voisins contractent la morve aiguë, et celle-ci
offre tous les caractères ci-dessus indiqués : tous les
trois sont sacrifiés et offrent les lésions particulières
à cette espèce de morve.*

M. Patron a rapporté dans le *Recueil de médecine
vétérinaire* (1828) un exemple de contagion de la
morve sur un poulain âgé de trois mois, d'une belle
venue et très bien portant. Ce jeune animal fut
placé à côté d'une jument morveuse présentant les
signes de la morve au deuxième degré, et fut pansé

avec les objets destinés à cette jument; voici ce qui arriva : Le onzième jour après la cohabitation, tristesse ; engorgement du membre postérieur, qui se prolonge depuis le sabot jusqu'au jarret. — Le seizième, rougeur de la membrane pituitaire du côté gauche; — légère glande de l'auge, du même côté. — Le dix-septième, augmentation de tous ces symptômes ; — éruption à l'encolure de petits boutons ressemblant à du farcin. — Le dix-huitième, nasale très rouge ; —jetage blanc ; — ébrouemens fréquens. — Le vingt-unième, jetage jaunâtre; — muqueuse très rouge, ulcérée. — Le vingt-troisième, respiration pénible due au gonflement des ailes du nez; — éruption boutonneuse sur toute la surface du corps. —Le vingt-cinquième, le poulain meurt suffoqué. — La maladie parcourt toutes ses périodes en quatorze jours. — *Autopsie* : —Pituitaire d'un rouge extrêmement foncé; —ulcérations nombreuses, à bords relevés et irréguliers, l'ayant détruite en grande partie : —ces ulcérations naissent de boutons blanchâtres contenant une matière grumeleuse et épaisse; —mucus filant et jaunâtre dans les cornets et les sinus. — Voici certes un exemple bien constaté de la contagion de la morve. M. Patron, il est vrai, n'a point noté l'état de la jument morveuse; mais les caractères qui ont signalé la morve aiguë du poulain font fortement présumer qu'elle était atteinte de la même maladie.

Voici des exemples rapportés par M. D'Arboval

dans l'article Morve de son *Dictionnaire de médecine et de chirurgie vétérinaires.*

Un cheval vif et violent, âgé de quatre ans, nommé le *Deucalion*, est mis en communication avec un cheval morveux : il *contracte une morve très aiguë*, qui passe à l'état chronique. Une jument bretonne est placée à côté du Deucalion, *elle contracte une maladie semblable.* Les harnais de cette jument sont portés une dixaine de fois par une autre jument également bretonne, bien saine ; *elle devient morveuse.* Ces trois animaux contagionnés ont été abattus long-temps après. Ces faits, quoique manquant des développemens désirables pour bien convaincre le lecteur, sont cependant assez positifs pour qu'ils méritent d'être cités.

« Nous connaissons, ajoute l'auteur, une écurie assez considérable *où une morve très aiguë* a fait de grands ravages dans l'année 1823 ; elle s'est déclarée successivement *sur deux chevaux nouvellement achetés*, et aussitôt mis en communication avec les autres chevaux de l'écurie, et *sur trois ânes* qu'elle a fait périr, parce qu'ils avaient eu des rapports avec ces deux chevaux dans la cour et dans les pâtures closes, enfin, *sur le cheval d'un propriétaire des environs*, qui a eu quelques rapports avec ces chevaux morveux. »

Voici d'autres exemples de contagion. M. Gaullet, vétérinaire, a récemment publié les faits suivans : Une jument âgée de neuf ans est atteinte d'un jetage et est placée avec d'autres chevaux : un mois après, M. Gaullet constate : — Rougeur de la pituitaire ; — engorgement des ganglions ; — jetage grisâtre ; — quelques boutons saillans sur la pituitaire. — *La béte guérit.* — Parmi les chevaux avec lesquels cette jument séjourna pendant le mois qui suivit la vente, *trois contractèrent la morve et en périrent.* Ces animaux étaient bien logés, les alimens de bonne qualité, ils n'étaient employés qu'au labour. Nous regrettons sincèrement que M. Gaullet n'ait donné aucuns détails sur la morve de ces trois derniers chevaux, et que ceux relatifs à la jument qui a transmis la contagion ne soient pas mieux circonstanciés. Il est probable, attendu la guérison, que la bête était affectée de morve aiguë, morve que n'aura pu constater M. Gaullet, puisqu'il n'a été appelé qu'un mois après le début du jetage.

Un poulain de quatre ans, de race distinguée, présente tout à coup les symptômes suivans :—jetage par les naseaux d'une matière verdâtre, sanguinolente;—pituitaire boursouflée dans les deux naseaux, et recouverte de chancres ; — respiration laborieuse et sifflante ; — ganglions de l'auge tuméfiés et sensibles au toucher; — il est sacrifié. — Pendant la durée de la maladie, un poulain de même âge a séjourné avec l'animal morveux, à l'écurie et au pâturage ; il contracte la morve, qui revêt chez lui un caractère moins aigu. Ces deux poulains fréquentaient et travaillaient quelquefois avec onze chevaux de charrue : *trois d'entre eux devinrent morveux au point qu'on fut obligé de les sacrifier.*

Une jument de cabriolet, âgée de sept ans et pleine de dix mois, appartenant à un fermier de la Bretagne, présente tous les caractères de la morve aiguë : on la traite, mais on l'isole dans une prairie où elle est mise en liberté. Pendant ce temps un cheval entier s'échappe de la ferme et passe la nuit avec la jument morveuse ; dix à quinze jours après il est affecté de morve aiguë : un mois après cette jument, dont la morve avait diminué d'intensité, met bas un poulain, qui, quatre ou cinq jours après, est atteint de la même maladie. Ces trois animaux furent sacrifiés ; il n'y eut point d'autres victimes. Ce fait m'a été communiqué par mon confrère M. Rosselin. Voici quelques faits qui nous sont particuliers :

Le 15 octobre 1829, étant alors attaché comme chef de service à la clinique des hôpitaux de l'école d'Alfort, un cheval de six ans, de trait, est acheté au marché aux chevaux de Paris par un propriétaire de Saint-Mandé, possesseur de deux chevaux. En arrivant du marché le cheval acheté est placé dans une écurie avec deux autres chevaux ; deux jours après, le propriétaire amène le cheval acheté à l'école ; il présentait tous les symptômes de la morve aiguë à son début : — jetage glaireux, jaunâtre ; — pustules sur la pituitaire avec chancres entourés d'une aréole rouge ; — gonflement léger des ailes du nez ; — empâtement des ganglions de l'auge. — Nous déclarons au propriétaire que le cheval est morveux, et lui conseillons d'intenter l'action en garantie contre son vendeur. Le cheval est ramené chez le propriétaire et placé dans une écurie séparée : dix jours après, les deux chevaux qui avaient cohabité deux jours et deux nuits seulement avec le cheval morveux sont atteints de la morve aiguë. Nous les avons visités, et ils furent sacrifiés. Le propriétaire n'alla point trouver son vendeur; il revendit ce cheval à bon marché à un malheureux voiturier du Pont-de-Saint-Maur qui possédait deux chevaux en assez mauvais état. Ces deux animaux transportaient les pierres du fond d'une carrière à son entrée. Le cheval morveux séjourna deux jours et une nuit, et il travailla pendant ce temps avec les deux chevaux sains. Dix jours après ces trois chevaux sont amenés à l'école; nous avons reconnu d'abord le cheval morveux que nous avions déjà visité : les deux autres chevaux avaient la morve aiguë à son début. Tous les trois furent vendus à l'équarrisseur.

Voici un autre fait recueilli dans le département du Loiret : la morve aiguë se déclare parmi six chevaux appartenant à un fermier de la Sologne; trois avaient déjà été sacrifiés : un poulain de quatre ans qui avait cohabité avec eux est vendu à un autre fermier, demeurant à quatre lieues du domicile du vendeur. Ce poulain est placé parmi quatre chevaux bien portans : cinq jours après le

poulain contracte la morve aiguë ; il meurt le hui-
ième jour : les quatre autres chevaux du malheureux acheteur contractent la morve aiguë, et en
meurent également. M. Alibran, vétérinaire, nous
a fait voir ces derniers chevaux ; ils avaient réellement la morve aiguë.

Un propriétaire possesseur d'un âne et d'un mulet
va loger à 4 lieues de son domicile, chez un aubergiste et maître de poste à Neuvy-sur-Loire (Nièvre).
La morve tant aiguë que chronique enlevait alors les
chevaux de la poste : l'âne et le mulet séjournèrent
dans une petite écurie où l'on avait placé récemment
des chevaux morveux, pendant douze heures :
huit jours après l'âne et le mulet contractent la
morve aiguë au domicile du propriétaire, et ils en
meurent. Ce fait intéressant a été recueilli par mon
frère, vétérinaire alors à Saint-Amand, qui a vu
les chevaux du maître de poste, puis ensuite l'âne
et le mulet atteints de la morve.

Trois chevaux appartenant à M. Coulon, fermier
à Sucy, habitaient en 1832 la même écurie ; l'un
d'eux est atteint subitement par la morve aiguë : cet
animal est immédiatement sacrifié et ses deux voisins
sont isolés dans une autre écurie. Cinq jours après
cet isolement, ces deux derniers chevaux sont atteints de la même maladie ; ils sont aussi sacrifiés.
Quatre chevaux jouissant de la meilleure santé étaient
logés dans une autre écurie, distante de plusieurs
mètres de celle dans laquelle la morve s'est déclarée :

quelques jours après un charretier place un de ces quatre chevaux, pendant plusieurs heures, dans l'écurie infectée par les deux chevaux atteints en second lieu, deux jours après les symptômes de la morve aiguë se déclarent sur ce cheval, qui est sacrifié immédiatement. La maladie a épargné les trois autres chevaux, à l'égard desquels l'isolement complet a été rigoureusement observé. Ce fait a été recueilli par notre collègue M. Rigot, qui nous l'a communiqué.

Il résulte des faits exposés ci-dessus que vingt-quatre chevaux ou jumens, trois poulains, sept ânes et trois mulets ont contracté la morve aiguë; total : trente-sept; que trente-trois de ces animaux ont contracté cette maladie par la cohabitation de huit à dix jours au plus; que trois l'ont eue après le séjour dans des écuries infectées, et un après avoir porté des harnais imprégnés de virus.

Ces faits sont-ils assez nombreux et assez positifs pour faire conclure que la morve aiguë est contagieuse? Assurément oui. Mais cependant, malgré toute leur importance, il reste encore beaucoup à faire sur ce beau sujet de recherches; car il est intéressant de savoir :

1° Si la morve aiguë est contagieuse depuis son début jusques et y compris ses terminaisons;

2° Si, pendant son déclin et dans le moment où, par des moyens curatifs appropriés, elle marche vers la guérison, elle est encore contagieuse;

3° Si, passant de l'état aigu à l'état chronique, elle

conserve en revêtant ce dernier type la propriété de se communiquer ;

4° Si elle se transmet par virus volatil, et à quelle distance de l'animal se répand la contagion ;

5° Quel est le temps d'incubation de la maladie communiquée ;

6° Si les jeunes animaux, les chevaux de race distinguée, les ânes et les mulets, sont plus aptes à contracter cette maladie que les chevaux communs et de race bâtarde.

Ce n'est, nous le répétons encore ici, que des expériences bien faites qui pourront éclaircir toutes ces questions, lesquelles méritent de l'être sous beaucoup de rapports. Le gouvernement est intéressé dans leur solution, et c'est à lui à les faire décider, dans l'intérêt de la science, de l'agriculture et de la conservation des chevaux de guerre.

Contagion de la morve gangréneuse.

Quelques vétérinaires ont pensé que cette maladie ayant de l'analogie avec les maladies charbonneuses, elle pouvait comme celles-ci se transmettre par contagion fixe et volatile. Nous avons étudié cette maladie avec beaucoup d'attention dans ses causes, ses symptômes et sa durée ; nous avons recherché avec soin les altérations cadavériques qu'elle laisse après la mort ; et ces observations nous ont convaincu qu'elle n'était point de nature charbonneuse, mais bien le résultat d'une altération générale du sang avec dépôt et séparation des élémens de ce fluide dans toutes les parties déclives, et notamment des organes très vasculaires. La promptitude de la séparation des élémens du sang recueilli dans un hématomètre pendant la vie, le gonflement du nez, les ecchymoses de la membrane nasale, des conjonctives, l'engouement du poumon dans son bord inférieur, l'engorgement des enveloppes testiculaires, du tissu cellulaire de la partie inférieure des membres, des parois inférieures de l'abdomen ; les dépôts de la matière colorante d'un côté, de la sérosité de l'autre, dans tous les organes après la mort, sont des preuves matérielles qui motivent notre opinion. Si la membrane nasale se gangrène, si le même phénomène morbide se passe dans le tissu pulmonaire, cette altération grave est due, à n'en pas douter, à la présence de l'air atmosphérique qui favorise la décomposition et la putréfaction de ce liquide en donnant lieu à une véritable gangrène septique. Nous confessons que nous ignorons la contagion de cette affection ; et bien qu'avec Laguerinière on lui ait donné le nom de mal de tête de contagion, aucun auteur que nous sachions n'a rapporté des exemples bien constatés de sa contagion médiate ou immédiate.

En 1828, et d'après les ordres de M. le professeur Vatel, attaché aux hôpitaux de l'école d'Alfort, et dont nous étions alors le chef de service, nous avons fait cohabiter dans la même écurie, manger et barboter ensemble, respirer naseaux contre naseaux pendant huit jours, trois chevaux italiens affectés de morve gangréneuse et trois chevaux bien portans : ces chevaux pendant un mois se conservèrent sains. Plus tard, en 1830, nous avons fait cohabiter dans la même écurie deux chevaux sains pendant dix jours avec deux chevaux affectés de mal de tête de contagion : ils sont restés en parfaite santé pendant quinze jours qu'ils furent conservés.

M. Renault, notre collègue, attaché aux hôpitaux de l'école d'Alfort, a fait récemment cohabiter et manger ensemble trois chevaux sains avec trois chevaux affectés de morve gangréneuse, pendant sept, neuf et treize jours. Le résultat a été négatif.

Ces expériences, bien que tendant à prouver que la morve gangréneuse ne se transmet point par contagion, ne sont cependant point encore ni assez nombreuses ni assez concluantes pour décider la question de non contagion. Des observations, des expériences sont donc aussi à faire sur ce point.

Moyens de police sanitaire.

Les articles de loi applicables à la morve sont les articles 459, 460 et 461 du Code pénal, et l'arrêt du Conseil-d'Etat du roi du 16 juillet 1784.

Voici en somme ce que prescrit cet arrêt :

L'art. 1er ordonne la déclaration; l'art. 3 la visite; l'art. 4 la marque et la séquestration; l'art. 7 proscrit la vente; l'art. 5 ordonne l'occision des chevaux morveux; enfin, l'art. 6, l'enfouissement des cadavres. Nous allons passer en revue tous ces articles, et chercher à démontrer si les dispositions qu'ils prescrivent sont aujourd'hui en harmonie avec nos connaissances actuelles sur la contagion de la morve, et si elles doivent être strictement mises à exécution.

Application de cet arrêt à la morve chronique. — 1° *Déclaration.* — La déclaration exigée par l'art. 1er des propriétaires, par l'art. 4 des vétérinaires, des empiriques, et autres personnes qui seraient appelées pour traiter des chevaux morveux, doit être maintenue ; il est important que l'autorité soit instruite de l'existence du mal, qu'elle puisse le faire constater, être assurée de sa nature, et ordonner l'exécution des mesures qu'il réclame ; elle ordonnera donc la visite des animaux voulue par l'art. 3.

2° *De la visite.* — Le vétérinaire accompagné de l'autorité visitera les chevaux morveux, signalera l'espèce de morve dont ils sont atteints en prenant les précautions suivantes : 1° Il devra commencer la visite par les chevaux morveux, passer ensuite aux animaux suspects et terminer par ceux qui ne sont point attaqués ; il aura soin d'être muni d'un tablier et d'essuyer ses mains après avoir inspecté les naseaux de chaque animal.

2° Si, parmi les animaux soumis à cette visite, il ne s'en rencontrait point qui fussent atteints de la morve, il ne faudrait pas se hâter de conclure que le propriétaire n'a point de chevaux morveux ou n'en a point possédé; souvent prévenu de cette visite, il cache les malades dans des étables, sous des hangars ou autres lieux. L'autorité a le droit de demander l'inspection de ces lieux pour découvrir la fraude et la constater. D'autres propriétaires s'empressent de faire sacrifier les malades ou de les émigrer momentanément. L'inspection des auges, du mur de face, des râteliers, qui toujours sont noirs et recouverts de mucus morveux desséché, éclaire le vétérinaire sur cette nouvelle fraude, sans cependant pouvoir lui faire affirmer que l'écurie a recélé des chevaux morveux.

3° Après cette visite le vétérinaire remettra son rapport à l'autorité, dans lequel il fera connaître les mesures sanitaires qu'il jugera convenables pour la sûreté générale et particulière.

3° *De la marque et de la séquestration.* — La marque et la séquestration, prescrites par l'art. 4, que les autorités font mettre à exécution encore aujourd'hui, nous paraissent être des mesures dont l'exécution devrait être négligée. Les raisons que nous pourrons donner à l'appui de cette proposition sont fondées sur les connaissances que nous possédons aujourd'hui sur la non contagion de la morve chronique, et les infractions de cet article qui ont été faites et qui se font journellement. Nous pouvons dire maintenant d'après nos recherches et sans trop nous avancer, que dans l'immense majorité des cas, pour ne pas dire dans tous les cas, la morve

chronique n'est point contagieuse; que des faits
bien concluans prouvent qu'on peut se servir de
chevaux affectés de cette morve , soit sur les
routes , soit dans les villes, soit à la culture des
champs, sans aucun danger de communication.
Car, tout en admettant la contagion, celle-ci ne
peut dans tous les cas avoir lieu qu'autant que le
virus morveux ou la matière du jetage est déposée aux
environs des cavités malades ou dans ces cavités ; que
les animaux travaillent, cohabitent, mangent et
boivent ensemble; que le virus est léché ou pris
avec les alimens et les boissons par les animaux sains :
or jamais les chevaux en bonne santé, si ce n'est
pendant la cohabitation , ne se trouvent placés dans
ces conditions. D'un autre côté, aucun fait n'est
venu démontrer que la contagion ait eu lieu à une
certaine distance des animaux morveux par l'intermède de l'air. S'il en est ainsi, on ne doit donc
raisonnablement pas redouter la contagion, soit en
passant à côté de chevaux morveux avec des chevaux sains, soit en plaçant des animaux bien portans
dans une écurie avec des chevaux morveux, et à plus
forte raison on la redoutera encore moins lorsque
les propriétaires feront travailler ces animaux à
part, dans les champs, dans les enclos, dans les
manufactures.

Voici au surplus des faits qui pourront convaincre
sur ce point les personnes incrédules. En 1798 , six
cents chevaux morveux tirés des armées occupaient

les écuries et le parc de l'école d'Alfort : ces chevaux y étaient amenés par les militaires, ils s'arrêtaient pour les repas, pour le repos, le long des routes; or, ces animaux devaient rencontrer dans le trajet qu'ils parcouraient beaucoup de chevaux sains; l'école d'Alfort pouvait être regardée comme un vaste foyer de contagion, et cependant aucune réclamation ne s'éleva aux environs de l'école, personne n'accusa le gouvernement d'avoir propagé la morve.

« Dans la campagne des Polonais contre les puissances réunies du Nord (rapporte Godine), on rend compte au général en chef Kosciusko que cinq cents chevaux d'artillerie reconnus morveux vont propager la contagion, et que leur sacrifice est indispensable à la conservation de ceux qui sont restés sains jusqu'alors; mais le temps nécessaire pour remplacer les chevaux sacrifiés, mais le mauvais état de la caisse de l'armée, sont des motifs puissans pour le général qui lui font rejeter cette mesure. La campagne ne fut pas décisive, et Kosciusko vit avec plaisir et non sans surprise, dans les revues qu'il passa, que les chevaux morveux de son artillerie n'avaient point propagé la morve, qu'elle se bornait toujours aux premiers animaux attaqués. »

En 1832 à Pomponne, puis en 1835 à Bets (Seine-et-Marne), le gouvernement établit des infirmeries vétérinaires, dans le but de faire des essais sur le traitement de la morve. De cinq à six cents chevaux morveux pris dans la division militaire de Paris y étaient amenés en suivant les grandes routes. A Bets les chevaux morveux travaillaient à la culture des champs, et aucun des propriétaires, aucun des fermiers environnans ne s'est plaint que la morve se soit échappée de ces foyers d'infection et de contagion.

Depuis 72 ans que l'école d'Alfort a été fondée on a toujours sacrifié à cette école de trois à cinq cents chevaux par an pour l'instruction des élèves. Ces chevaux vieux et ruinés, la plupart morveux, sont amenés des clos d'équarrissage de Montfaucon, en suivant les boulevarts extérieurs de la capitale. Dans le trajet d'une lieue et demie ils traversent trois communes; et jamais on ne s'est plaint que ces chevaux aient répandu la morve.

M. Labbé, maître de poste à Alfort, a depuis quatre ans des chevaux atteints de la morve chronique dans ses attelages; ces chevaux travaillent avec des chevaux sains; ils traversent la commune d'Alfort, ils suivent la grande route très fréquentée de Paris à Lyon pour aller à la culture des champs : aucune plainte ne s'est élevée jusqu'à ce jour.

M. Matar, maître de poste à Villeneuve-Saint-Georges, possédait en 1834 un très beau cheval atteint de morve chronique incurable; cet animal fut logé à part des autres chevaux : pendant six mois il travailla dans la cour de la poste et à la culture des champs, au voisinage de chevaux de poste et de labour, et il ne répandit point cette maladie.

Pour nous donc il est avéré que la marque des chevaux affectés de morve chronique, avec défense de les laisser sortir des lieux où ils sont enfermés, est inutile comme mesure de sûreté publique, et onéreuse aux propriétaires de chevaux ; inutile parce que les chevaux en sortant des écuries pour travailler ne propagent pas la morve ; onéreuse, parce que les propriétaires sacrifient des animaux capables de rendre pendant plusieurs années de bons et d'utiles services. On pourra nous objecter que si on laisse aux propriétaires la faculté de sortir et de se servir des chevaux morveux qu'ils possèdent, il pourra en résulter de graves inconvéniens, inhabiles qu'ils seront à distinguer la morve aiguë qui est contagieuse de la morve chronique qui ne l'est pas, ou que très rarement.

Loin de nous l'idée de laisser toute latitude aux propriétaires sous ce rapport ; nous voulons au contraire, et comme condition de rigueur, que cette tolérance ne soit accordée qu'autant que le vétérinaire aura constaté l'état des chevaux, et que, sur le rapport motivé adressé par lui à l'autorité, celle-ci aura délivré une permission écrite de sortir les animaux morveux. Cependant cette autorisation ne devra point s'étendre aux chevaux chancrés et glandés depuis long-temps, affaiblis par le mal, ayant le poil piqué, étant dans un état voisin du marasme, et chez lesquels la maladie peut passer à la terminaison gangréneuse, pendant laquelle la contagion est douteuse ; car, dans ces circonstances, il sera toujours préférable d'abattre les chevaux que de chercher à les utiliser , et surtout à les faire traiter dans le but de les guérir.

Bien qu'anti-contagioniste de la morve chronique, nous conseillerons toujours l'isolement des chevaux morveux; la matière du jetage répandue dans les mangeoires, attachée aux râteliers, donne naissance à des émanations putrides qui , jointes à l'air expiré souvent infect de l'animal malade, ne peuvent qu'être nuisibles à la santé des animaux bien portans placés à côté d'eux. A l'école d'Alfort , où tous les professeurs nient la contagion , les plus grandes précautions sont prises pour éviter tout contact des chevaux morveux avec les animaux bien portans.

4° *De la vente.* — La proscription de la vente des chevaux morveux ou suspects de morve chronique ne peut et ne doit point être tolérée , non seulement sous le rapport de la prétendue contagion qu'on craint de voir se communiquer aux chevaux sains, soit sur le marché , soit dans les écuries de l'acheteur , mais encore parce que cette maladie, par ses causes et par sa nature, est antérieure à la vente du fait du vendeur et par conséquent rédhibitoire.

5° *De l'abattage et de l'enfouissement.* — L'art. 6 de l'arrêt qui nous occupe prescrit d'enterrer les chevaux avec chairs et ossemens dans des fosses de six pieds de profondeur, et l'art. 9 défend de faire usage des débris cadavériques. Ici plusieurs questions

se présentent : En écorchant les animaux, les équarrisseurs peuvent-ils propager la morve ? les débris
cadavériques, comme la peau, la graisse, les os,
doivent-ils être utilisés dans l'industrie manufacturière sans danger pour les personnes qui les
emploient ? Nous allons examiner ces questions.

Les équarrisseurs, dont les vêtemens sont imprégnés de sang et de morve, n'ont jamais propagé cette
maladie à des chevaux bien portans, ou au moins
personne que nous sachions n'a rapporté un seul fait
de ce genre de contagion. Au clos d'équarrissage de
Paris, et depuis plus de trente ans, les chevaux
employés au service de cet établissement ont
toujours été pansés par des garçons équarrisseurs ;
journellement ces chevaux traînent des tombereaux
chargés de cadavres de chevaux morveux, ou de
débris cadavériques qui en proviennent, et jamais,
nous ont assuré MM. Dusaussois et Macquart, ces animaux n'ont contracté la morve ; jamais non plus il
n'est arrivé à un vétérinaire qui a touché et disséqué
les produits altérés de la morve, de transmettre cette
maladie à des chevaux sains. On peut donc fortement douter de la contagion de la morve par les
personnnes qui ont manipulé les débris cadavériques d'animaux sacrifiés pendant le cours de cette
maladie ou morts de ses suites.

Jamais, que nous le sachions non plus, il n'est
arrivé d'accidens aux vétérinaires qui ont touché
aux débris cadavériques provenant de chevaux mor-

veux. De deux cent cinquante à trois cents jeunes gens sont comptés comme élèves à l'école d'Alfort, tous opèrent, ouvrent des chevaux morveux , touchent, dissèquent les parties saines et malades ; beaucoup d'entre eux se déchirent la peau, se coupent pendant ces manipulations, et jamais, nous a assuré M. Girard, ancien directeur de cette école, qui a été attaché à cet établissement pendant plus de trente ans, il n'était, à sa connaissance, arrivé aucun accident. Nous avons, depuis quatorze ans que nous cultivons l'art vétérinaire, ouvert un très grand nombre de chevaux morveux, nous avons disséqué minutieusement les parties altérées, nous nous sommes même déchiré les mains en faisant l'ouverture des cavités nasales, nous n'avons pris aucune précaution et cependant il ne nous est rien arrivé.

Nous avons pris des informations auprès des équarrisseurs de la capitale, et tous nous ont dit que jamais ni leurs garçons ni eux-mêmes n'avaient eu aucun mal après avoir dépouillé, dépecé, ouvert les cavités nasales des chevaux morveux.

Non seulement les manipulations de toute espèce faites sur les débris cadavériques des chevaux morveux ne sont nullement dangereuses, mais la chair de ces chevaux peut être mangée par les animaux et même par l'homme sans aucune espèce d'inconvénient. A Montfaucon la viande des chevaux morveux est vendue, en grande partie, pour la nourriture des chiens de la capitale. M. Yvart, directeur de l'école d'Alfort, élève depuis quatre ans, pour la cuisine des élèves, une centaine de porcs anglo-chinois avec les débris des chevaux sacrifiés pour les travaux anatomiques et les opérations chirurgicales, parmi lesquels s'en trouvent beaucoup provenant de chevaux morveux, jamais ces porcs n'ont été incommodés par cette nourriture. Parent Duchâtelet, comme membre du Conseil de salubrité de la capitale, est venu visiter ces animaux, et dans un rapport il a constaté leur bon état de santé, en observant ensuite que leur chair pouvait être mangée sans inconvénient.

Dans l'année 1793, époque où, au milieu de toutes sortes de calamités publiques, se faisait sentir la famine à Paris et dans les environs, on tua successivement plus de *trois cents chevaux morveux* à Saint-Germain-en-Laye; ils furent tous enlevés et mangés par les pauvres de cette ville, qui n'en éprouvèrent aucune indisposition.

En 1795 les professeurs de l'école d'Alfort firent conduire et abattre un grand nombre de chevaux atteints de la morve dans le bois de Vincennes, les habitans des villages voisins les mangeaient tous à mesure qu'ils y étaient conduits : aucune maladie ne s'est déclarée parmi eux (1).

Il y a bien long-temps que les dispositions pres-

______

(1) Parent-Duchâtelet, Recherches sur les clos d'équarrissage, Paris, 1827, page 108.

crites par l'art. 6 ne sont plus mises à exécution dans beaucoup d'établissemens de postes, de diligences, de voitures publiques. Dans les régimens de cavalerie les chevaux morveux sont vendus aux équarrisseurs ; à Paris, les particuliers sont même autorisés par la police à conduire les chevaux morveux au marché pour y être vendus aux équarrisseurs : dans toute la France aujourd'hui on agit ainsi. Dernièrement l'Académie royale de médecine, consultée par M. le ministre de l'intérieur à l'égard de l'établissement d'un clos d'équarrissage au voisinage de la ville de Metz, a répondu par l'organe d'une commission choisie dans son sein, et dont Parent-Duchâtelet était rapporteur, que l'on pouvait impunément faire usage des débris cadavériques des chevaux morveux.

Or, si l'expérience sanctionnée par le temps a démontré depuis l'année 1784 que les débris cadavériques de chevaux morveux pouvaient être utilisés dans l'industrie manufacturière sans aucune crainte de communiquer la morve et de multiplier cette maladie parmi les chevaux; qu'en outre, les manipulations faites sur ces débris n'exposaient les hommes à aucun accident : ne sommes-nous donc pas autorisé à conclure que l'on peut laisser tomber en désuétude les mesures prescrites par l'article 6 de l'arrêt qui nous occupe , jusqu'à ce que les dispositions qu'il prescrit soient formellement révoquées ?

Aujourd'hui dans la campagne on vend les cuirs des chevaux morveux , on utilise la graisse , on fait manger la chair aux volailles, les os sont ramassés et transformés en noir animal ; l'industrie manufacturière tire parti de tous les débris, à tel point que, d'après un calcul fait par un de nos habiles industriels, M. Payen, on peut retirer 60 francs du cadavre d'un cheval. Or, vouloir maintenir aujourd'hui les dispositions de l'art. 6 de l'arrêt du 16 juillet 1784, n'est-ce pas priver les propriétaires des avantages qu'ils sont à même de retirer de produits cadavériques en compensation de la perte des chevaux morveux qu'ils ont faite ? n'est-ce pas soustraire à l'industrie manufacturière des produits utiles à l'homme ?

En ce qui touche la désinfection des écuries ou des lieux qui ont recélé des chevaux morveux, et ordonnée par l'art. 6 du même arrêt, nous pensons que des précautions hygiéniques se rattachant à la propreté et à la destruction de matières morbides recélant des principes putrides, sont indispensables. Les murs de face et de côté, les traverses, les auges, les râteliers, seront râclés, grattés, lavés à l'eau de lessive, puis nettoyés enfin avec une dissolution de chlorure de chaux, repeints ensuite à l'huile ou blanchis à la chaux. D'autres chevaux pourront alors en toute sûreté être placés en ces endroits.

L'art. 6 de l'arrêt du 16 juillet 1784 dit ensuite que les objets qui auront servi aux chevaux morveux seront détruits ou purifiés. Nous avons rapporté des exemples qui prouvent que des chevaux en bonne santé ont pu travailler avec des harnais de chevaux atteints de morve chronique sans contracter cette maladie : à la rigueur on pourrait donc se passer de désinfecter ces objets, lesquels, il n'y a pas encore bien long-temps, étaient brûlés dans les régimens de cavalerie ; mais cependant, et par mesure de précaution, le lavage et le râclage à l'eau chaude d'abord suivi par un second lavage avec une dissolution de chlorure de chaux, sont des moyens désinfectans dans lesquels nous plaçons toute notre confiance ; ces objets seront ensuite graissés, huilés ou cirés.

Mesures de police sanitaire applicables à la morve aiguë.

Nous avons cherché à prouver par des faits que la morve aiguë pouvait se communiquer par le contact de chevaux morveux et de chevaux sains, que les écuries infectées par les élémens virulens de cette morve pouvaient la transmettre également, mais que nous ignorions quelle pouvait être l'étendue de l'atmosphère contagieuse qui entoure les malades , et si la contagion pouvait s'opérer par les personnes qui les pansent, par les couvertures, les selles, les harnais, les objets de pansement qui leur ont servi. Quoi qu'il en soit, et sans rien préjuger sur ces derniers moyens de contagion , nous croyons pour plus de sûreté devoir conseiller les mesures sanitaires suivantes :

1° Les propriétaires devront séparer , isoler immédiatement les chevaux jeteurs dans un lieu isolé, et faire la déclaration exigée par la loi à l'autorité qui fera visiter les animaux par un vétérinaire. (Art. 1er de l'arrêt du conseil-d'état du roi du 16 juillet 1784; art. 459 du Code pénal.)

2° Si le vétérinaire dit dans son rapport que le cheval peut être traité avec quelque espoir de guérison, il sera isolé dans un local aéré et sain, ou placé dans une infirmerie vétérinaire (1). Ils ne pourront être sortis pour quelque cause que ce puisse être. (Art. 7 de l'arrêt ci-dessus et art. 460 du Code pénal.)

3° Dans le cas où les animaux seraient jugés incurables, ils seront livrés à l'équarrisseur ou assommés chez les propriétaires. Dans celui où les animaux seraient morts de la morve, les cadavres seront transportés jusqu'au lieu où on aura pratiqué la fosse; jamais ils ne seront traînés sur le sol ; on les chargera dans des tombereaux ; et, pour éviter les émanations cadavériques, on les recouvrira d'une couche de paille.

4° Les fosses seront ouvertes à cinquante toises des habitations, elles auront assez de profondeur pour qu'il puisse être mis trois pieds de terre au dessus du cadavre : cette terre sera foulée.

5° Les cadavres pourront être dépouillés, mais le cuir ne pourra être livré au commerce qu'autant qu'il aura été lavé dans de l'eau pure, puis passé dans

---

(1) Nous possédons six cas de guérison de morve aiguë.

une solution de chlorure de calcium (20 litres d'eau dans lesquels on aura fait dissoudre 2 onces de ce chlorure suffiront pour opérer la désinfection de plusieurs cuirs). La prudence exigera que dans les clos d'équarrissage la tête soit séparée du tronc et enfouie ; les autres débris cadavériques pourront être utilisés.

6° Les fumiers seront enlevés chaque jour des écuries, transportés au loin, placés dans des fosses, puis recouverts de dix à douze pouces de terre.

7° L'écurie sera désinfectée ainsi qu'il suit : les murs seront grattés avec une râclette s'ils sont recrépis en plâtre ou en mortier, autrement ils seront lavés avec de l'eau bouillante et nettoyés à l'aide de balais, de brosses, de bouchons de paille ; les auges, les râteliers subiront la même désinfection ; les plafonds, les fenêtres, seront débarrassés des toiles d'araignées ; les pavés, s'il en existe, seront lavés et frottés à l'eau bouillante avec des balais ; et, dans le cas où l'écurie ne serait point pavée, si le sol n'a point été renouvelé depuis long-temps, il sera bon de le remplacer par de la terre neuve bien battue.

8° L'air de l'écurie sera ensuite désinfecté par une fumigation de chlore. (*Voyez* page 441.)

9° Les objets qui auront servi aux animaux, tels que les licols, les musettes, les couvertures, les selles, les harnais, les brides, etc., ceux propres au pansement, seront plongés dans une dissolution d'eau chlorurée tiède, et nettoyés convenablement ; ceux en cuir blanc seront ensuite huilés, et ceux en cuir noir passés au cirage.

Contagion de la morve à l'homme.

Les hippiatres grecs, latins, italiens, espagnols, anglais et français n'ont rien dit dans leurs ouvrages de la contagion de la morve des chevaux à l'espèce humaine. Depuis la fondation des écoles vétérinaires en France, en Allemagne, en Angleterre, en Italie, les professeurs de ces écoles, les élèves qui en sont sortis, les médecins qui se sont occupés de la morve des chevaux, n'avaient en aucune manière parlé de cette transmission, lorsque Schilling et Thomas Tarozzi en 1821, Seidler en 1823, Travers et Hertwig en 1826, Crub en 1828, Andrew-Brown, Elliotson en 1829, Wolf en 1830, Alexander et Schilling en 1831, Graves en 1836, et enfin le docteur Rayer en 1837, publièrent des observations tendant à prouver cette malheureuse transmission (1).

Résumant toutes les observations faites jusqu'à ce jour, le docteur Copland, dans un dictionnaire de médecine récemment publié en Angleterre, et M. Rayer, dans les Mémoires de l'Académie royale de médecine, ont décrit la morve de l'homme sous le

____

(1) Voyez le mémoire de M. Rayer sur la contagion de la morve à l'homme. Mémoires de l'Académie de médecine, année 1837, t. 6, p. 625.

type aigu et le type chronique comme constituant
deux maladies nouvelles à l'espèce humaine, et
dignes d'occuper une place dans les cadres nosolo-
giques futurs.

Nous n'avons point l'intention de discourir lon-
guement sur cette question, qui vient d'être sa-
vamment discutée au sein de l'Académie royale de
médecine par les médecins, par nos confrères, et
notamment par M. Barthélemy, ancien professeur à
l'école d'Alfort; ce que nous voulons faire connaître
dans le travail que nous nous imposons ici, c'est l'a-
nalogie ou la dissemblance qui existe entre la maladie désignée sous le nom de morve aiguë des hommes et la morve aiguë des chevaux, dans les symptômes qui les signalent toutes deux, et les lésions
morbides qui leur sont propres. Pour arriver à ce
résultat, nous allons esquisser les traits caractéristi-
ques de la morve de l'homme, et nous placerons en
regard nos observations. Ce point capital étant traité,
nous envisagerons la maladie de l'homme sous le
rapport de ses causes, de sa fréquence, afin d'arriver à une conclusion fondée.

MORVE AIGUE DE L'HOMME.	OBSERVATIONS.
Symptômes, invasion.—Fiè-vre générale, frissons, fréquence du pouls ; — quelquefois symp-tômes gastriques, d'autres fois diarrhée.	Ces symptômes ne se font point remarquer dans l'invasion de la morve des chevaux.
Augment. — Douleurs vives dans les articulations des mem-	Rien de semblable n'existe dans la morve. La claudication

bres qui simulent une affection rhumatismale.

Engorgemens , nodosités phlegmoneuses, très douloureux au toucher, avec teinte rouge violacée de la peau, existant dans l'épaisseur des muscles, autour des articulations, sous les aponévroses, entre le périoste et les os. Ces tumeurs se ramollissent en s'abcédant. Alors la peau devient violacée et se gangrène. Le pus qui s'en écoule est sanieux et sanguinolent.

Écoulement par les narines d'un liquide jaunâtre, visqueux, plus ou moins épais, plus ou moins adhérent aux narines, quelquefois semblable à du pus ou mêlé de stries de sang; écoulement qui manque quelquefois, ou bien qui apparaît pendant le cours de la maladie, et le plus souvent vers sa terminaison.

L'engorgement des ganglions lymphatiques intermaxillaires n'a jamais été remarqué.

Les parotides se sont tuméfiées et ont suppuré dans quelques sujets.

Les ailes du nez s'engorgent et sont frappées de gangrène.

Après des sueurs fétides et abondantes, éruption sur les joues, la face, les bras, les cuisses, la partie antérieure du tronc, de pustules particulières, discrètes ou confluentes, arrondies, rugueuses, quelquefois d'une forme irrégulière, entourées d'une aréole rougeâtre, que l'on a comparées à la vari-

décelerait ces douleurs si elles existaient.

Jamais dans la morve aiguë du cheval nous n'avons vu d'abcès sous-cutané et intermusculaire. M. Rayer dit avoir rencontré ces abcès, mais il est le seul qui ait fait cette observation sur les chevaux. M. Rayer a sans doute confondu les ramollissemens lymphatiques de l'angéioleucite sous-cutanée ou du farcin aigu, avec ces abcès.

L'écoulement nasal du cheval est un des premiers symptômes qui se font remarquer; il est constant; le jetage est abondant, visqueux et safrané, souvent strié par du sang.

La tuméfaction des ganglions de l'auge est un symptôme qui ne manque jamais dans le cheval.

Dans les chevaux jamais ce symptôme n'a existé.

Les ailes du nez sont tuméfiées, mais jamais elles ne se gangrènent.

Ces pustules se font remarquer quelquefois seulement à la face, au corps et aux membres. On les a comparées aux pustules claveleuses (Dupuy). Cette éruption est rare dans les chevaux; elle ne constitue pas un symptôme pathognomonique de la morve aiguë; tandis qu'elle ne paraît point manquer dans celle, aux pustules d'ecthyma.

Indépendamment de cette éruption, apparition de bulles noirâtres au nez, au front, au dessous des oreilles, aux doigts, aux pieds, aux parties génitales; bulles suivies de gangrènes plus ou moins larges et plus ou moins profondes.

Vers la terminaison de la maladie, diarrhée fétide, d'une odeur putride et cadavéreuse, quelquefois dyssenterie; — langue sèche, enveloppée de mucosités brunâtres.

La morve de l'homme se termine toujours par la mort. *Les deux tiers* des malades meurent avant le dix-septième jour.

Altérations morbides. Cavités nasales. — Ecchymoses, taches gangréneuses existant dans l'épaisseur de la pituitaire. — Pustules discrètes ou confluentes, cernées par une aréole rougeâtre, ou bien ulcérées à leur sommet, se montrant sur la cloison médiane ou sur les cornets. — Petites ulcérations entourées d'un bourrelet rose. — Toutes ces parties sont recouvertes par un mucus épais, filant et strié de sang. (Lésions de Prot.)

Sinus frontaux remplis de mucus puriforme, brunâtre; — muqueuse épaissie, tuberculeuse (Villiams) ou ulcérée (Alexander).

Pustules de même forme et de même nature dans le larynx et dans la trachée.

la morve décrite sur les hommes.

Ces bulles n'ont jamais été remarquées dans le cours de la morve du cheval.

La diarrhée, aussi bien que la dyssenterie, n'existent point dans les chevaux pendant le cours de la morve.

La morve aiguë du cheval est mortelle dans le même laps de temps. Cependant quelques sujets guérissent, ou bien la maladie prend le type chronique.

Semblables lésions existent sur la membrane pituitaire des chevaux, seulement elles paraissent avoir leur siége dans les lymphatiques de la nasale; les pustules ne sont autre chose que les altérations isolées d'un réseau ou d'un plexus lymphatique.

Nous n'avons jamais constaté semblables lésions sur la muqueuse des sinus. Jamais d'ailleurs aucune observation vétérinaire n'en a fait mention.

Quelquefois ces altérations existent dans les chevaux.

Ulcération du palais et des amygdales (Alexander).	Jamais ces altérations n'ont été constatées.
Poumons offrant une pneumonie lobulaire (Prot), ou bien quelques petits abcès.	Il existe toujours dans les poumons des dépôts de lymphe formant des petits corps blanchâtres, lenticulaires, durs, entourés de tissu pulmonaire rouge et friable, ou ramollis en une matière blanchâtre, renfermée dans une coque ou kyste récent.
Les ganglions, les vaisseaux lymphatiques n'ont point été soigneusement examinés; ils étaient sains dans le cadavre de Prot.	Les altérations du système lymphatique sont très remarquables dans le cheval. Les ganglions de toutes les parties du corps, et notamment les sous-maxillaires, les interbronchiques, sont gros, rouges, ou rouge-brun, et infiltrés de sérosité roussâtre.
Les viscères de la digestion, de la circulation, de l'appareil génito-urinaire, sont sains.	Ils sont sains également dans le cheval.

Nous ne chercherons point à prouver la dissemblance qui existe entre la morve chronique de l'homme et celle du cheval ; les observations qui ont été faites jusqu'à ce jour par Elliotson, Travers, Villiams et Hardwiche sur l'homme sont si incomplètes et s'éloignent tellement de la morve chronique des chevaux, que nous croyons devoir ne point nous en occuper.

Les observations que nous venons de consigner en regard des symptômes et des altérations morbides qui appartiennent à la morve aiguë de l'homme, font voir clairement les différences tranchées qui existent entre les deux maladies, et prouvent péremptoirement que les caractères qui démontrent leur dissemblance sont plus nombreux que ceux de leur ressemblance.

Si maintenant nous ajoutons qu'on ne peut rigoureusement admettre qu'une maladie est contagieuse qu'autant que toutes les fois qu'elle est transmise elle fait naître une maladie semblable à elle, ainsi qu'on le constate pour la variole, la vaccine, la rage, la pustule maligne, la syphilis, la gale, etc., ne doit-on pas dire, sinon admettre une exception, que la morve aiguë de l'homme n'est point la morve aiguë du cheval, puisqu'elle n'en revêt point les principaux caractères.

On pourra nous objecter que jusqu'alors les observations qui ont été faites pendant la vie des hommes et sur le cadavre laissent beaucoup à désirer, que plus tard tous les doutes seront levés. Mais encore, tout en admettant que les observations à venir soient plus complètes, il ne sera toujours pas possible de prouver l'analogie, puisque les principaux caractères de la morve de l'homme qui n'ont jamais manqué, ne sont point ceux qui appartiennent à la morve du cheval, et la dissemblance existera donc toujours.

M. Rayer argue que la maladie qu'il a décrite ne ressemble à aucune autre maladie de l'espèce humaine, et qu'à l'égard de sa ressemblance avec la morve aiguë du cheval, le doute est impossible, l'incertitude n'est point permise. Nous avons vu, au contraire, que le doute était possible, et qu'il est fondé.

On a dit, pour prouver l'action spécifique du virus morveux du cheval sur l'homme, que jamais les résorptions purulentes, les inoculations de matières septiques, n'ont fait naître une maladie avec des éruptions pustuleuses, un jetage par les narines accompagné d'ulcérations sur la muqueuse des cavités nasales. Nous ne contestons point ce fait pour l'homme; mais nous ferons remarquer que, chez les animaux, les vétérinaires ont observé et observent encore journellement que les résorptions purulentes lymphatiques occasionnent les phénomènes morbides dont il s'agit. Qu'il y ait chez l'homme une maladie jusqu'alors inconnue offrant quelque ressemblance avec la morve aiguë ou le farcin aigu du cheval, loin de nous de le contester; mais dire que cette maladie reconnaît pour *cause spécifique* l'absorption du virus morveux du cheval, contre cette assertion s'élève un doute qui nous est péremptoirement acquis. Pour corroborer son opinion, M. Rayer fait observer que tous les malades ont eu des rapports avec des chevaux morveux, *fait*, dit-il, *d'une valeur immense* dans l'étiologie de la maladie. Sans doute on a dit que les malades avaient eu des rapports avec des chevaux morveux, mais on n'a point dit toujours quel avait été le genre de ces rapports. A l'égard de quelques malades, on s'est contenté de renseignemens vagues, fournis soit par les malades, soit par leurs parens ou alliés? On n'a pas dit de quelle espèce de morve les animaux étaient atteints; et, en ce qui regarde même le fait consigné par M. Rayer, n'a-t-on pas contesté que Prot ait eu des rapports avec la jument morveuse qui lui aurait transmis la morve? Il faut le dire, il est à désirer qu'à l'avenir les faits qui prouveront la contagion de la morve, si contagion il y a, soient bien circonstanciés, et qu'il n'y ait rien à répliquer. Ce n'est point leur nombre qui pourra nous convaincre, mais bien l'authenticité de leur existence.

M. Rayer a consigné quinze observations de contagion de la morve aiguë du cheval à l'homme; sur ce nombre, quatorze appartiennent aux médecins tant anglais qu'allemands; la quinzième seulement est à M. Rayer. Cependant il n'est pas de royaume en Europe où il y ait autant de chevaux morveux qu'en France. Les infirmeries des régimens de cavalerie en sont toujours remplies; les vétérinaires, au nombre de deux dans chaque régiment, soignent journellement ces chevaux; et pourquoi n'a-t-on jamais, depuis soixante-quinze ans que les vétérinaires militaires sont sortis des écoles, observé la morve sur aucun d'entre eux? Dans les trois écoles vétérinaires de France, où annuellement on sacrifie les chevaux morveux par centaines, où l'on panse, saigne, médicamente, expérimente les chevaux morveux; desquelles écoles 5,000 vétérinaires au moins sont sortis depuis soixante-quinze ans, pourquoi jamais la morve n'en a-t-elle atteint aucun? Il est à notre connaissance que des palefreniers à l'école d'Alfort ont couché dans des écuries renfermant sept à huit chevaux morveux pendant des années entières, et que jamais ils n'ont eu la morve.

A une époque l'école d'Alfort avait été transformée en une vaste infirmerie, dans laquelle plus de 3 à 400 chevaux morveux étaient amoncelés ; à cette époque aussi l'école comptait 3 à 400 élèves ; eh bien ! tous ces chevaux étaient pansés par les élèves ; les animaux qui étaient jugés incurables étaient abattus, ouverts, disséqués dans l'établissement, et cependant dans ce vaste foyer d'infection et de contagion, la morve ne s'est propagée à personne. A Pomponne, à Betz, le gouvernement a créé des dépôts de chevaux morveux, 4 à 500 chevaux morveux ou farcineux ont été accumulés dans ces établissemens ; ces animaux étaient amoncelés dans des locaux insalubres, où l'air devait être imprégné du contagium de la morve, et cependant les militaires qui pansaient les animaux dans ces foyers de contagion, les vétérinaires qui les soignaient constamment, n'ont point eu non plus la morve. Enfin, journellement aux clos d'équarrissage à Paris, on tue, on dépouille beaucoup de chevaux morveux, et les hommes employés depuis longues années à ces travaux n'ont point contracté la morve.

On dira sans doute : L'observation a prouvé que l'inoculation directe de la matière morveuse du cheval à l'homme occasionne la morve à ce dernier. Mais ne pourrait-on pas dire que toute autre matière morbide, mise au contact de l'air comme l'est la matière du jetage des chevaux morveux, n'aurait point déterminé les mêmes accidens ? Le doute est bien permis à cet égard, puisqu'aucune expérience faite jusqu'à ce jour n'a démontré le contraire.

D'après M. Rayer, la contagion se serait transmise dix fois sur quinze par un élément morveux virulent associé à l'air ; mais la contagion médiate de la morve aiguë n'est pas encore assez bien constatée, on n'a pu jusqu'à ce jour reconnaître l'étendue de l'atmosphère contagieuse qui entoure l'animal malade. Si donc cette question est encore douteuse, parce qu'elle n'est pas appuyée par un assez grand nombre de faits bien positifs à l'égard d'animaux de la même espèce, raisonnablement peut-on dire avec conviction que c'est par cette voie que la morve aiguë du cheval s'est transmise aux hommes ?

Voici venir une preuve beaucoup plus forte, et qui, selon MM. Rayer et Velpeau, est inattaquable. L'humeur des pustules cutanées de Prot a été inoculée à un cheval à l'entrée des narines, et le vingt-unième jour de cette inoculation, à l'existence de pustules cutanées avaient succédé de larges ulcérations à l'entrée des narines et sur plusieurs points de la cuisse et aux paupières. Le cheval a été tué, et l'inspection anatomique a fait voir de petits points ecchymosés et hépatisés dans les poumons ; enfin des cordons et des tumeurs contenant du pus formé par les vaisseaux et les ganglions lymphatiques sous-maxillaires, et des ars frappés d'une inflammation *spécifique et morveuse.* En présence de tels faits, dit M. Rayer, je conclus avec une entière conviction que Prot a eu la morve. Cette conclusion nous paraît erronée. M. Rayer n'est point à savoir que les inoculations de matière septique, dans une partie très organisée comme la peau, est presque toujours suivie d'une inflammation ulcérative, laquelle, devenant le siége d'une sécrétion morbide prise par les lymphatiques, donne naissance à des cordes, des boutons dans le trajet de ces vaisseaux; or ces phénomènes morbides, peut-être rares chez l'homme, sont au contraire très fréquens dans les animaux ; et nous sommes convaincus que des matières purulentes étrangères à la morve auraient occasionné les mêmes accidens. M. Rayer n'a point fait cette contre-épreuve; il aurait dû la faire sur un autre cheval pris comme type de comparaison. L'observation est donc incomplète.

Nous ferons observer avec M. Barthélemy que la maladie inoculée de Prot au cheval n'a point suivi la même marche que chez Prot, qu'elle ne s'est point accompagnée des mêmes symptômes, que sa durée a été de vingt-un jours, qu'elle aurait été beaucoup plus longue encore si le cheval n'avait point été sacrifié, que l'autopsie a fait voir qu'il n'existait d'ulcérations qu'aux endroits inoculés; or, de bonne foi, est-il possible de se servir de cette expérience pour prouver la communication de la maladie de Prot au cheval inoculé? Encore une fois, non. Si M. Rayer, au lieu de faire tuer le cheval, l'eût conservé, il est probable que les chancres du nez et de la conjonctive se seraient cicatrisés naturellement, et que les cordes farcineuses auraient disparu sans aucun soin. Les inoculations de matière morveuse faites avec la lancette sur la cloison nasale de sept chevaux, à l'école de la vénerie de Turin en 1819 par le vétérinaire Lessona, celles faites de la même manière en 1834 par MM. Beugnot et Berthonneau, ont bien aussi suscité la présence de chancres dans le nez, d'engorgement des ganglions lymphatiques sous-linguaux quelque temps après l'inoculation; mais ces animaux ont été conservés, ils n'avaient point contracté la morve; tous ont guéri naturellement. Certes si ces vétérinaires, plus compétens, il faut le dire, que les médecins en ce genre d'épreuves, eussent sacrifié les chevaux vingt-un jours après l'inoculation, ils auraient assuré, comme M. Rayer, qu'ils étaient morveux, et comme lui aussi auraient commis une erreur grave.

De l'examen critique que nous venons de faire de la morve aiguë de l'homme comparée à celle du cheval, nous concluons :

1° Qu'il n'y a point analogie complète entre la maladie que l'on a appelée morve aiguë de l'homme et celle que l'on désigne sous le nom de morve aiguë du cheval;

2° Que l'inoculation des produits morbides des pustules cutanées de Prot à un cheval n'offre rien de concluant comme tendant à prouver l'analogie des deux maladies ;

3° Qu'enfin la contagion de la morve aiguë du cheval à l'homme ne peut être résolue par l'affirmative aujourd'hui.

§ DU FARCIN.

Causes générales. — Distinction. — Contagion et non contagion. — Moyens de police sanitaire. — Contagion à l'espèce humaine.

Le farcin est une maladie particulière aux espèces chevaline et bovine : celui du cheval est connu depuis la plus haute antiquité ; celui du bœuf l'est seulement depuis quelques années. Le farcin et la morve sont deux maladies de la même nature; toutes deux ont leur siége dans le système lymphatique, et sont le résultat de l'altération de la lymphe et des vaisseaux qui la charrient. Les mêmes causes donnent naissance à l'une et à l'autre. Toutes les deux se montrent souvent successivement ou simultanément sur le même animal. Tout ce que nous avons donc dit à l'égard des causes de la morve doit se rattacher au farcin; ainsi les travaux excessifs et soutenus, l'alimentation long-temps continuée avec des alimens avariés ou peu nutritifs, les effets funestes des écuries sombres, froides et humides; les arrêts

fréquens de transpiration, les résorptions purulentes
lymphatiques, voilà quelles sont les causes générales
du farcin, et quelles sont aussi celles qui occasionnent la morve; étiologie dont on n'a jamais non plus,
aussi bien que pour la morve, tenu assez compte
lorsqu'on a cherché à se rendre raison de l'apparition du farcin. Le farcin est une maladie très commune; il se montre particulièrement sur les chevaux
de troupes, de maîtres de poste, de relayeurs de diligences, de loueurs de voitures publiques.

Les hippiatres grecs et latins, les hippiatres et les
vétérinaires anglais, espagnols, allemands, italiens
et français, ont décrit dans leurs ouvrages la maladie
qui nous occupe en faisant une foule de distinctions, tant sur la nature que sur le siége et les formes
qu'elle revêt. Ils ont distingué le farcin en externe et
en interne, en malin et en bénin; en farcin sous
forme de boutons, de cordes, de tumeurs, d'ulcérations, etc.

Ces distinctions dans le siége et dans les formes
de l'affection farcineuse en ont imposé sur sa nature;
on a cru voir dans ces distinctions des maladies essentiellement différentes, quand le farcin était
unique et déguisé seulement par les formes.

Tous les hippiatres français et étrangers sont una-
nimes sur cette opinion, à savoir, que le farcin est une
maladie contagieuse. Bourgelat et Chabert, ainsi que
leurs élèves, ont émis la même opinion. La transmission du farcin aurait lieu non seulement par le

contact d'un animal malade avec un animal sain, mais encore par les objets qui auraient servi aux chevaux farcineux, par les écuries infectées et par l'air imprégné de virus respiré par un animal sain à une certaine distance de l'animal malade. Les vétérinaires contemporains ont la plupart nié la contagion farcineuse. Pour appuyer les diverses opinions qui ont été émises, les uns ont consulté l'expérience les autres, ce sont les compilateurs ; les autres ont considéré la nature de la maladie, l'action des causes qui la font naître, le bon emploi des moyens préservatifs pour la prévenir ou la faire disparaître, ce sont les observateurs. Et cependant jusqu'à ce jour on ne s'est point entendu ; il est arrivé, ce qui malheureusement advient toujours en cas semblables, que la question de contagion et de non contagion du farcin est loin d'être résolue.

La première question importante à bien éclaircir, selon nous, c'est de bien distinguer les espèces de farcin qui attaquent le cheval, ainsi que leur nature et leur siége. Le farcin est aigu ou chronique. Pour bien faire reconnaître ces deux maladies, nous allons esquisser à grands traits les principaux caractères qui leur appartiennent, en les plaçant en regard dans un tableau synoptique.

FARCIN AIGU.

Attaque particulièrement les animaux sanguins et de race distinguée.

Début. Le farcin aigu débute tout à coup, tantôt sur toute la surface du corps et des membres, d'autres fois sur quelques parties seulement. On en reconnaît deux formes.

1re *Forme. Boutons.* Boutons nombreux, simples ou multiples, occupant l'épaisseur de la peau ou situés dans le tissu cellulaire sous-cutané, durs, sensibles, et ne renfermant ni sérosité ni matière purulente.

2e *Forme. Cordes.* Cordes formant des saillies en relief, arrondies, alongées, douloureuses, de la grosseur d'un tuyau de plume à écrire, se montrant tout à coup le long des veines superficielles du corps et des membres, rarement ailleurs ; dures au centre, faciles à déprimer à la circonférence, elles peuvent disparaître par l'emploi de frictions sèches, ou l'application de substances astringentes. — Ces cordes se rendent aux ganglions lymphatiques voisins des régions où elles se dessinent. Ceux-ci sont gros, douloureux, mais non entourés d'infiltration œdémateuse. Souvent elles se réunissent aux boutons et forment ainsi, dans l'épaisseur de la peau et du tissu cellulaire sous-jacent, des nodosités saillantes, **entrecroisées en différens sens par des cordons.**

FARCIN CHRONIQUE.

Attaque particulièrement les chevaux communs.

Début. Se montre au corps, à la tête ou aux membres, sous quatre formes.

1re *Forme. Boutons.* Boutons indolens, arrondis, du volume d'une petite noisette, et quelquefois plus, occupant le corps de la peau ou le tissu cellulaire sous-cutané et répandus çà et là.

2e *Forme. Cordes.* Cordons noueux en chapelet, existant sous la peau et au voisinage des veines superficielles, et marchant parallèlement à ces vaisseaux, ne se dessinant en relief à la surface de la peau que long-temps après leur naissance, et se rendant aux ganglions lymphatiques voisins. De la grosseur du petit doigt, durs, indolens, ils ne disparaissent point complètement par les frictions irritantes, ni par les applications fondantes. Le tissu cellulaire induré entourant le cordon peut bien disparaître, mais la corde persiste toujours. Ces deux formes sont les plus fréquentes ; elles existent presque toujours simultanément sur le même animal.

3e *Forme. Tumeurs.* Sur quelques animaux on voit sur la croupe, sur les côtes, plus rarement aux membres, des tumeurs de la grosseur d'un œuf de poule, et quelquefois plus, arrondies, circonscrites, indolentes, dures d'abord, puis ramollies et renfermant une matière épaisse, grumeleuse et inodore, ou bien filante et très albumineuse; l'intérieur de la poche est lisse et tapissé par une muqueuse accidentelle; les parois sont formées par un tissu blanc et induré. Elles ont leur siége dans le tissu cellulaire sous-cutané.

4ᵉ *Forme. Engorgemens.* Cette forme se remarque aux extrémités des membres, et rarement ailleurs. Engorgemens froids, indolens, circonscrits ordinairement au genou et au jarret, desquels partent des cordes qui longent les veines superficielles pour se rendre aux ganglions de l'aine, du fourreau ou de l'entrée de la poitrine. — Ces engorgemens sont formés par un tissu blanc, lardacé, criant sous l'instrument, et souvent renfermant de petits foyers qui se font jour à la surface de la peau.

Fièvre générale, muqueuses rouge-jaunâtre, battemens cordiaux très forts, engorgement chaud et œdémateux au scrotum et aux membres. — Cette période dure deux à trois jours.

Point de fièvre générale, apparition très lente des phénomènes morbides farcineux, marche très peu rapide; les animaux conservent presque toujours leur embonpoint et leur force, ils peuvent travailler; quelques uns maigrissent un peu. — Cette période dure trois semaines, un mois, et quelquefois plus.

Augment, état et terminaison.

Augment, état et terminaison.

Les boutons se multiplient et se montrent sur une grande partie du corps, même sur la

Les boutons, les renflemens des cordes farcineuses se ramollissent très lentement. Cette

conjonctive et sur la pituitaire. Le troisième ou le quatrième jour suivant leur apparition, ils sont ramollis et renferment une matière épaisse, blanchâtre, ou bien rougeâtre et striée de sang.

Souvent à cette époque les boutons de la pituitaire se ramollissent et donnent naissance à des ulcérations profondes, à fond blanchâtre, à bords dentelés et irréguliers. Des cavités nasales s'écoule une matière muqueuse jaunâtre, filante, souvent fétide, irritant les ailes du nez, et suscitant leur tuméfaction. (Morve farcineuse ou farci glanders des Anglais, complication de farcin et de morve pour les vétérinaires français.)

Plus nombreuses, plus grosses, entourées d'un léger empâtement œdémateux, les cordes se dessinent, se prononcent et se montrent particulièrement : 1° à la face et se prolongeant depuis les naseaux jusque dans l'auge ; 2° le long de la jugulaire, et se dirigeant à l'entrée de la poitrine dans les ganglions pectoraux ; 3° aux faces internes antérieure et supérieure des avant-bras, et gagnant les mêmes ganglions ; 4° à la face interne des cuisses et montant aux ganglions de l'aine et du fourreau. Ces cordes portent des nodosités ou des renflemens arrondis, dans lesquels se montre de la fluctuation. Elles s'ouvrent à l'extérieur et laissent écouler un produit morbide semblable à celui des boutons.

Les boutons cutanés, les cor-

terminaison s'opère sans chaleur, ni douleur, ni infiltration dans la partie. Le bouton, le renflement deviennent mous et pâteux ; plus tard, dans leur centre, se montre de l'élasticité, la peau s'amincit, se perfore ; il s'échappe alors une matière épaisse, jaunâtre, albumino-séreuse.

Bientôt les bords de cette ouverture se renversent, et un ulcère succède au bouton. Ces ulcères sont arrondis, quelquefois irrégulièrement dentelés, souvent circonscrits par un rebord dur et lisse ; leur fond est pâle et souvent filandreux. La matière qui s'en écoule est jaunâtre, épaisse, filante, se coagule en s'attachant aux poils pour former croûte. Rarement ils se cicatrisent. D'autres fois ces ulcères se remplissent de fongosités qui débordent la peau et forment une tumeur livide, saignant au moindre contact. Pendant cette terminaison du farcin, la tuméfaction des ganglions lymphatiques est très grande, quelquefois ces corps se ramollissent et s'abcèdent.

des sous-cutanées, après s'être ramollis, s'ulcèrent et laissent écouler le produit morbide dont nous avons parlé. Ces ulcères s'élargissent rapidement, tantôt isolés, d'autres fois réunis et confondus; ils forment dans ce dernier cas de larges surfaces ulcéreuses. Le fond de ces ulcères est blanchâtre, les bords sont dentelés et renversés; il s'en écoule une matière jaunâtre et filante : à cette époque, la tuméfaction des ganglions est très considérable.

Le sang retiré de la jugulaire se coagule en 8, 10 à 12 minutes (15 minutes dans l'état de santé); caillot blanc très ferme occupant les deux tiers de l'hématomètre; caillot noir très résistant; sérum se séparant du caillot en 50 heures, et occupant quelquefois les deux tiers de l'hématomètre. Caillot blanc alors rétréci et formant un petit cylindre dur. — Cet état du sang est toujours constant.

Le sang retiré de la jugulaire se coagule en 12 à 14 minutes. Quand le farcin est ulcéré, cette coagulation est plus prompte : caillot blanc occupant les deux tiers et plus de la colonne sanguine; sérosité abondante.

Ce farcin est quelquefois local, et son siége varie : tantôt il se déclare à un membre antérieur ou à un membre postérieur (farcin des membres), à la tête (farcin de la tête), dans une seule ou dans les deux cavités nasales et le long des veines sous-cutanées de la face et des joues (farcin du nez); sur quelques sujets il occupe seulement quelques régions de la peau (farcin cutané); sur d'autres il occupe seulement une moitié du corps (farcin latéral).

Ce farcin est souvent inguérissable; il fait périr les chevaux

Ce farcin est très souvent local, et il est alors facilement guérissable. Son apparition sur la pituitaire a fait dire qu'il dégénérait en morve. Dans ce dernier cas, devenant général et étendu alors à tout le système lymphatique, il amène le marasme et la mort.

du quinzième au vingtième jour. Lorsqu'il est local, rarement il est mortel. Celui du nez entraine souvent le sacrifice des animaux qui sont alors regardés comme morveux et toujours incurables, mais sans fondement.

Lésions morbides.

Elles se montrent toutes dans le système lymphatique. Les vaisseaux lymphatiques de l'entrée de la poitrine, de la région sous-lombaire, du mésentère, et généralement de toutes les parties du corps, sont gorgés d'une grande quantité de lymphe jaunâtre et très souvent sanguinolente. Recueilli dans un vase, ce fluide se coagule rapidement et donne les deux tiers de sérum. L'intérieur des vaisseaux lymphatiques est sain.

Ganglions lymphatiques de toutes les régions du corps gros, volumineux, rougeâtres, entourés d'une infiltration celluleuse rouge ou roussâtre, ils renferment dans leurs utricules une grande quantité de lymphe tantôt roussâtre, d'autres fois laiteuse, souvent coagulée, et formant alors des dépôts albumino-fibrineux arrondis, blanchâtres, s'écrasant facilement sous les doigts (tubercules de beaucoup de vétérinaires). Ailleurs, et cela se fait remarquer surtout lorsque le farcin est ulcéré, ces dépôts sont ramollis et forment alors au centre du tissu ganglionnaire un épanchement de liquide séropurulent, roussâtre, qui suinte de toutes parts par la pression; d'autres fois c'est une matière

Lésions morbides.

Les lymphatiques des régions désignées ci-contre sont également remplis de lymphe, seulement ce fluide est beaucoup plus séreux, sa coagulation est moins prompte et le sérum plus abondant.

Les vaisseaux lymphatiques qui renferment cette lymphe sont également très sains.

Les ganglions lymphatiques, dans les régions où il n'existe ni cordes ni boutons, sont gros, pâles et gorgés de lymphe. Dans les régions où se rendent les cordes, ils sont gros, durs; leur tissu renferme une matière pultacée, blanche, enkystée dans l'utricule du ganglion. Quelquefois cette matière, qui n'est autre chose que de la lymphe altérée, est ramollie, infiltre le tissu ganglionnaire, ou est renfermée dans une ou plusieurs utricules. Les ganglions mésentériques sont rarement altérés, si ce n'est quand le farcin est général. Les bronchiques et les lombaires sont plus souvent malades. Ceux du fourreau, de l'aine, de l'auge, de l'entrée de la poitrine, lorsque des cordes

blanchâtre, épaisse, ressemblant au pus, contenue dans les utricules ganglionnaires qui alors forment kyste.

Cordes. Elles se présentent sous trois états morbides.

1er *Etat.* Une corde farcineuse disséquée immédiatement après son apparition, est formée par un lymphatique sous-cutané, dont l'intérieur est rempli de lymphe légèrement laiteuse, quelquefois stagnante et déjà coagulée, là surtout où existent les valvules. La membrane interne est parfaitement saine ; la gaîne celluleuse est légèrement injectée et renferme un peu de sérosité.

2e *Etat.* La corde est dure et douloureuse pendant la vie. Canal du lymphatique renfermant, là où aboutit un lymphatique non malade, de la lymphe claire et limpide ; et encore ici la membrane interne est saine, quoique la gaîne celluleuse soit infiltrée de sérosité ; mais souvent en deçà et au delà de cet endroit, le lymphatique renferme une matière coagulée, blanchâtre, albumino-fibrineuse, déjà adhérente à la membrane interne, qui est rouge et injectée sans être épaissie. Dans les parties que nous avons indiquées comme étant le siége de nombreuses cordes, tous les lymphatiques malades et disséqués forment, étant à ce degré d'altération, une multitude de cordons blanchâtres, entrecroisés, aboutissant à deux ou trois lymphatiques principaux qui vont se perdre dans les ganglions lymphatiques.

viennent y aboutir, l'altération ci-dessus notée s'y fait toujours remarquer.

Cordes. Elles se présentent également sous trois états morbides ; seulement ce qui différencie les deux altérations, c'est la présence de produits morbides caractérisant une affection chronique. Dans le premier état la lymphe renfermée dans le lymphatique est légèrement opaline ; la membrane interne du vaisseau est à l'état normal. La gaîne celluleuse renferme une petite quantité de fluide séreux.

2e *Etat.* La corde est grosse, dure, formée, à l'intérieur, par le lymphatique rempli de lymphe coagulée adhérente à ses parois ; et à l'extérieur, par un tissu blanc et induré, adhérent fortement à la membrane interne. De distance en distance ces cordes offrent des renflemens dans le centre desquels se montre une petite masse de lymphe blanchâtre et dure. Là aussi se voient quelques arborisations vasculaires dans l'épaisseur de la membrane interne du lymphatique.

3ᵉ *Etat*. La matière albumino-fibrineuse est ramollie, caséeuse, rougeâtre, épaisse, et remplit le lymphatique, dont les parois sont distendues et frappées d'un commencement d'ulcération. Plus loin, le lymphatique est totalement détruit dans une partie de son étendue, notamment dans les endroits où existent des renflemens; la matière ramollie est renfermée dans la gaîne celluleuse qui est infiltrée et parcourue par de nombreux petits vaisseaux sanguins. (Pendant la vie c'est à cet endroit que la corde se ramollit et s'ulcère.) Si une sonde est introduite à cet endroit, elle suit un trajet fistuleux existant dans l'intérieur du lymphatique, dont la membrane interne est tantôt intacte, d'autres fois ulcérée.

Boutons. Ils occupent les réseaux lymphatiques de la peau et du tissu cellulaire sous-cutané, la pituitaire et du tissu pulmonaire sous-pleural. Ainsi que les cordes, on remarque trois états morbides dans l'altération dont ils sont frappés.

1ᵉʳ *Etat*. Disséqués attentivement, on voit qu'ils sont formés par de nombreux petits renflemens blanchâtres, contournés, entrecroisés, difficilement séparables, véritables lymphatiques gorgés de lymphe altérée et coagulée dans leur intérieur. Cette altération se présente sous la forme d'un dépôt blanchâtre.

2ᵉ *Etat*. Les cordons entrecroisés ont disparu, un dépôt blanchâtre, albumino-fibrineux,

3ᵉ *Etat*. La matière ramollie est blanchâtre, épaisse, filante; quelquefois elle s'échappe du point renflé et s'écoule ensuite de l'intérieur du lymphatique si une pression est exercée dans l'étendue de son trajet. Quelquefois la matière renfermée dans le canal lymphatique n'est point ramollie; elle a contracté une adhérence avec la membrane interne, s'est organisée avec elle et a oblitéré le canal lymphatique, qui alors forme un cordon plein, dur, fibreux ou lardacé.

Boutons. La dissection anatomique fait voir les mêmes caractères d'organisation morbide; seulement il est beaucoup plus difficile de constater l'existence des petits cordons blanchâtres. La matière albumino-fibrineuse constituant le bouton est unie au tissu environnant, et il devient difficile de pouvoir apprécier les diverses phases d'organisation du produit morbide.

occupe le tissu où l'altération se présente; quelques cordons lymphatiques partent cependant de ce dépôt en se dirigeant vers un autre dépôt voisin qu'ils vont concourir à former et dans lequel ils se perdent.

3ᵉ *Etat.* Au centre du dépôt on aperçoit une matière épaissie, blanchâtre, offrant un aspect purulent. Ailleurs toute la petite masse est ramollie, et la matière est renfermée dans les mailles du tissu cellulaire. Mais comme cette matière doit être éliminée, toujours, lorsque sa formation est ancienne, on la voit se frayer une issue vers la surface libre.

La même altération se fait remarquer.

En introduisant un tube à injection lymphatique dans l'épaisseur de la cavité renfermant la matière ramollie, le mercure pénètre aussitôt dans les lymphatiques environnans. Cette injection est surtout remarquable dans l'épaisseur de la pituitaire et dans le tissu sous-pleural des poumons.

On ne peut point injecter les lymphatiques de la cavité renfermant la matière ramollie.

Le sang est coagulé dans les gros vaisseaux. Les élémens de ce fluide sont séparés, comme il arrive dans un hématomètre. De gros caillots albumino-fibrineux, associés à une petite quantité de cruor, existent dans le ventricule droit du cœur et dans les gros troncs veineux.

Le sang offre le même état pathologique.

La description comparative que nous venons de faire du farcin aigu et du farcin chronique du cheval est de la plus haute importance, envisagée sous le rapport de la contagion qu'on a rattachée aux affections farcineuses. Il faut le dire, jusqu'à ce jour on a beaucoup écrit sur le farcin ; on n'a point méconnu son siége, mais jamais on n'a bien établi les différences tranchées du farcin aigu et du farcin chronique. Nous croyons avoir rempli cette lacune, et nous osons espérer que désormais il sera permis de s'entendre et de bien spécifier l'espèce de farcin dont on aura constaté la propriété contagieuse.

Jusqu'à ce jour le farcin du bœuf n'a été décrit que sous la forme chronique ; c'est au moins le résultat des observations faites et publiées par MM. Nebout, Sorillon, Mousis et Maillet. De même que dans le cheval, ce farcin paraît avoir son siége dans le système lymphatique.

A. *Contagion farcineuse.* Solleysel (1), Gibson (2), Laguérinière (3), Gaspard-Saulnier (4), Lafosse fils (5), Delabereblaine (6), White (7), Tessier (8), Huzard père (9), Thorel (10), D'Arboval (11), regardent le farcin comme contagieux.

(1) Parfait Maréchal, page 360.
(2) Gentilhomme Maréchal, p. 185.
(3) Ecole de cavalerie, p. 136, t. 2.
(4) Parfaite connaissance des chevaux, p. 26.
(5) Cours d'hippiatrique, p. 263.
(6) Notions fondamentales sur l'art vétérinaire, t. 3, p. 222.
(7) Abrégé de l'art vétérinaire, p. 102.
(8) Nouveau Cours complet d'agriculture, art. *Farcin.*
(9) Mémoire de la Société d'agriculture, t. 1, p. 341.
(10) Cours d'agriculture de Rosier, art. *Farcin.*
(11) Dictionnaire vétérinaire, art. *Farcin.*

43

Le professeur-vétérinaire Gohier a fait quelques expériences pour prouver la contagion du farcin. Il résulte de ses tentatives : 1° que le farcin ayant été inoculé à un cheval par une simple application de pus sur la peau, cette maladie s'est montrée au bout de trois mois précisément dans les lieux même où le virus avait été déposé; 2° que l'insertion de semblable matière et sur le même cheval par trois piqûres de chaque côté de l'encolure a fait naître, le quarante-quatrième jour, un farcin grave dont on n'a triomphé qu'au bout de plusieurs mois; 3° que la même expérience faite sur un âne donna lieu au développement du farcin le douzième jour, et que le vingt-cinquième l'animal périt de la morve, le farcin ayant fait des progrès (1).

Les opinions des auteurs rapportées ci-dessus, les expériences de Gohier, sont les seuls documens que possède aujourd'hui la science sur la contagion farcineuse. Et à cet égard nous répéterons ici l'observation que nous avons faite relativement à la contagion de la morve, c'est que les auteurs, les expérimentateurs n'ont point spécifié l'espèce de farcin dont ils ont voulu parler ou qu'ils ont inoculé. Ces opinions, ces expériences ne doivent donc être que d'un faible poids dans la question de contagion qui nous occupe.

---

(1) Mémoires et Observations sur la chirurgie vétérinaire, t. 1, p. 439.

B. *Contagion du farcin aigu.* Le début prompt du farcin aigu, sa marche rapide, son identité de nature avec la morve aiguë qui est contagieuse, ses terminaisons souvent malheureuses, sont des caractères qui appartiennent aux maladies contagieuses. M. Huzard père rapporte dans un compte-rendu fait à la Société d'agriculture en 1822, que M. Taiche a inoculé le farcin aigu avec succès, mais il ne dit mot sur le procédé employé (1); voilà tout ce que la science possède en fait de contagion du farcin aigu. Pour notre compte, nous avons beaucoup étudié cette maladie; nous la croyons contagieuse, mais, malheureusement, jamais nous n'avons eu occasion de constater positivement cette contagion. Des observations importantes sont donc à faire sur ce point. Il faudrait prouver : 1° si le farcin aigu se communique par le contact immédiat de l'animal malade à l'animal sain; 2° si cette contagion peut avoir lieu à distance; 3° si le farcin est contagieux à son début, à sa période d'état et pendant sa terminaison par ulcération; 4° quel est le temps d'incubation de la maladie; 5° si inoculé il peut se communiquer encore à d'autres animaux ; 6° enfin, s'il est contagieux après la mort de l'animal qui en a été atteint.

C. *Contagion du farcin chronique.* Aucun fait bien constaté de la contagion de ce farcin n'a été, que nous le sachions au moins, rapporté dans les auteurs.

----

(1) Mémoires de la Société d'agriculture, 1822, t. 1, p. 59.

Par devers nous jamais nous n'avons observé que le farcin chronique se soit communiqué ; nous avons vu un grand nombre de chevaux qui en étaient atteints manger, travailler avec des chevaux parfaitement sains, sans leur transmettre cette maladie. Nous avons observé cette non contagion non seulement chez quelques particuliers, mais encore chez des maîtres de poste, des relayeurs de diligences et dans les écuries de grands établissemens de roulage et de halage. Depuis deux ans nous voyons chez le maître de poste d'Alfort un grand nombre de chevaux farcineux faire partie des attelages de chevaux sains, courir la poste ou aller faire le labourage avec eux, sans leur transmettre la maladie. Dans le moment où nous écrivons, un beau cheval de poste affecté de farcin, appartenant à M. Matar, à Villeneuve-Saint-Georges, travaille depuis trois mois au labour avec d'autres chevaux très sains, et jusqu'à ce jour il ne s'est rien déclaré parmi ceux-ci. Nous le répétons donc, nous croyons que le farcin chronique n'est point contagieux.

Le farcin chronique du bœuf ne possède point non plus cette funeste propriété. MM. Mousis, Saurillon et Maillet nient la contagion. Ces vétérinaires ont vu des bœufs et des vaches cohabiter et travailler avec des bœufs farcineux, sans gagner le farcin. M. Mousis a mis de la matière farcineuse sur la peau de deux vaches après en avoir rasé les poils ; il a, sur un bœuf, introduit la matière farcineuse dans de petites plaies faites à la peau. Ces inoculations ont été répétées sur une jument, une brebis et deux chiens, et sur tous ces animaux le résultat a été négatif (1).

D. *Contagion du farcin, naissance de la morve.* Les hippiatres ont dit que le farcin était le cousin-germain de la morve; après eux les vétérinaires ont dit que le farcin pouvait dégénérer en morve ou se terminer par la morve. Cette opinion est fondée.

Le farcin et la morve sont deux maladies qui ont leur siége dans le système lymphatique; elles ne diffèrent seulement entre elles que par le siége qu'elles affectent. Or, il n'est donc pas surprenant que le farcin, qui a son siége dans le système lymphatique de la peau, du tissu cellulaire sous-cutané d'abord, se propage ensuite dans tout le système lymphatique, notamment dans celui des voies respiratoires, et y fasse naître une maladie semblable à celle de la peau et du tissu-cellulaire sous-cutané; et par contre que la morve, qui se déclare dans le système lymphatique des voies respiratoires, par sa propagation à toute l'économie, fasse naître le mal farcineux à la peau et dans le tissu cellulaire sous-cutané.

Si donc ces deux maladies sont identiques dans leur nature, nous ne voyons pas pourquoi l'une

____

(1) *Recueil de médecine vétérinaire,* tome 6, p. 631; t. 14, pages 57 et 153,

n'engendrerait pas l'autre par contagion, puisque les deux produits morbides générateurs ont la même origine. En effet, l'observation et l'expérience viennent appuyer ce raisonnement. Coleman a inoculé la matière de boutons farcineux, et la morve en a été la suite. White a fait l'expérience contraire en inoculant la matière du jetage de la morve, et le farcin s'est déclaré (1). Le vétérinaire Jollivet, en France, a répété ces inoculations; elles ont eu le même résultat. MM. Girard, Durand et Robert ont observé la transmission farcineuse sur des chevaux de régiment en bon état et non exposés aux causes de la morve, qui avaient eu la peau souillée par de la matière du jetage de la morve. Le farcin se déclara précisément à l'endroit touché par le virus morveux (2). Il est à regretter qu'aucun des observateurs ci-dessus cités n'ait point spécifié si ces transmissions appartenaient à la morve aiguë ou au farcin aigu. Nous croyons fermement que les matières morbides provenant de la morve aiguë ou du farcin aigu peuvent transmettre tantôt l'une, tantôt l'autre de ces deux maladies.

Moyens de police sanitaire.

Tout ce que nous avons dit relativement aux

---

(1) A Treatise on veterinary medicine; London, 1814, t. 3.

(2) Remarques et observations sur l'identité de la morve et du farcin, *Recueil de médecine vétérinaire*, t. 4, p. 269.

mesures sanitaires à prendre à l'égard de la morve aiguë et de la morve chronique, est applicable au farcin aigu et au farcin chronique. Nous nous dispenserons donc d'entrer dans de nouveaux détails à l'égard de ces deux maladies. (Voyez articles de lois, arrêts, visite, séquestration, vente, occision, enfouissement, usage des débris cadavériques et procédés de désinfection, à l'article *Morve*.)

Contagion du farcin à l'homme.

Dans son mémoire sur la transmission de la morve aiguë et chronique du cheval à l'homme, M. le docteur Rayer n'a point oublié non plus celle du farcin aigu et celle du farcin chronique. Quinze observations recueillies en France, en Allemagne, en Angleterre, et insérées dans plusieurs recueils périodiques, se rattachent à la contagion du farcin aigu à l'espèce humaine. Tous les individus contagionés, et qui ont été, dit-on, atteints du farcin, sont du sexe masculin ; ils étaient employés au service des chevaux ou en rapport habituel avec ces animaux. Neuf d'entre eux ont eu des rapports avec des chevaux atteints de la morve et du farcin. Le seul sur lequel on n'a point constaté ces rapports, soignait des chevaux de rouliers et couchait dans une écurie. Dans quatre la maladie a été évidemment inoculée par piqûres ; dans les autres, le mode d'introduction du contagium n'a pas été indiqué ou reconnu. Les observations de farcin chronique sont au nombre de

sept ; toutes ont été recueillies sur des élèves vétérinaires. M. Rayer a résumé tous les symptômes qui
ont signalé le farcin des hommes, et il a fait la description de cette nouvelle maladie.

Nous avons à l'égard de la contagion du farcin
aigu à l'homme une opinion semblable à celle que
nous avons émise sur la contagion de la morve, et il
sera facile de prouver à nos lecteurs que les observations recueillies et publiées jusqu'à ce jour ne peuvent point prouver l'identité des deux maladies.

Pour bien faire voir que dans beaucoup de points
le farcin aigu de l'homme diffère de celui du cheval,
nous allons donner les principaux caractères de cette
maladie d'après les recherches faites par M. Rayer,
et consigner en regard la similitude et la dissemblance des deux maladies dans leurs symptômes et
leurs altérations morbides.

FARCIN AIGU DE L'HOMME.	OBSERVATIONS.
Symptômes pathognomoniques après l'inoculation par piqûres ou par simple dépôt.	
Piqûres aux mains, suppuration de mauvaise nature, puis apparition de pustules aux environs de la plaie ; plus tard, pâleur et ulcération de cette plaie. Apparition de petites bandes rouges convergeant vers les ganglions lymphatiques du pli du bras et de l'aisselle et résultant d'une angéioleucite superficielle. Gonflement du	Jusqu'ici les accidens occasionnés par l'inoculation d'une matière farcineuse ne peuvent être distingués de ceux qu'entrainent les piqûres anatomiques avec introduction d'une matière septique quelconque. M. Rayer convient lui-même de ce fait. La cause, dit-il, peut seule éclairer sur la distinction du mal. Ajoutons que, dans le cheval,

bras, douleur très grande au voisinage des articulations; formation d'abcès dans le tissu cellulaire sous-cutané, fièvre continue assez intense ; nausées, perte d'appétit, mauvais goût dans la bouche ; souvent guérison.

les résorptions purulentes dans les abcès chroniques, les piqûres du pied du cheval, les javarts anciens, donnent naissance à un véritable farcin local, devenant souvent général, et dont les symptômes sont absolument ceux qui annoncent la résorption septique chez l'homme. Ce farcin est souvent guérissable.

Accidens secondaires qui caractérisent le farcin de l'homme.

Ces accidens ont eu lieu du 14ᵉ au 20ᵉ et au 30ᵉ jour. -- Fièvre générale très intense avec anxiété, agitation, quelquefois délire ; sueurs abondantes, puis apparition de taches rouges livides à la peau de la figure, des membres, suivies de la gangrène dans la partie.

Il y a bien fièvre générale dans le farcin aigu du cheval, mais jamais de taches rouges livides à la peau, et bientôt suivies de gangrène.

Caractères essentiels. 1° Apparition, sur diverses régions du corps et dans des points éloignés de l'inoculation, le plus souvent sur les membres, de petites tumeurs molles, pâteuses, peu saillantes et en général peu douloureuses, qui se terminent rarement par résolution, presque toujours par suppuration, et quelquefois par gangrène.

Ces petites tumeurs peuvent être comparées jusqu'à un certain point aux boutons de farcin aigu du cheval; mais leur terminaison les différencie essentiellement; elles se gangrènent, tandis que les boutons de la peau du tissu cellulaire du farcin du cheval *s'ulcèrent constamment.*

2° *Abcès* étendus, précédés d'inflammation érysipélateuse ou phlegmoneuse sous la peau, dans l'épaisseur des muscles sous-cutanés et profonds, et au voisinage des os, souvent avec gangrène de la peau.

M. Rayer avoue que l'on voit de semblables collections purulentes dans les inoculations de produits septiques indépendans du farcin. Nous ajoutons en outre que rien de semblable n'existe dans le farcin aigu du cheval.

3° *Pustules* ou élevures à la peau comparées à celles de la petite-vérole, renfermant une

En forçant l'analogie, on pourrait dire que les boutons du farcin aigu du cheval peu-

matière claire, séreuse, roussâtre; ou bien comparables à de petits furoncles, et renfermant une matière séro-purulente.

vent être comparés à cette éruption; mais la différence est que ces boutons, quelquefois petits et très nombreux, *s'ulcèrent constamment*, et que souvent ces ulcères, situés au voisinage les uns des autres, se réunissent pour former une large plaque ulcéreuse dont la guérison est très difficile.

La mort a lieu du treizième au dix-neuvième jour.

La mort a lieu dans le même temps chez le cheval.

Recherches anatomiques.

Nous ferons observer 1° que dans dix malades qui ont succombé, quatre seulement ont été ouverts; 2° que les recherches anatomiques ont été faites avec peu de soin; 3° que le système lymphatique n'a point été examiné (observations de M. Rayer).

Abcès considérables dans l'épaisseur même des muscles et dans le tissu cellulaire intermusculaire, occupant le voisinage des os.

Rien de semblable dans le cheval.

Petits abcès dans les poumons.

Dans le cheval, les petits abcès dans les poumons sont le résultat du ramollissement de dépôts fibrineux. Ces abcès existent aussi dans les poumons des hommes et des animaux morts de résorptions purulentes (Rayer). Il n'existe donc point de différence sous ce dernier rapport.

Sang mêlé, dans quelques grosses veines et dans l'oreillette droite du cœur, à une matière muqueuse ou purulente; exsudation purulente sur les parois de quelques veines. (W. Eck.)

La présence de ces matériaux étrangers au sang s'observe dans les résorptions purulentes chez l'homme et dans les animaux.

De l'exposé des symptômes et des altérations morbides ci-dessus, nous concluons, quant à présent :
1° que les symptômes du farcin aigu de l'homme
n'ont que peu ou point de ressemblance avec ceux
de la même maladie dans le cheval ; 2° que les recherches anatomiques peu nombreuses et incomplètes faites jusqu'à ce jour sur les cadavres hu-
mains ne permettent point d'admettre l'identité de
nature des deux maladies ; 3° que les symptômes et
les lésions morbides du farcin aigu de l'homme se
rattachent aux effets d'un poison septique animal
introduit dans l'économie, et non à ceux *d'une
contagion spécifique, fixe ou volatile, provenant
de la morve ou du farcin des chevaux.*

Relativement à cette dernière conclusion , on
pourra peut-être opposer le raisonnement suivant :
S'il est prouvé que la morve aiguë et que le farcin
aigu du cheval soient contagieux aux animaux de la
même espèce par contagion fixe et volatile, pourquoi
repousser cette contagion à l'espèce humaine, quand
il est manifestement prouvé que d'autres maladies
contagieuses, telles que le charbon, la rage, la variole
ovine, se transmettent des animaux à l'homme ? Nous
répondrons que dans ces maladies communiquées a
l'homme , il n'est point possible de méconnaître
l'analogie et l'identité dans les causes, les symptômes
et les altérations morbides ; la ressemblance est parfaite ; tandis que jusqu'à ce jour la dissemblance la
moins niable, l'analogie la plus contestable, dé-

duites du résultat de quarante observations, existent entre les maladies morveuses et farcineuses de l'homme comparées à celles du cheval.

M. Rayer s'est attaché particulièrement à dire que la cause était *spécifique*, parce que la morve et le farcin avaient toujours été observés chez les hommes qui avaient eu des rapports avec des chevaux morveux, et notamment sur les vétérinaires et les élèves vétérinaires. Nous avons déjà dit un mot à ce sujet en traitant la question de contagion de la morve aiguë ; nous y reviendrons ici. Non, la cause de la maladie dite farcineuse n'est point *spécifique*. Elle est pour nous le résultat d'une infection provenant de matières animales fixes ou volatiles altérées par la présence de l'air, qui, introduites dans l'économie par l'absorption, déterminent des effets morbides d'autant plus intenses que les sujets sont plus débiles et déjà prédisposés à l'infection putride. Voici l'observation qui nous a suggéré cette opinion.

Pendant plus de vingt-cinq ans, les élèves de l'école d'Alfort ont été logés dans des dortoirs bas, peu aérés , très insalubres, et leur nourriture était peu substantielle. Pendant ce laps de temps, les inoculations de matières purulentes et septiques, par les *piqûres anatomiques*, étaient très fréquentes , et maintes fois les élèves en ont été victimes. Depuis dix ans, les élèves de cette école ont des logemens salubres, ils sont bien nourris, ils dissèquent, ouvrent, opèrent, pansent, il est certain, un plus grand nombre de chevaux qu'alors; et cependant pas un seul accident de ce genre n'a été constaté. Nous sommes d'avance convaincus, relativement à l'étiologie du farcin et de la morve de l'homme, que les observations ultérieures qui seront faites sur ce beau sujet de recherches, prouveront que ces maladies, inconnues des médecins jusqu'à ce jour, sont le résultat d'un empoisonnement septique dû à un produit morbide altéré, fixe ou volatil, mais non *spécifique* et appartenant toujours au farcin et à la morve des chevaux, comme on l'a dit. Nous sommes convaincus aussi que l'observation prouvera que de semblables affections seront observées sur les palefreniers, les garçons d'écurie, les charretiers qui auront couché pendant long-temps dans des écuries infectées par des matières purulentes, sanieuses ou putrides, tout aussi bien que dans les écuries ou les lieux insalubres qui auront recélé ou qui renfermeront des chevaux morveux ou farcineux; qu'enfin les recherches anatomiques démontreront aux médecins que ces maladies sont, ainsi que la morve et le farcin des chevaux, le résultat d'une affection générale du système lymphatique, et notamment de la lymphe que ces vaisseaux charrient. Voilà quelle est notre opinion.

Quant aux sept observations de farcin chronique de l'homme provenant de la présence de matières morveuses ou farcineuses déposées dans des plaies ou des écorchures faites aux doigts en disséquant, en ouvrant ou en pansant des chevaux affectés de morve ou de farcin, M. Rayer avoue que les symptômes observés pendant la vie, quoiqu'ils n'aient pas été d'une ressemblance et d'une identité parfaites dans tous les cas, ont cependant eu une grande analogie avec ceux qu'on voit se développer chez les élèves en médecine à la suite des *piqûres anatomiques*. « Quant à la *nature du mal* (dit M. Rayer), elle est encore *douteuse*, si on ne tient pas compte de la *cause spécifique;* ce qui fait que ces observations doivent donc être considérées réellement comme un sujet de doute, et par conséquent de recherches ultérieures. »

Tout en adoptant l'opinion qu'émet M. Rayer quant aux recherches à faire sur la nature du mal, nous rejetons néanmoins l'action *spécifique morveuse ou farcineuse* dans le développement des angéioleucites des vétérinaires, et la rattachons aux inoculations de matières virulentes septiques quelconques.

§. DE LA RAGE DES CARNIVORES ET DES HERBIVORES.

Distinctions, — causes. — Rage véritable et rage fausse du chien. — Contagion de la rage du chien. — Contagion et non contagion de la rage des herbivores. — Police sanitaire. — Mesures à prendre pour préserver les hommes et les animaux de la rage. — Usage du lait des femelles suspectes de rage ou enragées. — Usage de la chair et des débris cadavériques des ruminans et du porc.

La rage est une maladie particulière aux animaux du genre chien et chat, dont le siége et la nature ne sont pas encore bien connus, contagieuse à l'homme et à toutes les espèces d'animaux, dont le nom seul inspire de l'effroi, et malheureusement incurable. Nous ne discourerons point sur les causes de la rage, cela serait un hors-d'œuvre dans le sujet que nous traitons ; nous dirons seulement que les chiens particulièrement, les chats, les loups, les renards et les blaireaux, ont la rage spontanément (*rage spontanée*); que les hommes, les chevaux, les bêtes bovines et ovines et les porcs, ont aussi la rage, mais que toujours alors elle leur a été transmise par les animaux de l'espèce précédente (*rage communiquée*).

La rage attaque le chien dans toutes les saisons de l'année ; cependant, d'après quelques auteurs, les animaux enragés seraient plus nombreux en *mai* et en *septembre*, et bien plus rares en *janvier* et en *mars* que dans aucun autre mois de l'année (1). Quoique cette assertion repose sur 114 faits observés, il n'est cependant point exact de dire que toutes les années il en est ainsi. L'expérience a démontré et l'observation nous a convaincu que c'était au *début des chaleurs et vers leur fin* que le nombre des chiens enragés en France était le plus grand (2). La privation long-temps continuée d'alimens ou de boissons ne peut point occasionner la rage. Les expériences de Redi et de Bourgelat sont positives sur ce point. Nous en dirons autant à l'égard de la privation du mâle ou de la femelle pendant les périodes des chaleurs utérines ; des accès furieux auxquels peuvent se livrer les animaux ; du défaut de transpiration cutanée dans le chien. Les causes de la rage *spontanée*, en définitive, sont encore *inconnues*.

A. *Distinction*. On a distingué chez le chien deux espèces de rage : l'une qui est contagieuse, c'est *la rage véritable ;* l'autre dont la contagion est encore douteuse, c'est *la fausse rage*, encore dite rage mue, rage taciturne chez les Allemands (still-wath). Il est bon que nous établissions bien les ca-

----

(1) Relevé de 114 chiens. Voyez Dictionnaire de médecine vétérinaire, article *Rage*, et l'ouvrage de M. Troillet sur la rage.

(2) Le climat paraît aussi influer sur le développement de la rage : elle serait très rare sous la zone torride ; elle ne se serait jamais montrée en Egypte, en Syrie, à Constantinople ; elle paraît aussi inconnue au-delà des cercles polaires.

ractères, quoique peu nombreux, à l'aide desquels
on peut reconnaître ces deux maladies.

RAGE VÉRITABLE DU CHIEN.	RAGE FAUSSE OU RAGE MUE DU CHIEN.
Principaux symptômes. — 1er *jour, début.*	*Principaux symptômes.* — 1er *jour, début.*
Aboiemens ou plutôt sortes de *hurlemens* bas et rauques, se faisant entendre pendant la nuit et à quelques heures du jour.	Aboiemens ayant un timbre se rapprochant de la véritable rage, mais se faisant entendre particulièrement lorsque l'animal est excité. — La gueule est entr'ouverte et la salivation abondante.
2e *et* 3e *jours, augment et marche.*	2e *et* 3e *jour, augment et marche.*
Yeux brillans, égarés et menaçans, avec envies de mordre les hommes et les animaux. — Quelquefois apparition sur le côté du frein de la langue de petites vésicules alongées ou arrondies, blanchâtres, renfermant un fluide séreux (lysses de Marochetti). — Les animaux mâchent et déglutissent des corps étrangers, tels que la paille, l'herbe, la terre ; — ils n'ont point horreur de l'eau ; — les corps polis les effraient, — ils ne peuvent déglutir les corps mous ou liquides. — Inquiétudes et mouvemens continuels. — L'animal éprouve des accès de rage pendant lesquels il se jette sur les hommes, les animaux ou les objets qui l'environnent, les mord et les déchire avec fureur. — La salivation est abondante, tantôt liquide,	Regard stupide, point d'envies de mordre. — Les chiens ne cherchent point à manger ni à boire. — Les mâchoires restent toujours écartées. — La buccale est rouge foncé ; le pharynx et le voile du palais sont d'un rouge brun. — Ils ne peuvent point mordre les corps animés ou inanimés qui les environnent ; seulement ils cherchent mollement à saisir les objets avec lesquels on les excite. — Ils ne peuvent point laper les boissons. — Le regard reste toujours stupide, — les attitudes sont nonchalantes et les mouvemens lents. — *La salive n'est point, dit-on, virulente ;* elle est impropre à transmettre la rage. Si quelquefois cette maladie a été transmise, c'est qu'on l'a confondue avec *la véritable rage*

d'autres fois mousseuse; *la sa- live est virulente et transmet la rage.*

Souvent le chien quitte son maître et sa demeure habituelle; il erre dans la campagne, et c'est alors qu'il mord les chiens, les hommes et les animaux qu'il rencontre sur sa route.

Terminaison, 4ᶜ et 5ᶜ jour au plus.

Les muscles rapprocheurs des mâchoires sont paralysés, le chien ne peut plus mordre, — la gueule est entr'ouverte, les membres postérieurs sont chancelans et bientôt frappés de paralysie. — Mort.

Lésions morbides.

Organes respiratoires. Les cavités nasales sont saines, — quelques ecchymoses dans le larynx, — ainsi que dans les bronches et dans les poumons.

Organes digestifs. Buccale. — Quelques érosions irrégulières intéressant le corps de la muqueuse de chaque côté du frein de la langue, ou bien présence des lysses dont nous avons parlé.

Légère rougeur du pharynx; — estomac rapetissé et renfermant des corps étrangers (paille, poils, terre, morceaux de bois, de cuir); rougeur vive au sommet des plis de la muqueuse; quelquefois érosions légères succédant à des taches noirâtres.

dans la période où la gueule du chien est béante (1).

Le chien ne quitte point la demeure de son maître; s'il l'abandonne, il erre dans la campagne, mais il ne cherche point à mordre.

Terminaison, 3ᶜ et 4ᶜ jour au plus.

La gueule reste toujours béante, faiblesse de tous les membres. — Mort.

Lésions morbides.

Organes respiratoires. Semblables lésions.

Organes digestifs. — *Voile du palais et pharynx* rouges; injection des vaisseaux capillaires disparaissant sous un filet d'eau. — Estomac renfermant quelquefois des corps étrangers, et alors aussi rougeurs partielles, taches brunes et ulcérations. Intestins à l'état normal.

(1) **Voyez** des exemples *de cette contagion*, compte-rendu de l'école d'Alfort, 1823, et école de Lyon, 1810.

Intestins peu ou point d'alimens, du reste ils sont sains.

Organes circulatoires. Rien de notable.

Organes encéphaliques. Injection, ecchymoses dans la pie-mère. — Cerveau et cervelet sains. — Pointillemens rouges sur l'arachnoïde et la pie-mère rachidienne. — Substance grise de la moelle épinière injectée et rouge, quelquefois légèrement ramollie, surtout au renflement lombaire.

Organes génito-urinaires. Rien de notable.

Organes circulatoires. Rien de notable.

Organes encéphaliques. Rien de notable.

Organes génito-urinaires. Rien de notable.

Le tableau ci-dessus fait voir qu'en suivant la marche des deux maladies, il est possible de les distinguer l'une de l'autre, mais qu'à l'autopsie cadavérique les lésions ne peuvent faire acquérir aucune certitude à l'égard de cette distinction.

B. *Contagion.* Un grand nombre de funestes exemples ont malheureusement trop bien prouvé, jusqu'à présent, que la rage du chien, du renard, du loup et du chat *était contagieuse à l'homme et aux principales espèces d'animaux domestiques.* Le principe *virulent* réside dans *la salive*, qui, déposée et absorbée dans les plaies faites par les morsures, occasionne ensuite la rage, bien que les plaies se soient cicatrisées rapidement.

C. *Incubation.* Le virus introduit dans l'économie ne détermine la rage qu'après un temps dont la durée n'a rien de fixe, aussi bien chez l'espèce humaine que dans les animaux. Chez l'homme l'incubation est de trente à quarante jours ; elle va quelquefois jusqu'à deux ou trois mois, et même il y a des exemples avérés de rage développée après deux ans de morsure. Dans les animaux, Brendt admet que l'invasion de la rage n'a jamais lieu qu'après la cicatrisation de la morsure. Suivant lui encore, les jeunes sujets sont atteints de la rage bien avant les adultes, lors même qu'ils ont été mordus ensemble le même jour (1).

Dans les jeunes veaux, la maladie se manifeste communément entre la troisième et la quatrième semaine ; chez les adultes, avant la sixième ou neuvième semaine, ou même encore plus tard. Chez les chevaux, l'invasion a lieu après la neuvième ; chez les moutons et les porcs, vers le commencement de la quatrième. Selon Hertwig, la rage se déclare ordinairement dans les cinquante jours après l'inoculation accidentelle ou artificielle. Ce dernier auteur n'a jamais vu la rage se manifester plus tard (2). A l'école d'Alfort on a constaté que dans les chiens, après le cinquantième jour, le danger n'existait plus (3). Nous pensons qu'il est impossible d'asseoir un temps bien déterminé pour l'incubation de la rage. Nous l'avons vue dans les chiens se manifes-

(1) *Recueil de médecine vétérinaire*, t. 3, p. 103.
(2) *Journal pratique de médecine vétérinaire*, t. 5, p. 227.
(3) Compte-rendu de l'école d'Alfort, 1814, p. 26.

ter du dixième jour au quatrième mois. Peyronie a vu cette maladie se déclarer le soixante-douzième et le quatre-vingt-douzième jour sur le cheval (1); Vatel après soixante-quatre jours dans la chèvre (2); Thorel après quarante-neuf jours sur le porc (3), et Gervi après deux ans sur le même animal (4).

Les symptômes précurseurs de la rage se manifestent à la plaie et dans toute l'économie. Envisagée sous le point de vue de police sanitaire, l'observation de ces symptômes est très importante. A l'endroit cicatrisé une démangeaison se manifeste et les animaux se grattent. La cicatrice devient rouge et saignante, la plaie s'ouvre et la rage apparaît. Cependant ces prodromes ne se manifestent pas toujours. Quoi qu'il en soit, l'invasion de la rage est annoncée dans le chien par l'aboiement rauque et l'envie de mordre; dans le cheval, par l'envie de mordre et l'action de frapper; dans les bêtes bovines, par le beuglement rauque, l'action de donner des coups de cornes, et dans les femelles les fureurs utérines, dans les moutons, par l'action de frapper avec la tête, les mouvemens désordonnés, et l'action de grimper sur les autres bêtes du troupeau; dans le porc, par des mouvemens, des grognemens et l'envie de mordre;

---

(1) *Recueil de médecine vétérinaire*, t. 10, p. 27.
(2) Compte-rendu de l'école d'Alfort, 1824, p. 41.
(3) Instructions vétérinaires, t. 3, p. 321.
(4)   Idem,   t. 3, p. 339.

enfin, dans tous les animaux, par une salivation abondante et une dépravation du goût pour les alimens.

D. *De la contagion et de la non contagion de la rage des herbivores à l'homme et aux animaux domestiques.* Nous avons dit que la contagion de la rage du chien était évidente et positive. En est-il de même à l'égard de celle des herbivores ? — Les faits de non contagion sont plus nombreux et plus authentiques que ceux tendant à prouver la contagion. Voici les uns et les auttes.

1° *Contagion.* — 1er *Fait.* Une vache mordue par un chien enragé, et enragée elle-même, mord à l'épaule le pâtre qui la gardait. Un mois et demi après cette morsure, le malheureux pâtre présente des symptômes de rage, et meurt de cette maladie (1).

2e *Fait, comprenant quatre transmissions.* Brendt fit une incision longue d'un pouce à la peau de quatre moutons. Les plaies furent frottées avec de la *bave* prise dans la bouche d'un *bœuf enragé.* Elles furent ensuite abandonnées à elles-mêmes sans être pansées. La cicatrisation fut terminée vers la fin de la troisième semaine. *Ces quatre animaux périrent de la rage* les 22e, 60e, 63e et 64e jours après l'inoculation (2).

M. le professeur de médecine Breschet a dit à

____

(1) *Journal général de médecine*, 2e série, t. 1, p. 204.
(2) *Recueil de médecine vétérinaire*, t. 3, p. 108.

M. le docteur Rochoux qu'il s'était convaincu qu'en inoculant la bave de chevaux, d'ânes et de bœufs enragés, on transmettait la rage (1). Il est à regretter que M. Breschet n'ait consigné nulle part, que nous le sachions du moins, ces expériences convaincantes; elles auraient eu au moins ce caractère d'authenticité qu'elles n'ont pas aujourd'hui.

Voilà les seuls faits qui soient à notre connaissance comme tendant à prouver la contagion de la rage des herbivores. On pourrait invoquer jusqu'à un certain point à leur appui, et comme tendant à démontrer que les carnivores seuls n'ont point la triste prérogative de cette transmission, l'expérience faite par MM. Magendie et Breschet, et que voici. Le 19 juin 1813, ces deux médecins prirent à l'Hôtel-Dieu de Paris de la salive d'un homme enragé, et l'inoculèrent à deux chiens bien portans. L'un d'eux devint enragé le 27 juillet, et en mordit deux autres, dont l'un était en pleine rage le 26 août.

2° *Non contagion.* Il résulte des expériences faites par le docteur Betti, chirurgien du grand hôpital de Florence, 1° que les brebis et tous les individus de la même espèce ne peuvent transmettre la rage qui leur a été communiquée par un chien, alors même que ce dernier est mort des suites de la maladie ; 2° que le virus rabique perd sa qualité conta-

______

(1) Dictionnaire de médecine humaine, 1827, article *Rage,* par Rochoux.

gieuse en passant dans ces animaux ; 3° que la bave de ces derniers, comme tout autre liquide leur appartenant, toute partie solide quelconque, est incapable de développer la rage par l'inoculation ou de toute autre manière (1).

Il est inscrit dans le compte-rendu de l'école de Lyon en 1810, qu'on fit mordre à un âne enragé plusieurs animaux, et qu'en inocula sa bave à plusieurs autres, sans aucun résultat.

Le 7 juillet 1828, MM. Girard et Vatel inoculèrent, avec la salive de deux moutons enragés, et à diverses époques de la maladie, un cheval, deux chiens et trois moutons, en tout six animaux. L'épiderme fut légèrement excisé, et la salive appliquée sur les plaies à trois endroits différens, situés au pourtour des orifices des naseaux pour le cheval, sur le front et le dos pour les moutons et les chiens. Quatre mois après l'expérience, aucun de ces animaux n'avait contracté la rage (2).

Voici des opinions. M. Huzard père a lu, à l'Institut de France, un mémoire dans lequel il annonce que les quadrupèdes herbivores atteints de la rage ne peuvent la transmettre. — M. Dupuy a dit aux auteurs de l'article RAGE du *Dictionnaire des sciences médicales*, qu'il avait tenté sans succès d'ino-

---

(1) D'Arboval, Dictionnaire de médecine et de chirurgie vétérinaires, article *Rage*, première édition.

(2) *Recueil de médecine vétérinaire*, t. 5, p. 576.

culer la rage des herbivores; qu'il était à sa connaissance que des moutons enragés ayant mordu d'autres
moutons, ceux-ci n'avaient point eu la rage.   ·

Il résulte des faits rapportés ci-dessus de part et
d'autre, que la solution de la question de contagion
et de non contagion de la rage des herbivores, soit
à l'homme, soit aux animaux domestiques, ne peut
être décidée. Nous avons rapporté des faits qui tendent à prouver la virulence de la salive des herbivores. Pour quelques personnes ils seront peut-être
contestables ; mais pour nous aujourd'hui le doute
existe, doute déplorable il est vrai, que nous désirons voir lever le plus tôt possible, et qui doit nous
engager à conseiller des mesures de police sanitaire
capables de prévenir tout accident.

Police sanitaire.

L'arrêt du conseil d'état du roi du 16 juillet 1784
(voyez page 35) ;

Les articles 469, 460, 461, 462 et 475 § 7, et
479 § 2 du Code pénal, sont applicables à la rage
(voyez pour les quatre premiers articles page 33).

Art. 475. « Seront punis d'amende depuis 6 fr.
jusqu'à 10 fr. inclusivement, § 7, ceux qui auraient
laissé divaguer des animaux malfaisans ou féroces ,
ceux qui auront excité ou n'auront pas retenu leurs
chiens lorsqu'ils attaquent ou poursuivent les pas-
sans, quand même il n'en serait résulté aucun mal
ni dommage. »

Art. 479. « Seront punis d'une amende de 11 fr. à 15 fr. inclusivement, § 2, ceux qui auront occasionné la mort ou la blessure d'animaux ou bestiaux appartenant à autrui, par l'effet de la divagation d'animaux malfaisans ou féroces. »

Pour le département de la Seine, le préfet de police publie annuellement une ordonnance concernant les chiens, et il serait à désirer que dans toutes les villes notamment et dans toutes les communes il en fût ainsi. Une mesure aussi simple pourrait prévenir de graves accidens, malheureusement trop fréquens (1).

----

(1) Nous transcrirons ici cette ordonnance comme modèle au besoin. A Paris elle est renouvelée chaque année.

Paris, le 1er mai 1836.

NOUS, CONSEILLER D'ÉTAT, PRÉFET DE POLICE,

Considérant que des événemens fàcheux sont occasionnes, chaque jour, par suite de la grande quantité de chiens circulant sur la voie publique, et de la négligence que les propriétaires de ces animaux apportent à se conformer aux ordonnances de police ; que des chiens atteints de la rage peuvent occasionner les accidens les plus déplorables; que ce danger, toujours plus grave pendant l'été, doit éveiller toute notre sollicitude, et qu'il importe de prendre des mesures pour le faire cesser, et remplir ainsi les obligations qui nous sont imposées par les numéros 1, 5 et 6 de l'article 3, titre XI, de la loi des 16-24 août 1790;

Considérant, en outre, qu'il est souvent difficile de découvrir les personnes qui négligent l'observation des réglemens concernant les chiens, et qu'il est essentiel que l'administration ait un

Mesures sanitaires à faire mettre à exécution.

A. *Déclaration.* Tout propriétaire d'un animal, quelle que soit son espèce, qui est atteint de rage, doit aussitôt faire la déclaration exigée par la loi au maire ou au commissaire de police (art. 459 du Code pénal, et art. 1er de l'arrêt du conseil d'état du roi du

moyen sûr de les connaître, soit pour faire prononcer contre elles les peines qu'elles ont encourues, soit pour fournir à ceux qui sont victimes d'accidens les moyens d'obtenir les dommages intérêts auxquels ils ont droit ;

Considérant que plusieurs réclamations nous ont été adressées contre des personnes qui entretiennent dans l'intérieur des maisons un nombre de chiens tel, que la sûreté et la salubrité des habitations voisines se trouvaient compromises; que ce cas a déjà été prévu par l'ordonnance de police du 21 mai 1784, qui défend d'élever des chiens dans l'intérieur et les faubourgs de Paris ;

Vu, 1° La loi des 16-24 août 1790 ;

2° Les articles 317, 320, 475 § 7, et 479 § 2 du Code penal, et l'article 1385 du Code civil ;

3° Les arrêtés du gouvernement des 12 messidor an VIII et 3 brumaire an XI ;

4° L'ordonnance de police du 20 mai 1835 ;

ORDONNONS ce qui suit :

Art. 1er. Les dispositions de l'ordonnance de police du 21 mai 1784 précitée, qui défendent d'élever des chiens dans Paris, sont applicables à toutes personnes qui entretiendraient dans l'intérieur des maisons un nombre de chiens tel, que la sûreté et la salubrité des habitations voisines se trouveraient compromises.

16 juillet 1784). La déclaration est à l'égard de la maladie qui nous occupe de la plus haute importance en ce qui touche la sûreté publique. Les autorités devront veiller exactement à ce que cette formalité soit remplie, sinon faire l'application de la loi. Après la déclaration un vétérinaire sera nommé pour visiter l'animal.

II. Il est défendu, dans tous les temps, de laisser vaguer des chiens sur la voie publique, s'ils ne sont pas muselés.

Ils devront en outre avoir un collier, soit en métal, soit en cuir garni d'une plaque de métal, où seront gravés les nom et demeure des personnes auxquelles ils appartiendront.

III. Les chiens devront être tenus muselés dans l'intérieur des magasins, boutiques, ateliers et autres établissemens ou lieux quelconques ouverts au public, même lorsqu'ils y seront à l'attache.

IV. Il est défendu aux entrepreneurs et conducteurs de messageries, diligences et autres voitures publiques, de souffrir dans ces voitures des chiens non muselés.

V. Il est enjoint aux marchands forains, aux blanchisseurs et autres voituriers et charretiers qui sont dans l'usage d'amener des chiens avec eux, de les museler et de les tenir attachés de très court, avec une chaîne de fer, sous l'essieu de leurs voitures.

Il est également défendu d'atteler ou d'attacher des chiens aux voitures traînées à bras.

VI. Il est défendu d'amener dans l'intérieur des abattoirs des chiens autres que ceux des conducteurs de bestiaux ; ces chiens devront être muselés lorsqu'ils seront dans ces établissemens.

VII. Les mesures prescrites pour la saisie et la destruction des chiens errans seront rigoureusement exécutées.

Elles seront applicables aux chiens pour lesquels on ne se

B. *Visite, abattage, séquestration.* L'autorité, assistée du vétérinaire, fera visiter l'animal ou les animaux enragés, et prendra immédiatement les mesures qu'elle jugera convenables. Si c'est un chien ou tout autre animal, sur la déclaration du vétérinaire que l'animal est enragé, son devoir sera de le faire tuer sur le champ (art. 5 de l'arrêt du 16 juillet 1784). Si au contraire il y a doute, l'animal devra être fixé avec des chaînes et renfermé dans un local duquel il ne puisse s'échapper. Défense sera faite au propriétaire de le sortir de ce lieu ; toute-

---

conformerait pas aux dispositions prescrites par la présente ordonnance.

VIII. Les contraventions seront poursuivies conformément aux articles 475 et 478 du Code pénal, et, en cas d'accidens, déférées au tribunal de police correctionnelle.

IX. La présente ordonnance sera imprimée, publiée et affichée, tant à Paris que dans les communes rurales du département de la Seine, et dans celles de Sèvres, Saint-Cloud et Meudon.

Le commissaire chef de la police municipale, les commissaires de police, la garde municipale, le directeur de la salubrité et l'inspecteur-général des halles et marchés, sont chargés d'assurer son exécution.

Les sous-préfets de Sceaux et de Saint-Denis, les maires et les commissaires de police des communes rurales, sont spécialement chargés de veiller à ce que ces dispositions soient exécutées, en ce qui les concerne, dans leurs communes respectives.

Le conseiller d'état préfet de police,

Gisquet.

fois l'autorité pourra ordonner que l'animal soit soumis à un traitement convenable.

Si l'animal est trouvé errant sur la voie publique, il devra être occis aussitôt s'il y a urgence; autrement il devra être saisi, maintenu à l'aide d'un bon collier et attaché dans un lieu clos avec des chaînes.

L'autorité commissionnera alors un vétérinaire pour visiter l'animal, suivre la maladie et s'assurer de la rage, si rage il y a. La séquestration sera surtout préférable à l'occision dans ce dernier cas, parce qu'elle peut inspiser de la sécurité aux personnes qui auraient été mordues, s'il arrivait, par exemple, que l'animal guérît ou qu'il fût atteint de toute autre maladie que la rage.

C. *De l'autopsie des animaux enragés*. Est-il possible après la mort d'un animal de constater à l'ouverture s'il a été tué ayant la rage, ou s'il est mort de cette maladie? Le vétérinaire qui est chargé de faire l'autopsie cadavérique doit y procéder avec la plus scrupuleuse attention. Jusqu'à ce jour les nombreuses recherches qui ont été faites n'ont rien appris touchant les lésions qui caractérisent *positivement* la rage; et quant à nous, il nous serait impossible de conclure, après avoir fait l'autopsie d'un animal mort de la rage, qu'il était évidemment atteint de cette maladie de son vivant. Nous l'avouons et nous le proclamons hautement : *il est seulement probable que la rage a existé* lorsqu'à l'autopsie on trouve 1° des lysses ou vésicules rabiques, sinon des

ulcérations de chaque côté du frein de la langue;
2° des corps étrangers dans l'estomac, et des taches
brunes ou des ulcérations répandues çà et là
sur la muqueuse de ce viscère; 3° la substance grise
de la moelle épinière rouge, pointillée et légèrement
ramollie. C'est donc à tort si quelques vétérinaires,
après avoir fait l'ouverture d'un animal suspect de
rage, ont déclaré aux autorités que cette maladie avait
existé pendant la vie, quand ils avaient trouvé la
vessie rapetissée et ne renfermant point d'urine, des
corps étrangers dans l'estomac, de la rougeur au
pharynx. Selon nous, ces vétérinaires ont commis
une grave erreur; la *présomption seule* pouvait exister dans ces circonstances, mais non la preuve matérielle de l'existence de la rage pendant la vie.

Quant aux craintes que pourrait avoir le vétérinaire en faisant l'autopsie des cadavres, elles peuvent
être fondées; car aucune expérience bien positive
n'a prouvé jusqu'à ce jour que la salive ou quelques
autres fluides n'aient jamais occasionné d'accidens.
Nous avons lu qu'un anatomiste fut attaqué et mourut de la rage pour avoir disséqué le cadavre d'un
chien enragé (1). Quoi qu'il en soit, le vétérinaire
devra avoir de l'eau à sa disposition, et bien laver les
parties qu'il désire examiner. Dans le cas où il por-

---

(1) Comment. de rebus in scient. natur. et medicinâ, t. 16,
p. 469.

terait des plaies ou des écorchures aux mains, il s'abstiendra de toucher, et se bornera à voir.

D. *De l'usage du lait et de la chair des animaux affectés de rage. — 1º Usage du lait.* Voici quelques faits qui sont consignés dans les mémoires de la Faculté de médecine de Paris et dans l'ouvrage d'Andry sur la rage.

1ᵉʳ *Fait.* Des paysans ont vécu pendant plus d'un mois avec le lait d'une vache mordue par un chien enragé, sans en être incommodés (1).

2ᵉ *Fait.* Une chèvre a allaité un enfant jusqu'au jour où l'on reconnut qu'elle était enragée. Cet enfant n'a éprouvé aucun accident (2).

3ᵉ *Fait.* Une vache devient enragée ; on n'y fait point attention : on regarde les symptômes de la rage comme étant ceux de toute autre maladie, et ayant besoin du lait pour un enfant de quinze mois, on attacha cette vache pour la traire avec plus de facilité. On donna le lait tout chaud à boire à l'enfant, qui continua à se bien porter (3).

Cependant Balthasar Timœus assure qu'un paysan, sa femme, ses enfans et plusieurs autres personnes furent atteints de la rage pour avoir bu du lait d'une vache enragée ; que le mari et l'aîné de ses enfans furent sauvés par les remèdes qu'on leur fit

---

(1) *Journal de médecine*, t. 1, septembre 1754.

(2) Essais anti-hydrophobiques de Baudot, 1770.

(3) Baudot, *loco citato.*

prendre ; que la femme, deux de ses fils et autant de filles périrent de la rage ; que, trois ou quatre mois après, la servante et une voisine avec quatre enfans qui avaient bu du lait de la même vache périrent misérablement, et après avoir eu tous les accès de la rage (1).

Nous ne nous permettrons point de réflexions à ce sujet, désirant laisser au temps et à l'expérience à prononcer sur l'usage du lait des femelles suspectes ou atteintes de la rage. Cependant notre devoir est de conseiller aujourd'hui de ne point faire usage du lait des femelles suspectes ou atteintes de la maladie qui nous occupe.

2° *Usage de la chair.* — 1ᵉʳ *Fait.* Lecamus, docteur régent de la Faculté de médecine de Paris, a assuré à Lorry, son confrère, avoir mangé sans accident de la chair d'animaux *morts enragés.*

2° *Fait.* Le 15 juin 1776, on vendit dans une boucherie de Médole, ville du duché de Mantoue, la chair d'un bœuf qui avait été mordu par un chien enragé, et qui avait éprouvé *tous les symptômes de la rage confirmée avant d'être tué ;* aucun des habitans de cette ville n'a été attaqué de la rage (2).

3ᵉ *Fait.* Dans le courant d'août 1836, nous avons fait manger toute la langue d'un cheval mort enragé

____

(1) Baudot, *loco citato.*

(2) Lettre de Jean-Baptiste Castelli à la Société de médecine de Paris, 13 mai 1777.

dans les hôpitaux de l'école d'Alfort, à un chien de l'établissement. Depuis cette époque, il est resté en parfaite santé.

On trouve cependant des faits tout à fait contradictoires à ceux-ci.

1er *Fait.* En 1553, dans le duché de Vurtemberg, un aubergiste servit de la chair d'un porc enragé aux personnes qui se trouvaient chez lui; elles ne tardèrent pas à être attaquées de la rage (1). Pierre Borel rapporte à peu près le même fait (2).

2° *Fait.* Manget rapporte, d'après Joseph Lanzoni, médecin de Ferrare, que toute une famille de paysans devint enragée pour avoir mangé de la chair d'une vache qui était morte de la rage; que trois en moururent, et que les autres furent guéris, *grâce à Dieu et aux remèdes* (3). Boerhaave et Van Swieten regardent la chair des animaux morts de la rage comme capable de communiquer cette maladie.

3° *et* 4° *Faits.* Le professeur vétérinaire Gohier fit manger à un chien de la viande provenant d'un cheval enragé. Le dix-neuvième jour, le chien présentait tous les symptômes de la rage, et est mort de cette maladie. La même tentative fut répétée sur deux chiens auxquels on donna de la viande d'une brebis morte de la rage; soixante-dix jours après,

---

(1) Schenkius, lib. 7, de ven. anim.
(2) 75° Observation de la première centurie.
(3) Bibliothèque pratique, t. 3, p. 428.

l'un des deux chiens eut la rage et en périt (1).

Ces faits sont anciens, et nous n'oserions pas en garantir l'exactitude ; mais toujours est-il que la prudence veut qu'on ne fasse point usage de la chair de bêtes bovines, ovines, ou de porcs regardés comme susceptibles de contracter la rage, étant tués pendant le cours de cette maladie, ou morts de ses suites. En cas d'occision ou de mort, la peau sera détruite et les animaux devront être enfouis avec cuir et chair dans des fosses de dix pieds de profondeur pour les gros, et de trois pieds pour les petits. La terre qui les recouvrira devra être bien foulée et garnie d'épines (art. 6 de l'arrêt du conseil d'état du roi du 16 juillet 1784).

E. *Désinfection.* Pour désinfecter les lieux qui auront recélé des animaux enragés, il suffira de les bien laver à l'eau bouillante et de s'attacher à enlever la bave à la surface de tous les objets qui pourraient en être souillés, pour prévenir tout accident.

Mesures à prendre à l'égard des animaux mordus
par des chiens enragés.

A. *Premiers soins.* Aussitôt qu'un animal a été foulé par un chien enragé ou soupçonné de l'être, le premier soin à prendre sera de le visiter attentivement par tout le corps, de le laver et de couper les poils au besoin dans les endroits ou l'on soup-

---

(1) Gohier, Mémoires sur la chirurgie vétérinaire, t. 2, p. 117.

çonne qu'il a été blessé. Les écorchures, les égrati-
gnures, les plus petites érosions sont les plus dangereuses ; elles devront être bien pressées pour en
faire sortir le sang, lavées avec de l'eau tiède ou de
l'urine, et ensuite brûlées avec le fer rouge. Les
plaies profondes seront sondées, dilatées au besoin,
(les bords déchiquetés, les petits lambeaux seront
excisés), enfin lavées convenablement et ensuite
cautérisées avec le fer rouge, la pierre infernale
ou le beurre d'antimoine.

B. *Occision.* Les chiens mordus par un chien
enragé seront tués sur le champ. L'autorité civile
peut faire mettre cette mesure à exécution en vertu
des décrets du 16-24 août 1790 et 6 octobre
1791 (voyez page 50). Quand on réfléchit aux accidens effroyables et irrémédiables qui peuvent arriver
en laissant la vie à des chiens susceptibles de devenir enragés tôt ou tard, l'autorité doit être inexorable, quel que soit l'attachement porté au chien et
quelle que soit la condition de la personne qui le
possède.

C. *Séquestration des chiens.* Si le chien n'a été
que foulé, ou bien si les plaies ont été convenablement cicatrisées, l'autorité peut tolérer la séquestration, accompagnée et suivie de précautions indispensables pour la sûreté publique, et que nous allons indiquer. Bader et Capello ont cherché à prouver, par des observations et quelques expériences,
que la salive des chiens atteints de la rage commu-

niquée ne contenait point le virus rabique ; qu'un chien mordu par un autre chien attaqué de la rage *spontanée* ne pouvait point, en mordant d'autres animaux, leur *transmettre* la rage (1). Hertwig, professeur vétérinaire à l'école de Berlin, a fait des expériences sur ce sujet intéressant qui lui ont démontré le peu de fondement de l'opinion des auteurs ci-dessus cités. On ne peut donc point raisonnablement s'étayer de cette opinion ou plutôt des observations de Bader et de Capello, pour négliger la séquestration des animaux suspects de rage.

Dans le département de la Seine, les commissaires de police font conduire les chiens mordus à l'école d'Alfort, où ils sont placés dans un chenil particulier et surveillés exactement. Il en est de même pour Lyon et Toulouse et les environs de ces deux villes ; mais partout ailleurs le chien devra être placé dans un lieu fermant à clé et attaché avec une chaîne, surveillé minutieusement, et mis à mort aussitôt qu'il fera entendre le hurlement que nous avons dit être le symptôme avant-coureur de l'apparition de la rage.

La durée de la séquestration ne devra pas être moins de soixante jours, et après ce laps de temps, pendant les deux mois qui suivront, le chien ne pourra encore être mis en liberté sur la voie publi-

______

(1) Voyez *Recueil de médecine vétérinaire*, t. 11, p. 441.

que qu'autant qu'il sera muselé, ou mis dans l'impossibilité de mordre.

D. *Séquestration des chevaux et bestiaux.* Les chevaux et bestiaux mordus par des chiens enragés ne pourront être conduits aux pâturages ni aux abreuvoirs communs. Ils resteront à l'écurie et placés à distance des autres animaux, ou mis dans un lieu isolé. Toujours ils devront être attachés avec deux fortes longes et un licol solide.

Sorel Baudieu (1) a rapporté deux faits qui pourraient faire présumer que la bave des bêtes à cornes ou des moutons enragés, répandue sur l'herbe des pâturages et broutée par des animaux de la même espèce, peut transmettre la rage. Bien que ces observations soient controversées par les expériences d'Hertwig, qui fit avaler à vingt-deux chiens de la bave infectée sans leur communiquer la rage (2), on devra néanmoins, autant qu'on le pourra, faire pâturer dans un lieu séparé les animaux susceptibles de contracter la rage.

Les chevaux, les ânes et les mulets pourront travailler, mais étant muselés pour éviter tout accident. La durée de la séquestration devra être de *deux mois* au moins. Pendant ce laps de temps, les animaux ne pourront être exposés dans les lieux et marchés publics, ni être vendus pour la boucherie

____

(1) *Journal général de médecine*, 2ᵉ série, t. 1, p. 204.
(2) *Journal pratique*, t. 5, p. 226.

avant un délai qui ne sera pas au-dessous de *trois mois*. Tout contrevenant à cette mesure devrait être mis à l'amende de 100 fr. au moins.

§ DU PIÉTIN.

Synonymie. — Crapaud, Piétin, Panaris, pourriture des pieds (*foot-rots in sheep*), maladie harassante (*the harassing disease in sheep*) des Anglais ; *Pedero* des Espagnols ; maladie des pieds (*klauenkrankheit*) des Allemands ; *Clopino* des Piémontais.

Histoire. — Distinctions. — Causes générales. — Contagion et non contagion. — Moyens de police sanitaire.

Le piétin est une maladie contagieuse particulière au pied des bêtes à laine.

Chabert paraît être le premier vétérinaire en France qui ait parlé du piétin sous le nom de crapaud (1). Charles Pictet, en disant, dans la Bibliothèque britannique, en 1805, qu'il venait de découvrir une maladie encore inconnue en France et décrite par aucun vétérinaire, a commis une assertion inexacte ; mais il est le premier qui ait fixé l'attention des agriculteurs et des vétérinaires sur la contagion de cette maladie. Depuis cette époque, Dandolo, Gohier, Morel de Vindé, Chaumontel, de

---

(1) Mémoire sur le crapaud du mouton, Instructions vétérinaires, 1791.

Gasparin, Thomas Peall, Veilhan, Fabvre, Girard père, D'Arboval, Lecoq, Sorillon, ont particulièrement fixé l'attention des vétérinaires et des agriculteurs sur la nature, le siége, la contagion et les moyens de traitement de cette maladie. Nous avons aussi concouru à la faire connaître en 1829, dans un mémoire inséré dans le *Journal pratique de médecine vétérinaire*.

Connu en France après l'introduction de la race mérinos, le piétin a régné depuis cette époque à l'état enzootique ou épizootique dans diverses contrées de la France. D'après Chabert, cette maladie aurait été enzootique dans les Pyrénées, sur les bords de la Gironde et dans le bas Médoc, en 1791. Elle a régné dans le Piémont et en Suisse en 1805. A cette époque aussi elle existait parmi les troupeaux métis mérinos des environs de la capitale. En 1819, 1820 et 1821, le piétin était enzootique en Suisse et dans beaucoup de départemens de la France, notamment dans celui de la Corrèze. Depuis la propagation et la multiplication de la race mérinos, et surtout son croisement avec les races indigènes, en France aussi bien qu'à l'étranger, le piétin a régné annuellement parmi les troupeaux de race pure et parmi les troupeaux métis.

Le piétin est peu redoutable lorsqu'il apparaît ; mais, déjà ancien, il devient promptement grave, réclame des soins minutieux pour être guéri, occasionne l'amaigrissement ou empêche l'engraissement, et amène à la longue le marasme et la mort. Nous croyons donc utile de faire connaître comment naît cette maladie, quels sont les symptômes qui la signalent, comment elle se transmet, et quelles sont les mesures sanitaires qu'on doit lui opposer pour en arrêter la propagation parmi les troupeaux.

Distinctions. Pendant long-temps on a confondu le piétin avec le crapaud du cheval, le fourchet du mouton, la limazzurax et la maladie aphtongulaire des bêtes bovines et ovines.

A. Le crapaud est une maladie particulière au pied du cheval, non contagieuse, qui n'existe point dans le mouton.

B. Le fourchet du mouton a son siége dans le sinus biflexe, et consiste dans l'inflammation, puis dans l'ulcération de ce sinus, maladie qui n'est point contagieuse.

C. La limazzurax est une inflammation de la peau de l'espace interdigité des bêtes *bovines* et *ovines*, avec rougeur, chaleur, douleur, claudication forte, suivie bientôt de gonflement au bourrelet et à la couronne, de crevasses à la peau, de sécrétion de matière blanche-grisâtre, épaisse et fétide; puis de l'ulcération et de la carie du ligament interdigité, *sans décollement de l'ongle.* Cette maladie n'est point contagieuse ; elle est due aux boues âcres et aux fumiers croupis.

D. Dans la maladie *aphtongulaire,* des phlyctènes

se développent dans l'espace interdigité, et quelquefois autour de la couronne des bêtes *bovines et ovines*, lesquelles, étant promptement détruites, donnent naissance à une inflammation vive, avec chaleur, tuméfaction, rougeur, douleur et suintement de matière blanche-grisâtre, suivie de l'ulcération de la peau, et quelquefois de celle du ligament interdigité. D'après M. Fabvre et plusieurs vétérinaires, cette maladie serait *contagieuse* (1).

E. Le piétin est une maladie qui débute par une inflammation du tissu réticulaire de la partie supérieure et interne de l'onglon, avec décollement de la corne, suintement léger d'une humeur d'aspect oléagineux, et sans claudication apparente. Plus tard l'animal boite, et alors on remarque que le décollement de l'ongle est plus considérable, l'humeur sécrétée plus abondante, plus consistante, d'un aspect sébacé et d'une odeur désagréable.

Si on enlève la portion de corne détachée au centre de la surface malade, on voit une petite élévation obtuse, rouge, douloureuse, non ulcérée. Plus tard cette petite éminence s'ulcère, et l'ongle se détache en talon et en bas; la portion de corne décollée, séparée du tissu podophilleux, est dure et cassante. Enfin la sole se ramollit, se détruit, le tissu réticulaire sous-jacent s'hypertrophie, végète, devient

---

(1) Fabvre, Mémoires sur le piétin, **Mémoire de la Société** d'agriculture, 1823, p. 260.

fongueux, et sécrète une matière blanche-grisâtre, caséeuse, extrêmement fétide.

L'animal boite alors très fort, et se tient sur les genoux en pâturant ; la corne, ne s'usant point par le frottement sur le sol, s'alonge et se renverse. Bientôt la maladie gagne la face antérieure et externe de l'ongle en le contournant ; des caries de l'os, des ligamens, accompagnées de fistules, se déclarent ; bientôt tout le tissu réticulaire n'offre plus qu'un tissu spongieux, fongueux, saignant, baigné d'un putrilage fétide ou d'une sanie noire et infecte.

Un seul onglon, quelquefois les deux onglons sont atteints. Il est fort ordinaire que les deux pieds antérieurs soient attaqués, et que d'autres fois ce soient les deux pieds postérieurs.

Telle est l'origine, le siége, la marche et les altérations pathologiques du piétin. On ne peut donc point confondre cette maladie avec celles que nous avons indiquées plus haut, et cette distinction importante étant bien établie, nous pouvons maintenant passer aux causes générales et traiter de la contagion et de la non contagion du piétin.

A. *Piétin spontané.* — 1° *Causes qui peuvent faire naître la maladie.* L'humidité du sol, les boues âcres des parcs où les bêtes séjournent long-temps, l'action irritante du fumier des bergeries, surtout lorsque leur sol est au-dessous des terrains environnans, telles sont les causes qui jusqu'à ce jour ont été accusées comme pouvant déterminer le piétin *spontané.* On a dit que le piétin n'attaquait point nos races indigènes, qu'il était exclusivement le triste partage de la race mérinos, et que si les métis de cette race en étaient atteints, cela tenait à la consanguinité. Il est vrai que le piétin n'a été décrit en France que depuis l'introduction des mérinos ; il est vrai aussi que le piétin même aujourd'hui règne particulièrement sur les mérinos purs et la race métisse ; mais pour cela il n'en faut point accuser le type de la race : sur d'autres races, comme la leicester et la southown en Angleterre, aussi bien que chez les races d'Allemagne, la maladie a existé en tout temps. Or, s'il en est ainsi, il ne faut donc voir dans la race mérinos qu'une prédisposition, qu'une susceptibilité plus grande à contracter le piétin, mais non un piétin originaire et héréditaire à cette race ; et dans nos races indigènes, qu'une résistance plus grande aux causes du mal et à la contagion.

B. *Piétin communiqué.* Que le piétin affecte la race mérinos ou toute autre race, ce qui est certain, c'est qu'il se transmet par contagion *spécifique et directe.*

2° *Origine et nature du virus.* L'élément contagieux du piétin existe dans la matière blanchâtre, laiteuse, inodore, puis grasse, légèrement grisâtre et fétide, sécrétée par l'inflammation ulcérative du tissu réticulaire de l'ongle, pendant les périodes de début et d'augment du piétin. Cette matière est d'autant moins active qu'elle provient des fongosités du tissu malade ; qu'elle est caséeuse et très fétide. Le principe virulent n'existe que peu ou point dans la matière grise infecte fournie par la carie, dans celle blanchâtre filante, séro-purulente ou purulente, fournie par l'exfoliation de l'os, des ligamens, et les trajets fistuleux ; enfin ce principe est en grande partie détruit par l'effet des médicamens qu'on emploie pour guérir le mal, ou les opérations chirurgicales qui ont été pratiquées sur l'ongle dans un but curatif. Or, jusqu'à ce jour, on n'a point tenu compte de ces différens états du véhicule contagieux du piétin, et de là sont nées toutes les opinions contradictoires qui ont été émises par les vétérinaires sur la contagion et la non contagion de cette affection.

Existe-t-il aujourd'hui des faits bien avérés qui prouvent la contagion qui nous occupe ? A-t-elle lieu dans les pâturages, dans les bergeries, sur les chemins, aux abreuvoirs communaux, dans les foires et marchés ? C'est ce qu'il nous importe de bien constater.

C. *Contagion dans les pâturages.* En 1804, Pictet de Genève reçut du Piémont 200 brebis métisses, dont quelques-unes étaient boiteuses du piétin. Ces bêtes furent placées, avec une centaine d'autres bêtes métisses, sur une montagne peu élevée, dont le pâturage était sain et de bonne qualité. Bientôt elles contractèrent le piétin, et tout le troupeau, composé de 300 bêtes, fut attaqué. Des béliers que l'on joignit à ce troupeau malade contractèrent également le piétin dans le même pâturage (1).

En 1807, dit Gohier, un boucher de Brindée achète deux brebis de cinq ans. Trois jours après elles boitent du piétin ; les animaux sains avec lesquels ces brebis allaient paître gagnèrent la maladie, qui devint bientôt générale.

En 1808, six brebis communiquent avec des troupeaux affectés de piétin ; toutes en furent attaquées peu de temps après. Gohier rapporte encore cinq observations de contagion par des bêtes atteintes du piétin, et nouvellement achetées anx foires et marchés, puis placées dans des troupeaux parfaitement sains (2).

En 1825, rapporte M. Sorillon, M. Vidal possédait un troupeau composé de 52 bêtes ; aucune n'était boiteuse, la bergerie était saine et bien aérée. Ce troupeau fut conduit dans un pâturage avec un autre troupeau ayant le piétin : onze jours après, huit bêtes du troupeau de M. Vidal étaient atteintes de cette maladie.

L'année suivante, le même propriétaire achète un troupeau bien sain, composé de 64 bêtes ; on le mène paître deux ou trois jours de suite avec un troupeau affecté du piétin appartenant à un boucher :

---

(1) *Annales d'agriculture française*, t. 28, p. 200.

(2) Mémoires sur la chirurgie vétérinaire, t. 2, p. 151. Ce professeur avait désigné le piétin sous le non de crapaud.

quinze jours après, quinze bêtes sont boiteuses du piétin.

En 1827, les bêtes de ce troupeau ayant été guéries, furent conduites aux pâturages une seconde fois, et pendant huit jours seulement, avec un troupeau affecté de piétin : quatorze jours après, onze bêtes de ce troupeau avaient ce mal contagieux.

Enfin, en 1828, M. Vidal avait pris toutes les précautions nécessaires pour éviter le piétin ; il vend ses troupeaux et achète 26 moutons poitevins, dont il lave attentivement les pieds pour s'assurer s'ils n'étaient pas affectés du piétin. Malheureusement, un mois après, le garçon de M. Vidal achète un mouton du pays et le place dans le troupeau : quelques jours après, ce mouton est atteint de piétin, et donne cette maladie à sept bêtes (1).

Voici ce que nous avons observé en 1827 dans le département de la Nièvre. M. Beillard, propriétaire, achète, au mois de mai 1827, un troupeau composé de 200 bêtes de la race du pays. Quelques bêtes avaient le piétin, et au mois de novembre de la même année, 42 en étaient atteintes. Le troupeau du fermier voisin n'avait jamais eu le piétin ; il pâturait dans les mêmes endroits que le troupeau malade, et, après trois mois, 38 bêtes en étaient atteintes (2).

____

(1) Sorillon, *Recueil de médecine vétérinaire*, t. 8, p. 338.

(2) *Journal pratique*, t. 3, p. 177.

M. Yvert, vétérinaire en Normandie; M. Félix, vétérinaire dans la Gascogne, ont été invités par l'autorité à visiter les troupeaux de plusieurs localités qui étaient infectées de piétin, et ils nous ont affirmé avoir constaté l'origine et la propagation du mal par des troupeaux nouvellement achetés qui pâturaient dans les mêmes endroits que d'autres troupeaux sains.

Ces faits sont plus que suffisans, pour nous du moins, pour prouver la contagion du piétin dans les pâturages.

D. *Contagion par la cohabitation.* Le séjour de bêtes affectées de piétin avec d'autres bêtes non atteintes de cette maladie dans les mêmes bergeries, leur séjour sur la même litière, sur le même sol imprégné de sanie virulente, est encore une cause puissante de contagion. En voici plusieurs exemples. Le vétérinaire Chaumontel vend 100 brebis mérinos, parmi lesquelles quelques-unes étaient affectées de *piétin communiqué.* L'acheteur place dans une bergerie ces cent brebis avec un troupeau parfaitement sain, composé de bêtes communes : bientôt le piétin se déclare tout à la fois et parmi les cent brebis nouvellement arrivées, et parmi le reste du troupeau (1).

Trois agneaux de cinq mois sont mis parmi des

______

(1) Dictionnaire pratique d'agriculture.

béliers de rebut et affectés de piétin ; bientôt les agneaux contractent cette maladie (1).

Les agneaux qui naquirent des bêtes malades dans le troupeau de M. Pictet, à Genève, contractèrent promptement la maladie à la bergerie (2). Dandolo a mis quatre brebis saines avec des brebis malades : deux d'entre elles ont gagné le piétin (3).

J'achetai et voulus engraisser, dit M. de Dombasle, des moutons de la race de Wurtemberg. Quelques uns étaient affectés de piétin ; malgré tous les soins possibles, j'ai eu plus d'un tiers du troupeau attaqué (4).

Ces exemples sont suffisans, nous le croyons, pour convaincre de la contagion du piétin lorsque des bêtes saines sont placées sur un sol ou sur une litière imprégnés du contagium. Bien plus, d'après M. le professeur vétérinaire Lecoq, la contagion serait possible même sur les chemins fréquentés par les moutons malades (5).

Les faits ci-dessus rapportés attestent positivement la contagion naturelle du piétin, et au besoin ils pourraient être appuyés par les expériences directes faites par M. Favre. Sur trente-deux bêtes la matière

(1) Favre, *Recueil*, t. 3, p. 311.
(2) Mémoire de Pictet déjà cité.
(3) *Annales d'agriculture*, t. 28, p. 237.
(4) *Annales de Roville*, 1826, p. 26.
(5) Lecoq, *Recueil de médecine vétérinaire*, t. 10, p. 367.

du piétin a été déposée simplement entre les deux
onglons, vingt-une d'entre elles ont contracté cette
maladie (1). Enfin nous ferons remarquer que les
agneaux sont plus susceptibles, toutes choses égales
d'ailleurs, de contracter le piétin que les bêtes faites.

E. *Non contagion.* Peu d'observateurs en France
contestent la contagion du piétin. En Angleterre, les
opinions sont très divisées à cet égard. Thomas Peall
regarde la contagion comme une erreur vulgaire (2).
En France, M. Roche-Lubin a rapporté quelques
faits et quelques expériences tendant à prouver la
non contagion, dans un mémoire adressé à la Société royale d'agriculture ; mais c'est là tout ce qu'il
est dit dans le compte-rendu des observations de ce
vétérinaire.

La contagion est particulière à l'espèce ovine,
d'après les expériences de M. Favre sur l'inoculation du piétin aux chèvres, aux chevaux et aux
vaches (3).

La contagion aux volailles et aux cochons, dont
quelques observateurs ont parlé, est loin d'être avérée (4).

---

(1) Favre, Mémoire *loco citato*, p. 292.

(2) Analyse de l'ouvrage de Thomas Peall, *Annales d'agriculture*, t. 23, p. 132.

(3) *Recueil*, t. 3, p. 312, 313, 314.

(4) *Annales d'agriculture*, t. 42, p. 206; Société d'agriculture
de Lyon, 1811, p. 97; et *Annales d'agriculture*, t. 48, p. 283.

En résumé, les faits de contagion du piétin sont nombreux et incontestables ; et la contagion, loin de s'affaiblir comme on l'a prétendu par de nombreuses transmissions, sévit encore aujourd'hui avec autant de force et est aussi évidente qu'aux époques où la maladie a été constatée, peu de temps après l'importation des mérinos. Nous croyons donc devoir conseiller les mesures sanitaires suivantes.

Mesures de police sanitaire applicables au piétin.

Les mesures sanitaires prescrites par les articles 459, 460, 461, 462 du Code pénal, et par l'arrêt du 16 juillet 1784, peuvent être appliquées à la contagion du piétin (voyez pages 33 et 35). En outre, les autorités peuvent prendre, lors de l'existence de cette maladie, toutes les mesures qu'elles jugeront convenables, en s'appuyant sur les décrets des 16-24 août 1790 et 6 octobre 1791 (page 50). Voici en résumé quelles seraient les mesures sanitaires qui devraient être prises.

L'autorité, avertie de l'existence du piétin dans un troupeau, le fera visiter. Si la maladie existe, il sera ordonné : 1° que toutes les bêtes malades ou suspectes seront marquées sur la croupe de la lettre M avec un mélange d'huile et de noir de fumée ; 2° que le troupeau sera mis pâturer dans un lieu séparé, et dont les limites, indiquées par l'autorité, ne pourront être dépassées par le berger auquel il sera confié ; 3° qu'un abreuvoir particulier sera affecté à ce troupeau, si cela est possible ; qu'autrement le propriétaire devra l'abreuver à ses frais ; 4° qu'un chemin particulier sera désigné au berger pour quitter ce cantonnement et pour y revenir ; 5° que les bêtes seront traitées par un vétérinaire ; 6° que le cantonnement ne pourra être levé qu'après guérison ; 7° que les propriétaires riverains seront avertis de l'existence du mal ; 8° qu'il sera défendu de vendre ou d'exposer en vente les bêtes affectées et marquées, à peine de l'amende prononcée par l'article 7 de l'arrêt du conseil d'état du roi du 16 juillet 1784 ; 9° que la vente des bêtes grasses pour la boucherie ne pourra s'effectuer qu'après la délivrance d'un certificat de l'autorité ; 10° que le boucher devra tuer les bêtes le plus promptement possible, et ne pourra les placer en pâture, si ce n'est dans un cantonnement isolé que l'autorité aura désigné.

§ DES AFFECTIONS GALEUSES.

Nature. — Causes générales. — Gale épizootique. — Contagion et non contagion. — Moyens de police sanitaire. — Contagion aux diverses espèces d'animaux et à l'espèce humaine.

La gale est une affection cutanée qui attaque fréquemment toutes les espèces d'animaux domestiques. Son origine est due à la présence d'une petite vésicule jaunâtre, transparente, renfermant un fluide séreux qui est le véritable virus de la gale.

Causes générales. Le froid humide, joint à l'insalubrité des écuries, des étables, des bergeries, des chenils; l'alimentation avec des fourrages avariés et peu nutritifs; les pâturages humides et donnant des plantes grossières, surtout pour les bêtes à laine; la pénurie des fourrages; le défaut d'exercice; la mal-propreté de la peau; l'absence du coït dans les grands animaux; la castration; l'embonpoint, et surtout l'obésité dans les moutons et les chiens : telles sont les causes générales qui font naître la gale dans tous les animaux domestiques.

Virus. L'élément virulent de la gale existe dans la sérosité renfermée dans les vésicules, et dans celle qui est sécrétée par les érosions qui succèdent à leur destruction. La croûte des surfaces galeuses ne renferme que peu ou point de virus; l'action des médicamens anti-galeux le détruit en partie, en changeant le mode de sécrétion de la partie altérée.

Gale épizootique. Pendant les guerres de la révolution de 1789, les guerres de l'empire, et surtout dans la campagne de 1814, la gale a régné sur un grand nombre des chevaux composant les régimens de l'armée française; on a vu aussi à certaines époques les troupeaux de moutons de toute une localité être atteints de gale; mais ces gales, enzootiques et épizootiques, que l'on a regardées comme contagieuses, ont toujours reconnu pour causes les intempéries atmosphériques, les fatigues de la guerre, l'alimentation avariée, la pénurie des alimens. La contagion a pu contribuer à les multiplier en les propageant ; mais toujours ces affections ont cessé de régner lorsque les causes générales qui les avaient engendrées n'ont plus existé. Jamais, que nous le sachions, on n'a vu les gales épizootiques se propager au loin et à beaucoup d'animaux par contagion, aussi bien dans le gros que dans le menu bétail. Nous ne prétendons cependant pas dire que la contagion n'est point une cause puissante de propagation de la gale; mais, comme la transmission ne saurait avoir lieu que par *le contact immédiat*, on conçoit alors que les affections galeuses ne puissent point se reproduire à la manière des maladies contagieuses, par virus volatil, dont la transmission se fait à distance par l'intermède de l'air. Voilà ce dont il faut convenir. Dès lors on doit concevoir que les ressources fournies par l'hygiène pour soustraire les animaux aux causes déterminantes de la gale, ou pour en atténuer les effets, sont les moyens dont on doit espérer le plus de succès, soit pour prévenir, soit pour arrêter le progrès des gales épizootiques et contagieuses.

Contagion immédiate. L'expérience et un grand nombre de faits mettent aujourd'hui hors de doute la contagion de la gale de l'homme et des animaux. L'inoculation directe suffit seule pour démontrer sans réplique cette transmission. Cependant le simple dépôt du virus sur la peau ne suffit point pour opérer la contagion ; celle-ci suppose toujours l'absorption de ce virus à travers l'épiderme, ou son dépôt sur la peau qui en est dénudée. Aussi les frictions, les frottemens cutanés divers contre des corps imprégnés de virus transmettent-ils inévitablement la gale.

La transmission accidentelle s'opère par les ustensiles de pansement, les objets de harnachement imprégnés de virus qui servent alternativement aux animaux galeux et à ceux qui ne le sont pas ; les frottemens contre les stalles, les barres, les auges, les crèches, les murs, les arbres des pâturages, objets souvent imprégnés de virus.

Parmi les animaux qui vivent en troupeaux, il suffit qu'un seul d'entre eux soit atteint de la gale pour la transmettre à un grand nombre par simple contact ; et lorsqu'on a écrit qu'une brebis galeuse suffit pour infecter tout un troupeau, on a publié une grande vérité.

Abenzoard, médecin arabe du douzième siècle, et Mouffet en 1600, puis Auptman, Rhedi, Degeers, Cestoni, ont observé et grossièrement décrit un animalcule existant dans les pustules de la gale de l'homme. Les naturalistes Linné, Fabricius, Latreille, ont assigné à cet insecte des caractères particuliers. Le médecin Galès a figuré celui de la gale de l'homme ; Walz, Saint-Didier et Gohier ont décrit et figuré celui du mouton et du cheval ; et il paraît, d'après les recherches microscopiques de Gohier et de Saint-Didier, que l'insecte de la gale du bœuf, du mouton, du chien, du chat et du lapin, que l'on a nommé *mitte*, puis *acare*, est de la même espèce dans tous ces animaux. Quelques médecins ont pensé que les *acares* étaient la cause première de la gale; d'autres, et notamment les vétérinaires, ont dit que l'origine de ces insectes était due à la présence du virus galeux, dans lequel ils naissent et se reproduisent, ainsi que cela a lieu dans d'autres matières animales altérées. Quoi qu'il en soit, ce qui est certain aujourd'hui, c'est que les acares imprégnés de l'élément virulent dans lequel ils vivent, déposés sur la peau d'un animal, transmettent la gale; c'est que là où existent quelques vésicules de gale pourvues d'acares, ces insectes propagent la gale aux parties voisines; c'est enfin que leur destruction, à l'aide de certains médicamens, amène une guérison très prompte. Voilà ce qu'il importe de connaître comme cause de la propagation de la gale. Nous n'étendrons pas plus loin ces détails, que nous n'envisageons ici que sous le point de vue sanitaire; nous nous empressons de faire connaître les moyens à mettre en pratique capables de s'opposer à la propagation de la gale.

Mesures de police sanitaire.

L'isolement et la séquestration des chevaux ou bestiaux galeux sont les premières mesures à mettre en pratique pour éviter la propagation de la gale. Les animaux, ainsi séparés, devront être immédiatement soumis à un traitement convenable. Des objets de pansement, de harnachement, leur seront spécialement affectés, et les personnes qui seront chargées du soin des animaux galeux ne devront point, autant que faire se pourra, avoir de rapports avec ceux qui ne le seront pas.

A l'égard des bêtes bovines et ovines qui vivent en troupeaux, aussitôt qu'on s'apercevra de l'existence de la gale, il sera indispensable d'isoler les animaux malades dans des étables, des bergeries ou dans des pâtures particulières, pendant tout le temps nécessaire à la guérison.

Quant aux troupeaux parmi lesquels se trouvent en assez grand nombre des bêtes galeuses, l'autorité devra intervenir pour prescrire des mesures d'isolement, notamment dans les localités où les troupeaux sont conduits sur des pâturages communaux. Le troupeau affecté de gale devra être cantonné dans des pâtures isolées, que le berger ne pourra abandonner qu'après guérison complète. Les propriétaires riverains seront avertis des mesures qui auront été prises par les autorités. Les foires et les marchés devront être interdits à ces troupeaux.

Moyens de désinfection. La litière des écuries, des étables, des bergeries, des chenils, sera brûlée ou enfouie dans le sol et convertie en fumier. Les barres et stalles, les râteliers, les auges, les murs, le sol, seront grattés et lavés avec de l'eau bouillante, de l'eau de lessive, puis ensuite brossés et lavés avec une dissolution de chlorure de chaux. Les objets de pansement, de harnachement, seront soumis aux mêmes moyens désinfectans.

Dans les pâturages, les enclos, les arbres, les poteaux, les murailles, imprégnés de virus, seront également lavés et désinfectés. Les lieux où auront séjourné les animaux seront, après un certain temps, blanchis à la chaux.

Usage de la chair. Les auteurs ne font nullement mention d'accidens survenus par l'usage de la chair des animaux atteints de gale. Le professeur vétérinaire Walz assure que la viande des moutons galeux, lorsqu'ils ne sont pas tout à fait exténués et maigres, ne peut en aucune manière porter préjudice à la santé des hommes. Jamais, par devers nous, nous n'avons vu ni entendu dire que la viande d'animaux galeux fût nuisible.

Contagion de la gale d'une espèce d'animal à une autre espèce. La gale des différentes espèces d'animaux domestiques est-elle susceptible de se transmettre de l'une à l'autre espèce ? Chabert affirme que la gale du chien peut se transmettre au cheval et au mouton, et même à l'homme ; que chez ce dernier elle devient alors on ne peut plus rebelle, et produit souvent des effets terribles (1). Un grand nombre de fois nous avons cherché à communiquer, à l'aide de frictions, la gale du chien à des chevaux, mais toujours inutilement ; et rien,

______

(1) Traité de la gale et des dartres, par Philibert Chabert.

selon nous, ne peut, aujourd'hui du moins, faire croire que la gale du chien puisse se transmettre aux ruminans.

La gale du cheval, du bœuf et du mouton, peut-elle passer d'une espèce à l'autre espèce? Robert Fauvet a vu la gale du cheval se transmettre à une vache (1). On a amené à l'école vétérinaire de Lyon, en 1817, un cheval galeux qui avait communiqué la gale à deux vaches placées à côté de lui dans l'étable.

Voilà les seuls faits que la science possède sur la contagion de la gale des diverses espèces d'animaux domestiques, et encore ces faits, si peu nombreux et si peu authentiques, ne se rattachent qu'à la transmission de la gale du cheval aux animaux de l'espèce bovine.

Contagion de la gale des animaux à l'homme. Plusieurs faits prouvent la possibilité de la transmission de la gale du cheval, du chien et du mouton à l'espèce humaine. Robert Fauvet rapporte que, au mois de janvier 1830, le nommé Magny acheta au marché de Bergame un cheval galeux qu'il monta pour se rendre chez lui, dans la province de Milan. Le lendemain de son arrivée, il éprouva une forte démangeaison sur tout le corps, ainsi que son fils et un ami, qui l'avaient accompagné au marché.

Le garçon d'écurie à qui on confia le soin du cheval se gratta beaucoup le second jour du pansement.

----

(1) Mémoires de la Société d'agriculture, 1821, p. 80.

Un ouvrier en fit autant le lendemain du jour qu'il avait gardé l'animal aux champs. Enfin, plus de trente personnes de la ferme prirent la gale directement ou indirectement en très peu de jours, ainsi que d'autres chevaux.

Magny vendit cet animal à un menuisier, qui fut promptement atteint de la gale, ainsi que ses garçons, pour avoir mis la main sur le dos de l'animal. Toutes ces personnes sentirent le prurit de la gale vingt-quatre à trente-six heures après ce contact. Le caractère psorique fut reconnu par des médecins et des chirurgiens distingués (1).

Le vétérinaire Laforest a vu la gale d'un mulet se communiquer à l'homme ; la maladie a été longue et difficile à guérir (2). Le vétérinaire Barat a fait la même observation à l'égard d'un cheval (3). M. D'Arboval a publié la remarque suivante. Un habitant de Montreuil-sur-Mer achète d'un officier supérieur prussien, après la première restauration, deux fort beaux chevaux de carrosse qui étaient galeux. Le domestique qui est chargé de les panser gagne la gale au menton, où il avait l'habitude de porter fréquemment la main ; et, ce qui est très remarquable, il n'y eut rien aux autres parties de la surface du corps. Cependant l'affection a été

---

(1) *Recueil de médecine vétérinaire*, t. 1, p. 152.

(2) Mémoires de la Société d'agriculture, 1822, t. 1, p. 58.

(3) Compte-rendu de l'école de Lyon, 1815.

reconnue bien positivement psorique par les gens de l'art ; elle s'est montrée très rebelle , et n'a cédé qu'après plus d'un an à l'usage des moyens les plus énergiques (1).

Grognier a rapporté, dans le compte-rendu de l'école de Lyon de 1817, qu'un élève vétérinaire, ayant frictionné un chien galeux, eut les mains et les bras couverts de gale. Tels sont les faits de contagion de la gale des herbivores et des carnivores à l'espèce humaine. Sont-ils assez nombreux et assez authentiques pour qu'on puisse croire à cette contagion ? Nous ne le pensons pas. Ce doute peut nous être acquis quand , depuis treize années , nous voyons journellement à l'école d'Alfort les professeurs toucher, explorer, et les élèves gratter, frotter, couper les poils, laver, lotionner, faire prendre des bains, médicamenter les chevaux et les chiens affectés de gale, sans contracter cette maladie. Les anciens professeurs attachés aux hôpitaux de la même école nous ont assuré que jamais ils n'avaient eu connaissance de la contagion dont il s'agit. Les bergers, qui journellement pansent les moutons affectés de gale, ne la contractent point non plus. Nous devons donc conclure, quant à la contagion de la gale des animaux à l'homme, que **cette** contagion est extrêmement rare.

----

(1) Dictionnaire de médecine et de chirurgie vétéritaires, art. *Gale.*

§ DES DARTRES.

Dues à des vésicules psoriques semblables à celles de la gale, les dartres sont contagieuses ainsi que cette dernière. Déterminées par les mêmes causes, se transmettant également par un élément virulent fixe, les dartres des animaux, et surtout la variété désignée sous le nom d'*humide*, réclament les précautions hygiéniques et les mesures sanitaires que nous avons indiquées pour la gale. Nous ne connaissons aucun fait de contagion de ces maladies, soit aux animaux d'autres espèces que celle qui en est attaquée, soit à l'espèce humaine.

§ DES MALADIES APHTHEUSES.

Synonymie. — Alcola, bouche chancrée, bouche ulcérée, chancres à la bouche, mal de la bouche, ulcère, muguet, ulcères serpigineux. — Fonzetto des Italiens.

Histoire. — Causes générales. — Distinctions. — Contagion et non contagion. — Moyens de police sanitaire. — Usage du lait et de la chair. — Contagion à l'espèce humaine.

Les maladies aphtheuses sont caractérisées par l'existence dans la bouche, le pharynx, les intestins, le larynx, et quelquefois dans l'espace interdigité des bêtes bovines, ovines, et des porcs, de petites ampoules renfermant un fluide séreux, auxquelles succèdent des ulcérations, maladies à marche rapide, rarement graves et mortelles, souvent enzootiques et épizootiques, ordinairement spo-

radiques, et à l'égard desquelles la propriété contagieuse n'est pas encore positivement admise.

Jamais les maladies aphtheuses n'ont occasionné,
aux époques où elles ont régné à l'état épizootique,
de grandes mortalités, et jamais non plus elles n'ont
suscité l'emploi de rigoureuses mesures de police
sanitaire. Néanmoins, comme les vétérinaires ont été
appelés par les autorités pour s'assurer de leur existence, en signaler les symptômes, les voies de propagation, et indiquer les mesures à prendre pour en
préserver les bestiaux, nous croyons qu'il est urgent
de nous occuper de ces maladies, qui au reste, pour
un grand nombre de personnes, sont réputées contagieuses encore aujourd'hui.

A. *Histoire*. En 1763 et 1764, une épizootie
aphtheuse se déclara en Moravie sur les principaux
animaux domestiques ; les brebis et les porcs furent
beaucoup plus malades que les autres animaux. Michel Sagar nous a laissé la description de cette épizootie (1). A la même époque, cette maladie régnait en France sur les chevaux et sur les bêtes
bovines dans l'Auvergne, dans le Périgord, et aux
environs de Paris (2). Plus tard, en 1767, le médecin Baraillon observait une épizootie semblable dans
la ci-devant généralité de Moulins (3); et en 1777,

______

(1) Sagar Michel, De aphthis pecorinis, an 1764.

(2) Guersent, Essai sur les épizooties, p. 73.

(3) Instructions sur les maladies les plus familières à la généralité de Moulins. (1787, Moulins.)

Lafosse fils constatait sur les vaches des environs de la capitale la même affection (1), qui reparut plus tard dans la généralité de Moulins, en 1785 (2).

Pendant les années 1809, 1810, 1811 et 1812, une épizootie aphtheuse se manifesta sur presque tous les bestiaux de la France, et sollicita l'attention du gouvernement. Ce fut particulièrement dans les provinces du nord, dans la Normandie, la Picardie, qu'elle attaqua les bêtes bovines. Celles de la vallée d'Auge furent surtout fort maltraitées. **M.** Huzard père fut alors envoyé par le gouvernement en Normandie, dans le but de l'étudier et de faire connaître les mesures sanitaires convenables pour en arrêter le cours (3). Dans les environs de la capitale, dans le département du Rhône, elle fut étudiée par les professeurs des écoles vétérinaires (4) ; dans les Ardennes, par M. Dehan (5) ; et dans les Pyrénées-Orientales, par M. Barère (6). Elle reparut en 1819 dans le département de l'Oise, où elle fut observée par MM. Peuchet et Potelle. Enfin elle régnait, en

---

(1) Lafosse fils, Cours d'hippiatrique, p. 284.

(2) Baraillon, *loco citato*.

(3) Huzard, Précis sur l'épizootie des bœufs de la vallée d'Auge, 1810.

(4) Compte-rendu de l'école d'Alfort et de l'école de Lyon, années 1811 et 1812.

(5) Gohier, Mémoires sur la chirurgie vétérinaire, t. 2, p. 127.

(6) *Journal gén. de méd.*, t. 43, p. 196.

1825, dans la Romagne (1). On voit donc, ainsi que nous l'avons avancé, que les épizooties aphtheuses ne sont point rares sur les chevaux et bestiaux. Les affections aphtheuses sont ordinaires aux localités froides et humides. La constitution humide et froide de l'atmosphère au printemps et à l'automne, l'alimentation avec des alimens avariés et surtout rouillés, les changemens brusques de l'alimentation, le sevrage, telles sont les causes générales qui ont été rattachées aux maladies aphtheuses.

B. *Distinctions.* Les divers auteurs qui ont donné la description des maladies aphtheuses n'ont pas toujours été d'accord sur leur nature. Quelques-uns ont confondu ces maladies avec le glossanthrax ; d'autres ont décrit des affections aphtheuses qui n'étaient qu'un épiphénomène de maladies de nature toute différente. Si de pareilles erreurs ont été commises, il est donc utile que nous distinguions les maladies aphtheuses des autres maladies avec lesquelles elles pourraient être confondues.

Glossanthrax. Le glossanthrax est la véritable pustule maligne ou le charbon de la langue. Une grosse ampoule apparaît sur le côté de la langue ou à sa base; un ulcère lui succède, la langue est très tuméfiée, bleuâtre, la déglutition impossible ; bien-

(1) Girard père, Analyse de Lamberlichi, *Recueil de médecine vétérinaire*, t. 4, p. 350.

tôt le tissu lingual est frappé de gangrène, et l'animal meurt en 12, 24 ou 36 heures au plus.

Aphthes symptomatiques. Dans le typhus contagieux des bêtes à cornes, quelques dyssenteries épizootiques, quelques gastro-entérites intenses, il se manifeste des aphthes dans la bouche; mais ces aphthes doivent être rattachées aux maladies dont elles sont un épiphénomène ou un accident maladif toujours inconstant.

Les véritables affections aphtheuses sont au nombre de deux, savoir, l'une essentielle et bénigne, l'autre symptomatique et maligne.

1° *Aphthes essentielles et bénignes*. Cette affection est connue sous les noms de *chancres à la bouche*, de *muguet*, de *stomatite* aphtheuse essentielle.

Caractères. La bouche devient chaude, la buccale rouge et la salivation abondante; puis aussitôt apparaissent de nombreuses petites ampoules de la grosseur d'un grain de millet ou d'un petit pois au plus, aux gencives, aux lèvres, aux environs des narines, rarement dans le pharynx, lesquelles se crèvent bientôt pour donner naissance à un petit ulcère à bords arrondis, découpés à pic comme avec un emporte-pièce. Ces ulcères prennent bientôt une teinte grisâtre, et se recouvrent d'une croûte aux lèvres et aux gencives. La buccale est rouge, les gencives souvent saignantes, la salivation abondante et fétide, la mastication et la déglutition souvent très difficiles.

La durée de cette maladie est de huit à dix jours. Pendant ce temps, les jeunes animaux maigrissent. Rarement la maladie est mortelle, si ce n'est lorsqu'elle affecte de jeunes sujets mal nourris et très débiles. Cette variété se montre particulièrement sur les jeunes animaux encore à la mamelle ou dans le moment où on les sèvre ; elle est rare sur les vieilles bêtes ; elle est enzootique plus souvent qu'épizootique.

2° *Aphthes symptomatiques ou malignes.* Cette variété est connue sous les noms de *fièvre aphtheuse,* de *fièvre muqueuse.*

Caractères. Trois périodes bien distinctes se font remarquer dans le cours de cette affection.

1er *Période.* — *Début.* Mouvement fébrile général ; voussure de la colonne vertébrale ; rougeur des conjonctives ; chaleur et sécheresse de la bouche, légère dysphagie, quelquefois constipation ; urines troubles, souvent colorées. — Durée, trois à quatre jours.

2e *Période.* Eruption dans la bouche, à la base de la langue et au voile du palais, aux gencives, aux lèvres, autour des narines, d'élevures vésiculaires blanchâtres, cendrées, très rarement livides ou noires, de la grosseur d'un grain de millet, de froment, ou d'un petit pois. Ces vésicules se crèvent promptement, répandent dans la bouche un liquide roussâtre, et laissent à leur place une ulcération superficielle, qui, réunie à d'autres ulcérations voi sines, forment alors de larges ulcères suscitant le décollement de l'épiderme de la langue. Alors la bouche est chaude et très douloureuse; une salive épaisse, filante et fétide la remplit et s'en écoule. La mastication et la déglutition sont impossibles. Une diarrhée muqueuse ou bilieuse accompagne bientôt cet état, et les animaux, promptement épuisés, maigrissent et meurent.

C'est pendant cette période que se montrent, dans les animaux bisulques, des phlyctènes entre les onglons et autour de la couronne, lesquelles, en se crevant, donnent naissance à des ulcères, des crevasses, et à un décollement de l'ongle en talon. L'inflammation se propage bientôt au tissu vasculaire sous-ongulé, et apparaît alors une claudication très forte qui force les animaux à se tenir sur les genoux. On a vu même cette inflammation secondaire susciter le décollement complet et la chute de l'ongle. Cette période est de quatre à cinq jours.

3ᵉ *Période.* — *Déclin et terminaison.* Les ulcères de la buccale rougissent et se rétrécissent; la bouche est moins brûlante, la salive moins fétide; les animaux commencent à mâcher et à mieux déglutir les alimens. Les ulcérations des lèvres, des naseaux, se couvrent d'une croûte grisâtre, et se cicatrisent; la fièvre cesse, la diarrhée disparaît; la gaîté, l'appétit reviennent, et les animaux sont rétablis du quinzième au seizième jour. Souvent l'ulcération de la peau des onglons persiste et réclame alors des soins minutieux et bien appropriés.

Toutes les épizooties dont nous avons relaté les époques ont appartenu à cette variété d'aphthes.

A l'autopsie des animaux, des ulcérations à bords rouges et intéressant l'épaisseur de la muqueuse se font remarquer dans les cavités nasales, le larynx, et, dit-on, dans la trachée (Lafosse fils), à la surface du voile du palais, dans le pharynx, la caillette et les premières portions du tube intestinal. Les intestins grêles renferment beaucoup de matières bilieuses et muqueuses, et des plaques rougeâtres nombreuses se font remarquer çà et là avec épaississement et ramollissement du tissu muqueux. Les follicules muqueux sont très apparens, et leur orifice entouré souvent d'un cercle rouge.

C. *Contagion et non contagion.* Michel Sagar regarda l'épizootie de 1764, en Moravie, comme très contagieuse. Kraff est du même avis à l'égard de celle qui a régné en Hollande en 1811. Lafosse et Baraillon ne se prononcent point à ce sujet. M. Huzard père, dans son mémoire, pense que les aphthes épizootiques sont contagieuses (1). Lamberlichi se prononce affirmativement pour la contagion (2). Les opinions de ces auteurs, il faut le regretter, ne sont point appuyées de faits authentiques; et nous

____

(1) Huzard père. Instructions vétérinaires, t. 4, p. 162.

(2) *Loco citato,* Analyse par M. Girard; *Recueil,* t. 4, p. 361.

avons déjà dit combien étaient de peu de valeur de semblables opinions sur des questions aussi graves. Voici cependant quelques faits et observations qui tendraient à prouver la contagion aphtheuse.

En 1810, le vétérinaire Saloz tenta, par ordre du gouvernement suisse, quelques expériences. Six vaches furent inoculées ; cinq contractèrent la maladie. Deux moutons, sur trois qui furent inoculés, la gagnèrent aussi (1). Il est à remarquer que, pendant la période d'ulcération des aphthes des poulains et des veaux qui sont à la mamelle, on voit presque toujours le pis ou les trayons des nourrices en être atteints

Quant à la non contagion, Toggia ne parle nullement du caractère contagieux du fonzetto. Le professeur vétérinaire Verrier, qui a vu et étudié l'épizootie aphteuse de 1810, a dit, dans un mémoire adressé à la Société royale et centrale d'agriculture, qu'il regardait la contagion comme douteuse (2). M. Girard père, qui a observé cette épizootie à la même époque, a recueilli diverses observations qui ne prouvent nullement en faveur de la contagion (3). M. Huzard père a rétracté l'opinion qu'il avait d'abord émise dans les Instructions vétérinaires, en doutant plus tard de la contagion de l'épizootie

---

(1) Compte-rendu de l'école de Lyon, an 1812.

(2) Mémoires de la Société d'agriculture, t. 14, p. 69.

(3) Recueil t. 4, p. 362.

aphtheuse de la vallée d'Auge. «Pour s'assurer de la contagion de la maladie (dit M. Huzard), on a inoculé l'humeur qui s'écoulait des ampoules dans la bouche même et sur la langue, d'animaux de la même espèce ou d'espèces différentes; cette inoculation n'a donné aucun résultat. » Les vétérinaires Saintin (1), Mathieu (2) et Leschevin (3), qui ont étudié ces maladies sur les bêtes bovines et ovines, doutent de la contagion.

Nous avons cherché, en 1836, à transmettre les aphthes bénignes des bêtes à laine, soit par l'inoculation du fluide des phlyctènes avec la lancette, soit en frottant les ulcères des lèvres de plusieurs bêtes contre les lèvres saines d'autres bêtes, et nos tentatives ont toujours eu un résultat négatif. Tessier assure que les agneaux ne la transmettent point au pis des brebis lorsqu'ils les tettent (4). Nous avons eu occasion également de constater ce fait.

La question de contagion des maladies aphtheuses, soit sporadiques, soit épizootiques, est donc encore un objet de doute aujourd'hui. Cependant nous voyons dans la nature, la marche de ces maladies, tous les caractères d'une affection contagieuse. En effet, *les ampoules, les ulcérations* de la *bouche*, de

---

(1) Correspondance de Fromage de Feugré, t. 4, p. 263.

(2) *Recueil,* t. 12, p. 65.

(3) *Annales d'agriculture française,* t. 49, p. 25.

(4) Tessier, Sur les mérinos, p. 221.

l'ongle, sont des caractères qui se retrouvent dans d'autres maladies essentiellement contagieuses, comme la morve aiguë, le glossanthrax, la gale, les dartres, le piétin, etc. L'humeur des pustules doit être le véhicule de l'élément contagieux. En définitive, bien que jusqu'à ce jour l'expérience rende probable la non contagion des aphthes, nous sommes cependant disposés à croire à la possibilité de la contagion par le contact immédiat des animaux malades, et par les alimens qui pourraient être imprégnés de la salive associée au fluide des phlyctènes aphtheuses on à celui sécrété par les ulcères. Au reste, nous désirons fermement voir lever ou lever nous-mêmes les doutes sur cette question. En attendant sa solution, nous conseillons les mesures sanitaires suivantes.

D. *Police sanitaire.* 1° Les propriétaires isoleront les animaux malades des animaux sains; les uns et les autres seront pansés par des personnes différentes. 2° Ils ne distribueront point aux animaux bien portans les alimens imprégnés de bave que les bêtes malades auraient refusé de manger. 3° Ils ne les abreuveront point dans les mêmes vases ni dans les mêmes lieux. 4° Ils nettoieront à l'eau bouillante les mangeoires, les crèches, les râteliers, les baquets, etc., qui pourraient être imprégnés de salive. 5° Ils feront traiter aussitôt leurs bestiaux par un vétérinaire, qui en remédiant au mal, en changeant sa nature, en modifiant les élémens des produits morbides, annulera ainsi la contagion.

E. *De l'usage du lait.* Michel Sagar rapporte que le lait des vaches affectées de la fièvre aphtheuse qui se manifesta dans la Moravie en 1764, communiqua la maladie aux animaux et aux personnes qui en avaient fait usage. Un vétérinaire des environs de Lyon fit la même observation à l'occasion d'une maladie semblable qui régna dans le département du Rhône en 1811 (1).

Toggia dit au contraire que, dans l'épizootie du fonzetto qui se manifesta dans la province d'Ivrée en 1800, le lait des vaches atteintes n'a fait aucun mal aux personnes qui en ont fait usage. M. Mathieu, dans l'épizootie aphtheuse des bêtes à cornes du département des Vosges, n'a jamais été témoin de la mauvaise qualité du lait. Quoi qu'il en soit, et bien que nous ne croyions nullement au transport des aphthes aux hommes ou aux animaux par l'usage du lait des bêtes malades, nous pensons que ce liquide, qui a perdu par l'effet de la maladie une partie de ses propriétés normales, ne doit point servir à la nourriture de l'homme.

F. *Usage de la chair.* Nous pensons que l'usage de la chair des grands ruminans ne pourrait être nuisible aux hommes, bien que l'expérience ne nous ait cependant rien appris à cet égard. Quant aux moutons et aux porcs, nous avons vu la chair de ces animaux être mangée par l'homme et les animaux sans aucun inconvénient.

____

(1) Journal de Lyon, 1811.

§ DE LA GOURME DU CHEVAL.

On a donné le nom de gourme à une affection catarrhale des voies respiratoires, attaquant particulièrement les jeunes chevaux, avec jetage blanchâtre. séro-albumineux, par les naseaux; toux fréquente et quinteuse, se compliquant souvent de l'inflammation des bronches, du pharynx et du larynx, du tissu cellulaire sous-glossien ou sous-parotidien; maladie à marche régulière et rarement mortelle.

Solleysel (1), de Garsault (2), Bourgelat (3), Paulet (4), Brugnone (5), Gilbert (6), Sacco (7), regardent la gourme comme une maladie *contagieuse*; Barthelet (8), Delaguérinière (9), Lafosse fils (10), Vitet (11), Lafond-Pouloti (12), Hart-

---

(1) Ouvrage déjà cité, p. 93.
(2) Ouvrage cité, p. 233.
(3) Ancienne Encyclopédie, art. *Gourme.*
(4) Maladies épizootiques, t. 2, p. 356.
(5) Traité sur les haras; Paris, 1807.
(6) Observations sur les causes de la morve; Mémoires de la Société de médecine, 1791, p. 35 et 53.
(7) Traité de la vaccination.
(8) Le Gentilhomme Maréchal, déjà cité.
(9) Traité de la cavalerie, *loco citato.*
(10) Cours d'hippiatrique.
(11) Médecine vétérinaire.
(12) Traité sur les haras.

mann (1), Delabère-Blaine (2), Withe (3), ne parlent nullement de cette contagion. Chabert (4) et l'agriculteur Bosc (5) ne se sont point prononcés à cet égard. M. D'Arboval (6), de nos jours, tout en laissant la question indécise, penche cependant pour la non contagion. Gohier, voulant éclairer la question de contagion, a fait quelques tentatives d'inoculation. Les voici.

Deux chevaux, une mule et trois ânes ont été soumis à la contagion de la gourme, soit en inoculant la matière du jetage dans les naseaux, soit en plaçant les animaux dans des endroits occupés auparavant par des chevaux gourmeux. Un seul d'entre eux (un âne) a contracté une maladie à peu près semblable à la gourme. Cette expérience est loin d'être concluante. Gohier a injecté la matière du jetage dans les naseaux de l'âne, et il a pu ainsi occasionner un catarrhe nasal, dû plutôt à l'action d'une matière morbide qu'au virus gourmeux. Toggia a fait de nombreuses expériences qui pourront entraîner la conviction sur la contagion dont il s'agit (7). Cet auteur rapporte qu'en avril 1815, étant

(1) Traité sur les haras et la ferrure.
(2) Notions fondamentales sur l'art vétérinaire.
(3) Withe, Abrégé de l'art vétérinaire, p. 49.
(4) Cours complet d'agriculture, art. *Gourme*.
(5) Nouveau Cours complet d'agriculture, art. *Gourme*.
(6) Dictionnaire vétérinaire, article *Gourme*.
(7) Sul cimarro e sull' utilità dell' innestino di questa ma-

alors vétérinaire dans un haras, il inocula *la gourme arrivée à son deuxième degré* à 14 poulains. Quatre jours après, *quelques-uns* jetèrent par les naseaux une matière muqueuse, toussèrent et eurent un abcès dans le tissu cellulaire de l'auge. Depuis ces premiers essais, Toggia, pendant un espace de deux ans et demi, inocula de la même manière plus de *quatre-vingts poulains, qui tous contractèrent la gourme*. Cet auteur fait ensuite remarquer qu'aucun de ces poulains n'a éprouvé la gourme depuis cette inoculation jusqu'à l'âge de cinq ans. Nous nous abstiendrons de toute réflexion au sujet de ces inoculations. Aujourd'hui en France, généralement, les vétérinaires restent journellement convaincus de la non contagion de la gourme. Et, pour notre part, nous pourrions citer un grand nombre de faits bien circonstanciés qui appuieraient au besoin cette assertion. Ce qui peut faire croire à la contagion de la gourme, c'est qu'il est fort ordinaire que dans les mêmes localités, dans la même écurie et à la même époque, beaucoup de jeunes chevaux aient simultanément ou successivement cette maladie. Mais si on réfléchit aux causes qui suscitent le développement des affections catarrhales, on découvre toujours que la même cause ou les mêmes causes ont agi sur tous les animaux à la fois. La dentition, les intem-

---

lattia; Torino, 1826. — Et Analyse de M. Rodet; *Recueil*, tome 5, page 108.

péries atmosphériques de l'automne et du printemps, le changement de localité, de nourriture, l'exposition aux courans d'air et aux pluies froides pendant les transports des chevaux pour les remontes, le commerce, etc., sont les causes générales qui font naître la gourme successivement sur les chevaux de tout âge soumis en même temps à leur action, et qui ont fait croire à la transmission de la maladie des premiers chevaux attaqués à ceux qui ne l'étaient que plus tard. Enfin, nous le répétons avec beaucoup de vétérinaires recommandables : non, la gourme n'est point contagieuse.

Police sanitaire. Le peu de gravité de la gourme, les doutes qui ont existé sur sa contagion ont été les raisons qui, à toutes les époques, ont détourné les autorités de prendre quelques mesures de police sanitaire contre la prétendue propagation de cette maladie. Néanmoins, bien que notre conviction soit que la gourme n'est point contagieuse, nous conseillerons aux vétérinaires de faire mettre toujours en pratique quelques précautions hygiéniques. Les chevaux qui ont un flux morbide par les naseaux doivent toujours être isolés des animaux sains; la putréfaction de la matière du jetage, l'odeur fade de l'air expiré, les émanations fétides qui s'échappent du pus provenant des abcès de la gorge, peuvent nuire à la santé des chevaux placés à côté d'eux, et notamment lorsqu'ils boivent dans la même auge, mangent dans la même mangeoire et au même râtelier. L'isolement des chevaux atteints de gourme est donc pour nous une simple précaution hygiénique qu'on ne doit pas négliger, mais qui n'est point de première nécessité.

§ DE LA COLITE AIGUE DYSSENTÉRIQUE.

Synonymie — Dyssenterie, flux dyssentérique, flux de sang.

La dyssenterie a son siége dans les gros intestins, elle est le résultat d'une inflammation aiguë de la muqueuse, avec sécrétion abondante de mucosités et hémorrhagie à sa surface ; maladie à marche rapide, à durée courte, et fréquemment mortelle. Attaquant particulièrement les bêtes bovines, on a vu la dyssenterie régner à l'état épizootique sur les bestiaux formant les parcs d'approvisionnement des armées.

Les logemens insalubres dans lesquels on entasse les animaux, les longues fatigues ; l'usage d'alimens détériorés, d'eaux stagnantes, corrompues et infectes, renfermant en dissolution des débris d'animaux ou de végétaux, ou froides et séléniteuses ; l'influence des grandes chaleurs jointes aux marches et aux contre-marches pendant la guerre ; de matières septiques associées à l'air, provenant, soit de la putréfaction de matières animales, soit de matières alvines rejetées par les animaux dans les habitations où ils sont amoncelés, sont les causes des dyssenteries enzootiques ou épizootiques, lorsqu'elles agissent sur un plus ou moins grand nombre d'animaux.

Paulet (1), Grognier (2), M. Huzard père (3) regardent la dyssenterie comme une maladie contagieuse; M. Clychy conteste cette contagion (4),
que M. D'Arboval rejette complètement. Nous ne
nous prononçons point sur cette question douteuse
en médecine vétérinaire, et si controversée en médecine humaine; nous laissons au temps et à l'expérience à l'éclaircir et à la trancher. Dans cette
conjecture nous conseillerons de séparer les animaux
bien portans de ceux qui sont malades, de tenir ces
derniers avec une grande propreté, et de désinfecter
les lieux qu'ils ont habités par les moyens que
nous avons déjà fait connaître. (Voyez pages 429
et suivantes.)

Quant à l'usage de la chair des animaux malades,
nous ne pouvons assurer qu'elle puisse être mangée
sans inconvénient.

§ DU CATARRHE NASAL SUR-AIGU OU DU CORYZA GANGRÉNEUX DES BÊTES BOVINES.

MM. Gauthier (5), Nebout (6), Cruzel (7), ne
parlent nullement de la contagion de cette maladie,

---

(1) Recherches sur les maladies épizootiques, t. 2, p. 254.
(2) Recherches sur le bétail de la Haute-Auvergne, p. 91.
(3) Instructions vétérinaires, t. 1, p. 118.
(4) *Recueil de méd. vét.*, t. 2, p. 321.
(5) Correspondance de Fromage de Feugré, t. 4, p. 111.
(6)   id.   id. t. 4, p. 149.
(7) *Journal pratique de médecine vétérinaire*, t. 5, p. 9 et 89.

M. Laborde affirme qu'elle est toujours sporadique et point contagieuse (1). Présentant pendant son cours l'ensemble d'une maladie contagieuse, nous croyons que des observations sur cette redoutable affection sont à faire à cet égard.

§ DE L'USAGE DE LA CHAIR DE QUELQUES ANIMAUX ATTEINTS DE MALADIES NON CONTAGIEUSES.

Ladrerie du porc.

Synonymie.—Maladie blanche, lépos, lèpre.—Eléphas, impetigo chez les Grecs et les Latins. — Ladrerie, Lazardrerie (mal St-Lazare), mezélerie, lèpre, mal-mort, pourriture chezles Français.

La ladrerie est une maladie vermineuse du tissu cellulaire, due à la présence du ver nommé cysticerque celluleux (Rudolphi); maladie à marche lente, entraînant des désordres profonds dans les solides et les liquides, et constamment la mort.

Les législateurs de la Grèce et de la Turquie, Moïse et Mahomet, ont proscrit l'usage de la viande du porc, pensant par cette défense préserver les hommes de l'affreuse maladie connue sous le nom de *lèpre*. Les juifs et les musulmans tiennent encore de nos jours à ce précepte religieux, et ne se nourrissent point de la viande du porc.

En France, si on consulte les registres des

____

(1) *Recueil de médecine vétérinaire*, t. 7, p. 76.

chambres de haute justice, on voit qu'en 1716, les peines les plus sévères étaient prononcées envers les personnes qui vendaient des viandes ladres ou de mauvaise qualité (1). Ce fut aussi à peu près à la même époque que Louis XIV institua la charge

---

(1) Pour donner une idée de l'importance qu'on donnait au débit de viande de bonne qualité sous le règne de Louis XIV, nous croyons devoir rapporter l'arrêt suivant.

Arrêt définitif de la chambre de justice contre Antoine Dubout, *du 28 mai 1716.*

« Condamne ledit Antoine Dubout, directeur des boucheries de l'armée du roi, à faire amende honorable, nu en chemise, la corde au cou, tenant en ses mains une torche de cire ardente, du poids de deux livres, ayant écriteau devant et derrière portant ces mots : *Directeur des boucheries qui a distribué des viandes ladres aux soldats*; au devant de la principale porte et entrée de l'église de Paris, et à la principale porte et entrée de l'église du couvent des Grands-Augustins ; et là, étant nu tête et à genoux, dire et déclarer, à haute et intelligible voix, que, méchamment et comme mal-avisé, il a distribué et fait distribuer des viandes *ladres* et d'animaux morts naturellement; qu'il s'est servi de fausses romaines pour peser et faire peser les viandes; qu'il a fait vendre à son profit des bœufs morts ou restés malades en route, dont il a fait tenir compte par le roi.

» Ce fait, a banni et bannit ledit Antoine Dubout pour neuf ans du ressort du parlement de Paris et des lieux où se tiennent les camps, garnisons et armées du roi; lui enjoint de garder son ban sous les peines portées par la déclaration du roi, qui sont les galères ; lui fait défense, sous les mêmes peines des galères, de ne plus s'immiscer dans le commerce des boucheries, sous quelque

de *conseillers du roi, jurés langueyeurs de porcs*, dont les fonctions étaient de s'assurer, par l'inspection de la langue, si les porcs amenés aux marchés n'étaient pas atteints de la ladrerie. La viande du porc ladre est dite de basse qualité; les bouchers commettent un grave délit lorsqu'ils la débitent, non pas parce qu'elle est dangereuse pour la santé des personnes qui en font usage, mais parce qu'elle est d'une qualité très inférieure, et ne peut être conservée par la salaison. Il serait donc à désirer que les langueyeurs de porcs qui existent encore aujourd'hui dans quelques localités de la France fussent institués dans tous les marchés ; et le désir que nous exprimons ici en ce qui touche l'importance de cette question, nous engage à faire connaître comment il est possible de constater la ladrerie pendant la vie et après la mort des porcs.

A. *Caractères pendant la vie.* Lorsque la ladrerie se manifeste, il est difficile de la reconnaître; cependant la pâleur des conjonctives et leur infiltration, la couleur blanche de la peau, l'arrache-

---

prétexte que ce soit; condamne ledit Dubout à *cinquante mille livres d'amende* envers le roi par forme de restitution.

» Et sera ce présent arrêt lu et affiché dans les villes et frontières du royaume, et partout où besoin sera.

» Fait en ladite chambre, le 28 mai 1716.

« *Collationné, signé* AMYOT. »

(Extrait des registre de la chambre de justice, au 1716.)

ment facile des soies, la faiblesse des mouvemens, la laxité de la base cartilagineuse du boutoir, peuvent faire fortement *présumer* de son existence. Mais lorsque, après avoir abattu le porc et l'avoir *báillonné* à l'aide d'un morceau de bois ou d'un bâton, le vétérinaire saisit la langue avec un serre-langue ou avec ses doigts garnis de linge, il aperçoit à sa face inférieure et sur ses côtés de petites vésicules ou ampoules, de la grosseur d'un grain de millet ou d'un petit pois, formées par le cysticerque ladrique, il est *certain* que la ladrerie existe. D'ailleurs, si la face interne des paupières, la peau qui entoure l'anus offrent de semblables ampoules, et si, d'un autre côté, l'animal présente les symptômes indiqués ci-dessus, nul doute alors que le porc est ladre.

B. *Caractères après la mort.* A l'inspection de la viande, on reconnaît qu'elle est ladre par la présence, dans le tissu cellulaire, de petites ampoules arrondies, transparentes, dans lesquelles est renfermé le ver vésiculaire. Ces vers se montrent surtout dans le tissu cellulaire des interstices musculaires et dans les endroits où ce tissu est très abondant. Sous les séreuses des grandes cavités du corps, dans le foie, le poumon, le tissu du cœur, les anfractuosités cérébrales, ces vers sont surtout très nombreux. Le lard est pâle jaunâtre et peu consistant. Les ganglions lymphatiques sont gros, mous et gorgés de sérosité. Le tissu cellulaire des parties déclives seulement lorsque la maladie est récente, et de tout le corps lorsqu'elle est très avancée, renferme un fluide séreux dans ses mailles.

Les bouchers, dans le but de cacher aux yeux des acheteurs la mauvaise qualité de la viande et l'existence de la ladrerie, détruisent le foie, le poumon, les reins et la tête des animaux ; enlèvent les parties infiltrées et celles aussi où les vers sont le plus nombreux, et rougissent ensuite la chair, qui est pâle et comme lavée, avec le sang d'un autre animal. Mais il sera toujours facile à l'expert vétérinaire de constater la fraude en faisant débiter la viande en sa présence, et en disséquant quelques parties charnues, celles des épaules, par exemple.

La chair des cochons ladres soumise à l'ébullition surnage, et ne se précipite au fond du vase qu'après avoir fourni une abondante écume ; le bouillon qu'elle donne est trouble, blanchâtre, sans saveur et sans odeur. La chair cuite est réduite à un petit volume : elle est gluante et parsemée de petits points blanchâtres, durs, de la grosseur d'un grain de millet, qui sont les cysticerques ; sa saveur est douceâtre, elle est coriace ; et les vers, durcis par la cuisson, craquent sous la dent. L'usage prolongé de cette viande ladre occasionne la diarrhée, de fréquentes indigestions ; mais elle n'a point, ainsi qu'on l'a dit, l'inconvénient de déterminer la dyssenterie et la fièvre putride. Salée pour la conservation, elle ne prend que difficilement le sel, fournit beaucoup de saumâtre, s'altère, et finit bientôt par se corrompre. C'est dans cet état que, mangée par les hommes dans les villes assiégées, à bord des navires, elle occasionne des maladies graves, telles que les fièvres putrides et les affections scorbutiques.

Si la viande de porc ladre ne peut être conservée, si elle est peu substantielle et même nuisible comme aliment, les autorités devront prohiber la vente des porcs ladres et le débit de cette viande dans les boucheries et les charcuteries. MM. les maires et les commissaires de police devront donc faire mettre à exécution les dispositions prescrites par l'article 3 titre XI de la loi du 16-24 août 1790, l'article 605 de la loi du 4 brumaire an 4, et les art. 96 et 98 du Code pénal ; et, pour le département de la Seine, les art. 61 et 247 de l'ordonnance de police du 25 mai 1830. (Voyez le texte de ces dispositions, pages 478 et 479.)

§ DE L'USAGE DE LA VIANDE DES BESTIAUX ATTEINTS DE LA CACHEXIE AQUEUSE.

Synonymie. — Pourriture, bête pourrie, le foie douvé, la douve, la douvette, la jaunisse, etc., etc., en France. — Rot dropsy en Angleterre. — Hot ongans en Hollande. — Waser blase en Allemagne. — Bisciola en Italie.

La cachexie aqueuse des bestiaux est le résultat d'une altération des principes constituans du sang, avec diminution notable de la quantité normale de ce fluide.

A. *Principaux caractères pendant la vie.* On reconnaît la pourriture, lorsqu'elle débute,à la pâleur et à une teinte jaune de la conjonctive, de la peau des gencives et du frein de la langue, à une diminution de la force musculaire ; et souvent aussi à un embonpoint factice décelé par la mollesse de la graisse aux endroits appelés *les maniemens.* Plus tard, l'exagération de tous ces symptômes, la sécheresse de la laine, la présence d'une tuméfaction froide et indolente sous la ganache (bouteille), la maigreur, une diarrhée séreuse qui salit la laine au dessous de l'anus, sont les caractères à l'aide desquels on ne peut méconnaître l'existence de la pourriture.

B. *Caractères après la mort.* Il faut une assez grande habitude de juger l'état de la chair des bêtes bovines et ovines pour assurer que les animaux étaient atteints de la pourriture à son début pendant la vie, si les bouchers ou les fournisseurs ont détruit les organes renfermés dans la cavité abdominale. Cependant le peu de fermeté de la graisse et la teinte jaunâtre qu'elle reflète, une infiltration légère du tissu cellulaire sous-cutané et intermusculaire du bas-ventre, des cuisses, de la partie inférieure de l'encolure, surtout au voisinage du gosier ; la pâleur, le peu de fermeté des muscles, sont des indices qui font fortement présumer l'existence de la cachexie. Mais si les animaux tués dans les abattoirs ne sont pas ouverts, la couleur jaunâtre et le volume du foie, la présence de douves dans les canaux biliaires,

la pâleur de tous les viscères, sont des traces certaines de l'existence du mal. A un degré plus avancé,
la pâleur des chairs, l'infiltration qui les entoure,
l'état de la graisse qui ressemble alors à de la gelée
de viande, la facilité avec laquelle elle devient
lavée et flasque par les temps humides, sont les caractères certains qui font reconnaître l'altération de
la viande.

Les bouchers, les fournisseurs, achètent et tuent
rarement des bêtes atteintes de la pourriture pendant les temps humides, mais bien pendant les
temps où l'air est sec et froid ; aussi est-ce pendant
cet état hygrométrique de l'air que les inspecteurs
des viandes destinées aux salaisons pour les troupes
de terre ou de mer doivent visiter scrupuleusement
les fournitures.

La viande cachectique, cuite à l'eau, fournit un
bouillon fade et blanchâtre ; la chair est flasque,
gluante, coriace, et entièrement dépourvue de suc et
de goût. Difficile à digérer, souvent elle occasionne
la diarrhée ; grillée sur les charbons ou rôtie, elle se
racornit, devient filandreuse, et ne conserve aucune saveur. Salée, elle prend difficilement le sel,
donne une abondante saumâtre, et ne peut se conserver long-temps. L'usage momentané de cette viande
n'est d'aucun danger ; mais prolongé, cet usage peut
amener des troubles dans la digestion et occasionner
des flux intestinaux difficiles à guérir. Achetée
pour les salaisons, et se détériorant facilement, elle

peut donner lieu à de graves inconvéniens. En résumé, la viande provenant d'animaux atteints de
cachexie aqueuse doit être considérée comme un
comestible nuisible à la santé, dont l'autorité ne
doit point permettre le débit. (Voyez les articles de
lois et l'ordonnance de police dont nous avons déjà
parlé, pages 478 et 479.)

§ DE L'USAGE DU LAIT ET DE LA VIANDE DES
BÊTES BOVINES ATTEINTES DE MALADIES RÉ-
CENTES OU ANCIENNES DE LA POITRINE.

A. *Usage du lait.* Les bêtes bovines sont très
fréquemment atteintes d'inflammation chronique du
poumon ou des plèvres, d'une durée longue et souvent mortelle. Dans le début de ces maladies, les
vaches donnent souvent plus de lait que dans l'état
de santé ; mais il est plus séreux, parfois bleuâtre,
et ne peut être conservé. Chauffé, il se décompose
(tourne), et ne peut être consommé. Ce lait, pris
seul, constitue un aliment débilitant et laxatif; mais
associé à d'autre lait de bonne qualité, ainsi que
cela se fait chez les nourrisseurs, il ne peut avoir
aucun inconvénient.

Les vaches de Paris et des environs sont aussi atteintes parfois d'une affection générale avec dépôt de
carbonate et de phosphate de chaux dans tous les
solides organiques, et notamment dans les poumons
(phthisie calcaire). Dans le cours lent de cette maladie, les vaches continuent à donner du lait; mais

ce liquide a une teinte bleuâtre, une saveur faible, il est acide et contient, par rapport au lait d'une vache saine, beaucoup d'eau, peu de matière butireuse et caséeuse. Incinéré, il donne *sept fois* plus de phosphate et de carbonate de chaux que celui d'une vache saine (1). Ce lait, pris seul, peut être nuisible à la santé; et, ainsi que l'a observé M. Dupuy, les personnes atteintes de phthisie pulmonaire ne doivent point en faire usage.

B. *Usage de la chair.* La chair des bêtes bovines sacrifiées lors du début d'affections aiguës, non gangréneuses, peut être utilisée sans inconvénient. Celle de ces bêtes qui sont atteintes de la pneumonite chronique (appelée pommelière), n'est nullement nuisible. Mais il arrive, à Paris surtout, que les nourrisseurs et les éleveurs laissent prolonger et aggraver le mal, et que ce n'est guère qu'à l'époque où la bête est maigre et ne donne plus de lait qu'elle est vendue aux bouchers, ou conduite aux abattoirs.

Les animaux ainsi sacrifiés ont le poumon dur, pesant, rouge ou gris dans une grande partie de son étendue (hépatisation ancienne), et le tissu cellulaire interlobulaire induré, jaunâtre et résistant. Dans la phthisie calcaire, ce sont des kystes plus ou moins volumineux renfermant une matière blanchâtre et épaisse. D'autres fois ce sont des collections de liquides

-----

(1) Analyse de M. Labillardière. — Dupuy, Affection tuberculeuse, p. 258.

dans les sacs pleuraux et des adhérences pleurales par d'anciennes fausses membranes. Les bouchers jettent ces parties altérées et débitent la viande comme de seconde qualité. Cette viande n'est pas essentiellement mauvaise, jamais elle ne donne lieu à des accidens graves. Néanmoins plusieurs ordonnances de la préfecture de police de Paris exigent que l'état de la bête vendue au boucher soit constaté par un vétérinaire, et que la viande, avant d'être livrée à la consommation, soit inspectée par deux adjoints au syndicat des boucheries. (Voyez page 479.)

§ DES MODÈLES DE RAPPORTS AUX AUTORITÉS.

Lors de l'existence de maladies sporadiques, enzootiques ou épizootiques, contagieuses ou non contagieuses, les vétérinaires sont commissionnés par les autorités pour se transporter sur les lieux, s'assurer de la nature de la maladie, rechercher ses causes, en signaler les symptômes et les lésions cadavériques, enfin indiquer les moyens curatifs et les mesures convenables pour en guérir ou en préserver les animaux. Le vétérinaire, soit pendant sa mission, soit après l'avoir remplie, doit adresser un rapport à l'autorité : cette pièce porte le nom de *rapport administratif.*

Ce rapport se fait sous la forme de lettre et est écrit en style épistolaire. Il doit être court et précis. Toute opinion, toute discussion médicale doivent en être bannies ; le vétérinaire relatera ce qu'il a vu et bien constaté ; les faits qui y seront exposés devront être authentiques. Au besoin, il pourra s'étayer d'autres faits puisés dans les auteurs, mais il aura soin de ne citer que ceux qui lui paraîtront bien avérés. A l'égard des mesures sanitaires qu'il pourra faire connaître aux autorités, ce ne sera qu'avec la plus grande réserve qu'il conseillera certaines grandes mesures aussi onéreuses aux particuliers qu'au gouvernement.

La forme des rapports administratifs varie selon l'espèce de maladie contagieuse, les circonstances dans lesquelles elle se déclare et les causes qui la propagent. Néanmoins, tout rapport se compose de trois parties : 1° *d'un préambule* dans lequel le vétérinaire fait connaître la mission qu'il doit remplir ; 2° *de l'histoire de la maladie*, comprenant ses causes, les symptômes qui en accompagnent le cours, ses lésions cadavériques, sa contagion, ses modes de propagation, ses moyens curatifs ; enfin 3° *de conclusions* portant sur la nature, le siège, la contagion de la maladie, desquelles découlent, comme conséquence, les moyens d'arrêter ses progrès, de l'extirper, et d'en préserver les animaux.

Voici des modèles de ces rapports :

N. 1. *Modèles de rapports sur le typhus contagieux.*

N. 1. A M. le maire de la commune de Maisons-Alfort.

Monsieur,

Je m'empresse de vous informer que dans la commune de Maisons-Alfort il règne sur les vaches une maladie qui offre la plus grande ressemblance avec celle connue sous le nom de typhus contagieux, ou peste varioleuse, qui dévaste maintenant les bêtes à cornes de la capitale et de ses environs. D'après les renseignemens que j'ai pu recueillir, cette maladie aurait été apportée dans l'étable de M. L..., par une vache achetée au marché de la Chapelle.

M. L... a déjà perdu plusieurs vaches, et cette maladie s'est transmise de ce point d'infection aux vaches des propriétaires voisins. Mandé par plusieurs d'entre eux pour visiter les bêtes malades, j'ai pu m'assurer, tant par les caractères que présente la maladie que par les traces qu'elle laisse sur les cadavres, qu'elle est bien la même que celle régnant à Paris.

Cette désastreuse maladie se transmet au loin par des élémens contagieux unis à l'air qui a été respiré par les animaux malades. Les animaux en santé de la même espèce ou d'espèce différente, les hommes, les fumiers, les fourrages, etc., qui ont séjourné dans cet air contagieux et qui en sont imprégnés, peuvent porter les germes de la maladie à une distance quelquefois fort éloignée.

Je crois donc devoir, monsieur le maire, en vous donnant connaissance de l'existence du mal, vous soumettre les moyens préservatifs, tirés de la police sanitaire, capables d'en arrêter dès à présent les progrès.

La première précaution à prendre pour éviter le mal dans les étables qui, jusqu'à présent, en ont été à l'abri, c'est d'isoler complètement les animaux en refusant l'entrée des vacheries à toutes les personnes du dehors, et notamment aux bouchers, mendians, guérisseurs, charlatans, maquignons, etc. L'expérience a prouvé, pendant les épizooties typhoïdes qui ont régné en 1745, 1774, 1795 et 1815 en France, que ces mesures simples avaient toujours préservé le plus de bestiaux de la contagion.

Quant aux bêtes malades, l'expérience a également démontré qu'en tuant les premières attaquées, et en les enfouissant avec leur cuir dans des fosses de 10 pieds de profondeur et ouvertes à une certaine distance des habitations, on extirpait le mal aussitôt son apparition.

Cette mesure vous paraîtra peut-être rigoureuse, mais elle est urgente et préférable à toute autre. D'ailleurs, l'expérience a démontré jusqu'à ce jour que, sur vingt animaux atteints de la maladie régnante, lorsqu'elle apparaît dans une commune, un seul peut-être en guérit. Autant vaut-il donc les tuer sur le champ, puisqu'on ne peut les sauver.

Immédiatement après ce sacrifice des bêtes malades, les autres bêtes logées dans la même étable seraient désinfectées par des lavages à l'eau chaude par tout le corps. L'étable infectée serait purifiée et aérée par des moyens reconnus efficaces jusqu'à ce jour. Les vaches seraient ensuite rentrées à l'étable. Ces animaux, regardés alors comme susceptibles de contracter la maladie plus tard, devraient être séquestrés, avec défense de les sortir et de les vendre aux bouchers sans votre autorisation.

Telles sont, monsieur le maire, les observations que j'ai cru convenable de vous adresser dans l'intérêt de vos administrés, et que je vous soumets.

Maisons-Alfort, le   A. B.
                              vétérinaire.

N° 2. A M. le comte de Bondy, préfet du département du Rhône.

Monsieur le préfet,

Vous m'avez chargé de prendre connaissance d'une épizootie qui s'est déclarée dans le département du Rhône, et d'en diriger le traitement; j'ai l'honneur de vous rendre compte de la mission que vous avez bien voulu me confier.

Cette maladie est particulière aux bêtes à cornes; les autres espèces d'animaux domestiques n'en sont point affectées; elle ne se communique point à l'homme. Son apparition date de l'instant où l'armée alliée du Sud est entrée dans l'arrondissement de Villefranche. Elle avait déjà exercé des ravages dans les départemens du Jura, du Doubs, de la Côte-d'Or et de Saône-et-Loire. Elle s'étend dans ceux de l'Ain, de l'Isère et de la Drôme. Cette maladie meurtrière a détruit, aux environs de la capitale, un très grand nombre de bestiaux : elle s'était montrée dans la Suisse ; des mesures administratives promptes et vigoureuses l'ont étouffée à sa naissance. Des rapports multipliés m'ont appris qu'elle existe dans plusieurs contrées de l'Allemagne.

On attribue cette grande épizootie aux bœufs hongrois dont un grand nombre de troupeaux suivent les régimens autrichiens. Il me serait difficile de lui reconnaître une autre origine. Je me suis assuré que le fléau s'est développé partout sur le passage de ces animaux étrangers, et que toutes les fois qu'il a pénétré dans des communes éloignées de la ligne militaire, il y avait été apporté par des bêtes à cornes du pays qui, par l'effet des charrois de réquisition ou d'autres causes, avaient communiqué avec les bœufs de Hongrie.

Les plaines de la Hongrie sont le foyer de presque toutes les épizooties qui, à différentes époques, depuis plus d'un siècle, ont enlevé à l'Europe des millions de bêtes à cornes. Les bœufs hongrois, habitués avec cette maladie, en supportent facilement les atteintes : souvent même ils en sont affectés sous les apparences extérieures de la santé; c'est ainsi que la fièvre jaune en Amérique, et la peste en Orient, sont rarement des maladies graves et mortelles pour les hommes qui sont nés et qui vivent sous l'influence de ces contagions, si terribles pour les habitans des autres pays.

Le caractère contagieux de l'épizootie régnante ne peut pas être révoqué en doute. Cette contagion n'est pas nouvelle en Europe : elle fut observée en 1711 en Italie, en 1730 en Allemagne, en 1745 et 1775 en France : elle s'est montrée dans l'an 4 aux environs de Mantoue; dix ans après elle a reparu dans le même pays. C'est constamment de la Hongrie qu'elle s'est échappée pour ravager l'Europe; presque toujours elle a marché à la suite des armées. Un médecin célèbre, M. le professeur Buniva, l'a désignée sous le nom d'epizootie *bos-hongroise*.

Cette maladie ne s'annonce pas toujours par les mêmes symptômes; les saisons, les climats, d'autres circonstances exercent sur elle, sans changer sa nature, une influence marquée.

Tels sont les signes qui la caractérisent dans le département du Rhône.

Il survient, dès le début, un frisson, une espèce de tremblement dans les muscles, principalement vers les extrémités postérieures; l'animal se jette avec avidité sur le fourrage et le laisse tomber de sa bouche, le pouls s'élève, et les autres signes des maladies inflammatoires se déclarent. Bientôt l'animal perd l'appétit; la rumination cesse, et le lait, dans les vaches, tarit presque toujours. Lorsqu'il continue d'être sécrété, il devient très liquide, séreux, souvent jaunâtre, toujours en très petite quantité. Les yeux sont larmoyans ou chassieux, le globe s'enfonce dans l'orbite, et le corps clignotant est engorge et proéminent. Le mufle est sec; il coule par les naseaux une humeur visqueuse ordinairement fétide; la membrane muqueuse de la bouche se boursoufle, il s'en détache souvent des escarres, on y observe quelquefois des aphthes. La respiration est pénible, l'animal fait entendre des plaintes et des soupirs, le poil est terne et hérissé; on observe enfin une diarrhée dont la nature est très variable; elle est tantôt noire et d'une grande puanteur, tantôt visqueuse et comme purulente, d'autres fois elle est sanguinolente, comme dans les dyssenteries les plus inflammatoires. Cette évacuation a lieu presque toujours lorsque la maladie est fort avancée, elle annonce une fin prochaine. On l'a vue néanmoins dès le principe de la maladie, et elle n'a pas toujours été d'un présage funeste. On a observé quelquefois, au lieu de diarrhée, une opiniâtre constipation.

D'après les renseignemens que j'ai recueillis, cette maladie était plus rapide à l'époque de son apparition; elle ne durait alors que quatre à cinq jours, quelquefois trente-six heures. J'ai vu succomber des animaux qui étaient malades depuis sept, neuf, douze jours; j'en ai vu qui vivaient encore au quinzième jour de leur maladie.

En général, lorsque la maladie dépasse le neuvième jour, on peut espérer une issue favorable.

Quelques animaux ont guéri sans qu'on leur ait donné aucun remède. Plusieurs vaches pleines ont guéri après avoir fait leur veau. Les vieilles vaches résistent plus facilement que les animaux jeunes et vigoureux.

Jusqu'à ces derniers jours, les neuf dixièmes des animaux atteints ont succombé; la mortalité paraît diminuer.

L'ouverture des cadavres offre les lésions suivantes : les lames du feuillet sont comme cuites, elles se détachent avec la plus grande facilité; les alimens interposés entre ces lames sont extrêmement durs, secs et comme torréfiés; la muqueuse de la caillette est rouge et épaissie presque dans toute son étendue, et parsemée de points gangréneux; les intestins grêles présentent aussi de vives traces d'inflammation; ils offrent dans leur intérieur quelquefois des taches d'un rouge livide, le plus souvent des ulcères en suppuration. La vésicule du fiel est toujours très distendue et remplie d'une bile quelquefois épaisse, d'autres fois sans consistance; le foie est pour l'ordinaire plus volumineux que dans l'état naturel; il est rare que cet organe, ainsi que la rate, les reins et la vessie, soient différens de l'état d'intégrité. Les organes de la poitrine et le cerveau sont presque toujours sains.

L'usage de la viande serait sans doute très malsain, si on la prenait sur les cadavres des animaux qui ont succombé à la maladie; mais si on assommait les bêtes à cornes au moment où les premiers symptômes se déclarent, leur chair pourrait se débiter sans aucun danger. Je me suis assuré qu'un grand nombre de bœufs atteints de l'épizootie ont été abattus dans les boucheries, sans qu'aucune plainte se soit élevée contre l'usage de cette viande.

L'épizootie *bos-hongroise* régnante me paraît être, d'après les symptômes qui la caractérisent et les lésions qu'elle détermine, une fièvre bilioso-inflammatoire, qui porte principalement son influence sur une grande partie des voies digestives.

Le caractère éminemment contagieux de cette épizootie exigeait des mesures administratives que des circonstances extraordinaires n'ont pas permis de prendre; il eût fallu abattre sur le champ les premiers animaux affectés. Le sacrifice d'un petit nombre d'individus en eût sauvé des milliers. Lorsque l'épizootie s'est étendue, il fallait en cerner le foyer par un cordon de troupes, supprimer les foires et les marchés, mettre en vigueur les anciennes ordonnances sur la répression des épizooties contagieuses. Tout ce qu'a pu faire la sage administration de ce département, elle l'a fait par son arrêté du 17 avril dernier; malgré le zèle et l'active sollicitude de MM. les maires, cet arrêté n'a point été exécuté dans toute sa latitude; des obstacles insurmontables se sont présentés partout, et la contagion a dû s'étendre et couvrir une grande surface.

Un grand nombre de propriétaires ont sauvé leurs étables, tandis que la maladie ravageait entièrement celles de leurs voisins. Ils ont suivi l'avis de la préfecture, indiquant les moyens préservatifs à mettre en usage.

Quelques uns de ces propriétaires ont fermé leurs étables, y ont nourri et abreuvé leurs animaux, sans permettre qu'aucun en sortît. D'autres ont profité des premiers jours du printemps, pour conduire leurs troupeaux sur les montagnes ou dans des prairies fermées, où ils les ont fait parquer à l'abri de toute communication. Ceux qui n'ont pas pu soustraire leurs troupeaux à 'influence des miasmes contagieux, ont cherché à les en prémunir en plaçant des sétons au fanon, et mieux encore aux fesses et aux reins, en leur faisant prendre trois fois par jour un breuvage tonique composé de gentiane, de genièvre, d'absinthe ou d'autres plantes amères; ils ont acidulé leur boisson avec du vinaigre, à la dose d'un verre par seau d'eau; ils ont frotté l'intérieur de la bouche et des naseaux avec un linge roulé qui avait trempé dans du vinaigre où on avait écrasé de l'ail. Quelques uns lavent tout le corps de leurs bœufs; ils nettoient les étables avec le plus grand soin, et pratiquent les fumigations guytoniennes; ils sont enfin très attentifs à observer leurs animaux pour saisir les premiers symptômes de la maladie. Je n'ai rien à ajouter à ces mesures que j'ai conseillées partout.

Lorsque la maladie s'est déclarée sur des bêtes à cornes, j'ai conseillé de vider entièrement l'étable, et de mettre au grand air les animaux sains, et les malades dans des endroits différens. L'abri d'un hangar ou l'ombre d'un arbre suffit contre les ardeurs du soleil; et les animaux sains supportent aisément les intempéries des saisons. Je me suis élevé contre une pratique suivie dans beaucoup d'endroits; elle consiste à faire sortir des étables les animaux malades, en y laissant, avec ceux qui ne sont pas encore atteints, tous les principes de l'infection. Lorsqu'on ne veut pas vider entièrement l'étable, ce sont les animaux sains qu'il faut en éloigner; et il ne faut pas attendre que les malades aient succombé, pour n'avoir pas à traîner des cadavres à travers les villages et les chemins publics.

Plusieurs traitemens infructueux ont été employés contre cette cruelle maladie. L'idée presque générale qu'elle avait un caractère bilieux, putride, charbonneux, a fait multiplier les toniques les plus forts, les stimulans les plus actifs.

Le traitement suivant a réussi quelquefois dans les mains de MM. Rativet, Manin et Gayot, vétérinaires dans l'arrondissement de Villefranche, et dans celles de plusieurs élèves que l'école a détachés dans les cantons de ce département où il n'existe point de vétérinaires.

1° Les bêtes vigoureuses ont été saignées. L'opération a été répétée, lorsqu'elle a été indiquée par la chaleur des cornes, des oreilles, de l'intérieur de la bouche, et par l'élévation du pouls.

2° Deux sétons animés ont été placés aux fesses ou sur les reins.

3° On a administré, les deux ou trois premiers jours, dix bouteilles d'un breuvage composé de gentiane, de genièvre, d'écorce de saule, de chêne, dans lequel le vinaigre entrait dans la proportion d'un huitième.

4° La boisson ordinaire a été fortement acidulée ; et lorsque l'animal ne buvait pas beaucoup on le faisait boire de force.

5° On donnait deux lavemens émolliens, également acidulés. (Le but de ces moyens est d'empêcher le développement de l'inflammation sur le tube intestinal.)

Lorsque les intestins sont enflammés, ce que l'on reconnaît au redoublement des frissons, aux plaintes et aux soupirs, à la plus grande difficulté de respirer, au froid des cornes et de oreilles, on donnait des mucilagineux légèrement acidulés, à la dose de dix bouteilles par jour ; on donne aussi quatre lavemens, et l'on anime fortement les sétons. Quelques vétérinaires ont cherché à déplacer l'inflammation intestinale par l'application du cautère actuel.

Lorsque les symptômes deviennent moins intenses, et qu'on a lieu d'espérer la résolution, on favorise cette terminaison heureuse en revenant à l'emploi des toniques toujours acidulés.

Ce traitement méthodique est suivi de plus de succès depuis quelques jours qu'il ne l'était auparavant. J'ai tout lieu de croire que le fléau se calme. Dans presque toutes les communes que j'ai parcourues, la mortalité diminue. Lors même que la maladie a une issue fatale, elle parcourt ses périodes avec moins de rapidité.

Il en est des épizooties comme des maladies individuelles ; elles ont leurs temps d'invasion, d'exaspération et de déclin ; et lorsque l'on arrive pour les traiter dans ce dernier moment, on attribue à des méthodes perfectionnées ce qui est purement l'effet de l'affaiblissement de la maladie.

Le mouvement de la saison, l'heureuse influence du printemps, l'usage du vert, d'autres circonstances, ont pu contribuer au changement favorable que j'ai observé. Mais les épizooties ont quelquefois un type intermittent ; on en a vu se calmer pendant quelque temps, et renouveler ensuite leurs ravages. Si tel était le caractère de celle que nous avons à combattre, nous nous trouverions placés dans des circonstances moins difficiles. Rien ne s'opposerait désormais au libre exercice d'une administration qui saura toujours allier à une douceur paternelle la plus active énergie.

Daignez, monsieur le préfet, agréer l'hommage de mon respectueux dévouement.

GROGNIER.

N. 2. *Modèles de rapports sur les maladies charbonneuses.*

A M. le sous-préfet de l'arrondissement de...

Monsieur,

Conformément à l'invitation que j'ai eu l'honneur de recevoir de vous, en date du 15 juillet dernier, à l'effet de procéder à la visite des bêtes bovines de l'arrondissement de B..., qu'on dit être atteints de maladie contagieuse, et de vous faire connaître les moyens d'en arrêter les progrès, je me suis transporté, conjointement avec M. G., commissaire de police, que vous avez bien voulu m'adjoindre, dans les communes de..., où la maladie ne s'est pas encore déclarée, puis dans les communes de... où j'ai pu m'assurer de l'existence de la maladie, qui a déjà fait périr un grand nombre d'animaux.

Dans le village de..., la perte a été de 50 bêtes sur 100. Le sieur D., sur 15 bêtes qu'il possédait, n'a pu en conserver aucune. Dans un autre village, la perte a été de 30 sur 75. Enfin, sur 1,000 bœufs ou vaches formant le total des animaux de cette espèce, et que possèdent les communes que j'ai parcourues, 271 sont morts, 210 sont encore malades, et 519 sont en bonne santé.

Dans le courant de ma visite, j'ai constamment remarqué que cette maladie se déclare sans symptômes précurseurs ; que son début est prompt, sa marche extrêmement rapide, à peine sa durée dépasse-t-elle la quatrième heure. Elle s'annonce par des frissons; un air triste, les poils sont hérissés, la démarche est chancelante, la conjonctive est rouge et injectée, tels sont les symptômes du début. Tantôt couchés, tantôt debout, quelquefois dans un état assez tranquille, les animaux présentent d'autres fois des phénomènes cérébraux; ils se portent en avant, en arrière, se jettent sur les côtés, ou poussent contre le mur de face. La base des cornes et des oreilles est tantôt froide, tantôt chaude, la respiration profonde, le pouls petit et insensible, l'artère vide, les battemens du cœur forts. Enfin un phénomène morbide que j'ai constamment observé , est l'emphysème du tissu cellulaire sous-cutané , dû à la décomposition rapide du sang, et toujours caractéristique de cette affection. Ce symptôme existant, le ballonnement ne tarde pas à avoir lieu et la mort à survenir. Il faut ajouter un fait dont je ne m'explique pas la cause, c'est que les animaux les plus gras, les plus forts, succombent les premiers et sont aussi les premiers attaqués.

J'ai vu, j'ai considéré les lieux et examiné toutes les circonstances pour reconnaître les causes de cette affection; enfin j'ai cru pouvoir m'arrêter aux considérations suivantes: l'été de 1836 a été très pluvieux; les fourrages ont été mal récoltés, ceux qui sont restés en tas dans les prairies et qui n'étaient pas encore secs ont fermenté et ont perdu toutes leurs propriétés nutritives, si toutefois ils n'en ont pas acquis de nuisibles ; ceux qui ont été rentrés encore humides dans les granges ont fermenté, et sont plus nuisibles encore, puisqu'ils n'ont pas été fanés une seconde fois. Ces alimens, tout couverts de rouille et totalement détériorés, ont été ainsi, sans être battus, donnés aux animaux. Cette alimentation, peu nutritive, a été continuée depuis l'automne de 1836 jusqu'aux premiers jours de juin 1837, époque à laquelle les animaux ont pu être seulement conduits aux pâturages, à cause des pluies qui ont constamment régné, et de la longue durée de l'hiver. Si, d'un côté, la petite quantité de sucs nutritifs que contiennent les fourrages qui ont été fanés une seconde fois, et l'altération de ceux qui ont été rentrés non parfaitement secs, sont des causes essentiellement prédisposantes de la maladie régnante; si, de l'autre, nous considérons que, depuis le mois d'octobre 1836, les pluies ont inondé continuellement le sol jusqu'au 1er juin , que les plantes sont aqueuses et contiennent peu de sucs nutritifs; enfin, si nous ajoutons encore à toutes ces causes que des marais et des flaques d'eau ont été formés, tant par les pluies que par le débordement de l'Oise, sur les prairies adjacentes, qui ont été recouvertes de limon; toutes ces causes paraîtront suffisantes pour expliquer le développement de la maladie. Je peux ajouter en outre, comme causes essentiellement déterminantes, la température subite et élevée des premiers jours de juin, qui a succédé à la température humide et froide du mois précédent, le desséchement des marais et des flaques d'eau , où s'étaient développés des insectes et des plantes qui , par suite de l'évaporation de l'eau, sont devenus autant de foyers d'infection. Ce qui vient à l'appui de cette étiologie , c'est que la maladie s'est précisément déclarée dans les communes de..., localités les plus basses du canton , où se trouvent réunies toutes les causes pathogéniques dont je viens de parler. Aussi ne paraîtra-il pas étonnant que les animaux conduits dans ces foyers de macération et d'infection, et exposés par conséquent aux effluves miasmatiques qui s'en dégagent, aient pu contracter la maladie à laquelle ils se trouvaient déjà prédisposés?

Etayé de ces faits et des symptômes que j'ai observés, je crois, M. le sous-préfet, devoir conclure et affirmer que la maladie régnante est la *fièvre charbonneuse* (typhus charbonneux de Guersent), maladie semblable à celle que Bertin a décrite en 1774 sur les bestiaux de la Guadeloupe, que Habert a étudiée en 1780 dans le Nivernais, et enfin que M. Félix de Bergerac vient de faire connaitre en 1824, dans le *Recueil mensuel de médecine vétérinaire*.

Les altérations les plus constantes trouvées à l'ouverture des cadavres sont : des taches noires plus ou moins grandes dans le tissu cellulaire sous-cutané, dans l'épaisseur des muscles, dans celle des membranes muqueuses, et à la surface des séreuses. Le poumon, engoué et rempli d'un sang noir, présente çà et là des taches noires et livides; le cerveau, la moelle et leurs membranes offrent également des ecchymoses. Autour de ces épanchemens sanguins, qu'on retrouve aussi dans tous les tissus de l'économie, existe un épanchement de matière jaunâtre. Le sang est noir et diffluent ; il se décompose avec la plus grande rapidité en abandonnant aux tissus blancs sa matière colorante. Deux heures après la mort, ce liquide répand déjà une odeur infecte, et les canaux qui le contiennent ont une couleur rouge-pourpre.

Cette maladie est-elle de nature contagieuse? peut-elle se communiquer aux animaux de la même espèce ou aux animaux d'une espèce différente? Je répondrai à ces questions par des faits authentiques. J'ai appris, par voie sûre, que le 16, jour de la foire de..., un cheval appartenant au sieur G., boucher, fut logé dans une étable au sieur B., aubergiste à....; il fut placé à côté d'une vache bien portante, qui a été trouvée morte le lendemain : peu de jours après le cheval est mort.

Le 18, deux vaches du sieur H. ont été conduites dans les pâturages communaux, où se trouvait une bête morte et délaissée. A une certaine distance de ce cadavre était répandu du sang encore liquide; une des vaches a glissé et est tombée sur ce sol ensanglanté, sa bouche a été souillée par du sang; elle est morte deux jours après. Deux autres vaches de la même étable placée à côté du cadavre sont mortes quatre jours après.

Considérant le nombre des animaux qui sont morts, les faits bien constatés ci-dessus rapportés et dont je garantis l'authenticité, on doit regarder la maladie régnante comme essentiellement contagieuse, par virus fixe et volatil. Elle parait être communicable non seulement aux animaux de la même espèce, mais encore à l'espèce du cheval, du chien, du porc et du mouton.

Voici maintenant, M. le sous-préfet, les mesures de police sanitaire qui sont réclamées dans cette occurrence grave. Je crois qu'il est urgent : 1° que tous les propriétaires du canton soient réunis et prévenus de l'existence de la maladie ; 2° que défense soit faite aux propriétaires de sortir les animaux de leurs étables, ni pour les conduire aux abreuvoirs communs ni pour les mener aux pâturages, qu'ils soient suspects ou malades ; 3° que les animaux malades ou suspects soient marqués au front ou sur toute autre partie du corps, avec un fer chaud, portant la lettre M; 4° que des signaux soient placés à la porte des étables et des chemins vicinaux aboutissant aux communes et aux villages infectés, pour avertir de l'existence de la maladie ; 5° enfin que les propriétaires qui enfreindraient ces mesures soient traduits devant les tribunaux compétens pour y être condamnés à la pénalité voulue par les artticles 462 et 463 du Code pénal.

J'ai remarqué, dans le courant de ma visite, que plusieurs animaux morts étaient délaissés dans les chemins vicinaux, dans les champs, sur les fumiers, etc., je n'ai pu faire croire aux propriétaires que ces débris étaient autant de foyers d'infection et de contagion pour les animaux qui vont les flairer, ou qui respirent à une certaine distance les émanations virulentes qui s'en échappent. Aussi dois-je appeler votre attention sur ces débris cadavériques, et vous prier d'inviter les propriétaires d'enterrer les animaux morts sous toutes les conditions voulues par *l'art. 6 de l'arrêt du conseil d'état du roi*, du 16 *juillet* 1784. Il serait convenable que les propriétaires ne puissent sortir les animaux des étables lors de la cessation de l'épizootie qu'avec un ordre émané de votre autorité; que les étables soient convenablement désinfectées, ainsi que tous les objets qui ont pu servir aux animaux; enfin que les fumiers soient enlevés et enterrés.

Dans son intérêt privé, chaque propriétaire devra séparer les animaux sains des animaux malades; il mettra les premiers dans des étables saines, bien aérées, mais sans courant d'air; il n'oubliera point de les tenir propres, de ne point y laisser séjourner les fumiers qui, par les exhalaisons malsaines qu'ils dégagent, corrompent l'air et peuvent devenir funestes. On ne devra point, par une médication intempestive, débiliter les animaux déjà trop affaiblis; aussi les saignées préservatrices devront-elles être bannies; des fourrages nutritifs, tels que le trèfle, la luzerne, auxquels on ajoutera une quantité égale de fourrages secs bien récoltés, seront donnés autant que faire se pourra; les boissons seront blanchies avec de la farine d'orge.

Comme moyen préservatif, des sétons d'hellébore macérés

dans du vinaigre, passés au fanon des animaux, ont été regardés comme d'excellens préservatifs par tous les auteurs.

Quant aux animaux en proie à l'épizooie, il faut l'avouer, les chances de guérison sont malheureusement fort rares, tant à cause de la marche rapide de la maladie que des profondes altérations dont elle s'accompagne. Cependant, comme les moyens que j'indique ci-après coûteront peu aux propriétaires, et que, d'autre part, leur emploi sera facile, on pourra les mettre en usage; je conseille donc de donner en breuvage aux bêtes malades les infusions d'hyssope, de thym, de serpolet, ou d'autres plantes aromatiques, ou bien l'acétate d'ammoniaque, qui est un excellent anti-septique, à la dose d'une once et demie à deux onces.

Tels sont, M. le sous-préfet, les moyens que je crois devoir affirmer comme les meilleurs pour arrêter la contagion d'une maladie contre laquelle les secours de l'art sont presque généralement impuisssans, qui déjà a décimé les bestiaux de plusieurs communes, et dont il est indispensable d'arrêter les ravages déjà trop grands.

Agréez, je vous prie, les sentimens respectueux avec lesquels j'ai l'honneur d'être,

    Monsieur le sous-préfet,

      Votre très humble et très obéissant serviteur,

            Do..., vétérinaire.

B..., le 18 juillet.

Autre, sur l'usage que l'on peut faire des débris cadavériques des animaux morts du charbon.

A M. le sous-préfet de l'arrondissement de Cosne (Nièvre).

Monsieur le sous-préfet.

Par votre lettre en date du 15 de ce mois, vous me faites l'honneur de me consulter pour savoir s'il serait dangereux pour l'homme de *faire usage des débris cadavériques* des animaux qui meurent de *la maladie charbonneuse*, aujourd'hui régnante dans l'arrondissement que vous administrez; et dans l'affirmative, de vous faire connaître les mesures de police à employer pour éviter tout accident.

Pour répondre convenablement à cette question d'un haut intérêt, permettez-moi, M. le sous-préfet, de m'étayer de ce qu'ont observé et ont affirmé nos devanciers sur l'emploi des débris cadavériques d'animaux morts du charbon, avant de rapporter ce que j'ai vu touchant ce sujet.

Si on consulte l'histoire des maladies charbonneuses tracée par des médecins célèbres et par des vétérinaires de la plus grande distinction, on reste convaincu que de tout temps les débris cadavériques des animaux domestiques qui meurent de ces maladies les ont souvent transmises aux hommes qui avaient touché, manipulé ces débris, ou qui avaient fait usage de la chair comme aliment.

L'agent de ces funestes transmissions paraît être une sérosité jaunâtre ichoreuse, qui imprègne les parties solides de toute l'économie. Cependant la sérosité, ainsi que le sang qui s'écoule des parties essentiellement malades ou des tumeurs dites charbonneuses, seraient doués de propriétés plus malfaisantes encore. Ces liquides conservent toute leur propriété contagieuse, après la mort jusqu'à ce que le cadavre soit entièrement refroidi, et quelquefois même après le refroidissement complet. Ce sont ces liquides, en s'échappant des vaisseaux ou des parties solides, qui, déposés sur la peau des mains, de la figure, de la poitrine, suscitent le développement de l'affection grave, et souvent mortelle, que les médecins désignent sous le nom de pustule maligne, ou de charbon des hommes.

Voici maintenant, M. le sous-préfet, un assez grand nombre de faits qui pourront entraîner votre conviction sur les dangers auxquels s'exposent les personnes qui touchent les débris cadavériques d'animaux morts du charbon.

En 1791 un vétérinaire se coupe en faisant l'ouverture d'un bœuf mort du charbon, il s'inocule la maladie et meurt de la pustule maligne. En 1774, une épizootie charbonneuse ravageait les bestiaux de la Guadeloupe, un nègre se coupe au bras en faisant l'ouverture d'un cheval, et meurt du charbon peu de temps après.

Le charbon qui s'est manifesté sur les chevaux et sur les bœufs en 1775, à Châlons-sur-Marne, s'est communiqué à plusieurs personnes qui en sont mortes : de ce nombre a été le berger de la Grange-le-Comte, mort au bout de 18 heures pour avoir ôté le cuir d'un bœuf mort de cette maladie.

Vous avez eu connaissance, M. le sous-préfet, de l'inoculation charbonneuse qui a donné la mort à l'équarrisseur de la commune de Neuvy, qui a eu l'imprudence de dépouiller un cheval mort du charbon régnant.

Voici d'autres accidens déterminés par les manipulations exercées sur la peau et sur la chair fraîche des animaux.

François Elbars d'Arbres, dit le vétérinaire Petit, fut chercher dans les montagnes (Auvergne) des peaux d'animaux morts du charbon ; il jeta sa veste sur ces peaux, et il couvrit la nuit.

avec ce vêtement souillé de la matière virulente, les pieds de deux de ses filles : l'une avait quinze ans et l'autre neuf. Dès le lendemain leurs bouches devinrent noires, et successivement le reste du corps. Le fils couchant avec son père a éprouvé les mêmes accidens; *et tous les trois sont morts le soir même de l'apparition du mal.*

J'ai vu, dit le professeur vétérinaire Gilbert, un cheval attaqué d'une tumeur charbonneuse sur la hanche, quelques heures après avoir porté en croupe une peau fraiche de bœuf mort du charbon, bien que cette peau fût engagée dans un sac.

Il est d'observation, disent Enaux et Chaussier, dans leur traité sur la pustule maligne, que ce sont les tanneurs, les corroyeurs, les bouchers, et en général toutes les personnes qui touchent ou emploient les cuirs, les débris des animaux, surtout de l'espèce bovine, qui sont affectés de la pustule maligne.

La chair fraiche manipulée par les hommes n'offre pas moins de graves dangers; en voici des exemples. M. Lionnet, vétérinaire à Saulieu (Côte-d'Or), a adressé à la Société royale d'agriculture de Paris un mémoire qui renferme l'exposé d'accidens survenus par suite de la distribution des viandes provenant d'un bœuf mort du charbon, et des détails de l'affaire judiciaire à laquelle cette distribution a donné lieu. Il est dit dans ce mémoire que plusieurs personnes qui ont touché immédiatement les *dépouilles*, le *sang* ou la *chair* du bœuf, ont été affectées de la *pustule maligne*, dont quelques unes sont mortes.

En 1737, des conducteurs de bœufs vendirent à un boucher de Pithiviers, en Gâtinais, un bœuf atteint de charbon intérieur. Un garçon boucher tua ce bœuf et le coupa par morceaux : ayant mis son couteau dans sa bouche pendant quelques momens de son opération, quelques heures après sa langue s'épaissit, il sentit un serrement de poitrine, son corps se couvrit de pustules noirâtres, et il mourut le quatrième jour d'une gangrène générale.

Un aubergiste a été piqué au milieu de la paume de la main gauche par un os du même bœuf, au bout de quelques heures, il s'éleva une tumeur livide à l'endroit piqué, le bras tomba en sphacèle, et il mourut au bout de sept jours.

Sa femme reçut du sang de l'animal sur la partie externe de la main, et une servante ayant passé sous la fressure du bœuf qu'on venait de suspendre toute chaude, reçut quelques gouttes de sang sur la joue droite; aussi bien l'une que l'autre eurent la pustule maligne aux endroits touchés par le sang.

Les docteurs Thomassin et Morand ont aussi rapporté des faits tout à fait semblables à ceux-ci.

Quant à l'usage, comme aliment, de la viande de bêtes atteintes de charbon, même au début de l'affection, cet usage doit être sévèrement prohibé; et à l'égard de ce point capital, permettez-moi encore, M. le sous-préfet, de vous faire connaître plusieurs accidens survenus aux personnes qui avaient eu l'imprudence de se nourrir avec la chair d'animaux tués ayant le charbon, ou morts des suites de cette maladie.

En 1777, pendant l'épizootie charbonneuse des bestiaux de la Guadeloupe, Bertin a observé que treize nègres qui avaient mangé de la chair cuite de bœufs morts du charbon furent attaqués de fièvres putrides, accompagnées de pustules charbonneuses sur quelques parties du corps et de gangrène dans les viscères abdominaux. Vorlock, Chilshom, Enaux et Chaussier, médecins distingués, et Fauvet, vétérinaire à Soresina, ont rapporté des exemples de ces sortes d'accidens. La chair fraîche dévorée par les animaux occasionne les mêmes effets. Gilbert, que nous avons déjà cité, a vu périr le même jour, du charbon, deux ours et un loup, auxquels on avait donné de la chair d'un bœuf mort de cette maladie. Ce même professeur a fait manger la chair d'un bœuf à plusieurs chiens, et ils en sont morts. MM. Guillaume et Thomas, vétérinaires, ont vu, le premier, quatre truies, l'autre, dix-huit porcs, qui avaient dévoré la viande de cadavres d'animaux morts du charbon, contracter cette maladie et en périr. Les poules et les dindons qui bectent le sang des cadavres en meurent également.

J'aurais pu multiplier ces exemples, mais je crois, monsieur, que leur nature et leur authenticité suffiront pour vous convaincre de tous les dangers auxquels s'exposeraient les personnes qui feraient l'ouverture des cadavres d'animaux morts de l'épizootie charbonneuse régnante, qui voudraient en employer la peau, la graisse, les os, dans l'industrie manufacturière, ou qui chercheraient à en utiliser la chair comme aliment pour l'homme et les animaux.

Je pense donc, M. le sous-préfet, pour arrêter la propagation de l'épizootie dont il est question aux animaux préservés jusqu'à ce jour, éviter la cupidité des équarrisseurs, des tanneurs et des bouchers, ou de toutes autres personnes, prévenir par conséquent la contagion du charbon aux hommes, qu'il est indispensable de proscrire l'emploi des débris cadavériques, quels qu'ils soient, quel que soit le temps qui s'est écoulé depuis le moment de la mort et la période où les animaux auraient été tués, et de faire mettre en vigueur les dispositions voulues par les art. 6 et 9 de l'arrêt du conseil d'état du roi du 16 juillet 1784. Que les équarrisseurs, les tanneurs, les passementiers, les boyaudiers, les bouchers et autres personnes quelles qu'elles soient, qui méconnaîtraient les dispositions des articles de l'arrêt ci-dessus, soient traduits devant les tribunaux compétens et condamnés à l'amende de 5oo fr. (art 1er, arrêt. ci-dessus cité); que les bouchers, les charcutiers, qui débiteraient la viande des animaux tués sans votre autorisation expresse, soient condamnés aux peines et amendes voulues par l'art. 6o5 de la loi du 4 brumaire an iv, et les art. 96 et 98 du Code pénal.

Veuillez agréer l'assurance, etc.

O. D., vétérinaire.

N° 3. *Modèles de rapports sur la clavelée.*

A M. le maire du canton de Melun, département de Seine et Marne.

M. le maire, par votre invitation en date du 1er juin 1837, il vous a paru utile de me désigner à l'effet de visiter les troupeaux du canton de Melun, soupçonnés être atteints de la maladie connue sous le nom de clavelée, de vous indiquer le nombre des troupeaux sains et affectés, enfin de vous faire connaître les mesures sanitaires propres à opposer au mal contagieux et à en préserver les troupeaux des communes environnantes.

Le 3 juillet 1837, accompagné de M. votre adjoint, je me suis transporté dans le canton de Melun, pour y remplir ma mission. Je me suis d'abord informé des troupeaux sains, afin de pouvoir les visiter avant les troupeaux malades, et par là éviter le transport de la maladie parmi les premiers.

Je vais maintenant, M. le maire, vous relater la marche et le résultat de mes opérations. — J'ai successivement visité :

1° A la ferme de Mamsi, dont M. Boutand est propriétaire, un troupeau de 3oo bêtes à laine de tout âge et à laine courte;

2° A la ferme de Livry, (fermier M. Siret), un troupeau de 4oo bêtes à laine de tout âge et de toutes races;

3° A la ferme de Sivrez (propriétaire, M. Bertrand), un troupeau de 2oo bête à laines de tout âge, métis et anglais;

4° A la propriété de Courtry, (fermier M. Garat), un tronpeau de 3oo bêtes à laine de tout âge, de races berrichonne et mérine.

Toutes les bêtes composant ces quatre troupeaux ont été trouvées saines et exemptes de la clavelée.

Je me suis rendu ensuite chez le sieur Férand, boucher, domicilié à Melun, où j'ai visité 6o bêtes à laine de diverses races, que j'ai trouvées saines. Les peaux d'animaux tués pour la vente depuis quinze jours m'ayant été présentées, par ordre de M. votre adjoint, je les ai visitées et trouvées exemptes de traces de clavelée.

Enfin, je me suis transporté dans les localités où j'avais appris que la clavelée existait et ai également visité : 1° à la ferme de Milly-les-Granges (propriétaire M. Flouet), un troupeau composé de 355 bêtes à laine, de tout âge, de races berrichonne, solognote et beauceronne. Parmi ces 355 bêtes, 180 sont affectées de clavelée, dont 13 sous la forme dite confluente ou maligne. Les 167 autres sont atteintes de la clavelée régulière. 2° Un troupeau de 104 bêtes, à la ferme de Chartrait (fermier, M. Dogard), dont 22 sont affectées de clavelée régulière à la période d'éruption. Pour bien prouver l'urgence des moyens sanitaires propres à arrêter les progrès de la clavelée, permettez-moi, M. le maire, de vous faire apprécier toute la gravité de cette maladie. Il est certain, et l'expérience le prouve tous les jours, que la clavelée est une maladie contagieuse, non seulement par le contact immédiat des animaux malades et en santé, mais aussi par l'intermède de l'air chargé d'élémens virulens volatils, même à une certaine distance des foyers de contagion. La clavelée dite confluente est surtout redoutable, et pour les animaux qu'elle attaque et pour ceux qui les entourent.

Je dois maintenant, M. le maire, vous proposer les mesures sanitaires propres à borner les progrès de cette maladie; et ces mesures, qu'il plaira à votre sagesse de faire exécuter d'après les règles de police sanitaire touchant la clavelée, seront applicables: 1° aux bêtes malades des troupeaux indiqués; 2° aux bêtes encore saines de ces mêmes troupeaux; 3° aux animaux composant les troupeaux du canton; 4° aux troupeaux des communes environnantes.

Relativement aux 202 bêtes malades, deux divisions doivent être établies. Les 13 bêtes appartenant au sieur Flouet de Milly-les-Granges, étant affectées de clavelée confluente et incurable, doivent être sacrifiées immédiatement et enfouies avec leur peau à 6 pieds de profondeur. (Arrêt de la cour du parlement du 23 décembre 1778, et art. 6 de l'arrêt du conseil d'état du roi du 16 juillet 1784.)

Les 189 autres bêtes malades de la clavelée régulière ou bénigne, et appartenant tant au sieur Flouet qu'au sieur Dogard de Chartrait, doivent aussi être l'objet de mesures particulières. Je pense donc qu'il sera utile, M. le maire, d'indiquer à ces propriétaires un lieu de cantonnement où ils seront tenus de faire pacager leurs animaux malades. Cet emplacement, choisi sur un terrain de vaine pâture ou sur des pâturages communaux, devra, autant que possible, être circonscrit par des limites naturelles, telles que haies, bois, ruisseaux, etc., sinon, par des limites artificielles, et être distant des grandes routes de 500 pas, et des chemins vicinaux de 300 pas. Un berger, commun aux animaux des deux troupeaux, sera préposé à leur garde; il devra les conduire, le soir seulement, à un abreuvoir particulier et par un chemin qui sera indiqué. Quant à la durée de ce cantonnement, il sera convenable, M. le maire d'enjoindre aux propriétaires de ne pas le lever avant d'en avoir reçu autorisation, et ce après constatation par expert de l'état sanitaire des animaux; que, dans le cas où quelques bêtes auraient été distraites du cantonnement et vendues aux bouchers ou à tous autres, il y aurait lieu à infliger les amendes voulues par les arrêts de 1778 et de 1784. Enfin que si, parmi les bêtes du troupeau cantonné, quelques unes venaient à mourir, elles soient enfouies comme l'exige l'arrêt de 1778.

Quant aux bêtes encore saines des troupeaux des sieurs Flouet et Dogard, je crois qu'il sera indispensable, avant de les faire rentrer dans les bergeries qu'elles ont habitées avec les malades, de procéder à la désinfection de ces locaux par les moyens usités, ainsi qu'au lavage de tous les objets et ustensiles qu'ont pu toucher les moutons claveleux.

Je regarde l'inoculation de la clavelée aux animaux encore sains des troupeaux attaqués, et aussi à tous les troupeaux du canton, comme un moyen précieux pour les préserver de la maladie régnante. L'inoculation a pour avantage de faire développer sur les animaux en santé une clavelée très bénigne; en outre, elle les préserve pour l'avenir de la clavelée naturelle, quelquefois si funeste, et met ainsi les propriétaires hors de crainte de la contagion pour leurs troupeaux, sécurité qui leur évite des soins d'isolement toujours dispendieux.

Je dois aussi vous avertir, M. le maire, que, si vous adoptez cette mesure générale de l'inoculation des troupeaux de votre canton, il est utile de la faire mettre à exécution aussi promptement que possible, en raison de l'opportunité de la saison actuelle.

Enfin, je pense qu'il est très important, pour empêcher la propagation du mal contagieux aux troupeaux des communes environnantes, de faire prévenir, par MM. les maires, les propriétaires de ces communes, qu'une partie des troupeaux des sieurs Flouet et Dogard est atteinte de la clavelée. Je crois aussi qu'un semblable avertissement par écrit, donné aux propriétaires de troupeaux de votre canton, serait une mesure aussi prudente qu'utile.

Telles sont, M. le maire, les observations, considérations et mesures, qu'au désir de votre invitation j'ai l'honneur de soumettre à la sagesse de vos réflexions.

J'ai l'honneur d'être, etc.

Melun, le 5 juin 1837.   A. L. vétérinaire.

Rapport sur deux bêtes ovines trouvées sur la voie publique.
A M. le maire de Charenton.

Monsieur,

Par votre lettre en date du 15 mai 1833, vous m'invitez à me transporter sur la route de Charenton à Saint-Mandé, pour y visiter deux bêtes à laine trouvées sans maître et abandonnées sur cette route, constater si elles ne sont pas affectées ou si elles sont affectées de maladies contagieuses, et, dans l'affirmative, vous faire connaître les mesures sanitaires à prendre à l'égard de ces deux animaux, afin de prévenir toute contagion ultérieure.

Je me suis transporté, aujourd'hui 15 mai 1834, sur la route de Charenton à Saint-Mandé, où j'ai trouvé, à trois cents pas du haut de Charenton, deux bêtes à laine de race mérine, âgées de deux ans, la queue coupée et les oreilles intactes. J'ai visité attentivement ces animaux, et j'ai reconnu qu'ils portent, à la face interne des cuisses, des avant-bras, autour des organes génitaux et des ouvertures naturelles, telles que la bouche, les yeux, les narines, les oreilles, des pustules grisâtres lenticulaires, élevées à la surface de la peau, et recouvertes d'une légère pellicule blanchâtre au dessus de laquelle se montre un fluide séreux. Diverses régions du corps présentent de semblables pustules, mais groupées, amoncelées les unes à côté des autres, et entourées d'une large aréole rouge intense. Ces deux bêtes sont faibles, maigres. et dans un état qui fait perdre tout espoir de les guérir. L'une d'elles jette un mucus abondant et sanguinolent par les naseaux ; sa respiration est plaintive et très accélérée, signes qui annoncent une mort prochaine.

Les symptômes que présentent ces deux animaux sont ceux qui caractérisent la maladie connue sous les noms de *clavelée*, de *claveau*, de *petite-vérole* des moutons, maladie contagieuse, susceptible de se transmettre au loin, par des émanations volatiles, à des bêtes à laine en bonne santé qui en approcheraient ou qui passeraient au voisinage du lieu qu'elles ont infecté.

En conséquence, j'ai l'honneur de vous proposer, M. le maire, de vouloir bien ordonner que les deux bêtes à laine dont il s'agit soient assommées, et enfouies avec leur peau dans des fosses de trois pieds de profondeur ouvertes à cinquante mètres de la route de Saint-Mandé. Et, dans le but d'éviter la propagation de la clavelée aux troupeaux qu'on pourrait mener paître au voisinage de l'endroit infecté, ou qui passeraient sur la route, d'avertir les propriétaires de troupeaux de Charenton et de Saint-

Mandé de l'existence de ce lieu infecté , et les conducteurs de troupeaux destinés à l'approvisionnement des marchés de Sceaux de s'en éloigner.

Agréez la considération avec laquelle je suis ,
  Monsieur le maire,
   Votre très-obéissant serviteur.

O. D.

N. 4. Modèles de rapports sur la morve et le farcin.

Rapport sur les causes et la contagion de la morve et du farcin.

A M. le colonel du 3me régiment de dragons.

M. le colonel,

Deux maladies graves , réputées contagieuses, la morve et le farcin, exercent depuis long-temps leurs ravages sur les chevaux de votre régiment ; vous m'avez fait l'honneur de m'inviter à visiter les animaux qui en sont atteints, et vous m'avez chargé de vous faire connaître mon avis touchant les causes de ces maladies, et de vous indiquer en même temps les moyens de les guérir et de les prévenir, s'il est possible.

Conformément à vos désirs, je me suis transporté , le 30 mai dernier, à la caserne des Célestins , où j'ai visité en votre présence, et conjointement avec MM. Mainvielle et Juramy, vétérinaires attachés à votre corps, 39 chevaux malades, savoir: 22 farcineux, 8 douteux et 9 morveux. Parmi les premiers, un seul nous a paru guéri , et par conséquent susceptible de rentrer dans son escadron : plusieurs autres sont en voie de guérison ; mais la plupart de ces animaux sont maigres, ont le poil piqué, la peau sèche , les membranes décolorées , et tout porte à croire que le plus grand nombre ne se rétablira jamais complètement. Les 8 douteux sont gravement atteints, et il est très présumable aussi qu'on ne parviendra que difficilement à les guérir ; quant aux 9 chevaux morveux, la maladie est chez eux portée à un tel degré, que tout traitement devient inutile.

Tel est, en peu de mots, M. le colonel, l'état presque désespéré dans lequel se trouvent la plupart des chevaux que vous avez bien voulu soumettre à mon examen.

Tous ces animaux ayant déjà subi un traitement rationnel, et les soins les plus assidus leur ayant été donnés par MM. les vétérinaires de votre régiment, dont le zèle et l'instruction vous sont bien connus, je ne chercherai point à vous indiquer des moyens curatifs qui, sans doute, seraient aussi impuissans que ceux qu'on a déjà mis en usage. Le farcin, et surtout la morve, étant d'ailleurs des maladies presque toujours incurables lorsqu'elles sont parvenues à des degrés élevés, comme chez les chevaux de votre régiment, c'est plutôt à les prévenir qu'à les guérir que l'on doit s'attacher ; mais, pour atteindre ce but, il faut rechercher les causes de ces affections, les découvrir, s'il est possible, et s'appliquer ensuite à les combattre.

Pendant long-temps la morve et le farcin ont été considérés comme des maladies très contagieuses, et les ravages qu'elles faisaient alors, soit dans les régimens, soit dans les grands établissemens publics, étaient toujours attribués à la triste propriété qu'on supposait qu'elles avaient de se communiquer. Cette idée, à laquelle on s'est attaché exclusivement, a fait négliger une foule de recherches importantes sur les causes de ces affections, et n'a peut-être pas peu contribué à multiplier le nombre des malades. Mais aujourd'hui que des expériences exactes et multipliées, faites dans nos écoles et répétées par un grand nombre de vétérinaires, ont démontré, jusqu'à l'évidence, que la plus grave de ces maladies, la *morve*, ne se communiquait que dans le cas seulement où elle revêtait un *caractère aigu*, l'opinion de la contagion est généralement abandonnée, et l'on attribue maintenant cette maladie, avec raison, à une foule d'autres causes plausibles que j'aurai bientôt l'honneur de vous faire connaître. Ne croyez pas cependant, monsieur le colonel, que je veuille déduire des expériences que je viens de citer qu'on ne doit prendre aucune précaution contre la propagation de cette maladie, et qu'on peut laisser impunément les chevaux malades avec les sains : loin de moi cette idée. J'ai seulement voulu prouver qu'on avait attaché trop d'importance à la contagion, et que cette opinion avait été plus nuisible qu'avantageuse. Je sais, d'ailleurs, qu'il existe des lois, arrêts et règlemens à ce sujet, qu'il n'est permis à personne d'enfreindre, et je sais aussi que toutes les mesures de précautions ont été ponctuellement observées dans votre régiment. Ainsi, ce n'est point à la contagion qu'on peut raisonnablement rapporter les pertes considérables que votre corps a éprouvées jusqu'à ce jour. Recherchons donc ailleurs les causes des maladies qui nous occupent, et examinons s'il ne serait pas possible de les éviter à l'avenir.

La mauvaise nourriture, les habitations malsaines, les travaux fatigans, le choix vicieux des chevaux, souvent employés trop jeunes à des services pénibles, telles sont les principales causes que les vétérinaires reconnaissent aujourd'hui comme pouvant faire naître le farcin et la morve, affections qui ont entre elles, comme on le sait, la plus grande analogie. Voyons maintenant, M. le colonel, si les chevaux de votre régiment n'ont point été soumis à quelques unes des causes que je viens de signaler.

D'après les renseignemens qui m'ont été donnés par MM. Mainvielle et Juramy, il parait que, dans les premiers mois de 1830, la santé générale des chevaux de votre régiment, qui était alors caserné à Châlons-sur-Marne, était très satisfaisante, et qu'à cette époque vous avez reçu une remonte de 140 chevaux allemands, tous très jeunes et généralement d'une assez faible complexion; que, deux mois après la réception, ces animaux ont été dirigés sur Paris avec les autres chevaux du corps, et qu'après être resté quelque temps dans la capitale, votre régiment a été envoyé en garnison à Provins, où les écuries étaient assez saines et les alimens d'une passable qualité; qu'en 1831, après quelques mois de séjour à Provins, votre corps a reçu l'ordre de se rendre à l'armée du Nord, et que là, pendant quatre mois, il a éprouvé des fatigues considérables, qu'ensuite il a pris successivement garnison à Valenciennes, à Abbeville et Amiens, et que dans ces trois villes les écuries étaient froides et humides, les fourrages de la plus mauvaise qualité; que dans le courant de 1832, votre régiment a été dirigé sur Tours, où il est resté six à huit mois; que les écuries qu'il a occupées dans cette ville étaient assez saines, quoique situées sur les bords de la Loire, mais que les alimens, surtout l'avoine, étaient très altérés; enfin, qu'en janvier 1833, votre corps, étant arrivé à Paris, a été placé à la caserne des Célestins, dont les écuries sont généralement bonnes, et que, depuis cette époque, vos chevaux ont reçu de bons fourrages comme tous ceux de la garnison.

Il résulte, en outre, des détails qui m'ont été fournis par messieurs vos vétérinaires, que la morve et le farcin se sont manifestés d'une manière inquiétante à l'époque seulement où le corps occupait Valenciennes; que ces maladies ont toujours été en augmentant depuis ce moment jusqu'à votre arrivée à Paris, et qu'elles ont sévi particulièrement sur les jeunes chevaux de la remonte de 1830, qui, pour la plupart, en ont été victimes.

En analysant ces documens, il est facile, M. le colonel, de découvrir les causes des deux maladies qui ont fait éprouver de si grandes pertes au corps que vous commandez. On voit, en effet, que, depuis le commencement de 1831 jusqu'à votre arrivée à Paris en 1833, les chevaux de votre régiment, après avoir essuyé d'assez grandes fatigues, ont été mal nourris et presque toujours logés dans des écuries froides et humides. Placés sous l'influence de telles causes, il n'est pas surprenant qu'un grand nombre de ces animaux aient été frappés de la morve et du farcin, et que ces deux maladies aient particulièrement exercé leurs ravages sur de jeunes chevaux, qui n'étaient ni acclimatés ni accoutumés au service de la cavalerie au moment où ils ont été mis en mar che, et qui, par conséquent, étaient plus faibles et plus impressionnables que les autres. Les pertes que vous avez faites étaient donc inévitables ; car on peut prédire, sans courir la chance de se tromper, que toujours la morve et le farcin se montreront lorsque des animaux seront mis dans des conditions semblables à celles où se sont trouvés les chevaux de votre régiment.

On ne saurait trop fixer l'attention du gouvernement sur les causes de ces deux maladies, car, M. le colonel, c'est seulement en les bien étudiant, ces causes, et en s'attachant à les combattre, qu'on parviendra, sinon à faire disparaître ces affections, du moins à diminuer le nombre des victimes qu'elles font chaque année dans nos régimens de cavalerie.

S'il vous restait quelque doute, M. le colonel, touchant mon opinion sur l'origine de ces maladies, je vous dirais, pour vous convaincre et pour vous démontrer que mes assertions sont bien fondées, que la morve et le farcin sont presque inconnus dans les écuries des propriétaires qui logent, soignent et nourrissent convenablement leurs chevaux, tandis qu'au contraire ces affections sont le triste partage des régimens de cavalerie, des messageries, des postes, en un mot de tous les grands établissemens où les animaux sont soumis aux causes générales que je vous ai indiquées précédemment. Peut-être m'observerez-vous, à cette occasion, que votre régiment étant à Paris depuis six mois dans des conditions favorables, la morve et le farcin auraient dû cesser dès long-temps leurs progrès. A cette objection, qui, au premier abord, peut paraître péremptoire, je vous répondrai que les causes qui produisent ces maladies agissent lentement sur l'économie générale ; qu'elles affaiblissent graduellement la constitution des animaux avant de se manifester par des signes extérieurs ; et j'ajouterai que beaucoup de vos chevaux portaient sans doute, à leur arrivée à Paris, le germe de ces maladies : le bien comme le mal se fait lentement dans ces circonstances. Ce n'est donc que d'ici à quelque temps que vos chevaux ressentiront les heureux effets des changemens salutaires qui ont été apportés dans leur régime à leur arrivée à Paris. Bientôt, je n'en doute pas, vous verrez la santé générale de ces animaux s'améliorer et le nombre des malades diminuer sensiblement. Telle est du moins mon opinion : j'espère être assez heureux pour ne pas me tromper.

Je désire, M. le colonel, que les réflexions que renferme ce rapport vous paraissent dignes d'intérêt, et qu'elles puissent vous être de quelque utilité.

J'ai l'honneur d'être, etc.

Bouley jeune, vétérinaire.

50

M. le **4** novembre 1836.

Monsieur,

La morve dévaste depuis deux mois les chevaux de beaucoup d'établissemens de roulage, de bâlage et de relais de diligence de notre département. Les animaux qui sont sacrifiés comme incurables, aussi bien que ceux qui meurent de la maladie, sont, les uns enfouis, les autres vendus aux équarisseurs qui tirent parti de leurs débris. Les propriétaires et les équarisseurs font ainsi une infraction aux dispositions voulues par les art. 6 et 9 de l'arrêt du 16 juillet 1784. Des fabricans de colle-forte et de noir animal m'ont fait savoir qu'on pouvait utiliser la peau, les chairs et les os de ces chevaux sans inconvénient. Dans l'intérêt de l'industrie manufacturière, je désirerais savoir s'il est possible d'utiliser les débris des chevaux morts de la morve ou sacrifiés pendant son cours, sans s'exposer à propager cette maladie.

Veuillez, monsieur, me faire connaître votre opinion sur cette question dans le plus bref délai.

Agréez, etc. N.....
Préfet de M.

Réponse. — A M. le Préfet de M.

M. le préfet.

Par votre lettre en date du 4 novembre, vous me faites l'honneur de me consulter, afin de savoir : 1° si l'emploi des débris cadavériques provenant de chevaux atteints de morve peut se faire sans danger de propager cette maladie; 2° s'il est possible d'utiliser la peau, la chair et les os des chevaux morveux dans l'industrie manufacturière; 3° si les dispositions prescrites par les art. 6 et 9 de l'arrêt du conseil d'état du roi du 16 juillet 1784 doivent être maintenues, ou si les infractions à ces articles peuvent être tolérées. Je vais, monsieur, chercher à vous éclairer sur cette grave question.

La morve depuis un temps immémorial a été considérée comme une maladie contagieuse; tel est du moins l'opinion de tous les hippiâtres et des anciens vétérinaires. Depuis une quinzaine d'années l'expérience a démontré que cette contagion avait été très exagérée, et qu'il existait deux espèces de morves, l'une, appelée morve aiguë, qui serait contagieuse, l'autre, appelée morve chronique, qui paraîtrait dépourvue de la propriété de se transmettre.

Parmi les chevaux qui meurent dans les établissemens que vous m'avez signalés, jé me suis assuré, dans la visite que j'en ai faite d'après vos ordres le 19 octobre, que tous étaient atteints de la *morve chronique*, et à cet égard je vous ai fait connaître que jusqu'à ce jour personne n'avait pu citer un seul fait avéré de la contagion de cette maladie. On pourrait donc déjà, d'après cette observation, affirmer en quelque sorte que, si la morve chronique ne se transmet point du vivant des animaux, à plus forte raison après leur mort, par leurs débris cadavériques. Mais j'aborde directement la question, à savoir : si les débris peuvent être utilisés dans l'industrie manufacturière sans danger de propager la morve.

Et d'abord, les équarisseurs souillés du virus morveux peuvent-ils propager la morve? Les équarisseurs n'ont jamais transmis la morve à des chevaux bien portans, ou au moins personne que je le sache n'a rapporté un seul fait de ce genre de contagion. Au clos d'équarissage de Paris, et depuis plus de trente ans, les chevaux employés au service de cet établissement ont toujours été pansés par des garçons équarisseurs; journellement les chevaux traînent des tombereaux chargés de cadavres de chevaux morveux ou de débris cadavériques qui en proviennent, et jamais ces animaux n'ont contracté la morve. Jamais non plus il n'est arrivé à un vétérinaire qui a touché ou disséqué les produits altérés de la morve de transmettre cette maladie à des chevaux, et jusqu'à ce jour, parmi les chevaux morveux dont les débris ont été utilisés par les équarisseurs et livrés à l'industrie manufacturière, aucun fait de contagion n'a été démontré. Or, on peut donc fortement douter de la contagion de la morve par les personnes qui ont manipulé les cadavres des chevaux sacrifiés pendant le cours de cette maladie, ou morts de ses suites.

Les débris employés dans les manufactures et à la nourriture des animaux sont-ils capables d'opérer la transmission dont il s'agit?

Au clos d'équarissage de Montfaucon, à Paris, la viande des chevaux morveux est vendue en grande partie pour la nourriture des chiens de la capitale, et emportée souvent chez des propriétaires de chevaux; jamais on n'a dit que cette viande ait transmis la morve. M. D., propriétaire de la fabrique de colle-forte à V., possède 10 chevaux dans son établissement : ces animaux transportent des débris cadavériques; ils les flairent souvent, et jamais, depuis deux ans que je visite cette usine, un seul d'entre eux n'a contracté la morve.

Dans les régimens de cavalerie, aujourd'hui les chevaux morveux sont vendus aux équarisseurs; à Paris les particuliers sont même autorisés par la police à conduire les chevaux morveux au marché pour y être livrés aux équarisseurs. Dernièrement, l'Académie royale de Médecine, consultée par M. le ministre de l'intérieur à l'égard de l'établissement d'un clos d'équarissage au voisinage de la ville de Metz, a répondu par l'organe d'une commission choisie dans son sein, et dont Parent Duchâtelet était le rapporteur, que l'on pouvait impunément faire usage des débris cadavériques des chevaux morveux.

Aujourd'hui, M. le préfet, les propriétaires font enlever les cuirs des chevaux morveux, ils en utilisent la graisse, ils font manger la chair aux porcs, aux chiens et aux volailles, les os sont ramassés et vendus pour la fabrication du noir animal; et c'est à ce point, dans l'industrie manufacturière, que, d'après les calculs faits par un de nos habiles industriels, M. Payen, on peut retirer 60 fr. du cadavre d'un cheval.

Si l'expérience sanctionnée par le temps a démontré, depuis l'année 1784, que les débris cadavériques de chevaux morveux pouvaient être utilisés dans l'industrie manufacturière sans aucun exemple de transmission de la morve; si aujourd'hui, à l'égard de la morve régnante, on a pu depuis trois mois utiliser sans inconvénient ces débris; vouloir maintenir rigoureusement les dispositions des art. 6 et 9 de l'arrêt du 16 juillet 1784, n'est-ce pas priver les propriétaires des avantages qu'ils sont à même de retirer de ces produits, en compensation de la perte des chevaux morveux qu'ils ont faite et qu'ils font journellement? n'est-ce pas en outre soustraire à l'industrie manufacturière des produits utiles à l'homme? Je crois donc, M. le préfet, être autorisé à conclure qu'il est convenable de tolérer l'usage des produits cadavériques provenant des chevaux morveux dans le ressort de votre département.

Cependant s'il arrivait que la morve aiguë se déclarât sur quelques chevaux dans les établissemens signalés comme renfermant des chevaux morveux, ou partout ailleurs, cette variété de morve étant contagieuse, et pouvant se transmettre, soit par les cadavres, soit par quelques parties de leurs débris, comme la tête et les organes destinés à la respiration par exemple; je pense que quelques précautions devraient être mises en pratique, et le cas échéant, je m'empresserai, M. le préfet, de vous les faire connaître dans un rapport.

Agréez, etc. O. D., vétérinaire.

N° 5. *Rapport sur le piétin.*

Monsieur,

Les propriétaires cultivateurs des communes de St-Léger, Vermanton et Bouy, m'ont informé que plusieurs troupeaux de bêtes à laine étaient atteints de la maladie connue sous le nom de piétin. Cette affection paraît se transmettre aux troupeaux des fermes environnantes lorsqu'on les conduit dans les lieux où paissent les troupeaux qui en sont atteints. Le piétin paraît avoir pris son origine à St-Léger, d'où il s'est répandu parmi les troupeaux de Vermanton et de Bouy, et il est important que cette maladie ne se propage point au delà des lieux où elle sévit maintenant. En conséquence, monsieur, je vous prie de vouloir bien vous transporter sur le champ dans les communes ci-dessus désignées, et ailleurs au besoin, de faire la visite des troupeaux, de constater la nature du mal, de vous assurer de ses voies de propagation, et de me faire connaître les mesures de police sanitaire propres à en préserver les troupeaux des propriétaires environnans, et les moyens de guérir les bêtes qui en sont atteintes.

Votre zèle et votre exactitude m'étant personnellement connus, je me plais à croire, monsieur, que vous remplirez ponctuellement la mission que je vous confie. J'attends votre rapport dans la quinzaine.

J'ai l'honneur de vous saluer avec une parfaite considération,

Le sous-préfet de l'arrondissement de Cosne.

Cosne, le 27 septembre 1828.			M.

Réponse. — A M. le sous-préfet de l'arrondissement de Cosne.

Monsieur le sous-préfet,

Par votre lettre en date du 27 septembre 1832, vous me faites l'honneur de me désigner pour me transporter dans les communes de St-Léger, de Vermanton et de Bouy, dans le but de faire la visite des troupeaux de bêtes à laine, reconnaître si les bêtes qui les composent sont attaquées de la maladie connue sous le nom de piétin, de m'assurer des voies de propagation de cette maladie, et de vous indiquer les mesures de police administrative propres à en préserver les troupeaux des propriétaires voisins, enfin les moyens de guérir les bêtes qui en sont atteintes. Les journées des 29, 30 et 31 septembre ont été consacrées à la visite des troupeaux de la commune de St-Léger, celles des 1er, 2, 3 et 4 octobre à celle des deux communes de Vermanton et de Bouy. Je me suis assuré, monsieur, de l'existence de la maladie parmi plusieurs troupeaux; j'ai pris des informations auprès des propriétaires pour m'assurer si elle s'y était transmise par contagion; j'ai fait quelques expériences pour démontrer cette même contagion; je me suis convaincu, autant que le temps me l'a permis, des bons effets de quelques moyens curatifs dont j'ai fait usage; enfin j'ai pensé devoir, M. le sous-préfet, consigner toutes mes observations dans le rapport ci-joint.

Description de la maladie. Parmi les bêtes composant les troupeaux qui sont atteints du piétin, il m'a été facile de reconnaître l'état de la maladie dès son apparition ; pendant la durée de son existence, de pouvoir apprécier les ravages qu'elle occasionne dans les pieds des bêtes qui en sont atteintes ; enfin de constater toute sa gravité.

Le piétin débute par une inflammation de la petite portion de peau située entre les deux onglons ; les animaux ne boîtent que peu ou point : plus tard l'ongle se décolle à l'un ou aux deux onglons. De la douleur et de la chaleur se déclarent, et l'animal boite alors sensiblement. Tels sont les symptômes qui annoncent le début de la maladie et qui accusent son existence depuis 8 à 10 jours.

Si le sol est humide, si les bergeries sont malpropres, l'ongle se détache, les tissus vasculaires sous-jacens (tissus podophilleux) s'enflamment, se gonflent, s'épaississent, et sécrètent un fluide épais graisseux, blanchâtre, inodore d'abord, qui, exposé au contact de l'air, devient fétide et noirâtre. La suppuration de l'ongle à la face interne ne tarde pas à s'étendre en arrière aux talons, en bas à la sole, et bientôt elle se propage à la face externe de l'ongle. La corne, ainsi séparée des tissus qui lui apportaient des sucs propres à entretenir sa souplesse et son élasticité, se ride, se couvre de cercles et se durcit.

A cette période de la maladie les bêtes boitent tout bas ; quelques unes même, étant aux champs, paissent en se tenant sur les genoux ; les ongles s'alongent beaucoup et les animaux souffrent et maigrissent. Dans cet état la maladie date de trois semaines à un mois, quelquefois plus : elle est déjà rebelle, et ce n'est qu'avec beaucoup de soin qu'on parvient à la guérir radicalement. Plus tard les tissus sous-cornés se gonflent, changent de nature, s'hypertrophient et se transforment en tissu squirrheux ; une matière grasse, caséeuse, infecte, ramollit et détruit la corne çà et là. D'autres fois ce tissu s'ulcère ; et l'ulcération, attaquant bientôt les tendons qui s'attachent à l'os vasculaire renfermé dans la boîte cornée, détruit cet os en donnant lieu à des fistules, des clapiers, des abcès, desquels s'échappe une matière purulente infecte. Quelquefois la chute de l'ongle est la suite de ces graves lésions.

Tel est l'état de la maladie lorsqu'elle est arrivée à son dernier degré ; alors elle est ancienne et date de 3 à 4 mois, quelquefois plus : un seul onglon peut en être atteint, souvent les deux ; quelquefois ce sont les deux membres antérieurs qui sont attaqués, d'autres fois ce sont les deux postérieurs : rarement les quatre membres à la fois sont envahis.

Lorsqu'elle est ancienne, la gravité de cette maladie est telle qu'on parvient difficilement à la guérir. Souvent, après un traitement rationnel on croit la guérison certaine lorsqu'elle n'est qu'incomplète; l'humidité des pâturages et des bergeries la fait quelquefois reparaître subitement.

Apparition du piétin à St-Léger Causes qui l'ont propagé dans les communes environnantes. Le piétin a été apporté à St-Léger par un troupeau mérinos métis, acheté par M. Viment, fermier à Bellevue, à la foire de St-Laurent, le 10 juillet.

M. Viment ignorait la nature du mal et sa contagion. Son troupeau fut conduit dans les pâturages de MM. Petit et Perrot, ses voisins : 15 jours après, la maladie se déclara dans le troupeau de M. Petit, et huit jours plus tard dans celui de M. Perrot; et c'est de ces trois foyers de contagion que le reste des troupeaux de St-Léger a gagné le piétin, soit sur les pâturages communaux, soit en passant par les chemins suivis par les troupeaux attaqués. Le troupeau de M. Silvain, qui pacageait sur les terres de la commune de Vermanton, transmit bientôt le piétin aux troupeaux des fermiers de cette commune, et ce furent ceux-ci qui la communiquèrent aux troupeaux de la commune de Bony, qui sans doute à leur tour la transmettront aux troupeaux des communes environnantes, si des mesures préservatrices ne sont point immédiatement mises à exécution. La matière contagieuse a pour véhicule la sanie séro-purulente sécrétée sous la corne par les tissus malades, et c'est cette matière qui, déposée sur le sol où passent les troupeaux encore intacts, ou sur les plantes des pâturages où ils sont conduits, touchant la peau de l'espace interdigité, transmet par son simple contact la maladie dont il s'agit. Il suffit que quelques bêtes la contractent dans un troupeau, pour qu'ensuite celles-ci, imprégnant de cette sanie virulente la litière des bergeries ou le sol des parcs, le piétin soit transmis à un plus grand nombre de bêtes.

Il est facile de convaincre les personnes les plus incrédules sur ce mode de propagation; car il suffit d'essuyer avec un petit linge ou un peu d'étoupe la matière occupant l'espace interdigité d'un animal attaqué de piétin, et de la déposer sur la peau entre les deux ongles d'un mouton sain, pour voir deux jours après la maladie se déclarer. Nous n'avons point entendu parler que les bergers, que les chiens qui gardent les troupeaux aient transmis le mal : les annales de la science vétérinaire se taisent aussi à cet égard. Tels sont, M. le sous-préfet, les renseignemens positifs que j'ai pu me procurer sur l'origine de la maladie et sur la manière dont elle s'est propagée. Dans le but de m'assurer de l'étendue du mal, j'ai dû procéder à la visite des troupeaux et à leur recensement : le tableau ci-après renferme le résumé de ce que j'ai constaté.

VISITE ET RECENSEMENT.

COMMUNES.	PROPRIÉTAIRES.	NOMBRE DES BÊTES composant le troupeau.	RACES.	NOMBRE DES BÊTES affectées.	NOMBRE DES BÊTES non affectées.	OBSERVATIONS.
St-Léger.	Petit.	300	Métisse mérinos.	160	140	
	Vincent.	250	id.	90	160	
	Perrot.	320 }1190	id.	120 }370	200 }820	
	Laurent.	210	Race du pays.	»	210	
	Vion.	110	id.	»	110	
Vermanton.	Silvain.	200	Métisse mérinos.	60	140	
	Ponchard.	190 }670	id.	90 }240	100 }430	
	Auger.	210	id.	70	140	
	Bryon.	70	id.	20	50	
Bouy.	Bonneau.	90	id.	30	60	
	Tureau.	200	Race du pays.	40	160	
	Bergery.	275 }975	id.	25 }95	250 }880	
	Breny.	110	id.	»	110	
	Etienne.	300	id.	»	300	
Dampierre.	Ratard.	250 }550	Métisse mérinos	»	253 }550	
	Desbois.	300	id.	» }»	300	
		3385		705	2680	

Il résulte du tableau ci-contre : 1° Que, dans la commune de Saint-Léger, sur cinq troupeaux, trois sont attaqués par le piétin, et forment un total de 1190 bêtes, dont 70 sont atteintes; 2° Que dans la commune de Vermanton, sur quatre troupeaux, formant un total de 670 bêtes, 240 animaux sont affectés de la même maladie; 3° Que dans la commune de Bouy, trois troupeaux sur cinq sont atteints, et que le nombre des bêtes malades s'élève à 95; 4° Enfin que dans les communes de Dampierre, Bitry et Brianne, la maladie n'a point encore pénétré parmi les nombreux et beaux troupeaux existant dans ces deux communes limitrophes.

Mesures préservatrices. Préserver du piétin les bêtes qui n'en sont point encore atteintes dans les troupeaux attaqués; éviter l'accès de cette maladie parmi les troupeaux encore sains; guérir les bêtes malades : telles sont les indications à remplir pour arrêter la multiplication du mal. Pour parvenir à ce but désirable, voici, M. le sous-préfet, les mesures que j'ai l'honneur de vous proposer, et que, si vous les trouvez bonnes, il vous plaira de vouloir bien faire mettre à exécution par un arrêté.

1° Les propriétaires des troupeaux affectés de piétin devront déclarer au maire de leur commune l'apparition du mal. 2° Ils devront séparer les animaux malades de ceux qui sont encore sains. 3°. Les premiers pourront séjourner dans la bergerie ou dans le parc infecté; mais ils seront conduits dans des pacages isolés et indiqués par l'autorité communale, où ils seront traités convenablement par un vétérinaire jusqu'à guérison. 4° Si les bêtes sont en état d'être vendues pour la boucherie, le propriétaire pourra en faire la vente le plus tôt possible, mais à son domicile. 5° Défense sera faite de conduire les animaux atteints du mal contagieux aux foires et marchés et aux abreuvoirs communs. 6° Les contrevenans à ces dispositions devraient être traduits devant les tribunaux compétens, et condamnés aux peines et amendes voulues par les articles 459, 460 et 461 du Code pénal.

Moyens curatifs. On visitera souvent les pieds des bêtes non boiteuses, et aussitôt qu'on apercevra un léger suintement entre les deux onglons avec décollement de la corne, on cautérisera cette partie en la touchant avec l'extrémité de la barbe d'une plume imprégnée *d'acide nitrique*, connu sous le nom *d'eau forte*.

Si la bête commence à boiter, on enlèvera avec un instrument tranchant toute la corne décollée; et alors les tissus sous-jacens seront touchés avec la barbe d'une plume pénétrée par le mélange suivant, dont je puis garantir les excellens effets. Vinaigre blanc, 78 parties; deuto-sulfate de cuivre, 10 parties; acide sulfurique, 12 parties; total, 100 parties. On pulvérise le deuto-sulfate de cuivre qu'on fait dissoudre dans le vinaigre froid , **et on** ajoute ensuite l'acide sulfurique.

Si le mal est plus ancien , si la corne de la sole et du talon est détachée, si une matière blanchâtre et fétide recouvre les tissus sous-jacens , si ce tissu lui-même est pâle et boursouflé ; après avoir enlevé toutes les parties de corne détachées , on placera le pied au dessus d'un vase contenant de *l'acétate de cuivre* ou *verdet* bien pulvérisé , et on saupoudrera toutes les parties détachées avec cette poudre légèrement caustique et dessiccative. Il sera bon alors, si les parties de corne enlevées ont mis beaucoup de tissu à découvert, d'entourer l'ongle avec de la filasse ou des étoupes. Si l'os est carié, on le ruginera ; si les ligamens sont exfoliés, on enlèvera scrupuleusement les parties altérées; si des fistules existent, on les débridera et on les cautérisera, dans le but d'obtenir une plaie simple et une cicatrisation prompte. On ne négligera point, pour assurer le succès de la guérison, de curer les bergeries, d'en recouvrir le sol avec beaucoup de litière; enfin on ne conduira les animaux aux pâturages que par le beau temps, l'humidité des pieds s'opposant constamment à la guérison du piétin

Agréez , etc.
O. D., vétérinaire.

N° 6. Rapport sur la rage.

A M. D., vétérinaire à M.

Monsieur ,

Aujourd'hui, à onze heures du matin, un chien égaré est parvenu par la rue Haute dans le centre du bourg de M. : ayant rencontré des chiens errans dans la rue, il s'est jeté dessus, les a foulés et mordus. M. B., propriétaire de l'un d'entre eux , voulant sauver son chien des coups de dents du chien étranger, a été mordu au mollet par celui-ci. Ce chien a ensuite été assommé sur la place. Plusieurs personnes prétendent que cet animal était atteint de rage. Je vous prie, monsieur, de vouloir bien faire l'ouverture de ce chien , constater s'il était évidemment affecté de rage, afin que je puisse faire prendre les précautions que vous voudrez bien m'indiquer à l'égard des chiens qui ont été foulés ou mordus.

Agréez, etc. V. maire.

M. le 18 octobre 1835.

Réponse. — **A M.** le maire de la commune de M.

M. le maire,

Par votre lettre en date d'aujourd'hui, il vous a plu de me

désigner pour faire l'ouverture d'un chien assommé dans la commune de M., comme suspect de rage ; constater si évidemment il était atteint de cette maladie, et vous indiquer les mesures à prendre à l'égard des chiens qui ont été foulés ou mordus.

Je me suis transporté aujourd'hui au secrétariat de la mairie, où monsieur votre adjoint m'a fait remettre le cadavre d'un chien mâtin de grande taille, son poil noir, marqué de feux sur les yeux, la queue et les oreilles coupées, et paraissant âgé de 3 à 4 ans. J'ai procédé à l'autopsie cadavérique en présence de M. votre adjoint. La gueule, examinée avec attention, fait voir de chaque côté du frein de la langue de petites érosions à bords irréguliers, intéressant l'épaisseur de la muqueuse. Cette cavité renferme encore une grande quantité de salive ; le pharynx et le larynx sont rouges, et les vaisseaux de la muqueuse très injectés. L'estomac renferme des débris de paille, de la terre et des morceaux de bois ; la muqueuse de ces viscères est rouge, plissée, recouverte d'un mucus épais, grisâtre, au dessous duquel existent des taches brunâtres et quelques ulcérations occupant le sommet des plis formés par le rétrécissement de ce viscère. Le duodénum renferme beaucoup de bile ; les intestins grêles sont vides et sains, ainsi que les gros intestins ; les poumons, le cœur, la rate, le foie, les reins, la vessie, n'offrent rien de remarquable ; le cerveau, détruit en partie par le coup asséné sur la tête de l'animal, n'a pu être examiné. La moelle épinière offre dans sa partie centrale une rougeur et une injection fort remarquables de la substance grise, surtout au renflement lombaire ; cependant la pulpe encéphalique n'est point ramollie.

Les érosions de la muqueuse du frein de la langue, les corps étrangers rencontrés dans l'estomac, les ulcérations de la muqueuse de ce viscère, la rougeur et l'injection de la partie centrale de la moëlle épinière, sont les seules lésions notables qui puissent, M. le maire, *me faire seulement présumer* que le chien était atteint de la rage, cette maladie ne laissant, dans l'immense majorité des cas, aucune trace sur les cadavres qui puisse accuser son existence pendant la vie. Cependant, comme le chien n'appartient à personne de votre commune, comme il s'est jeté avec fureur sur les chiens du village qu'il a rencontrés sur son passage, et sur la personne qui a voulu retirer son chien du combat, ces renseignemens, réunis aux traces maladives que j'ai rencontrées, appuient encore la *présomption* que j'ai émise plus haut.

Je crois donc, M. le maire, qu'il est convenable de faire visiter les chiens qui ont été foulés ou mordus. Si parmi eux qu'elques uns portaient des blessures, la prudence exigerait qu'ils soient mis à mort sur le champ, ou au moins que les blessures soient cautérisées, et qu'ensuite ils soient envoyés immédiatement à l'école d'Alfort, pour y être renfermés pendant 60 jours; que ceux qui n'auraient été que souillés soient lavés avec de l'eau tiède et du savon par tout le corps, et tenus à l'attache pendant le même temps, après quoi ils ne pourront, aussi bien que ceux qui seront ramenés de l'école d'Alfort, être sortis sans être muselés; que, dans le cas où ces chiens refuseraient de manger, et qu'ils feraient entendre un hurlement rauque et chercheraient à mordre, ils soient tués sur le champ.

Agréez M. le maire, etc. O. D.

N° 7. *Rapport sur des viandes ladres.*

A M. le maire de la commune de N.

M. le maire,

Par votre lettre en date du 3 janvier dernier, vous me faites l'honneur de m'inviter à me réunir à M. votre adjoint, pour aller ensemble visiter et inspecter la viande de plusieurs porcs exposée en vente, et débitée par M. Q., charcutier, dans la commune de N. Cette viande, suivant les plaintes qui vous ont été adressées, serait ladre, de mauvaise qualité et nuisible à la santé. Accompagné de M. votre adjoint, je me suis transporté aujourd'hui 3 janvier, à 2 heures du soir, au domicile de M. Q., où M. votre adjoint a réclamé la visite et l'inspection de la viande de porcs qui venaient d'être égorgés, et de celle qui était étalée. Les viscères intérieurs, tels que le foie, le cœur, les poumons, la rate et les intestins, ainsi que la langue, ayant été détruits, nous n'avons pu les examiner. La viande qui était étalée nous a paru être de couleur naturelle ; mais la petite quantité de lard qui la recouvrait et qui existait aux environs des reins était jaunâtre et peu consistante. Désirant nous assurer de l'état de la chair et du tissu cellulaire dans diverses parties du corps, nous avons fait dépecer les porcs qui étaient encore entiers, et les quartiers d'autres porcs qui étaient étalés : nous avons vu alors que la chair était pâle et flasque, le tissu cellulaire, qui lui était uni, infiltré de sérosité, et que dans les mailles de ce tissu existaient de petites ampoules transparentes renfermant le ver connu sous le nom *de ver ladrique.* Ces vers étaient surtout très nombreux dans le tissu cellulaire qui réunit l'épaule au thorax, et dans celui des environs du bassin.

L'état de la viande et du tissu cellulaire, la présence des *vers ladriques* dans ce tissu, sont les traces non équivoques de la maladie connue sous le nom de *ladrerie.* La viande ladre constitue un comestible qui n'est point essentiellement nuisible à la santé des personnes qui en font usage; mais elle est difficile à digérer, très relâchante, et peut occasionner la diarrhée; elle donne un bouillon fade et non nourrissant, se racornit par la cuisson, et est désagréable et dégoûtante à manger. Salée, elle ne prend point le sel et ne tarde point à se corrompre. Les personnes auxquelles cette viande est vendue, comme, dit-on, de seconde qualité, sont cependant encore trompées dans l'achat qu'elles en font pour leur consommation. Les règlemens de police défendent de vendre et d'exposer en vente des comestibles gâtés ou nuisibles à la santé. Or, la viande de porc ladre que débite aujourd'hui M. Q. est dans ce cas. Je pense donc, M. le maire, qu'il doit être sévèrement défendu à ce charcutier de vendre la viande de porc qui est étalée chez lui dans ce moment.

J'ai l'honneur d'être, etc. R. P., vétérinaire.

V. Adjoint.

Dans les départemens, les vétérinaires sont fréquemment nommés par les autorités administratives pour visiter les chevaux et bestiaux de la circonscription d'un département, dans le but de s'assurer de l'existence de maladies contagieuses. Une circulaire est ordinairement adressée à MM. les maires des communes, afin qu'ils aient à vouloir bien assister, ou faire assister de leur adjoint les vétérinaires pendant la visite qu'ils font chez les propriétaires.

Le vétérinaire qui est chargé de la visite en reçoit l'ordre de l'autorité supérieure, et c'est muni de la lettre d'invitation qu'il se présente chez MM. les maires des communes, pour accomplir sa mission.

Celle-ci remplie, le vétérinaire adresse un rapport à l'autorité, dans lequel il rend compte de ses opérations. Il produit ensuite une autre pièce dans laquelle il fait connaître les lieux qu'il a parcourus, la quantité d'animaux qu'il a visités, le nombre des vacations qui lui sont dues et la somme qui est accordée par chaque vacation. C'est cette pièce qui, approuvée par l'autorité, est renvoyée à l'agent comptable qui solde le vétérinaire. Nous donnons ici un modèle de la circulaire dont nous avons parlé plus haut, un modèle de lettre d'invitation de l'autorité au vétérinaire, enfin le rapport du vétérinaire et l'état des vacations.

N° 9. *Circulaire à MM. les maires, relative à la visite des chevaux et bestiaux.*

Rouen, le 21 février 1837.

Messieurs,

La maladie épizootique qui s'est manifestée dans quelques communes de ce département sur les bêtes à cornes, et les rapports qui m'ont été adressés sur la propagation de la morve parmi les chevaux, m'ont décidé à prendre l'arrêté que vous trouverez ci-après, et par lequel je prescris aux vétérinaires de visiter les chevaux et bestiaux de tous les habitans de chaque commune de leur circonscription.

Je compte sur votre zèle pour assurer le succès de ces visites, et je vous recommande de vous concerter avec le vétérinaire afin d'ordonner toutes les mesures nécessaires pour arrêter les progrès du mal.

Je vous invite en conséquence à vous reporter aux dispositions de l'arrêté du 5 avril 1821, page 91, et à la circulaire du 5 avril 1827, page 62 du recueil administratif.

Recevez, etc.

Le Conseiller-d'Etat, préfet de la Seine-Inférieure,
Baron DUPONT-DELPORTE.

Nous, conseiller-d'état, préfet du département de la Seine-Inférieure, commandeur de la Légion-d'Honneur,

Vu l'arrété d'un de nos prédécesseurs, en date du 5 avril 1821, inséré au recueil administratif, page 91 ;

Considérant qu'il resulte des avis qui nous ont été adressés par plusieurs fonctionnaires de ce département qu'un certain nombre de chevaux atteints ou du moins suspects de morve ont été vendus récemment dans divers marchés, et que cette dangereuse maladie fait des progrès inquiétans ;

Qu'une épizootie s'est déclarée sur les bêtes à cornes dans quelques communes.

Avons arrêté et arrêtons :

Art. 1er. MM. les vétérinaires commissionnés par l'administration feront, avant la fin du mois de mars prochain, chacun dans toutes les communes de sa concription, la visite des chevaux et bestiaux existans chez les cultivateurs qui leur seront désignés par les maires et qui auront des chevaux ou bestiaux malades ou suspects, particulièrement chez les fermiers peu aisés qui se livrent à des charriages sur les grandes routes, et dont les chevaux sont mal nourris, mal soignés et excédés de fatigue.

Ils visiteront, dans tous les cas, les écuries des maîtres de postes, relayeurs, entrepreneurs de voitures publiques et loueurs de chevaux. Ces visites seront renouvelées dans le délai d'un mois ou deux. Les vétérinaires se rendront d'ailleurs à tous les marchés et foires de leurs circonscriptions respectives, pour y inspecter les bestiaux qu'on y amènera.

2. Ils annonceront leur arrivée à M. le maire de chaque commune au moins quatre jours à l'avance, et se présenteront ensuite à ce magistrat qui les accompagnera dans leur visite, ou se fera remplacer par son adjoint ou le garde champêtre.

3. MM. les maires sont invités à dresser, sur lechamp, un état général de tous les propriétaires des chevaux et bestiaux malades ou suspects qui existent dans leurs communes respectives pour le présenter au vétérinaire à son arrivée. Ils faciliteront autant qu'il dépendra d'eux le succès de la mission de ce dernier, et assureront d'ailleurs l'exécution de toutes les dispositions de l'arrêté précité dont ils reconnaîtront l'utilité.

4. MM. les maires devront en outre surveiller et faire surveiller par les gardes champêtres tous les chevaux suspects, et, dès que ces animaux seront atteints d'un *flux nasal*, de quelque nature qu'il soit, le vétérinaire de la circonscription devra être appelé pour s'assurer de son véritable état.

5. Les vétérinaires recevront une indemnité de 4 francs par vacation de 3 heures, sans frais de déplacement; leurs mémoires devront nous être envoyés en double expédition et certifiés par chacun des maires des communes où ils auront opéré. Ces mémoires seront accompagnés d'un rapport détaillé sur les résultats de la tournée.

6. L'exécution du présent arrêté, qui sera inséré au recueil administratif, est particulièrement recommandée à MM. les maires et vétérinaires.

Fait à Rouen, en l'hôtel de la préfecture, le 21 février 1837.

Baron DUPONT-DELPORTE.

N° 10. *Expédition au vétérinaire.*

Rouen, 6 mars 1837.

Monsieur, j'ai l'honneur de vous envoyer deux exemplaires de mon arrêté relatif aux chevaux morveux, et à l'épizootie qui s'est manifestée sur les bêtes à cornes dans quelques communes de ce département.

Je vous prie de vous y conformer en ce qui vous concerne, et de m'adresser, le plus tôt possible, un rapport détaillé sur les résultats de vos visites

J'ai l'honneur, monsieur, de vous saluer avec une parfaite considération.

Pour le préfet empêché,
Le secrétaire général,
BONNET.

N° 11. *Rapport du vétérinaire.*

Rapport à M. le baron Dupont-Delporte, conseiller d'état, préfet du département de la Seine-Inférieure, sur les visites des chevaux, faites conformément à ses circulaires des 5 et 10 décembre 1836, et à son arrêté du 21 février 1837; par W., vétérinaire de la 2ᵉ circonscription, comprenant les cantons de Boos et de Maromme.

Du 5 décembre 1836 au 22 juillet 1837, nous avons passé la visite de tous les chevaux qui se trouvaient dans les communes de notre circonscription vétérinaire. Sur 3935 chevaux, nous n'en avons rencontré que 5 de douteux. Nous avons ordonné de les placer dans des écuries particulières; six autres, qui ont été trouvés morveux et incurables, ont été immédiatement abattus en notre présence.

Les cinq chevaux que nous doutions atteints de la morve appartiennent :

Le 1ᵉʳ à M. B., fermier à
Le 2ᵉ à M. V., cultivateur à
Le 3ᵉ à M. N., propriétaire à
Le 4ᵉ à M. M., marchand de bois à
Le 5ᵉ à M. D., plâtrier à

Nous nous proposons de visiter bientôt de nouveau les autres chevaux qui ont cohabité et travaillé avec eux, pour constater leur état.

Les six chevaux jugés attaqués de la morve appartenaient :

Le 1ᵉʳ à M. M., fermier à
Le 2ᵉ à M. N., marchand de chevaux à
Le 3ᵉ à M. V., rentier à
Le 4ᵉ à M. P., fermier à
Le 5ᵉ à M. Q., fermier à
Le 6ᵉ à M. O., roulier à

Rouen, le 1ᵉʳ septembre 1837.

W., vétérinaire.

ARRONDISSEMENT
DE ROUEN.

CANTONS
de Boos et de Maromme.

2e CIRCONSCRIPTION
vétérinaire.

ÉTAT des vacations faites par W., vétérinaire, du 5 décembre 1836 au 2 juillet 1837, pour la visite des chevaux, conformément aux circulaires des 5 et 10 décembre 1836, et à l'arrêté de M. le Préfet en date du 21 février 1837.

COMMUNES.	DISTANCES parcourues.	ÉPOQUE des déplacemens.	NOMBRE des vacations.	SOMMMES dues.	NOMBRE des chevaux visités.	SIGNATURES de MM. les maires servant d'attestation.	OBSERVATIONS.
MAROMME.	une lieue et demie.	le 12 décembre 1836.	une.	4 fr.	294.	MOREAU, maire.	D'après une lettre du ministre en date du 17 août dernier, il est accordé aux vétérinaires huit francs par jour.

Rouen, le 10 octobre 1836.

W., vétérinaire.

51

TABLE DES MATIÈRES.

FIN DE LA TABLE.

(812)

ERRATA.

Page 4, ligne 6, au lieu de « ont paru », lisez : *qui ont paru.*
Pag. 15, lig. 7, au lieu de « Francastor », lisez : *Fracastor.*
Pag. 23, lig. 26, au lieu de « sceptiques », lisez : *septiques.*
Pag. 34, lig. 14, au lieu de « 16 avril », lisez : 10 *avril.*
Pag. 45, lig. 15, au lieu de « 8 octobre », lisez : 6 *octobre.*
Pag. 47, lig. 23, au lieu de « devoir des vétérinaires », lisez : *devoirs des.*
Pag. 48, lig. 9, lisez : art. 1er *et* 3 *de.*
Pag. 52, lig. 5, au lieu de « que MM. les maires », lisez : *pour MM. les maires.*
Pag. 53, lig. 16, au lieu de « de parlement », lisez : *du parlement.*
Pag. 56, au lieu de « et remis », lisez : *qui est remis.* Même page, lig, 23, au lieu « de conseil du roi », lisez : *conseil d'état du roi.*
Pag. 57, lig. 24, au lieu de « en obroge », lisez : *abroge.*
Pag. 67, lig. 28, au lieu de « leur a valu des éloges », lisez : *assez d'éloges.*
Pag. 78, lig. 13, au lieu de « s'il a été », lisez : *il a été.*
Pag. 125, lig. 21, au lieu de « 1740 et 1750 », lisez : *de* **1740** *à* **1750.**
Pag. 140, lig. 7, au lieu de « a démontré », lisez : *ayant démontré.*
Pag. 153, lig. 25, au lieu de « 365,441 », lisez : 365,941.
Pag. 159, lig. 20, au lieu de « épizootiques », lisez : *épizooties.*
Pag. 274, dernière lig., au lieu de « 7776 », lisez : 1776.
Pag. 276, lig. 4, au lieu de « leurs ont servi », lisez : *leur ont servi.*
Pag. 284, lig. 22, au lieu de « parcage, » lisez : *pacage.*
Pag. 296, lig. 5, au lieu de « suspects de le devenir », lisez : *susceptïoles de.*
Pag. 297, lig. 17, au lieu de « qu'elle soit discutée », lisez : *d'être discutée.*
Pag. 305, lig. 20, au lieu de « à le voir se perpétuer », lisez : *de la voir.*
Pag. 308, lig. 3, au lieu de « du moins », lisez : *au moins.*
Pag. 309, lig. 17, au lieu de « été la victime », lisez : *ont été victimes.*
Pag. 312, lig. 10, au lieu de « assurément », lisez : *mais.* Même pag, lig. 17, au lieu de « s'y est éteinte, » lisez : *s'est éteinte ;* et lig. 22, au lieu de « qu'il eût été possible », lisez : *eût été.*
Pag. 319, lig. 20, au lieu de « injuste », lisez : *juste.*
Pag. 336, lig. 1re, au lieu de « font voir », lisez : *fait voir.*

(813)

Pag. 336, lig. 24, au lieu de «marcher à pieds joints», lisez: *sauter à pieds joints.*

Pag. 358, lig. 17, au lieu de «têtes à cornes», lisez : *bétes à cornes.*

Pag. 359, lig. 1re, au lieu de «dix mois», lisez: *deux mois.*

Pag. 360, lig. 9, au lieu de « par la culture », lisez: *pour la culture.*

Pag. 369, lig. 13, au lieu « qu'ils ont faites », lisez: *qui en ont été faites.*

Pag. 404, lig. 9, au lieu de « arrive à 40 c. », lisez : *arrivent.*

Pag. 413, lig. 9, au lieu de « exaler», lisez : *exhaler.*

Pag. 452, lig. 16, au lieu de «1823», lisez: 1822.

Pag. 480, lig. 16, au lieu de « cazeux », lisez: *caséeux.*

Pag. 531, lig. 5, au lieu de «diphtherique,» lisez : *diphthérite.*

Page 538, lig. 19, au lieu de « est par l'homme, » lisez : *sont.*

Page 566, lig. 10, au lieu de « la déclaration et qu'ils possèdent », lisez : *la déclaration qu'ils.*

Page 568, lig. 17, au lieu de « cette marque », lisez: *cette dernière marque.*

Page 573, lig. 11, au lieu de « mort-nées », lisez : *mortes-nées.*

Page 577, lig. 11, au lieu « de suspects de contracter la maladie, » lisez : *susceptibles de.*

Page 578, ligne 17, au lieu de « cette séquestration », lisez : *la séquestration.*

Même page, lig. 19, au lieu de « il mériterait », lisez : *elle mériterait.*

Page 660, lig. 8, au lieu de « est presque », lisez : *sont presque.*

Page 702, lig. 6, au lieu de « attaché dans un lieu clos avec des chaînes », lisez : *attaché avec des chaînes dans*, etc.

Même page, lig. 11, au lieu de « inspiser », lisez : *inspirer.*

Page 712, ligne 1re, au lieu de « Fabvre », lisez : *Fare.*